Technische Untersuchungsmethoden zur Betriebskontrolle

insbesondere zur Kontrolle des Dampfbetriebes

Zugleich ein Leitfaden für die Übungen in den Maschinenbaulaboratorien technischer Lehranstalten

Von

Julius Brand

Professor, Oberlehrer der Staatlichen vereinigten
Maschinenbauschulen zu Elberfeld

Mit einigen Beiträgen von Dipl.-Ingenieur Oberlehrer
Robert Heermann

Vierte, verbesserte Auflage

Mit 277 Textabbildungen, 1 lithographischen Tafel
und zahlreichen Tabellen

Springer-Verlag Berlin Heidelberg GmbH

1921

ISBN 978-3-662-23000-8   ISBN 978-3-662-24960-4 (eBook)
DOI 10.1007/978-3-662-24960-4
Softcover reprint of the hardcover 4th edition 1921

Vorwort zur ersten Auflage.

Das Zeitalter der Verbrennung, welches mit der Erfindung der Dampfmaschine einsetzte, weist die tiefgehendsten und großartigsten Umwälzungen im Kulturleben der Menschheit auf. Nicht mehr auf die höheren Stände einzelner Völker ist die Kultur beschränkt, sie hat vielmehr einen volkstümlichen, einen universellen Charakter angenommen. Die Entwicklung, die im vorigen Jahrhundert stattgefunden hat, überragt alle anderen Kulturepochen in großartigster Weise, und ihre Leistungen übertreffen diejenigen aller früheren Jahrtausende um vieles.

Die Grundlage, auf welcher die Entwicklung der Technik in diesem Zeitalter der Verbrennung vor sich ging und noch geht, ist die Ausnutzung der in den Brennmaterialien schlummernden potentiellen Energie.

Gleichgültig, ob bei einem Verbrennungsprozesse vorzugsweise die Menge der entwickelten Wärme in Betracht kommt, wie z. B. bei der Heizung von Dampfkesseln, oder ob mehr die Intensität der Wärme, d. i. der erzielte Temperaturgrad, von Bedeutung ist, wie z. B. bei vielen metallurgischen Prozessen, stets geht das naturgemäße Streben dahin, das höchste Maß effektiver Leistung mit dem geringsten Aufwande von Brennmaterial und Arbeit zu erlangen.

Diesem Streben war der größte Teil aller Ingenieurarbeit des verflossenen Jahrhunderts gewidmet; dieses Streben wird aber auch noch in kommenden Zeiten die technischen Kräfte zu regster Tätigkeit anspornen. Wir verdanken diesem Streben die Erfindung einer großen Reihe von mehr oder minder wirksamen Dampfkesselfeuerungen, Schornsteinzugregulatoren, Apparaten zur Erhöhung der Wasserzirkulation in Verdampfvorrichtungen, Einrichtungen zur Vorwärmung des Speisewassers u. a. m. Auch die Einführung der Siemensschen Regenerativfeuerung, die sowohl bei Metall- und Glasschmelzöfen, als auch bei Schweiß-, Puddel-, Glüh-, Anwärm- und Gasöfen, nicht minder bei Öfen der chemischen, keramischen und anderer Industrien Umwälzungen von einschneidender Wirkung hervorbrachte, ist den intensiven Verbesserungsbestrebungen entsprungen.

Der Wirkungsgrad der Dampfmaschine wurde erhöht durch Anwendung hoher Dampfspannungen, Ausnutzung der Expansion, Einführung der Kondensation, Verteilung der Expansion auf mehrere

Zylinder, Heizung der Zylinderwandungen, Überhitzung des Dampfes und durch präzis arbeitende Steuerungen. Man hat der Wasserdampfmaschine noch Zylinder angegliedert, in denen die durch die Abwärme der Dampfmaschine erzeugten Dämpfe sehr flüchtiger Flüssigkeiten, wie z. B. schweflige Säure, zur Wirkung kommen. Dadurch entstanden die sog. Abwärmekraftmaschinen oder Mehrstoffdampfmaschinen.

Die Dampfturbine, die im letzten Jahrzehnt in den Kampf um höchste Ökonomie eingetreten ist, ermöglicht die weitgehendste Ausnutzung der Expansion, gestattet die Anwendung sehr hoher Umdrehungsgeschwindigkeiten und ist frei von dem der Kolbendampfmaschine anhaftenden, bedeutenden Mangel des Rückganges des Wirkungsgrades bei Über- oder Unterschreitung der Normalbelastung.

Die Explosionsmotoren, der Dieselmotor, die Sauggasmotoren, die geeignetenfalls wichtige Konkurrenten der Dampfmaschine geworden sind, sie sind sämtliche als Fortschritte in dem Erstreben einer möglichst hohen Wärmeausnutzung zu betrachten.

In Berücksichtigung dieses rastlosen Strebens ist es für den ersten Augenblick wenig freudig überraschend, zu hören, daß die Ausnutzung der Kraftquellen in den heute üblichen Krafterzeugern eigentlich eine recht geringe ist. So ergibt die mit allem Raffinement ausgeführte und betriebene Dampfmaschine einen totalen Nutzeffekt von 15—17%, die Kraftgasmotoren einen solchen von 20—25%, die Spiritusmotoren haben es auf 32—33% und die Dieselmotoren auf 35—36% gebracht. Das Erstaunen über die Kleinheit dieser Zahlen schwindet aber, wenn man bei eingehendem Studium der Entwicklung des einen oder anderen der genannten Krafterzeuger erfährt, welche Summe von Intelligenz aufgewendet werden muß, um den totalen Nutzeffekt auch nur um einige Zehntelprozente höher zu schrauben.

Dieses rastlose Ringen nach Vervollkommnung der Krafterzeuger hinsichtlich ihres Nutzeffektes kann nach drei Richtungen hin begründet werden. Es entspringt zunächst dem allgemeinen Triebe, in technischer Beziehung fortzuschreiten, einer geschichtlichen Tatsache, die man nicht weiter zu erklären vermag. Zweitens ist es auch eine Forderung unseres Nutzens, denn durch eine sorgfältige Ausnutzung der in den Brennmaterialien gegebenen Energie wird der materielle Wohlstand der Völker in hohem Maße gefördert. Drittens ist es auch eine Forderung unserer Vernunft, die es uns als heilige Pflicht erkennen läßt, den Zeitpunkt, bis zu welchem die in der Erde lagernden Vorräte von Brennmaterialien aufgebraucht sind, also das Ende des Zeitalters der Verbrennung möglichst weit hinauszuschieben.

Wenn auch dieser Zeitpunkt nicht so nahe liegt, wie von mancher pessimistischen Seite geglaubt wird, so hat es doch nicht an Versuchen gefehlt, die bezweckten, Ersatz für die natürlichen Brennstoffe zu finden, also andere Energiequellen aufzuschließen.

Zunächst wird es wohl die Zentralisation der Brennstoffauswertung und die intensivere Ausnutzung der natürlichen Wasserkräfte der Erde sein, die die Epoche der sparsameren Haushaltung kennzeichnen werden, und dann erst wird man zu den bis heute wenig verlockenden, anderen

Ersatzquellen von Energie Zuflucht nehmen, als da sind: die Kraft des Windes, die Ebbe- und Flutbewegung, die Wellenbewegung des Meeres, die direkten Sonnenstrahlen, die innere Erdwärme. Wenn diese letztgenannten Helfer in der Not gegenwärtig auch als etwas sonderbare und isolierte Spekulationen zu bezeichnen sind, so ist doch nicht ausgeschlossen, daß sie im Laufe der Jahrhunderte zur praktischen Anwendung, ja zu großer Nützlichkeit gelangen.

An eine Einschränkung des Brennmaterialverbrauches ist bei der gegenwärtigen Entwicklung aller Industrien nicht im entferntesten zu denken, im Gegenteil wird derselbe in stark aufsteigender Linie zunehmen. Während z. B. im Jahre 1898 die Förderung an Steinkohle auf der ganzen Erde ca. 600 Millionen Tonnen betrug, war sie im Jahre 1900 bereits auf rund 700 Millionen Tonnen angewachsen. Ähnlich liegen die Verhältnisse auch bei den übrigen Brennmaterialien.

Jeder einzelne, der mit einer Einrichtung zur Erzeugung von Wärme oder mit Krafterzeugern, welche die durch eine Heizoperation gewonnene Verbrennungswärme auswerten, zu tun hat, kann seiner Pflicht, eine möglichst hohe Ausnutzung der Verbrennungswärme anzustreben, nachkommen: der Betriebsleiter durch stete Kontrolle der ihm anvertrauten Einrichtungen und durch richtige Instruktion seiner zuständigen Hilfskräfte; der Untergebene durch gewissenhafte Befolgung der ihm von seinem Vorgesetzten gegebenen Direktiven.

Noch mitten in der Praxis des Großbetriebes stehend, war es mir klar geworden, daß in der technischen Literatur ein Buch fehlt, welches alle wichtigen, zur wissenschaftlichen Kontrolle eines Betriebes nötigen Untersuchungsmethoden in gedrängter und doch klarer Form behandelt, weshalb ich mich an die Bearbeitung dieser Aufgabe machte. Als ich später zum Lehrfache übertrat, empfand ich bald bei dem Unterrichte im Maschinenbaulaboratorium den Mangel eines Leitfadens, der sowohl den Lehrenden, als auch den Lernenden zum Vorteile gereichen könnte. In der Absicht, auch diesem Mangel abzuhelfen, modelte ich das bereits Geschaffene um, goß es in breitere Formen und fügte an mancher Stelle theoretische Begründungen ein, auf welche der Praktiker vielleicht ohne weiteres verzichtet hätte, die ich aber für den Studierenden für ebenso wichtig halte, als die Verfahren selbst, zu denen diese Begründungen gehören.

Möge jeder, der dieses Buch zur Hand nimmt, bevor er es beurteilt, an den Doppelcharakter desselben sich erinnern und auch die gute Absicht des Verfassers nicht außer acht lassen.

Elberfeld, im September 1904.

Der Verfasser.

Vorwort zur zweiten Auflage.

In der vorliegenden zweiten Auflage, die $2^1/_2$ Jahre nach dem Erscheinen der ersten notwendig geworden ist, habe ich, verschiedenen mir zugegangenen Wünschen Rechnung tragend, das Kapitel „Indikatoren" neu aufgenommen. Um den Umfang des Buches nicht zu sehr anwachsen zu lassen, habe ich die Beschreibung der einzelnen Indikatoren möglichst kurz gefaßt, in der Hoffnung, daß die beigefügten Abbildungen den Text zur Genüge ergänzen.

Neu hinzugekommen ist auch der Abschnitt über „Schmieröluntersuchungen", und zwar aus zwei Gründen: erstens halte ich es für unerläßlich, daß jeder Betriebsleiter in der Lage ist, durch einwandfreie Untersuchung der ihm angebotenen Öle das für seinen Betrieb passende Öl auszuwählen, weil dadurch beträchtliche Ersparnisse an Brennmaterial und Kraft erzielt werden können; zweitens geben die einschlägigen Untersuchungen dem im Laboratorium übenden Studierenden reichlich Gelegenheit, seinen Beobachtungssinn zu schärfen.

Die übrigen Kapitel des Buches haben Erweiterungen in dem Maße erfahren, als es durch die in der Zwischenzeit neu aufgetauchten, beachtenswerten Apparate und Instrumente geboten erschien.

Möge die zweite Auflage des Buches ebenso viele Freunde finden als es der ersten beschieden war!

Elberfeld, im September 1907.   **Der Verfasser.**

Vorwort zur dritten Auflage.

In der dritten Auflage dieses Buches habe ich, wie auch schon in der zweiten, die wichtigsten, in der Zwischenzeit eingetretenen Veränderungen auf dem Gebiete des in Betracht kommenden Instrumenten- bzw. Apparatenbaues berücksichtigt. Veraltetes ist verschwunden, Neues und Beachtenswertes hinzugekommen.

Um ein Anwachsen des Umfanges des Buches zu vermeiden, habe ich an verschiedenen Stellen den Text gekürzt, aber doch nur da, wo durch besonders deutliche Figuren die leichte Verständlichkeit des Ganzen keine Einbuße erlitt.

Bei den mannigfachen Veränderungen, die der Inhalt des Buches erfahren mußte, konnte ich vielen, aus der Praxis an mich ergangenen Wünschen Rechnung tragen. Häufiger aber als sich vermuten läßt, standen derartige Wünsche und Anregungen einander diametral gegenüber, und dann habe ich, um den einheitlichen Charakter des Buches zu wahren, meinen eigenen Ansichten Folge geleistet.

Ich bitte die in Betracht kommenden Kreise auch die neue Auflage, deren Herausgabe durch meine starke dienstliche Inanspruchnahme sich leider verzögert hat, mit dem gleichen Wohlwollen aufzunehmen wie die früheren Auflagen.

Elberfeld, im Juni 1913.   **Der Verfasser.**

Vorwort zur vierten Auflage.

Der in den bisherigen Auflagen behandelte Stoff erscheint in der vierten Auflage in anderer Anordnung.

Ausgehend von der Kennzeichnung der Brennstoffe bezüglich ihrer Entstehung oder Gewinnung und der vielen Möglichkeiten ihrer Weiterverarbeitung werden die Verfahren zur Bestimmung der feuerungstechnisch wichtigsten Eigenschaften der Brennstoffe behandelt.

Daran anschließend wird die Verbrennung und die wichtige Rolle, welche die Verbrennungsluft hierbei spielt, besprochen.

Diese Abschnitte machen den ersten Teil des Buches aus.

Im zweiten Teil steht die Kontrolle des Dampfkesselbetriebes und die dabei benötigten Apparate, im dritten Teil die Kontrolle des Dampfmaschinenbetriebes mit den hierzu nötigen Apparaten zur Behandlung.

Die Normen für Leistungsversuche an Dampfmaschinen und Dampfkesseln und die Schmieröluntersuchungen sind in den Anhang verlegt.

Ich glaube hiermit die Gliederung des ganzen Stoffes in logischerer Weise als bisher vorgenommen zu haben.

In Anbetracht der außerordentlichen Bedeutung, welche die Brennstoffe durch die Folgen des Krieges erlangt haben, ist der erste Abschnitt beträchtlich erweitert worden. Die daselbst gebrachte allgemeine Charakteristik der Brennstoffe gab mir Gelegenheit, die weitgehenden Verwendungsmöglichkeiten der aus den Brennstoffen zu gewinnenden, sogenannten Nebenprodukte in zwar knapper, aber doch umfassender Weise zu behandeln.

Neu hinzugekommen ist der Abschnitt über Leistungsversuche an Dampfturbinen, den zu bearbeiten Herr Dipl.-Ingenieur, Oberlehrer Heermann, in freundlicher Weise übernommen hat. Auch die Kapitel über den Pronyschen Zaum, die Flüssigkeitsbremse, die elektrodynamische Leistungsbremse, und das Torsionsdynamometer von Amsler-Laffon entstammen der Feder des genannten Herrn. Für seine Mitarbeit spreche ich ihm an dieser Stelle meinen besten Dank aus.

Neu hinzugekommen sind ferner kleinere Abschnitte über die Bestimmung der groben Feuchtigkeit, des hygroskopischen Wassers und des Aschegehaltes von Brennstoffen. Außerdem solche über die Berechnung der theoretischen Luftmenge und das Vielfache derselben; über die Bestimmung des Verbrennlichen in den Herdrückständen, die Berechnung der Verdampfungsziffern und über den Wärme- und den Dampfpreis.

In der Absicht, den Studierenden noch besser in das Wesen des Polarplanimeters einzuführen, habe ich den Abschnitt über Flächenmeßinstrumente durch Einfügung einer Abhandlung über den absoluten und den relativen Wert der Noniuseinheit, und über die Abhängigkeit des Wertes der Noniuseinheit von der Fahrarmeinstellung vervollständigt.

Erweiterungen haben auch der Abschnitt über Temperaturmessungen und derjenige über Indikatoren erfahren.

Um zu vermeiden, daß der Umfang des Buches durch die Einschaltung der für unbedingt notwendig gehaltenen Ergänzungen und Neuerungen zu sehr anschwillt, und in Rücksicht auf die heutigen sehr hohen Herstellungskosten habe ich an dem Inhalte der dritten Auflage Kürzungen vorgenommen, aber nur an solchen Stellen, wo dies geschehen konnte, ohne den bisherigen Charakter des Buches zu beeinträchtigen.

Schon im Vorwort zur ersten Auflage habe ich gesagt, daß jeder einzelne, der mit einer Einrichtung zur Erzeugung von Wärme oder mit Krafterzeugern, welche die durch eine Heizoperation gewonnene Verbrennungswärme auswerten, zu tun hat, die Pflicht hat, eine möglichst hohe Ausnützung der Verbrennungswärme anzustreben.

Heute ist diese Pflicht, die letzten Endes darauf hinausläuft, die uns von der Natur zur Verfügung gestellten Brennstoffe restlos auszuwerten, in höherem Maße denn je vorhanden, und Riedler sagte vor Jahresfrist mit Recht: „Richtige Auswertung der Brennstoffe ist die kommende wichtigste Aufgabe der Technik, von deren Beherrschung unser Dasein und unsere Zukunft abhängt."

Möge auch die vierte Auflage des Buches zur Lösung dieser Aufgabe in bescheidenem Maße mithelfen!

Elberfeld, im Juli 1920.

Der Verfasser.

Inhaltsverzeichnis.

I. Die Brennstoffe.

Seite

A. Die Einteilung, Entstehung oder Gewinnung und Auswertung der Brennstoffe in wirtschaftlicher Beziehung 1

  1. Die festen Brennstoffe 2
    Das Holz 3
    Der Torf 4
    Der Torfkoks 6
    Die Kohlen 7
    Die Braunkohlen 8
    Der Braunkohlenkoks oder Grudekoks 10
    Die Braunkohlenbriketts 10
    Die Steinkohlen 11
    Die Steinkohlenbriketts 14
    Der Steinkohlenkoks 15
    Die Preßkoksbriketts 17
  2. Die flüssigen Brennstoffe 17
    Das Erdöl 18
    Das Benzin 19
    Das Petroleum 19
    Das Gasöl 19
    Der Teer 20
    Der Steinkohlenteer 20
    Der Tieftemperaturteer 22
    Der Braunkohlenteer 23
    Die Teeröle 24
    Das Naphtalin 25
  3. Die gasförmigen Brennstoffe 26
    Das Naturgas 27
    Die Gichtgase 27
    Die Koksofengase 28
    Die Generatorgase 29
  4. Tabelle der Heizwerte fester Brennstoffe 31
  5. Tabelle der Heizwerte flüssiger Brennstoffe 32
  6. Tabelle der Heizwerte gasförmiger Brennstoffe 33

B. Die Bestimmung der feuerungstechnisch wichtigsten Eigenschaften der Brennstoffe und die dabei benötigten Apparate 33

  1. Die Probeentnahme 33
  2. Die Bestimmung der groben Feuchtigkeit oder Nässe 38
  3. Die Bestimmung der Feuchtigkeit oder des hygroskopischen Wassers 38
  4. Die Bestimmung des Aschegehaltes 42
  5. Die Bestimmung des Heizwertes 43
    a) Die Bestimmung des Heizwertes fester Brennstoffe 44
    Die Krökersche Bombe 48
    Das Kalorimeter nach Parr 60
    b) Einfluß des Feuchtigkeitsgehaltes auf den Heizwert 64
    c) Die Bestimmung des Heizwertes gasförmiger Brennstoffe 66
    Das Junkerssche Kalorimeter 66
    Junkers' selbsttätig anzeigendes Kalorimeter 74
    Junkers' Abgaskalorimeter 78
    Eichvorrichtung für Gasmesser nach Junkers 79
    d) Die Bestimmung des Heizwertes flüssiger Brennstoffe 81

X   Inhaltsverzeichnis.

Seite

C. Die Verbrennung der Brennstoffe 85
   1. Die Vorgänge bei der Verbrennung 85
   2. Die Berechnung der zur Verbrennung von 1 kg Brennstoff theoretisch
      notwendigen Luftmenge 87
   3. Tabelle der theoretischen Luftmengen 90
   4. Vielfaches der theoretischen Luftmenge 91

II. Die Kontrolle des Dampfkesselbetriebes und die dabei benötigten Apparate.

A. Die technische Rauchgasanalyse 94
   1. Die Gasbürette von Bunte 96
   2. Die Absorptionsbürette von Tollens 99
   3. Die Apparate von Hempel 101
Orsatapparate:
   4. Der Apparat nach Orsat-Fischer 108
   5. Der Apparat nach Muencke 112
   6. Der Apparat nach Orsat-Fuchs 113
   7. Das Absorptions-Ökonometer 114
   8. Das Absorptionsgefäß nach Kleine 115
   9. Der Apparat nach Orsat-Kleine 116
  10. Der Kohlensäurebestimmungsapparat nach Kleine 118
  11. Der Gasanalysator Peska-Kappus 119
  12. Der Eckardtsche Rauchgasprüfer 123
B. Aspiratoren zur Entnahme größerer Gasmengen 125
   1. Der Rauchgas-Sammel-Kontrollapparat von Schumacher 125
   2. Der Doppelaspirator 127
C. Berechnung des Luftüberschusses aus der Rauchgasanalyse 128
D. Bestimmung des durch die Abgase verursachten Wärmeverlustes 130
E. Temperaturmessungen 140
   1. Die Flüssigkeitsthermometer 141
   2. Die thermoelektrischen Pyrometer 143
   3. Die elektrischen Widerstandspyrometer 146
   4. Die Lichtstrahlungspyrometer 147
      Das optische Pyrometer Wanner 148
   5. Die Wärmestrahlungspyrometer 155
   6. Die Segerkegel 155
   7. Die Sentinelpyrometer 157
   8. Die kalorimetrische Wärmemessung 157
F. Messung von Druckdifferenzen (Zugmessung) 159
   1. Der Zugmesser Ebert 162
   2. Der Segersche Zugmesser 163
   3. Der Zugmesser nach Rabe 163
   4. Die Zug- und Druckmesser von Lux 164
   5. Das Differentialmanometer von König 166
   6. Der Arndtsche Zugmesser 170
   7. Der Schumachersche Zugmesser 172
   8. Der Zugmesser System Orsat 173
   9. Das Ätheranemometer 174
  10. Das Mikromanometer von Krell 177
  11. Der Krellsche Zugmesser 180
G. Bestimmung der Rauchstärke 181
   1. Bestimmung der Rauchstärke nach Fritsche 181
   2. Bestimmung der Rauchstärke nach Ringelmann 183
H. Bestimmung des Verbrennlichen in den Herdrückständen . 184
I. Berechnung der Verdampfungsziffern 184
K. Der Wärmepreis und der Dampfpreis 186

Seite

III. Die Kontrolle des Dampfmaschinenbetriebes und die dabei benötigten Apparate.

A. Apparate zur Messung der indizierten Maschinenleistung (Indikatoren) . . . 188
  1. Indikatoren der gewöhnlichen Art 188
    Der Indikator nach Schäffer und Budenberg mit innenliegender Feder 189
    Die Indikatoren nach Schäffer und Budenberg mit außenliegender Feder 191
    Der Indikator nach Rosenkranz mit innenliegender Feder 193
    Der Indikator nach Rosenkranz mit außenliegender Feder 199
    Der Rosenkranzindikator für schnellaufende Motore 200
    Der Maihakindikator 202
  2. Der integrierende Indikator von Böttcher 206
  3. Die Hubverminderungseinrichtungen 212
    Der gebräuchliche Rollenhubverminderer 212
    Die Hubverminderungsrolle von Maihak 214
    Der Hubverminderer nach Stanek 216
    Hebelkombinationen als Hubverminderer 218
  4. Die Anbringung des Indikators an der zu indizierenden Maschine . 219
  5. Die Prüfung der Indikatorfedern 223
    a) durch Flüssigkeitsdruck 224
    b) durch Gewichtsbelastung 227
      Die Prüfungseinrichtung des Bayerischen Revisionsvereins . . . 227
      Die Universal-Prüfungseinrichtung von Rosenkranz 228
      Die Prüfungseinrichtung nach Strupler 231
      Die Prüfungseinrichtungen von Maihak 232
  6. Die Prüfung des Schreibzeuges 236
    a) mit dem Mikrometer 236
    b) mit Paßstücken 237
  7. Die Berechnung des Maßstabes der Warmfeder 237
  8. Meßapparat für Eichdiagramme 238
  9. Die Berechnung des mittleren Federmaßstabes 239
    1. Methode 240
    2. Methode 240
    3. Methode von Eberle 241
    4. Methode von Meyer 241
  10. Berücksichtigung von Proportionalitätsfehlern bei Indikatorfedern . 241
    1. Methode von Eberle 241
    2. Methode von Schröter 243
    3. Methode von Schröter-Koob 245

B. Einrichtungen zur direkten Messung der Nutzleistung . . . 248
  1. Der Pronysche Zaum 248
  2. Bremsvorrichtungen für Dampfturbinen 249
    a) Die Flüssigkeitsbremse 249
    b) Die elektro-dynamische Leistungsbremse 251
    c) Das Torsionsdynamometer von Amsler-Laffon 252
    d) Der Torsionsindikator von Föttinger 253

C. Flächenmeßinstrumente 256
  1. Die Polarplanimeter 256
    Das Amslersche Polarplanimeter 262
    Die Coradischen Polarplanimeter 265
      1. Das Kompensationspolarplanimeter 266
      2. Das Präzisionsscheibenplanimeter 270
    Die Ottschen Polarplanimeter 271
      1. Das einfache Polarplanimeter 271
      2. Das Kompensationsplanimeter 276
      3. Das Universalplanimeter 277

Seite

Absoluter und relativer Wert der Noniuseinheit 279
Abhängigkeit des Wertes der Noniuseinheit von der Fahrarmeinstel-
   lung 280
Handhabung und Prüfung der Polarplanimeter 283
Das Schneidenradplanimeter 287
2. Der Flächen- und Diagrammesser von Wilda 292

D. Leistungsversuche an Kolbendampfmaschinen 295
1. Berechnung der Leistung einer Kolbendampfmaschine aus dem Dampfdruckdiagramm 295
2. Bestimmung der mittleren Dampfspannung aus dem Dampfdruckdiagramm 296
3. Ausgeführte Leistungsversuche an Kolbendampfmaschinen 303
   a) Leistungsversuch zum Zwecke der Bestimmung des Dampfver-
      brauches einer liegenden Verbund-Auspuffmaschine 303
   b) Garantieversuch zum Zwecke der Bestimmung des Dampfver-
      brauches einer 3000 pferdigen Dreifach-Expansionsmaschine:
      Bestimmung der Konstanten für die Maschinenleistung 307
      Untersuchung der Beobachtungsinstrumente:
         1. Eichung des Speisewasserreservoirs 311
         2. Prüfung der Indikatorfedern 314
         3. Untersuchung des Wattmeters 315
         4. Untersuchung der Thermometer 316
      Versuchsresultate:
         Versuch mit gesättigtem Dampf 316
         Versuch mit überhitztem Dampf 321
4. Fehlerhafte und richtige Diagramme 321
   a) Die Art der Anbringung des Indikators an der zu indizierenden
      Maschine beeinflußt die Form der Diagramme 321
   b) Fehler am Indikator selbst und Einfluß derselben auf die Form
      der Diagramme 327
   c) Fehler an der Dampfmaschine 329
5. Das Rankinisieren der Diagramme 335

E. Leistungsversuche an Dampfturbinen 342
1. Messung der Belastung 342
   a) Messung der Nutzleistung 343
   b) Indizierte Leistung 343
2. Messung des Dampfzustandes vor und am Austritt der Turbine und
   in den Zwischenstufen 348
3. Messung des Dampfverbrauches 350
4. Ausgeführte Leistungsversuche an Dampfturbinen 351
   a) Leistungsversuch an einer 300 KW-Parsonsturbine 351
   b) Leistungsversuch an einer 200 KW-A. E. G.-Turbine 353

Anhang

Normen für Leistungsversuche an Dampfmaschinen und
   Dampfkesseln. Aufgestellt vom Verein deutscher Ingenieure, dem
   Internationalen Verbande der Dampfkessel-Überwachungsvereine und
   dem Verein deutscher Maschinenbauanstalten 356
Schmieröluntersuchungen 363
   1. Prüfung auf die Zähflüssigkeit 364
   2. Bestimmung des Flammpunktes:
      a) im offenen Tiegel 366
      b) im Pensky-Martens-Apparat 367
Tabelle zum Polarplanimeter 370
Verzeichnis derjenigen Firmen, welche die in diesem Werke beschriebenen Apparate anfertigen bzw. liefern 372
Tafel der rankinisierten Diagramme einer 1500 pferdigen Verbundmaschine.

I. Die Brennstoffe.

A. Die Einteilung, Entstehung oder Gewinnung und Auswertung der Brennstoffe in wirtschaftlicher Beziehung.

Als verbrennbar wird ein Körper dann bezeichnet, wenn er die Eigenschaft besitzt, sich mit Sauerstoff unter Licht- und Wärmeentwicklung zu verbinden.

Nicht alle verbrennbaren Körper sind aber Brennstoffe. Sowohl vom feuerungstechnischen, als auch vom wirtschaftlichen Standpunkte aus wird ein verbrennbarer Körper erst dann als Brennstoff anzusehen sein, wenn er in großen Mengen gewonnen werden kann und seine Gewinnung nur verhältnismäßig geringe Kosten verursacht.

Nach dem Aggregatzustand unterscheidet man

feste, flüssige, gasförmige

Brennstoffe.

Jede dieser drei Gruppen kann wieder in natürliche und künstliche Brennstoffe gegliedert werden, so daß sich für die Einteilung der Brennstoffe folgendes Schema ergibt:

	Feste Brennstoffe	Flüssige Brennstoffe	Gasförmige Brennstoffe
Natürliche Brennstoffe	Holz, Torf, Braunkohle, Steinkohle, Anthrazit	Erdöl	Naturgas
Künstliche Brennstoffe	Holzkohle, Torfkohle, Torfkoks, Braunkohlenbriketts, Steinkohlenbriketts, Steinkohlenkoks	Teer, Teeröl, Restöl (Masut)	Generatorgas, Gichtgas, Koksofengas

In Sonderfällen kommen außer den im Schema genannten Brennstoffen auch noch andere Materialien als solche zur Verwendung, die zunächst einem außerhalb des Gebietes der Verbrennung liegenden Hauptzwecke dienen und hierauf als Abfallstoffe durch ihre Verbrennung noch weiter ausgenützt werden, wie z B. Lohe in Gerbereien, Flachsabfälle (Scheben) in Flachsspinnereien, Zuckerrohrrückstände in Zuckerfabriken, Farbholzreste in Färbereien, Weintrester in Keltereien, Olivenschalen in Speiseölfabriken.

Spiritus, Benzin, Petroleum sind im Schema ebenfalls nicht angeführt, da sie größtenteils anderen Zwecken als denen der Wärmeerzeugung durch Verbrennung nutzbar gemacht werden; in bestimmten Fällen kommen sie aber auch als Brennstoffe zur Verwendung.

Faßt man den Begriff Brennstoffe weitergehend, so kann noch eine ganze Reihe anderer Körper zu ihnen gezählt werden, so z. B. Alu-

minium und Silizium. Ersteres tritt im Thermitverfahren, letzteres
im Bessemerprozeß als Wärmequelle in die Erscheinung.

Wie ganz natürlich, kommt jede der genannten Brennstoffarten stets
nur da als vorwiegendes Feuerungsmaterial in Betracht, wo sie in großen Mengen und deshalb auch verhältnismäßig billig zu beschaffen ist.

1. Die festen Brennstoffe.

Diese bestehen alle in der Hauptsache aus Kohlenstoff, Wasserstoff,
Sauerstoff und Stickstoff.

Die Mengen dieser Grundstoffe sind je nach der Brennstoffart verschieden groß, und sie weichen auch bei ein und derselben Brennstoffart voneinander ab.

Die Ausnützung der festen Brennstoffe geschieht in dreifacher
Weise:

       durch direkte Verbrennung, oder
       durch Entgasung, oder
       durch Vergasung.

Im ersten Falle werden sie am unwirtschaftlichsten ausgenützt,
weil die direkte Verbrennung, wenn sie nicht eine unvollkommene sein
soll, mit Luftüberschuß erfolgen muß, und weil ein beträchtlicher
Teil der flüchtigen Bestandteile der Brennstoffe mit den Abgasen
verlorengeht. Insonderheit sind es enorme Mengen von Stickstoff,
die auf diese Weise vergeudet werden.

Die Entgasung erfolgt ohne Luftzufuhr und bewirkt eine Zerlegung der festen Brennstoffe in wertvolles Gas, Teer und Ammoniak,
während sich als fester Rückstand Koks ergibt, in welch letzterem der
größte Teil des im Brennstoff enthalten gewesenen Stickstoffs verbleibt,
also verlorengeht. Immerhin ist die Ausnützung durch Entgasung
eine etwas bessere als durch direkte Verbrennung.

Die Vergasung ist als eine teilweise Verbrennung bei mangelhafter Luftzufuhr anzusprechen, bei welcher die festen Brennstoffe in
gasförmige umgesetzt werden, ohne daß feste, verbrennbare Rückstände
verbleiben.

Auch diese Art der Auswertung fester Brennstoffe stellt, obwohl
sie besser ist als die direkte Verbrennung, noch nicht das erreichbare
Beste dar, selbst wenn sie mit Gewinnung der Nebenprodukte (Benzol,
Ammoniak, Teer) arbeitet, weil die entstehenden Gase infolge ihres
großen Stickstoffballastes arm, d. h. wenig heizkräftig, sind. Durch
Verwendung von Wasserdampf an Stelle von Luft läßt sich dieser Übelstand umgehen.

Die wirtschaftlich beste Ausnützung der festen Brennstoffe wird
sich ergeben durch ihre Entgasung und die direkt daranschließende
Vergasung der bei der Entgasung verbleibenden festen Rückstände,
wobei die Vergasung auf die Gewinnung eines hochwertigen Gases und
aller wertvollen Nebenprodukte eingestellt sein muß.

Der Trigasgenerator der Dellwik-Fleischer-Wassergas-
gesellschaft, Frankfurt a. M., arbeitet nach diesen Grundsätzen.

Das Holz.

Das Holz ist ein Produkt, welches die Natur in Form von vieljährigen Pflanzen höherer Ordnung, also Bäumen und Sträuchern, liefert. Es ist aus Kohlenstoff, Wasserstoff, Sauerstoff und Stickstoff zusammengesetzt (Zellulose = $C_6H_{10}O_5$) und besitzt aus diesen Elementen geformte Organe zum Wachstum und zur Ernährung.

Das spez. Gewicht des Holzes ist verschieden je nach der Holzart; es schwankt aber bei ein und derselben Holzart, wie die beigegebene Tabelle für einige Hölzer zeigt, je nachdem es in grünem Zustande, also unmittelbar nach dem Fällen, oder nach einer mehr oder minder durchgreifenden Trocknung festgestellt wird.

	Spezifisches Gewicht	
	in grünem Zustande	bei 60° getrocknet
Buche	0,90÷1,12	0,66÷0,83
Eiche	0,93÷1,28	0,69÷1,03
Esche	0,70÷1,14	0,57÷0,94
Tanne	0,77÷1,23	0,37÷0,60
Fichte	0,40÷1,07	0,35÷0,60
Lärche	0,52÷1,00	0,44÷0,80

Die Verwendung des Holzes ist eine ungemein ausgedehnte und vielfältige. Die alljährlich der Nutzung zugeführte Holzmenge findet zu annähernd gleichen Teilen Verwendung als Nutzholz und als Brennholz. Im ersten Falle erleiden weder die technischen, noch die chemisch-physikalischen Eigenschaften des Holzes eine Veränderung; im letzten Falle wird das Holz durch seine trockene Destillation oder durch direkte Verbrennung nutzbar gemacht. Für Dampfkesselfeuerungen kommt es lediglich in Form von Abfällen (Sägespäne, Hobelspäne, Frässpäne, Schwarten, Stücke) in Sägewerken, Möbelfabriken, Bürstenfabriken, als Lohe in Gerbereien und als Rückstand der Farbenherstellung aus Farbhölzern (Rot-, Blau-, Gelbholz) in Färbereien zur Verwendung. In den beiden letzten Fällen ist wegen des hohen Feuchtigkeitsgehaltes der Lohe und der Farbholzrückstände und der dadurch bedingten schweren Entzündlichkeit eine Vermischung mit Kohle notwendig, während in den zuerst angeführten Fällen eine solche unter Umständen entbehrlich ist.

Nur in Ländern mit ungeheueren Waldbeständen und mangelhaftem Forstschutze, wie z. B. in Mexiko, können sich in Gegenden mit schlechten Verkehrsverhältnissen auch solche Betriebe, welche keine Holzabfälle ergeben, Holz als ausschließliches Kesselfeuerungsmaterial leisten.

Durch trockene Destillation wird Holz in Holzkohle (spez. Gew. = 0,15÷0,22 je nach der Härte des Holzes) verwandelt, wobei noch, wenn die Destillation in Retorten und nicht in Meilern vorgenommen wird, Holzessig, Holzteer und gasförmige Produkte gewonnen werden.

Ersterer enthält Methylalkohol (Holzgeist), Essigsäure, Azeton und andere brauchbare Stoffe.

Im Holzteer ist ein schweres Teeröl enthalten, aus welchem das antiseptisch wirkende Kreosot, dargestellt werden kann. Durch weitere Verarbeitung des Teers lassen sich Terpentinharz, Terpentinöl und Kienöl gewinnen, wenn der Teer aus Nadelhölzern herrührt, während der aus Laubhölzern gewonnene Teer Karbolsäure und ähnliche Produkte liefert.

Die Verkokung des Holzes in Meilern wird heute nur noch selten ausgeführt, obwohl sie eine qualitativ bessere Holzkohle als die Retortenverkokung liefert. Die genannten Nebenprodukte entweichen bei ersterer unbenützt als Rauch, wodurch das Verfahren zu einem sehr unrationellen wird.

Auf die **Zusammensetzung der Holzkohle** ist die Temperatur von Einfluß, bei welcher die Verkokung stattgefunden hat. Je höher die Verkokungstemperatur liegt, desto höher ist der Kohlenstoffgehalt der Kohle, um so geringer ist allerdings auch die Ausbeute an Kohle.

Holzkohle aus Retortenverkokung zwischen 300 und 400° herrührend, enthält nach der „Hütte“, Handbuch für Eisenhüttenleute:

Kohlenstoff	80÷90%
Wasserstoff	2÷ 3%
Sauerstoff + Stickstoff . . .	5÷ 7%
Asche	2÷ 4%

Der Torf.

Der Torf entsteht durch Vermoderung von Pflanzen niederer Art in Gegenwart von Wasser oder Feuchtigkeit.

Als solche Pflanzen kommen hauptsächlich Moose, und zwar in erster Linie sog. Sphagnummoose, und außerdem Sumpfpflanzen in Betracht.

In lufttrockenem Zustande ist die **Zusammensetzung des Torfes** folgende:

Kohlenstoff	40 ÷60 %
Wasserstoff	4 ÷ 6 %
Sauerstoff	25 ÷35 %
Stickstoff	1 ÷ 6 %
Schwefel	0,3÷ 0,5%
Asche	1 ÷15 %
Wasser	bis 35 %

Nach seinem Alter läßt er sich einteilen in:

1. **Faser- oder Rasentorf.** Er bildet die obere Decke der Torfmoore, ist von hellbrauner Farbe und läßt die Pflanzenteile, aus denen er entstanden ist, deutlich erkennen, indem er eigentlich eine Verfilzung von vermoderten Pflanzenfasern vorstellt.

2. **Sumpf- oder Modertorf.** Er liegt tiefer als der Fasertorf, ist von dunkelbrauner Farbe, im Gefüge ziemlich dicht und läßt die Pflanzenfasern noch erkennen.

3. **Speck- oder Pechtorf.** Dieser liegt noch tiefer als der Sumpftorf, ist von Farbe dunkelbraun bis schwarz und zeigt bei dichtem Gefüge keine Pflanzenfasern mehr. Er kommt im Vergleich mit den beiden ersten Torfarten seltener vor.

4. **Lebertorf.** Dieser stellt das Produkt einer am weitesten vorgeschrittenen Vermoderung dar; er bildet die unterste Schichte alter Moore, ist von Farbe schwarzglänzend und spezifisch schwerer als die übrigen Torfarten.

Hinsichtlich der Gewinnungsstätten unterscheidet man:

Hochmoortorf oder Sphagnumtorf und

Niedermoortorf.

Hochmoore sind in erster Linie durch das reichliche Vorhandensein der Sphagnummoose (Sumpfmoose) und des Heidekrautes gekennzeichnet; außerdem tragen sie noch verkümmerte Bäume, wie Zwergbirke und Krummholzkiefer. Der Hochmoortorf besteht daher in der Hauptsache aus vermoderten Sphagnummoosen und Heidepflanzen. Die wenig durchmoderten oberen Moorschichten, also der jüngere Sphagnumtorf wird meist als Streu benützt. Die tiefer liegenden und daher gutdurchmoderten Schichten sind von speckiger Beschaffenheit, und der aus ihnen gewonnene Torf eignet sich sehr gut zu Feuerungszwecken.

Niederungsmoore sind im Bereiche von Wasserläufen, Sümpfen und Seen gelegen. Sie zeichnen sich daher durch das vorwiegende Vorhandensein von Schilf- oder Sauergräsern aus; der aus ihnen gewonnene Torf ist infolge seiner durchgreifenden Vermoderung ein gutes Heizmaterial. Sein Aschengehalt ist höher als der des Hochmoortorfes.

Nach der Art der Gewinnung unterscheidet man folgende Torfarten:

1. **Stichtorf.** Er wird von Hand mittels besonders geformter Spaten gestochen. Diese Art der Gewinnung ist nur bei faseriger, ziemlich dichter, zusammenhängender Torfmasse möglich. Die Spaten sind derart geformt, daß die gewonnenen Stücke, die als Soden bezeichnet werden, halbziegelähnliche Form von $25 \times 10 \times 10$ cm oder $25 \times 8 \times 9$ cm oder $20 \times 10 \times 10$ cm Kantenlänge erhalten.

2. **Baggertorf.** Diese Bezeichnung kommt dem Torfe dann zu, wenn die Torfmasse mittels Baggermaschinen abgegraben wird. Im Anschluß an diese Arbeit besorgen die Torfbaggermaschinen automatisch noch das Mischen und das Pressen der Torfmasse in einen Strang mit fünfeckigem oder ovalem Querschnitt, das Zerteilen des Stranges in gleich lange Stücke (Soden) und das Ausbreiten derselben auf dem Trockenfelde.

3. **Schöpftorf** heißt der Torf dann, wenn er wegen seiner schlammigen, zusammenhanglosen Beschaffenheit aus dem Moore geschöpft werden muß, was mittels eiserner Eimer geschieht.

4. **Maschinen-Preßtorf** ist das Endprodukt einer maschinellen Zerteilung, Mischung und Verdichtung der Torfmasse. Gegenüber dem mit Handarbeit gewonnenen Torfe zeichnet er sich durch ein größeres spez. Gewicht und größere Festigkeit aus.

5. **Streich-, Modell- oder Backtorf** wird gewonnen, indem die Torfmasse durch Schlagen mit dreschflegelähnlichen Hölzern oder durch

Treten mit Füßen, wobei kleine Brettchen unter die Füße gebunden sind, durcheinander gemengt und dann in bestimmte Formen gebracht wird.

Das spez. Gewicht von rohem, d. h. noch nicht verarbeitetem, lufttrockenem Torfe ist je nach dem Alter des Torfes sehr verschieden. Man kann nehmen für:

Fasertorf	spez. Gew. =	$0,20 \div 0,26$
Sumpftorf	,, ,, =	$0,40 \div 0,90$
Pechtorf	,, ,, =	$0,60 \div 1,00$
Lebertorf	,, ,, =	$1,00 \div 1,30$

Da der Torf in frischgewonnenem Zustande einen Wassergehalt bis zu 90% aufweisen kann, so muß er vor seiner industriellen Verwertung erst getrocknet werden. Der Umstand, daß der Torf bis in die jüngste Zeit selbst in der Nähe seiner Gewinnungsstätten nicht in großem Maßstabe verfeuert worden ist, hat seinen Grund in der Schwierigkeit der Wasserentfernung.

Am besten geschieht die Trocknung des Torfes durch Lagerung an der Luft während der Sommermonate.

Durch künstliche Trocknung in mit Torf gefeuerten Darröfen erzielte man wohl eine Beschleunigung des Trockenprozesses, auch wurde man von der Jahreszeit und der Witterung unabhängig; doch hat sich dieses Verfahren wegen seines hohen Brennstoffaufwandes als unrationell erwiesen und wurde daher wieder aufgegeben.

Durch die Trocknung verliert der Stichtorf ein Viertel und mehr, der Maschinentorf und der Streichtorf ungefähr ein Fünftel des ursprünglichen Volumens.

Der Wassergehalt von lufttrockenem, für Feuerungszwecke bestimmten Torfe soll 35% nicht überschreiten. Guter, lufttrockener Brenntorf hat einen Wassergehalt von $18 \div 20\%$, wenn er als Maschinentorf und einen solchen von $20 \div 25\%$, wenn er als Stichtorf gewonnen ist.

Lange Zeit war die Meinung vorherrschend, daß Torf nur in Vorfeuerungen gut zu verheizen wäre. Neuere Versuche haben aber erwiesen, daß er auch auf dem Planroste, gleichgültig ob derselbe als Innen- oder Unterfeuerung angeordnet ist, mit gutem Wirkungsgrade verfeuert werden kann.

Torf ist gut geeignet zur Vergasung im Generator, weil er dem Durchgang der Verbrennungsluft nur geringen Widerstand entgegensetzt und weil seine Asche locker ist.

Der Torfkoks.

Der Torfkoks wird durch trockene Destillation des Torfes in Retorten gewonnen.

Er zeichnet sich durch große Reinheit aus, indem er so gut wie ganz frei von Schwefel und Phosphor ist. Sein spez. Gewicht ist fast doppelt so groß wie das der Holzkohle. Großstückiger Torfkoks dient als Ersatz für Holzkohle zu Kupferschmiedezwecken, wobei er infolge seiner natürlichen Elastizität die angenehme Eigenschaft hat, im Schmiedefeuer nicht zu zerspratzen. In Eisengießereien wird er zum Trocknen der Formen verwendet. Kleinstückiger Torfkoks eignet sich infolge seines hohen Porengehaltes als Isoliermaterial. In ganz feiner Körnung wird Torfkoks als Härtematerial der Lederkohle beigemischt und mit flüssiger Luft zur Herstellung von Sicherheitspatronen für Bergwerksbetriebe verwendet.

Bei der trockenen Destillation des Torfes werden außer Koks noch brennbare Gase und Teer gewonnen. Aus letzterem lassen sich verschiedene Öle, Paraffin, Ammoniak, Essigsäure, Methylalkohol, Ammonsulfat und essigsaurer Kalk herstellen.

Die Kohlen.

Durch sog. kohlige Vermoderung oder, genauer ausgedrückt, durch chemischen Zerfall der Repräsentanten einer längst untergegangenen Pflanzenwelt, unter dem Drucke der Erdrinde, in Gegenwart von Wasser, aber vermutlich bei fehlender Luft sind im Laufe vieler Jahrmillionen die Kohlen entstanden. Nicht unwahrscheinlich ist, daß auch die aus dem Erdinneren abfließende Wärme einen, wenn auch bescheidenen Anteil bei der Kohlebildung genommen hat.

Es waren Pflanzen höherer Ordnung, Bäume, riesige Schachtelhalme und ebensolche Farnkräuter, welche das Ausgangsmaterial für die Kohlebildung abgegeben haben.

Da durch neuere Forschungen nachgewiesen ist, daß bei der Zersetzung der Holzsubstanz unter Wasser verschiedenartige Bazillen wesentlich betätigt sind, so ist man zu der Annahme berechtigt, daß derartige kleinste Lebewesen auch bei der Bildung der Kohlen mitgewirkt haben.

Aus der Mächtigkeit der Steinkohlenflöze, die z. B. im Oberschlesischen Kohlenrevier 70 m erreicht, wäre der Schluß zu ziehen, daß die Höhe der Holzschichten, aus denen die Flöze entstanden sind, außerordentlich groß, bis zu 2000 m, hätte sein müssen. Da außerdem an der Kohle nichts auf die in den aufgehäuften Holzmassen doch sicherlich reichlich vorhanden gewesenen Hohlräume schließen läßt, so ist die Vermutung berechtigt, daß an der Kohlebildung außer den Vertretern einer hochentwickelten Flora auch noch andere vorweltliche Organismen beteiligt gewesen sind. Man nimmt an, daß die Körper ungeheuerer Massen von Tieren niederer Ordnung wie Heuschrecken, Landschnecken, Spinnen, Fliegen und auch Amphibien durch ihre Verwesung zur Homogenität und Mächtigkeit der Flöze beigetragen haben (Hypothese von F. Simmersbach).

Die Pflanzen bestehen in der Hauptsache aus Zellulose ($C_6H_{10}O_5$), Wasser und geringen Mengen Asche. Beim chemischen Zerfall der Zellulose geht der reaktionsträgere Kohlenstoff nur langsam, der regere Wasserstoff und Sauerstoff dagegen rascher in andere Verbindungen über, und die Folge davon ist, daß die Produkte der chemischen Zersetzung um so kohlenstoffreicher sind, je länger der Zersetzungsprozeß schon im Gange ist.

Graphit, das Endglied der nach aufsteigendem Alter gebildeten Reihe von Erzeugnissen des auch heute noch stattfindenden Kohlebildungsprozesses: Holz — Braunkohle — Steinkohle — Anthrazit — Graphit besteht aus reinem Kohlenstoff.

Daß die Metamorphose der Kohlen wirklich in der angegebenen Reihenfolge stattgefunden hat, dafür liefert die Natur in mannigfacher Art den Beweis, so durch Abdrücke von Blättern und Rinden auf Kohlestücken, dann durch das Vorkommen aller Stufen des Überganges von Holz in Braunkohle (bituminöses Holz, Blätterkohle, Bastkohle), endlich durch Gebilde, die an verschiedenen Stellen der Erde gefunden werden, und bei welchen die einzelnen Entwicklungsstufen der Kohle in direktem Kontakt miteinander stehen. Am ausgeprägtesten und in größtem Maßstabe ist dieses der Fall an einigen Kohlenfundstätten in der Nähe von Kassel, so am Meißner und am Hirschberg, zwei Bodenerhebungen von ca. 700 m absoluter Höhe. Daselbst finden sich in ein und demselben Flöz Anthrazit, Glanzkohle, Mattkohle, edle Braunkohle und gewöhnliche, erdige Braunkohle ohne scharfe Trennung aneinander geschichtet.

Auch auf experimentellem Wege ist die Richtigkeit der angegebenen Kohlenmetamorphose nachgewiesen worden, indem es gelungen ist, durch Anwendung sehr hoher Drücke bei mäßigen Temperaturen aus Holz Braunkohle und aus dieser Steinkohle herzustellen (Dr. Bergius).

Wenn die Kohlen reicher an Asche sind als die Hölzer und die Pflanzen überhaupt, so ist dies in erster Linie darin begründet, daß durch Ablagerung mineralischer Stoffe aus dem bei der Kohlebildung gegenwärtig gewesenem Wasser die Kohlensubstanz eine Anreicherung an aschebildenden Bestandteilen erfahren hat. In zweiter Linie ist die Ursache des höheren Aschegehaltes darin zu suchen, daß mit dem Zerfall Hand in Hand gehend und als Folge desselben eine stete Abnahme der kohlebildenden Pflanzenmaterie stattgefunden hat, während der Aschegehalt, absolut genommen, konstant geblieben ist, dagegen relativ eine Erhöhung erfahren hat.

Aus diesem kurz geschilderten Werdegang folgt, daß die Hauptbestandteile der Kohle sind: Kohlenstoff, Wasserstoff, das sind die für die Verbrennung wichtigsten Bestandteile; außerdem Sauerstoff und Asche. Dazu kommt noch bei fast allen Kohlen ein stark schwankender Gehalt an Schwefelverbindungen, welche sowohl in der Kohlensubstanz selbst als auch in den aschebildenden Bestandteilen enthalten sind.

Auch Stickstoff kann als ein ziemlich regelmäßig auftretender, für die Verbrennung vollständig nebensächlicher, für die Gasfabrikation aber sehr wohl beachtenswerter Bestandteil der Kohlen genannt werden. (Auch Phosphor und Arsen kommen in vielen Kohlen, aber immer nur in ganz geringen Mengen vor.)

Die Braunkohlen.

In lufttrockenem Zustande ist das spez. Gewicht der Braunkohle zwischen 1,1 und 1,4 gelegen.

Ihre Zusammensetzung wechselt mit dem Fundorte ziemlich stark. Für den lufttrockenen Zustand können folgende Zahlen angegeben werden:

$$\begin{array}{ll}
\text{Kohlenstoff} & 50 \div 60\% \\
\text{Wasserstoff} & 3 \div 5\% \\
\text{Sauerstoff} + \text{Stickstoff} & 12 \div 28\% \\
\text{Asche} & 5 \div 10\% \\
\text{Hygroskopisches Wasser} & 8 \div 25\%
\end{array}$$

Die Einteilung der Braunkohlen erfolgt nach dem Grade der Vermoderung, also nach dem Alter, und zwar unterscheidet man hiernach in der Reihenfolge der Entstehung:

1. Lignit. Derselbe ist von gelber bis dunkelbrauner Farbe. Er läßt noch deutlich die Holzstruktur erkennen und wird daher auch fossiles oder bituminöses Holz genannt. Von einer gewissen Bruchform zu sprechen ist bei ihm nicht angängig, da zu seiner Zerteilung die Säge oder das Beil benützt werden muß.

2. Gemeine Braunkohle. Sie hat hell- bis schwarzbraune Farbe; das Gefüge läßt zuweilen die Holzstruktur noch erkennen. Der Bruch ist von dichter, oft auch von erdiger Beschaffenheit. Ihre Verbreitung ist eine sehr weitgehende.

3. Erdige Braunkohle. Sie ist von Farbe hell- bis dunkelbraun, sehr leicht zerreiblich, ohne ausgesprochene Struktur und kommt heute verhältnismäßig nur noch selten vor.

4. Blätterkohle. Diese dunkelbraune, glänzende Braunkohle zeigt im Bruche dünnplattiges Gefüge.

5. Pechkohle mit schwarzbrauner bis tiefschwarzer Farbe. Sie ist fest und hart, bricht muschelig und steht der Steinkohle am nächsten. Eine Abart derselben ist die Gagatkohle, die als Seltenheit in dem Kohlenbergwerk Hausham bei Miesbach gefunden wird und wegen ihrer tiefschwarzen Farbe und hohen Politurfähigkeit auf Jett verarbeitet wird.

Man kann die Braunkohlen auch nach der Art ihrer Verwendung einteilen und erhält alsdann zwei Gruppen:

1. Feuerkohlen. Sie werden direkt oder in Form von Briketts verbrannt.

2. Schwel- oder Schmierkohlen. Unter dieser Bezeichnung sind alle Braunkohlen zusammengefaßt, die schon bei ca. 180° beginnen zu schmelzen, also für die Verfeuerung nicht in Frage kommen.

Durch trockene Destillation derselben, Schwelerei genannt, werden gewonnen:

Braunkohlenteer (5 ÷ 10% der Kohlenmasse),

Braunkohlenkoks oder Grudekoks (25 ÷ 35%),

Schwelwasser (50 ÷ 60%),

Schwelgase (Rest).

Über Braunkohlenteer ist in dem Abschnitte „Flüssige Brennstoffe" Näheres gesagt.

Der Braunkohlenkoks oder Grudekoks

enthält $15 \div 25\%$ Asche und ebensoviel Wasser, vom Ablöschen herrührend. Er dient in erster Linie als Hausbrandmaterial, weil er die
Eigenschaft hat, an der Luft ohne besondere Behandlung unter Entwicklung von gelinder, aber anhaltender Wärme fortzuglimmen. In
kleinen Mengen wird Grudekoks zur Herstellung von schwarzer Farbe
und als Filtriermaterial für Wasser verwendet.

Das Schwelwasser ist fast wertlos.

Die Schwelgase bestehen nach Scheithauer aus:

$$CO_2 = 10 \div 20\% \qquad O = 0,1 \div 3\% \qquad CO = 5 \div 15\% \qquad CH_4 = 10 \div 25\%$$
$$H = 10 \div 30\% \qquad N = 10 \div 30\% \qquad H_2S = 1 \div 3\%$$
$$\text{Schwerere Kohlenwasserstoffe} = 1 \div 2\%$$

Sie dienen zur Beheizung der Schwelöfen und in gereinigtem Zustande zum Antrieb von Motoren.

Die Braunkohlenbriketts.

Im Gegensatz zu den Steinkohlenbriketts werden die Braunkohlenbriketts ohne jedes Bindemittel hergestellt. Dies ist deshalb möglich,
weil die Braunkohlen, besonders die jüngeren, gewisse Stoffe, die sog.
Bitumen, enthalten, die sich bei einer Erwärmung auf 75° zersetzen
und dadurch die Eigenschaft zu kleben annehmen.

Da die frischgeförderte Braunkohle einen Wassergehalt von 50%
und mehr aufweist, und dieser hohe Wassergehalt beim nachfolgenden
Pressen die Zersetzungstemperatur der Bitumen nicht erreichen ließe,
so trocknet man die Rohkohle mittels Abdampfes (z. B. von Gegendruckturbinen), bis der Wassergehalt auf $12 \div 15\%$ gesunken ist, mahlt
dann die getrocknete Kohle ganz fein und führt sie hierauf kräftigen
Kurbelpressen zu, in welchen sie unter einem Drucke von $1200 \div 1500$ at
zu Briketts geformt wird. Dabei erhitzt sich das Preßgut weiter als zur
Schmelzung der in ihm enthaltenen Bitumen nötig ist, weshalb während
des Pressens durch Wasserkühlung für die Innehaltung einer Temperatur im Preßgut von ca. 75° Sorge zu tragen ist.

Infolge des hohen Preßdruckes und der guten Bindung der Kohleteilchen sind die Briketts sehr fest, wetter- und versandtbeständig.

Braunkohlenbriketts werden hauptsächlich für den Hausbrand
verwendet und haben dann die bekannte längliche Form mit abgestumpften Ecken. Sie eignen sich aber auch für industrielle Feuerungen und
erhalten dann vielfach würfelige Form mit $50 \times 60 \times 70$ mm Seitenlänge oder rundliche Form (Semmelbriketts).

Für 1 t fertiger Braunkohlenbriketts kann man an aufzuwendender
Rohbraunkohle rechnen:

> 2,06 t direkt als Preßgut bestimmt, und
> 0,8 t Feuerkohle zur Erzeugung des Trocknungsdampfes und des
>   zum Antrieb der maschinellen Hilfseinrichtungen nötigen
>   Dampfes
>
> 2,86 t Rohbraunkohle Gesamtaufwand.

Es darf nicht unerwähnt bleiben, daß die Verarbeitung von Rohbraunkohle zu Briketts vom wirtschaftlichen Standpunkte aus unrationell ist, weil die Kosten der Umsetzung der Rohbraunkohle in Briketts infolge der dazu nötigen umfangreichen und energieverbrauchenden Einrichtungen (Zerkleinerungs-, Kühl-, Aufgabe-, Sieb-, Berieselungs-, Staubabsaugevorrichtungen) und der mit der Brikettierung zusammenhängenden direkten Verluste an Kohle höher sind als der Wärmegewinn, der aus der günstigeren Ausnützung der Braunkohle in brikettiertem Zustande resultiert. Von wirtschaftlichem Standpunkte aus richtig verfahren ist nur dann, wenn die zur Schwelerei geeignete Braunkohle am Orte ihrer Gewinnung oder in dessen nächster Umgebung direkt vergast und verschwelt wird, während nur die nicht schwelwürdige Rohkohle brikettiert und für Hausbrandzwecke auf kleinere und mittlere Entfernungen abgesetzt wird[1]).

Die Steinkohlen.

In lufttrockenem Zustande haben die Steinkohlen ein s pez. Ge wicht von 1,2÷1,4.

Ihre Zusammensetzung ist je nach Herkunft und Alter starken Schwankungen unterworfen. Als Grenzen der einzelnen Bestandteile können für den lufttrockenen Zustand folgende Zahlen angegeben werden:

Kohlenstoff	70 ÷93%
Wasserstoff	4,5÷ 6%
Sauerstoff + Stickstoff	4 ÷25%
Asche	2 ÷12%
Hygroskopisches Wasser	1 ÷ 6%

Die Einteilung der Steinkohlen erfolgt von verschiedenen Gesichtspunkten aus. Eine einheitliche Klassifikation ist bis heute noch nicht zustande gekommen.

In bezug auf das Alter unterscheidet man:

1. Mattkohlen. Von Farbe sind sie grauschwarz oder auch bräunlichgrau; ihr Aussehen ist matt, also glanzlos, sie brechen flachmuschelig bis eben und weisen nur geringe Sprödigkeit auf. Ihre Verbreitung ist nicht so allgemein wie die der Glanzkohlen. Sie liefern die Hauptmasse der zur Gasdarstellung geeigneten Kohlen.

2. Glanzkohlen. Sie sind älter wie die Mattkohlen, haben glasähnlichen Glanz, sind sehr spröde und vollkommen spaltbar. Ihre Verbreitung ist eine sehr große; zu ihnen gehört auch der Anthrazit.

Zu einer anderen Einteilung kommt man durch Verkokung einer kleinen Menge pulverisierter Kohle im zugedeckten Platintiegel. Je nach der Beschaffenheit der Rückstände dieser Verkokung unterscheidet man:

1. Sandkohle, wenn die Rückstände durchwegs sandförmig geblieben sind.

---

[1]) Herbst, Rohstoffverluste im deutschen Kohlenbergbau. Technik u. Wirtschaft 1918, Heft 12.

2. **Sinterkohle**, wenn bei der Verkokung die einzelnen Kohleteilchen wohl erweichen, aber nicht zusammenfließen. Die Rückstände bilden dann ein zusammenhängendes Ganzes, welches durch leichten Schlag oder Stoß zerfällt.

3. **Backkohle.** Die einzelnen Kohleteilchen werden bei der Verkokung flüssig und fließen zusammen. Der Verkokungsrückstand bildet daher eine zusammengeschmolzene Masse mit glatter Oberfläche und schwachglänzendem Aussehen. Das Volumen der Rückstände ist größer als dasjenige der verkokten Kohle.

4. **Sinternde Sandkohle.** Diese ist zwischen die beiden ersten Kohlenarten einzureihen, indem ihre Verkokungsrückstände nur am Rande zusammengesintert, in der Mitte aber noch locker sind.

5. **Backende Sinterkohle.** Diese bildet eine Übergangsform von der Sinter- zur Backkohle. Ihre Verkokungsrückstände lassen erkennen, daß eine Schmelzung stattgefunden hat, die aber nicht durchgreifend war; stellenweise sind die Rückstände aufgebrochen.

Das Verhalten der Steinkohlen im Platintiegel ist zwar nicht absolut maßgebend für die Verkokung im großen, denn bei letzterer ist vor allem die Art der Erhitzung, also die Führung der Temperatur von Einfluß auf das Endprodukt der Verkokung. Langsame und bei niedriger Temperatur beginnende Erhitzung liefert einen stark aufgeblähten, wenig dichten Koks und ein kohlenstoffreiches Gas (Gasfabrikation). Dagegen erhält man durch eine Erhitzung, die rasch und mit hohen Temperaturen einsetzt, einen sehr dichten Koks, aber ein kohlenstoffarmes Gas (Zechenkokerei).

Auch die bei der Verkokung in der Praxis verwendeten Apparate und Einrichtungen sind von Einfluß auf die Beschaffenheit des gewonnenen Koks.

Nichtsdestoweniger sind die bei der Verkokung im Platintiegel gewonnenen Resultate von Wichtigkeit, denn sie geben auf alle Fälle Aufschluß über das Verhalten der Kohle im Feuer.

Sandkohle ist für Dampfkesselfeuerungen insofern die beste, als die Rückstände der Verbrennung glatt durch die Rostspalten fallen. Auch Sinterkohle ist für den genannten Zweck noch geeignet, wenn auch ihre Rückstände erst durch Bearbeitung mit Schürinstrumenten zum Durchfallen durch die Rostspalten veranlaßt werden.

Backkohle ist dagegen für Rostfeuerungen unbrauchbar, weil sie die Rostspalten bald verschmieren und den Betrieb der Feuerung unmöglich machen würde. Hingegen ist sie als Schmiedekohle sehr geeignet.

In Rücksicht auf die Art der bei der Verbrennung entwickelten Flammen unterscheidet man:

1. **kurzflammige** und
2. **langflammige Kohlen.**

Maßgebend für die Flammenlänge ist der Gehalt der Kohlen an flüchtigen Bestandteilen, also an Gasen, insbesondere an diploniblem Wasserstoff, d. h. an solchem Wasserstoff, der noch nicht an Sauerstoff gebunden ist. Gasarme Kohlen sind kurzflammig, gasreiche dagegen langflammig.

Als Grenze zwischen kurz- und langflammigen Kohlen wird gewöhnlich ein Gehalt von 25% flüchtiger Bestandteile angesehen.

Bei der oben kurz angegebenen Verkokungsprobe läßt sich auch die Art der Flamme feststellen, indem man die entstehenden Gase, die durch ein im Deckel des Platintiegels angebrachtes Loch entweichen können, zur Entzündung bringt.

Nach der Größe des Gehaltes an flüchtigen Bestandteilen unterscheidet man auch:
1. Fettkohlen,
2. Eßkohlen,
3. Magerkohlen.

Erstere sind reich, letztere arm an flüchtigen Bestandteilen. Die Eßkohlen bilden den Übergang von den fetten zu den mageren Kohlen. Im Ruhrgebiet werden die mageren Kohlen als Eßkohlen bezeichnet.

Nach der Höhe des Kohlenstoffgehaltes werden die Kohlen eingeteilt in:
1. Trockene Kohlen mit einem Kohlenstoffgehalt von 75÷80%. Sie verbrennen mit langer, rauchender Flamme und entwickeln bei der trockenen Destillation reichliche Mengen von Gas mit geringer Leuchtkraft.

2. Fette Kohlen mit einem Kohlenstoffgehalt von 80÷90%. Sie eignen sich sehr gut zur Leuchtgasdarstellung und ergeben einen guten Koks.

3. Magere Kohlen mit einem Kohlenstoffgehalt von 90÷93%. Sie verbrennen mit kaum merklicher Flammenentwicklung.

Da mit zunehmendem Alter der Kohlenstoffgehalt der Steinkohlen relativ wächst und der Gasgehalt abnimmt, so ist die zuletzt gegebene Einteilung auch eine solche nach dem (steigenden) Alter und nach dem (abnehmenden) Gehalt an flüchtigen Bestandteilen.

Im Handel werden die Steinkohlen nach der Korngröße und dem Gehalte an Stücken klassifiziert, wobei in den verschiedenen Kohlenbezirken wechselnde Bezeichnungen gebräuchlich sind. So unterscheidet z. B. das Rheinisch-Westfälische Kohlensyndikat:

A. Nichtaufbereitete Kohlen. Die Kohlen werden zum Teil in dem Zustande, wie sie aus der Grube kommen, als Förderprodukte verkauft, und zwar als:
1. Fördergruskohlen mit einem Stückgehalt bis zu 15%.
2. Förderkohlen mit einem Stückgehalt von etwa 25%.
3. Gasflamm- und Gasförderkohlen, die im Durchschnitt einen Stückgehalt von 40÷50% aufweisen.

B. Aufbereitete Kohlen. Der größere Teil der geförderten Kohlen wird der Aufbereitungsanstalt zugeführt und dort durch Absiebungen in Stück-, Nuß- und Feinkohlen getrennt, von denen die beiden letzteren Sorten dann fast ausnahmslos die Kohlenwäsche passieren, um als Waschprodukte besser verwertet werden zu können. Man unterscheidet:

4. Stückkohlen I, II und III, die durch Absieben über Lochungen von durchschnittlich 80, 50 bzw. 30 mm Durchmesser gewonnen werden. Soweit sie nicht als Stückkohlen zum Verkauf gelangen, verwendet man die Stücke zum Aufbessern der Förderprodukte und erhält dadurch die:

5. Melierten Kohlen mit einem Stückgehalt von etwa 40% und

6. Bestmelierten Kohlen mit einem solchen von etwa 50%; je nach Bedarf wird der Stückgehalt noch erhöht. Vereinzelt werden auch gesiebte bzw. gewaschene Kohlen in der Körnung von etwa 80 bis 100 mm als besondere Sorte geführt, die der gleichmäßigen Stückgröße wegen dann

7. Knabbelkohlen genannt werden.

Der Sieb- und Waschprozeß liefert in der Regel vier Nußsorten, deren normale Korngrößen sich in den Grenzen 50/80 mm, 30/50 mm, 15/30 mm und 10/15 mm bewegen. Dementsprechend führen diese Größen der Reihe nach die Bezeichnung:

8. Nuß I bis IV. Soweit nicht der kleinsten Körnung noch diejenigen von etwa 5/10 mm als

9. Nuß V entnommen wird, gilt der unter 10 mm verbleibende Rest als

10. Feinkohle, die für Kokerei- und Brikettzwecke Verwendung findet.

Überreste der Nußsorten durcheinander kommen vereinzelt als

11. gewaschene Nußgruskohlen zur Verladung, während bei Gasflammkohlen unter der Bezeichnung

12. Nußgrus das bei einer Trockenabsiebung bis zu 30 mm und mehr gewonnene Produkt verstanden ist.

Durch Vermischung bestimmter Teile Stück- und kleiner Nußkohlen (III/IV) werden sogenannte

13. gewaschene Melierte hergestellt.

Die bei der Entwässerung mitgeführten Schlämme werden gesammelt und kommen unter der Bezeichnung:

14. Schlammkohlen als Absatzprodukte für Kesselfeuerungen auf den Markt.

Die Steinkohlenbriketts.

Als Rohmaterial zur Herstellung von Steinkohlenbriketts dient in erster Linie die bei der Gewinnung und Förderung, hauptsächlich aber bei der Aufbereitung von magerer Kohle abfallende Feinkohle. Es werden aber auch die bei anderen Steinkohlenarten und bei Anthrazit sich ergebenden Abfälle zu Briketts verarbeitet. Bedingung für die Gewinnung guter Steinkohlenbriketts ist ein Aschengehalt der Feinkohle unter 10%.

Als Bindemittel dient Teerpech. Während man früher nur hartes Pech wegen seiner guten Mahlfähigkeit für geeignet erachtet hat, verwendet man heute wegen der größeren Bindekraft auch mittelhartes und sogar weiches Pech für genannten Zweck. Mit Kohlenklein vermischt mahlen sich die beiden letzten Pechsorten ebensogut wie reines Hartpech.

Teerpech fällt bei der Destillation des Steinkohlenteers ab, und zwar in Mengen bis zu 60% der Teermasse. Um Hartpech zu erhalten, muß die Destillation bis zu einer Temperatur von ungefähr 360° getrieben werden, während Weichpech schon bei rund 300° sich abscheidet. Bei zwischenliegenden Temperaturen erhält man ein mehr oder minder weiches Pech.

Der Heizwert von Teerpech liegt bei 8500÷8600 WE, so daß also das Bindemittel den Heizwert der Feinkohle hebt.

Das auf ca. 120° vorgewärmte Gemisch von Feinkohle und Teerpech wird unter einem Drucke von 200÷300 at zu Briketts gepreßt, die entweder von rechteckiger Form mit abgerundeten Ecken sind, wenn sie aus Stempelpressen hervorgehen, oder linsenförmig (Eierbriketts), wenn sie in Walzenpressen hergestellt werden.

Beide Brikettformen eignen sich für industrielle Feuerungen. Die ersteren haben den Vorteil, daß sie sich bequem und übersichtlich lagern lassen, aber den Nachteil, daß sie zu erheblicher Grusbildung neigen, wenn sie zerschlagen werden müssen.

Der Steinkohlenkoks.

Der Steinkohlenkoks entsteht bei der trockenen Destillation der Steinkohle, und zwar entweder als Hauptprodukt (Kokereibetrieb) oder als Nebenprodukt (Leuchtgasdarstellung). Im ersten Falle ist er dichter und kohlenstoffreicher als im letzten Falle.

Obwohl sich jede Steinkohle verkoken läßt, so wählt man doch für den Kokereibetrieb ältere, also kohlenstoffreiche, wasserstoffarme, daher stark backende Kohlen aus, während für die Leuchtgasherstellung ausgesprochen fette, also jüngere und daher gasreiche Kohlen die geeignetsten sind.

Das spez. Gewicht von trockenem Koks ist rund 0,5.

Die mittlere Zusammensetzung von Zechenkoks ist folgende:

Kohlenstoff	90 ÷95 %
Wasserstoff	0,2÷ 1,5%
Sauerstoff + Stickstoff . .	1,4÷ 5,5%
Schwefel	0,5÷ 1,0%
Asche	5,0÷ 8,0%
Hygroskopisches Wasser .	2,0÷ 5,0%

Die Einteilung des Koks geschieht entweder nach der Art seiner Gewinnung in:
1. Gaskoks und
2. Zechenkoks oder Hüttenkoks, der wieder in
    a) Hochofenkoks (porenreicher) und
    b) Schmelz- oder Gießereikoks (porenärmer)
zerfällt,

oder nach seinem Aschengehalt in:

1. Koks der Klasse 1, wenn der Aschengehalt bis 9% geht,
2. Koks der Klasse 2, wenn der Aschengehalt in den Grenzen 9÷11% liegt,
3. Koks der Klasse 3, wenn der Aschengehalt über 11% beträgt.

Nach der Korngröße gegliedert, bringt das Rheinisch-Westfälische Kohlensyndikat folgende Kokssorten auf den Markt:

1. Hochofenkoks, für Hochofenwerke, großstückiger Koks, der mit Gabeln verladen wird.
2. Gießereikoks für Gießereien, Maschinenfabriken usw., großstückiger, mit Gabeln verladener Koks, aus dem minderwertige Stücke ausgelesen sind.
3. Brechkoks, hauptsächlich für Zentralheizungen, aber auch für industrielle Zwecke; er wird in besonderen Brechwerken gebrochen und durch Siebe auf verschiedene Größen abgesiebt, nämlich:

70/100 mm bis 50/80 mm:	Brechkoks I,
40/70 mm „ 30/50 mm:	Brechkoks II,
20/40 mm :	Brechkoks III,
10/30 mm „ 10/20 mm:	Brechkoks IV.

4. Siebkoks für industrielle Zwecke und vereinzelt auch für Zentralheizungen, nämlich:

70/100 mm bis 50/80 mm:	gesiebter Knabbel- u. Abfallkoks,
40/70 mm „ 30/50 mm:	gesiebter Kleinkoks,
20/40 mm :	gesiebter Kleinkoks (kleineres Korn),
10/30 mm „ 10/20 mm:	Perlkoks.

5. Koksgrus, Abfall bei der Herstellung der Sorten 1—4; Korngröße etwa 0/10 mm bis 0/15 mm (auch Koksasche genannt).

Als Kesselfeuerungsmaterial ist Koks vor dem Kriege nur in wenigen Fällen verwendet worden. Der Grund hierfür lag hauptsächlich auf wirtschaftlichem Gebiete, indem sich der Dampfpreis bei Verfeuerung von Koks höher stellt als bei Steinkohle.

Die Kohlenknappheit, die während des Krieges eintrat, weil enorme Kohlenmengen zwecks Gewinnung der für die Spreng- und Explosivstoffherstellung notwendigen Rohmaterialien in Koks umgewandelt werden mußten, zwang viele industrielle Werke, zur Verfeuerung von Koks überzugehen.

Es zeigte sich, daß die Verfeuerung von Koks auf gewöhnlichen Planrosten mit Handbeschickung möglich ist, wenn der Brennstoff in mäßiger Stückgröße und in guter Porosität vorliegt, wenn außerdem die Feuerung die Möglichkeit der Anwendung einer hohen Brennschicht bietet und die Zugverhältnisse gut sind. Dabei ist zu empfehlen, die Roststäbe kräftig zu kühlen, weil dadurch ihre Lebensdauer erhöht wird und die Schlacke weniger fest auf ihnen haften bleibt.

Die Kühlung erfolgt bei gewöhnlichen, vollen Roststäben in einfacher Weise durch Einführen von Dampf in den Aschenfallraum, bei Hohlroststäben durch Wasser, welches die Hohlräume durchfließt. Im ersten Falle erzielt man noch den Vorteil einer Erhöhung der Durchlässigkeit der Schlacke.

Die bei großen Dampfanlagen häufig zu findenden Ketten- oder Wanderrostfeuerungen setzten der Einführung von Koks als Brennmaterial große Schwierigkeiten entgegen, die hauptsächlich in der schweren Entzündlichkeit von Koks, in der Unentbehrlichkeit einer hohen Brennschichte und in dem Umstande begründet waren, daß der Koks nicht in durchwegs gleichmäßigen Stücken, sondern mit beträchtlichen Mengen Feinkoks vermengt, geliefert wurde. Eingehende Versuche ergaben die Notwendigkeit einschneidender Veränderungen der genannten Feuerungen.

Als wesentlichste Änderung der Ketten- oder Wanderrostfeuerung ist die Schaffung einer dieser vorgebauten Vorfeuerung zu nennen, in welcher der Koks zur Entzündung gebracht wird. Die damit erzielten Betriebsergebnisse waren insofern annehmbar, als sie zeigten, daß stückiger Koks auf den gekennzeichneten Feuerungseinrichtungen verbrannt werden kann, solange der Gehalt an Feinkoks $10 \div 15\%$ nicht übersteigt. Wirtschaftlich, d. h. bezüglich des Dampfpreises, arbeiten sie wegen der hohen Kokspreise ungünstiger als Steinkohlenfeuerungen.

Die Preßkoksbriketts.

Diese werden von einigen Gasanstalten aus Koksklein und Hartpech hergestellt, wobei letzteres das Bindemittel bildet. Die Mischung geschieht entweder unter Anwendung von überhitztem Dampfe, oder das Koksklein wird in einem luftverdünnten Raume untergebracht, und das Bindemittel in zerstäubter Form in diesen Raum eingeführt. Dadurch dringt es in die Poren der einzelnen Koksteilchen ein, und die durch Pressen der Mischung erhaltenen Briketts (Zylinder von 6×6 cm) werden besonders fest und für den Transport geeignet.

Die Preßkoksbriketts eignen sich gut für Zentralheizungen und auch für Zimmeröfen mit kräftigem Zuge. Durch ihre Herstellung sind die Gaswerke in die Lage versetzt, reichlich anfallende, geringwertige Nebenprodukte gewinnbringend zu verwenden.

2. Die flüssigen Brennstoffe.

Die flüssigen Brennstoffe bestehen aus Kohlenstoff und Wasserstoff, und zwar ist ihr Gehalt an letzterem höher als derjenige der festen Brennstoffe. (Flüssige Brennstoffe enthalten rund 15%, feste Brennstoffe nur $3 \div 6\%$ Wasserstoff, wovon ein Teil noch chemisch an Sauerstoff gebunden ist.)

Wasserstoff ist im Gegensatz zu Kohlenstoff ein äußerst reaktionsfähiges und mit hoher Temperatur rasch verbrennendes Element, während der reaktionsträgere Kohlenstoff als solcher überhaupt nicht verbrennbar ist. Er muß zunächst in Kohlenoxyd übergeführt werden, und dieses erst ist der Verbrennung fähig.

Feste Brennstoffe, die hauptsächlich aus Kohlenstoff bestehen, müssen, wenn sie verbrannt werden sollen, zuerst in flüchtige und in feste Bestandteile (Kohlenwasserstoffe bzw. Koks) zersetzt werden.

In dem höheren Wasserstoffgehalt und in der Tatsache, daß der Kohlenstoff in Verbindung mit dem Wasserstoffe einer unmittelbaren Verbrennung fähig ist, sind zum Teil die Vorzüge der flüssigen gegenüber den festen Brennstoffen begründet. Diese Vorteile sind: Leichte und rasche Entzündbarkeit, bequeme Regulierbarkeit des Feuers innerhalb weiter Grenzen, augenblickliche, weil ohne Zersetzung sich vollziehende Verbrennung, gründliche Mischung mit der Verbrennungsluft und daher vollkommene Verbrennung bei hoher Temperatur, Reinerhaltung der Heizfläche auf der Feuerseite, fast jeglicher Fortfall von Verbrennungsrückständen und damit Vermeidung von Wärmeverlusten, wie solche bei den festen Brennstoffen in der Schlacke und Asche zu verzeichnen sind, ferner Fortfall der Arbeit des Schürens und Abschlackens und endlich Vermeidung von Wärmeverlusten bei Außerbetriebsetzung der Feuerung.

Als flüssige Brennstoffe kommen gewisse Erzeugnisse der Veredelungsprozesse von
    Erdöl und von
    Teer
in Betracht.

Das Erdöl.

Über die Entstehung von Erdöl, gibt es verschiedene Theorien. Nach der einen ist es das Zersetzungsprodukt mariner Tiere niederer Art, wie Molusken und Korallen.

Nach einer anderen Theorie sind es die im Meere vorkommenden Algen gewesen, welche den Grundstoff für das Erdöl gebildet haben.

Chifford Richardson, Neuyork, zieht aus dem Umstande, daß mit dem Erdöl stets noch Naturgas auftritt, den Schluß, daß die Einwirkung der Oberfläche von festen Körpern (Sanden) auf Naturgas zur Bildung von Erdöl geführt hat.

Je nach dem Orte der Gewinnung ist die Zusammensetzung des Erdöles verschieden; im allgemeinen kann es als ein Gemenge von Kohlenwasserstoffen verschiedenen Aufbaues angesehen werden.

Die elementaren Bestandteile liegen in den Grenzen:

$$80 \div 87\% \text{ Kohlenstoff und}$$
$$10 \div 14\% \text{ Wasserstoff.}$$

Pensylvanisches Erdöl ist durch einen gewissen Paraffingehalt, russisches durch einen Gehalt von Naphthenen ($C_n H_{2n}$), kalifornisches Öl durch Asphalt und das in Kanada und Texas gewonnene Öl durch einen den Durchschnitt übersteigenden Schwefelgehalt gekennzeichnet.

Das spez. Gewicht des Erdöles liegt in den Grenzen $0,75 \div 0,98$; die Farbe geht von Gelb bis Schwarz.

In Deutschland wird Erdöl bei Wietze, Steinförde und Ölheim im Hannoverschen, bei Heide im Holsteinschen und in Südbayern zwischen **Kaltenbrunn** und **Wiessee** am Westufer des Tegernsees gefunden. Die Erdölquellen bei **Altkirch**, **Pechelbronn** und **Hagenau** im Elsaß sind durch den Krieg dem Reiche verlorengegangen.

Kennzeichnend für die deutschen Öle mit Ausnahme des Tegernseer Öles ist ihr verhältnismäßig geringer Gehalt an leichten Kohlenwasserstoffen wie Benzin und Leuchtöl; dagegen ist bei ihnen die Ausbeute an Paraffin und Schmieröl eine gute.

Hohe Feuergefährlichkeit einerseits und wirtschaftliche Gründe anderseits lassen es angezeigt erscheinen, nicht das rohe Erdöl als solches, sondern den nach Abtreibung der in ihm enthaltenen, wertvollen Bestandteile verbleibenden Rückstand zu verfeuern.

Durch fraktionierte Destillation, d. h. durch unterbrochene und in den Temperaturen abgestufte ·Destillation werden aus dem rohen Erdöl wichtige Produkte gewonnen.

Bei Temperaturen bis 150° scheidet sich **Benzin**, zwischen 150 und 300° **Petroleum** und zwischen 225 und 360° **Gasöl** ab.

Dem nach der Abdestillation des Gasöles sich ergebenden Rückstande wird der Paraffingehalt durch Abpressung entzogen, vorausgesetzt, daß diese Weiterverarbeitung rentabel ist. Der dann in einem Betrage von rund 50% des ursprünglichen Rohölquantums verbleibende Rest bildet entweder das Ausgangsmaterial für die Mineralschmierölfabrikation, wenn solche lohnend ist, oder er wird unter dem Namen **Masut** (**liquid fuel**, **Pascura**, **Astatki**, **Restöl**) der Verwendung zu Feuerungszwecken zugeführt.

Das Benzin. Das aus dem Erdöl durch Destillation bis 150° zunächst erhaltene Benzin bezeichnet man als Rohbenzin (Naphta). Es hat ein spez. Gewicht von 0,65÷0,79 und einen Heizwert von ca. 10 000 WE. Durch weitere Destillation wird es auf **Leichtbenzin** (bei 30÷100° gewonnen) und auf **Schwerbenzin** (bei 100÷150° gewonnen) verarbeitet.

Aus dem Leichtbenzin wird **Petroläther**, **Gasolin** und **Benzin** (für Autos, Luftfahrzeuge, Löt- und Grubenlampen, Bootsmotore und medizinische Zwecke) hergestellt, während das Schwerbenzin ebenfalls auf **Benzin**, außerdem noch auf **Ligroin** und **Benzinputzöl** verarbeitet wird.

Das Petroleum. Dieses aus dem Erdöl bei Temperaturen von 150÷300° gewonnene Destillat ist unreines Petroleum mit einem spez. Gewicht von 0,79÷0,89. Erst durch Raffination wird das gereinigte Petroleum erhalten, welches für Leuchtzwecke und als Betriebsstoff für Motore Verwendung findet.

Das aus dem Erdöl bei 225÷360° abdestillierende
Gasöl hat ein spez. Gewicht von 0,83÷0,93. Seine hauptsächliche Verwendung findet es zum Betriebe von Dieselmotoren. Durch Raffination wird aus ihm das **Petroleumputzöl** (Gewehröl) gewonnen.

Auf 700÷800° erhitzt, zersetzt sich das Gasöl in seine gasförmigen Bestandteile. (Weitere Angaben siehe „Braunkohlenteeröle").

Der Teer.

Als Teer bezeichnet man allgemein das bei der trockenen Destillation kohlenstoffreicher Materialien aus den Destillationsgasen sich abscheidende zähflüssige Nebenprodukt, welches zum größten Teil aus Kohlenwasserstoffen, zum geringsten Teil aus freiem Kohlenstoff mit beigemengtem Wasser besteht. Es stellt eine dunkle, fast schwarze Masse dar, die nur bei niedriger Temperatur dickflüssig, in der Hitze dagegen dünnflüssig ist.

In Hinsicht auf das Ausgangsmaterial unterscheidet man:

Steinkohlenteer,

Braunkohlenteer,

Holzteer.

Von untergeordneter Bedeutung sind noch der

Ölgasteer (bei der Erzeugung von Ölgas gewonnen)

und der Schieferteer (bei der Verschwelung von Ölschiefer als Rückstand verbleibend).

Der Steinkohlenteer. Je nachdem der Teer bei der Verarbeitung der Steinkohle in Kokereien oder in Gasanstalten oder in Generatoren gewonnen wird, unterscheidet man

Kokereiteer,

Gasteer und

Generatorteer.

Die anfallenden Mengen betragen bei Kokereien 2÷6%, und bei Gasteer rund 5% der destillierten Kohlenmenge. Die im Generatorbetrieb gewonnene Teermenge ist so gering, daß der Generatorteer bis jetzt noch keine besondere Bedeutung erlangt hat.

Kennzeichnend für den Steinkohlenteer ist sein Gehalt an freiem Kohlenstoff, durch welchen in erster Linie seine Verwendbarkeit zu Heiz- und Motorzwecken beeinflußt wird. Je höher der Gehalt an freiem Kohlenstoff ist, desto weniger geeignet ist der Teer für die genannten Zwecke, weil die Brenner, bezw. Düsen durch sich bildenden Koks leicht verstopft werden.

Gasteer hat den höchsten Gehalt an freiem Kohlenstoff, bis 33%, während der Kokereiteer in der Regel nicht mehr als 12% enthält.

Als mittlere Zusammensetzung des Steinkohlenteers kann nach Dr. Schmitz angenommen werden:

Kohlenstoff	92,4 %
Wasserstoff	4,5 %
Sauerstoff + Stickstoff	2,5 %
Schwefel	0,35%

Die Siedepunkte der einzelnen Bestandteile des Teers liegen verschieden hoch, und diesen Umstand benützt man zur Gewinnung der so sehr wichtigen Teerprodukte. Die Teermasse wird, nachdem ihr das **Ammoniakwasser** (ca. 2,3%) und die **Rohbenzole** (ca. 25%) entzogen sind, nacheinander in verschiedene Destillierblasen geleitet, die auf zweckentsprechende, verschieden hohe Temperaturen geheizt sind. Die den einzelnen Blasen entweichenden Dämpfe werden durch Abkühlung destilliert. Das Verfahren heißt daher **fraktionierte Destillation.**

Es scheiden sich in Dampfform ab bei Temperaturen

von 80÷170° die **Leichtöle,**
„   170÷230° „ **Mittelöle,**
„   230÷300° „ **Schweröle,**
„   300÷360° „ **Anthrazenöle.**

Als Rückstand verbleibt das **Teerpech.**

Der Menge nach betragen diese Destillationsprodukte auf wasser- und aschefreien Teer bezogen:

Leichtöle	1,0÷ 6,6%
Mittelöle	10,2÷14,0%
Schweröle	8,5÷13,0%
Anthrazenöle	9,9÷21,9%
Pech	51,7÷66,5%

Das **Ammoniakwasser** wird auf Salmiakgeist, schwefelsaures Ammoniak und andere Ammoniakprodukte verarbeitet. Besonders das schwefelsaure Ammoniak hat als Düngmittel für Nutzpflanzen aller Art eine hohe Bedeutung erlangt.[1]

Die **Rohbenzole** und **Leichtöle** dienen zur Herstellung des **Benzols, Toluols, Xylols** und **Solventnaphtas.**

Benzol ist das Ausgangsmaterial für die Anilinfarbenfabrikation. Es dient ferner als Leuchtstoff in den Benzolglühlichtlampen und tritt in neuerer Zeit als Betriebsstoff für Motore an Stelle von Benzin in den Vordergrund.

Toluol dient zur Darstellung von Benzoesäure und Sacharin. Es findet außerdem Verwendung zur Fabrikation vieler Farbstoffe, zur Herstellung medizinischer Präparate und künstlicher Riechstoffe. Die wichtigste Verwendung ist aber die zu Spreng- und Explosivstoffen.

Xylol wird als Lösungsmittel für Fette und Öle verwendet.

Solventnaphta findet Anwendung als Lösungsmittel für Kautschuk und zur Herstellung von Lacken und Harzen.

Die **Mittelöle** dienen, nachdem sie von **Naphtalin** (Desinfektionsmittel, Ausgangsmaterial für Ruß- und Farbenfabrikation, Brennstoff, siehe später) und **Karbolsäure** (Ausgangsmaterial für die Herstellung von Farben, Sprengstoffen, pharmazeutischer Erzeugnisse) befreit sind, als Heizöle, als Treiböle für Dieselmotore und als Waschöl für die

---

[1] Deutschland verbrauchte i. J. 1913 rd. 460 000 t schwefelsaures Ammoniak.

Benzolgewinnung; oder aber sie werden auf

      Phenole (dienen zur Herstellung der Pikrin- und der Salizylsäure),

      Kresole (dienen zur Herstellung von Desinfektionsmitteln wie z. B. des Lysols) und

      Xylenole

verarbeitet.

Die Schweröle, die bei gewöhnlichen Temperaturen viel feste Bestandteile (meist Naphtalin) enthalten, finden Verwendung als Heiz-, Treib- und Waschöle und zum Imprägnieren von Holz.

Die Anthrazenöle scheiden bei niedrigen Temperaturen einen festen Körper, das Anthrazen aus, welcher Vorgang durch Filtrieren noch durchgreifender gestaltet wird. Als Ausgangsmaterial für die Herstellung der Alizarinfarben ist das Anthrazen von großer Bedeutung. Aus den flüssigbleibenden Bestandteilen der Anthrazenöle, den sogenannten filtrierten Anthrazenölen wird das Karbolineum gewonnen, das für desinfizierende Anstriche und zum Imprägnieren von Holz (Eisenbahnschwellen, Telegraphenstangen, Grubenhölzer) Verwendung findet.

In neuerer Zeit wird aus den filtrierten Anthrazenölen durch weitere Verarbeitung das Teerfettöl hergestellt, welches das Ausgangsmaterial für die Gewinnung von Schmieröl bildet. Diese Schmieröle (spez. Gew. 1,1, Flammpunkt 130°, Viskosität 2,25 Englergrad bei 50°) haben gegenüber den Mineralschmierölen den Vorzug, säurefrei zu sein; sie eignen sich zwar weniger zur Verwendung als ausschließliches Schmiermaterial, wohl aber als Zusatz zu Mineralölen, mit welchen sie sich bei einer Temperatur von ca. 80° gut vermischen. Besonders geeignet ist das Teerfettöl zur Herstellung von Starrschmieren.

Das Teerpech wird in zwei Formen gewonnen: als Weichpech, wenn die Destillation nur bis zur Ausscheidung der Schweröle getrieben oder noch früher unterbrochen wird, und als Hartpech, wenn die Destillation bis zur Ausscheidung der Anthrazenöle fortgesetzt wird. Ersteres wird als Anstrichmittel und zur Imprägnierung von Dachpappen, auch zur Brikettierung von Steinkohle verwendet, letzteres dient in gemahlenem Zustande dem gleichen Zwecke.

Der Tieftemperaturteer. Der Kokereiteer sowohl, wie auch der Gasteer sind durch Temperaturen gegangen, die über 1000° liegen, und daher als hoch bezeichnet werden müssen. Die Bildung des Teers findet schon bei Temperaturen unter 500° statt, und wenn solcher Teer untersucht wird, so zeigt sich, daß derselbe keinen der Stoffe: Benzol, Toluol, Xylol, Naphtalin, Anthrazen enthält, ebenso wie ja auch die Steinkohle frei von diesen Stoffen ist, die ihre Entstehung offenbar einer Zersetzung des Teers in dem Bereiche der höheren, über 500° gelegenen Temperaturen verdanken.

Teer, gleichgültig ob aus Stein- oder Braunkohle herrührend, der bei Temperaturen unter 500° gewonnen wird, heißt **Tieftemperaturteer** oder **Urteer**. Er hat bezüglich seiner Verarbeitungsfähigkeit große Ähnlichkeit mit dem Erdöl, indem sich aus ihm Benzin, Leuchtöl, Paraffin, Treiböl, Schmieröl herstellen läßt.

Der Braunkohlenteer. Er wird bei der Schwelerei, d. i. trockene Destillation einer besonderen Braunkohlengattung, der sogenannten Schwel- oder Schmierkohle erhalten und stellt eine gelbe bis dunkelbraune, bei gewöhnlicher Temperatur dickbreiige Masse dar, deren spez. Gewicht zwischen 0,85 und 0,91 liegt.

Was die **Zusammensetzung des Braunkohlenteers** betrifft, so sind es hauptsächlich Kohlenwasserstoffe der Paraffinreihe, die ihn bilden; daneben finden sich noch aromatische Kohlenwasserstoffe, sauerstoffhaltige Körper, Wasser und als besonders kennzeichnend, Schwefel; letzterer im Betrage von $0,5 \div 1,5\%$.

Durch trockene Destillation lassen sich aus dem Braunkohlenteer verschiedene wertvolle Produkte gewinnen, die alle zwischen 150 und 400° übergehen. Es sind dies:

Rohes Braunkohlenteeröl. Dieses destilliert zuerst über; es ist paraffinfrei und macht rund ein Drittel der Teermasse aus.

Paraffine, weiche und harte ($3 \div 6\%$ bezw. $8 \div 12\%$).

Teerkoks (2%).

Destillationsgase (100 kg Teer geben $2 \div 2,5$ cbm Gas).

Nebenprodukte ($4 \div 6\%$).

Außerdem wird noch Wasser erhalten.

Das **rohe Braunkohlenteeröl** wird auf dem Wege der trockenen Destillation noch weiter verarbeitet, wodurch folgende Produkte entstehen:

Leichtes Braunkohlenteeröl (Benzin): spez. Gewicht $= 0,79 \div 0,81$, Siedepunkt: $100 \div 200°$.

Es dient meistens zum Reinigen des Paraffins.

Solaröl: spez. Gewicht $= 0,825 \div 0,835$, Siedepunkt: $130 \div 240°$.

Es dient zum Betriebe von Motoren, ferner als Lösungsmittel in der chemischen Industrie und als Leuchtöl.

Putzöl: Spez. Gewicht $= 0,850 \div 0,860$, Siedepunkt: $200 \div 300°$.

Es wird zum Waschen fettiger Maschinenteile benützt.

Gelböl ⎱ spez. Gewicht $= 0,865 \div 0,880$; Siedepunkt: $200 \div 325°$.
Rotöl ⎰

Sie dienen zur Herstellung feiner Wagenfette, als Treibmittel für kleinere Dieselmotore und als Ersatz für Gasöl.

Gasöl: Spez. Gewicht $= 0,880 \div 0,900$, Siedepunkt: $225 \div 360°$.

Es bildet das Ausgangsmaterial für die Herstellung von Ölgas, das vorwiegend zur Beleuchtung von Eisenbahnwagen verwendet wird.

Gasöl dient ferner noch zum Karburieren von Wassergas. Als weiteres, wenn auch nicht aus dem Rohöl, doch aber aus dem Braunkohlenteer gewonnenes Öl muß noch das **Paraffinöl** genannt werden. Dieses stellt sich bei der Gewinnung des Weichparaffins als Ablauföl ein. **Spez. Gewicht** $= 0{,}900 \div 0{,}930$; **Siedepunkt**: über $300°$. Es wird in gleicher Weise wie das Gasöl verwendet. Außerdem dient es noch zur Herstellung von Schmiermitteln und Wagenfetten.

Das an zweiter Stelle aufgeführte Produkt der Braunkohlenteer-Destillation, die **Paraffine**, macht der Menge nach nur $10 \div 12\%$ der Teermasse aus, dem Werte nach steht es aber an erster Stelle. Die Bedeutung der Paraffine für die Kerzenfabrikation ist allgemein bekannt.

Der **Teerkoks** wird auf Kohlen für die elektrische Industrie verarbeitet.

Die **Destillationsgase** haben einen Heizwert von $7000 \div 9000$ WE. Sie werden für Beleuchtungs- und Heizzwecke, hauptsächlich aber für motorische Zwecke verwendet.

Als **Nebenprodukte** sind **Kreosotöl** und **Asphalt** zu nennen. Ersteres hat ein spez. Gewicht von $0{,}950 \div 0{,}980$ und wird als Imprägnierungsmittel für Eisenbahnschwellen und Grubenhölzer geschätzt. Auch für Desinfektionszwecke ist es in Verwendung. Der Asphalt ergibt sich als Rückstand bei der Destillation des Kreosotöls.

Die mitteldeutschen Braunkohlen enthalten fast durchwegs mehr oder minder große Mengen von **Montanwachs**, welches wegen seiner sehr schlechten Leitungsfähigkeit für den elektrischen Strom als Isolationsmaterial Verwendung findet. Außerdem dient es auch noch zur Herstellung von Phonographenwalzen und von Schuhcreme.

Die Teeröle. Die unter dieser Bezeichnung als Heizöle und als Treiböle in den Handel gebrachten Produkte sind sowohl aus dem Steinkohlenteer wie auch aus dem Braunkohlenteer hergestellt und zwar umfassen sie, soweit ersterer in Betracht kommt, die Mittel-, die Schwer- und teilweise auch noch die Anthrazenöle.

Während die Treiböle möglichst rein verlangt werden, enthalten die Heizöle bis zu 20% Teerpech und heißen dann **gestreckte Teeröle**.

Die **Heizwerte** liegen zwischen 8800 und 10 000 WE, und zwar ist derjenige des reinen Öles um weniges höher als der des gestreckten Öles.

Das **spez. Gewicht** ist für reines Öl bei $1{,}02$, für gestrecktes Öl bei $1{,}01$ (bei $15°$), der **Siedepunkt** bei rund $200°$, der **Entflammungspunkt** über $65°$ gelegen.

Bei der Verheizung wird das Öl den Brenndüsen in vorgewärmtem Zustande zugeführt und durch die Düsen zerstäubt. Dies ist in dreifacher

Weise möglich, und darnach werden auch drei verschiedene Brennersysteme unterschieden.

Entweder fließt das Öl den Düsen unter Druck (ca. 0,3 at) zu (Preßöl- oder Zentrifugalzerstäuber), oder den Düsen wird nebst dem Öle noch Dampf oder Preßluft zugeführt (Dampf- oder Preßluftzerstäuber), oder die Düsen werden mit Gebläseluft (400÷600 mm Wassersäule) gespeist, welche die Zerstäubung des Öles bewirkt. (Gebläseluftzerstäuber).

Die Verheizung der Teeröle muß mit gewisser Vorsicht geschehen, nicht nur deshalb, weil die Öle an und für sich feuergefährlich sind, sondern auch wegen der Gefahr der Bildung explosiver Öldampf-Luftgemische in den Feuerzügen. Diese Gefahr ist bei zeitweiser gewollter Unterbrechung des Feuerungsbetriebes, oder beim ungewollten Abreißen der Flamme besonders nahe gerückt. Gründliche Durchlüftung der Feuerzüge durch weites Öffnen des Rauchschiebers vor der Ingangsetzung der Brenner ist eine einfache Vorbeugungsmaßregel gegenüber den fast immer zerstörend wirkenden Gasexplosionen.

Wegen der Feuergefährlichkeit der Teeröle sind von verschiedenen Feuerversicherungsgesellschaften Sicherheitsvorschriften erlassen worden, nach denen der Entflammungspunkt des Öles nicht unter 60° liegen darf; der Ölbehälter darf nicht oberhalb eines Dampfkessels angebracht werden; die Vorwärmung des Öles hat nur mittels Dampf zu geschehen, und die Temperatur, auf welche das Öl vorgewärmt wird, muß mindestens 20° unter dem Entflammungspunkte liegen.

Das Naphtalin. Naphtalin wird hauptsächlich aus dem Steinkohlenteer, in geringen Mengen auch aus den bei der Steinkohlendestillation entstehenden Gasen gewonnen.

In erster Linie sind es die Mittelöle, aus welchen durch Abkühlung Naphtalin in fester Form sich abscheidet. Die in diesem Produkte noch enthaltenen Ölbestandteile werden zum größten Teil durch Schleudern entfernt und so das Rohnaphtalin erhalten.

Für höhere Ansprüche bezüglich der Reinheit wird das Rohnaphtalin einem weiteren Läuterungsprozeß unterworfen, der in einem Ausquetschen in dampfgeheizten Pressen besteht und der das sogenannte gepreßte Rohnaphtalin liefert.

Naphtalin ist bei gewöhnlicher Temperatur ein fester Körper, dessen spez. Gewicht bei 15° rund 1,1 ist. Bei 79° geht es in den flüssigen Zustand über, wodurch das spez. Gewicht auf 0,98 herabsinkt. (Festes Naphtalin geht also in flüssigem Naphtalin zu Boden.)

Naphtalin hat die Eigenschaft, zu sublimieren, d. h. die bei Erwärmung entstehenden Naphtalindämpfe gehen bei Abkühlung bis unter den Schmelzpunkt direkt, also ohne erst flüssig zu werden, in den festen Zustand über.

Der Heizwert von Naphtalin liegt bei 9300 WE. Die bei der Verbrennung erreichte Temperatur beträgt nahezu 2000°.

Rohnaphtalin findet reichlich Verwendung zur Imprägnierung von Holz und zur Herstellung von Ruß und Schwarzfarben.

Gepreßtes Naphtalin ist das Ausgangsmaterial für die Fabrikation der Anilinfarben, des künstlichen Indigos und von Sprengstoffen. Es dient ferner als Treibmittel.

Beide Naphtalinsorten kommen seit dem Kriege auch als Heizmaterial zur Verwendung.

Die Verheizung von Naphtalin geschieht in flüssigem Zustande. mittels Brenndüsen, die nach den gleichen Grundsätzen gebaut sind, wie die für Teeröle bestimmten, nur daß bei ihnen noch auf die besondere Dünnflüssigkeit des Naphtalins Rücksicht genommen ist.

Der Naphtalinbehälter, ebenso wie die von ihm zu den Düsen führenden Leitungen müssen während des Feuerungsbetriebes auf $79 \div 80°$ geheizt sein, was am sichersten durch Dampf geschieht. Ein Überschreiten dieser Anwärmetemperatur kann Gefahr bringen, weil der Entflammungspunkt nahe bei dem Schmelzpunkte liegt.

Beim Anheizen ist darauf zu achten, daß das Naphtalin beim Austritt aus dem Brenner nicht erstarrt; Anwärmung des letzteren mittels einer Lötlampe beseitigt diese Gefahr.

3. Die gasförmigen Brennstoffe.

Die gasförmigen Brennstoffe sind mit einer einzigen Ausnahme sekundären Ursprungs, indem sie erst durch chemische Umsetzung der natürlichen Brennstoffe: Stein- und Braunkohlen, Holz und Torf entstehen. Auch aus anderen Stoffen, wie z. B. Lederabfällen, Weintrester, Olivenrückständen lassen sich gasförmige Brennstoffe gewinnen.

Als Feuerungsmaterial verwendet, bieten sie den Vorteil, daß sie sich leicht und innig mit der Verbrennungsluft vermischen und daher verhältnismäßig einfach zu einer vollkommenen Verbrennung gebracht werden können.

Als besonderer Vorzug gegenüber den festen Brennstoffen ist die Möglichkeit ihrer direkten Ausnützung zur Krafterzeugung zu bezeichnen, wodurch sich eine ungefähr $2^{1}/_{2}$ mal größere Kraftleistung erzielen läßt als auf dem Umwege ihrer Verbrennung unter Dampfkesseln.

Als gasförmige Brennstoffe kommen in Betracht:

  das Naturgas,
  die Gichtgase,
  die Koksofengase,
  die Generatorgase.

Hinsichtlich ihres wirtschaftlichen Wertes können die genannten gasförmigen Brennstoffe in zwei Gruppen gegliedert werden:

Arme Gase mit einem Heizwerte von $700 \div 1500$ WE pro cbm. Ihre Gewinnung erfolgt durch Vergasung von Steinkohle, Braunkohle, Torf, Holz und kohlenstoffhaltigen Abfallmaterialien unter Zufuhr von Luft, oder Luft und Wasserdampf zusammen in Generatoren. Sie heißen daher allgemein Generatorgase. Zu den armen Gasen zählen auch die Gichtgase der Eisenhochöfen und der Kupfergewinnungsöfen.

Reiche Gase mit einem Heizwerte von 4000 WE pro cbm und mehr. Sie werden durch Entgasung von Steinkohle, Braunkohle und Torf unter Luftabschluß gewonnen. Zu ihnen gehören das Leuchtgas und die Koksofengase. Auch das Naturgas, der einzige gasförmige Brennstoff primärer Herkunft, muß zu ihnen gerechnet werden.

Das Naturgas.

Dieses Gas kommt an verschiedenen Stellen der Erde vor, am reichlichsten in Nordamerika, wo in Pensylvanien die ergiebigsten Quellen fließen. Es wird durch Bohrlöcher abgezapft und mit Hilfe des ihm innewohnenden Druckes (bis 14 at) in ausgedehnten Rohrleitungen nach Fabriken und auch nach Wohnstätten als willkommenes, weil heizkräftiges Brennmaterial fortgeleitet.

In der Hauptsache besteht das Naturgas aus Kohlenwasserstoffen.

In Deutschland hat die Ende 1910 in der Gemeinde Neuengamme bei Hamburg bei Gelegenheit von Grundwasserbohrungen zum Ausbruche gekommene Erdgasquelle Aufsehen erregt.

Das dieser Quelle entströmende Gas, welches zu $95 \div 97\%$ aus Methan (CH_4) bestand, wies einen Druck von $30 \div 40$ at auf. Sein Heizwert lag infolge des reichlichen Methangehaltes sehr hoch, im Mittel bei 8400 WE pro cbm (unterer Heizwert).

Der Hauptteil des in großer Menge fließenden Gases fand zur Heizung von 24 Dampfkesseln des Hauptpumpwerkes der Hamburger Wasserwerke Verwendung, nur ein kleiner Teil wurde dem Leuchtgase beigemischt. Im Jahre 1918 ist die Quelle versiegt.[1]

Die Gichtgase.

Es kommen die den Eisenhochöfen und den Kupfergewinnungsöfen entströmenden Gase in Betracht. Letztere haben zwar nur einen geringen Heizwert (600 WE pro cbm), werden aber doch als Betriebsstoff für Gasmaschinen in bestmöglicher Weise ausgenützt.

Die Zusammensetzung der Gichtgase der Eisenhochöfen ist sehr verschieden, wie es ja auch die Beschickung des Hochofens und der Verlauf des Hochofenprozesses selbst ist. Die Analysen von zwei an dem gleichen Ofen bei verschiedenen Arbeitsverhältnissen entnommenen Gasproben ergaben folgende Werte:

	1. Probe	2. Probe
Kohlensäure	6 %	10,9%
Kohlenoxyd	33,3%	27,3%
Wasserstoff	0,8%	3,3%
Stickstoff	59,9%	58,5%
Unterer Heizwert	1037 WE	917 WE pro cbm

Durchschnittlich wiegt 1 cbm Gichtgas 1,28 kg.

---

[1] Nach Zeitungsmeldungen ist man bei neu aufgenommenen Bohrungen zu Ende des Jahres 1919 auf eine Ader der alten Quelle gestoßen.

Die Gichtgase finden Verwendung zur Heizung der Winderhitzer; der Rest wird unter Dampfkesseln verbrannt oder in Gichtgasmotoren zur direkten Kraftleistung verwertet.

Für 1 t produziertes Roheisen kann man 4500÷6900 cbm Gichtgase rechnen; davon gehen 30÷40% für die Heizung der Winderhitzer und 5% als Verluste ab, so daß noch 55÷65% für Kesselheizung und Motorzwecke zur Verfügung stehen.

Die Koksofengase.

Die Koksofengase entstehen bei der Verkokung von Steinkohle; es sind also Destillationsgase.

Die Verkokung findet statt entweder

in Koksflammöfen, oder

in Destillationsöfen.

Bei den ersteren werden die aus den Kohlen entweichenden Destillationsgase unter Zusatz von Luft in den neben den Verkokungskammern verlaufenden Heizkanälen verbrannt. Sie liefern also zunächst die für den Verkokungsprozeß selbst notwendige Wärme und gehen dann mit einer Temperatur von 1000÷1200° aus dem Ofen ab, so daß es noch lohnend ist, sie durch die Heizkanäle von Dampfkesseln zu führen. Auf diese Weise ist es möglich, mit der Gasmenge, die aus 1 kg zur Verkokung gebrachter Steinkohle entsteht, 1÷1,2 kg Wasser zu verdampfen.

Diese Art der Auswertung der Kohle durch Verkokung in Flammöfen ist eine unvollkommene, weil die in den Destillationsgasen enthaltenen wertvollen Bestandteile (Benzol, Teer, schwefelsaures Ammoniak usw.) verloren gehen. Die Koksflammöfen verschwinden daher immer mehr, um den Destillationsöfen mit Gewinnung der Nebenprodukte Platz zu machen.

Bei dieser zweiten Gattung von Verkokungsöfen werden den Destillationsgasen zuerst die wertvollen Nebenprodukte entzogen, hierauf werden sie in der benötigten Menge zur Heizung der Koksöfen herangezogen, und der dann noch verbleibende Rest wird entweder direkt zur Krafterzeugung in Gasmaschinen verwendet, oder er wird unter Dampfkesseln verbrannt, also indirekt der Krafterzeugung nutzbar gemacht.

Außerdem werden die aus den Heizkammern der Koksöfen abziehenden Gase (Abgase) noch gezwungen, ihre fühlbare Wärme an Kesselheizflächen abzugeben.

Auf diese Weise ist es möglich, in Dampfkesseln mit den zu verbrennenden Destillationsgasen im Verein mit den Abgasen ca. 0,8÷0,9 kg Wasser zu verdampfen (bezogen auf 1 kg verkokte Kohle).

Eine wesentliche Verbesserung der Arbeitsweise der Destillationsöfen ist in neuerer Zeit dadurch eingetreten, daß man nach dem Vorschlage Koppers die Beheizung der Öfen nach dem Regenerativprinzip bewerkstelligt. Dadurch ergibt sich ein Gasüberschuß, der nahezu doppelt so groß ist als bei den ohne Regenerativfeuerung betriebenen Destillationsöfen (pro 1 t eingesetzter Kohle 110÷130 cbm gegenüber 60÷70 cbm Gas). Die Zechen sind dadurch in der Lage, nicht nur ihren eigenen Gasbedarf für Gasmaschinen oder Dampfkessel zu decken, sie können auch noch überschüssiges Gas an benachbarte Gemeinden abgeben.

Die Zusammensetzung der Koksofengase ist verschieden und hängt vor allem davon ab, wie lange der Verkokungsprozeß bereits im Gange ist. So gibt die „Hütte", Taschenbuch für Eisenhüttenleute, an:

	in den ersten 14 Stunden	in den übrigen 19 Stunden
Kohlenwasserstoffe	5 %	2,5%
speziell Methan	37,4%	29,2%
Wasserstoff	44,3%	51,8%
Kohlenoxyd	6,2%	5,0%
Kohlensäure	2,9%	2,0%
Sauerstoff	0,1%	0,4%
Stickstoff	4,1%	9,1%
Oberer Heizwert	6300 WE	4580 WE pro cbm.

Die Generatorgase.

Durch unvollkommene Verbrennung von festen Brennstoffen jeglicher Art in schachtförmigen Öfen entstehen brennbare Gase, die allgemein als Generatorgase bezeichnet werden. Sie bestehen hauptsächlich aus Kohlenoxyd und einer großen Menge Stickstoff, der vornehmlich aus der Verbrennungsluft herrührt.

Bei schärferer Beurteilung muß man die Vorgänge im Generator als eine gleichzeitig vor sich gehende Entgasung und Vergasung der Brennstoffe bezeichnen.

An der Eintrittsstelle der Luft (und des Wasserdampfes) in den Generator findet eine vollständige Verbrennung (Vergasung) des aus höheren Zonen herabkommenden und daselbst bereits entgasten Brennstoffes statt. Die in der Vergasungszone entstehende Kohlensäure setzt sich beim Durchstreichen weiterer glühender Kohlenschichten in Kohlenoxyd um ($CO_2 + C = 2\,CO$), dieses geht im Verein mit dem in der Vergasungszone aus dem Wasserdampf freigewordenen Wasserstoff durch die über den glühenden Schichten lagernden Kohlenmassen hindurch und bewirkt deren trockene Destillation (Entgasung).

In dem speziellen Falle, in welchem Luft als sauerstoffabgebendes Mittel benützt wird, heißt das entstehende Gas Luftgas.

Verwendet man aber an Stelle von Luft als Sauerstoffquelle Wasser, indem man dasselbe in Form von Wasserdampf durch den glühenden Brennstoff bläst, so entsteht ein Gas, welches in der Hauptsache ebenfalls aus Kohlenoxyd und außerdem aus Wasserstoff, herrührend von der Zersetzung des Wasserdampfes durch den glühenden Brennstoff, besteht. Es finden nämlich folgende chemische Vorgänge statt:

$$C + H_2O = CO + H_2 \quad \text{(bei Temperaturen über } 1000\,°)$$
$$\text{und } C + 2\,H_2O = CO_2 + 2\,H_2 \quad \text{(bei Temperaturen unter } 1000\,°).$$

Dieses Gas heißt Wassergas. Zu seiner Erzeugung wird Koks oder Anthrazit verwendet. Der Heizwert des Wassergases liegt höher als der des Luftgases, da ihm die großen Stickstoffmengen, die in letzterem enthalten sind, fehlen. Doch läßt sich dieses Wassergas nicht in ununterbrochener Weise erzeugen, weil die Zersetzung des Wasserdampfes so viel Wärme beansprucht, daß die Temperatur im Generator bald unter die Zersetzungstemperatur des Wasserdampfes gesunken ist. Um einem weiteren Fallen der Temperatur Einhalt zu tun, bläst man nun an Stelle von Wasserdampf wieder Luft in den Generator, erzeugt also wieder Luftgas, und zwar so lange, bis die Temperatur über die Zersetzungstemperatur des Wasserdampfes angestiegen ist.

Einfacher gestaltet sich der Betrieb solcher Generatoren, wenn man in das glühende Brennmaterial Luft und Wasserdampf zu gleicher Zeit einbläst, deren Mengen so reguliert sind, daß eine merkliche Abkühlung des Generatorraumes nicht stattfindet. Das hierbei erzeugte Gas, welches bei richtigem Betriebe der Hauptsache nach aus Kohlenoxyd, Wasserstoff und Stickstoff besteht, heißt Mischgas, nach dem Erfinder des Verfahrens auch Dowsongas. Es wird weniger zu Feuerungszwecken, als vielmehr zur Krafterzeugung verwendet, weshalb es auch den Namen Kraftgas trägt.

Gutes Generatorgas aus Steinkohle erzeugt, hat folgende Zusammensetzung:

Kohlenoxyd .	26÷32%	Wasserstoff .	8÷12%
Kohlensäure .	4% oder weniger	Sauerstoff . .	0,5%
Methan . . .	1÷ 3%	Stickstoff . .	62%

Wassergas besteht nach Dolensky durchschnittlich aus:

Kohlenoxyd	39÷42%	Wasserstoff	49%
Kohlensäure	2,5÷ 6%	Stickstoff	5÷6%
Methan	0,7%		

An Luftgas erhält man aus 1 kg

Koks	ca. 6,5 cbm	Torf	ca. 2,5 cbm
Steinkohle	„ 5,4 „	Holz	„ 2,0 „
Braunkohle	„ 3,5 „		

Aus 1 kg Anthrazit oder Koks werden 1,8÷2,0 cbm Wassergas gewonnen.

Der Heizwert von Generatorgas ist sehr verschieden. Je nach der Art des vergasten Brennstoffs und der Führung des Prozesses liegt er zwischen 750 und 2700 WE.

Der mittlere Heizwert von Wassergas beträgt 2600 WE.

Luftgas wird hauptsächlich für Feuerungszwecke, Kraftgas für motorische Zwecke erzeugt. Die Verwendung des Wassergases ist eine sehr vielseitige. Es dient in der Eisenindustrie zum Glühen, Schweißen, Schmelzen, zum Löten und zum Härten. Vielfach wird es auch in der chemischen und keramischen Industrie und in Glashütten verwendet. In Gasanstalten dient es als Zusatz zum Leuchtgas.

Um die Ausnützung der Brennstoffe im Generatorprozeß zu einer möglichst vollkommenen zu gestalten, verbindet man in neuerer Zeit mit ihm die Gewinnung der Nebenprodukte, ein Verfahren, welches besonders bei Verwendung von Braunkohle die günstigsten Aussichten auf eine wirtschaftliche Auswertung auch solcher Braunkohlen eröffnet, die wegen ihrer Armut an Bitumen für die Schwelerei nicht mehr verwendbar sind.

Als schätzenswerteste Nebenprodukte sind in diesem Falle Braunkohlenteer, der als Urteer gewonnen wird und daher besonders wertvoll ist, und Schwefel zu nennen.

4. Tabelle der Heizwerte fester Brennstoffe.

	Unterer Heizwert pro kg		Bemerkung
	Grenzwerte	Mittelwert	
Steinkohlen.			
Oberschlesien	5300÷7800	6900	
Niederschlesien	5100÷7500	6600	
Rheinland-Westfalen	6500÷8100	7350	
Saargebiet	5500÷7600	6500	
Hannover (Deister)	6300÷6500	6480	
Erzgebirgbecken	6100÷6800	6350	
Zwickauer Becken	6400÷6900	6630	
Bayern	4000÷7700	5880	
Böhmen	5700÷7100	6500	
Steinkohlenbriketts.			
Rheinland-Westfalen	6900÷7900	7600	
Saargebiet	6900÷7300	7100	
Steinkohlenkoks.			
Zechenkoks: Schlesien	6900÷7400	7280	
„ Rheinland-Westfalen . .	6800÷7400	7200	
Gaskoks: Oberschlesien	7100÷7300	7180	
„ Niederschlesien	6900÷7000	6960	
„ Ruhrgebiet	6700÷7700	6760	
Braunkohlen.			
Lignit: Bayern	1700÷1800	1750	49÷46% Wasser
„ Böhmen	3200÷3800	3500	45÷35% : „
Braunkohlen: Lausitz	4400÷5400	4900	16÷ 7% „
„ Hessen, Rheinland . . .	3900÷5400	4750	14÷ 9% „
„ Provinz Sachsen . . . . } Thüringen, Anhalt . . . }	2300÷5600	4700	23÷10% „
Mitteldeutsche Rohbraunkohle	1900÷3000	2400	60÷45% „
Niederrheinische „	2300÷2400	2350	60÷50% „
Böhmische Braunkohle aus dem			
Osegger Bezirk	5000÷5800	5600	
Brüxer „	4500÷5100	4800	
Brucher „	4800÷5500	5200	
Falkenauer „	3100÷5400	3900	
Bayerische Braunkohlen:			
Schwandorfer Förderkohle	1900÷2100	2000	
Peißenberger Nußkohle	4400÷5000	4700	
Penzberger Nußkohle	4400÷4600	4500	
Haushammer Grießkohle	4700÷4900	4800	
„ Nußkohle	4900÷5500	5200	
Braunkohlenbriketts.			
Lausitz	4700÷5200	4950	
Rheinland	4400÷5900	4800	
Provinz Sachsen, Thüringen, Anhalt .	4700÷5200	5000	

| | Unterer Heizwert pro kg | | Bemerkung |
	Grenzwerte	Mittelwert	
Holz.			
Fichtenholz	4000÷4300	4150	9,5÷7,7% Wasser
Buchenholz	2300÷4000	3100	40÷7,5% „
Birkenholz	3600÷4000	3700	lufttrocken
Eichenholz	2400÷3000	2700	
Tannenholz	3000÷3300	3100	
Torf.			
Lausitz	3600÷4650	4000	
Oldenburg	3300÷3900	3500	
Hannover	3700÷4100	3900	
Bayern: Rosenheim	3300÷4200	3700	33÷16% Wasser
„ Kolbermoor	3500÷4300	3900	
Verschiedene Brennstoffe.			
Lohe	850÷1450	1100	
Flußschlamm	2800÷2900	2850	getrocknet und gepreßt
Rauchkammerlösche	4700÷7000	6000	6÷4% Wasser

5. Tabelle der Heizwerte flüssiger Brennstoffe.

| | Unterer Heizwert pro kg | |
	Grenzwerte	Mittelwert
Erdöl:		
Deutsches Erdöl (Pechelbronn)	8 900÷10 350	10 040
Galizisches Erdöl	9 950÷10 190	10 090
Rumänisches Erdöl	9 790÷ 9 990	9 860
Russisches Erdöl	9 800÷10 160	10 040
Nordamerikanisches Erdöl	9 300÷10 100	9 900
Masut	9 790÷10 100	9 900
Steinkohlenteer:		
Horizontalofenteer	8 060÷ 8 750	8 550
Schrägofenteer	8 150÷ 8 700	8 520
Vertikalofenteer	8 620÷ 8 820	8 700
Koksofenteer	8 270÷ 8 850	8 620
Wassergasteer	6 800÷ 9 580	9 000
Braunkohlenteer	8 590÷ 9 430	9 100
Teeröl aus Steinkohle	8 850÷ 9 120	8 920
„ aus Braunkohle	9 400÷10 100	9 800
Petroleum	10 000÷11 000	10 500
Paraffin	9 300÷ 9 900	9 750
Benzol	9 200÷ 9 900	9 600
Benzin	9 800÷10 500	10 200
Naphtalin	9 000÷ 9 370	9 300

6. Tabelle der Heizwerte gasförmiger Brennstoffe.

	Oberer Heizwert pro cbm bei 15° u. 1 at	
	Grenzwerte	Mittelwert
Naturgas	6500 ÷ 7300	6900
Gichtgase (Hochofen)	850 ÷ 1050	950
(Kupfergewinnungsofen)	—	600
Koksofengase in den ersten 14 Stunden .	6300	} 5000
, in den folgenden Stunden .	4580	
Generatorgase: Luftgas	750 ÷ 1100	1060
Mischgas	1100 ÷ 1500	1345
Wassergas	2500 ÷ 2700	2600
Braunkohlenschwelgas	—	2470
Leuchtgas[1])	4200 ÷ 5600	5100

B. Die Bestimmung der feuerungstechnisch wichtigsten Eigenschaften der Brennstoffe und die dazu benötigten Apparate.

Als feuerungstechnisch wichtigste Eigenschaften kommen hier die grobe Feuchtigkeit (Nässe), die Feuchtigkeit (hygroskopisches Wasser), der Aschegehalt und der Heizwert in Betracht.

Für die Untersuchung der Brennstoffe auf diese Eigenschaften hin müssen aus größeren Brennstoffmengen zuverlässige Durchschnittsproben entnommen werden; daher ist zunächst das Verfahren der Probeentnahme zu behandeln.

1. Die Probeentnahme.

Gleichgültig, ob es sich um die Bestimmung des Feuchtigkeitsgehaltes oder des Aschegehaltes oder des Heizwertes von Brennmaterialien handelt, stets wird die Richtigkeit der Untersuchung von der Genauigkeit der Probeentnahme abhängen. Die Herstellung einer richtigen Durchschnittsprobe, die lange nicht so einfach ist, wie häufig angenommen wird, ist ebenso wichtig wie die nachfolgende Untersuchung der Probe selbst.

Am schwierigsten ist das Ziehen der Probe bei großstückigem Materiale (Stückkohle, Briketts usw.), bei sehr ungleichmäßigen Brennstoffen (Förderkohle usw.) und bei Material, welches durch Schiefer, Pyrite usw. stark verunreinigt ist.

Allgemein umfaßt die Probeentnahme drei Arbeitsvorgänge, nämlich:

1. die Entnahme der Rohprobe (200 ÷ 300 kg und eventuell mehr),

---

[1]) Früher war es Norm der Gaswerke, nur Gas von nicht unter 5000 WE zu erzeugen; infolge der Erfahrungen der Kriegsjahre liefern sie jetzt auch Gas von nur 4200 WE.

2. die Entnahme der großen Probe (1÷10 kg, je nach der Größe der Rohprobe),

3. die Entnahme der Durchschnittsprobe (ca. 100 g).

Bezüglich der Bemessung der Rohprobe gilt der Grundsatz, daß sie um so größer zu nehmen ist, je umfangreicher, je ungleichmäßiger in der Korngröße und je stärker verunreinigt die Kohlenmenge ist, auf welche sich die Rohprobe bezieht. Bei sehr großstückigem Materiale ist eine Zerkleinerung der großen Stücke vor der Entnahme der Rohprobe nicht zu umgehen.

Für normale Verhältnisse genügen 200÷300 kg als Rohprobe, bei ungünstigen Verhältnissen muß man bis 700 kg gehen.

Handelt es sich darum, aus einem per Schiff oder Eisenbahn ankommenden Brennmateriale die Rohprobe zu entnehmen, so geschieht dies am besten in Verbindung mit der Ausladung oder der Kontrollwägung. Gewöhnlich werden ja die Brennmaterialien aus dem Schiffe oder dem Eisenbahnzuge in kleine Transportgefäße, wie Karren, Rollwagen u. dgl. gefüllt und in diesen zum Lagerplatze, evtl. vorher noch auf eine Brückenwage befördert. Bei diesem Abladen in kleinere Transportgefäße gibt man nun jede 40. Schaufel beiseite; bei sehr gleichmäßigem Materiale genügt jede 80. Schaufel, bei sehr ungleichmäßigem Materiale ist es empfehlenswert, schon jede 20. Schaufel zu nehmen.

Ist die Rohprobe vom Lager zu entnehmen, so ist darauf zu achten, daß nicht nur von sämtlichen äußeren Schichten weg, sondern auch aus dem Inneren des Kohlehaufens heraus Material genommen wird. Zu diesem Behufe wird ein Eisenrohr an verschiedenen Stellen in den Haufen gestoßen und dann mit der eingedrungenen Kohle wieder herausgezogen.

Von dieser so erhaltenen Rohprobe werden nun zunächst eventuell vorhandene größere Stücke möglichst zerkleinert; alsdann wird das Ganze auf einer Blechtafel durch Umschaufelung tüchtig durchgemischt und schließlich in einen rechteckigen Haufen von gleichmäßiger Schütthöhe (ca. 100÷200 mm) ausgebreitet.

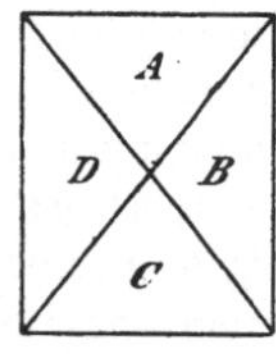

Fig. 1.

Nunmehr sind zwei Arten der weiteren Behandlung der Rohprobe möglich:

1. Man teilt den Haufen mit einer Schaufel oder einer Latte durch Ziehen der Diagonalen (Fig. 1) in 4 dreieckige Haufen A, B, C, D. Zwei gegenüberliegende Teile, z. B. A und C werden nun beiseitegeschaufelt, während die zurückbleibenden Teile B und D wiederum gut vermischt und alsdann abermals in einen rechteckigen Haufen geschaufelt werden. Es erfolgt wieder die Teilung durch die Diagonalen, die Beseitigung zweier gegenüberliegender Teile, das Vermischen der restierenden Teile usw. Dieses Verfahren wird so lange fortgesetzt, bis schließlich nur noch ca. 10 kg als große Probe übrigbleiben, die in eine Blechbüchse gefüllt und, nachdem letztere zugelötet ist, zur Heizwertbestimmung aufbewahrt werden.

2. Statt den rechteckigen Haufen durch die Diagonalen zu teilen, kann man ihn auch durch Linien parallel zu den Rechteckseiten schach-

brettähnlich einteilen. Von jedem Felde wird dann mittels eines Löffels eine kleine Menge abgenommen und zu einem besonderen Haufen zusammengeschüttet. Nachdem letzterer tüchtig durchgeschaufelt ist, beginnt das Verfahren von neuem und wird so lange fortgesetzt, bis wiederum nur noch ca. 10 kg als große Probe übrigbleiben.

Da bei dieser zweiten Methode der Teilung leichter Fehler entstehen können als bei der Teilung durch die Diagonalen, so ist darauf zu achten, daß die Zerkleinerung der Rohprobe möglichst weit getrieben wird.

Die Erfahrung lehrt, daß eine Durchschnittsprobe um so schlechter gemischt ist, je größer sie ist, und daß durch Umschaufelung nur dann eine gute Vermischung erzielt wird, wenn es systematisch geschieht, so ist zwecks Erlangung einer recht zuverlässigen großen Probe folgendes Verfahren empfehlenswert:

Die bei der Herstellung der großen Probe nach Methode 1 jeweils erhaltenen, gegenüberliegenden Dreiecke A und C (Fig. 1) werden in zwei schrägliegende, unten durch einfache Schieber verschlossene, trichterförmige Gefäße (Fig. 2) gefüllt, von denen aus die Materialien nach gleichzeitiger Öffnung der Schieber durch einen vertikal stehenden dritten Trichter auf eine Blechtafel fallen, auf welcher sie zu ebensolcher weiteren Behandlung vorbereitet werden. Dieses

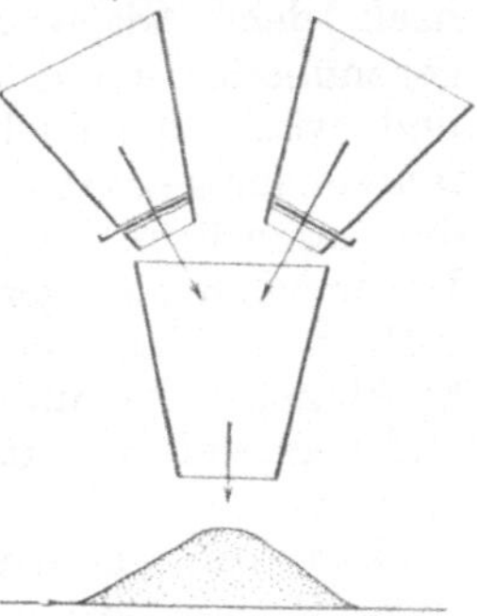

Fig. 2.

Verfahren fortgesetzt, bis die gewünschte große Probe von ca. 10 kg übrigbleibt, gibt Gewähr für eine recht vollkommen gemischte Durchschnittsprobe.

In Amerika ist für die Probeentnahme von Erzen und auch von Kohlen der in Fig. 3 dargestellte Riffelapparat[1]) in Gebrauch, der, in kleinem Maßstabe ausgeführt, auch bei der Herstellung der großen Probe recht gute Dienste leistet. Bei ihm findet eine Teilung der in den obersten Behälter eingegebenen Materialmenge im Verhältnis von 3 : 1 statt, indem unten, in der Achse des Apparates, $^3/_4$, und durch jeden der beiden untersten seitlichen Behälter $^1/_8$ der oben eingefüllten Kohlenmenge ausläuft. Diese letzteren Anteile werden beseitigt, die ersteren dagegen zum wiederholten Male durch den Apparat geschickt, bis schließlich die große Probe im Betrage von 1÷10 kg übrigbleibt.

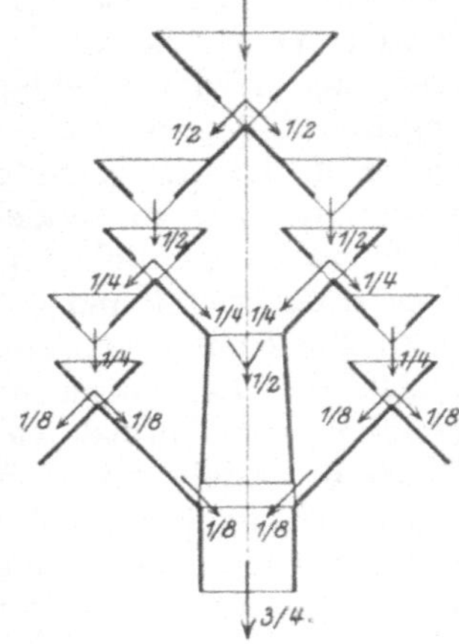

Fig. 3.

Die große Probe wird in luftdicht verschließbaren Gefäßen oder, wenn die grobe Feuchtigkeit nicht bestimmt zu werden braucht, in Holzkisten verpackt.

---

[1]) Stahl u. Eisen 1918, Heft 2 u. 3.

Zwecks Entnahme der eigentlichen Durchschnittsprobe muß die Kohle zunächst lufttrocken gemacht werden, was dadurch geschieht, daß man sie im Versuchsraume, dessen Luftfeuchtigkeit auf 50% des gesättigten Zustandes gehalten wird, auf einer Blechtafel ausbreitet und so lange liegen läßt, bis durch wiederholte Wägungen Gewichtskonstanz festgestellt ist. Dann wird die lufttrockene Kohle in einem Mörser zerstoßen, wobei besonders darauf zu achten ist, daß weder am Mörser noch am Stößel Reste von früheren Kohlenproben vorhanden sind.

Der Mörserinhalt wird zu wiederholten Malen ausgeschüttet und nach dem Diagonalverfahren unterteilt; das Material von zwei gegenüberliegenden Dreiecken kommt immer wieder in den Mörser und wird schließlich bis zur Staubfeinheit zerrieben. Dieses Verfahren fortgesetzt, bis noch ca. 100 g Kohle übrigbleiben, liefert die eigentliche Durchschnittsprobe, die dann zu allen folgenden Untersuchungen verwendet wird. Können diese nicht sofort ausgeführt werden, so gibt man die Durchschnittsprobe in eine verkorkbare, vorher im Trockenschranke (Fig. 4 bis 7) aufbewahrte Flasche und versiegelt letztere.

Das vom staatlichen Materialprüfungsamt zu Berlin, vom Verein deutscher Ingenieure, dem deutschen Verein von Gas- und Wasserfachmännern und dem Verein der Schweizer Dampfkesselbesitzer empfohlene Verfahren zur Probeentnahme ist folgendes:

Von jeder auf den Lagerplatz gebrachten Karre wird eine Schaufel, beim Abladen eines Wagens jede zwanzigste Schaufel beiseite in Körbe oder mit Deckel versehene Kisten geworfen, wobei darauf zu achten ist, daß das Verhältnis von Stücken und Kleinkohle in der Probe dem der Lieferung möglichst entspricht. Diese Rohprobe im Gewichte von ungefähr 250 kg wird auf einer festen, reinen Unterlage (Beton, Steinfließen u. dgl.) ausgebreitet und bis zur Ei- oder Walnußgröße kleingestampft. Die so zerkleinerten Kohlen werden durch wiederholtes Umschaufeln gemischt, quadratisch zu einer Schicht von 8÷10 cm Höhe ausgebreitet und durch die beiden Diagonalen in vier Teile geteilt. Die Kohlen von zwei gegenüberliegenden Dreiecken werden beseitigt, der Rest noch weiter zerkleinert, etwa auf Haselnußgröße, gemischt und abermals zu einem Viereck ausgebreitet, das in gleicher Weise behandelt wird. So wird fortgefahren, bis eine Probemenge von 1÷10 kg, je nach der Lieferung, übrigbleibt, welche in luftdicht verschlossenen Gefäßen, oder wenn es auf die ursprüngliche bzw. Grubenfeuchtigkeit nicht ankommt, in Holzkisten zur Untersuchung verschickt wird. Es kann auch eine besondere kleinere Probe zur Bestimmung der Feuchtigkeit luftdicht verpackt zur Versendung kommen. Von einem schon abgeladenen Kohlenhaufen muß man an verschiedenen Stellen und von allen Seiten, auch von innen und unten, Proben wegnehmen und dieselben vereinigen, bis eine entsprechende Menge beisammen ist.

Die von der Versuchsanstalt in Karlsruhe für die Probenahme von Brennmaterialien gegebenen Vorschriften lauten folgendermaßen:

„Von dem zu prüfenden Material wird beim Beladen oder Abladen eines Waggons jede zwanzigste oder dreißigste Schaufel beiseite in Körbe oder Eimer geworfen, wobei darauf zu achten ist, daß das Verhältnis von großen und kleinen Stücken in der Probe dem Verhältnis in der Lieferung entspricht. Bei grobstückigem Material soll diese erste Probe keinesfalls unter 300 kg betragen. Die Rohprobe im Gewicht von $250 \div 500$ kg wird auf einer reinen, festen Unterlage, am besten auf Eisen (evtl. auf Beton, Steinfließen, Bohlen, z. B. dem Boden eines leeren Waggons oder dgl.) ausgebreitet und bis zur Walnußgröße kleingestampft. Dabei ist zu beachten, daß die Stücke beim Zerschlagen an ihrem Platz liegenbleiben müssen, und vor allem die schwerer zerschlagbaren Schiefer besonders gut zerkleinert werden. Holzstücke, Kieselsteine und Körper, die dem zur Untersuchung stehenden Material nicht eigen sind, müssen entfernt werden, keinesfalls aber dürfen Schiefer oder andere Unreinigkeiten, die dem Material angehören, ausgelesen werden. Nach dem Zerkleinern werden die Kohlen oder der Koks durch wiederholtes Umschaufeln nach Art der Betonbereitung gemischt, quadratisch zu einer Schicht von $8 \div 10$ cm Höhe ausgebreitet und durch die beiden Diagonalen in vier Teile geteilt. Das Material in zwei gegenüberliegenden Dreiecken wird beseitigt, der Rest noch weiter zerkleinert, etwa auf Haselnußgröße, gemischt und abermals zu einem Viereck ausgebreitet, das in gleicher Weise behandelt wird. Vor jeder Teilung muß das Material so weit zerkleinert sein, daß die Probe auch dann nicht beeinflußt würde, wenn die zwei größten Stücke reine Steine wären und beide in einen Teil der Probe kämen. Also darf das größte Stück höchstens $^1/_{4000}$ der Probe wiegen. (Liegen z. B. 300 kg Probe vor, so darf das größte Stück nur 75 g wiegen usw.) In dieser Weise wird die Probe weiter geteilt, bis eine Probemenge von etwa 10 kg übrigbleibt, die in gut verschlossenen Gefäßen zur Untersuchung verschickt wird.

Ist der Wassergehalt maßgeblich, so ist die Probe sofort nach oder vor Feststellung des Gesamtgewichts der Ladung zu entnehmen und luftdicht zu verpacken. Bei sehr hohen Wassergehalten empfiehlt es sich, die ganze erste Probe (von 300 kg z. B.) sofort genau zu wiegen, an trockener, reiner Stelle auszubreiten, bis sie trocken ist, dann zurückzuwiegen, die kleine Probe in angegebener Weise zu ziehen und bei Einsendung den ermittelten Wasserverlust anzugeben. Man vermeidet auf diese Weise, daß die Probe während der Aufarbeitung Wasser verliert.

Liegen die Kohlen auf Lager, so sind mindestens an zehn verschiedenen Stellen Proben von je $25 \div 30$ kg zu entnehmen, die zusammengeschüttet zur Durchschnittsprobe verarbeitet werden. Bei grobstückigem Material soll die erste Rohprobe nicht unter 300 kg betragen.

Je ungleichmäßiger nach Stückgröße, Steingehalt und Feuchtigkeit die Kohle ist, desto größer ist diese erste Probe zu nehmen und desto sorgfältiger muß die Zerkleinerung und Mischung von Anfang an sein, um einen guten Durchschnitt zu erhalten."

Die vom Vereine deutscher Ingenieure aufgestellten Normen für Leistungsversuche an Dampfkesseln und Dampf maschinen[1]) sagen in bezug auf die Entnahme von Durchschnittsproben folgendes:

„Von jeder Ladung (Karre, Korb u. dgl.) des zugeführten Brennstoffes wird eine Schaufel voll in ein mit einem Deckel versehenes Gefäß geworfen. Sofort nach Beendigung des Verdampfungsversuches wird der Inhalt des Gefäßes zerkleinert, gemischt, quadratisch ausgebreitet und durch die beiden Diagonalen in vier Teile geteilt. Zwei einander gegenüberliegende Teile werden fortgenommen, die beiden anderen wieder zerkleinert, gemischt und zerteilt. In dieser Weise wird fortgefahren, bis eine Probemenge von etwa 10 kg übrigbleibt, die in gut verschlossenen Gefäßen zur Untersuchung gebracht wird. Außerdem ist während des Versuches eine Anzahl von Proben in luftdicht verschließbare Gefäße zu füllen (Feuchtigkeitsproben)."

2. Die Bestimmung der groben Feuchtigkeit oder Nässe.

Unter grober Feuchtigkeit oder Nässe ist derjenige Wassergehalt eines Brennstoffes verstanden, der aus demselben entweicht, wenn er an der Luft so lange gelagert wird, bis Gewichtskonstanz eingetreten ist. Der sich dabei einstellende Feuchtigkeitsgehalt ist von demjenigen der Luft abhängig. Da dieser aber stark schwankt, so hat man sich dahin geeinigt, als Bezugs-Feuchtigkeitsgrad denjenigen zu wählen, bei welchem die umgebende Luft bei Zimmertemperatur ($18 \div 20°$) die Hälfte des überhaupt möglichen Wasserdampfgehaltes aufweist.

Die große Probe wird gewogen und im Versuchsraum, dessen Feuchtigkeitsgehalt auf der soeben angegebenen Höhe gehalten wird, auf einer Blechtafel ausgebreitet und solange gelagert, bis keine Gewichtsabnahme mehr festzustellen ist. Die Kohle hat dann den Zustand der Lufttrockenheit erreicht, und der Gewichtsunterschied zwischen diesem und dem ursprünglichen Zustande, ausgedrückt in Prozenten des letzteren, gibt die grobe Feuchtigkeit oder Nässe an, für welche auch der Ausdruck „Grubenfeuchtigkeit" zu finden ist. Doch dürfte diese Bezeichnung nur dann zutreffend sein, wenn der ursprüngliche Zustand derjenige war, in welchem die Kohle aus der Grube gekommen ist.

3. Die Bestimmung der Feuchtigkeit oder des hygroskopischen Wassers.

Von der lufttrockenen Durchschnittsprobe werden $2 \div 5$ g in einen Porzellantiegel, dessen Gewicht genau festgestellt ist, gefüllt

---

[1]) Siehe Anhang.

und dann in einem Trockenschrank, der schon vorher auf eine Temperatur von 105° gebracht ist, 1 Stunde lang dieser Temperatur ausgesetzt. Nach dieser Zeit wird die Probe (mit Tiegel) im Exsikkator erkalten gelassen, abermals gewogen, hierauf wiederum für 1 Stunde in den Trockenschrank gegeben und dann in erkaltetem Zustande wieder gewogen. Gewöhnlich ist dabei kein neuer Gewichtsverlust mehr festzustellen; sollte dies aber doch der Fall sein, so müßte die Probe abermals in das Luftbad gebracht werden.

Der gesamte Gewichtsverlust, angegeben in Prozenten der eingewogenen, lufttrockenen Durchschnittsprobe, gibt den Feuchtigkeitsgehalt oder den Gehalt an hygroskopischem Wasser an.

Es ist vorteilhaft, zwecks Kontrolle den Versuch doppelt auszuführen.

Um im Trockenschranke eine Zersetzung der Kohlenprobe zu vermeiden, ist mit Sorgfalt darauf zu achten, daß die Temperatur von 105° nicht überschritten wird. Auch soll die Trocknung nicht offen, sondern in zugedeckten Gefäßen geschehen. Selbst dann ist die Einwirkung des Sauerstoffs der Luft auf die Brennstoffprobe nicht ausgeschlossen, indem aus derselben nicht nur Wasserdampf, sondern auch Kohlensäure entweicht. Besonders bei Braunkohlen ist der hierdurch verursachte Fehler unter Umständen beträchtlich.

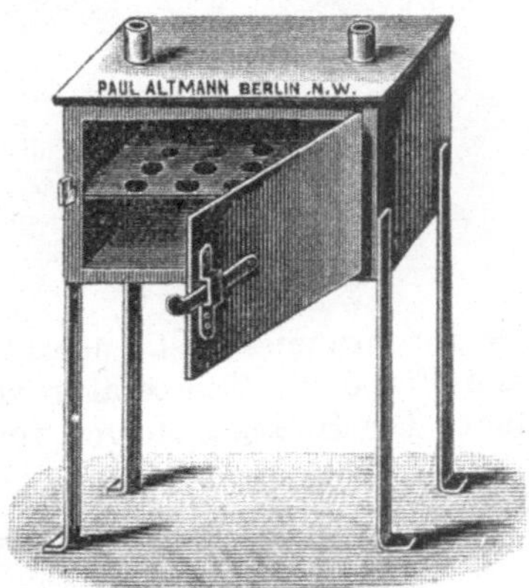

Fig. 4.

Die Fig. 4 zeigt einen einfachen, aus Eisenblechen hergestellten Trockenkasten mit einer durchlochten Blecheinlage, während der in Fig. 5 abgebildete Trockenkasten doppelwandig ausgeführt ist. Bei ihm tritt, wie die Durchschnittszeichnung erkennen läßt, die kalte Luft von unten ein, strömt in schlangenförmigen Windungen zwischen den durch die Flamme stark erhitzten Bodenplatten hindurch und tritt dann durch zahlreiche kleine Öffnungen in den eigentlichen Trockenraum, aus welchem sie durch Öffnungen, die auf der oberen Platte mittels eines Schiebers reguliert werden können, entweicht. Für den Abzug der Verbrennungsgase, welche den doppelten Mantel des Trockenschrankes durchziehen, ist gleichfalls auf der Oberplatte des Schrankes ein regulierbarer Schieber angebracht.

Durch diese Konstruktion des Trockenschrankes ist einerseits ein schnelles Trocknen, anderseits die größtmögliche Ausnützung der Wärmequelle erreicht. Es empfiehlt sich, diese Kästen mit einer starken Asbestumkleidung zu versehen, um die Wärmeausstrahlung der freien Mantelflächen möglichst zu beschränken.

Während bei den gewöhnlichen Trockenschränken, bei welchen die Erhitzung durch eine Flamme am Boden geschieht, der untere Teil

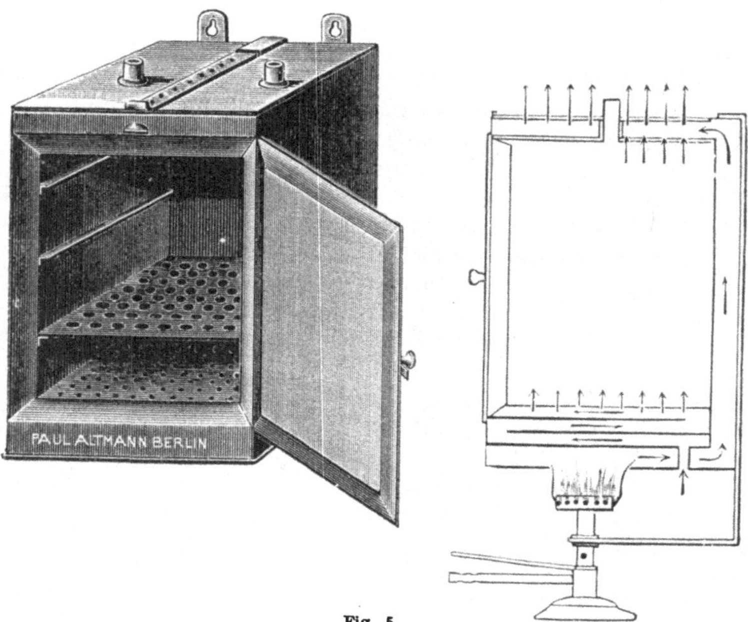

Fig. 5.

des Innenraumes stets überhitzt wird, bleibt bei der Konstruktion
nach Fig. 6 die Temperatur in allen Teilen des Trockenraumes konstant. Die Heizgase steigen von der unten an zwei Seiten eingeführten

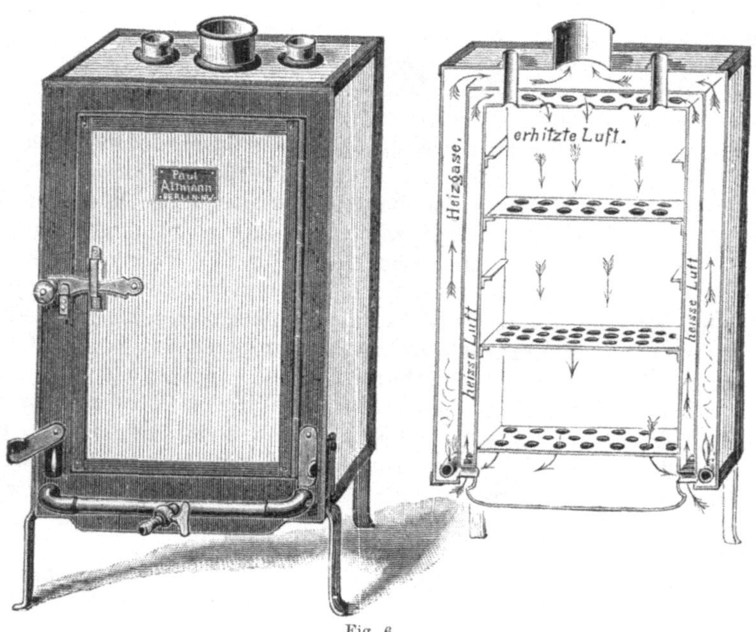

Fig. 6.

Heizschlange an den Seitenwandungen des Apparates hoch und ziehen oben an der Decke ab, während die Luft von unten in die innerhalb der Heizkammern liegenden, den Trockenraum umschließenden Kammern eintritt, sich daselbst erhitzt, durch Öffnungen an der Decke des Trockenraumes in diesen einströmt, um ihn unten wieder zu verlassen. Der Apparat wird in vier verschiedenen Größen mit Asbestverkleidung ausgeführt.

Wenn es sich, wie es meistens der Fall ist, darum handelt, im Innern des Trockenraumes eine nur innerhalb ganz enger und bestimmter Grenzen schwankende Temperatur aufrechtzuerhalten, so muß die Regulierung an dem Brenner, bzw. an dem Hahn der Heizschlange vorgenommen werden. Einfacher läßt sich dieser Zweck bei dem in Fig. 7 abgebildeten **Trockenschrank von Burdakow** erreichen, bei welchem als Heizvorrichtung eine auf einem Sockel aufgeschraubte, leicht auswechselbare Glühlampe dient. Je nach der Leucht- bzw. Heizkraft der Glühbirne lassen sich im Innern des Trockenschrankes verschiedene Temperaturen von 60 bis 150° C erreichen. Zwecks Ventilation ist der Deckel des Apparates mit Zuglöchern versehen,

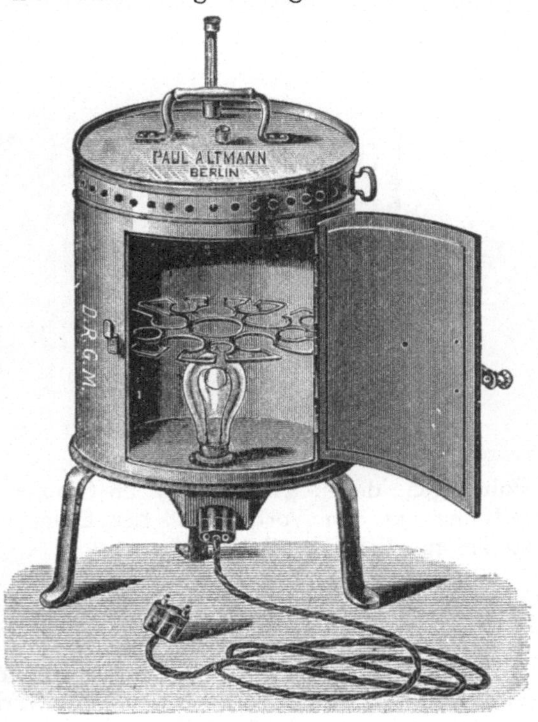

Fig. 7.

welche gegen die am oberen Schrankrande angebrachten Löcher registerartig einzustellen sind. Die in halber Höhe des Trockenraumes befindliche Trockenplatte kann in der Horizontalen gedreht werden, so daß alle ihre Ausschnitte vor die Türöffnung kommen, wodurch das Einlegen bzw. Herausnehmen der zu trocknenden Proben sehr erleichtert ist.

Vor der abermaligen Wägung der getrockneten Probe muß man diese vollständig erkalten lassen. Dies darf aber nicht offen an der Luft geschehen, sondern muß in einem sog. Exsikkator vorgenommen werden. Die Einrichtung dieses Apparates ist aus Fig. 8 vollständig zu ersehen. Soll er in Benützung genommen werden, so ist die untere flache Schale einfach mit Schwefelsäure zu füllen.

Die Fig. 9 zeigt einen Exsikkator nach Nablenz. Derselbe wird in seinem unteren Teile ebenfalls mit Schwefelsäure gefüllt. Zwecks Regulierung des Lufteintrittes in den beim Erkalten entstehenden, luftverdünnten Raum ist der Deckel mit einem Stopfenhahne versehen, der in den Griff des Exsikkatordeckels derart eingeschliffen ist, daß der Stopfen nur wenig aus dem Deckelknopfe hervorragt. Der Eintritt der Luft erfolgt durch zwei, in halber Höhe des Deckelknopfes angebrachte

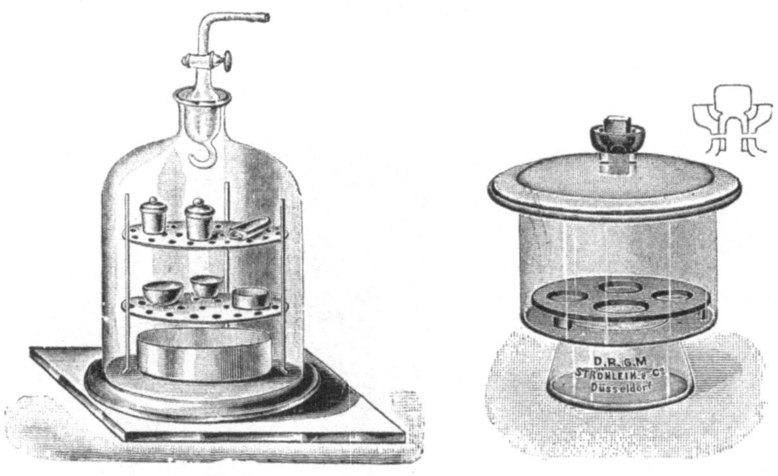

Fig. 8.Fig. 9.

Bohrungen, denen zwei Löcher im Stopfen entsprechen. Diese Anordnung hat den Vorteil, daß der Hahn vor Zerstörung durch Abstoßen möglichst geschützt ist.

4. Die Bestimmung des Aschegehaltes.

Zur Bestimmung des Aschegehaltes gibt man von der lufttrockenen Durchschnittsprobe 2÷5 g in einen vorher gewogenen Porzellanoder Platintiegel und erhitzt, die Temperatur langsam bis zur Dunkelrotglut ansteigen lassend, über einem Bunsenbrenner 2÷3 Stunden lang, bei Koks etwas länger.

Der im Tiegel verbleibende Rückstand stellt die Asche dar, deren Gewicht in Prozenten der eingewogenen Durchschnittsprobe angegeben wird.

Auch diese Probe soll in zwei oder dreifacher Ausführung vorgenommen werden. Daher sind Muffelöfen, welche die gleichzeitige Aufnahme von mehreren Tiegeln ermöglichen, zur Vornahme von Veraschungsproben besonders geeignet. Diese Art von Öfen sind für Heizung mittels Gas oder elektrischen Stromes eingerichtet. In letzterem Falle ist noch der Vorteil zu verzeichnen, daß durch einfache Stromregulierung die Konstanthaltung der geeigneten Höchsttemperatur möglich ist.

5. Die Bestimmung des Heizwertes.

Unter Heizwert versteht man die von 1 kg bzw. 1 cbm eines Brennstoffes bei **vollkommener** Verbrennung entwickelte Wärmemenge. Bei festen und flüssigen Brennstoffen bezieht man den Heizwert auf 1 kg, bei gasförmigen auf 1 cbm (0° 760 mm), seltener auf die Gewichtseinheit.

Als Einheit der Wärmemenge gilt die **Kalorie**, d. i. diejenige Wärmemenge, die nötig ist, um 1 kg Wasser von 14,5° auf 15,5° zu erwärmen.

Nicht in allen Höhenlagen der Temperaturskala ist die Wärmemenge, die zur Erhöhung der Temperatur von 1 kg Wasser um 1° aufgewendet werden muß, gleich 1 Kalorie; so sind z. B. für eine Temperatursteigerung

$$
\begin{array}{lll}
\text{von } 80° \text{ auf } 81° & 1{,}0014 \text{ Kalorien} \\
\quad\text{„ } 40° \text{ „ } 41° & 0{,}9971 \quad\text{ „} \\
\quad\text{„ } \ \ 0° \text{ „ } \ \ 1° & 1{,}0091 \quad\text{ „}
\end{array}
$$

aufzubringen.

In der Praxis sieht man von diesen Unterschieden ab und setzt die spez. Wärme des Wassers — diese ist ja identisch mit den angegebenen Kalorienzahlen — für das ganze Intervall $0 \div 100°$ gleich eins.

Wenn es sich um verhältnismäßig kleine Wärmemengen handelt, wie z. B. bei Heizwertbestimmungen, wo nur ca. 1 g Brennstoff verbrannt wird, so legt man der Wärmemessung die **kleine Kalorie** zugrunde, d. i. diejenige Wärmemenge, die zur Erhöhung der Temperatur von 1 g Wasser um 1° nötig ist, und heißt sie auch **Grammkalorie** (gcal).

Im Gegensatz hierzu wird die auf 1 kg Wasser bezogene Wärmeeinheit als **große Kalorie** oder **Kilogrammkalorie (kcal)** bezeichnet.

Im folgenden ist die große Kalorie durch WE, die kleine Kalorie durch (WE) gekennzeichnet.

Bei der Kalorimetrierung solcher Brennstoffe, die Wasser in Form von Feuchtigkeit, und auch bei solchen, die freien Wasserstoff enthalten, der dann zu Wasser verbrennt, wird das Gesamtwasser, das unmittelbar nach der Verbrennung in Dampfform aufgetreten ist, in flüssiger Form sich niederschlagen, weil gemäß den Versuchsbedingungen die Verbrennungsgase auf Zimmertemperatur abgekühlt werden.

Die Kondensationswärme dieses Wassers wird also mitgemessen; der in dieser Weise ermittelte Heizwert heißt daher **oberer Heizwert** (H_o). Langbein nennt ihn Verbrennungswärme.

Bestimmt man die Menge des während der Kalorimetrierung sich niederschlagenden Gesamtwassers, und zieht man die Kondensationswärme desselben vom oberen Heizwerte ab, so erhält man den **unteren Heizwert** (H_u), der auch **nutzbarer Heizwert** genannt wird.

Bei den Dampfkesselfeuerungen gehen die Abgase in der Regel (aber nicht immer, z. B. nicht bei manchen Ekonomiseranlagen) mit

Temperaturen in den Fuchskanal, die über 100° gelegen sind. In diesen
Fällen ist es üblich, wenn auch nicht immer richtig, anzunehmen,
daß die Kondensationswärme der in den Verbrennungsgasen enthaltenen Wasserdämpfe nicht in die Erscheinung tritt, und man rechnet
gemäß dieser Annahme mit dem unteren Heizwerte.

Dr. Deinlein hat aber nachgewiesen[1]), daß selbst dann, wenn die
Abgastemperatur über 100° liegt, doch Wasserniederschläge (Schwitz-
wasserbildungen) aus den Verbrennungsgasen an gewissen Heizflächenteilen eintreten können. Wenn die Temperatur eines Heizflächenteiles
auf der Gasseite unter dem Taupunkte der vorüberziehenden
Verbrennungsgase liegt, dann stellen sich unbedingt Wasserniederer-
schläge an den betreffenden Heizflächenteilen ein. Als Taupunkt ist
jene Temperatur zu verstehen, bei welcher die Verbrennungsgase bei
dem in ihnen gerade herrschenden Drucke eben mit Wasserdampf
gesättigt sind. In diesem Falle müßte also mit dem oberen Heizwerte
gerechnet werden.

Die üblichen Heizwertangaben beziehen sich in der
Regel auf den unteren Heizwert. Korrekterweise müßte stets
auch der obere Heizwert beigefügt sein.

Wenn der Feuchtigkeits- und der freie Wasserstoffgehalt eines
Brennstoffes bekannt ist, so läßt sich aus dem oberen der untere Heizwert berechnen, denn aus der Gleichung:

$$H_2 + O = H_2O,$$

oder mit den Atomgewichten:

$$2{,}016 + 16 = 18{,}016$$

folgt, daß 1 Gew. Tl. Wasserstoff $\dfrac{18{,}016}{2{,}016} = 8{,}93 = \infty\ 9$ Gew.-Tle.
Wasser ergibt.

Wenn ein Brennstoff H Gewichtsprozente Wasserstoff und w
Gewichtsprozente Wasser (Feuchtigkeit) enthält, so ergibt sich bei
der Verbrennung von 1 kg dieses Brennstoffes $\left(\dfrac{9\,H}{100} + \dfrac{w}{100}\right)$ kg Gesamtwasser. Rechnet man die Kondensationswärme von 1 kg Wasser-
dampf zu rund 600 WE, so ist die entsprechende Kondensationswärme
gleich $600 \cdot \left(\dfrac{9\,H}{100} + \dfrac{w}{100}\right)$ WE, und damit ergibt sich die Beziehung:

$$H_o = H_u + 6 \cdot (9\,H + w)\,.$$

a) Die Bestimmung des Heizwertes fester Brennstoffe.

Die exakte Bestimmung des Heizwertes von Brennmaterialien ist
— von rein wissenschaftlichem Interesse abgesehen — nach zwei Richtungen hin erforderlich.

---

[1]) Zeitschr. d. Bayer. Revisions-Vereins 1917, S. 17.

Die Feststellung der Nutzwirkung einer Feuerung — die Dampfkesselanlagen werden hier wohl am häufigsten in Betracht kommen — ist nur möglich bei einer genauen Kenntnis des Heizwertes des verwendeten Brennmaterials. Nur wenn man weiß, welche Leistung in Wärmeenergie man von einem gegebenen Brennmateriale im günstigsten Falle erwarten kann, ist man auch imstande, die Feuerungsanlage, in welcher dieses Brennmaterial verfeuert wird, als gut oder schlecht, also verbesserungsbedürftig, zu beurteilen.

Der zweite Grund, der ebenfalls die Kenntnis des genauen Heizwertes eines Brennmaterials als notwendig erscheinen läßt und hauptsächlich für große Dampfbetriebe von Bedeutung ist, liegt in dem Bestreben, möglichst sparsam zu wirtschaften. Der Preis eines Brennmaterials ist kein Maßstab für dessen Heizwert, und doch handelt es sich in den weitaus meisten Fällen, in denen Brennmaterialien verbraucht werden, um Ausnützung der Heizkraft derselben. Nur an der Hand einer zuverlässigen Bestimmung des Heizwertes des in Frage kommenden Brennmaterials ist der Konsument in der Lage, sich beim Einkaufe vor Schaden zu bewahren.

Die verschiedenen Methoden, die zur Bestimmung des Heizwertes verbrennbarer Stoffe angewendet werden, lassen sich einteilen in:

1. Bestimmung des Heizwertes mit Hilfe empirischer Formeln;
2. Direkte Bestimmung des Heizwertes, und zwar:
    a) im großen (an Dampfkesseln),
    b) im kleinen (in Kalorimetern).

Von den mannigfachen, zur ersten Gruppe gehörigen Methoden hat keine so häufige Anwendung gefunden, als die Heizwertbestimmung nach der Formel von Dulong.

Dieser Forscher ging bei der Konstruktion seiner Formel von der Annahme aus, daß die die Brennmaterialien bildenden Elemente nicht, wie es tatsächlich der Fall ist, in organischen Verbindungen und komplizierten Atomkomplexen vorhanden sind, sondern, nebeneinanderliegend, die Substanz der Brennmaterialien bilden. Nur unter Zugrundelegung dieser Annahme ist es richtig, wenn Dulong sagt, daß die bei der Verbrennung eines Brennstoffes entstehende Wärmemenge gleich ist der Summe jener Wärmemengen, die erzeugt würden, wenn jedes einzelne, zur Wärmeentwicklung fähige Element, also vornehmlich Kohlenstoff, Wasserstoff und Schwefel für sich verbrannt würde.

Es ergibt nun:

1 kg Kohlenstoff zu CO_2 verbrannt 8100 WE (genauer 8140 WE)
1 „ Wasserstoff „ H_2O „   28800 „
1 „ Schwefel „ SO_2 „   2230 „

Enthält also 1 kg getrockneter Kohle z. B.

0,80 kg Kohlenstoff = 80% C,
0,06 „ Wasserstoff = 6% H,
0,01 „ Schwefel   = 1% S,

während der Rest in Asche und Stickstoff besteht, so bestimmt sich der Heizwert dieser Kohle nach Dulong zu:

$$
\begin{aligned}
H_w = 0{,}80 \cdot &\ 8100 \ \text{WE} = 80 \cdot\ \ 81 \ \ \text{WE} \\
+ 0{,}06 \cdot &\ 28800 \ \ ,, \ \ = \ \ 6 \cdot 288 \ \ \ ,, \\
+ 0{,}01 \cdot &\ 2230 \ \ ,, \ \ = \ \ 1 \cdot\ \ 22{,}3 \ \ ,, \\
H_w = (80 \cdot\ &81 + 6 \cdot 288 + 1 \cdot 22{,}3) \ \text{WE}.
\end{aligned}
$$

Bezeichnet man den prozentualen Kohlenstoff-, Wasserstoff- und Schwefelgehalt mit C, bzw. H, bzw. S, so ist:

$$ H_w = 81 \cdot C + 288\, H + 22{,}3\, S\,. $$

Enthält ein Brennstoff, wie es ja gewöhnlich der Fall ist, auch Sauerstoff, z. B. $O\%$, so nimmt man an, daß dieser bereits mit der entsprechenden Menge Wasserstoff, also mit $\tfrac{1}{8} \cdot O$-Teilen, zu Wasser verbunden ist, weshalb man in der letzten Formel an Stelle von H den Wert $H - \dfrac{O}{8}$ setzen muß; man erhält also:

$$ H_w = 81 \cdot C + 288 \cdot \left(H - \frac{O}{8} \right) + 22{,}3\, S\,. $$

Die Brennstoffe enthalten stark wechselnde Mengen von hygroskopischem Wasser. Es seien z. B. in 1 kg Steinkohle 0,20 kg $= 20\%$ hygroskopisches Wasser enthalten, so wird dieses Wasser in all den üblichen Feuerungsanlagen verdampft und entweicht in Dampfform mit den Heizgasen aus der Feuerung.

Wird das Brennmaterial mit einer Temperatur von t° auf den Rost gebracht, so beansprucht 1 kg des enthaltenen hygroskopischen Wassers $(639{,}3 - t)$ WE, um in Dampf von 1 at verwandelt zu werden. Dieser Dampf wird aber auf Kosten des Wärmeinhaltes des auf den Rost gebrachten Brennstoffes noch weiter erhitzt bis auf die Temperatur T° der Abgase (Fuchsgase). Hierzu gehören pro 1 kg Wasserdampf 0,48. $(T - 100)$ WE, so daß die gesamte, an 1 kg hygroskopisches Wasser abgegebene Wärmemenge den Betrag

$$ [(639{,}3 - t) + 0{,}48\,(T - 100)] \ \text{WE} $$

ausmacht.

In obigem Beispiele wäre diese Wärmemenge

$$ = [639{,}3 - t + 0{,}48\,(T - 100)] \cdot 0{,}20 \ \text{WE} $$

oder

$$ = \frac{639{,}3 - t + 0{,}48\,(T - 100)}{100} \cdot 20 \ \text{WE}. $$

Bei $w\%$ Gehalt an hygroskopischem Wasser ist also diese Wärmemenge

$$ = \frac{639{,}3 - t + 0{,}48\,(T - 100)}{100} \cdot w \ \text{WE}. $$

Ist z. B. $t = 20^\circ$, $T = 300^\circ$ und $w = 20\%$, so erhält man für den letzten Ausdruck den Wert

$$ \frac{715{,}3}{100} \cdot w = \sim 7 \cdot w = 7 \cdot 20 \ \text{WE} = \mathbf{140\ WE}. $$

Diese Wärmemenge ist aber, wenn das hygroskopische Wasser mit den Abgasen in Dampfform entweicht, und dies ist die Regel, für die Feuerung verloren, daher in negativem Sinne in Anrechnung zu bringen.

Enthält also ein Brennstoff $C\%$ Kohlenstoff, $H\%$ Wasserstoff, $O\%$ Sauerstoff, $S\%$ Schwefel und $w\%$ hygroskopisches Wasser, so rechnet sich der Heizwert des Brennmaterials zu:

$$H_w = 81\,C + 288\left(H - \frac{O}{8}\right) + 22{,}3\,S - \frac{639{,}3 - t + 0{,}48\,(T - 100)}{100} \cdot w\ \mathrm{WE},$$

wobei angenommen ist, daß das Brennmaterial mit $t°$ in die Feuerung gebracht wird, und daß die Feuergase mit einer Temperatur von $T°$ in den Schornstein entweichen.

Hieraus ist deutlich zu ersehen, daß ein bestimmter Brennstoff für eine gegebene Feuerungsanlage eigentlich einen ständig (mit t und T) wechselnden Heizwert hat, den man in geeigneter Weise den nutzbaren Heizwert nennen könnte.

Um aber von solchen Unbestimmtheiten frei zu sein, haben sich der Verein deutscher Ingenieure und der Internationale Verband der Dampfkessel-Überwachungsvereine zu einer für den praktischen Gebrauch geeigneten, auf der Dulongschen Hypothese basierenden Formel, der sog. Vereinsformel geeinigt, wonach der Heizwert eines Brennmaterials bestimmt ist aus:

$$H_w = 80\,C + 290\left(H - \frac{O}{8}\right) + 25\,S - 6\,w\,.$$

Diese Formel kann aber keine absolut richtigen Werte geben, da vor allem, wie schon erwähnt, die Grundannahme Dulongs, wonach die Brennstoffe nur Gemische der Elemente C, H, O, S sind, nicht zutrifft.

Die Formel ist aber außerdem noch unzuverlässig, da die Konstanten 80, 290, 25 (die hundertsten Teile der Heizwerte von C, H, S) noch nicht definitiv festgelegt sind; so gilt z. B. für Kohlenstoff in Holzkohle

nach Scheurer - Kestner: Heizwert = 8103 WE,   also Konstante = 81,03,
   „   Favre - Silbermann: „   = 8071 WE,   „   „   = 80,71,
   „   Berthelot: „   = 8137 WE,   „   „   = 81,37,

für Kohlenstoff in Graphit

nach Favre - Silbermann: Heizwert = 8047 WE,   also Konstante = 80,47,
   „   Berthelot: „   = 7901 WE,   „   „   = 79,01.

Ähnlich sind die Verhältnisse bei Wasserstoff.

Außerdem nimmt die Dulongsche Formel an, daß sämtlicher im Brennstoffe enthaltene Schwefel zu schwefliger Säure (SO_2) verbrennt, während in Wirklichkeit ein Teil des Schwefels zu Schwefelsäureanhydrid (SO_3) oxydiert. Im ersten Falle entstehen aber 2230 WE, im letzten Falle dagegen 3300 WE.

Mit Hilfe der Dulongschen Formel läßt sich also der Heizwert der Brennmaterialien nur näherungsweise bestimmen, und zwar sind die Abweichungen von den kalorimetrisch ermittelten Heizwerten abhängig von der Art der Brennmaterialien. Sie sind bei Steinkohle kleiner als bei Braunkohle, Holz und Torf.

Die nachstehende Tabelle, welche nach Versuchen von Ingenieur L. C. Wolff, Magdeburg[1]), ausgeführt ist, gibt hiervon einen deutlichen Beweis.

Versuchsmaterial	Heizwert in WE		Abweichung in %
	nach Dulong berechnet	kalorimetrisch ermittelt	
Steinkohle (engl.)	7171	7288	1,6
Braunkohle (Prov. Sachsen) . .	2456	2230	10,1
Torf (Mecklenburg)	2498	2711	7,9
Holz (Birke)	2967	3428	13,5

Die Münchener Heizversuchsanstalt stellte für verschiedene Steinkohlensorten die Heizwerte gleichzeitig nach der Dulongschen Formel und kalorimetrisch fest, wobei sich, wie folgende Tabelle zeigt, ganz beträchtliche Unterschiede einstellten:

Art der Kohle (Saarkohle)	Heizwert in WE		Unterschied	
	nach Dulong berechnet	kalorimetrisch ermittelt	in WE	in % des berechneten Wertes
St. Ingbert	7981	7704	— 277	— 3,6
Dudweiler I	7938	7801	— 137	— 1,7
Reden Merschweiler .	7319	7031	— 288	— 3,9
Mittelbexbach	7496	7188	— 308	— 3,8

Die Dulongsche Formel ist nur anwendbar, wenn die elementaren Bestandteile eines Brennmaterials ihrem Gewichte nach bekannt sind. Diese festzustellen ist Aufgabe der Elementaranalyse, einer schwierigen, in der Regel von einem Chemiker auszuführenden Arbeit. Man gibt daher in den meisten Fällen der Heizwertbestimmung in Kalorimetern den Vorzug.

Die Krökersche Bombe. Schon Lavoisier und Laplace haben die bei der Verbrennung entstehende Wärme durch Kalorimeter bestimmt. In einem irdenen Gefäße, welches mit Eis umgeben war, hatten sie Holzkohle verbrannt und durch die Menge des geschmolzenen Eises die erzeugte Wärme bestimmt.

Genauere Versuche in dieser Richtung wurden aber erst von Dulong ausgeführt. Nach ihm hatten noch verschiedene andere Forscher, so z. B. Ure, Bargum, Deville, Bolley, Andrews, Schwackhöfer, Favre und Silbermann, Scheurer-Kestner, Alexejew, Thomson, Fischer usw. Kalorimeterkonstruktionen ersonnen, doch hatten all diese Apparate den Übelstand, daß es schwer fiel, eine vollständige Verbrennung zu erzielen, und daß sie, wenn auch nicht alle, umständlich zu handhaben waren. Erst seit Hempel nachwies, daß man 1 g Kohle in einem Gefäße von 0,25 l Inhalt, gefüllt mit Sauerstoff von 12 at Spannung, mit Sicherheit vollständig verbrennen kann,

---

[1]) Flugblatt 6 des Magdeburger Vereins für Dampfkesselbetrieb.

ist eine Reihe von Kalorimeterkonstruktionen entstanden, die obige Schwierigkeiten nicht mehr aufweisen.

Vor allem war es Berthelot, der, auf dieser Erfahrung fußend, eine sog. kalorimetrische Bombe konstruierte. Ähnlich dieser sind die Apparate von Stohmann, Hempel und endlich die Mahlersche Haubitze.

In neuerer Zeit ist von Dr. Kröker eine kalorimetrische Bombe erdacht worden, die den Bedürfnissen der Betriebspraxis, ein rasches und doch genügend genaues Arbeiten zu ermöglichen, Rechnung trägt. Sie ist in der Form und in ihren Dimensionen der Hempelschen Bombe nachgebildet. Fig. 10 zeigt die Bombe im Schnitte. Sie besteht aus einem vernickelten Stahlgefäße von 10 mm Wandstärke und ca. 300 ccm Inhalt mit gasdicht aufschraubbarem Deckel. Letzterer trägt in der Mitte eine Verstärkungsleiste, durch welche die Gas-Zu- und -Ableitungskanäle K_1 und K_2 gelegt sind. Der Kanal K_2, welcher durch das Platinrohr R nach dem Inneren der Bombe verlängert ist, wird zur Einführung des komprimierten Sauerstoffs in die Bombe benützt, während der Kanal K_1 zur Ableitung der Verbrennungsgase dient.

Zur Füllung der Bombe nimmt man am einfachsten käuflichen Sauerstoff, der in Stahlzylindern, ähnlich wie Kohlensäure, hoch komprimiert, von verschiedenen Fabriken bezogen werden kann. Die Kanäle K_1 und K_2 sind durch in Stopfbuchsen laufenden Schraubenspindeln V_1 und V_2 verschließbar. Die Spitzen dieser Spindeln sind aus Platiniridium gefertigt, um gegen Korrosionen durch die Verbrennungsprodukte widerstandsfähig zu sein. Zum gleichen Zwecke ist der Deckel der Bombe auf der Unterseite mit dünnem

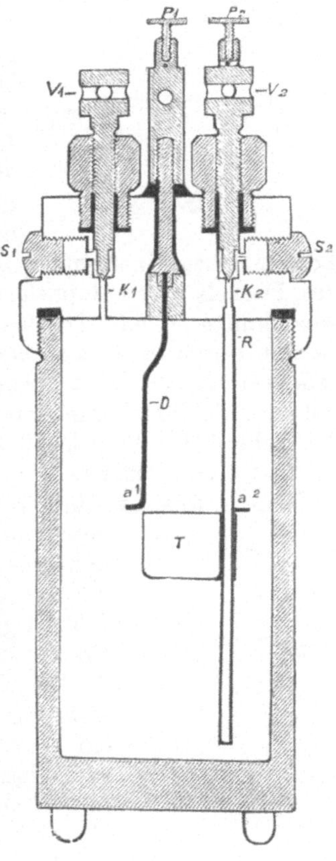

Fig. 10.

Platinbleche belegt, während das Innere der Bombe gewöhnlich mit einer soliden Emailschicht ausgefüttert ist. (Auf Wunsch wird an Stelle dieses Emailbelages auch eine Ausfütterung mit Platinblech ausgeführt, wodurch sich allerdings der Preis der Bombe wesentlich erhöht.) D ist ein Platindraht, der isoliert durch den Deckel der Bombe geführt ist und zur Befestigung des Zünddrahtes dient. P_1 und P_2 sind zwei Klemmschrauben oder Steckkontakte, an welchen die Zuleitungsdrähte einer Tauchbatterie, bzw. eines Akkumulators oder einer Starkstromleitung mit vorgeschaltetem Widerstande enden. Wird um die

Platinansätze a_1 und a_2 ein dünner Zünddraht gewickelt, so ist der Stromkreis geschlossen.

Als Zünddraht kann ein ganz dünner Eisendraht (0,1 mm dick) dienen; doch üben die abschmelzenden Teile desselben auf die Emaille, oft auch auf Platin eine zerstörende Wirkung aus; daher ist die Verwendung von Nickelindraht, oder in besonderen Fällen von Platindraht mit Baumwollfaden umwickelt, mehr zu empfehlen.

Am Boden der Bombe sitzen drei kurze Füße. In einem besonderen, auf dem Experimentiertische durch die Schrauben B (Fig. 11) be-

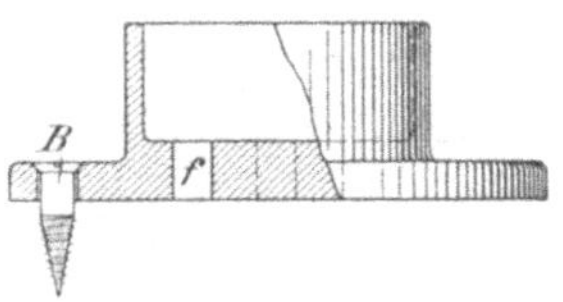

Fig. 11.

festigten Untersatz (Fig. 11) sind drei Löcher f ausgespart, in welche die Füße der Bombe passen. Da der Hohlraum der Bombe mit Sauerstoff von 20—25 at Spannung gefüllt wird, so ist es natürlich nötig, daß der Bombendeckel gasdicht aufgeschraubt werden kann. Dies wird erreicht, indem man die Bombe mit den drei Füßen in die Löcher f des Untersatzes setzt und alsdann über die kräftige Leiste des Deckels einen doppelarmigen Schlüssel mit zur Leiste passendem Ausschnitte steckt. Da das Dichten des Deckels gegen den Rand der Bombe durch einen zwischengelegten Bleiring (in Fig. 10 schwarz angedeutet) geschieht, so bringt immerhin schon ein mäßiges Anziehen mit dem Schlüssel einen gasdichten Schluß zustande. Ebenso erfordert der Schluß der Ventile V_1 und V_2 nur einen geringen Kraftaufwand.

Es ist empfehlenswert, die zu verbrennende Substanz fein zu pulverisieren, was am einfachsten in einem Porzellan- oder Eisenmörser

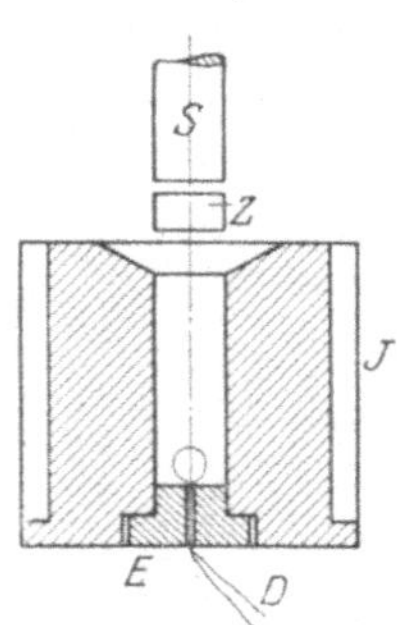

Fig. 12.

geschieht. Von diesem Pulver wird nun bei Steinkohle ca. 1 g, bei Braunkohle ca. 1,5 g um ein 4÷5 cm langes Stück des Zünddrahtes zu einem Brikett gepreßt, was mit der in Fig. 12 abgebildeten Preßform sehr leicht zu erreichen ist.

Die Preßform J (Fig. 12) hat eine senkrechte Bohrung von 12 mm Durchmesser, die unten durch ein Verschlußstück E mit feinem, zentrischem Loch verschlossen wird. Durch dieses Loch im Verschlußteile E wird der Zünddraht D so eingeführt, daß er oberhalb desselben eine kleine Schleife bildet. Diese Schleife wird beim Füllen der Preßform von dem pulverisierten Brennstoffe umgeben. Ist die bereits angegebene Menge Brennstoff in die Bohrung von J eingefüllt, so gibt man zunächst das stählerne Zwischenstück Z darauf, dann wird der Stempel S aufgesetzt, und das Ganze unter eine einfache Schraubenpresse gebracht. Es genügt schon ein mäßiger Druck auf den Stempel S, um aus dem eingefüllten Brennmateriale ein Brikettchen zu formen, durch welches hindurch das Stück Zünddraht D, dessen Gewicht natürlich vorher genau festgestellt worden ist, läuft.

Nunmehr wird auf einer chemischen Wage das Brikettchen samt Zünddraht gewogen, um alsdann durch Subtraktion beider Gewichte das Gewicht der zur Verbrennung gelangenden Substanz zu erhalten.

Es gibt Materialien, die sich nur unvollkommen oder überhaupt nicht zu einem Brikett pressen lassen, wie z. B. Anthrazit und Koks und alle bitumenarmen Stoffe. Diese werden einfach in pulverisiertem Zustande in den Platintiegel T (Fig. 10) gefüllt, während der Zünddraht so um a^1 und a^2 (Fig. 10) gewickelt wird, daß er die im Tiegel T befindliche Substanz berührt.

Im ersten Falle, wo man die zu verbrennende Substanz in Form eines Briketts anwenden kann, wird, nachdem die Drahtenden um a^1 und a^2 gewickelt sind, der Tiegel T so unterhalb dem Brikette angeordnet, daß bei der Verbrennung möglichst wenig glühende Brennstoff- und Zünddrahtteile auf den Boden der Bombe fallen.

Fig. 13.

Die Bombe muß, bevor die Brennsubstanz eingebracht wird, einige Zeit im Trockenschranke gestanden haben, damit ihre Innenwandung von aller eventuell anhaftenden Feuchtigkeit befreit ist.

Nachdem die Schnittschrauben S_1 und S_2 (Fig. 10) entfernt sind, wird der Deckel der Bombe in der angegebenen Weise festgeschraubt.

Um die Bombe nunmehr mit Sauerstoff zu füllen, wird das Sauerstoffüberleitungsrohr r (Fig. 13) mittels der Überwurfmutter m an den Sauerstoffzylinder und mittels der Schraube n und des Konus k (Fig. 13) an den Kanal K_2 (Fig. 10) des Bombendeckels angeschlossen. Wird die Ventilspindel V_2 (Fig. 10) etwas gelüftet, so hat der komprimierte Sauerstoff Zutritt zum Innern der Bombe. Um die in der letzteren befindliche atmosphärische Luft auszutreiben, öffnet man beim Einleiten des Sauerstoffs auch die zweite Ventilschraube V_1 (Fig. 10) kurze Zeit. Nachdem diese wieder geschlossen ist, wird der Druck des Sauer-

4*

stoffs im Innern der Bombe bald die gewünschte Höhe von 20÷25 at erreicht haben, was an dem mit Sicherheitsventil versehenen Mano-

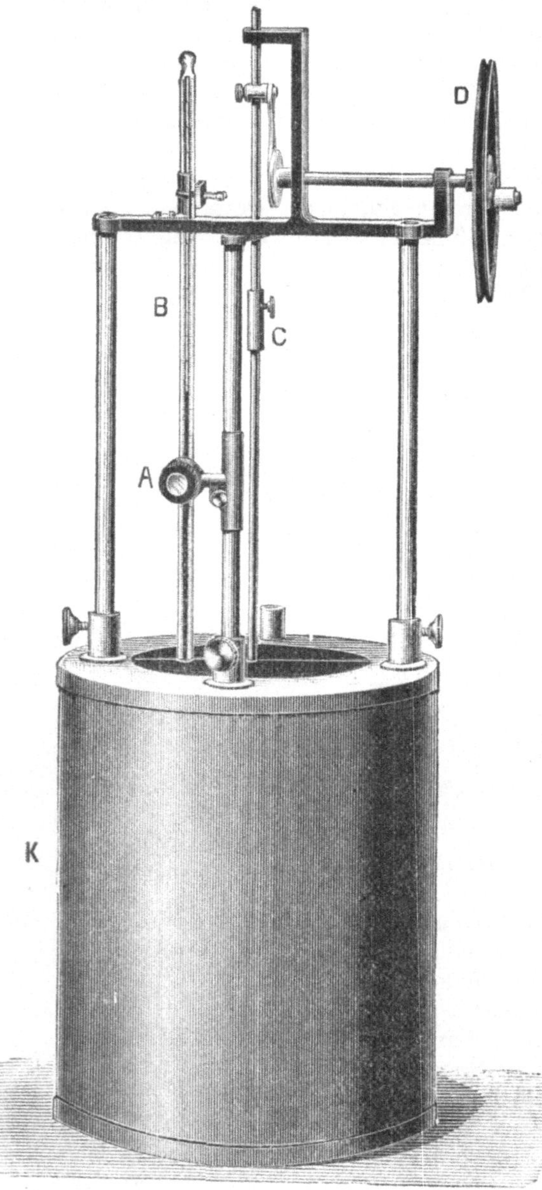

Fig. 14.

meter M abgelesen wer-den kann. In diesem Augenblicke wird V_2 ge-schlossen. Bei der Zulei-tung des Sauerstoffs zur Bombe ist Vorsicht zu empfehlen, damit nicht durch den zu stürmisch in die Bombe eintreten-den Sauerstoffstrom die Brennsubstanz zerstäubt wird.

Ist die Füllung mit Sauerstoff geschehen, so wird die Bombe, nachdem die Schnittschrauben S_1 und S_2 (Fig. 10) wieder eingesetzt sind, in das Ka-lorimetergefäß gebracht, ein einfaches, hochglanz-vernickeltes Blechgefäß, in welchem vorher Wasser im Gewichte von 2000 g oder 2100 g abgewogen worden ist. Das Ganze, also Kalorimetergefäß und Bombe, kommt nunmehr in den doppelwandigen metallenen Schutzmantel K (Fig. 14), dessen Raum zwischen den Doppelwän-den mit Wasser ausgefüllt ist. Durch diese Einrich-tung sollen die Einflüsse von außen auf die Tem-peratur des Kalorimeter-wassers tunlichst ausge-schaltet werden.

Um die Verteilung der Temperatur im Kalori-meterwasser möglichst rasch und gleichmäßig er-folgen zu lassen, wird in das Kalorimetergefäß ein die Bombe umgebendes Rührwerk eingesetzt. Dieses besteht aus 3 durchlochten Blechringen e (Fig. 15), welche durch die Stangen $s\,s$

und das Querhaupt q zu einem Ganzen verbunden sind. Das Querhaupt q trägt eine Stange t, welche oben in einer Hülse C endigt. Mit letzterer wird das Rührwerk an den Bewegungsmechanismus angeschlossen, der von der Rillenscheibe D (Fig. 14) aus entweder durch einen kleinen Motor oder von Hand angetrieben wird.

Zur Bestimmung der Temperaturen des Kalorimeterwassers wird ein Thermometer B (Fig. 14) eingeführt, und zwar verwendet man entweder ein Laboratoriumsthermometer, welches $^1/_{100}$ Grade abzulesen und $^1/_{1000}$ Grade abzuschätzen gestattet, oder ein Differentialthermometer nach Beckmann. Die Ablesung dieser Thermometer erfolgt mit Hilfe der Lupe A (Fig. 14). Sind die Poldrähte der zur Zündung verwendeten Stromquelle durch P_1 und P_2 (Fig. 10) festgeklemmt (selbstverständlich muß in den Stromkreis ein Stromunterbrecher eingeschaltet sein), und ist die Öffnung von K (Fig. 14) durch einen zweiteiligen Deckel geschlossen, so sind die Vorbereitungen zum Versuche beendet.

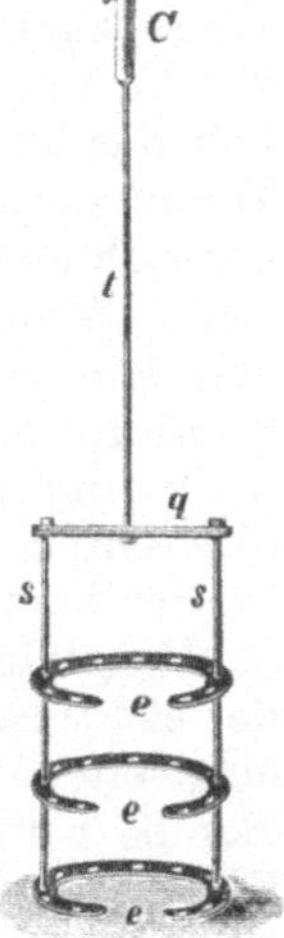

Als Stromquelle benützt man entweder eine Tauchbatterie oder Akkumulatoren, die derart zu schalten sind, daß eine Spannung von 8÷10 Volt resultiert. Am einfachsten ist es aber, sowohl den Strom für die Zündung, als auch den zum Antriebe eines kleinen Elektromotors für das Rührwerk notwendigen Strom aus einer vorhandenen Lichtleitung abzunehmen, wobei allerdings eine Drosselung der Spannung notwendig wird. Fuchs[1] gibt für diesen Zweck einen einfachen Apparat an, der

Fig. 15.

sowohl die Zündvorrichtung als auch den Regulierwiderstand für den Elektromotor enthält. In Fig. 16 ist das Schaltungsschema dieses Apparates abgebildet.

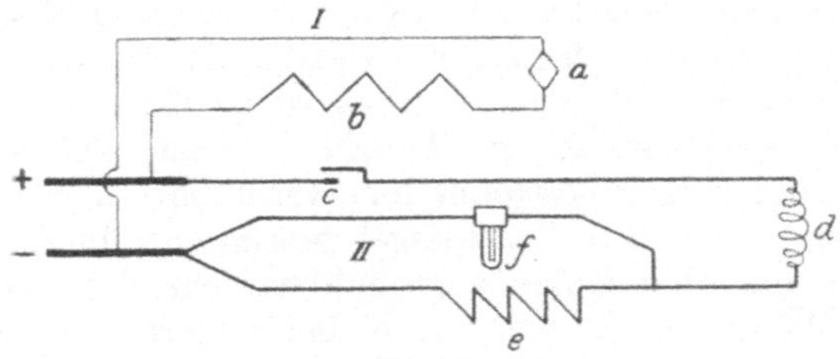

Fig. 16.

Der hochgespannte Strom tritt an den Stellen $+$ und $-$ in den Apparat ein und teilt sich dann in die zwei Stromkreise I und II. Ersterer ist für den Motor bestimmt, der durch a dargestellt ist. Durch den Regulierwiderstand b kann die Tourenzahl des Motors verändert werden.

Der Stromkreis II dient zur Zündung; c ist ein Schalter, d der Zünddraht, e eine Widerstandsspirale und f eine Glühlampe. Bei

---

[1] Fuchs, Generator-Kraftgas- und -Dampfkesselbetrieb. Verlag von Julius Springer, Berlin.

220 Volt Spannung benützt man in e einen Widerstand von rund 100 Ω und in f eine 16 kerzige Lampe. Beim Einschalten des Stromes wird diese Lampe so lange glühen, bis d abgeschmolzen und damit der Strom unterbrochen ist. Dadurch wird also eine Kontrolle darüber ausgeführt, ob der Stromkreis innerhalb der Bombe geschlossen ist oder nicht.

Der eigentliche Versuch zerfällt in drei Teile, nämlich Vorversuch, Hauptversuch und Nachversuch.

Nachdem die Versuchseinrichtungen in der oben beschriebenen Weise zusammengestellt sind, wird das Rührwerk in langsame, aber gleichmäßige Bewegung versetzt. Beobachtet man nun nach einiger Zeit das Thermometer B (Fig. 14), so wird man wahrnehmen, daß die Temperaturänderungen innerhalb gleicher Zeitintervalle (gewöhnlich beobachtet man von Minute zu Minute) gleich oder doch nahezu gleich sind. Wenn dieser Zustand wirklich eingetreten ist, so notiert man von Minute zu Minute die Temperatur des Kalorimeterwassers, etwa 8- bis 10 mal. Dies ist der Vorversuch. Stellen sich während desselben stark ungleichmäßige Schwankungen ein, oder sind die Temperaturdifferenzen erheblich groß (etwa ein oder mehrere Zehntelgrade), so ist der Vorversuch von neuem zu beginnen.

Ungefähr 10 Sekunden, bevor der Vorversuch zu Ende geht, wird der elektrische Zündstrom geschlossen und ist damit der Hauptversuch eingeleitet. Durch das Schließen des Stromes gerät der im Innern der Bombe befindliche, um a^1 und a^2 (Fig. 10) gewickelte Zünddraht ins Glühen, um, da er ja von hochkomprimiertem Sauerstoffe umgeben ist, sehr rasch samt dem ihm anhaftenden Brennstoffbrikette zu verbrennen. Der Eisendraht verbrennt dabei zu Eisenoxyd, während die Kohle — und Berthelot hat dies für jeden verbrennbaren Stoff nachgewiesen — vollständig verbrennt, ohne Bildung von Teernebeln, die bei anderen Kalorimetern mit offener Verbrennung so schwer zu vermeiden sind und den Versuch unbrauchbar machen. Eine Ausnahme in letzter Beziehung macht nur Koks, indem dieses Material selbst in komprimiertem Sauerstoffe fast nie vollständig verbrennt. Bei kalorimetrischen Untersuchungen von Koks ist es daher nötig, diesen mit einer genau gewogenen Menge Paraffin, dessen Verbrennungswärme man kennt oder vorher bestimmt hat, vermischt zu verbrennen.

Einfacher ist es, den Platintiegel mit ausgeglühtem Asbestpapier auszukleiden und den Koks in grobpulverigem Zustande einzufüllen. Auf diese Weise erzielt man auch bei anderen, schwer verbrennlichen und nicht brikettierbaren Materialien eine vollkommene Verbrennung.

Kurz nach dem Schließen des Stromes beginnt das Thermometer B (Fig. 14) rasch zu steigen. Die Temperaturen sind jetzt mit erhöhter Schärfe zu beobachten, und ist ganz besonders auf die Feststellung des Maximums der Temperatur Sorgfalt zu legen. Dieses tritt in der Regel nach 5÷10 Minuten ein. Damit ist das Ende des Hauptversuchs erreicht, und es beginnt der Nachversuch.

Die Temperatur des Kalorimeterwassers fängt an zu fallen und ist noch 8÷10 Minuten lang zu beobachten.

Während all dieser Temperaturbeobachtungen ist das Rührwerk langsam, aber möglichst gleichmäßig in Bewegung zu halten.

Bei der Verbrennung der gewöhnlichen Brennmaterialien entsteht Wasser, welches z. T. aus dem im Material enthaltenen Wasserstoffe gebildet wird, z. T. aus dem hygroskopischen Wasser besteht. Bei der Verbrennung auf dem Roste einer Feuerungsanlage wird dieses Gesamtwasser in Dampf verwandelt und zieht als solcher mit den Rauchgasen ab. Die Bildungswärme dieses Dampfes, der eine Temperatur von $200 \div 300°$ und manchmal noch darüber hat, ist also bei den gebräuchlichen Feuerungsanlagen in den meisten Fällen vollständig verloren. Bei der Verbrennung in der Bombe wird aber dieser Wasserdampf, ebenso wie die anderen Verbrennungsprodukte auf ca. $20°$ abgekühlt, er kondensiert also und gibt die dabei frei werdende Wärmemenge an das Kalorimeterwasser ab. Es wird mithin bei der Untersuchungsmethode im Kalorimeter mehr Wärme erzeugt und gemessen, als bei der Verbrennung auf dem Roste einer Feuerung, und dies ist der Grund, warum bei jeder Heizwertbestimmung eine quantitative Bestimmung des Gesamtwassers ausgeführt werden muß.

Da die Abgangstemperaturen der Rauchgase und natürlich auch des in ihnen enthaltenen Wasserdampfes starken Schwankungen unterliegen, so würden, wie schon gelegentlich der Entwicklung der Dulongschen Formel gezeigt worden ist, die auf die Verdampfungswärme des Gesamtwassers bezüglichen Abzüge ebenfalls stark schwankend sein.

Um von dieser Unsicherheit frei zu sein, hat man sich dahin geeinigt, daß für jedes Kilogramm mit den Rauchgasen abziehenden Wasserdampfes 600 WE subtraktiv in Anrechnung zu bringen sind.

Um die Bestimmung des Gesamtwassers auf bequeme Weise zu ermöglichen, hat die Krökersche Bombe im Deckel noch zwei Bohrungen, die mit den Kanälen K_1 bzw. K_2 (Fig. 10) kommunizieren und während der Verbrennung durch die Schnittschrauben S_1 und S_2 verschlossen sind. Diese beiden Bohrungen wurden ja schon zur Austreibung der in der Bombe enthaltenen Luft und zum Einfüllen von komprimiertem Sauerstoffe benützt. Bei der Wasserbestimmung wird nun, nachdem die Schnittschrauben S_1 und S_2 entfernt und an ihre Stelle zwei ca. 200 mm lange Röhrchen eingeschraubt sind, der Kanal K_1 mit einer genau gewogenen Chlorkalziumvorlage E (Fig. 17) in Verbindung gebracht, während der andere Kanal K_2 mit einem Chlorkalziumturme C (Fig. 17) verbunden ist. Letzterer ist an eine Luftdruckvorrichtung angeschlossen. Als solche dienen am einfachsten zwei große Glasflaschen A un B (Fig. 17), von denen die eine mit Wasser gefüllt und höher gestellt wird, so daß letzteres nach der tiefer gestellten Flasche abfließen kann. Die Bombe Z (Fig. 17) wird in ein auf $105 \div 110°$ erhitztes Ölbad D oder in ein entsprechendes Heißluftbad gestellt. Da diese Temperatur nicht überschritten werden soll, und eine fortwährende Regulierung am Brenner F unbequem ist, so ersetzt man vorteilhaft das Öl durch eine Mischung von Wasser und Glyzerin, die so ausprobiert ist, daß sie bei ca. $110°$ siedet. Es wird nun der Kanal K_1, der an die Chlorkalziumvorlage E angeschlossen ist, durch ganz vorsichtiges

Hochschrauben des Ventils V_1 (Fig. 10) geöffnet, so daß die in der Bombe eingeschlossenen und noch unter hohem Drucke stehenden Verbrennungsgase allmählich durch die Vorlage E (Fig. 17) abströmen können, wobei sie gezwungen werden, ihren Feuchtigkeitsgehalt an das Chlorkalzium abzugeben. Dieser Vorgang dauert ungefähr 20÷30 Minuten, und nun ist noch das in der Bombe enthaltene Wasser auszutreiben. Dieses ist, da die Bombe eine Temperatur von 105÷110° angenommen hat, in Dampf verwandelt, welcher, nachdem auch das zweite Ventil V_2 geöffnet ist, mit der durchströmenden, im Turme C (Fig. 17) getrockneten Luft durch die Vorlage E geführt wird, wo ihn das Chlorkalzium vollständig absorbiert. Nach weiteren 25÷30 Minuten ist auch diese Prozedur beendet, und es bedarf nur noch einer genauen Wägung der Chlorkalziumvorlage, um das Gesamtwasser bestimmt zu haben.

In Fig. 17 bedeutet N ein mit Öl gefülltes Glasgefäß, in welches die Abgase aus der Bombe Z geleitet werden, nachdem sie bereits die Vorlage E passiert haben. Durch die im Öle aufsteigenden Gasperlen ist man in der Lage, zu konstatieren, ob überhaupt noch Gase aus Z abströmen, und mit welcher Geschwindigkeit dies geschieht. Außerdem ist die Gefahr, daß von der Atmosphäre aus Feuchtigkeit in die Vorlage eintritt, beseitigt.

Da der im Handel bezogene, komprimierte Sauerstoff stets etwas Feuchtigkeit enthält, so kommt das zuletzt bestimmte Wasserquantum nicht allein aus der in der Bombe verbrannten Brennstoffmenge, sondern rührt zum Teile auch von der Sauerstoffüllung her. Man bestimmt deshalb genau in der vorher beschriebenen Weise durch einen Vorversuch diejenige Wassermenge, die in der zur Füllung der Bombe nötigen Menge Sauerstoff von bestimmter Spannung (20÷25 at) enthalten ist. Natürlich muß für jedes neubezogene Gefäß mit Sauerstoff dieser Versuch wiederholt werden.

Die bei der Verbrennung irgendeines verbrennbaren Stoffes in der Bombe entstehende Wärmemenge wird nicht vollständig an das Kalorimeterwasser übergehen, sondern ein Teil derselben wird aufgewendet werden müssen, um das Kalorimetergefäß, die Bombe, das Rührwerk und jenen Teil des Thermometers, der in das Kalorimeterwasser eintaucht, auf die Maximaltemperatur zu bringen.

Diejenige Wärmemenge, die nötig ist, um die Temperatur der genannten Teile um 1° zu erhöhen, heißt der Wasserwert des Kalorimeters.

Diese Konstante bestimmt sich aus dem Gewichte all der genannten, mit dem Kalorimeterwasser in Berührung kommenden Teile und deren spezifischen Wärme, ist aber auf diese Weise nur schwierig zu ermitteln. Einfacher und zuverlässiger bestimmt sich der Wasserwert des Kalorimeters durch Versuche.

Man verbrennt, ebenso wie beim Experimentieren mit Brennstoffen, die genau gewogene Menge einer Substanz, deren Verbrennungswärme bekannt ist, und stellt die Differenz fest zwischen der dadurch erzeugten und der im Kalorimeter nachgewisenen Wärmemenge. Als solche Substanz kann man u. a. chemisch reinen Zucker verwenden, da dessen Verbrennungswärme durch Berthelot zuverlässig zu 3962 WE bestimmt wurde.

Außer den bereits behandelten Korrekturen, wovon die eine durch die beim Versuche zur Kondensation gelangende Gesamtwassermenge, die andere durch die Wärmeaufnahme aller mit dem Kalorimeterwasser in Berührung kommenden Teile bedingt ist, ist bei jeder Verbrennung im Kalorimeter noch eine Reihe anderer Korrekturen durchzuführen, und zwar:

1. in bezug auf die durch die Verbrennung des zur Zündung verwendeten Drahtes entstehende Wärmemenge,
2. in bezug auf die bei der Verbrennung in der Bombe entstehenden Säuren,
3. in bezug auf den Einfluß der Umgebung auf die Temperatur des Kalorimeterwassers,
4. in bezug auf Fehler, die in den Angaben des verwendeten Thermometers enthalten sind.

Die erste Korrektur ist sehr einfach, da das Gewicht des zur Zündung dienenden Eisendrahtes ohnehin bestimmt wird. Nach Berthelot ist die Verbrennungswärme von Eisen (zu Eisenoxyd verbrannt) 1601 WE.

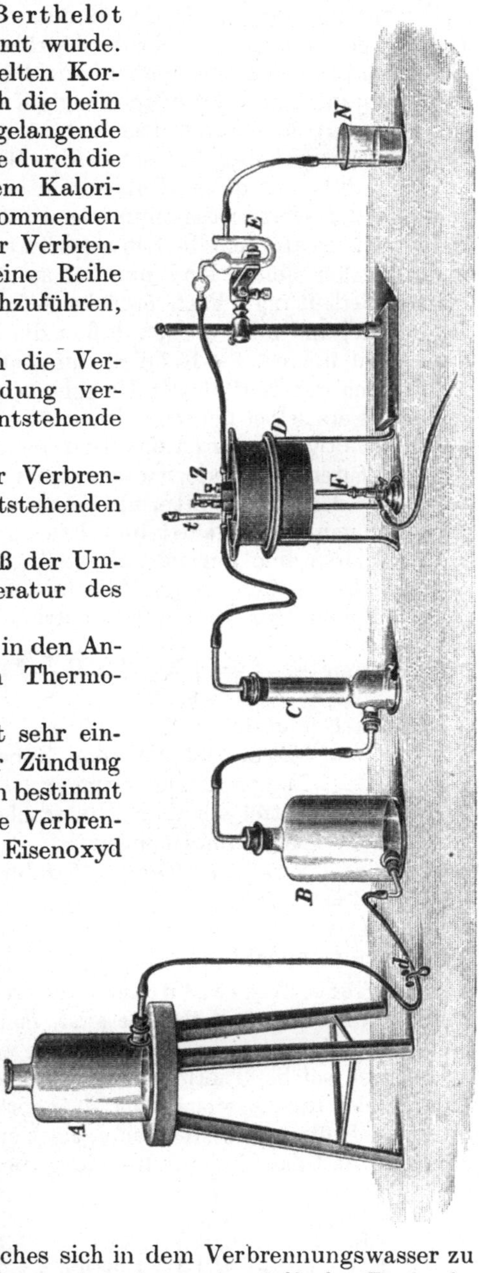

Viel komplizierter ist die zweite, auf die zur Bildung kommenden Säuren bezügliche Korrektur. Da der käufliche komprimierte Sauerstoff fast stets Stickstoff enthält, so ist die Bildung von Salpetersäure unvermeidlich. Außerdem sind viele Brennmaterialien schwefelhaltig. In komprimiertem Sauerstoffe verbrennt der Schwefel entweder zu Schwefelsäureanhydrid, welches sich in dem Verbrennungswasser zu verdünnter Schwefelsäure auflöst, oder aber, wie vielfache Beobachtungen zeigen, zu schwefliger Säure. In der Praxis erhält man bei der

Fig. 17.

Verbrennung schwefelhaltiger Materialien auf dem Roste einer Feuerungsanlage entweder schweflige Säure oder auch Schwefelsäure. Langbein spricht nun die in der Bombe entstehende, aus dem Schwefelgehalte der verbrannten Probe herrührende Säure nur als verdünnte Schwefelsäure (Schwefelsäureanhydrid in Wasser gelöst) an und nimmt ferner an, daß bei der Verbrennung auf dem Roste nur schweflige Säure entsteht. Es ist dadurch eine Reduktion des in der Bombe gefundenen Schwefelsäuregehaltes auf schweflige Säure nötig.

In Anbetracht dieser Unbestimmtheiten und im Interesse der Einfachheit der Heizwertbestimmungen läßt Bunte sowohl die gebildete Salpetersäure als auch die Schwefelsäure unberücksichtigt. Die dadurch entstehenden Fehler sind nur bei stark schwefelhaltigen Stoffen von einiger Bedeutung. Verf. berücksichtigt nur die Entstehung von Salpetersäure, und zwar derart, daß er die bei der ersten Korrektur gefundene Zahl um ca. 8÷10 (WE) aufrundet.

Da sich der Einfluß der Umgebung auf die Temperatur des Kalorimeterwassers selbst bei sorgfältigster Isolierung nicht ausschließen läßt, so ist es nötig, der durch das Thermometer festgestellten Differenz der Temperaturen des Kalorimeterwassers vor der Zündung und bei Erreichung des Temperaturmaximums einen Korrektionssummanden hinzuzufügen. Regnault und Pfaundler haben zu dieser dritten Korrektion eine Formel aufgestellt, die von Stohmann verbessert wurde. Sie ist zum ersten Male in dem Flugblatte Nr. 7 des Magdeburger Vereins für Dampfkesselbetrieb veröffentlicht und lautet:

$$\text{Korrektion} = \frac{v - v'}{\tau' - \tau} \cdot \left(\frac{t_2 - t_1}{9} + \frac{t_1 + t_n}{2} + \sum_{1}^{n-1} (t) - n \cdot \tau \right) - (n - 1) \cdot v .$$

Hierin bedeutet:

$v =$ Mittel der vor der Zündung abgelesenen minutlichen Temperaturänderungen,

$v' =$ Mittel der im Nachversuche abgelesenen minutlichen Temperaturänderungen,

$\tau =$ Mittel der Temperaturablesungen des Vorversuches,

$\tau' =$ „ „ „ „ Nachversuches,

$t_1, t_2 \ldots t_n =$ „ „ Hauptversuches,

$n =$ Anzahl „ „ „ „

Die vierte Korrektur ist nötig, weil die käuflichen Thermometer, auch wenn es beste Fabrikate sind, fast nie fehlerfrei sind. Man darf daher zu kalorimetrischen Versuchen, wo schon $^1/_{1000}$ Grad eine Rolle spielt, nur solche Thermometer benützen, die von der physikalisch-technischen Reichsversuchsanstalt geprüft, und deren Fehler alsdann in einem Prüfungsatteste niedergelegt sind. Ein derartiges Attest gibt z. B. an, daß das eingesandte Thermometer bei

+14 Grad um 0,01			+20 Grad um 0,01	
+15 „ „ 0,02			+21 „ „ 0,01	Grad
+16 „ „ 0,01	Grad		+22 „ „ 0,01	zu hoch
+17 „ „ 0,01	zu hoch		+23 „ „ 0,01	zeigt
+18 „ „ 0,01	zeigt		+24 „ ohne wesentliche	
+19 „ „ 0,01				Fehler ist.

Die vorstehend angegebenen Fehler gelten nur unter der Voraussetzung, daß der Quecksilberfaden seiner ganzen Länge nach sich in der zu messenden Temperatur befindet. Wenn hingegen, wie es bei den vorliegenden Versuchen stets der Fall ist, ein Teil des Fadens aus dem Kalorimeterwasser, dessen Temperatur gemessen werden soll, herausragt, so ist zu der abgelesenen und nach den vorstehenden Fehlerangaben berichtigten Temperatur die Verbesserung $\dfrac{x(T-t)}{6300}$ hinzuzufügen, wobei x die in Graden ausgedrückte Länge des herausragenden Teiles des Quecksilberfadens, T die zu messende Temperatur, und t die mittlere Temperatur des herausragenden Fadens bedeutet. Letztere wird durch ein Hilfsthermometer ermittelt, welches neben dem Versuchsthermometer so aufgehängt ist, daß sein Quecksilbergefäß sich in halber Höhe des herausragenden Quecksilberfadens befindet.

Es folgt nun eine vollständig durchgerechnete Heizwertbestimmung. Die untersuchte Kohle ist schlesische Steinkohle.

Zimmertemperatur: 20°.

Wasserwert des Kalorimeterwassers = 2100 g.

Gewicht des Eisendrahtes + Kohlenbrikettchen	= 1,0959 g
Gewicht des Eisendrahtes allein	= 0,0187 g
Gewicht des Kohlenbrikettchens allein	= 1,0772 g

Gewicht der Chlorkalziumvorlage:

a) vor dem Versuche	= 48,2169 g
b) nach dem Versuche	= 48,7605 g
Gewicht des Gesamtwassers	= 0,5436 g
Gewicht des Wassers in O_2	= 0,0250 g
Gewicht des Wassers in der Kohle	= 0,5186 g = **48,1%**.

Gang der Temperaturen.

Nr.	Vorversuch		Hauptversuch		Nachversuch		Bemerkungen
	Ablesung $\tau =$	Diff. $v =$	Ablesung $t_1, t_2, t_3 \ldots =$	Korr. Ablesung $t =$	Ablesung τ'	Diff. v'	
1	18,752°	$+$	18,759°	18,749°	21,744°	—	
2	18,753	0,001°	19,170	19,160	21,742	0,002°	
3	18,754	0,001	20,530	20,520	21,738	0,004	
4	18,755	0,001	21,240	21,230	21,733	0,005	
5	18,756	0,001	21,590	21,580	21,728	0,005	
6	18,757	0,001	21,720	21,710	21,723	0,005	
7	18,758	0,001	21,749	21,739	21,718	0,005	
8	18,759	0,001	Diff.				
9	18,759	0,000	$t_n - t_1 =$	2,990°			
Sa.	168,803°	0,007°			152,126°	0,026°	
Mittel	18,756°	0,001°			21,732°	0,004°	

$$\text{Korrektion} = \frac{v - v'}{\tau' - \tau} \cdot \left(\frac{t_2 - t_1}{9} + \frac{t_1 + t_n}{2} + \sum_{1}^{n-1}(t) - n \cdot \tau \right) - (n - 1) \cdot v$$

$$= \frac{0,001 + 0,004}{21,732 - 18,756} \cdot \left(\frac{19,160 - 18,749}{9} + \frac{18,749 + 21,739}{2} \right.$$

$$\left. + 122,949 - 7 \cdot 18,756 \right) - 6 \cdot 0,001$$

$$= +0,014°.$$

Wirkliche Temperaturzunahme $= 2,990° + 0,014 ° = 3,004°$.

Wasserwert des Kalorimeterwassers $= 2100\,g$
Wasserwert des Kalorimeters $\quad = 340\,g$ (aus Vorversuchen bestimmt).

Sa. $= 2440\,g$.

Im ganzen erzeugte Wärmemenge:
$$= 3,004 \cdot 2440 \text{ (WE)}.$$
$$= 7329,76 \text{ (WE)}.$$

An dieser gesamten Wärmeentwicklung sind beteiligt:

a) die verbrannte Kohle,
b) der verbrannte Zünddraht,
c) die Bildungswärme geringer Mengen von Salpetersäure und Schwefelsäure.

Der gesuchte Heizwert der Kohle stellt sich dar in der Formel:
$$\text{Heizwert} = [a - (b + c)] : 1,0772,$$
$$= [7329,76 - (b + c)] : 1,0772.$$

0,0187 g Eisendraht geben bei vollständiger Verbrennung zu Eisenoxyd:
$$0,0187 \cdot 1601 \text{ (WE)} = 29,9 \text{ (WE)} \sim 30 \text{ (WE)} = b \text{ (WE)}.$$

Für die gebildeten Säuren werden 10 (WE) $= c$ (WE) in Abzug gebracht.

Also ist der gesamte, in der Bombe entwickelte Heizwert der Kohle
$$= [7329,76 - (30 + 10)] : 1,0772$$
$$= \sim 6767,3 \text{ (WE)} = \text{o b e r e r   H e i z w e r t}.$$

Für die festgestellten 48,1% Gesamtwasser in der Kohle sind in Abzug zu bringen:
$$48,1 \cdot 6 \text{ (WE)} = 288,6 \text{ (WE)}.$$

Der untere Heizwert der untersuchten Kohle beträgt also:
$$(6767,3 - 288,6) \text{ kal.} = \mathbf{6478,7 \text{ (WE)}}.$$

Das Kalorimeter nach Parr. Diese Einrichtung zur Bestimmung des Heizwertes von Brennmaterialien hat mit der zuletzt beschriebenen Krökerschen Bombe das eine gemeinsam, daß sie ebenfalls auf der von Berthelot angegebenen Idee aufbaut, wonach bei Heizwertbestimmungen während des Versuches Gase weder zugeführt, noch nach außen abgeleitet werden dürfen, daß vielmehr alle Vorgänge sich in dem geschlossenen Raume innerhalb des Kalorimeters abspielen müssen.

Im Unterschiede zur Krökerschen Bombe wird beim Parrschen Kalorimeter der zur Verbrennung nötige Sauerstoff erst durch die Verbrennung selbst entwickelt, und zwar aus einem Körper, der noch die Eigenschaft hat, die Verbrennungsprodukte im Augenblicke ihrer Entstehung an sich zu ketten, so daß also im Verbrennungsraume höherer Druck weder nötig ist, noch solcher erzeugt wird.

Als solcher Körper wird Natriumsuperoxyd (NaO) angewendet, welches die bei der Verbrennung entstehende Kohlensäure (CO_2) und das Wasser in Form von Natriumkarbonat bzw. Natriumhydrat bindet.

Das für den Versuch ausgewählte Brennmaterial wird mit einer gewissen Menge Natriumsuperoxyd gemischt, in ein absolut dicht verschließbares, zylindrisches Gefäß, die Patrone, gefüllt und durch ein glühendes Metallstiftchen zur Entzündung gebracht.

Die Patrone ist dabei im Kalorimeter untergebracht.

Dieses besteht, wie Fig. 18 zeigt, aus dem Messinggefäße A, welches sich zum Schutze gegen Einflüsse von außen in einem aus Hartpapier hergestellten Behälter C befindet, der aus dem gleichen Grunde von einem zweiten Hartpapiergefäße B umgeben ist. Ein doppelter Deckel verschließt diese beiden Gefäße C und B.

Die Patrone D ist in der Achse des ganzen Kalorimeters so angeordnet, daß sie unten mit einer körnerartigen Vertiefung im Boden auf einer auf einem Dreifuße ruhenden Spitze gelagert ist, während ihr oberer Teil durch den Doppeldeckel geführt ist und außen einen Schnurlauf P trägt. Auf dem besagten Dreifuße im Innern des Kalorimetergefäßes A ruht noch ein beiderseits offener Blechzylinder E, der die Patrone D bis über die Hälfte ihrer

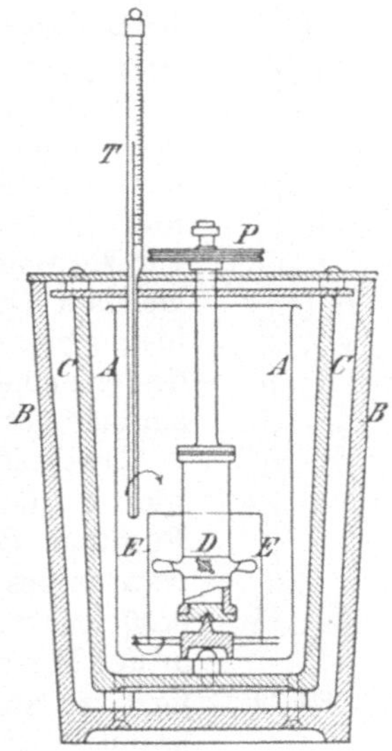

Fig. 18.

Höhe umgibt. Die Patrone befindet sich während des Versuches in Rotation. Vier kleine, an ihrem Umfange sitzende Schraubenflügel setzen das Wasser in A in Bewegung, und es ist Aufgabe des Blechzylinders E, diese Zirkulation so zu leiten, daß sie in der durch den Pfeil angedeuteten Weise stattfindet. Der Antrieb der Patrone kann von einer kleinen Wasserturbine aus oder durch einen Elektromotor geschehen. Die dazu nötige Kraft ist sehr klein; es genügt schon die für eine 10 kerzige Glühlampe nötige Energiemenge.

In Fig. 19 ist die Patrone in etwas größerem Maßstabe im Schnitte dargestellt. Sie besteht in der Hauptsache aus einem zylindrischen Gefäße A, welches an beiden Enden mit Innengewinde versehen ist, unten, um den Verschlußdeckel B dicht einschrauben, oben, um in gleicher Weise den zweiten Verschlußdeckel C gasdicht einsetzen zu können.

Zur sicheren Abdichtung dieser beiden Deckel werden Lederringe als Dichtung zwischen Deckel und Mantel eingesetzt.

Der obere Deckel C ist zu einem hohlen Stängelchen ausgebildet, in welchem ein in der Längsrichtung durchbohrter Stift E, der unten ein einfaches Ventil D trägt, beweglich angeordnet ist.

Eine Spiralfeder sorgt dafür, daß der Stift E stets seine höchste Stellung einnimmt, daß also das Ventil D für gewöhnlich geschlossen ist. Der obere Knopf des Stiftes ist abschraubbar, um jederzeit das Ventil D und die Spiralfeder herausnehmen und alle Teile gründlich reinigen zu können.

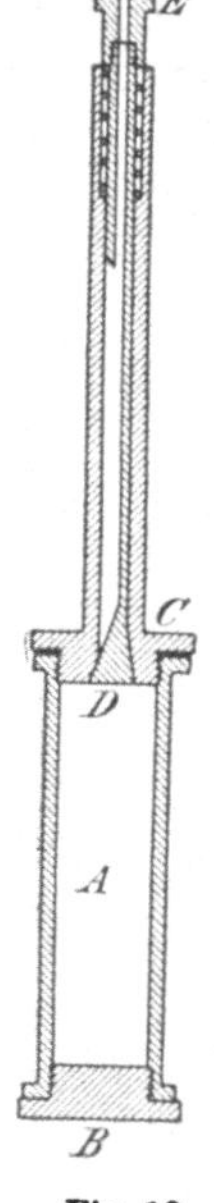

Fig. 19.

Da das Kalorimeter ein sehr rasches Arbeiten ermöglichen soll, so sind ihm verschiedene Hilfsapparate beigegeben; ebenso ist das noch zu beschreibende Verfahren beim Experimentieren selbst, obigem Zwecke entsprechend, nach ganz bestimmten Regeln zugeschnitten.

Vorbereitungen zum Versuche. Das Kalorimeter nebst allem Zubehör ist einige Stunden vor Ausführung des Versuches in den Experimentierraum zu bringen, damit alle Teile Zimmertemperatur angenommen haben. Das zur Verwendung kommende Kalorimeterwasser hat aus dem gleichen Grunde in einem beigegebenen Meßkolben, der, bis zu einer Strichmarke gefüllt, 2 Liter Wasser faßt, mindestens eine Stunde vor Beginn des Versuches im Versuchszimmer gestanden.

Da die Temperatursteigerung, die das Kalorimeterwasser während des Versuches erfährt, ca. $2-3°$ beträgt, und die Einflüsse der Umgebung des Kalorimeters auf die Temperatur des Kalorimeterwassers für praktische Zwecke unberücksichtigt bleiben können, wenn die Zimmertemperatur in der Mitte der Anfangs- und Endtemperatur des Wassers liegt, so kühlt man das im Meßkolben aufbewahrte Wasser unmittelbar vor dem Versuche um $1 \div 1^1/_2°$ ab. Dieses Abkühlen geschieht am einfachsten, indem man den Meßkolben unter die Wasserleitung nimmt und ihn äußerlich von kälterem Wasser so lange berieseln läßt, bis ein in den Kolben eintauchendes Thermometer die gewünschte Temperatur anzeigt.

Der Dreifuß, ebenso wie der Zylinder E werden, nachdem sie gut abgetrocknet sind, in das aus dem Hartpapierbehälter genommene Kalorimetergefäß A (Fig. 18) gestellt; hierauf füllt man vorsichtig das Kalorimeterwasser aus dem Kolben in A ein.

Patrone, Deckel, Stängelchen, Ventil und Spiralfedern werden sorgfältig abgetrocknet.

Ebenso wie das Kalorimeterwasser nur dem Volumen nach bestimmt wurde, werden die zur Anwendung kommenden Reagenzien nicht gewogen, sondern volumetrisch abgemessen.

Die zu untersuchende Durchschnittsprobe der Kohle muß gut getrocknet sein; sie soll nur $2 \div 3\%$ Feuchtigkeit enthalten.

Braunkohle muß so weit zerkleinert werden, daß sie durch ein Sieb mit 0,3 mm Maschenweite geht, Steinkohle, Anthrazit und Koks sind noch feiner zu pulverisieren.

Die Patrone, deren Boden man eingeschraubt hat, stellt man auf einen Bogen weißes Papier und streicht nun mittels eines Pinsels die Kohlenprobe vom Uhrglase, auf welchem man sie abgewogen hat, in das Innere der Patrone. Daneben fallende Kohleteilchen werden natürlich von dem Papiere aus ebenfalls in die Patrone gepinselt.

In einem beigegebenen Meßbecher, der, wenn er bis zum Streichmaße gefüllt ist, gerade 10 g Natriumsuperoxyd enthält, gibt man dieses Reagens ebenfalls in die Patrone und verschließt diese.

Es ist besonders sorgfältig darauf zu achten, daß das Natriumsuperoxyd möglichst wenig mit der atmosphärischen Luft in Berührung kommt, weshalb es in einer gut schließenden Glasflasche aufzubewahren ist. Mit feuchten Körpern, wie z. B. Kohle, Sägespäne usw. darf Natriumsuperoxyd nicht zusammengebracht werden, da sonst leicht ein Entzünden eintritt.

Wenn die Patrone geschlossen ist, wird der Knopf E zur Sicherung des Ventilschlusses nach oben gedrückt, und die Patrone tüchtig hin und her geschüttelt und zum Schlusse auf den Tisch gestoßen, damit sich der Inhalt zu Boden setzt.

Ausführung des Versuches. Man befestigt die Flügel an der Patrone und setzt letztere auf die Spitze des Dreifußes (Fig. 18); alsdann bedeckt man die Hartpapiergefäße mit dem Doppeldeckel, steckt den Schnurlauf auf das Stängelchen, legt die Treibschnur um, und setzt endlich das Thermometer T (Fig. 18) ein. Hierauf bringt man den Elektromotor oder die Wasserturbine in Gang. Die Rotation der Patrone, muß im Sinne des Zeigers der Uhr erfolgen.

Alsdann beobachtet man die Temperatur des Kalorimeterwassers so lange, bis sie konstant geworden ist, was gewöhnlich nach 3 bis 4 Minuten eintritt. Nach festgestellter Temperaturkonstanz wird ein inzwischen in einer Bunsenflamme lebhaft rotglühend gemachtes Eisenstäbchen durch die Bohrung des Knopfes E gesteckt, letzterer rasch niedergedrückt, damit das Stäbchen in das Innere der Patrone gelangen kann, worauf man den Knopf ebenso rasch zurückgehen läßt, damit keine Gase aus der Patrone entweichen können. Dadurch, daß das Gemisch von Natriumsuperoxyd und Kohle zur Entzündung gekommen ist, fängt das Thermometer an, rasch zu steigen, bis nach Verlauf von ca. 5 Minuten das Temperaturmaximum eintritt. Dieses ist natürlich scharf zu beobachten, was leicht möglich ist, da das Thermometer T mit Sicherheit Ablesungen bis auf 0,005° gestattet. Der Versuch ist beendet.

Um sich zu überzeugen, ob aller Kohlenstoff verbrannt ist, legt man die von ihren Deckeln befreite Patrone in warmes Wasser (was auch schon zum Zwecke der gründlichen Reinigung nötig ist) und neutralisiert die Lösung der Verbrennungsrückstände in diesem Wasser mit Salzsäure.

Berechnung der Versuchsresultate.

Der Wasserwert des Kalorimeters einschließlich einer in das Wasser reichenden Eintauchlänge des Thermometers von 14 cm beträgt

123,5 g. Dieser Wert ändert sich durch Austausch der Patrone nicht, da sämtliche Patronen aus dem gleichen Materiale gefertigt und von demselben Gewicht sind.

Wasserwert des Kalorimeterwassers	$= 2000$ g
Summe der Wasserwerte	$= 2123,5$ g
Gewicht des Eisenstäbchens (konstant)	$= 0,4$ g
Spezifische Wärme des Eisens	$= 0,12$ (WE)
Temperatur der Rotglut	$= 700°$

Also Wärmemenge, die durch das glühende Eisenstäbchen zugeführt wurde

$$= 0,4 \cdot 700 \cdot 0,12 \text{ (WE)} = 33,6 \text{ (WE)}.$$

2123,5 (WE) ergeben eine Temperaturerhöhung von 1°,

33,6 (WE) ergeben eine Temperaturerhöhung von 0,015[8]°.

Man hat also für das glühende Eisenstäbchen einen **korrigierenden Abzug** von 0,015° zu machen.

Abgelesene Temperaturerhöhung $= T°$,

in Rechnung zu ziehende Temperaturerhöhung $t = T° - 0,015°$.

Wie nun genaue Versuche gezeigt haben, entfallen von der Temperaturerhöhung $t°$ 73% auf die eigentliche Verbrennung und 27% auf die Reaktion der Verbrennungsprodukte mit dem Reagens.

Verbrennt man also 1 g **Braunkohle**, so sind

$$0,73 \cdot 2123,5 \cdot t \text{ (WE)} = 1550,1 \cdot t \text{ (WE)}$$
$$= \sim \mathbf{1550 \cdot t \text{ (WE)}}.$$

auf Rechnung der Kohle zu setzen.

Der Heizwert der Braunkohle findet sich also bei obiger Versuchseinrichtung einfach, wenn man die korrigierte Temperaturerhöhung mit 1550 multipliziert.

Ist **Steinkohle** zu untersuchen, so wiegt man nur 0,5 g der Durchschnittsprobe ab, vermischt diese mit 10 g Natriumsuperoxyd und **mengt außerdem noch 0,5 g Weinsäure bei.**

Für diese Weinsäuremenge sind nach diesbezüglichen Versuchen

in Abzug zu bringen: 0,835°

Für das glühende Eisenstäbchen sind in Abzug zu bringen: 0,015°

Insgesamt: 0,85°

Im übrigen ist der Rechnungsgang derselbe wie bei Braunkohle, nur ist die korrigierte Temperaturerhöhung t mit $2 \cdot 1550 = \mathbf{3100}$ zu multiplizieren, um den Heizwert von 1 g Steinkohle zu erhalten.

Bei **Anthrazit** mischt man außer 10 g Natriumsuperoxyd noch 0,5 g Weinsäure und 1 g Kaliumpersulfat bei, wodurch sich eine Gesamtkorrektur der abgelesenen Temperaturerhöhung von 0,99° ergibt.

b) Einfluß des Feuchtigkeitsgehaltes auf den Heizwert eines Brennmaterials.

Der Heizwert eines Brennmaterials ist von dem bei der Verbrennung desselben zum Vorscheine kommenden Gesamtwasser abhängig. Dieses rührt zum größten Teile von dem hygroskopischen Wasser, also von der natürlichen Feuchtigkeit des Brennmaterials her.

Da letztere bei ein und demselben Brennmateriale großen Schwankungen unterworfen ist, so ist die Angabe des Heizwertes nur dann von Bedeutung, wenn gleichzeitig der Feuchtigkeitsgehalt angegeben ist, den das Brennmaterial zur Zeit der Untersuchung hatte.

Ein Zusatz, wie z. B. „die Kohle wurde in grubenfeuchtem Zustande" untersucht, ist nichtssagend, da der Begriff „grubenfeucht" nichts weniger als feststehend ist.

Besonders bei Braunkohlen, die frisch gefördert, oft 50% und mehr Feuchtigkeit aufweisen, können bei der Wertschätzung bedeutende Irrtümer durch Nichtangabe des Feuchtigkeitsgehaltes der untersuchten Probe entstehen.

Es enthielt z. B. frisch geförderte Braunkohle:

$$
\begin{aligned}
C &= 32,1\% \quad \text{Kohlenstoff} \\
H &= 2,3\% \quad \text{Wasserstoff} \\
O &= 9,6\% \quad \text{Sauerstoff} \\
S &= 1,0\% \quad \text{Schwefel} \\
N &= 0,7\% \quad \text{Stickstoff} \\
\text{Asche} &= 10,0\% \quad \text{Asche} \\
H_2O &= \underline{44,3\%} \quad \text{Wasser} \\
& \quad\, 100\%
\end{aligned}
$$

Der obere Heizwert der Kohle, durch das Kalorimeter bestimmt, ist　　　　　　3109 WE.

Das Gesamtwasser, nach der beschriebenen Methode festgestellt, beträgt 65%, und zwar

aus 9,6% Sauerstoff herrührend $= \dfrac{9,6}{8} \cdot 9\% = 10,8\%$

aus $\left(2,3 - \dfrac{9,6}{8}\right)\%$ Wasserstoff herrührend $= 1,1 \cdot 9\% = 9,9\%$

hygroskopisch $\underline{\quad 44,3\%}$

$ 65,0\%$

Der untere Heizwert wird also:
$$(3109 - 65 \cdot 6)\ \text{WE} = 2719\ \text{WE}.$$

100 g dieser Kohle wurden einige Tage an der Luft getrocknet und verloren dadurch 20 g Feuchtigkeit, so daß die restierenden 80 g Kohle noch $(44,3 - 20,0)\ \text{g} = 24,3\ \text{g} = 30,375\%$ Feuchtigkeit enthielten.

Der obere Heizwert der sog. lufttrockenen Kohle mit 30,375% Feuchtigkeit ergab sich zu

3886 WE.,

also um $(3886 - 3109)\ \textbf{WE} = \textbf{777 WE}$ höher als derjenige der sog. grubenfeuchten Kohle.

Der für die lufttrockene Kohle gefundene Heizwert muß alsdann noch auf den Feuchtigkeitsgehalt der Kohle im angelieferten Zustande (den man ja aus einer separat entnommenen Probe bestimmt) umgerechnet werden, wozu man mit genügender Genauigkeit folgende Beziehungen benützen kann:

Es sei

im angelieferten Zustande (Rohkohle)	im lufttrockenen Zustande.
H = Heizwert $\quad$ ⎰von 100 g W = Feuchtigkeitsgehalt ⎱ Kohle. Würden 100 g Kohle vollständig **wasserfrei** gemacht werden, so blieben noch	h = Heizwert $\quad$ ⎰von 100 g w = Feuchtigkeitsgehalt ⎱ Kohle. Würden 100 g Kohle vollständig **wasserfrei** gemacht werden, so blieben noch
$$(100 - W)\,\mathrm{g}$$	$$(100 - w)\,\mathrm{g}$$
Verbrennliches, was dieselbe Wärmemenge liefert als 100 g Kohle im angelieferten Zustande. 1 g der wasserfreien Kohle liefert dann:	Verbrennliches, was dieselbe Wärmemenge liefert als 100 g Kohle im lufttrockenen Zustande. 1 g der wasserfreien Kohle liefert dann:
$$H' = \frac{H}{100 - W}\ (\text{WE}) = \text{Heizwert}$$	$$h' = \frac{h}{100 - w}\ (\text{WE}) = \text{Heizwert}$$
der wasserfreien Kohle.	der wasserfreien Kohle.

Da aber

$$H' = h',$$

so ist

$$\frac{H}{100 - W} = \frac{h}{100 - w}$$

oder

$$H = \frac{100 - W}{100 - w} \cdot h.$$

c) Die Bestimmung des Heizwertes gasförmiger Brennstoffe.

Das Junkerssche Kalorimeter. Hierzu ließe sich auch die im vorigen Abschnitte beschriebene **Krökersche Bombe** verwenden, doch wäre das Verfahren mit dieser ebenso kompliziert und zeitraubend wie für feste Brennstoffe. Die chemische Elementaranalyse, zu der man früher stets Zuflucht nahm, wird aber aus bereits dargelegten Gründen gerne umgangen, und man kann dies um so eher tun, als in dem Kalorimeter von **Prof. Junkers** ein Apparat gegeben ist, mit welchem man ebenso einfach wie rasch und zuverlässig den Heizwert von verbrennbaren Gasen bestimmen kann. Das **Junkerssche Kalorimeter** bietet noch den ganz besonderen Vorteil, daß es kontinuierlich arbeitet, also die Ausführung einer ganzen Reihe von Heizwertbestimmungen ein und desselben Gases ermöglicht, ohne daß jede einzelne Bestimmung, wie es sowohl bei der Bombe als auch bei der chemischen Elementaranalyse der Fall wäre, besonders vorbereitet wird. Dank dieses Vorzuges ist es möglich, innerhalb verhältnismäßig kurzer Zeit einen guten Durchschnittswert zu bestimmen, was z. B. bei Leuchtgas, welches, selbst wenn es aus großen Behältern entnommen wird, nicht selten seine Qualität rasch ändert, die Genauigkeit der gewonnenen Resultate wesentlich erhöht.

Das Prinzip des Apparates ist folgendes:

Das zu untersuchende Gas strömt dem Kalorimeter ununterbrochen zu und verbrennt im Apparate. Die dabei erzeugte Wärme geht an das Wasser über, welches das Kalorimeter stetig durchfließt.

Der ermittelte Heizwert ist nur dann richtig, wenn die Abkühlungs- und Strahlungsverluste des Kalorimeters so gering sind, daß sie vernachlässigt werden dürfen, und wenn die Temperatur der aus dem Kalorimeter abziehenden Verbrennungsgase gleich der Lufttemperatur ist.

Um nun den Heizwert H eines Gases zu finden, ist nur die Feststellung folgender Größen nötig:

1. die Gasmenge G, welche innerhalb einer gewissen Zeit im Kalorimeter verbrennt;
2. die Wassermenge W, welche innerhalb derselben Zeit durch das Kalorimeter fließt;
3. die Temperaturerhöhung $T_a - T_e$, welche diese Wassermenge im Kalorimeter erfährt.

Der gesuchte Heizwert ist alsdann:

$$H = \frac{W \cdot (T_a - T_e)}{G} \, .$$

Die Einrichtung des Junkersschen Kalorimeters ist aus Fig. 20 deutlich zu ersehen:

Der Apparat besteht im wesentlichen aus einem herausnehmbaren, die Wasser- und die Verbrennungskammer in sich schließenden Innenkörper, einem Außenmantel mit Füßen, Boden, Deckel und der Wasser- und der Gasarmatur.

Gas- und Wasserweg werden in der Hauptsache von zwei konzentrisch angeordneten Blechmänteln begrenzt. Die Verbrennungsgase geben auf ihrem ganzen Wege ihre Wärme an von fließendem Wasser bespülte Blechwandungen ab, ohne mit dem Wasser in direkte Berührung zu kommen.

Die eigentliche Verbrennungskammer *1*, in welcher das Gas in einem gewöhnlichen, regulierbaren Bunsenbrenner *2* verbrannt wird, bezweckt nur in geringem Maße eine Wärmeübertragung an das Wasser, vielmehr soll in ihr eine vollkommene Verbrennung erreicht werden, verbunden mit einem guten Auftrieb der Verbrennungsprodukte.

Oben, wo die Verbrennungskammer kegelförmig abgeschlossen ist, ändern die heißen Gase ihre Strömungsrichtung, um in einen ringförmigen Spalt einzutreten.

Innerhalb der Kammer ist, im Kreise angeordnet, ein Lamellensystem *3* eingebaut, welches in seiner ganzen Ausdehnung von den heißen Gasen bestrichen wird und als der eigentliche, die Wärme aufnehmende Teil anzusehen ist. Durch Anwendung des Gegenstromprinzips zwischen Gas und Wasser findet hier eine vollkommene Wärmeabgabe an das Wasser statt. Durch den vernickelten und polierten Außenmantel, welcher eine ruhende Luftschicht umschließt, ist die Wärmeausstrahlung auf das geringste Maß beschränkt. Eine Sammelkammer *4* nimmt die bis auf Zimmertemperatur abgekühlten Gase auf, welche schließlich

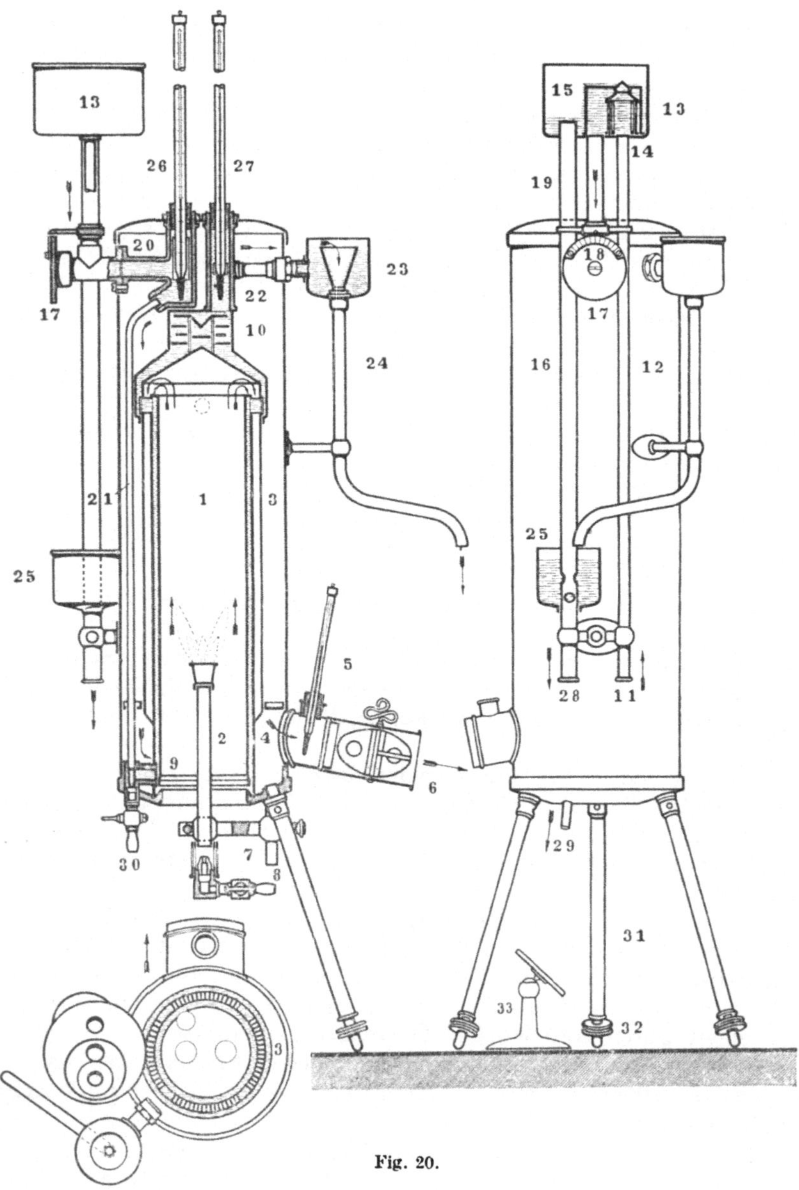

Fig. 20.

durch den schräg ansitzenden Abgasstutzen in die Atmosphäre abgeführt
werden. Zur Regulierung des Verbrennungsvorganges bzw. des Luftüberschusses dient die verstellbare Drosselklappe *6*. Das Thermometer *5*
ist zum Messen der Abgastemperatur bestimmt.

Der außerhalb des Kalorimeters angezündete Brenner *2* wird mit
der Zwinge *7* über den Brennerstift *8* geschoben und durch eine Stell-

schraube festgeklemmt, wobei darauf zu achten ist, daß der Brenner zur Vermeidung der Wärmeausstrahlung nach unten möglichst tief in den Verbrennungsraum eingesetzt wird.

Die ringförmige Wasserkammer, in welche das Wasser an der untersten Stelle *9* eintritt, geht oben durch vier Verbindungsstutzen in eine erweiterte Sammelkammer über. Eine daselbst eingebaute Mischvorrichtung *10*, welche aus gegeneinander versetzten Tellern besteht, bezweckt die gleichmäßige Durchmischung des erwärmten Wassers, wodurch ein ruhiger Stand des Thermometers *27* erreicht wird. Das Wasser strömt spiralisch durch den Apparat, was die Gewähr dafür gibt, daß eine gute Bespülung und Kühlung des Lamellenheizkörpers stattfindet. Der Wasseranschluß erfolgt bei Stutzen *11*, und zwar entweder direkt an die Wasserleitung, oder aber an einen hochgelegenen Wasserbehälter. Im ersten Falle hat man jedoch innerhalb kurzer Zwischenräume mit Temperaturschwankungen des zufließenden Wassers zu rechnen, so daß die Ablesungen an den betreffenden Thermometern häufiger wiederholt werden müssen, um ein richtiges Temperaturmittel zu erhalten. Bei Benutzung eines Wasservorratsbehälters dagegen ist das zufließende Wasser gleichmäßig auf Zimmertemperatur erwärmt, wodurch ein ruhiger Stand und ein leichtes Ablesen der Thermometer bedingt ist. Durch die Rohrleitung *12* tritt das Wasser in den oberen, kleinen Behälter *13*, und zwar zunächst durch ein Sieb *14* zwecks eines ruhigen Austrittes. Zur genauen Innehaltung des Beharrungszustandes im Kalorimeter ist neben der Regulierung des Gasstromes eine gleichmäßig zufließende Wassermenge notwendig. Die Wasserüberdruckhöhe wird zu diesem Zwecke stets konstant gehalten, indem man das Wasser über die Überlaufkante des Bechers *15* in die Rohrleitung *16* abfließen läßt. Durch den Regulierhahn *17* kann mit Hilfe der oberhalb angebrachten Skala *18* eine genaue Einstellung der Wassermenge vorgenommen werden. Mit der Veränderung der Wassermenge ändert sich auch die Temperatur des erwärmten Wassers, welche am besten so einzustellen ist, daß die mittlere Temperatur des Kalorimeters gleich der Zimmertemperatur ist, eine Wärmeaufnahme und -abgabe zwischen Apparat und Umgebung also nicht stattfinden kann.

Der Eintritt des Wassers in das Kalorimeter erfolgt durch die Rohrleitung *19* und den Stutzen *20*; durch das Rohr *21* fällt das Wasser nach unten, um durch den Stutzen *9* in den ringförmigen Wasserraum einzutreten und daselbst hochzusteigen. Oben tritt das Wasser durch den Stutzen *22*, welcher mit der Auslaufvorrichtung *23* verbunden ist, aus dem Kalorimeter. Solange direkte Wassermessungen nicht beabsichtigt sind, läßt man das Wasser durch den Schwenkarm *24* in das untere Gefäß *25* ablaufen. Die beiden oben aus dem Deckel des Kalorimeters herausragenden Stutzen dienen zur Aufnahme der in $^1/_{10}°$ geteilten Thermometer *26* und *27*, welche zur Temperaturmessung des zu- und abfließenden Wassers, also zur Ermittlung der Temperaturdifferenz bestimmt sind. Um das Kalorimeter beim Füllen mit Wasser entlüften zu können, ist hinter dem Thermometer *26* ein Rohrstutzen angeordnet.

Der Stutzen *28* führt das aus dem Überlauf und — solange keine Messung stattfindet — auch aus dem Schwenkarm *24* kommende Wasser ab.

Das aus den Verbrennungsgasen sich ausscheidende Kondenswasser sammelt sich in einer Rinne an und tropft durch den am Boden befindlichen Stutzen *29* ab. Durch den Hahn *30*, der an der tiefsten Stelle des Apparates sitzt, kann die Entleerung erfolgen.

Fig. 21.

Die lösbar gehaltenen Standfüße *31* besitzen verstellbare Fußschrauben *32*, so daß das Kalorimeter jedem Standorte angepaßt werden kann.

Um nach Einführung des Brenners die Flamme beobachten zu können, ist der verstellbare Spiegel *33* vorgesehen.

Die zweckmäßige Anordnung der Gesamteinrichtung ist aus Fig. 21 zu ersehen.

Am besten stellt man das Kalorimeter so auf, daß die oberen Thermometer bequem abgelesen werden können, der Wasserregulierhahn sich also links am Kalorimeter befindet. Wenn man den Gasmesser so aufstellt, daß man seinen Zeiger beobachten kann, während man gleichzeitig das aus dem Kalorimeter abfließende Wasser zur Messung abfängt, so können sämtliche Ablesungen von einer Person ausgeführt werden.

Vorbereitung des Kalorimeters zum Versuche: Das zur Untersuchung kommende Gas muß dem Volumen nach gemessen werden. Es wird zu diesem Zwecke durch einen Gasmesser (eine Gasuhr) geleitet, der in der Junkersschen Ausführung folgendermaßen zu handhaben ist. Der Gasmesser (s. Fig. 21) ruht auf drei Stellschrauben, mittels welcher er genau horizontal eingestellt werden muß. Eine oben angebrachte Dosenlibelle zeigt an, wann diese Einstellung erreicht ist. Alsdann ist der Gasmesser mit Wasser zu füllen. Zu diesem Zwecke öffnet man die neben der Libelle befindliche Schraube mit Vierkantkopf, ebenso wie die an der rechten Seite befindliche Schraube und gießt langsam durch die obere Öffnung so lange Wasser ein, bis dasselbe in der seitlichen Öffnung erscheint. Der Gasmesser ist alsdann bis zur richtigen Höhe gefüllt, und können die beiden Schrauben wieder eingesetzt werden. (Soll der Gasmesser wieder entleert werden, so öffnet man die neben der Libelle befindliche Schraube und die an der Rückwand angeordnete Abflußschraube.)

Nunmehr verbindet man die am Gasmesser mit „Eingang“ bezeichnete Schlauchtülle mit der Gasleitung.

Um die Temperatur des zuströmenden Gases beobachten zu können, setzt man mittels Gummistopfens ein Thermometer in den hinter der Libelle befindlichen Stutzen, mit der Vorsicht, daß das Quecksilbergefäß des Thermometers nicht die Trommelwandung im Innern des Gasmessers berührt, und der Stopfen gut abdichtet.

Da der Inhalt der Trommel des Gasmessers 3 Liter beträgt, so bedeutet eine Umdrehung des großen Zeigers den Durchgang von 3 Liter Gas durch den Meßapparat. Mit Leichtigkeit lassen sich auch Bruchteile von Litern, ebenso wie Vielfache der Umdrehung des großen Zeigers ablesen.

Um zu erreichen, daß das Gas unter konstantem Drucke ausströmt, verbindet man die am Gasmesser mit „Ausgang“ bezeichnete Schlauchtülle nicht direkt mit dem Brenner, sondern schaltet noch einen sog. nassen Druckregler (s. Fig. 21) dazwischen, der ebenfalls mit dem Kalorimeter geliefert wird. Zum Gebrauch ist dieser Druckregler bis zu etwa $^3/_4$ seiner Höhe mit Wasser zu füllen (ca. $^1/_2$ Liter). Seitlich am Druckregler ist mit kurzem Gummischlauch ein doppelt gebogenes Glasrohr an dem dazu bestimmten Stutzen angeschlossen. Das Glasrohr füllt man bis ungefähr zur Hälfte mit leicht gefärbtem Wasser und hat dadurch ein Manometer geschaffen, welches die Pressung des Gases im Druckregler abzulesen gestattet.

Ein- und Ausgangsstutzen sind am Druckregler durch Pfeile gekennzeichnet.

Den Gasdruck kann man durch Auflegen von Bleiplatten (die mit dem Druckregler geliefert werden) auf die Glocke beliebig vergrößern. Eine Platte von 20 g Gewicht erhöht den Gasdruck um 2 mm Wassersäule. Sollte aus Versehen bei der Füllung des Druckreglers mit Wasser solches in das zentrale Rohr, welches die Regulierteile enthält, gedrungen sein, so kann man dasselbe leicht durch Lösen der auf der Unterseite des Apparates befindlichen Verschraubung entfernen.

Den Ausgangsstutzen am Druckregler verbindet man durch einen Gummischlauch mit dem Brenner.

Noch sind am Kalorimeter selbst die nötigen Verbindungen herzustellen.

Der Stutzen *11* (Fig. 20) wird mit der Wasserleitung bzw. dem Wasservorratsbehälter verbunden. An den Überlaufstutzen *28* schließt man einen Gummischlauch an von solcher Länge, daß der Austritt des Wassers stets sichtbar ist. Das aus dem Röhrchen *29* ausfließende Kondenswasser wird in einem untergestellten, graduierten, kleinen Glasgefäße aufgefangen.

In Fig. 21 bedeutet *a* den Wasserregulierhahn, *b* den Stutzen für den Wasserzufluß, *c* denjenigen für den Überlauf, *d* den Schwenkarm, *e* den unteren Behälter, in welchen der Überlauf und — solange noch nicht gemessen wird — der Schwenkarm das Wasser auslaufen läßt, *f* das Abflußröhrchen für das Kondenswasser, *g* den Hahn zum Entleeren des Apparates, *h* den Rohrstutzen (neuerdings ohne Becher) für die Entlüftung des Apparates, *i* oberer Behälter mit dem Wasserüberlauf.

Gang des Versuches: Zuerst füllt man das Kalorimeter durch Öffnen des Wasserleitungshahnes mit Wasser, wobei besonders darauf zu achten ist, daß nicht nur aus der Abflußleitung *d* (Fig. 21), sondern auch aus dem Überlaufe *c* Wasser austritt. Dann überzeugt man sich, ob die Leitung vom Gasmesser bis zum Brenner, den man aber noch nicht in das Kalorimeter eingesetzt hat, dicht ist, indem man die Hähre in der Gasleitung, am Gasmesser und am Brenner öffnet und die Glocke des Druckreglers einige Male auf und ab bewegt, um die Luft in derselben zu verdrängen und durch Gas zu ersetzen. Schließt man alsdann den Hahn am Brenner, so darf der große Zeiger des Gasmessers sich nicht bewegen. Nunmehr öffnet man den Brennerhahn abermals, entzündet das Gas, reguliert die Flamme als Bunsenflamme ein, läßt sie etwa 10 Minuten lang brennen, damit man sicher ist, daß die ganze Zuleitung mit dem zu prüfenden Gas angefüllt ist, überzeugt sich, ob das Wasser aus dem Schwenkarm *24* (Fig. 20), der vorher über den Behälter *25* geführt wurde, ausfließt und setzt nunmehr den Brenner in das Kalorimeter ein.

Bezüglich der Größe der Flamme dient die Tatsache als ungefährer Anhalt, daß das Kalorimeter stündlich eine Wärmemenge von maximal 2000 WE, im Mittel etwa 800÷1000 WE aufnehmen kann. Je kleiner der Heizwert des zu untersuchenden Gases ist, desto größer nimmt man also den stündlichen Konsum; z. B.

bei Leuchtgas . . . . 100—250 Liter
bei Generator- oder Gichtgas 400—500 „

Nach Einführung des Brenners steigt die Temperatur des Abflußwassers, bis nach einigen Minuten der Beharrungszustand erreicht ist und das Thermometer *27* mit geringen Schwankungen auf einem Punkte stehenbleibt. Durch passende Stellung des Regulierhahnes *17* wird die Temperaturdifferenz zwischen Zu- und Abflußwasser auf 10 bis höchstens 20° eingestellt.

Ist mit Sicherheit der Beharrungszustand konstatiert, so führt man in dem Augenblicke, in welchem der große Zeiger des Gasmessers durch *1* oder durch eine andere ganze Zahl geht, durch schnelles Seitwärtsbewegen des Schwenkarmes *d* das Kalorimeterwasser in das große, geeichte Meßgefäß. Nach ein bis zwei vollen Umgängen des Zeigers oder auch mehr wird das Wasser durch schnelles Zurückschwenken des Auslaufarmes wiederum in die Tasse *e* zurückgeleitet. — Während dieser Zeit liest man in regelmäßigen, kleinen Zwischenräumen die Wassertemperaturen T_e und T_a (des ein- und austretenden Wassers) ab. Das aufgefangene Wasser wird bei betriebsmäßigen Versuchen nach Kubikzentimetern abgelesen, bei genaueren Versuchen dem Gewichte nach bestimmt. Zu obigen Temperaturnotierungen kommt noch die Angabe der Gastemperatur t_g und des augenblicklichen Barometerstandes.

Um in bezug auf das während der Verbrennung zur Abscheidung kommende Kondenswasser einen guten Durchschnittswert zu erhalten, ist es empfehlenswert, nach Schluß des eigentlichen Versuches noch 3 oder 6 Liter Gas weiter zu verbrennen und dann erst das unter dem Ausflußröhrchen (*29*) stehende Gefäß wegzuziehen.

Beispiel. Bestimmung des Heizwertes von Elberfelder Leuchtgas.

$$\text{Barometerstand}: B = 737 \text{ mm}$$
$$\text{Gastemperatur}: \quad t_g = 18,5\,^\circ.$$

Beobachtete Temperaturen des

eintretenden Wassers:	austretenden Wassers:
$T_e = 15,59\,^\circ$	$T_a = 30,36\,^\circ$
$= 15,59\,^\circ$	$= 30,36\,^\circ$
$= 15,58\,^\circ$	$= 30,36\,^\circ$
$= 15,58\,^\circ$	$= 30,37\,^\circ$
$= 15,58\,^\circ$	$= 30,37\,^\circ$
$= 15,58\,^\circ$	$= 30,37\,^\circ$
$= 15,58\,^\circ$	$= 30,38\,^\circ$
$= 15,57\,^\circ$	$= 30,38\,^\circ$
Summe: 124,65$\,^\circ$	242,95$\,^\circ$
Mittel $T_e = 15,58\,^\circ$	$T_a = 30,37\,^\circ$

Verbrannte Gasmenge $G = 0,006$ cbm (2 Umdrehungen des großen Zeigers).

Aufgefangene Wassermenge $W = 2,042$ kg (gewogen).

Oberer Heizwert

$$H_o = \frac{W \cdot (T_a - T_e)}{G} \text{ WE (für 1 cbm)}$$

$$= \frac{2,042 \cdot (30,37 - 15,58)}{0,006} \text{ WE} = \mathbf{5033,53 \text{ WE}}.$$

Aufgefangenes Kondenswasser aus 0,018 cbm Gas (= 6 Umdrehungen des Gasuhrzeigers) = 0,0175 kg.

Auf 1 cbm Gas treffen also: 0,972 kg Kondenswasser.

Wenn nun bei der Verbrennung eines Gases dieses Wasser nicht, wie im Kalorimeter, zur Ausscheidung kommt, sondern in Dampfform mit den Abgasen fortgeht, so nimmt der Dampf die gesamte, seiner augenblicklichen Spannung entsprechende Wärmemenge mit, ohne daß diese

Wärmemenge Arbeit geleistet hat. In solchen Fällen, wie z. B. beim Gasmotor usw., ist daher diese Wärmemenge vom oberen Heizwerte in Abzug zu bringen.

1 kg Wasserdampf von atmosphärischer Spannung hat bekanntlich einen Gesamtwärmegehalt von 639,3 WE. Erfahren nun die Abgase des Kalorimeters und damit auch der in diesem enthaltene Wasserdampf eine Abkühlung bis zur Temperatur der Luft t_l — und dies strebt man ja bei genauen Versuchen mit dem Kalorimeter an —, so ist die pro 1 kg Wasserdampf freiwerdende Wärmemenge

$$= (639,3 - t_l) \text{ WE.}$$

In der Praxis setzt man für diesen Ausdruck gewöhnlich 600 WE, was nur für den Fall korrekt ist, daß die Lufttemperatur $t_l = 39,3°$ beträgt.

Für obiges Beispiel ergibt sich demnach ein **unterer Heizwert**

$$H_u = 5033,53 \text{ WE} - 0,972 \cdot 600 \text{ WE} = 4450,33 \text{ WE}.$$

Noch ist zu beachten, daß das untersuchte Gas unter ganz zufälligen Verhältnissen in bezug auf Temperatur und Druck gestanden hat, weshalb der zuletzt gefundene untere Heizwert zu Vergleichen nicht geeignet ist, er muß vielmehr erst auf **Gas von Normalverhältnissen**, also 0° (= 273° abs.) und 760 mm Barometerstand reduziert werden.

1 cbm Gas von $(273 + t_g)°$ abs. Temp. u. B mm Barometerstand entsprechen x cbm Gas von 273° abs. Temp. und 760 mm Barometerstand.

$$x = \frac{B \cdot 273 \cdot 1}{760 \cdot (273 + t_g)} \text{ cbm}$$

$$= \frac{737 \cdot 273 \cdot 1}{760 \cdot (273 + 18,5)} \text{ cbm}$$

$$= 0,908 \text{ cbm}.$$

Unter Normalverhältnissen hätte also eine Gasmenge von 0,908 cbm bereits einen unteren Heizwert von 4450,33 WE ergeben, so daß für 1 cbm Gas der

$$\text{reduzierte untere Heizwert} = \mathbf{4901 \text{ WE}}$$

sich ergibt.

Prof. Junkers selbsttätig anzeigendes Kalorimeter. Die Funktion dieses automatisch wirkenden Kalorimeters (Fig. 22) beruht darauf, daß der aus der Formel zur Berechnung des Heizwertes

$$H = \frac{W \cdot (T_a - T_e)}{G}$$

sich ergebende Quotient

$$\frac{W}{G} = \frac{\text{Wassermenge}}{\text{Gasmenge}}$$

konstant gehalten wird. Ist dieser Quotient z. B. bei einem für Leuchtgas eingerichteten automatischen Kalorimeter $= \infty \, 0,36$, dann ist der gesuchte Heizwert $= 0,36 \, (T_a - T_e)$ für 1 l Gas. Der Heizwert ist also eine Funktion des Temperaturzuwachses, und dieser ist der direkte Maßstab für den Heizwert.

Man kann bei konstantem $\dfrac{W}{G}$ den Heizwert schon an den Thermometern des Kalorimeters ablesen, und zwar sind hierzu, wie im vorhergehenden gezeigt wurde, zwei Ablesungen erforderlich: eine (T_e) am Kaltwasser-, die andere (T_a) am Warmwasserthermometer. Die Differenz dieser beiden Thermometerangaben ist dann mit dem bei jedem Apparate bekannten Quotienten $\dfrac{W}{G}$ zu multiplizieren. Diese Rechnung und die vorhergehenden Ablesungen fallen nun bei dem automatischen Kalorimeter weg durch die Anwendung eines Thermoelementes, welches von dem Kalt- und Warmwasserstrom umflossen wird. Die Spannung des entstehenden thermoelektrischen Stromes ist genau proportional der Temperaturdifferenz. Es ist also auch der Heizwert proportional der

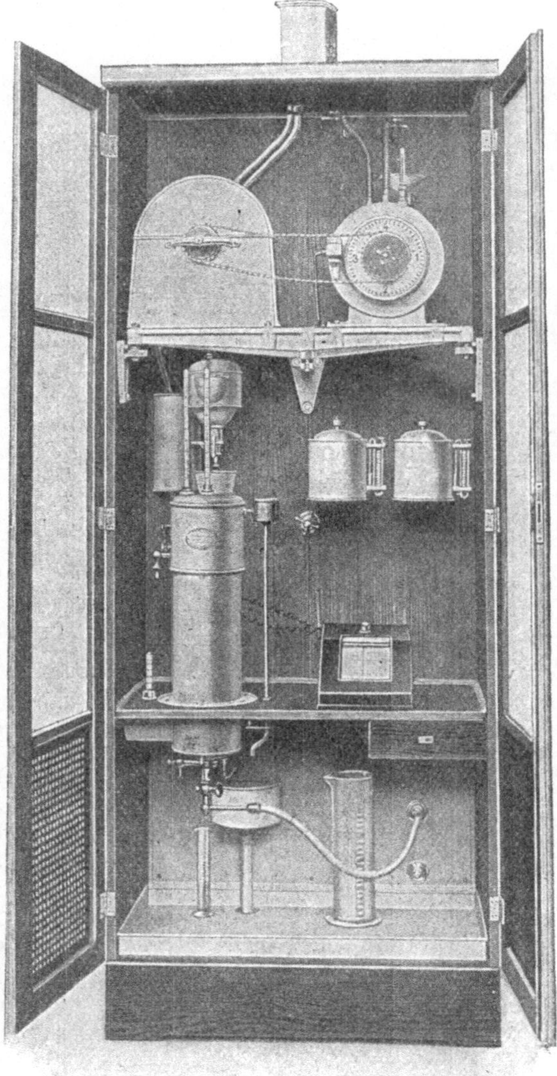

Fig. 22.

Spannung des erzeugten Stromes. Mißt man diese Spannung durch ein empfindliches Voltmesser, so sind die Angaben des letzteren ein Maßstab für den Heizwert. Die Skala dieses Voltmeters ist derart groß und deutlich, daß man den Heizwert bequem mit $^1/_2\%$ Genauig-

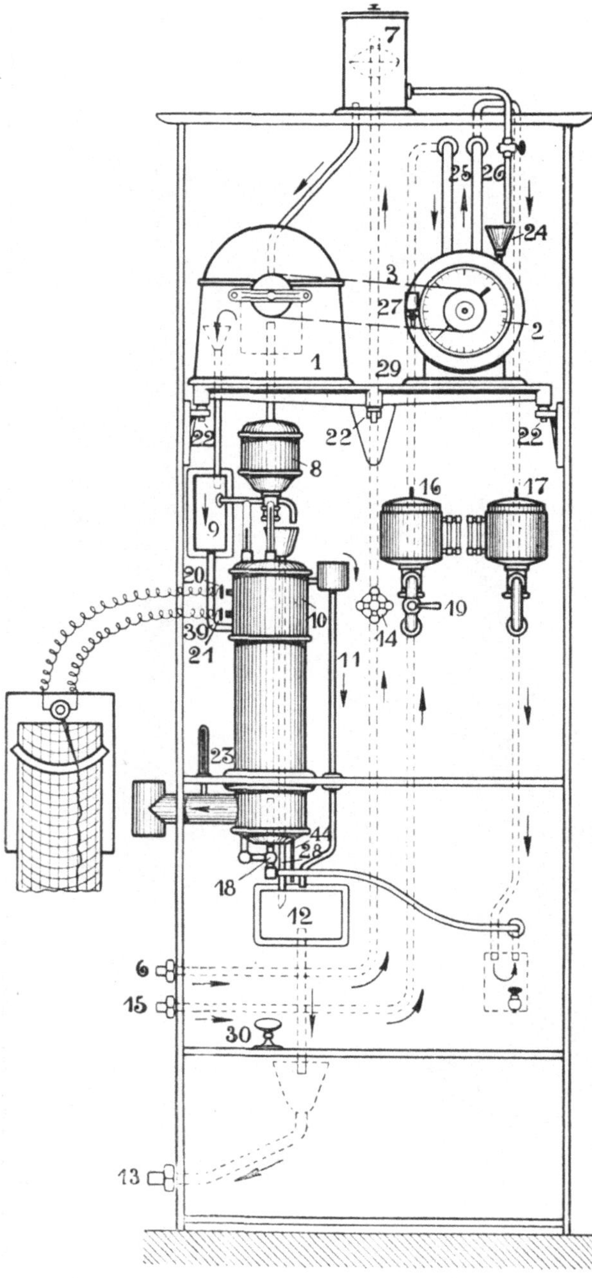

Fig. 23.

keit ablesen kann. Das verwendete Voltmeter wird mit einer Kalorienskala versehen, an welcher der Heizwert direkt abgelesen werden kann. Auch wird es auf Wunsch mit einer selbsttätigen Registriervorrichtung ausgerüstet.

Dadurch, daß die Anzeige des Heizwertes auf elektrischem Wege erfolgt, ist der Vorteil geschaffen, daß die Ablesevorrichtung weit entfernt von dem eigentlichen Kalorimeter aufgestellt werden kann, und daß mehrere Anzeigevorrichtungen mit demselben Kalorimeter verbunden werden können.

Die Fig. 23 zeigt die schematische Anordnung des Kalorimeters. Die Konstanthaltung des Quotienten $\dfrac{W}{G}$ wird praktisch erreicht durch die zwangläufige Kuppelung eines Gasmessers _2_ mit einem Wassermesser _1_, indem der pro Zeiteinheit verbrannten Gasmenge bzw. der Gasmenge pro Umdrehung des Messers stets eine ganz bestimmte, durch das Kalorimeter fließende Wassermenge entspricht, und die Änderung des einen auch die Änderung des anderen zur Folge hat.

Wie schon gesagt, wird hierdurch die Temperaturerhöhung der direkte Maßstab für den Heizwert. Um aber die Ablesung noch einfacher zu gestalten, ist in den Kalt- und Warmwasserweg des Kalorimeters ein Thermoelement eingeschaltet.

Der Kalorimeterkörper, der die Gasflamme aufnimmt und die von derselben entwickelte Wärme an den durchfließenden Wasserstrom abgibt, ist in Fig. 23 mit *10* bezeichnet.

Unter *7* ist ein Zuflußregler dargestellt, der den Wasserzufluß zum Schwimmerkasten dem Bedürfnis entsprechend einstellt. *16* und *17* sind zwei Gasdruckregler, welche den Gasdruck vor und hinter dem Gasmesser innerhalb gewisser Grenzen gleichmäßig erhalten.

Der Zuflußregler *8* sorgt für eine möglichst gleichmäßige Wasserzufuhr zum Wassermesser.

Der Wasseranschluß erfolgt bei *6*. Das Wasser fließt zunächst zu dem auf dem Schranke befindlichen Zuflußregler *7*, welcher als Schwimmerreservoir ausgebildet ist und die Wassermenge automatisch regelt.

Vor dem eigentlichen Eintritt des Wassers in den Wassermesser *1* wird durch den Regler *8* nochmals eine feinfühlige Regelung vorgenommen. Durch eine im Innern des Wassermessers vorgesehene Überlaufvorrichtung tritt das Wasser in das Ausgleichgefäß *9* und sodann in das eigentliche Kalorimeter *10*. Das aus demselben ausfließende Wasser wird durch die Leitung *11* in das Gefäß *12* abgeführt. Das Abstellen des Wassers erfolgt durch den Hahn *14*. Das bei *15* angeschlossene Gas strömt durch den Druckregler *16* zum Gasmesser *2*, wird durch den Regler *17* nochmals reguliert und gelangt durch ein Entwässerungskästchen in den Brenner *18*.

Die Abführung der Verbrennungsprodukte geschieht durch den links am Schrank befindlichen Blechstutzen. Das An- und Abstellen des Gases erfolgt durch den Gashahn *19*. Das Thermoelement sitzt in der oberen Erweiterung des Kalorimeterkörpers *10*. Die Klemmschrauben *20* und *21* dienen zum Anschluß der Drähte, welche mit dem Millivoltmeter verbunden werden.

Soll der Apparat in Betrieb gesetzt werden, so sind zunächst die beiden Gashähne *19* und *28* zu öffnen. Nachdem der Wasserhahn *14* ebenfalls geöffnet ist, und durch das Auslaufrohr *11* des Kalorimeters Wasser in den unteren Behälter *12* abfließt, kann das Gas entzündet, und der Brenner in das Kalorimeter eingesetzt werden. Das Warmwasserthermometer beginnt sofort zu steigen und hat seinen Stillstand erreicht, sobald im Kalorimeter der Beharrungszustand eingetreten ist. Gleichzeitig beginnt nach Verbindung des Kalorimeters mit dem Millivoltmeter der Zeiger des letzteren auszuschlagen, womit die automatische Anzeige des Heizwertes begonnen hat.

Die **Außerbetriebsetzung** geschieht dadurch, daß der Brenner herausgenommen, die Gas- und Wasserhähne geschlossen, das Uhrwerk des Millivoltmeters ausgeschaltet und das System arretiert wird.

Das automatische Kalorimeter zeigt naturgemäß den oberen Heizwert des Gases an, d. h. den Heizwert, welcher sich ergibt, wenn das Gas unter dem jeweiligen Barometerstand und der jeweiligen Gastemperatur verbrennt, und wenn die Verbrennungsprodukte bis auf die Temperatur der Verbrennungsluft abgekühlt werden. Der in den Verbrennungsprodukten enthaltene Wasserdampf ist also vollständig kondensiert, und der Heizwert enthält die Kondensationswärme des Wasserdampfes.

Häufig ist eine Reduktion dieses oberen Heizwertes gar nicht nötig; z. B. bei Gasmaschinenuntersuchungen, wo das Gas in der Maschine und im Kalorimeter unter demselben Druck und annähernd derselben Temperatur steht, ist der Heizwert des Gases gerade unter diesen vorliegenden Druck- und Temperaturverhältnissen von Interesse.

Da das automatische Kalorimeter so eingerichtet ist, daß es den Heizwert auf einem Papierstreifen selbsttätig registriert, so ist es besonders da mit Vorteil zu verwenden, wo Heizwertschwankungen auftreten, die durch Vornahme von Stichproben nicht in genügendem Maße nachzuweisen sind, deren Kenntnis aber von Wichtigkeit ist, wie z. B. in gastechnischen Laboratorien für Daueruntersuchungen von Gasmaschinen, Generatoren usw.; in Gaserzeugungsbetrieben zur fortlaufenden Kontrolle des Heizwertes von Leuchtgas, Generatorgas, Wassergas usw.; in Kokereien, Hochofenanlagen zur Überwachung der betr. Prozesse; in Gasmaschinenbetrieben.

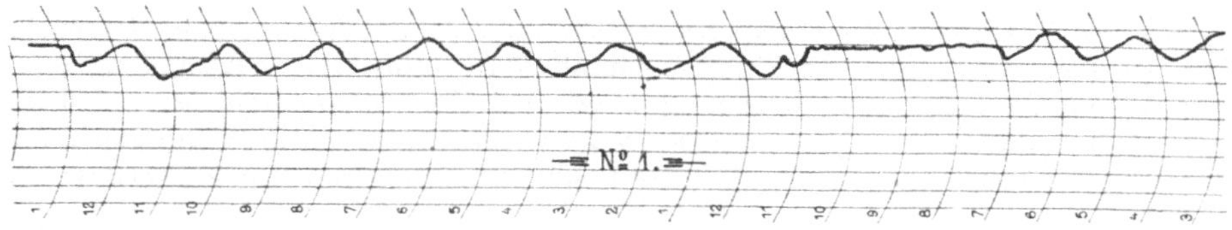

Fig. 24.

Diagramm *1* (Fig. 24) ist dem Registrierstreifen einer Leuchtgasanstalt entnommen und zeigt den Verlauf des Heizwertes unmittelbar hinter dem Ofen.

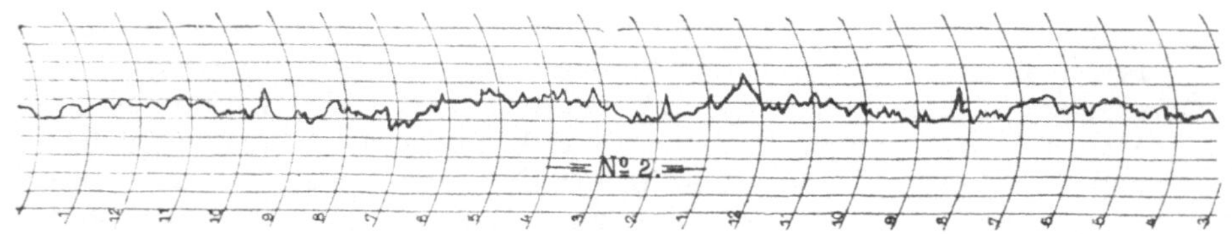

Fig. 25.

Diagramm *2* (Fig. 25) zeigt die Registrierung des Heizwertes des von einem Braunkohlengenerator zum Betriebe einer Gasmaschine erzeugten Gases. Die Kenntnis des jeweiligen Heizwertes, der bei Generatorgas stark schwankt, ermöglicht es, durch entsprechende Schieberstellung Gang und Leistung der Maschine der Heizwertveränderung entsprechend zu regeln.

Prof. Junkers Abgas - Kalorimeter. Dieses Instrument dient dazu, die in den Abgasen von Explosionsmaschinen enthaltene Wärmemenge zu bestimmen und so eine genaue Wärmebilanz aufstellen zu können.

Es ist nach den gleichen Prinzipien wie das Junkerssche Kalorimeter zur Heizwertbestimmung von Gasen und flüssigen Brennstoffen

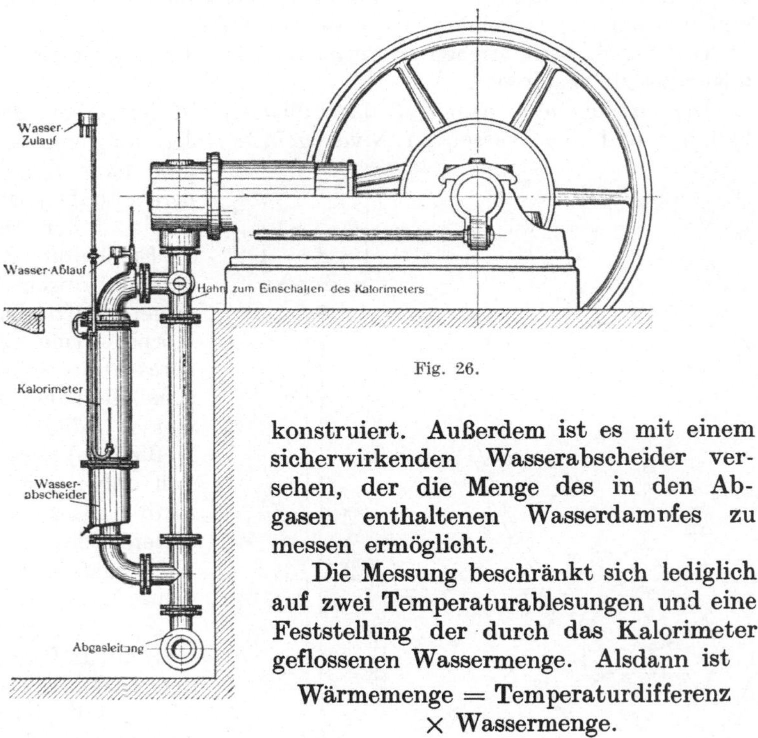

Fig. 26.

konstruiert. Außerdem ist es mit einem sicherwirkenden Wasserabscheider versehen, der die Menge des in den Abgasen enthaltenen Wasserdampfes zu messen ermöglicht.

Die Messung beschränkt sich lediglich auf zwei Temperaturablesungen und eine Feststellung der durch das Kalorimeter geflossenen Wassermenge. Alsdann ist

$$\text{Wärmemenge} = \text{Temperaturdifferenz} \times \text{Wassermenge}.$$

Fig. 26 zeigt die allgemeine Anordnung eines solchen Abgas-Kalorimeters.

Eichvorrichtung für Gasmesser nach Prof. Junkers. Die große Genauigkeit, die sich mit dem Junkersschen Kalorimeter erreichen läßt, wird sehr häufig durch die Ungenauigkeit der Gasmesser ungünstig beeinflußt; hierzu gesellen sich nicht selten noch andere Fehlerquellen, wie z. B. ungenaue Wasserfüllung des Gasmessers, schlechte Aufstellung desselben, so daß es sehr wohl angezeigt ist, bei wichtigen Untersuchungen stets eine Eichung des Gasmessers vorzunehmen. Hierzu eignet sich der von Junkers & Co., Dessau, hergestellte Eichapparat ganz vorzüglich. Derselbe ist in Fig. 27 abgebildet und hat folgende Einrichtung:

Das dem Eichapparate zugrunde liegende Meßverfahren beruht darauf, daß man durch abwechselndes Entleeren und Füllen eines mit Wasser gefüllten, am Halse und an der Spitze geeichten Glasballons das Volumen von 1 Liter absaugt. Dieses Entleeren und Wiederfüllen des Ballons mit Wasser geschieht durch Tiefer- und Höherstellen eines mit dem Ballon i durch Gummischlauch verbundenen Niveaugefäßes. Zum Ein- und Auslassen des Gases dient ein Dreiweghahn g, welcher durch Vermittlung des bis nahe an die Spitze des Ballons reichenden Fortsatzes a der Hahnröhre den Ballon abwechselnd mit der Atmosphäre und mit dem zu eichenden Apparate verbindet.

Um Fehler beim Eichen zu vermeiden, ist vor Beginn der Eichung folgendes zu beachten:

Der zu eichende Gasmesser, das Füllwasser in demselben, der Glasballon i und das Wasser im Niveaugefäße sollen möglichst dieselbe,

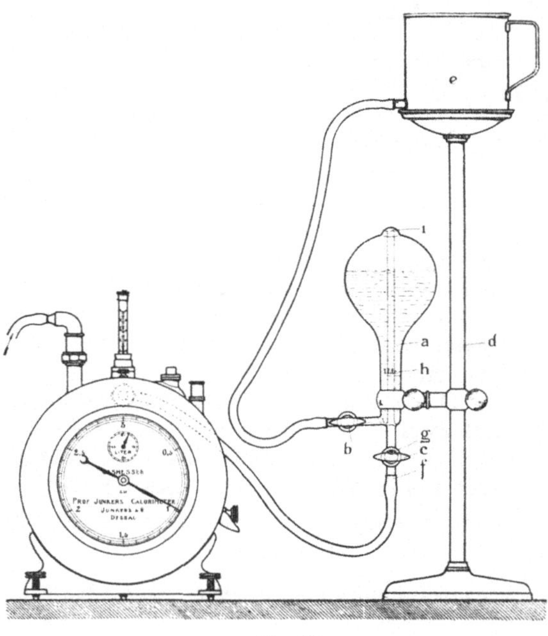

Fig. 27.

und zwar Zimmertemperatur haben. Man vermeide daher tunlichst die Erwärmung des Glasballons durch ausgeatmete Luft oder durch Körperwärme. (3° Temperaturunterschied im Glasballon und im Gasmesser bedeuten ca. 1% Meßfehler.) Es empfiehlt sich daher, die Temperatur im Gasmesser und diejenige des Wassers im Niveaugefäße zu beobachten.

Zweckmäßig eicht man mit Luft, die durch den Gasmesser gesaugt wird. Will oder muß man mit Gas eichen, so muß vor Beginn der Eichung der Gasmesser einige Zeit in Tätigkeit gewesen sein, damit das Füllwasser mit den in ihm löslichen Bestandteilen des Gases gesättigt ist. In diesem Falle leitet man am besten das abgemessene Gas durch das Mundstück g nach einem Brenner und verbrennt es daselbst.

Die Eichung selbst verläuft in folgender Weise: Man bringt zunächst durch Ansaugen von Luft durch den Gasmesser oder durch Verbrennenlassen einer entsprechenden Gasmenge den großen Zeiger des Gasmessers auf den Nullpunkt des Zifferblattes. Nachdem alle Schlauchverbindungen in solider Weise hergestellt sind, füllt man bei geschlossenem Hahne b das Niveaugefäß bis zu ca. $^2/_3$ seiner Höhe mit Wasser, welches schon längere Zeit im Versuchsraume gestanden hat. Alsdann stellt man das Niveaugefäß auf den Ständer d, öffnet den Durchgangshahn b, so daß Wasser vom Niveaugefäße nach dem Glasballon i abfließt. Damit die in letzterem enthaltene Luft durch das

Röhrchen entweichen kann, ist gleichzeitig der Dreiweghahn c nach g hin geöffnet. Ist der Glasballon bis zur oberen Strichmarke mit Wasser gefüllt, so schließt man den Hahn b und öffnet den Dreiweghahn c nach f hin. Hierauf stellt man das Niveaugefäß auf den Experimentiertisch und öffnet den Hahn b. Dadurch fließt das Wasser aus dem Glasballon nach dem Niveaugefäße zurück. Ist der Wasserspiegel bis zur unteren Marke h am Halse des Glasballons gefallen, so schließt man den Hahn b, denn nunmehr ist genau 1 Liter Wasser abgelaufen und 1 Liter Luft oder Gas durch den Gasmesser nach dem Glasballon gesaugt worden. Der Unterschied zwischen der jetzigen Zeigerstellung und den Angaben des Zifferblattes gibt den Fehler des Gasmessers an.

Man öffnet nun den Dreiweghahn c nach g hin, setzt das Niveaugefäß e auf den Ständer d, öffnet auch den Hahn b und füllt auf diese Weise den Glasballon für eine zweite Messung wieder bis zur oberen Strichmarke. So fortschreitend erhält man die genauen Literteilstriche des Zifferblattes, sowie einen Korrektionsfaktor für je eine Trommelumdrehung.

d) Die Bestimmung des Heizwertes flüssiger Brennstoffe.

Bei der Bestimmung des Heizwertes flüssiger Brennstoffe wird aus schon bekannten Gründen ebenfalls die direkte Bestimmungsmethode angewendet, und zwar findet auch hierbei wegen der bereits im vorigen Abschnitte angeführten Vorzüge das Junkerssche Kalorimeter Verwendung.

Die Vorbereitung des Kalorimeters zum Versuche ist dieselbe, wie sie im vorvorigen Abschnitte beschrieben wurde, nur daß Gasmesser und Gasdruckregler und die hierfür nötigen Verbindungen in Wegfall kommen, so daß also die vorbereitenden Arbeiten hier noch einfacher sind. Die zu untersuchenden Brennstoffe, wie Benzin, Petroleum, Spiritus, Schmieröl gelangen in einer besonderen, von der Firma Junkers & Co. Dessau, hergestellten Lampe zur Verbrennung. Die Messung der im Kalorimeter verbrannten Flüssigkeitsmengen geschieht dem Gewichte nach unter Zuhilfenahme einer eigenartig konstruierten, ebenfalls von der genannten Firma gelieferten Wage, die in Fig. 28 in Verbindung mit dem Brenner und in zweckmäßiger Anordnung neben dem Kalorimeter dargestellt ist. Die eine Schneide dieser Wage trägt nicht wie gewöhnlich eine Wagschale, sondern nimmt direkt den Brenner auf.

Um die Lampe zu füllen, löst man die Flügelmutter (Fig. 29), nimmt den Arm mit dem Manometer ab und gießt ca. $150 \div 200$ ccm Brennstoff in den Behälter. Dann setzt man den Manometerarm wieder auf und schraubt die Füllöffnung fest zu. Nach Lösen der Mutter f ist die Lampe beliebig um das Gestänge g drehbar, so daß es leicht fällt, dem Brenner n die richtige Stellung im Verbrennungsraume zu geben. Durch einen untergehaltenen Spiegel ist außerdem die Lage des Brenners bequem zu kontrollieren. Die Ingangsetzung der Lampe, die natürlich vor Einführung derselben in den Verbrennungsraum geschehen muß, vollzieht sich so: Man füllt das Schälchen L unter dem Brennerkopfe *n* mit Spiritus und entzündet diesen. Die kleine Flügelschraube oberhalb des Ventils schraubt man ganz nach oben (links herum), nimmt die Kapsel *m* ab, schraubt dann den Luftschlauch der beigegebenen Pumpe an das Ventilgewinde und die Luftpumpe an den Schlauch. Wenn der Spiritus in der kleinen Schale *L* fast verbrannt ist, preßt man mittels der Pumpe durch einige kräftige Kolbenstöße Luft in den Behälter, wodurch der Brennstoff im Brenner aufsteigt und an dessen heißen Oberfläche vergast wird. Das aus der Brennerdüse ausströmende Gas entzündet sich an der Spiritusflamme und unterhält die Verbrennung, auch wenn der Spiritus in *L* ausgebrannt ist.

Wenn kein Gas ausströmt, so ist die Düse verstopft und muß mit der beigegebenen Nadel gereinigt werden. Nie benutze man eine andere Nadel, etwa Nähnadel, welche unfehlbar die Düse beschädigen würde.

Man preßt so viel Luft in den Behälter ein, daß eine gute, gleichmäßig brennende Flamme erzielt wird. Ist die Flamme zu groß, so kann durch Öffnen der Schraube *h* Luft abgelassen werden. Ist die Flamme richtig reguliert, so schraubt man die kleine Flügelmutter des Ventiles wieder fest, entfernt die Pumpe und schraubt die Kapsel *m* auf das Gewinde.

Die Wärmeentwicklung pro Stunde soll, wie schon auf Seite 72 angegeben, etwa 800÷1000 Kalorien betragen, also müssen ca. 100 g Petroleum, Benzin oder Schmieröl, resp. 130 g Spiritus in der Stunde verbrennen.

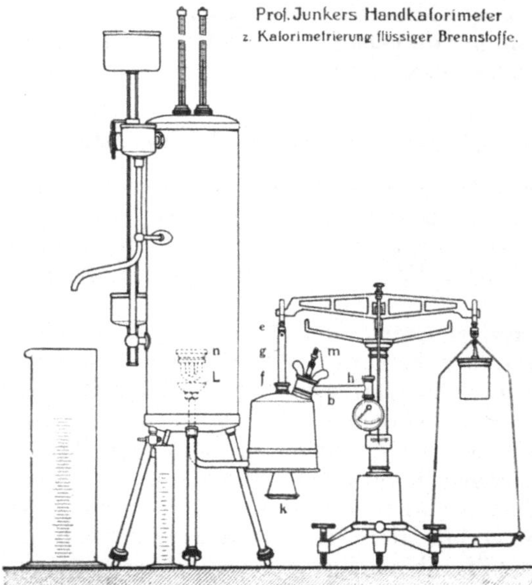

Fig. 28.

Soll die Lampe abgestellt werden, so öffnet man die Schraube *h*, wodurch sich der Luftdruck sofort verliert, und die Flamme erlischt.

Der Lampe sind zwei Brennerköpfe beigegeben, einer mit großer, der andere mit kleiner Düse. Der Kopf mit der großen Düse ist für wasserhaltige Brennstoffe (z. B. Spiritus), derjenige mit der kleinen Düse für kohlenstoffreiche Brennstoffe (z. B. Petroleum) bestimmt. Je größer der Kohlenstoffgehalt, desto kleiner muß die Düsenbohrung sein. Spiritus erfordert den geringsten Luftdruck, unter 200 mm, Mineral- und Schmieröl den höchsten. Vegetabilische und animalische Öle dürfen nur verbrannt werden, wenn sie bei höchstens 250° Siedepunkt

vollständig flüchtig sind, ohne Kohle oder sonstige Rückstände zu
hinterlassen. Nicht benutzbar sind also z. B. Rüböl, Baumöl, Knochen-
öl. Mineralschmieröle können untersucht werden, wenn sie bei 250°
vollständig verdampfen. Bei schwer siedenden Ölen reicht die Vorwärmung durch die Spiritusflamme zuweilen nicht aus. Es muß alsdann der Brennerkopf mittels einer Lötlampe vorgewärmt werden.

Stoßweises Brennen tritt ein, wenn nicht genügend vorgewärmt,
oder der Luftdruck zu hoch ist. Man öffne alsdann die Schraube h
und wärme nochmals vor.

Nach dem Gebrauch ist die Lampe gut zu reinigen; sind Schmieröle
verbrannt worden, zunächst mit Petroleum, dann mit Benzin. Darauf
ist die Lampe mit einer kleinen
Menge des neu zu untersuchenden Brennstoffes auszuspülen;
dann erst darf der zu einer
neuen Untersuchung be-
stimmte Brennstoff eingefüllt
werden.

Gang des Versuches:
Nachdem die zu untersuchende
Flüssigkeit in die Lampe mit
entsprechendem Brenner eingefüllt ist, wird dieser unter
Beobachtung der zuletzt
gegebenen Verhaltungsmaß-
regeln in Tätigkeit gesetzt
und dann, wie in Fig. 28 gezeigt ist, mit der einen Seite
des Wagebalkens in Verbin-

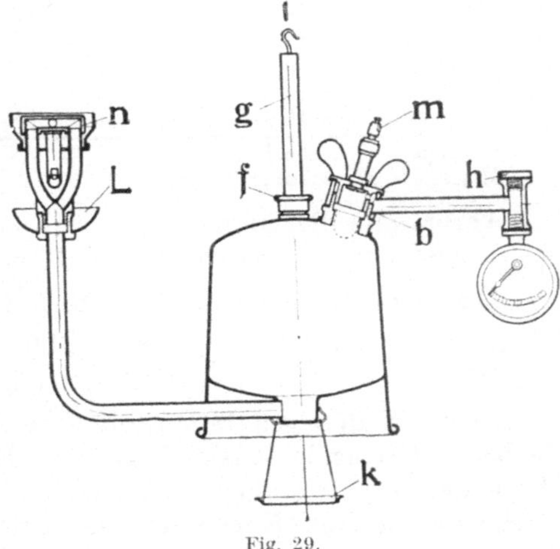

Fig. 29.

dung gebracht. Alsdann füllt man das Gegengewicht mit so vielen
Schrotkörnern, als zur Ausbalancierung der gefüllten Lampe nötig ist.

Wenn das Kalorimeter mit Wasser gefüllt ist, und dieses am Abflusse
ausläuft, nimmt man die Lampe von der Wage ab, führt sie in die
Verbrennungskammer des Kalorimeters ein und hängt sie dann wieder
an die Wage. Das Thermometer am Warmwasseraustritt beginnt sofort
zu steigen. Vermittels des Regulierhahnes am Kalorimeter ist die
Wasserzufuhr so einzustellen, daß der Temperaturunterschied zwischen
Zufluß- und Abflußwasser etwa 10÷20° beträgt. Nach Erreichung
des Beharrungszustandes, d. h. wenn das Thermometer zu steigen
aufhört, legt man ein kleines Gewicht auf die Schale k, so daß der
betreffende Wagebalken nach unten sinkt. Die Wage wird erst dann
wieder ihren Gleichgewichtszustand erreichen, nachdem eine dem aufgelegten kleinen Gewichte entsprechende Brennstoffmenge verbrannt
ist. In dem Augenblicke, in welchem der Zeiger der Wage durch den
Nullpunkt geht, rückt man den Schwenkarm über das Meßgefäß. Gleichzeitig belastet man die Schale k mit 10÷20 g und beginnt mit der
Ablesung der beiden Thermometer, die in regelmäßigen Zwischenräumen
zu erfolgen hat. Das Auffangen des Wassers, sowie das Ablesen der

Thermometer wird in dem Augenblicke unterbrochen, in welchem ein abermaliges Heben der Lampe eintritt und der Zeiger wiederum durch den Nullpunkt geht.

Alsdann sind $10 \div 20$ g Brennstoff verbrannt.

Beispiel: Brennflüssigkeit: Benzin.

Beobachtete Temperaturen des

eintretenden Wassers:	austretenden Wassers:
$T_e = 15,81°$	$T_a = 24,10°$
$= 15,81°$	$= 24,09°$
$= 15,81°$	$= 24,09°$
$= 15,81°$	$= 24,08°$
$= 15,81°$	$= 24,08°$
$= 15,81°$	$= 24,07°$
$= 15.81°$	$= 24,06°$
$= 15,81°$	$= 24,06°$
$= 15,81°$	$= 24,06°$
$= 15,81°$	$= 24,05°$
Summa: 158,1°	240,74°
Mittel: $T_e = 15,81°$	$T_a = 24,07°$

Verbrannte Benzinmenge $\qquad G = 0,002$ kg.

Aufgefangene Wassermenge $\qquad W = 2,562$ kg.

Heizwert (oberer) für 1 kg Benzin:

$$H_o = \frac{W \cdot (T_a - T_e)}{G} = \frac{2,562 \cdot (24,07 - 15,81)}{0,002} \ \text{WE} = 10581 \ \text{WE.}$$

Auch bei flüssigen Brennstoffen darf das bei der Verbrennung derselben entstehende Wasser in solchen Fällen, bei denen es in Dampfform den Arbeitsraum verläßt, nicht vernachlässigt werden; es muß vielmehr dieselbe Korrektion des oberen Heizwertes vorgenommen werden, wie sie bei den gasförmigen Brennstoffen ausgeführt wurde.

Beispiel: Die Untersuchung des bei einem Dieselmotor verwendeten Petroleums ergab folgende Werte:

Verbrannte Petroleummenge . . . . $G = 0,003$ kg

Mittlere Temperatur des Kalorimeterwassers beim Eintritte . . $T_e = 9,650°$

Mittlere Temperatur des Kalorimeterwassers beim Austritte . . $T_a = 26,135°$

Aufgefangene Wassermenge . . . . $W = 1,990$ kg

$$\text{Oberer Heizwert} = H_o = \frac{W \cdot (T_a - T_e)}{G} = 10\,935 \ \text{WE.}$$

Aufgefangenes Niederschlagwasser bei Verbrennung von 9 g Petroleum

$$= 11,43 \ \text{g.}$$

Kondensationswärme des bei Verbrennung von 1 kg Petroleum entstehenden Niederschlagwassers

$$= \frac{11,43}{9} \cdot (639,3 - 17,0) \ \text{WE} = 790 \ \text{WE.}$$

(Die Temperatur der Abgase war 17,0°.)

Unterer Heizwert $= H_u = (10\,935 - 790)$ WE.

$$= 10\,145 \ \text{WE.}$$

Bei der Kalorimetrierung von schweren Erdölen genügt die Anwärmung des Brennerkopfes vermittels der unter demselben befindlichen Spiritusflamme nicht, vielmehr muß mit einer hochtemperierten Flamme, am besten mit einer Lötlampe, der Brennerkopf bis zur Rotglut angewärmt werden, und dann erst darf auf den Flüssigkeitsbehälter Luftdruck gegeben und das Öl dem Brenner zugeführt werden. Bei besonders schweren Ölen ist es unter Umständen nötig, zwischen den einzelnen Versuchen den Brennerkopf ab und zu nachzuwärmen, um eine dauernde Vergasung zu erhalten.

Bei Vergasung schwerer Erdöle hat der Brennerkopf eine nur beschränkte Verwendungsdauer, da er sich mit Rückständen aus dem Öle zusetzt.

C. Die Verbrennung der Brennstoffe.

1. Die Vorgänge bei der Verbrennung.

Um einen Brennstoff bei seiner Verwendung als Feuerungsmaterial möglichst vollkommen ausnutzen zu können, ist es von grundlegender Bedeutung, die Vorgänge bei der Verbrennung genau zu kennen.

Verbrennung im engeren Sinne ist die Vereinigung von Kohlenstoff (C) und Wasserstoff (H) mit Sauerstoff (O) unter Licht- und Wärmeentwicklung.

Sämtliche Brennmaterialien enthalten Kohlenstoff in mehr oder weniger großen Mengen, während bei allen bis jetzt gebräuchlichen Feuerungen der zur Verbrennung nötige Sauerstoff der atmosphärischen Luft entnommen wird.

Bei Koks und Anthrazit (auch bei Holzkohle) verläuft der Verbrennungsvorgang am einfachsten, da diese Brennmaterialien fast ausschließlich aus Kohlenstoff bestehen, der nur durch geringe mineralische Beimengungen (die sich beim Verbrennen als Schlacke und Asche ausscheiden) verunreinigt ist.

Eine sichere Verbindung von Kohlenstoff mit Sauerstoff findet nur dann statt, wenn diese Elemente oder die den Kohlenstoff enthaltenden Brennmaterialien vorher bis zu einer gewissen Temperatur — der Entzündungstemperatur — erhitzt waren. Diese liegt für Koks und Anthrazit bei ca. 700° C. Hier fangen die genannten Brennstoffe zu glühen an, und bei genügender Luftzufuhr verbindet sich ihr Kohlenstoff unter Wärmeentwicklung mit dem Sauerstoffe der Luft zu Kohlensäure CO_2 (fälschlich Kohlensäure genannt, ist eigentlich das Anhydrid der Kohlensäure) nach der chemischen Gleichung:

$$C_2 + 2\,O_2 = 2\,CO_2\,.$$

Dabei tritt noch keine Flammenbildung ein.

Im weiteren Verlaufe der Verbrennung sind nun zwei Fälle möglich:

1. Die gebildete Kohlensäure geht mit dem Stickstoffe der Verbrennungsluft und mit dem eventuell vorhandenen überschüssigen

Sauerstoffe als Heizgas durch die Feuerzüge den vorgeschriebenen Weg zum Schornsteine, wobei die Heizgase Gelegenheit haben, ihren Wärmeinhalt zum größten Teile an Heizflächen abzugeben, oder

2. die Kohlensäure trifft unmittelbar nach ihrer Entstehung auf weitere glühende Brennstoffschichten, durch welche sie wieder zu Kohlenoxyd reduziert wird nach der chemischen Gleichung:

$$2\,CO_2 + C_2 = 4\,CO\,.$$

Trifft das so entstandene Kohlenoxydgas auf seinem weiteren Wege nochmals auf Sauerstoff (Luft), so verbrennt es, wenn genügend hohe Temperatur vorhanden ist, vollständig zu Kohlensäure nach der chemischen Gleichung:

$$2\,CO + O_2 = 2\,CO_2\,.$$

Hierbei bilden sich kurze blaue Flammen. Trifft aber das Kohlenoxydgas keinen Sauerstoff (Luft) mehr an, oder fehlt es an genügend hoher Temperatur, so zieht es unverbrannt mit den Heizgasen ab, wodurch große Wärmeverluste verursacht werden, denn 1 kg Kohlenstoff liefert:

$$\begin{aligned}
&\text{zu Kohlenoxyd verbrannt} \dots\dots 2440 \text{ WE}\\
&\text{zu Kohlensäure verbrannt} \dots\dots 8140 \text{ ,,}
\end{aligned}$$

Kohlenoxydgas vereinigt sich schon bei ca. 300° C mit Sauerstoff zu Kohlensäure. Diese Temperatur ist leicht zu erreichen und in jeder Feuerung gewöhnlich vorhanden; deshalb ist zu einer vollkommenen Verbrennung von Koks, Anthrazit (und Holzkohle) nur nötig, für das Vorhandensein genügender Sauerstoffmengen Sorge zu tragen; es ist also nur den genannten Brennmaterialien genügend Luft zuzuführen.

Nicht so einfach sind die Vorgänge bei der Verbrennung der gewöhnlichen Brennmaterialien: Holz, Torf, Braun- und Steinkohle.

Außer Kohlenstoff enthalten diese Brennmaterialien noch Wasserstoff, Sauerstoff, Stickstoff.

Diese drei Elemente sind sowohl unter sich als auch mit dem Kohlenstoffe auf die verschiedenartigste Weise verbunden. Besonders mannigfaltig sind die Verbindungen, in denen der Kohlenstoff mit dem Wasserstoffe auftritt: die Kohlenwasserstoffe.

Ferner enthalten diese Brennmaterialien noch: Wasser, außerdem mineralische Bestandteile und sehr häufig Schwefel.

Bei der Verbrennung werden nun

das Wasser,
die Stickstoffverbindungen,
die Schwefelverbindungen und hauptsächlich   } verdampft und als
die Kohlenwasserstoffe der verschiedenartig-   Gase ausgetrieben,
   sten Zusammensetzung

während

der Kohlenstoff (in Form von Koks)
und die mineralischen Bestandteile (in Form } als Rückstände ver-
  von Asche, zusammengebacken, gesintert oder   bleiben.
  sandförmig)

Im weiteren Verlaufe der Verbrennung spielen nun die verschiedenen Kohlenwasserstoffe eine wichtige Rolle.

Von verschiedenen dieser Verbindungen verbrennt nur der Wasserstoff zu Wasser unter Entwicklung von 2800 WE pro 1 cbm[1]), während sich der Kohlenstoff ausscheidet und

entweder

> ebenfalls verbrennt, wenn genügend Sauerstoff (Luft) und die nötige hohe Temperatur im Verbrennungsraume vorhanden ist; dabei verursacht er das Leuchten der Flamme;

oder aber

> der Kohlenstoff findet nicht rechtzeitig genügend Sauerstoff (Luft) vor, oder die Temperatur im Verbrennungsraume ist zu tief gesunken, dann verbrennt der Kohlenstoff nicht, sondern scheidet sich als Ruß ab.

Zur vollständigen Verbrennung der ausgeschiedenen Kohlenwasserstoffe ist also nötig, daß überall im Verbrennungsraume eine verhältnismäßig hohe Temperatur herrscht, und daß überall der nötige Sauerstoff vorhanden ist.

Der im Rückstand gebliebene Koks verbrennt, wie schon vorher angegeben, unter einfachen Bedingungen vollständig.

Um also bei den gewöhnlichen Brennmaterialien: Holz, Torf, Braunkohle, Steinkohle eine vollkommene, also rationelle Verbrennung zu erzielen, sind folgende Gesichtspunkte zu beachten:

Es muß

> 1. genügend hohe Temperatur im Verbrennungsraume herrschen,
> 2. eine genügende Luftmenge zugeführt werden,
> 3. für eine gute Vermischung dieser Luft mit den zu verbrennenden Verbrennungsgasen gesorgt werden.

2. Die Berechnung der zur Verbrennung von 1 kg Brennstoff theoretisch notwendigen Luftmenge.

Bei der Berechnung der zur Verbrennung der Gewichtseinheit eines Brennstoffes von bestimmter Zusammensetzung notwendigen Luftmenge geht man von denjenigen Bestandteilen aus, die sich bei der Verbrennung mit dem Sauerstoffe der Luft verbinden, das sind: Kohlenstoff, Wasserstoff und Schwefel.

Die atmosphärische Luft ist ein Gemenge von Sauerstoff und Stickstoff, und zwar enthalten:

> 100 Gewichtsteile (Gew.-Tle.) Luft: 23,19 Gew.-Tle. Sauerstoff und 76,81 Gew.-Tle. Stickstoff.
> 100 Raumteile Luft: 20,96 Raum-Tle. Sauerstoff und 79,04 Raum-Tle. Stickstoff.
> 1 cbm Luft wiegt unter Normalverhältnissen (0°, 760 mm) 1,29 kg.
> 1 kg Luft nimmt unter Normalverhältnissen 0,775 cbm ein.

---

[1]) Oberer Heizwert bei 15° und 760 mm Quecksilbersäule.

Die Atomgewichte der bei der Verbrennung in Betracht kommenden
Elemente sind, auf

$$\begin{aligned}
\text{Sauerstoff} &= 16 \text{ bezogen, für} \\
\text{Wasserstoff} &= 1{,}008 \\
\text{Kohlenstoff} &= 12 \\
\text{Schwefel} &= 32{,}07.
\end{aligned}$$

a) Kohlenstoff.

Der Vorgang bei der vollkommenen Verbrennung von Kohlenstoff ist dargestellt durch die Gleichung:

$$C + O_2 = CO_2 .$$

Die entsprechenden Atomgewichte eingesetzt, ergibt:

$$12 + 2 \cdot 16 = 44$$

$$\text{oder}: 12 + 32 = 44 .$$

12 Gew.-Tle. Kohlenstoff beanspruchen 32 Gew.-Tle. Sauerstoff,
1 Gew.-Tl. Kohlenstoff beansprucht $\frac{32}{12}$ Gew.-Tle. Sauerstoff.
Je 23,19 Gew.-Tle. Sauerstoff bedingen den Aufwand von 100 Gew.-
Tln. Luft (0°, 760 mm).
1 kg Kohlenstoff beansprucht demnach

$$\frac{\frac{32}{12} \cdot 100}{23{,}19} = 11{,}499 \text{ kg} = 8{,}912 \text{ cbm Luft.}$$

Ist der Kohlenstoffgehalt eines Brennstoffes in Gewichtsprozenten (C)
gegeben, so erhält man diejenige Luftmenge in Kilogramm, die zur vollkommenen Verbrennung des in 1 kg Brennstoff enthaltenen Kohlen-
stoffs nötig ist, zu

$$\frac{C}{100} \cdot 11{,}499 \text{ kg} = \frac{C}{100} \cdot 8{,}912 \text{ cbm} .$$

Ist die Verbrennung eine unvollkommene, so gilt die Gleichung:

$$C + O = CO$$

$$\text{oder } 12 + 16 = 28 .$$

1 kg Kohlenstoff nimmt also $\frac{16}{12}$ kg Sauerstoff, gleichwertig mit
$$\frac{\frac{16}{12} \cdot 100}{23{,}19} \text{ kg} = 5{,}749 \text{ kg oder } 4{,}456 \text{ cbm Luft in Anspruch.}$$

Bei der unvollkommenen Verbrennung von 1 kg Brennstoff
mit C Gewichtsprozenten Kohlenstoff werden von letzterem

$$\frac{C}{100} \cdot 5{,}749 \text{ kg} = \frac{C}{100} \cdot 4{,}456 \text{ cbm}$$

Luft benötigt.

b) Wasserstoff.

Für die Verbrennung von Wasserstoff gilt die Gleichung:

$$H_2 + O = H_2O$$

$$\text{oder}: 2 \cdot 1{,}008 + 16 = 18{,}016 .$$

1 kg Wasserstoff beansprucht also $\dfrac{16}{2,016}$ kg Sauerstoff oder

$$\frac{\dfrac{16}{2,016} \cdot 100}{23,19} \text{ kg} = 34,224 \text{ kg oder } 26,524 \text{ cbm Luft.}$$

Bei der Verbrennung von 1 kg Brennstoff mit H Gewichtsprozenten freiem Wasserstoff werden von diesem

$$\frac{H}{100} \cdot 34,224 \text{ kg} = \frac{H}{100} \cdot 26,524 \text{ cbm}$$

Luft beansprucht.

Wenn nun, wie es bei festen Brennstoffen der Fall ist, ein Teil des Wasserstoffgehaltes bereits an Sauerstoff gebunden ist, dann kommt für die Verbrennung nur der freie Wasserstoff in Frage, der allein noch Luft zu seiner Verbrennung beansprucht. Aus der diesbezüglichen Gleichung:

$$H_2 + O = H_2O,$$

$$\text{oder: } 2 \cdot 1,008 + 16 = 18,016,$$

$$\text{oder: } 1 + \frac{16}{2,016} = \frac{18,016}{2,016}$$

folgt, daß je $\dfrac{16}{2,016}$ Gew.-Tle. oder rund je 8 Gew.-Tle. Sauerstoff 1 Gew.-Tl. Wasserstoff gebunden halten, so daß von dem gesamten Wasserstoffgehalte noch $\left(H - \dfrac{O}{8}\right)$ Gew.-Tle. disponibel, d. h. zur Verbrennung frei sind. Dann ist der Luftbedarf dieser Wasserstoffmenge, wenn H und O in Gewichtsprozenten gegeben sind:

$$\frac{\left(H - \dfrac{O}{8}\right)}{100} \cdot 34,224 \text{ kg} = \frac{\left(H - \dfrac{O}{8}\right)}{100} \cdot 26,524 \text{ cbm .}$$

c) Schwefel.

Schwefel ist in den festen Brennstoffen vielfach als Schwefelkies (FeS_2) enthalten. Die chemische Gleichung, welche die Verbrennung dieser Verbindung veranschaulicht, lautet:

$$2\,FeS_2 + 11\,O = Fe_2O_3 + 4\,SO_2,$$

oder:

$$2 \cdot (55,84 + 2 \cdot 32,07) + 11 \cdot 16 = (2 \cdot 55,84 + 3 \cdot 16) + 4\,(32,07 + 2 \cdot 16),$$

oder

$$(111,68 + 128,28) + 176 = 159,68 + 256,28 .$$

Es erfordern also 128,28 Gew.-Tle. Schwefel zu ihrer Verbrennung 176 Gew.-Tle. Sauerstoff.

1 kg Schwefel nimmt demnach $\dfrac{176}{128,28}$ kg Sauerstoff, entsprechend

$$\dfrac{\dfrac{176}{128,28}\cdot 100}{23,19}\ \text{kg} = 5,916\ \text{kg} = 4,585\ \text{cbm}$$

Luft in Anspruch.

Ist der Schwefelgehalt (S) eines Brennstoffes in Gewichtsprozenten gegeben, so erhält man die Luftmenge, die zur Verbrennung des in 1 kg Brennstoff enthaltenen Schwefels nötig ist, zu

$$\dfrac{S}{100}\cdot 5,916\ \text{kg} = \dfrac{S}{100}\cdot 4,585\ \text{cbm}\ .$$

Enthält also ein Brennstoff C Gewichtsprozente Kohlenstoff, H Gewichtsprozente Wasserstoff, O Gewichtsprozente Sauerstoff und S Gewichtsprozente Schwefel, so ist die zur **vollkommenen** Verbrennung von 1 kg dieses Brennstoffes nötige Luftmenge

$$\text{in kg:}\qquad L_g = \dfrac{1}{100}\cdot\left(11,499\,C + 34,224\left[H - \dfrac{O}{8}\right] + 5,916\,S\right)$$

$$\text{in cbm:}\qquad L_v = \dfrac{1}{100}\cdot\left(8,912\,C + 26,524\left[H - \dfrac{O}{8}\right] + 4,585\,S\right).$$

3. Tabelle der theoretischen Luftmengen.

Brennstoffart (lufttrocken)	Zusammensetzung in Gewichtsprozenten					Theoretische Luftmenge	
	C	H	N	O	S	L_g kg	L_v cbm
Torf (Lausitz)	50,00	5,00	1,00	25,00	0,30	6,452	5,000
Braunkohle (Thüringen)	48,68	4,05	0,38	16,26	1,62	6,385	4,948
Braunkohle (Hessen)	48,63	4,28	0,50	11,83	4,08	6,792	5,264
Braunkohle (Böhmen)	58,16	5,02	0,60	9,29	2,55	8,160	6,324
Braunkohle (Böhmen)	63,97	5,04	1,00	15,75	0,51	8,437	6,539
Braunkohle (Sachsen)	50,45	4,62	0,47	24,24	0,89	6,398	4,958
Braunkohlenbriketts (Lausitz) .	55,24	4,28	0,60	15,84	2,75	7,302	5,659
Braunkohlenbriketts(Prov.Sachs.)	54,16	4,52	0,48	15,75	3,33	7,298	5,656
Braunkohlenbriketts (Rheinland)	52,54	3,90	0,88	20,49	0,80	6,548	5,075
Braunkohlenbriketts (Rheinland)	57,00	4,40	1,00	21,38	0,75	7,191	5,573
Steinkohle (Oberschlesien) . . .	80,94	5,20	1,00	8,21	0,80	10,782	8,356
Steinkohle (Oberschlesien) . . .	59,76	3,89	1,00	13,48	2,80	7,794	6,040
Steinkohle (Oberschlesien) . . .	70,38	4,89	1,00	10,03	0,84	9,388	7,276
Steinkohle (Sachsen)	68,36	4,91	1,12	9,68	2,24	9,260	7,176
Steinkohle (Sachsen)	76,62	4,71	1,00	8,58	1,03	10,117	7,841
Steinkohle (Westfalen)	82,89	5,48	1,00	4,55	1,42	11,296	8,754
Steinkohle (Rheinland)	73,57	4,83	0,61	7,55	0,90	9,844	7,629
Steinkohle (Rheinland)	69,68	4,42	1,00	7,15	1,17	9,290	7,200
Steinkohlenbriketts (Westfalen) .	82,90	4,12	1,00	3,53	1,00	10,851	8,410
Steinkohlenbriketts (Sachsen) . .	78,00	2,60	0,96	2,54	0,78	9,796	7,592
Anthrazit (Westfalen)	86,56	3,18	1,17	3,48	0,75	10,950	8,486
Anthrazit (Westfalen)	87,84	3,30	1,00	1,93	0,89	11,201	8,681
Steinkohlenkoks (Schlesien) . . .	86,44	0,59	1,10	2,96	1,07	10,074	7,807
Steinkohlenkoks (Schlesien) . . .	90,24	0,33	—	0,81	0,99	10,514	8,148
Steinkohlenkoks (Westfalen) . .	86,21	0,24	—	0,93	1,49	10,043	7,783
Steinkohlenkoks (Westfalen) . .	90,36	0,02	—	1,20	1,18	10,501	8,138

Unter Zugrundelegung dieser Formeln ist für verschiedenartige Brennstoffe der theoretische Luftbedarf L_g und L_v berechnet und in der Tabelle auf Seite 90 zusammengestellt worden.

4. Vielfaches der theoretischen Luftmenge.

Für 1 kg mittlerer Steinkohle kann man theoretisch ca. 8 cbm = 10,32 kg Luft (0° 760 mm) rechnen.

Würde man einer Feuerung, in der feste Brennmaterialien zur Verbrennung gelangen, ein diesen Zahlen entsprechendes Luftquantum, die theoretische Luftmenge zuführen, so wäre es unmöglich, diese Luft so innig mit den aus den Brennmaterialien sich entwickelnden verbrennbaren Gasen zu vermischen, daß überall im Verbrennungsraume eine vollständige Verbrennung stattfindet.

Zur Erzielung einer vollständigen Verbrennung ist es daher nötig, die Luft im Überschusse zuzuführen. Je nach der Ausführung und dem Zustande der Feuerungsanlage verlangt die vollständige Verbrennung etwa die 1,5- bis 2,5fache theoretische Luftmenge. In guten Anlagen ist es bei aufmerksamer Bedienung des Feuers möglich, mit einem ca. 1,3fachen Luftüberschusse eine vollständige Verbrennung zu erzielen.

Mit der Bemessung dieses Luftüberschusses muß man aber sehr vorsichtig zu Werke gehen, denn sowohl eine zu kleine als auch eine zu reichliche Zufuhr von Luft wirkt schädigend auf die Ausnützung des Brennmaterials.

Im ersten Falle wird Mangel an Sauerstoff vorhanden sein; die Verbrennung wird daher eine unvollständige sein. (Die Rauchgase enthalten viel Kohlenoxydgas.)

Ein zu großer Überschuß an Verbrennungsluft wirkt ebenfalls schädlich. Das ganze in die Feuerung eintretende Luftquantum, gleichgültig, ob es zur Verbrennung notwendig ist oder nicht, wird schließlich auf diejenige Temperatur erhitzt sein, mit welcher die Gase in den Schornstein abziehen. Hat man nun sehr viel Luft in die Feuerung eingeführt, so wird sich die entwickelte Wärmemenge auf ein größeres Gasvolumen verteilen als bei mäßigem Luftüberschusse. Die im Verbrennungsraume erzielte Temperatur wird daher im ersten Falle kleiner sein als im zweiten Falle.

Bei einem Kohlensäuregehalt der Rauchgase von 5% wird ungefähr die 3,8fache theoretische Luftmenge in die Feuerung eintreten. Zur Verbrennung von 1 kg mittlerer Steinkohle werden also ca.

$$8 \cdot 3,8 \text{ cbm} = 30,4 \text{ cbm Luft } (0° \text{ C}, 760 \text{ mm})$$

aufgewendet.

Tritt z. B. die Luft mit 20° in den Verbrennungsraum ein, und ziehen die Verbrennungsgase mit z. B. 270° nach dem Schornsteine ab, so hat eine Temperaturerhöhung von $270° - 20° = 250°$ stattgefunden.

Wird 1 cbm Luft um 1° in seiner Temperatur erhöht, so sind hierzu 0,31 WE erforderlich. Die Erwärmung der Rauchgase erfordert also im vorliegenden Falle

$$30,4 \cdot 250 \cdot 0,31 \text{ WE} = 2356 \text{ WE} .$$

Von dieser Wärmemenge sind aber nahezu zwei Drittel als vergeudet zu betrachten, da man bei einem 1,3fachen Luftüberschusse (an Stelle des 3,8fachen Luftüberschusses) nur ca. ein Drittel der im angenommenen Falle durch den Rost eingesaugten Luft um 250° zu erhitzen gehabt hätte.

Nachfolgende Tabelle gibt den Zusammenhang zwischen dem Vielfachen der theoretischen Luftmenge und der in eine Feuerung eingeführten Luftmenge nebst den daraus erwachsenden Wärme- bzw. Kohlenverlusten an.

Vielfaches der theoretischen Luftmenge	Pro 1 kg Kohle verbrauchte Luftmenge kg	Wärmeeinheiten, die nötig sind, um diese Luftmenge um 250° zu erwärmen WE	Bei einer Kohle von 7000 Wärmeeinheiten bedeutet dies einen Kohlenverlust von %
1,3	13,42	797	11,4
1,4	14,45	858	12,2
1,5	15,48	919	13,1
1,6	16,51	980	14,0
1,7	17,54	1041	14,9
1,8	18,58	1103	15,7
1,9	19,61	1164	16,6
2,0	20,64	1225	17,5
2,1	21,67	1287	18,4
2,2	22,70	1348	19,2
2,3	23,74	1410	20,1
2,4	24,77	1471	21,0
2,5	25,80	1532	21,9
3,0	30,96	1838	26,3
3,5	36,12	2145	30,6
4,0	41,28	2451	35,0
4,5	46,44	2757	39,4
5,0	51,60	3064	43,8

Im Verbrennungsraume soll eine möglichst hohe Temperatur unterhalten werden, denn

1. entzünden sich die mit der Luft in Berührung kommenden Brennmaterialien nicht von selbst, es bedarf vielmehr dazu einer bedeutenden Erhöhung der Temperatur (entweder der Luft oder des Brennmaterials). Der chemische Prozeß der Verbrennung wird sich um so schneller und lebhafter abwickeln, je höher die vorhandene Temperatur ist;
2. sagt das Gesetz der Wärmeübertragung, daß die Geschwindigkeit der Wärmeübertragung um so größer ist, je heißer eine Flamme (oder das heizende Medium) im Verhältnisse zur Temperatur des zu erhitzenden Körpers ist.

Durch eine Erhöhung der Temperatur im Verbrennungsraume einer Feuerungsanlage, z. B. eines Dampfkessels, wird sich die Leistungsfähigkeit der Anlage erhöhen; es wird also die Menge des von einem Dampfkessel pro Stunde und pro Quadratmeter Heizfläche erzeugten Dampfes einen größeren Betrag annehmen.

Das bei jeder Feuerungsanlage anzustrebende Ziel wird, wie schon angegeben, darin bestehen, die zur Verwendung kommenden Brennmaterialien tunlichst hoch auszubeuten.

Wie aus dem Vorangegangenen wohl deutlich zu ersehen ist, läßt sich dieses Ziel nur durch vollkommene Verbrennung der Brennmaterialien bei dem kleinsten Überschusse an atmosphärischer Luft erreichen.

Die Kontrolle einer Feuerungsanlage wird sich in erster Linie auf die Bestimmung der Zusammensetzung der aus dem Verbrennungsraume entweichenden Heizgase beziehen. Diese Kontrolle hat sich vornehmlich auf den Gehalt der Heizgase an Kohlensäure (CO_2), Kohlenoxyd (CO) und Sauerstoff (O) zu erstrecken, da die Mengen dieser Gase ohne weiteres einen Schluß auf den Verlauf der Verbrennung zulassen. Die Untersuchung der Heizgase in der angegebenen Richtung wird mittels der sog. Rauchgasanalyse ausgeführt. An der Hand derselben läßt sich durch einfache Rechnung auch der Betrag des zur Verbrennung verwendeten Luftüberschusses feststellen.

Nimmt man endlich noch einige Temperaturbestimmungen zu Hilfe, so ermöglicht die Rauchgasanalyse auch die Berechnung derjenigen Verluste, welche durch die mit hoher Temperatur nach dem Schornsteine abziehenden Gase verursacht sind, und die gewöhnlich als Schornsteinverluste bezeichnet werden.

II. Die Kontrolle des Dampfkesselbetriebes und die dabei benötigten Apparate.

A. Technische Rauchgasanalysen.

Wenn sich der Sauerstoff der Verbrennungsluft mit dem Kohlenstoffe des Brennmaterials zu Kohlensäure (CO_2) verbindet, so findet keine Änderung des Volumens des Sauerstoffs statt, wie durch räumliche Deutung der Gleichung

$$C \quad + \quad O_2 \quad = \quad CO_2$$
$$\text{1 Raum-Tl.} + \text{2 Raum-Tle.} = \text{2 Raum-Tle.}$$

ohne weiteres klargelegt ist.

Würde man also das Volumen der durch den Schornstein entweichenden Gase auf den Druck und die Temperatur der in die Feuerung eintretenden atmosphärischen Luft reduzieren, so müßte sich dasselbe Volumen ergeben. In Wirklichkeit ist dies aber nicht der Fall, da die Verbrennungsgase stets Wasserdampf enthalten, der z. T. aus der den Brennmaterialien anhaftenden natürlichen Feuchtigkeit, z. T. aus dem Feuchtigkeitsgehalt der verwendeten Luft herrührt, und z. T. bei der Verbrennung durch Vereinigung des Wasserstoffs der Brennmaterialien mit Sauerstoff der Verbrennungsluft entsteht nach der Gleichung:

$$H_2 + O = H_2O \,.$$

Enthalten endlich die Verbrennungsgase auch noch Kohlenoxydgas, welches nach der Gleichung:

$$C + O = CO$$

entsteht, so ist hierin wieder ein Grund zu finden, weshalb das reduzierte Volumen der Schornsteingase nicht genau gleich dem Volumen der in die Feuerung eingetretenen Luftmenge sein kann, denn sowohl bei der Entstehung von Wasser (in Dampfform) als auch von Kohlenoxyd tritt, wie die räumliche Deutung der beiden letzten chemischen Gleichungen erkennen läßt, an die Stelle des verbrauchten Sauerstoffvolumens das doppelte Volumen von Wasserdampf resp. Kohlenoxyd.

Für die Betriebspraxis können aber die beiden letzten Vorgänge vernachlässigt werden, so daß man also mit hinreichender Genauigkeit das Volumen der in die Feuerung einziehenden Luft gleich dem Volumen der aus dem Schornsteine entweichenden Verbrennungsgase — reduziert auf Druck und Temperatur der Verbrennungsluft — setzen kann.

Die atmosphärische Luft, die bei allen technischen Feuerungen als Sauerstoffquelle dient, besteht, wenn man von einem geringfügigen Gehalt an Wasserdampf und Kohlensäure absieht, in reinem Zustande aus

79,04 Raumteilen Stickstoff und
20,96 „ Sauerstoff.

Würde man einem Brennmateriale genau so viel Luft zuführen als wie dasselbe zu seiner Verbrennung der Theorie nach gebraucht, und würde alsdann — was in Wirklichkeit aber nie der Fall ist — mit dieser theoretischen Luftmenge die beabsichtigte vollkommene Verbrennung stattfinden, so würden, wie aus dem Vorhergehenden folgt, die Verbrennungsgase 20,96 Volumenprozente Kohlensäure (CO_2) enthalten.

Die Praxis zeigt aber, daß man den Brennmaterialien ein Vielfaches dieser theoretischen Luftmenge zuführen muß, damit zur richtigen Zeit und an allen Stellen des Verbrennungsraumes, wo Sauerstoff nötig ist, sich auch wirklich solcher vorfindet. Infolge dieses Luftüberschusses werden die Rauchgase auch stets freien Sauerstoff aufweisen, ein weiterer Grund, weshalb ihr Kohlensäuregehalt weniger als 20,96 Volumenprozente ausmachen wird.

Im allgemeinen kann man wohl annehmen, daß eine Feuerung sehr gut geführt ist, wenn die Rauchgase

12—15 Volumenprozente CO_2 und
6—5 „ O enthalten,

während Kohlenoxyd fehlen soll, oder höchstens in Spuren vorhanden sein darf.

Die Apparate, deren man sich in der Praxis zur Untersuchung der Rauchgase bedient, lassen sich ihrer Wirkungsweise nach in zwei Gruppen einteilen:

1. mechanisch wirkende Apparate,
2. chemisch wirkende Apparate.

Die ersteren ermöglichen gewöhnlich nur die Bestimmung der Kohlensäure (CO_2), und zwar auf Grund der ungleichen spezifischen Gewichte von Luft und gasförmigen Verbrennungsprodukten, welcher Unterschied um so größer ist, je größer der Kohlensäuregehalt der Verbrennungsgase ist.

Wichtiger als die Apparate der ersten Gruppe sind die Apparate der zweiten Gruppe, die eine chemische Untersuchung der Rauchgase bezwecken.

Ihr Prinzip ist kurz folgendes: Ein genau abgemessenes Volumen (z. B. 100 ccm) der zu untersuchenden Gasprobe wird mit einem zuverlässigen Absorptionsmittel einige Zeit in innige Berührung gebracht. Wird hierauf der Gasrest wieder gemessen, so gibt der Verlust den Gehalt der untersuchten Probe an derjenigen Gasart an, für welche das angewandte Reagens ein Absorptionsmittel ist.

Bei den im folgenden näher beschriebenen Apparaten dieser zweiten Gruppe kommen als Absorptionsmittel in Verwendung:

für Kohlensäure . . . . . . Kalilauge,
für Sauerstoff . . . . Pyrogallussäure oder Phosphor,
für Kohlenoxyd . . . . . . Kupferchlorür[1]),
für Kohlenwasserstoffe . . . rauchende Schwefelsäure.

Sollen diese Reagenzien für die Betriebspraxis geeignet sein, so kommt es nicht nur darauf an, daß sie überhaupt noch Gase absorbieren, sondern daß diese Absorption mit genügender Schnelligkeit vor sich geht.

Da die Fähigkeit der Absorption mit der Dauer des Gebrauches der Absorptionsmittel abnimmt, um schließlich ganz zu verschwinden, so ist es zur Vermeidung von falschen Analysen nötig, zu wissen, welche Gasmenge von den genannten Reagenzien mit Sicherheit absorbiert werden kann, ohne daß eine merkliche Abnahme der Absorptionsfähigkeit eintritt.

Professor Hempel hat für die gebräuchlichen Absorptionsmittel den sog. Wirkungswert oder zulässigen Absorptionswert durch Versuche festgestellt[2]). Derselbe beträgt für

Kalilauge . . . . 40 ccm,
Pyrogallussäurelösung nach Hempel . . . . . . 2,25 ccm,
Phosphor . . . . unbegrenzt,
salzsaure Kupferchlorürlösung . . . . 4 ccm,
ammoniakalische Kupferchlorürlösung . . . . . . 4 ccm,

d. h. 1 ccm Kalilauge (33$^1/_3$ proz. Ätzkalilösung) kann mit Zuverlässigkeit 40 ccm Kohlensäure absorbieren, wobei Hempel eine vierfache Sicherheit angenommen hat, so daß in Wirklichkeit 1 ccm obiger Kalilauge 160 ccm Kohlensäure aufzunehmen imstande ist. Analog sind die Verhältnisse bei den übrigen der vorher angeführten Absorptionsmittel.

Die Einrichtung derjenigen Apparate, die eine chemische Untersuchung der Rauchgase bezwecken, ist entweder derart, daß das Abmessen eines bestimmten Gasvolumens und die darauf folgende Absorption in ein und demselben Gefäße oder in getrennten Gefäßen vorgenommen werden.

Zu den ersteren zählt die bekannte Buntesche Bürette und die Bürette von Tollens, zu den letzteren die Hempelschen Apparate zur Gasanalyse und die Orsatapparate.

1. Die Gasbürette von Bunte. Die Buntesche Gasbürette (Fig. 30) besteht in der Hauptsache aus der eigentlichen Bürette, einem zylindrischen, oben etwas erweiterten Glasgefäße von ca. 110 ccm Inhalt. Die Rohrenden dieses graduierten Gefäßes tragen je einen Glashahn a und b, und zwar ist b ein Dreiweghahn, während a nur eine Bohrung besitzt. An das Rohrstück, in welchem der Dreiweghahn b sitzt, schließt nach oben hin ein kleiner, ebenfalls zylindrischer Behälter an, der in ungefähr halber Höhe eine Strichmarke c trägt. Um plötzliche Temperaturschwankungen von dem in der Bürette eingeschlossenen Gase fernzuhalten, ist die Bürette

---

[1]) Nach neueren Forschungen geht CO mit Kupferchlorür eine chemische Verbindung ein.
[2]) Hempel, Gasanalytische Methoden.

mit einem weiten Glas-
mantel *A* umgeben, der
während des Experimen-
tierens mit Wasser ge-
füllt sein muß. Durch
eine Klemme *B* wird die
Bürette samt Mantel an
einem eisernen Stativ
befestigt. Letzteres hat
oben einen tellerartigen
Aufsatz, der für eine
Glasflasche *C* mit Tubus
bestimmt ist.

Um die Bürette
mit Gas zu füllen,
stellt man den Dreiweg-
hahn *b* so ein, daß seine
axiale Bohrung mit dem
Inneren der Bürette in
Verbindung steht, und
schließt mit Hilfe eines
Gummischlauches das
zu diesem Zwecke be-
sonders lang ausgeführte
Küken von *b* an die Gas-
leitung an, während man
das Rohrende unterhalb
des Hahnes *a*, nachdem
dessen Bohrung vertikal
gestellt ist, ebenfalls mittels Gummischlauches
mit einer Gummipumpe
(Fig. 31), wie solche auch
beim Orsatapparate Ver-
wendung findet, in Ver-
bindung bringt. Es ist
nun vor allem darauf zu
achten, daß die in der
Bürette eingeschlos-
sene Luft vollstän-
dig entfernt wird.
Man muß zu diesem
Zwecke die Gummi-
pumpe mehrere Male
hintereinander durch

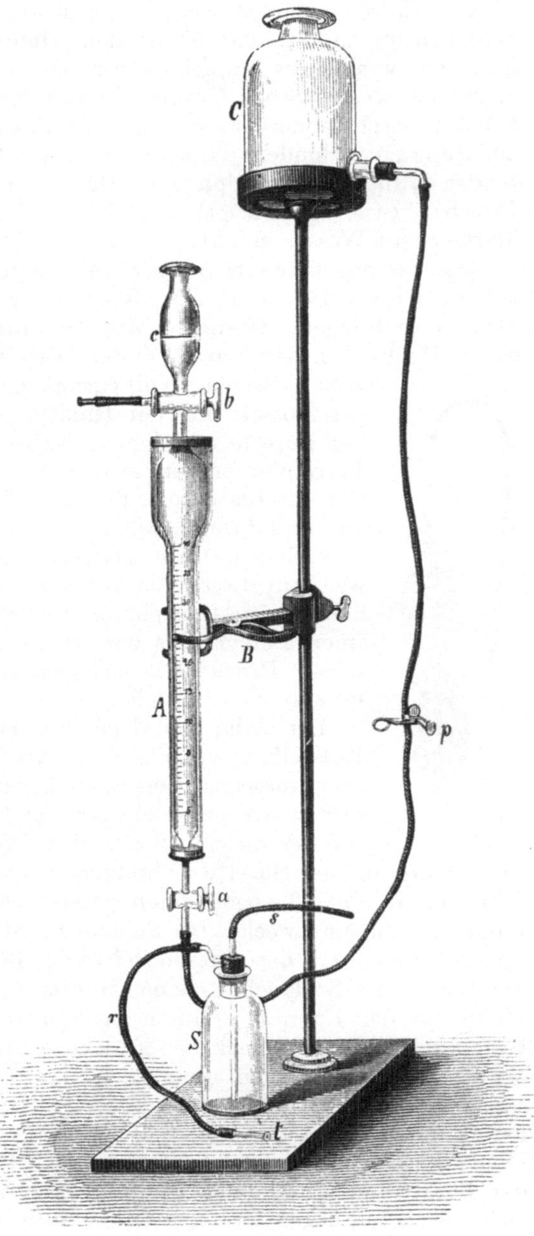

Fig. 30.

Zusammendrücken mit der Hand in Tätigkeit setzen, so daß schließlich die in der Bürette eingeschlossen gewesene Luft durch die zu untersuchenden Gase gleichsam weggespült worden ist.

Die Hähne *a* und *b* werden geschlossen. Dann schließt man die Gaszuleitung unmittelbar hinter dem Hahne *b* durch einen Quetschhahn ab, weshalb es empfehlenswert ist, an die Spitze des Hahnes *b* zuerst ein kurzes Stück Gummischlauch (mit Quetschhahn), dann ein Stück Glasrohr anzuschließen und mit diesem erst die eigentliche Gaszuleitung zu verbinden, dann beseitigt man die Gummipumpe und verbindet dafür die untere Spitze der Bürette mit der mit Wasser gefüllten Flasche *C* (wie Fig. 30 zeigt). Der obere Aufsatz der Bürette wird bis zur Marke *c* mit Wasser gefüllt.

Das in der Bürette unter beliebigem Drucke befindliche Gasvolumen ist nun auf 100 ccm und unter bestimmten Druck zu bringen. Zu diesem Zwecke wird der Hahn *a* geöffnet und durch Hochheben der Flasche *C* der Wasserspiegel in der Bürette bis zum Teilstriche Null getrieben. Hierauf wird der Hahn *a* geschlossen und der Hahn *b* geöffnet, so daß das Innere der Bürette mit dem Aufsatze in Verbindung tritt. Die Folge hiervon wird sein, daß ein Teil des eingeschlossenen Gases in Blasenform durch das Wasser entweicht, während letzteres durch kapillare Wirkung über dem in der Bürette befindlichen Gase schweben bleibt. Der Druck, unter welchem dieses Gas nunmehr steht, ist gleich dem augenblicklichen Atmosphärendrucke, vermehrt um das Gewicht einer kleinen, bis zur Marke *c* reichenden Wassersäule. Dieser Druck läßt sich während des Experimentierens stets wieder herstellen.

Fig. 31.

Der Hahn *b* wird geschlossen, *a* geöffnet, damit durch Tiefstellung der Flasche *C* das in der Bürette befindliche Sperrwasser so weit wie möglich abfließen kann; alsdann wird *a* wieder geschlossen und der Verbindungsschlauch von der unteren Spitze der Bürette abgezogen. Das Absaugen des in der Bürette befindlichen Sperrwassers kann auch mit Hilfe der in Fig. 30 abgebildeten Saugflasche *S* geschehen. Man verbindet zu diesem Zwecke den Schlauch *s* dieser Flasche bei geschlossenem Hahne *a* mit der unteren Spitze der Bürette, stellt durch Saugen am Ende *t* des Schlauches *r* einen luftverdünnten Raum in *S* her und öffnet nun den Hahn *a*, wodurch das Sperrwasser bis auf einen kleinen Rest aus der Bürette nach der Flasche *S* abfließen wird. In analoger Weise verfährt man auch, wenn es sich im weiteren Verlaufe der Untersuchung darum handelt, in der Bürette befindliche Absorptionsflüssigkeiten aus derselben zu entfernen. Die in einer Glas- oder Porzellanschale bereitgehaltene Absorptionsflüssigkeit wird nun so unterhalb der Bürette aufgestellt, daß die untere Spitze der letzteren genügend weit zum Eintauchen kommt. Öffnet man nun den Hahn *a*, so wird die Absorptionsflüssigkeit eingezogen. Findet ein weiteres Steigen derselben nicht mehr statt, so schließt man den Hahn *a*, nimmt die Bürette aus der Klemme *B* und schüttelt sie behufs beschleunigter Absorption einige Male hin und her, taucht die untere Spitze wieder in die Absorptionsflüssigkeit ein, öffnet den Hahn *a* und läßt neuerdings Flüssigkeit in die Bürette eintreten, schließt a, schüttelt zum wiederholten Male und fährt so fort, bis der Stand der Absorptionsflüssigkeit in der Bürette konstant bleibt. Dann bringt man die Bürette wieder in die Klemme, füllt den Aufsatz bis zur Marke c mit Wasser und öffnet den Hahn b, so daß das Innere der Bürette mit dem Aufsatze in Verbindung steht. Es wird nun so lange Wasser in die Bürette eindringen, bis sich im Innern derselben der zu Beginn des Versuches vorhanden gewesene Druck wieder eingestellt hat. Durch Nachgießen ist der Wasserspiegel im Aufsatze stets auf Marke c zu halten. Wird nun der Hahn b geschlossen, so gibt der Stand der Kalilauge, wenn solche als Absorptionsflüssigkeit Verwendung gefunden hat, direkt den Gehalt der untersuchten Gase an Kohlensäure an.

Soll auch der Sauerstoffgehalt der Rauchgase bestimmt werden, so ist zunächst die in der Bürette befindliche Kalilauge vorsichtig abzusaugen und alsdann die untere Spitze in Pyrogallussäurelösung zu tauchen. Im übrigen sind die Manipulationen genau dieselben wie bei der Bestimmung des Kohlensäuregehaltes. Der schließliche Stand der Absorptionsflüssigkeit in der Bürette gibt die Summe des Kohlensäure- und Sauerstoffgehaltes an.

Würde endlich in analoger Weise Kupferchlorür als Absorptionsflüssigkeit benützt werden, so ließe sich in der beschriebenen Weise auch der Gehalt der Rauchgase an Kohlenoxyd feststellen.

2. Die Absorptionsbürette von Tollens. Während bei der Bunteschen Bürette, ebenso wie bei den noch zu beschreibenden Apparaten von Hempel und Orsat, das Abmessen des zu untersuchenden Rauchgasvolumens durch einen mittels Niveaugefäßes bewegten Wasserspiegel geschieht, ist es bei der Bürette von Tollens ein gasdicht schließender, leicht beweglicher Kolben, der zur Abmessung des Gasvolumens dient. Dadurch, daß das Niveaugefäß in Wegfall gekommen ist, ist die Handhabung des Apparates vereinfacht und die Dauer einer Analyse verkürzt.

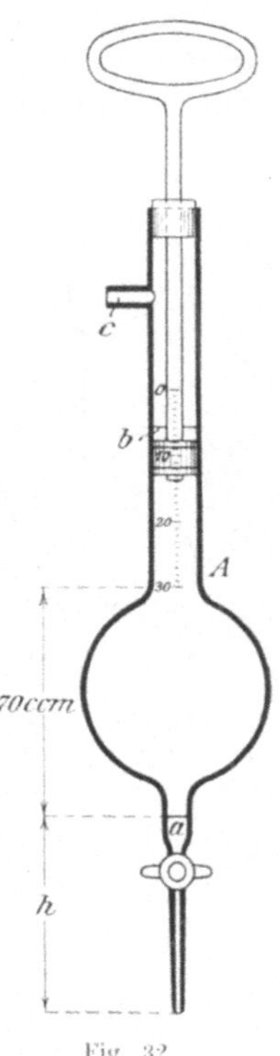

Fig. 32.

Die Bürette, welche in Fig. 32 abgebildet ist, besteht aus einem oberen zylindrischen Teile von ca. 16 mm lichter Weite, in welchen ein besonders konstruierter Gummikolben gasdicht eingesetzt werden kann, einer daran schließenden, kugelgörmigen Erweiterung, durch welche eine kurze Baulänge des Apparates erzielt wird, einem engeren Teile mit eingeschliffenem Glashahne und einer ca. 80 mm langen, kapillaren Hahnspitze. Am oberen Ende der Bürette befindet sich ein kurzer, seitlicher Rohransatz c. Der zylindrische Teil ist in $^1/_5$ ccm eingeteilt. Vom Nullstriche dieser Skala bis zur Marke a an der unteren Verengung beträgt der Inhalt der Bürette 100 ccm. Der zylindrische Teil weist noch eine empirisch bestimmte Marke b auf.

Der Kolben, welcher in dem zylindrischen Teile der Bürette hin
und her geht, besteht aus einer Gummikugel, die zwischen zwei
Schraubenmuttern auf der Kolbenstange sitzt. Durch Drehen an der
oberen dieser beiden Muttern kann diese Gummikugel so stark zu-
sammengepreßt werden, daß sie dicht an der Glasröhre anliegt und
doch leicht hin und her geht, nachdem sie mit Öl geschmiert ist. Die
an der Glaswandung anliegende Fläche des Kolbens soll ca. 4÷6 mm
breit sein.

Soll eine Analyse ausgeführt werden, so schließt man zunächst
die Hahnspitze der Bürette mittels Gummischlauches an die nach der
Gasentnahmestelle führende Leitung an, hierauf setzt man den ein-
geölten Kolben ein, drückt den lose auf der Kolbenstange befindlichen
Korken in die obere Öffnung der Bürette hinein und bewegt den Kolben
einige Male hin und her. Zuletzt läßt man ihn
2÷3 cm über dem Rohransatze c stehen. 'Alsdann schließt man an c einen Gummiaspirator
(s. Fig. 31) an und drückt letzteren 8÷10 mal zusammen. Dadurch werden Rauchgase in die Bürette gesaugt. Nunmehr schiebt man den Kolben
etwa 3 cm unter den Rohransatz c herunter und
schließt den Hahn. Nachdem die Verbindungen
der Bürette mit dem Aspirator und der Rauchgasleitung gelöst sind, handelt es sich darum, eine
Gasmenge von 100 ccm unter einem bestimmten
Drucke abzumessen. Dies wird dadurch erreicht,
daß man den Kolben bis zur Marke b herabdrückt
und hierauf den Hahn öffnet. Alsdann befinden
sich genau 100 ccm Rauchgas in der Bürette, und
zwar unter einem Drucke x, der gleich dem Atmosphärendrucke A minus der Wassersäule h
(Fig. 33) ist, wie durch folgende einfache Über-
legung leicht zu beweisen ist.

Würde man das untere Ende der Bürette in
Wasser tauchen und den Kolben bis zum Nullpunkte hochziehen, so würde sich der Wasserspiegel, nachdem man die Bürette aus dem Wasser

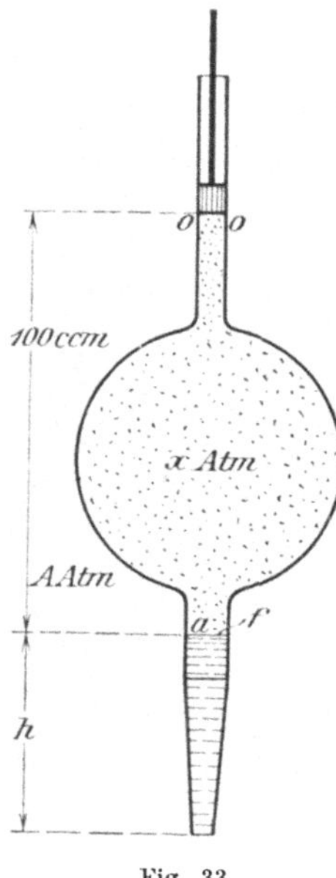

Fig. 33.

genommen hat, auf die Marke a (Fig. 32) einstellen. Bezeichnet f
den lichten Querschnitt der Bürette in der Höhe der Marke a,
so gilt in Rücksicht auf die hydrostatischen Druckverhältnisse die
Gleichgewichtsbedingung:

$$x \cdot f = A \cdot f - h \cdot f.$$

also:

$$x = A - h.$$

Nunmehr kann die Absorption der Kohlensäure bewerkstelligt werden.
Zu diesem Behufe taucht man die Hahnspitze in ein Gefäß mit Kalilauge, saugt durch Hochziehen des Kolbens (aber nicht über den An-
satz c hinaus) ca. 5 ccm Kalilauge an, schließt den Hahn und schüttelt

die Bürette hin und her. Nach ca. $^1/_2$ Minute taucht man die Hahnspitze nochmals in die Kalilauge ein und öffnet den Hahn, wobei noch etwas Kalilauge nachgesaugt wird. Nach erfolgter Absorption drückt man die Lauge bis auf einen kleinen Rest, der die Hahnspitze verschließt, hinaus. Nunmehr spült man die Bürette durch Einsaugen und Herausdrücken von Wasser, welches die Temperatur des Versuchsraumes haben muß, aus, wobei darauf zu achten ist, daß der Teil unterhalb der kugelförmigen Ausbauchung der Bürette stets mit Wasser gefüllt ist. Stellt man schließlich durch entsprechende Bewegung des Kolbens den Wasserspiegel auf die Marke a ein, so gibt der augenblickliche Stand des Kolbens direkt die absorbierten Volumenprozente Kohlensäure an. Bezüglich der verschiedenen Stellungen des Kolbens ist zu bemerken, daß für dieselben stets die untere Kante der unteren runden Schraubenmutter maßgebend ist.

Drückt man nun das in der Bürette befindliche Wasser heraus und saugt Pyrogallussäure ein, so wird in analoger Weise der Sauerstoffgehalt der Gase bestimmt; ebenso läßt sich durch nachfolgendes Einsaugen von Kupferchlorürlösung der eventuell vorhandene Kohlenoxydgehalt der Gase ermitteln.

Bei all den angegebenen Manipulationen ist besonders darauf zu achten, daß die Bürette stets nur oberhalb des Nullstriches angefaßt wird, damit nicht die Handwärme die Temperatur der eingeschlossenen Gase verändert.

Es ist ratsam, nach einer Reihe von Analysen die Bürette durch Einsaugen von möglichst viel Wasser und tüchtiges Schütteln zu reinigen. Am Schlusse des Experimentierens wird in gleicher Weise verfahren; dabei muß der zylindrische Teil der Bürette durch Einführen eines mit Flachs umwickelten Wischstockes noch besonders gesäubert werden. Während des Nichtgebrauches darf der Kolben niemals in der Bürette steckenbleiben, da er sich sonst nach einiger Zeit festsetzen würde.

Obwohl die Einrichtung der bisher beschriebenen Büretten einfach ist, so gestaltet sich das Arbeiten mit ihnen doch zeitraubend und umständlich. Wird nicht nach jeder Probenahme auf sorgfältigste Reinigung des Apparates geachtet, so kommen nur zu leicht falsche Analysen zum Vorscheine, indem die an der Innenwandung der Bürette haften gebliebenen Teile der Absorptionsflüssigkeiten schon während des Ansaugens der neuen Gasprobe auf dieselbe einwirken.

Diejenigen Apparate, bei denen die Meßbürette und der Absorptionsraum getrennt sind, weisen diesen Fehler nicht auf. Auch ermöglichen sie ein rascheres und bequemeres Ausführen der Analyse.

3. Die Apparate von Hempel. Bei den Hempelschen Apparaten, die hierher gehören, geschieht das Entnehmen und Abmessen der Gasprobe in folgender Weise:

Das Glasrohr B (Fig. 34), auch Niveauröhre genannt, ist ebenso wie die in $^1/_5$ ccm geteilte Glasröhre A (Fig. 34), die eigentliche Meßbürette, unten mit einem schweren, eisernen Fuße versehen, derart, daß die umgebogenen, verjüngten und etwas aufgekröpften Enden der Rohre herausragen. Die Meßbürette A läuft oben in ein ca. 1 mm weites Röhrchen aus, über welches ein gut anschließendes Stück Gummischlauch gezogen wird. Mit Hilfe eines Quetschhahnes wird dieses Schlauchstück knapp über dem oberen Ende des Röhrchens abgeschlossen. Der Inhalt der Meßbürette beträgt etwas mehr als 100 ccm. Die Teilung in $^1/_5$ ccm ist derart angeordnet, daß der oberste Teilstrich 100 da liegt, wo das obere Röhrchen an die Bürette anschließt. Der unterste Teilstrich Null kommt dadurch einige Zentimeter über den oberen Rand des Eisenfußes zu liegen. Die Numerierung der Skala ist eine doppelte; einmal ist der unterste, das zweite Mal der oberste Teilstrich als Nullpunkt angenommen. Die unteren Enden von A

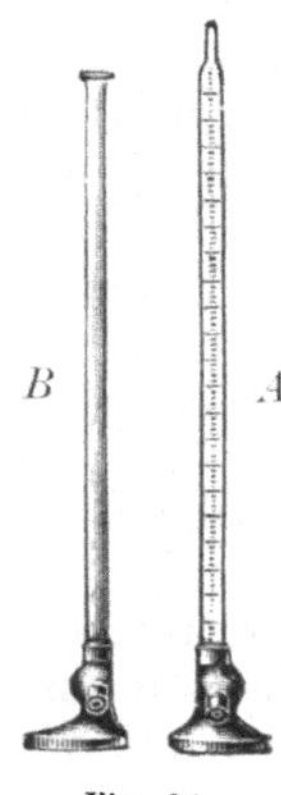

Fig. 34.

und B werden nun durch einen ziemlich langen Gummischlauch miteinander verbunden. In die Niveauröhre B gießt man so viel destilliertes Wasser ein, daß bei geöffnetem Quetschhahne beide Rohre A und B bis etwas über die Hälfte gefüllt sind. Damit die im Gummischlauche enthaltene Luft gänzlich entweicht, ist es ratsam, bei geöffnetem Quetschhahne das Rohr B einige Male rasch zu heben und zu senken; schließlich wird B so hoch gehalten, daß A und auch das obere Schlauchstück sich vollständig mit Wasser füllt. Dabei soll in B das Wasser noch einige Zentimeter über dem Eisenfuße stehen. Nunmehr wird der Quetschhahn geschlossen.

Das Füllen der Meßbürette A mit dem zu untersuchenden Gase geschieht, wie aus Nachfolgendem bald ersichtlich sein wird, am besten unter Druck. Deshalb ist es zweckmäßig, das Absaugen der Rauchgase aus dem Rauchgaskanale durch einen sog. Flaschenaspirator (Fig. 35) zu bewerkstelligen, der im gewünschten Falle auch als Druckvorlage dienen kann.

Zwei Glasflaschen F_1, F_2 (Fig. 35) von je ca. 5 l Inhalt sind in der Nähe des Bodens je mit einem Tubus zur Einführung eines Gummistopfens mit eingesetztem Glasrohre versehen. Durch einen über diese Glasrohre gezogenen Gummischlauch G sind beide Flaschen miteinander verbunden. An den durch den Hals der hochgestellten Flasche F_1 mittels eines Gummistopfens gezogenen Glasrohrkrümmer ist ein kurzes Schlauchstück mit Quetschhahn q_1 und an dieses ein ebenfalls kurzes, gerades Glasrohr g angeschlossen. Von letzterem aus wird ein Schlauch C nach der Gasentnahmestelle geführt. In beide Flaschen wird destilliertes Wasser gefüllt, und zwar in F_1 (bei abgequetschtem Schlauche G) bis zum Halse, in F_2 bis über den Tubus. (Da Wasser immerhin die Eigenschaft hat, Gase zu absorbieren, so empfiehlt es sich, zum Füllen der Flaschen F_1 und F_2 Glyzerin zu nehmen, welches aber, damit es leichtflüssig wird, mit Wasser verdünnt werden muß.) Wird der Schlauch G durch Öffnen von q frei, so fließt das Wasser von F_1 nach F_2, wodurch die Gase nach F_1 gesaugt werden. Hat sich F_2 mit Wasser nahezu gefüllt, so wird der Schlauch G abgequetscht. Die atmosphärische

Luft, welche vor dem Absaugen im Schlauche C enthalten war, wurde mit den Rauchgasen nach F_1 gesaugt, deshalb vertauscht man nunmehr F_1 und F_2, ohne an den bestehenden Schlauchverbindungen etwas zu ändern. Indem nunmehr das Wasser aus der hochgestellten Flasche F_2 nach F_1 abfließt, werden aus letzterer Flasche die vorher angesaugten Gase samt der mit ihnen vermischten atmosphärischen Luft nach dem Rauchgaskanal zurückgedrückt. Wiederholt man dieses Verfahren noch einige Male, so ist der störende Einfluß der ursprünglich mit angesaugten Luft sicher auf ein Minimum reduziert. Ist F_1 zum letzten Male mit Gasen gefüllt worden, so schließt man mit Hilfe des Quetschhahnes q_1 das am Glasrohrkrümmer befindliche Schlauchstück möglichst nahe am Krümmer ab und löst außer-

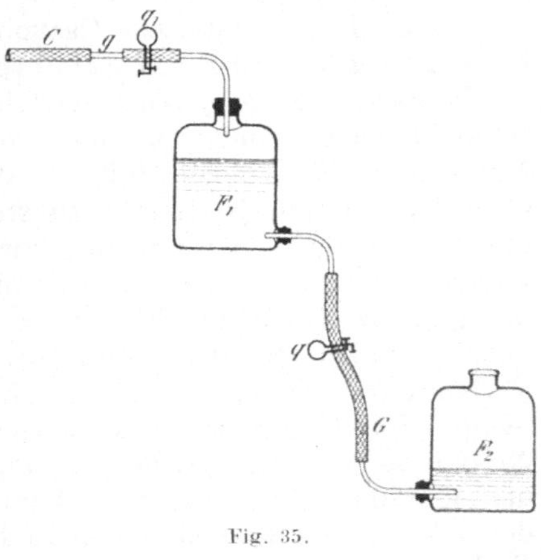

Fig. 35.

dem die Verbindung von C mit dem Glasrohre g. Schlauch G wird ebenfalls abgequetscht.

Um das Gas aus der Flasche F_1 nach der Meßbürette A (Fig. 34) überzuführen, verfährt man wie folgt (s. Fig. 36):

Die mit Gasen gefüllte Flasche F_1 wird tief, die Flasche F_2 hoch gestellt. Ein Gummischlauch S, der an beiden Enden ein kurzes, nach außen etwas verjüngtes Glasrohr trägt, wird zunächst an das Schlauchstück, welches sich an dem Krümmer der Flasche F_1 befindet, angeschlossen (Fig. 36). Werden die Quetschhähne q und q_1 geöffnet, so strömt Gas durch den Schlauch S aus, wodurch die in S befindliche atmosphärische Luft ausgetrieben wird. Ist dies mit

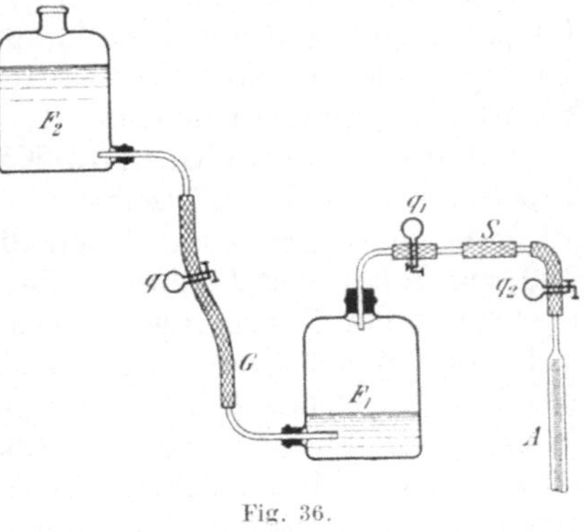

Fig. 36.

Sicherheit geschehen, so wird das am noch freien Ende von S befindliche Glasröhrchen mit dem kurzen Gummischlauch verbunden, der am oberen Ende der Meßbürette A sich befindet, und der vorher durch Hochhalten von B (Fig. 34) mit Wasser gefüllt worden war. Löst man hierauf den an der oberen Fortsetzung von A befindlichen Quetschhahn q_2 (Fig. 36), so wird das Gas unter Druck in A einströmen. Dabei darf die Niveauröhre B natürlich nur so hoch stehen, daß der durch den Flaschenaspirator erzeugte Druck zur Überwindung aller Widerstände ausreicht. Ist A ungefähr bis zur Hälfte mit Gas gefüllt, so kann B auf dieselbe Unterlage gestellt werden, auf der A sich bereits befindet. Man leitet so lange Gas nach A über, bis sich der Wasserspiegel in A unmittelbar über dem eisernen Fuße einstellt. Dann wird sowohl der Quetschhahn q_2 auf A, als auch q_1 geschlossen.

Das in A eingeschlossene Gasvolumen ist nun genau auf 100 ccm zu verringern und auf atmosphärischen Druck zu bringen.

Zu diesem Zwecke wird zunächst die Verbindung des Gaszuführungschlauches S mit der Meßbürette A gelöst; dann hebt man die Niveauröhre B so hoch, daß der Wasserspiegel in der Meßbürette A über den unteren Nullpunkt zu stehen kommt; hierauf drückt man mit dem Daumen und Zeigefinger der rechten Hand den Verbindungsschlauch zwischen A und B dicht unterhalb der Meßbürette A zusammen; die Niveauröhre B stellt man jetzt auf den Arbeitstisch, hebt mit der linken Hand A etwas, durch vorsichtiges Lockern der den Verbindungsschlauch von A und B zusammendrückenden Finger der rechten Hand sinkt der Wasserspiegel in A allmählich bis zum unteren Nullpunkte. Ist dies geschehen, so quetscht man mit der rechten Hand den Verbindungsschlauch von A und B fest zusammen und lüftet mit der linken Hand den am oberen Ende von A sitzenden Quetschhahn q_2. Dadurch wird so viel Gas aus der Meßbürette A abströmen, daß schließlich im Innern derselben atmosphärische Spannung herrscht.

Bei all diesen Manipulationen darf natürlich, um Temperaturschwankungen des eingeschlossenen Gasvolumens zu vermeiden, die Meßbürette A niemals am Glasrohre angefaßt werden.

Die so abgemessene und auf atmosphärischen Druck gebrachte Gasprobe muß nun mit den Absorptionsflüssigkeiten in innige Berührung gebracht werden, welcher Vorgang sich in den Absorptionspipetten abspielt.

Für die Absorption von Kohlensäure benützt Hempel eine Pipette, wie sie Fig. 37 zeigt.

Zwei Glaskugeln, von denen die tiefer liegende K etwas mehr als 100 ccm Inhalt hat, während die höher liegende L ca. 100 ccm faßt, sind durch ein U-förmig gebogenes Glasrohr verbunden. An K schließt sich ein doppelt gebogenes, starkwandiges Kapillarrohr an, während das kleinere Gefäß L durch ein gerades Stück Glasrohr von größerer Weite seine Fortsetzung nach oben findet. Durch dieses Röhrchen wird mittels eines kleinen Glastrichters Kalilauge von $1{,}20 \div 1{,}28$ spez. Gew. eingegossen, und zwar so viel, daß die Kugel K vollständig, L dagegen nur etwas gefüllt ist. Durch Saugen am Kapillarrohre zieht man den Flüssigkeitsfaden in dasselbe hinein.

Eine etwas andere Form der Absorptionspipette für Kohlensäure zeigt Fig. 38. Hierbei ist die größere Glaskugel K (Fig. 37) durch ein zylindrisches Gefäß K ersetzt, welches unten einen weiten, durch Gummistopfen verschließbaren Hals trägt. Durch letzteren werden vor dem Einfüllen der Absorptionsflüssigkeit kleine Drahtröllchen oder kleine Gummistücke in das zylindrische Gefäß gebracht. Diese dienen alsdann zur Vergrößerung der mit Absorptionsflüssigkeit benetzten Fläche.

Auf das Kapillarrohr wird ein kurzes Stück Gummischlauch gesteckt; die Verbindung der Meßbürette *A* mit der eben beschriebenen Pipette wird nun einfach dadurch hergestellt, daß man ein kapillares Schenkelrohr (Fig. 39) einerseits in das auf dem Kapillarrohre der Pipette, anderseits in das am oberen Ende der Meßbürette *A* befindliche Schlauchstück steckt. Hierbei muß die Pipette höher stehen als die Meßbürette *A*,

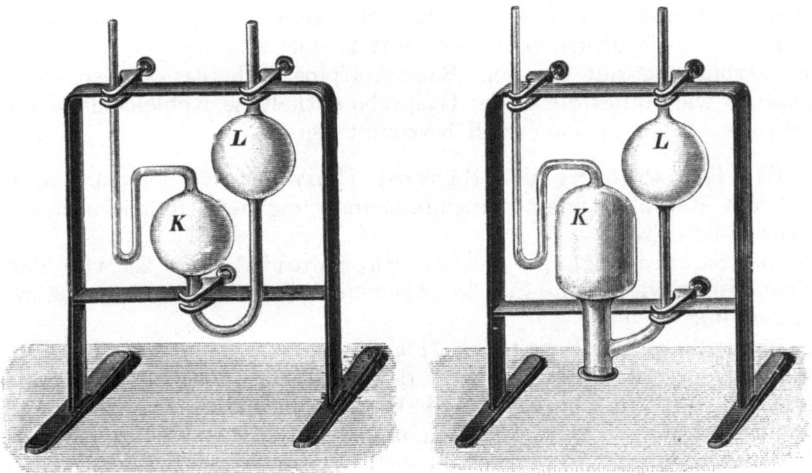

Fig. 37.   Fig. 38.

weshalb es vorteilhaft ist, ein einfaches Holzbänkchen zu zimmern, dessen Höhe so bemessen ist, daß das Kapillarrohr der Pipette, wenn letztere auf dem Bänkchen steht, und die obere Ausmündung der Meßbürette, wenn diese mit dem Bänkchen auf derselben Unterlage ruht, in gleicher Höhe liegen.

Man öffnet nun den oben an der Meßbürette sitzenden Quetschhahn, hebt die Niveauröhre *B*, erst langsam, dann rascher, und drückt dadurch die Gasprobe von der Meßbürette *A* nach der Pipette hinüber. Ist der Wasserspiegel in *A* bis an den oberen Nullpunkt gestiegen, so wird der vorhin geöffnete Quetschhahn geschlossen. Man läßt nun die Gasprobe ungefähr $^1/_2$ Minute mit der Absorptionsflüssigkeit in Berührung, senkt hierauf die Niveauröhre *B* und öffnet gleichzeitig den Quetschhahn an *A*, wodurch die Gasprobe aus der Pipette nach *A* zurückgesaugt wird. Ist die Absorptionsflüssigkeit im Kapillarrohre der Pipette bis dahin gestiegen, wo sie vor dem Überführen der Gasprobe stand, so wird der Quetschhahn an *A* geschlossen. Durch Heben und Senken der Niveauröhre *B* bringt man die Wasserspiegel in *A* und *B* auf gleiche Höhe.

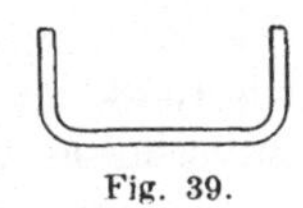

Fig. 39.

Der Stand des Wasserspiegels in *A* über dem unteren Nullpunkte gibt alsdann direkt den Gehalt der Gasprobe an Kohlensäure an.

Hier ist noch auf einen Fehler aufmerksam zu machen, der sich nur schwer vermeiden läßt, der aber auch so klein ist, daß er ohne weiteres vernachlässigt werden kann. Beim Übertreiben der Gasprobe in die Pipette wird auch die Luftmenge, welche in dem kapillaren Schenkelrohre sich befindet, in das Absorptionsgefäß getrieben und mit der Gasprobe vermischt; doch ist ihre Menge und noch mehr das in ihr enthaltene Kohlensäurequantum so klein, daß der hierdurch veranlaßte Fehler unberücksichtigt bleiben kann.

Wird nun die Verbindung der Meßbürette A mit der Absorptionspipette für Kohlensäure gelöst (das Schenkelrohr kann ein für allemal an der Pipette bleiben), dafür aber mittels eines anderen Schenkelrohres die Verbindung mit der sog. Sauerstoffpipette hergestellt, so kann, genau so wie vorher die in der Gasprobe enthaltene Kohlensäure, nunmehr der Gehalt an Sauerstoff bestimmt werden.

Die Einrichtung der Sauerstoffpipette ist verschieden, je nachdem Phosphor oder Pyrogallussäurelösung als Absorptionsmittel angewendet wird.

Die Sauerstoffpipette für Phosphorfüllung ist von derselben Form wie die in Fig. 38 abgebildete Pipette für Kohlensäurebestimmung.

Der zylindrische Behälter K (Fig. 38) wird zuerst durch den Hals mit Wasser gefüllt, alsdann wird der Phosphor in Stangenform eingebracht. Der Verschluß des zylindrischen Behälters K muß hierauf in sehr sicherer Weise geschehen, damit von dem eingefüllten Wasser nichts verloren geht. Auch darf die zum Gebrauche vorbereitete Pipette nicht umgelegt werden, da sonst das Absperrwasser zum größten Teile ausfließen würde. In beiden Fällen käme der vom Wasser entblößte Phosphor zur Entzündung.

Um einer rapiden Zerstörung des Phosphors vorzubeugen, ist darauf zu achten, daß die Pipette nie dem direkten Sonnenlichte ausgesetzt wird. (Sie wird am besten nach dem Gebrauche in ein verschließbares Kästchen gestellt.)

Das Verfahren der Sauerstoffbestimmung in der Phosphorpipette ist genau dasselbe wie bei der Kohlensäurebestimmung, nur ist es empfehlenswert, besonders beim Experimentieren in schwach oder gar nicht geheizten Räumen, die Einwirkung des Phosphors auf die Rauchgase mindestens 3÷4 Minuten lang andauern zu lassen, da die Reaktion des Sauerstoffs auf Phosphor erfahrungsgemäß nicht immer zuverlässig vor sich geht.

Die Sauerstoffpipette für Pyrogallussäurelösung ist eine sog. zusammengesetzte Pipette (Fig. 40), die aus vier kugelförmigen Gefäßen M, N, O, P besteht, welche unter sich durch U-förmig gebogene Rohre verbunden sind, während, ähnlich wie bei der Kohlensäurepipette, von dem äußersten linken Glasgefäße M ein gebogenes Kapillarrohr, von dem äußersten rechten Glasgefäße P ein gerades, weites Rohrstück abzweigt.

Für die Herstellung der Pyrogallussäurelösung gibt Hempel folgendes Rezept[1]): Man löse in zwei verschiedenen Gefäßen

---

[1]) Hempel, Gasanalytische Methoden.

5 g Pyrogallussäure in 15 ccm Wasser und 120 g Ätzkali in 80 ccm Wasser und mische beide Lösungen zusammen. Fischer empfiehlt zur Absorption von Sauerstoff folgende Mischung[1]): 15 g Pyrogallussäure werden in 40 ccm heißem Wasser gelöst und dem Ganzen 70 ccm Kalilauge von 1,20÷1,28 spez. Gew. hinzugegeben.

Um die zusammengesetzte Pipette mit Absorptionsflüssigkeit zu füllen, stellt man sie auf den Kopf, taucht das Ende des Kapillarrohres oder einen daran angeschlossenen Gummischlauch in die Absorptionsflüssigkeit und zieht diese durch Saugen am weiten Rohrstücke der Pipette in das Gefäß M, bis dieses gefüllt ist; dann kehrt man die Pipette wieder um und bringt nun durch das weite Rohrstück etwas destilliertes Wasser in die kugelförmigen Gefäße O und P. Dadurch

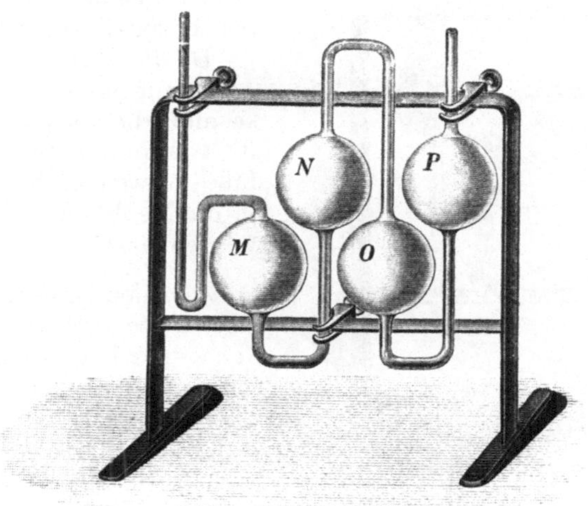

Fig. 40.

ist ein hydraulischer Verschluß gebildet, eine Vorsichtsmaßregel, die bei all denjenigen Absorptionsflüssigkeiten anzuwenden ist, die sich, wie z. B. Pyrogallussäure und Kupferchlorür, bei der Berührung mit Luft rasch verändern.

Da Pyrogallussäure ein träges Absorptionsmittel ist, besonders bei niedrigen Temperaturen, so muß ihr zur Reaktion genügend Zeit (3 bis 5 Minuten) gelassen werden; ein mäßiges Schütteln der Pipette unterstützt die Reaktion nicht unwesentlich.

Besonders zu beachten ist auch noch der Umstand, daß die Pyrogallussäurelösung einen verhältnismäßig geringen Absorptionswert hat, also oft erneuert werden muß.

Sollen die Rauchgase auch auf ihren Kohlenoxydgehalt hin untersucht werden, so treibt man den nach der Bestimmung des Kohlensäure- und Sauerstoffgehaltes verbleibenden Gasrest, so wie schon bei der Kohlensäurebestimmung beschrieben, durch die Kohlenoxydpipette

---

[1]) Fischer, Handbuch für Feuerungstechniker.

mit **Kupferchlorürlösung**. Dies ist eine zusammengesetzte Pipette von der gleichen Einrichtung, wie sie aus Fig. 40 zu ersehen ist.

Die **Kupferchlorürlösung** wird nach **Winkler**[1]) hergestellt wie folgt:

86 g Kupferasche werden mit 17 g Kupferpulver, welches man durch Reduktion von Kupferoxyd mit Wasserstoff gewonnen hat, unter Umschütteln in 1086 g Salzsäure von 1,124 spez. Gew. eingegeben, sodann wird in die Flüssigkeit eine vom Boden bis zum Halse der Aufbewahrungsflasche reichende Kupferdrahtspirale eingestellt und das Gefäß mit einem weichen Kautschukstopfen verschlossen.

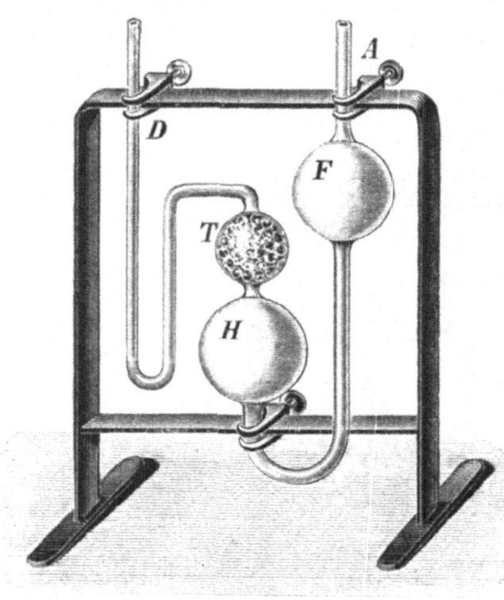

Fig. 41.

Das Einfüllen dieser Kupferchlorürlösung in die Pipette geschieht genau so wie das Einfüllen der Pyrogallussäurelösung.

Da die Absorption von Kohlenoxyd nur langsam vor sich geht, so muß die Gasprobe mindestens $3 \div 4$ Minuten im Absorptionsgefäße verweilen, bevor sie wieder in die Meßbürette zurückgebracht werden darf.

Zuweilen ist es auch von Interesse, Gase auf die Anwesenheit schwerer Kohlenwasserstoffe hin zu untersuchen. Dies geschieht mit Hilfe einer mit rauchender Schwefelsäure gefüllten Pipette, wie sie in Fig. 41 abgebildet ist.

Diese besteht aus drei kugelförmigen Gefäßen F, H, T; an T schließt sich das gebogene Kapillarrohr D, an F das weitere, gerade Rohr A an. Die Absorption erfolgt in den beiden Gefäßen H und T; letzteres ist zur Vergrößerung der Absorptionsfläche mit Glaskügelchen ausgefüllt. Durch A wird mittels eines Glastrichters so viel rauchende Schwefelsäure eingegeben, daß die Behälter H und T ganz, F dagegen nur zum Teil angefüllt sind. Um die Schwefelsäure auch noch nach dem Kapillarrohre D überzuführen, läßt man durch A komprimierte Luft eintreten.

Es ist noch zu bemerken, daß, wenn eine Untersuchung auf schwere Kohlenwasserstoffe stattfinden soll, diese immer unmittelbar nach der Kohlensäurebestimmung, also vor der Sauerstoffbestimmung ausgeführt werden muß.

Orsat-Apparate.

1. Der Apparat nach Orsat-Fischer. Dieser ist entweder zur Absorption von zwei Gasarten (Kohlensäure und Sauerstoff resp. Kohlen-

[1]) **Winkler**, Technische Gasanalyse.

säure und Kohlenoxyd) oder für drei Gasarten (Kohlensäure, Sauerstoff, Kohlenoxyd) eingerichtet.

Fig. 42 zeigt den von Prof. Fischer verbesserten Orsatapparat zur Bestimmung von zwei Gasbestandteilen.

Das Abmessen der zu untersuchenden Gasprobe geschieht in der Bürette A, die in ihrem unteren, engeren Teile in $^1/_{10}$ ccm, in ihrem oberen, erweiterten Teile in ganze Kubikzentimeter eingeteilt ist. Ein weites Glasrohr, welches mit Wasser zu füllen ist, umgibt die Bürette A, damit Beeinflussungen der Temperatur der in A eingeschlossenen Gase von außen her möglichst ferngehalten sind. An die Bürette A schließt oben mittels Gummischlauches ein starkwandiges, enges Glasrohr an, das links den Dreiweghahn c enthält. Hinter diesem Hahne ist, ebenfalls durch einen Gummischlauch, ein U-förmiges Rohr B angeschlossen, in welches etwas Wasser gegossen wird, während der freibleibende Raum des Schenkelrohres B mit Watte ausgefüllt wird. An das erwähnte horizontale, enge Glasrohr schließen nach unten hin zwei gleichartige Glasrohransätze n und m an, von denen jeder einen

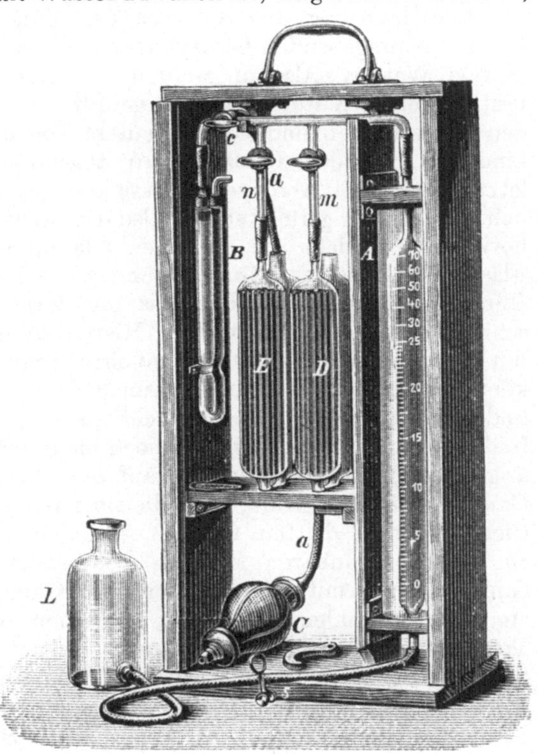
Fig. 42.

einfachen Glashahn enthält. An diese Rohrstücke n und m sind die Absorptionsgefäße E und D angeschlossen, die mit Glasröhrchen angefüllt sind, damit eine möglichst große, mit Absorptionsflüssigkeit benetzte Oberfläche erhalten wird. Jedes dieser Gefäße steht unten durch einen kurzen Rohrkrümmer mit einem gleichgroßen, aber nicht mit Röhrchen ausgefüllten Glasgefäße in Verbindung, welches die während der Absorption aus E resp. D verdrängte Flüssigkeit aufnimmt. Zur Abhaltung der atmosphärischen Luft sind diese Glasgefäße mit einem Gummistopfen, der ein kurzes, U-förmiges Glasröhrchen mit Gummibeutel enthält, abgeschlossen. In Fig. 42 ist diese Einrichtung fortgelassen; sie ist aber aus der nächsten Abbildung Fig. 43, die einen Orsatapparat für drei Gasarten zeigt, zu ersehen. Die Bürette A wird unten durch einen

Gummischlauch mit der Flasche L verbunden. Das Küken des Dreiweghahnes c ist besonders lang ausgeführt und zur Aufnahme des
Schlauches a eingerichtet. Letzterer endigt anderseits an der Gummipumpe C.

Die Rauchgaszuleitung wird mit dem freien Schenkel des U-förmigen
Filterrohres B verbunden.

Der ganze Apparat ist in einem mit zwei Deckeln verschließbaren
Holzkasten untergebracht und so bequem zum Transport geeignet.

Handhabung des Apparates. Man füllt zuerst den die Meßbürette A umgebenden Glaszylinder und auch die Flasche L mit destilliertem Wasser. Alsdann werden die Absorptionsmittel in die dafür
bestimmten Behälter D und E gefüllt, indem die Gummistopfen mit
den Glasröhrchen und Gummibeuteln von den mit D und E in Verbindung stehenden Glaszylindern abgenommen werden, und in die
letzteren so viel Absorptionsflüssigkeit gegossen wird, daß sie reichlich zur Hälfte gefüllt sind. Alsdann stellt man den Dreiweghahn c
horizontal, schließt die einfachen Glashähne in m und n, hebt die
Flasche L, öffnet den Quetschhahn s und läßt so lange Wasser in die
Bürette A eintreten, bis diese bis zur Marke 100 ccm gefüllt ist. Nun
schließt man den Quetschhahn. Hierauf dreht man den Dreiweghahn c
um 90°, so daß die zweite Hahnbohrung mit dem U-förmigen Rohre B
kommuniziert, öffnet den Hahn im Rohrstücke m, senkt die Flasche L
und öffnet vorsichtig den Quetschhahn s. Dadurch steigt die in D befindliche Absorptionsflüssigkeit hoch bis zu einer auf dem Rohrstücke m
angebrachten Strichmarke, worauf der Hahn in m geschlossen wird.
Ganz in derselben Weise wird die im zweiten Gefäße E und die eventuell in einem dritten Gefäße befindliche Absorptionsflüssigkeit bis
zu leicht erkennbaren Marken hochgesaugt. Darauf setzt man die
Gummistopfen mit Glasröhrchen und Gummibeutel wieder luftdicht
ein. Das U-förmige Rohr B ist, wie schon angegeben, nachdem einige
Tropfen destilliertes Wasser eingegossen sind, mit losegezupfter Watte
gefüllt. Hierdurch erreicht man, daß die Rauchgase, bevor sie in die
Meßbürette A gelangen, mit Feuchtigkeit gesättigt und von Ruß und
Flugasche gereinigt werden. Wird endlich B noch mit der Rauchgaszuleitung verbunden, so ist der Apparat zum Versuche vorbereitet.

Es ist empfehlenswert, jedesmal nach diesen Vorbereitungen zu
untersuchen, ob der Apparat dicht ist. Zu diesem Zwecke stellt
man den Dreiweghahn c wagrecht, quetscht die Rauchgaszuleitung
möglichst nahe an der Gasentnahmestelle mit der Hand oder mittels
eines Quetschhahnes ab, stellt die Flasche L auf den Tisch und öffnet
langsam den Quetschhahn s. Dabei wird augenblicklich der Wasserspiegel in der Meßbürette etwas sinken, um alsdann unverrückbar festzustehen. Sinkt der Wasserspiegel langsam weiter, so liegt an irgendeiner Stelle eine Undichtheit vor, die natürlich erst aufgesucht und
beseitigt werden muß, bevor man zur Untersuchung der Rauchgase
übergeht.

Diese verläuft wie folgt: Durch Hochheben der Flasche L füllt man
die Meßbürette A bis zum Teilstriche 100 ccm mit Wasser, schließt

den Quetschhahn *s* und stellt den Dreiweghahn *c* so, daß die eine seiner
Bohrungen mit dem Filterrohre *B* kommuniziert und saugt nun durch
10- bis 15 maliges Zusammendrücken des mit Hilfe des Schlauches *a*
an das Küken von *c* angeschlossenen Gummisaugers *C* so lange Rauchgase an, bis die ganze Leitung sicher mit Gasen gefüllt ist. Dann wird
der Dreiweghahn *c* horizontal gestellt und durch ruckweises Öffnen
und Schließen des Quetschhahnes *s* bei tiefgestellter Flasche *L* das
Wasser in der Meßbürette *A* zum Sinken gebracht, bis der Wasserspiegel den Punkt 0 ccm um einige Zentimeter unterschritten hat.
Dadurch sind gleichzeitig Rauchgase in die Bürette *A* nachgesaugt
worden. Man stellt nun den Dreiweghahn *c* so, daß jede Verbindung
nach der Bürette hin aufgehoben ist, komprimiert durch Hochheben
von *L* die in der Bürette *A* eingeschlossenen Gase so weit, daß der
Wasserspiegel in *A* auf 0 einspielt, zieht für einen Augenblick den
Gaszuleitungsschlauch von *B* ab und stellt *c* horizontal, so wird ein Teil
der Gase in *A* ausströmen, wodurch sich in der Bürette atmosphärische Spannung einstellt. Der Hahn *c* wird hierauf wieder
so gestellt, daß jede Verbindung mit *A* aufgehoben ist. Der Gaszuleitungsschlauch kann wieder an *B* angeschlossen werden.

Das abgefangene Gasquantum (von 100 ccm) ist nunmehr zwischen
der Wassersäule in *A*, dem Dreiweghahne *c* und den Hähnen in *m*
und *n* eingeschlossen.

Zur Bestimmung des Kohlensäuregehaltes öffnet man den Hahn
in *m*, vorausgesetzt, daß das Gefäß *D* mit Kalilauge gefüllt ist, stellt
die Flasche *L* hoch, öffnet den Quetschhahn *s* vorsichtig und treibt die
Gase aus der Meßbürette *A* in das Absorptionsgefäß *D* hinüber, so
lange, bis der Wasserspiegel in *A* auf der Strichmarke 100 ccm steht.
Der Quetschhahn *s* wird geschlossen und das Gas einige Augenblicke
im Absorptionsgefäße *D* gelassen. Durch Senken der Flasche *L* und
vorsichtiges Öffnen des Quetschhahnes *s* saugt man das Gas wieder
nach der Bürette *A* zurück, und zwar so lange, bis die Kalilauge wieder
bis zur Strichmarke in *m* hochgestiegen ist. Wiederholt man diese
Manipulation noch ein- bis zweimal, treibt also noch einige Male die
Gasprobe in das Absorptionsgefäß *D* und saugt sie wieder nach der
Bürette *A* zurück, so ist man sicher, daß sämtliche Kohlensäure, die
in der abgefangenen Gasmenge enthalten war, durch die Kalilauge
absorbiert worden ist. Hat man das letztemal zurückgesaugt, so
schließt man den Hahn in *m*. Bei geöffnetem Quetschhahn *s* hebt
man die Flasche *L* neben der Bürette *A* so hoch, daß das Wasser in
beiden Gefäßen gleich hoch steht; hierauf schließt man den Quetschhahn *s*, liest den Stand des Wassers in *A* ab und hat damit direkt
den Gehalt des untersuchten Gases an Kohlensäure in Volumenprozenten erhalten.

Treibt man in analoger Weise den Gasrest in das zweite mit
Pyrogallussäurelösung gefüllte Absorptionsgefäß *E* und wieder nach
der Meßbürette *A* zurück, so erhält man aus der Differenz der
Wasserstände in der Bürette den Gehalt des untersuchten Gases an
Sauerstoff.

Beispiel.

Inhalt der Meßbürette . . . . 100 ccm
Stand des Wassers in der Bürette nach Absorption
mit Kalilauge . . . . 11,9 ccm = **11,9% CO_2**
Stand des Wassers in der Bürette nach Absorption
mit Pyrogallussäure . . . . 19,1 ccm

also = (19,1 — 11,9%) = **7,2% O_2** .

5. Der Apparat nach Orsat-Muencke. Soll auch der Kohlenoxydgehalt der Rauchgase bestimmt werden, so ist ein Apparat mit drei Absorptionsgefäßen zu verwenden, wie ihn z. B. Fig. 43 in der Modifikation

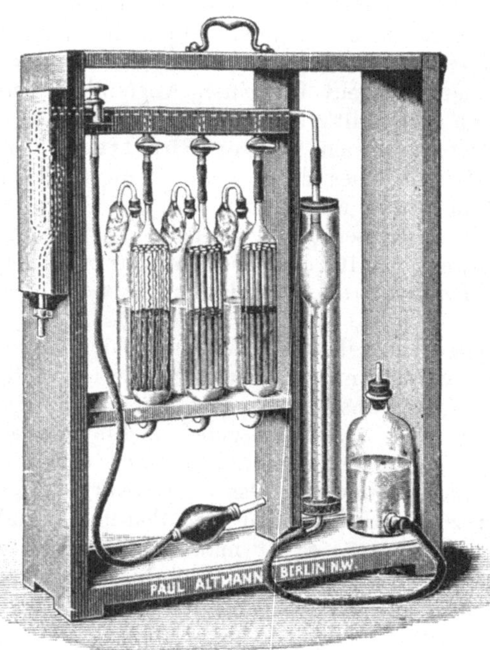

Fig. 43.

von Muencke zeigt. Das dritte Absorptionsgefäß ist mit Kupferchlorürlösung zu füllen, deren Herstellung auf Seite 108 beschrieben worden ist. Um dieses Reagens längere Zeit wirksam zu erhalten, bringt man in das Absorptionsgefäß Glasröhrchen, durch welche hindurch Kupferdraht gezogen ist.

Im übrigen gestaltet sich das Arbeiten mit drei Absorptionsgefäßen ebenso wie mit zwei solchen.

Stellt sich z. B. nach Absorption mit Kupferchlorürlösung der Wasserspiegel in der Meßbürette A auf 20,1 ccm ein, so ist der Gehalt der untersuchten Rauchgase an Kohlenoxyd = (20,1 — 19,1%) = 1%.

Wird zwecks Vornahme einer zweiten Analyse die Meßbürette A (Fig. 42) durch Hochheben der Flasche L bei horizontal gestelltem Dreiweghahne c wieder bis zum Teilstriche 100 ccm mit Wasser gefüllt, so werden die von der letzten Analyse noch im Apparate befindlichen Gase ausgetrieben, bis auf den Gasrest, der sich unterhalb der Hähne in m und n befindet. Dieser Rest wird sich im weiteren Verlaufe der Untersuchung mit den für die zweite Analyse angesaugten Gasen vermischen und also Anlaß zu kleinen Unrichtigkeiten geben. Diese Tatsache und der Umstand, daß bei einem Bruche des kapillaren Verbindungsrohres von A und B (Fig. 42) auch die Glashähne nutzlos geworden sind, haben die Veranlassung zur Konstruktion eines anderen, diese Mängel nicht aufweisenden Apparates gegeben. Es ist dies der

6. Apparat nach Orsat-Fuchs. Derselbe ist in Fig. 44 in der Ausführung mit drei Absorptionsgefäßen abgebildet und hat folgende Einrichtung:

Die graduierte Meßbürette a ist unten zu einem Schlauchstücke aufgekröpft, welches durch den Schlauch c mit der Niveauflasche d verbunden wird. Der Gummisauger m ist an die obere kapillare Verlängerung von a angeschlossen. In dieser Verlängerung sitzt der Dreiweghahn b, von dem aus das kapillare Rohr h abzweigt. An dieses sind die Absorptionsgefäße und das Gasfilter k angeschlossen. Erstere sind

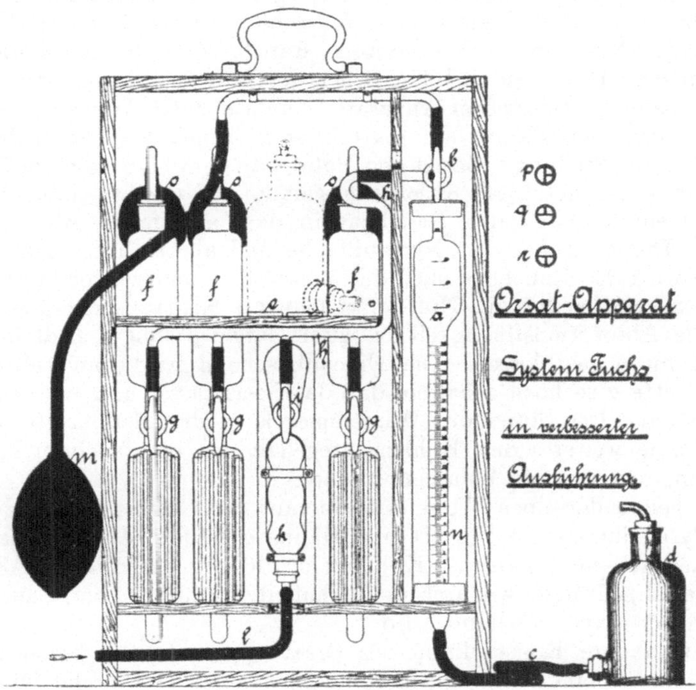

Fig. 44.

durch Glasrohrkrümmer mit den Gefäßen f verbunden, in welche die aus den eigentlichen, mit Glasröhrchen gefüllten Absorptionsgefäßen verdrängten Absorptionsflüssigkeiten übertreten. Die Gummibeutelchen o schließen die Gefäße f gegen die Luft ab.

Die Glashähne g und i sitzen direkt an den Absorptionsgefäßen, bzw. dem Gasfilter. Der Schlauch l führt vom Filter k nach der Gasentnahmestelle im Rauchgaskanal.

Handhabung des Apparates. Man bringt den Dreiweghahn b der Meßbürette a in die Stellung p (Fig. 44), die Hähne g und l sind geschlossen. Durch Hochheben der Niveauflasche d füllt man die Meßbürette a bis zur Strichmarke 100 mit destilliertem Wasser. Nunmehr bringt man den Dreiweghahn b in die Stellung q, öffnet den Hahn i

am Wattefilter k und drückt die Gummipumpe m etwa 10÷15 mal
zusammen. Hierdurch werden die Rauchgase durch das Wattefilter k
und die Glasröhre h über den Dreiweghahn b und durch die Gummipumpe gezogen. Die ganze Leitung füllt sich also mit Rauchgasen;
die von einer früheren Analyse noch vorhandenen Gasreste werden
dadurch beseitigt. Alsdann dreht man den Dreiweghahn b um 180°
in die Lage r, wodurch eine Verbindung der mit destilliertem Wasser
gefüllten Meßbürette a und der Rauchgaszuleitung hergestellt wird.
Bei tiefgestellter Niveauflasche d sinkt das Wasser in a, an seine Stelle
treten Rauchgase. Hat der Wasserspiegel in a die Nullstrichmarke
erreicht, so wird der Dreiweghahn b geschlossen, also in die Stellung q
gebracht. Nun sind 100 Raumteile Rauchgas in der Meßbürette a
abgefangen. Diese sind auf den Druck der Luft zu bringen, was in der
schon beim Orsat-Fischer-Apparate beschriebenen Weise geschieht.
Man schließt den Hahn i am Wattefilter k, bringt den Dreiweghahn b
wieder in die Stellung r, öffnet den Hahn g an dem bis zu diesem Hahne
mit Kalilauge gefüllten Absorptionsgefäße und treibt durch Heben
der Niveauflasche d das Rauchgas in das betreffende Absorptionsgefäß. Durch Senken der Niveauflasche und abermaliges Heben derselben wird das Rauchgas nach der Meßbürette und wieder in das Absorptionsgefäß gedrängt. Nun senkt man die Niveauflasche d so weit,
daß die Absorptionsflüssigkeit bis zum Hahne g steigt; alsdann wird
der Hahn g geschlossen. Die Niveauflasche d wird nun neben der
Meßbürette a so hoch gehalten, daß das Sperrwasser in a und d gleich
hoch steht. Der Stand des Wasserspiegels in der Meßbürette a gibt
dann ohne weiteres den Kohlensäuregehalt der untersuchten Rauchgase an, und zwar in Volumenprozenten.

In genau derselben Weise wird hierauf der Gasrest in das zweite,
mit Pyrogallussäurelösung bis zum Hahne g gefüllte Absorptionsgefäß
und hernach in das dritte, Kupferchlorürlösung enthaltende Absorptionsgefäß gedrängt, wodurch der Gehalt der Rauchgase an Sauerstoff
und Kohlenoxyd bestimmt wird.

Eine andere Konstruktion des Orsat-Apparates, die besonders in
bezug auf sicheres und bequemes Transportieren gut durchgeführt ist,
ist die von Constanz Schmitz[1]) angegebene.

7. Das Absorptionsökonometer. Diese aus dem Bestreben, einen
möglichst einfachen Apparat zur Untersuchung der Rauchgase zu
schaffen, hervorgegangene Einrichtung besteht in der Hauptsache,
wie Fig. 45 zeigt, aus dem Absorptionsgefäße A, dem Meßgefäße M,
dem Füllgefäße E, der Niveauflasche S und dem Filter F.

Durch die Füllflasche E wird Kalilauge eingegossen, welche zunächst das Gefäß K und dann das Absorptionsgefäß A bis zum An-
schlusse des nach M führenden Schlauches füllen soll. Wenn man
160 g Ätzkali in 360 g destilliertem Wasser löst, so erhält man etwa
$^{1}/_{4}$ l Kalilauge im spez. Gewicht von 1,27, welche für eine Füllung
ausreicht.

---

[1]) Hersteller: Vereinigte Fabriken für Labor.-Bedarf, Berlin N. 39.

In die Niveauflasche *S* gibt man ein Gemisch von Wasser und Glyzerin (2 Teile Wasser + 1 Teil Glyzerin), und zwar so viel, daß der Boden von *S* eben noch mit Flüssigkeit bedeckt ist, wenn dieselbe im Meßgefäße bis zu derjenigen Strichmarke gestiegen ist, welche sich unterhalb des Anschlusses des nach *A* führenden Schlauches befindet. Das Ende des Aspirators *P* wird mit der nach dem Heizkanale führenden Leitung verbunden. Man senkt nun das Niveaugefäß *S* so weit, daß das vom Wattefilter *F* kommende Eintrittsrohr vollständig frei wird. Durch Zusammendrücken des Aspirators *P* werden alsdann die Gase durch das Filter *F* in das Meßgefäß *M* und durch dieses hindurch ins Freie getrieben. Hebt man nun die Niveauflasche *S* so weit, daß die Absperrflüssigkeit bis zu der Marke an dem obersten Teile des Meßgefäßes *M* steigt, so werden die Gase in das Ab-

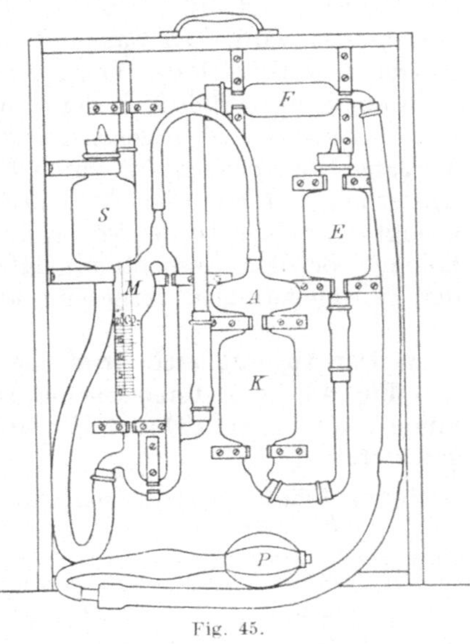

Fig. 45.

sorptionsgefäß *A* getrieben. Nach Verlauf von 10÷15 Sekunden senkt man die Niveauflasche *S* langsam; es wird sich zeigen, daß der Flüssigkeitsspiegel in dem Rohre, welches in *M* eingeschmolzen ist, schneller sinkt, als in dem Meßgefäße selbst. In einem bestimmten Zeitpunkte werden beide Flüssigkeitsspiegel in einer Horizontalebene liegen. Dieser Stand gibt an der Skala von *M* direkt die Prozente der absorbierten Kohlensäure an.

8. Das Absorptionsgefäß nach Kleine. Dieses Absorptionsgefäß, dessen Form so gehalten ist, daß es in jeden Orsatapparat eingesetzt werden kann, ist aus dem Bestreben entstanden, dem gewöhnlichen Gefäße eine Form zu geben, die es ermöglicht, daß das zu untersuchende Gas die Absorptionsflüssigkeit durchdringen muß, ohne daß hierbei Hähne bedient werden. Diese Einrichtung besteht, wie Fig. 46 zeigt, aus einem in den Schenkel *a* eingeschmolzenen Rohre *r*, welches in dem Schenkel fast bis unten hinreicht und daselbst mit kleinen Verteilöffnungen versehen ist. In diesem Rohre befindet sich sowohl oben als unten ein Schwimmventil *w* bzw. *v*; ferner ist in dem Rohre *r* ein Rohr *i* eingeschmolzen, welches oben bei *o* in dem Schenkel *a*

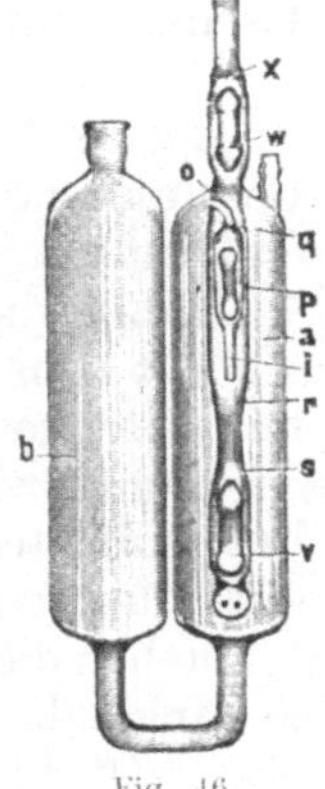

Fig. 46.

seitlich am Rohre *r* ausmündet und anderseits bis zur Mitte von *r* reicht. In diesem Rohre befindet sich ebenfalls ein Rückschlagventil *p* mit

8*

einer Schliffstelle q oben. Das zu untersuchende Gas nimmt seinen Weg durch das Rohr r und tritt unten aus diesem heraus durch die Absorptionsflüssigkeit über diese. Beim Absaugen des Gases hebt sich das Ventil v und drückt gegen die Schliffstelle s, wodurch dieser Weg verschlossen wird. Das Gas muß nun durch die Öffnung o in das Rohr i eintreten, wobei sich das Ventil p infolge der Saugwirkung senkt. Beim weiteren Saugen füllt sich der ganze Schenkel mit Absorptionsflüssigkeit, bis das Ventil w gegen die Schliffstelle x gedrückt wird. Dieser Vorgang kann beliebig oft durch Heben und Senken der Niveauflasche wiederholt werden. Zur Absorption von Kohlensäure und Sauerstoff genügt einmalige, zu der von Kohlenoxyd zwei- bis viermalige Wiederholung. Bei den Absorptionsgefäßen für Sauerstoff ist zum Einfüllen der Phosphorstangen. vorne eine kleine Öffnung angebracht.

9. Der Apparat nach Orsat-Kleine. Der Apparat, welcher in Fig. 47 und Fig. 48, in letzterer schematisch dargestellt ist, dient zur Bestimmung von CO_2, O, CO und H und ist mit vier Absorptionsgefäßen ausgerüstet.

Gefäß A	dient zur Bestimmung von H	und ist mit Schwefelsäure	gefüllt.
„ B „ „ „	„ CO	„ „ „ Kupferchlorür	„
„ C „ „ „	„ O	„ „ „ Phosphorstangen	„
„ D „ „ „	„ CO_2	„ „ „ Kalilauge	„

Da das horizontale Kapillarrohr bei dem Absorptionsgefäße A von einem Röhrchen durchbrochen ist, steht A durch das mit Palladium gefüllte Verbrennungsröhrchen G nur mit der Meßbürette m in Verbindung. Letztere enthält oben ein Rückschlagventil o, durch welches verhindert ist, daß die Sperrflüssigkeit in das horizontale Kapillarrohr gelangt, und durch welches auch eine Beobachtung der früher daselbst angebrachten Marke überflüssig wird.

Die Meßbürette m wird durch Hochheben der Niveauflasche so lange mit Wasser, welches durch Schwefelsäure etwas angesäuert ist, gefüllt, bis das Ventil o an der Schliffstelle anliegt.

Der Hahn 1 wird mit der Gasabzapfstelle verbunden. Stehen die Gase unter Überdruck, so läßt man nach Öffnung des Hahnes 1 so lange Gase durch den Hahn 2 entweichen, bis die Luft sicher aus der Leitung entfernt ist.

Haben die Gase aber, wie z. B. bei Feuerungen, Unterdruck, so schließt man an den Hahn 2 eine Gummipumpe (Fig. 31) an und saugt mit dieser so lange an, bis die Leitung mit Gasen gefüllt ist.

Hahn 2 wird nunmehr geschlossen; durch Senken der Niveauflasche bei geöffnetem Quetschhahn läßt man die Sperrflüssigkeit in m bis etwas unter den Nullpunkt fallen.

Stehen die abgesaugten Gase unter Überdruck, so öffnet man Hahn 2 so lange, bis die Sperrflüssigkeit bis zum Nullpunkte gestiegen ist. Man hält hierbei die Niveauflasche möglichst nahe an die Bürette, und zwar so, daß der Meniskus der Flüssigkeit mit dem Nullpunkte zusammenfällt. Die abgefangenen Gase haben alsdann atmosphärische Spannung.

Stehen die zu untersuchenden Gase aber unter Unterdruck, so werden sie in der schon beim einfachen Orsatapparat beschriebenen Weise auf atmosphärische Spannung gebracht.

Jetzt kann man zur Bestimmung der einzelnen Bestandteile des Gases schreiten.

Zunächst leitet man das Gas zur Bestimmung der Kohlensäure in das Gefäß D, indem man die Niveauflasche hebt und die Sperrflüssigkeit in die Meßbürette m steigen läßt, bis sich das Ventil schließt, leitet es durch Senken der Flasche wieder in die Meßbürette zurück und schließt den Hahn am Absorptionsgefäße. Nach einigen Minuten liest

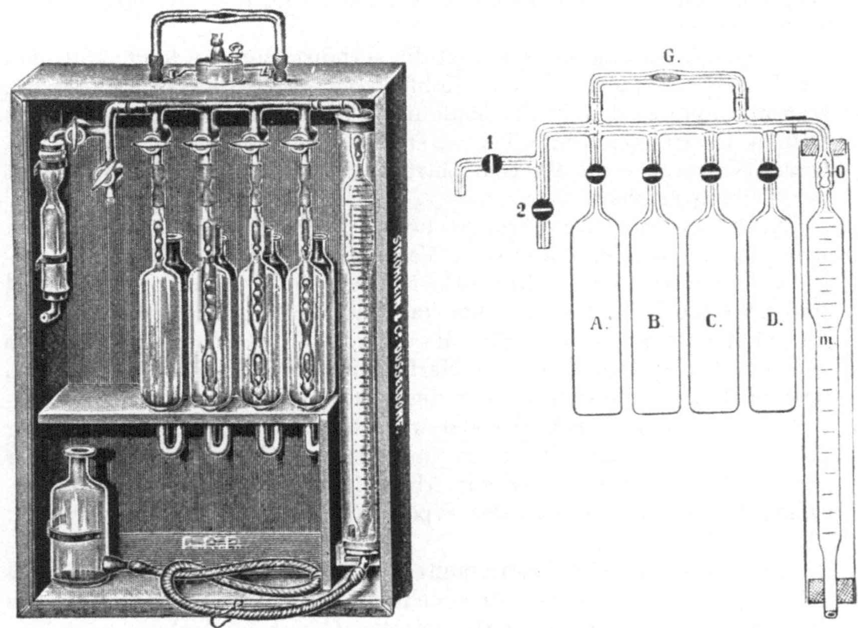

Fig. 47.   Fig. 48.

man die absorbierte Kohlensäure ab, wobei man wieder die Niveauflasche an die Meßbürette hält, so daß der Meniskus der Flasche mit dem der Bürette zusammenfällt.

Die Absorption des Sauerstoffs geschieht in gleicher Weise in der Pipette C. Um eine vollständige Absorption zu bewirken, empfiehlt es sich, das Gas fünf Minuten in der Pipette stehenzulassen, und dann zur Feststellung der Kontraktion zurückzusaugen.

Es folgt die Absorption des Kohlenoxyds in der Pipette B. Nach fünfmaligem Einleiten ist dieselbe beendet. Da die Absorptionsfähigkeit der Kupferchlorürlösung für Kohlenoxyd mit der fortschreitenden Sättigung durch Kohlenoxyd abnimmt, so benutzt man am besten zwei Gefäße zur Absorption von Kohlenoxyd. Beginnt die erste Pipette langsam zu absorbieren, so erneuert man die Lösung und benutzt die zweite als erste Pipette, so daß immer die frische Lösung zuletzt gebraucht wird. Hierbei ist noch zu bemerken, daß die Absorption von Kohlenoxyd auch dann noch nicht vollständig gelingt, was namentlich bei kohlenoxydreichen Gasen zu beachten ist. Man muß deshalb nach beendeter Wasserstoffverbrennung und nach Ablesen der Volumenkontraktion das Gas in dem Absorptionsgefäße D noch von seinem vom Kohlenoxyd herrührenden Gehalt an Kohlensäure befreien und alsdann die Gesamtkontraktion an der Meßbürette m ablesen.

Wenn das Kohlenoxyd nur in geringen Mengen ($2 \div 3\%$) vorhanden ist, so kann man zur Bestimmung desselben besser die Absorption durch Kupferchlorür unterlassen und das Kohlenoxyd direkt mit dem Wasserstoff verbrennen.

Zur Verbrennung des Wasserstoffs verfährt man wie folgt: Hat man Kohlensäure, Sauerstoff und Kohlenoxyd zur Absorption gebracht, so bringt man zu dem in der Meßbürette m befindlichen Gasreste durch Öffnen des Hahnes 2 und Tiefhalten der Flasche so viel Luft, daß das Gesamtvolumen etwa 100 ccm beträgt, d. h. ungefähr den Nullpunkt der Teilung erreicht.

Nachdem man das Gesamtvolumen genau abgelesen hat, zündet man das Lämpchen unter dem Verbrennungsröhrchen G an und erwärmt letzteres mäßig. Nun öffnet man den Hahn an der Pipette A und hebt die Niveauflasche, um das Gas langsam durch die Verbrennungskapillare zu leiten. Hat die Flüssigkeit das Ventil erreicht, so wiederholt man das Hin- und Herführen des Gases noch einmal und liest nach fünf Minuten ab. Ist das zu untersuchende Gas wasserstoffreich, so saugt man nach der ersten Verbrennung und Feststellung der Kontraktion nochmals Luft ein und verbrennt wiederum in gleicher Weise. Jetzt schreitet man zur Absorption der von Kohlenoxyd herrührenden Kohlensäure in der Pipette D.

10. Der Kohlensäurebestimmungsapparat nach Kleine. Dieser Apparat besteht, wie aus Fig. 49 ersichtlich, aus einer Meßröhre A von 100 ccm Inhalt, der Absorptionspipette C mit angeschmolzener Ablesebürette D und der die Verbindung betätigenden Hahnkapillare E, sowie einem Gummiaspirator.

Um Temperatureinflüsse von außen möglichst auszuschließen, füllt man die Mäntel der Meßröhre A und des Absorptionsgefäßes C mit Wasser; ebenso füllt man die Niveauflasche N zu $^3/_4$ mit Wasser. Letztere wird durch einen Gummischlauch mit Quetschhahn an die Meßröhre A angeschlossen. Nachdem dieser Quetschhahn geöffnet ist, läßt man durch Hochhalten von N das Wasser in A steigen, bis das in der Meßröhre befindliche selbsttätige Ventil (siehe auch: Absorptionsgefäß von Kleine) gegen die Schliffstelle gedrückt wird; dadurch wird ein weiteres Steigen des Wassers in A unmöglich. Nunmehr sperrt man den Schlauch, der A mit N verbindet, ab. Mittels eines Trichters, den man in die oben im Kasten befindliche Öffnung einsetzt, füllt man die Absorptionspipette C bis zur Marke 0 mit Kalilauge. Hat man zuviel Lauge eingefüllt, so läßt man durch den unteren Schlauch durch

Öffnen des daselbst befindlichen Quetschhahnes die überflüssige Lauge
auslaufen. Nachdem jetzt die Zapfstelle, an der das Rauchgas entnommen werden soll, mit dem Apparate durch einen Schlauch bei S verbunden worden ist, öffnet man den Hahn 1 und saugt mit dem Aspirator,
der bei G angeschlossen worden ist, die Leitung mit dem zu untersuchenden Gase voll. Während dieser Zeit ist der Hahn 2 geschlossen. Nunmehr öffnet man den auf dem Verbindungsschlauche von A und N
sitzenden Quetschhahn und den Hahn 2, wogegen der Hahn 1 geschlossen wird. Durch Tiefhalten von N läßt man Gas in die Meßröhre A
bis zur Marke eintreten. Man
hält zu diesem Zwecke die
Niveauflasche N so, daß der
Meniskus in derselben mit der
Marke der Meßröhre zusam-
menfällt. Jetzt wird der
Hahn 2 geschlossen, damit
das Gas nicht denselben Weg
zurückgehen kann. Nunmehr
drückt man das Gas durch
Hochhalten von N in das Absorptionsgefäß C durch die in
diesem befindliche Kalilauge
hindurch. Die Kalilauge wird
aus C nach D verdrängt. War
keine Kohlensäure im Gase
enthalten, so steigt die Lauge
bis zum Nullpunkte von D;
enthielt das Gas jedoch Kohlensäure, so wurde diese von
der Kalilauge absorbiert, und
es wird um so viel Lauge weniger verdrängt werden, als
Kohlensäure im Gase war.
Man liest also den Kohlensäuregehalt direkt an der
Bürette D ab. Ist dies ge-

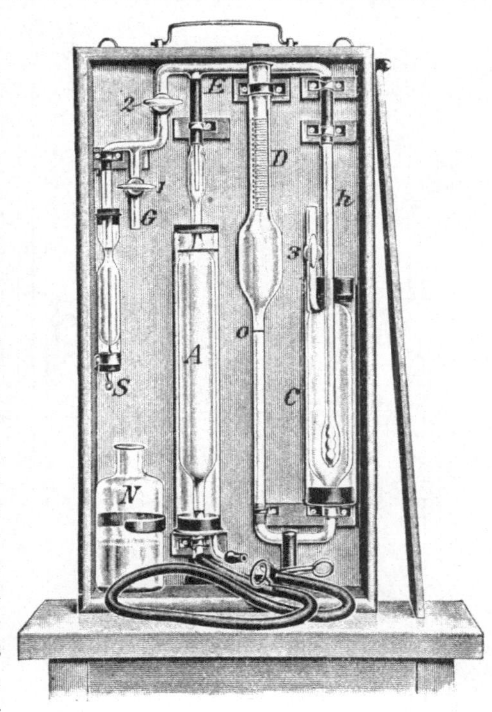

Fig. 49.

schehen, so wird das Gas durch den Hahn 3, der bis dahin geschlossen
war, entlassen; hierdurch tritt die Kalilauge in die alte Stellung zurück.
Das am unteren Ende von h befindliche Ventil verhindert hierbei den
Eintritt der Lauge in h.

11. Der Gasanalysator Peska-Kappus. Das Prinzip dieses Apparates
besteht darin, daß die abgemessene Gasmenge in ein mit einem Meßrohre kommunizierendes Absorptionsgefäß übergeführt, und nach
erfolgter Absorption nicht, wie bisher üblich, das zurückgebliebene Gas
in die Meßbürette zurückgeleitet, sondern die durch den Gasrest aus
dem Absorptionsgefäße in das Meßrohr verdrängte Menge der Absorptionsflüssigkeit gemessen wird. Ferner sind die Niveaugefäße

des Apparates an Führungsschlitten befestigt, deren Hub durch Stellringe begrenzt wird. Diese Stellringe stellt man zuvor derart ein, daß die Flüssigkeiten bei den Marken automatisch stehenbleiben und nicht in das Hahnrohr gelangen können.

Der Apparat (Fig. 50) besteht aus einem Hahnrohr *1* mit einem Durchgangshahn *2* und einem Eckhahn *3* als Verteilungshahn. Dem Hahnrohre ist ein Filter zum Auffangen von Ruß und Flugasche vorgeschaltet. An das Hahnrohr ist eine Meßpipette *7* von 100 ccm Inhalt angeschlossen, welche mit einem Niveaugefäße *4* kommuniziert. Dieses letztere kann mittels eines Führungsschlittens an der Stange *5* bis zum Stellringe *6* gesenkt werden, so daß sich das Wasser bei gleichem Niveau in der Meßpipette bei der unteren Marke *8* einstellt. Beim Heben des Niveaugefäßes bis zum Stellringe *10* stellt sich das Wasserniveau in der Meßpipette bei der oberen Marke *11* ein.

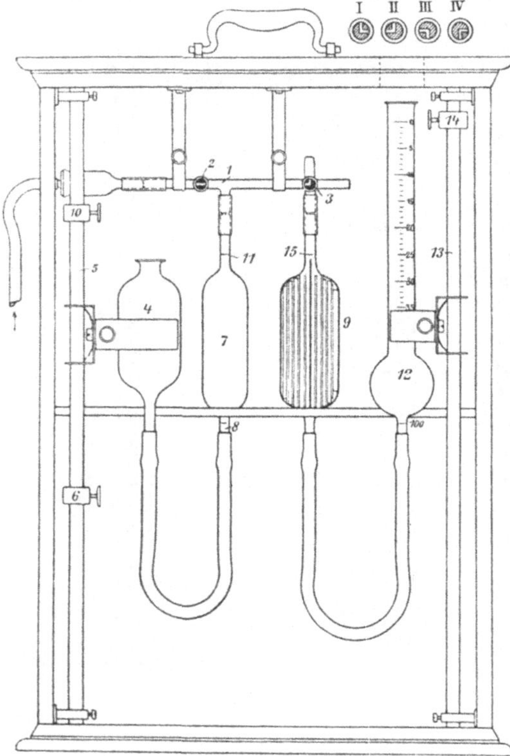

Fig. 50.

Der Eckhahn *3* kann in vier verschiedene Stellungen gebracht werden. Bei der Stellung I sind sowohl das Hahnrohr als auch das Absorptionsgefäß *9* geschlossen. Durch Drehen des Eckhahnes nach links in die Stellung II wird das Hahnrohr geöffnet, so daß das Gas das Hahnrohr frei durchströmen kann. Bei weiterem Drehen des Hahnes in die Stellung III wird das Hahnrohr resp. die Meßpipette *7* mit dem Absorptionsgefäße *9* verbunden. Bringt man den Eckhahn in die Stellung IV, so wird das Absorptionsgefäß mit der äußeren Atmosphäre oder mit einem weiteren Absorptionsgefäße verbunden.

Das Absorptionsgefäß *9* kommuniziert mit dem Meßrohre *12*, in das die Absorptionsflüssigkeit durch den Gasrest verdrängt und dort gemessen wird. Das Meßrohr kann in verschiedenen Formen ausgeführt werden. Gewöhnlich besitzt es, besonders wenn zur Analyse kohlensäurehaltiger Gase bestimmt, unterhalb seiner Erweiterung die Marke 100 ccm, und oberhalb derselben die nötige Teilung von 0 bis 35 ccm, wobei sich die Marke Null zu oberst befindet.

Auch dieses Meßrohr ist an einer Stange *13* verschiebbar eingerichtet. Den Stellring *14* stellt man derart ein, daß beim Anstoßen des Schlittens die Absorptionsflüssigkeit das Absorptionsgefäß bis zur Marke *15* füllt und dabei im Meßrohre bei der Marke 100 ccm stehen bleibt.

Wenn in das Absorptionsgefäß 100 ccm eines Gases eingeführt werden, das durch die vorhandene Absorptionsflüssigkeit nicht absorbiert wird, so verdrängt dieses Gas auch 100 ccm der Flüssigkeit in das Meßrohr. Stellt man das Meßrohr derart ein, daß die Flüssigkeit in beiden Gefäßen in gleicher Höhe steht, so ist dasselbe gefüllt, und die Flüssigkeit steht darin bei der Nullmarke. Wird aber ein Teil des Gases im Absorptionsgefäße durch die Flüssigkeit absorbiert und dadurch sein Volumen vermindert, so drückt der Gasrest, gemäß der Volumenabnahme, eine entsprechende Menge Flüssigkeit in das Meßrohr über. Das Niveau der Absorptionsflüssigkeit stellt sich im Meßrohre entsprechend niedriger, und zwar derart, daß das Niveau direkt die absorbierte Gasmenge in Prozenten anzeigt.

Da man den Gasrest nach der Absorption zum Zwecke der Abmessung in die Meßbürette nicht zurückzuführen braucht wie bei anderen Apparaten, und während der Absorption eine frische Gasmenge für die folgende Analyse abmessen kann, verkürzt man die Analysendauer. Mit Hilfe der Stellringe bleiben die Flüssigkeiten von selbst bei den Marken stehen, wobei das Überlaufen der Flüssigkeiten in das Hahnrohr und dadurch das Beschädigen der Hähne ausgeschlossen ist.

Der Apparat ist in einem soliden, mit herausnehmbarer Vorder- und Rückwand versehenen Holzkasten eingebaut und läßt sich leicht transportieren, da alle Teile des Apparates festgehalten sind; durch Verpfropfen des Niveaugefäßes *4* und des Meßrohres *12* wird ein Verschütten der Flüssigkeiten beim Tragen vermieden.

Vorbereitung des Apparates zur Gasanalyse. Der Eckhahn *3* wird in die Stellung II gebracht und das Niveaugefäß *4* so hoch gehoben, daß sich der untere Teil des Gefäßes in gleicher Höhe mit der oberen Marke *11* der Meßpipette *7* befindet. Sodann gießt man durch das Niveaugefäß so viel destilliertes Wasser ein, daß das Wasser die Meßpipette füllt und bis zur Marke *11* reicht. Das genaue Einstellen auf die Marke kann durch Hinauf- oder Hinunterschieben des Niveaugefäßes bewerkstelligt werden. Steht das Wasser in der Meßpipette genau bei der oberen Marke, so läßt man den Stellring *10* auf den Schlitten fallen und befestigt ihn durch Anziehen der Schraube.

Nun senkt man das Niveaugefäß so tief, bis das Wasser in der Meßpipette auf die untere Marke *8* sinkt und fixiert diese Stellung durch den Stellring *6*.

Der Eckhahn *3* wird jetzt in die Stellung IV gebracht und das Meßrohr *12* so hoch gehoben, bis sich die Marke 100 ccm auf gleicher Höhe mit der Marke *15* des Absorptionsgefäßes *9* befindet. Durch das Meßrohr wird so viel Absorptionsflüssigkeit, z. B. Kalilauge, zuletzt mit Hilfe einer langstieligen Pipette, eingefüllt, bis das Absorptionsgefäß annähernd bis zur Marke *15* voll ist, und im Meßrohre die Flüssigkeit genau bei der Marke 100 ccm steht. Ausdrücklich sei bemerkt, daß für

die Genauigkeit der Analyse nur der genaue Stand der Flüssigkeit bei
der Marke 100 ccm entscheidend ist, nicht aber der Stand der Flüssigkeit bei der Marke *15*. Es kann also das genaue Einstellen der Flüssigkeit auf die Marke 100 ccm durch leichtes Senken oder Heben des Meßrohres erfolgen, auch in dem Falle, wo sich durch Temperaturwechsel
oder Absorption das Volumen der Absorptionsflüssigkeit geändert hat.
Diese Stellung des Meßrohres wird durch den Stellring *14* fixiert. Hierauf kann man zur Arbeit mit dem Apparate schreiten.

Verfahren bei der Analyse. Sind die Meßpipette *7* und das
Absorptionsgefäß *9*, wie oben angegeben, gefüllt worden, so wird der
Eckhahn *3* in die Stellung II gebracht. Die Gaszuführungsleitung wird
an das Filterrohr angeschlossen, der Durchgangshahn *2* geöffnet, wobei
das unter schwachem Druck befindliche Gas das Hahnrohr durchströmt
und die vorhandene Luft verdrängt. Dadurch ist der schädliche Raum
auf das kleinste Maß beschränkt. Falls das Gas sich nicht, wie beim
Saturationsgas, unter Druck befindet, so ist es notwendig, dasselbe
mittels eines Aspirators (Fig. 31) anzusaugen und dann in den Apparat
zu drücken.

Sodann wird der Eckhahn in die Stellung I gebracht, wodurch das
Hahnrohr geschlossen wird. Das Niveaugefäß *4* wird gesenkt, bis die
federnde Führung auf den Stellring *6* stößt. Sobald die Meßpipette *7*
mit dem Gas überfüllt ist, wird der Hahn *2* geschlossen, der Eckhahn *3*
auf einen Augenblick in die Stellung II gebracht, um den im Apparate
bestehenden Überdruck auszugleichen und den Überschuß des Gases
austreten zu lassen, wobei sich das Absperrwasser in der Meßpipette
selbsttätig auf die untere Marke *8* einstellt. Durch weiteres Drehen
des Eckhahnes in die Stellung III wird die Verbindung zwischen der
Meßpipette und dem Absorptionsgefäße *9* hergestellt. Dann wird das
Niveaugefäß *4* hochgeschoben, bis die Führung auf den oberen Stellring *10* stößt. Nun senkt man langsam das mit dem Absorptionsgefäße
kommunizierende Meßrohr *12*, bis das Absperrwasser in der Meßpipette
die obere Marke *11* erreicht. Bei dieser Manipulation beobachtet man
nur das Steigen des Wassers in der Meßpipette und braucht dem Sinken
der Flüssigkeit im Absorptionsgefäße keine Aufmerksamkeit zu schenken.
Sobald das Wasser in der Meßpipette bei der oberen Marke *11* steht,
wird die übergeführte Gasmenge im Absorptionsgefäße durch Zurück-
drehen des Eckhahnes in die Stellung II abgeschlossen.

Während der Absorption kann die Meßpipette wieder mit frischem
Gas gefüllt werden, indem man den Hahn *2* öffnet, den Eckhahn in
die Stellung I bringt, das Niveaugefäß *4* senkt und nach der Pipettenfüllung mit Gas den Hahn *2* wieder schließt und für die nächste Analyse
vorbereitet hält.

Nach beendeter Absorption wird die Absorptionsflüssigkeit im Absorptionsgefäße und im Meßrohre auf gleiches Niveau gestellt und die
durch den Gasrest verdrängte Flüssigkeitsmenge abgelesen.

Dann hebt man das Meßrohr so hoch, bis die Führung an den Stellring *14* stößt, und dreht den Eckhahn nach rechts in die Stellung IV,
um den Gasrest entweder ins Freie oder in ein anderes Absorptions-

gefäß zur weiteren Analyse zu leiten. Sobald die Flüssigkeit im Meßrohre auf die untere Marke 100 ccm gesunken ist, kann zur nächst-
folgenden Analyse des eventuell in der Meßpipette bereits vorbereiteten
Gases geschritten werden.

Eine besondere Gruppe derjenigen Apparate, welche eine chemische
Untersuchung der Rauchgase bezwecken, bilden die automatisch
und registrierend arbeitenden Apparate.

Ihnen haftet der Nachteil an, daß sie nur die Bestimmung eines
Bestandteiles der Rauchgase ermöglichen, dafür haben sie aber den
Vorzug, daß sie ständig arbeiten und die Ergebnisse graphisch fest-
legen.

Von den verschiedenen Apparaten dieser Art soll hier nur einer
eingehender behandelt werden.

**12. Der Eckardtsche Rauchgas-
prüfer.** Durch einen an die Wasserleitung angeschlossenen Injektor J
(Fig. 51) werden ununterbrochen
Rauchgase angesaugt, die mit dem
Injektorwasser zusammen in einen
Einlaufbecher E und von diesem ins
Freie gelangen. Aus dem Einlaufbecher fließt ein Teil des Wassers
nach dem Rohre 1 ab und steigt
in diesem hoch, bis es den Scheitel
des Überlaufrohres 2 erreicht hat.
Das oben geschlossene Rohr 3 ist
über 2 gesteckt, so daß beide zusammen als Saugeheber wirken, der
das Rohr 1 rasch entleert, sobald
das Wasser durch 2 abzufließen
beginnt. Wenn der Wasserspiegel
bis zur unteren Kante des Rohres 3
gefallen ist, reißt die Wassersäule im
Heber ab, und es beginnt jetzt die
neue Füllung des Rohres 1. Dieses
Wechselspiel des Füllens und Entlee-
rens von 3 kann durch einen Hahn H

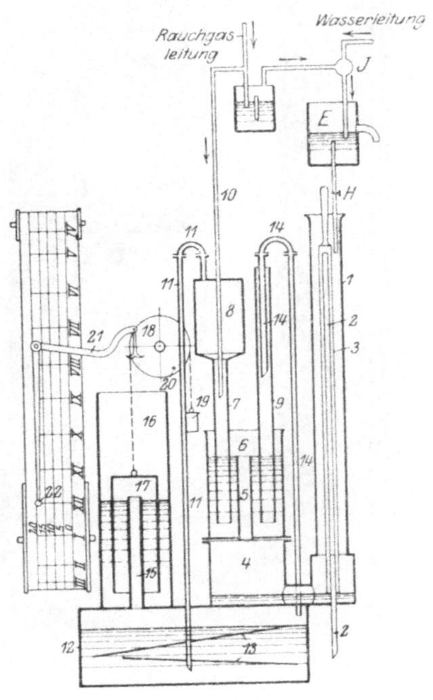

Fig. 51.

innerhalb gewisser Grenzen reguliert werden. Das Rohr 3 steht unten
mit der Kammer 4 in Verbindung; es wird also ein Steigen des Wasserspiegels in 3 ein solches auch in 4 zur Folge haben. Dadurch wird die
in 4 befindliche Luft durch das Rohr 5 in die Kammer 6 verdrängt.
Letztere ist bis zum Scheitel des Rohres 5 mit einer indifferenten Flüssigkeit (Arbeitsflüssigkeit = A.-Fl.) gefüllt, als welche eine Glyzerin-
Wassermischung genommen wird. Die nach 6 übertretende Luft treibt
einen Teil der A.-Fl. durch das Rohr 7 in das Meßgefäß 8 und einen
anderen Teil in das Steigerohr 9.

Sobald der Wasserspiegel in 4 fällt, fließt die A.-Fl. aus *8* und *9* wieder nach *6* zurück. Infolge der Saugewirkung der aus *8* abfließenden A.-Fl. wird sich das Meßgefäß *8* durch das Rohr *10* mit Rauchgasen füllen. Wenn die A.-Fl. in *7* wieder hoch steigt, wird ein Teil der Rauchgase nach der Rauchgasleitung hin verdrängt, bis die untere Ausmündung des Rohres *10* von der A.-Fl. erreicht ist. Durch das weitere Steigen der A.-Fl. in *7* sind die in *8* eingeschlossenen Rauchgase ge-

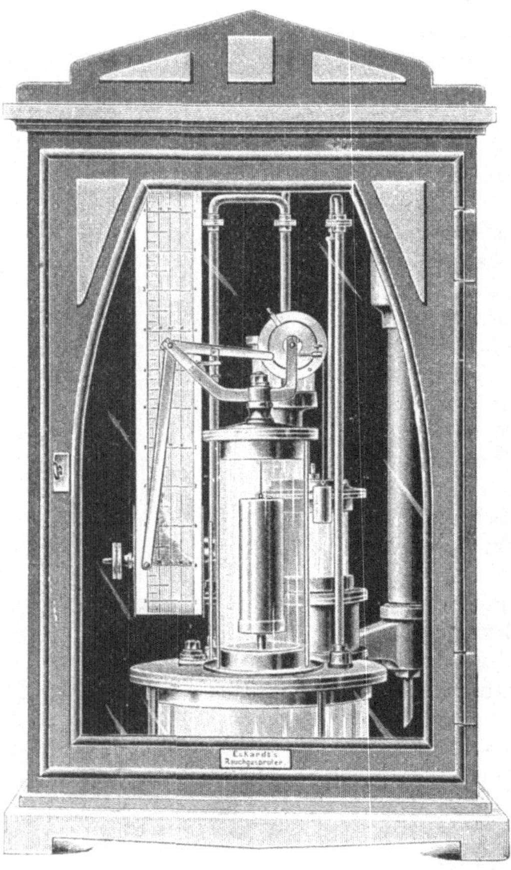

Fig. 52.

zwungen, durch das Rohr *11* nach dem mit Absorptionsflüssigkeit gefüllten Behälter *12* überzutreten. In Perlenform entweichen sie aus *11* und gleiten in der Absorptionsflüssigkeit an den schrägen Flächen *13* mehrfach entlang, um schließlich durch das Rohr *14* den Behälter *12* zu verlassen. Das obere Ende von *14* ist in das Steigerohr *9* eingeführt. Die austretenden Gase entweichen durch *14* zunächst ins Freie, bis die in *9* hochsteigende A.-Fl. die obere Ausmündung von *14* abschließt. Dies geschieht in dem Augenblicke, in welchem in *8* gerade 100 ccm Rauchgase enthalten sind, die nun in der beschriebenen Weise nach *12* übergeführt werden. Der aus der Absorptionsflüssigkeit entweichende Gasrest kann nunmehr nur durch das Rohr *15* unter die Glocke *17* treten, welche in die Glyzerin-Wasserfüllung des Gefäßes *16* eintaucht. Die durch das Gegengewicht *19* nahezu ausbalancierte Glocke *17* wird sich um so höher heben, je größer der Gasrest, also je kleiner die Menge der absorpierten Gasbestandteile ist.

Die Rolle *18* dreht sich um einen dem Hube von *17* entsprechenden Winkel. Der Anschlag *20* überträgt diese Drehung auf den Winkelhebel *21*, dessen unteres Ende den Schreibstift *22* trägt. Letzterer zeichnet auf dem durch ein Uhrwerk bewegten Diagrammstreifen nach jeder Absorption einen Strich auf, dessen Länge umgekehrt proportional der absorbierten Gasmenge ist.

Der Unterdruck der Rauchgase wird durch das Steigen der A.-Fl. im Meßgefäße *8* vor Beginn der eigentlichen Untersuchung in einen kleinen Überdruck umgewandelt, der von der Eintauchtiefe des Rohres *11* in die Absorptionsflüssigkeit abhängt. Dieser Überdruck bleibt konstant.

Die Glocke *17* muß, um selbsttätig niedergehen zu können, ein geringes Übergewicht haben. Letzteres ist durch entsprechende Ausbalancierung so bemessen, daß der Druck in der Glocke *17* dem im Meßgefäße *8* während der Abmessung und Überführung der Gase herrschenden Drucke gleich ist.

Die Rauchgase stehen also vor und nach der Absorption unter der gleichen Spannung.

Bei dem Apparate sind Glasröhren, Gummischlauchverbindungen und Gummidichtungen vermieden. Nur die Hauptgefäße sind aus dickwandigen, in Metallfassungen eingekitteten Glaszylindern (Fig. 52) hergestellt, um den Arbeitsvorgang beobachten zu können. Die Rohrverbindungen sind geradlinig angeordnet, so daß die Rohre nach Lösung einiger mit Papier gedichteten Flanschen mit der Bürste gereinigt werden können.

Infolge der rasch arbeitenden Absorptionseinrichtung ist es möglich, mit dem Apparate bis zu 60 Analysen in der Stunde auszuführen.

B. Aspiratoren zur Entnahme größerer Gasmengen.

Die idealste Feuerungskontrolle ist die fortlaufende. Aus rein praktischen Gründen ist aber eine solche nicht ausführbar. Bei den im vorhergehenden beschriebenen Methoden der Rauchgasanalyse wird nur eine verhältnismäßig sehr kleine Gasprobe abgesaugt. Die Kontrolle erstreckt sich daher auch nur auf ein kleines Zeitintervall. Will man sich über den Gang einer Feuerung während eines größeren Zeitabschnittes, z. B. 1÷2 Stunden, orientieren, so wendet man Rauchgassammelgefäße an, die entweder mit einer Saugvorrichtung in Verbindung stehen oder selbst zu Aspiratoren ausgebildet sind.

1. Der Rauchgas-Sammel-Kontrollapparat von Schumacher. Das zylindrische Gefäß *a* (Fig. 53) ist mit Wasser gefüllt, auf welchem eine Schicht Öl schwimmt. Letzteres soll verhindern, daß das Wasser Kohlensäure aus den abzufangenden Gasen absorbiert. Die Tauchglocke *b* hebt und senkt sich in dem Gefäße *a*, indem sie an einer Schnur aufgehangen ist, die über die Rolle *d* läuft. Hinter dieser Rolle, auf derselben Achse, sitzt die Scheibe *e*, von welcher nach der entgegengesetzten Seite eine Schnur mit dem Gegengewichte *f* abläuft. Letzteres balanciert die Glocke *b* aus.

Durch Auflegen des Gewichtes *g* auf *f* wird die Glocke *b* gehoben, wobei sie durch den Schlauch *h* Gase ansaugt. Die Gase treten bei *w* ein, passieren zuerst ein Wattefilter *i* und dann einen Chlorkalziumzylinder *k*; unter beiden befindet sich ein gemeinschaftlicher, als Wasserabscheider wirkender Syphon *l*, der stets mit Wasser gefüllt zu halten ist. Hinter dem Trockenzylinder *k* ist noch ein U-förmiges Schauglas *m*

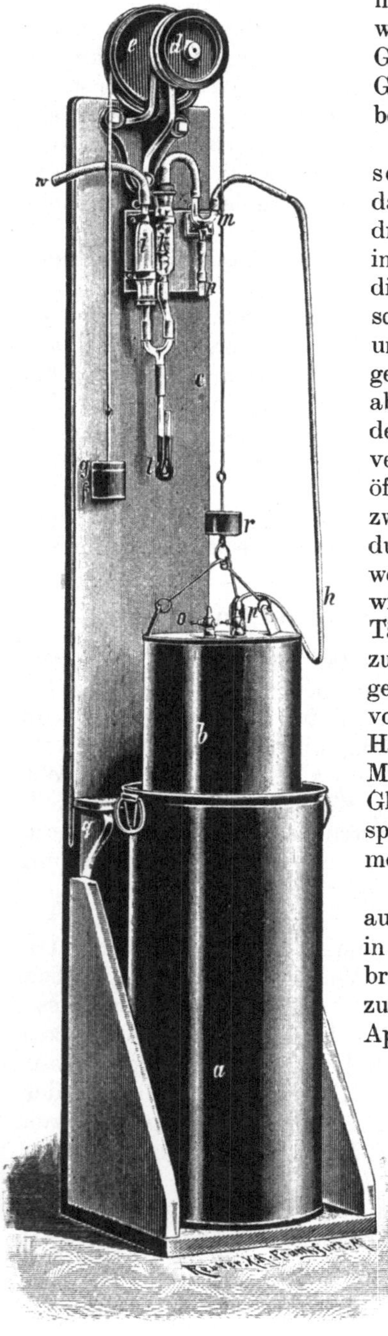

Fig. 53.

in die Leitung eingeschaltet, welches so weit mit Glyzerin zu füllen ist, daß die Gase als Blasen darin zu sehen sind. Der Glyzerinspiegel läßt sich durch Verschieben des Glasstabes n heben oder senken.

Soll der Apparat in Betrieb gesetzt werden, so öffnet man zunächst das Hähnchen o im Deckel der Glocke, drückt diese bis unter den Spiegel der in a befindlichen Ölschichte, wodurch die Luft aus b ausgetrieben wird, dann schließt man o, öffnet das Hähnchen p und legt das Gewicht g auf f. Die Glocke geht hoch und saugt Gase an, welche aber noch mit der in der Leitung und den Filtern enthalten gewesenen Luft vermischt ist. Man schließt nochmals p, öffnet o und drückt die Glocke b zum zweiten Male bis unter die Ölschicht, wodurch sämtliche Luft aus der Glocke entweicht. Die Hähne p und o stellt man wieder um, und nun kann der Apparat in Tätigkeit treten. Der Hahn p ist so einzustellen, daß sich die Glocke b nach einer gewissen Zeit, z. B. 6, 8 oder 10 Stunden vollständig gehoben hat. Ist z. B. das Hähnchen p so weit geöffnet, daß pro Minute ca. 30÷40 Gasblasen durch das Glyzerin im Schauglase m gehen, so entspricht dies einer ca. zehnstündigen Sammelperiode.

Um ein Heraustreten der Glocke b aus a zu verhindern, ist das Konsolchen q in solcher Höhe am Stativbrett c angebracht, daß das Gewicht f rechtzeitig zum Aufsitzen kommt, wodurch der Apparat außer Betrieb gesetzt ist.

Verbindet man den Hahn o mit dem Gasuntersuchungsapparate (Orsat usw.), setzt ferner das Gewicht g auf r, schließt den Hahn p und öffnet o, so geht die Glocke langsam nieder, und die Gase nehmen ihren Weg nach der Untersuchungsstelle. Das Filter i ist mit Holzwolle oder Watte gefüllt, die rechtzeitig erneuert werden muß.

2. Der Doppelaspirator. Derselbe ist in Fig. 54 dargestellt.

Zwei ganz gleichartige Blechgefäße E und S sind durch ein Rohrstück M mit Hahn i miteinander verbunden und in dem Holzgestelle V

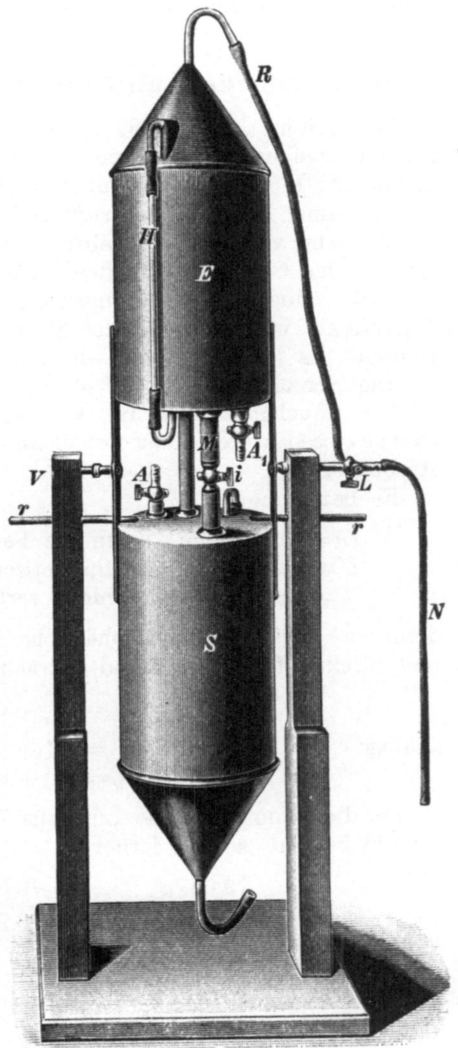

Fig. 54.

kippbar angeordnet. An jedem Gefäße ist ein Wasserstandsglas H angebracht. Die beiden Stäbe r, r verhindern ein unbeabsichtigtes Schwenken der Gefäße. Das obere Gefäß E ist vollständig mit Wasser gefüllt; der Hahn i ist vorläufig geschlossen; den Schlauch R, der in der Figur mit dem Dreiweghahne L verbunden dargestellt ist, wird an die vom Heizkanale des Kessels kommende Gasleitung angeschlossen. Der Lufthahn A_1 am Boden des Gefäßes E ist geschlossen.

Man öffnet nun den Hahn i und auch den Lufthahn A des unteren leeren Gefäßes S. Infolgedessen wird das Wasser aus E durch M nach S abfließen, wodurch gleichzeitig Rauchgase angesaugt und in E angesammelt werden. Um das Ausfließen von Wasser aus S zu verhindern, ist der am tiefsten Punkte von S sitzende Rohrkrümmer durch ein Stück Gummischlauch mit Quetschhahn abgeschlossen. Je nachdem i weit oder weniger weit geöffnet ist, wird das Ansaugen von Rauchgasen rascher oder langsamer erfolgen. Man hat es in der Hand, den Wasserabfluß so einzuregulieren, daß während einer bestimmten Betriebsperiode (so z. B. in 3, 6 oder 10 Stunden) sich der Behälter E mit Gasen füllt. Will man alsdann die angesammelten Rauchgase analysieren, so schließt man i, kuppelt den Schlauch R von der Gasleitung ab und schließt ihn an den Rauchgasanalysen-Apparat an; oder man verbindet ihn zunächst mit dem Dreiweghahn L und schließt den Schlauch N an den Apparat an. Natürlich läßt sich solches auch ausführen, bevor E leergelaufen ist, so daß man jederzeit in der Lage ist, Analysen vorzunehmen.

Um ein erneutes Ansaugen von Rauchgasen zu bewirken, schwenkt man nach Herausnahme der Stäbe r, r die Gefäße E und S so, daß das wassergefüllte Gefäß S nunmehr nach oben kommt und verfährt genau so wie vorher beschrieben.

C. Berechnung des Luftüberschusses aus der Rauchgasanalyse.

Wie schon auf Seite 87 gezeigt wurde, ist eine der Bedingungen für eine vollkommene Verbrennung die, daß dem Brennmateriale eine genügende Luftmenge zugeführt wird. Mit der Bemessung der Menge der in eine Feuerung einzuführenden Verbrennungsluft muß man jedoch sehr vorsichtig verfahren, da man bei zu großem Luftüberschusse das Gegenteil von dem erreicht, was man bezwecken wollte.

Viele industrielle Feuerungen ergeben nur deshalb einen schlechten Nutzeffekt, weil sie mit viel zu großem Luftüberschusse betrieben werden. Es ist daher sehr wichtig, Mittel und Wege kennenzulernen, die die Berechnung des Luftüberschusses ermöglichen.

Die Rauchgasanalyse ist, vorausgesetzt, daß kein Kohlenoxydgas nachgewiesen wurde, das einfachste Mittel zur Erreichung des angestrebten Zieles.

Es bezeichne:

$L =$ Luftmenge, die in die Feuerung eingeführt wurde,
$L' =$ Luftmenge, die theoretisch notwendig ist,
$l =$ Luftmenge, die nicht verbraucht wurde,

dann ist, wenn die atmosphärische Luft nur als aus Sauerstoff (O) und Stickstoff (N) bestehend betrachtet wird:

$$L = N + O,$$

analog:
$$L' = N' + O',$$
$$l = n + o.$$

Da die atmosphärische Luft aus 79,04 Vol.-Tln. N und 20,96 Vol.-Tln. O besteht, so gilt ferner:

$$N = \frac{79{,}04}{20{,}96}\, O; \quad N' = \frac{79{,}04}{20{,}96}\, O'; \quad n = \frac{79{,}04}{20{,}96}\, o.$$

Der gesuchte Luftüberschuß wird nun gewöhnlich als Vielfaches der theoretischen Luftmenge ausgedrückt, ist also gleich:

$$\frac{L}{L'} = \frac{O + N}{O' + N'} = \frac{O + \dfrac{79{,}04}{20{,}96}\, O}{O' + \dfrac{79{,}04}{20{,}96}\, O'} = \frac{O}{O'}\;[1]\,.$$

Da aber offenbar:
$$O' = O - o,$$

---

[1] Das Verhältnis $\dfrac{\text{theoret. notw. Luftmenge}}{\text{prakt. aufgew. Luftmenge}} = \dfrac{L'}{L}$ wird als Luftfaktor bezeichnet.

so gilt weiter:

$$\frac{L}{L'} = \frac{O}{O - o}.$$

Bedenkt man, daß das nach dem Schornsteine abziehende Rauchgasvolumen ebenso groß ist als das Volumen der in die Feuerung eintretenden Luftmenge (vgl. Seite 94), und bezieht man alles auf dasjenige Rauchgasquantum, welches man gewöhnlich zur Analyse verwendet (100 ccm), so findet sich für den gesuchten Luftüberschuß die Formel:

$$\text{(I)} \qquad \frac{L}{L'} = \frac{20,96}{20,96 - o},$$

worin also o den durch die Rauchgasanalyse festgestellten freien Sauerstoff in Volumenprozenten bedeutet.

Vielfach findet man für $\dfrac{L}{L'}$ noch eine andere Formel angegeben, die ebenfalls abgeleitet werden soll.

Es war:

$$\frac{L}{L'} = \frac{O}{O - o}$$

oder:

$$\frac{L}{L'} = \frac{1}{1 - \dfrac{o}{O}} = \frac{1}{1 - \dfrac{o}{\dfrac{20,96}{79,04}N}} = \frac{1}{1 - \dfrac{\dfrac{79,04}{20,96} \cdot o}{N}},$$

also:

$$\text{(II)} \qquad \frac{L}{L'} = \frac{20,96}{20,96 - 79,04 \dfrac{o}{N}}.$$

o ist wieder der in 100 ccm Rauchgas enthaltene, also durch die Analyse nachgewiesene freie Sauerstoff; N bedeutet den in der gesamten Verbrennungsluft enthaltenen Stickstoff.

Es ist nun

$$N = 100 - (O' + o).$$

An Stelle des verbrauchten Sauerstoffvolumens kann nun gemäß des auf Seite 94 Gesagten das Volumen der in den Rauchgasen nachgewiesenen Kohlensäure (CO_2) gesetzt werden, also

$$N = 100 - (CO_2 + o).$$

Folglich erhält die Formel (II) die Form:

$$\frac{L}{L'} = \frac{20,96}{20,96 - 79,04 \cdot \dfrac{o}{100 - (CO_2 + o)}}.$$

Nachstehende Tabelle gibt Aufschluß über den Zusammenhang zwischen dem freien, in den Rauchgasen nachgewiesenen Sauerstoffe und dem Luftüberschusse, wie er durch die Formel (I) dargestellt ist.

Vol.-% freier Sauerstoff in den Rauchgasen	Vielfaches der theoretischen Luftmenge	Vol.-% freier Sauerstoff in den Rauchgasen	Vielfaches der theoretischen Luftmenge
0,0	1,000	7,5	1,555
0,5	1,024	8,0	1,615
1,0	1,050	8,5	1,680
1,5	1,077	9,0	1,750
2,0	1,105	9,5	1,826
2,5	1,135	10,0	1,909
3,0	1,167	10,5	2,000
3,5	1,200	11,0	2,100
4,0	1,235	11,5	2,210
4,5	1,272	12,0	2,333
5,0	1,312	12,5	2,470
5,5	1,355	13,0	2,625
6,0	1,400	13,5	2,800
6,5	1,448	14,0	3,000
7,0	1,500		

D. Bestimmung des durch die Abgase verursachten Wärmeverlustes.

1. Methode. Angenommen, aller im Brennstoffe enthaltener Kohlenstoff gelange zur vollkommenen Verbrennung, so daß also weder in den Herdrückständen unverbrannter Kohlenstoff, noch in den Verbrennungsgasen Kohlenoxyd, Kohlenwasserstoffe oder Ruß enthalten sind; läßt man ferner den Schwefelgehalt des Brennstoffes und den Feuchtigkeitsgehalt der Verbrennungsluft unberücksichtigt, so findet man den durch die Abgasmenge, die aus 1 kg Brennstoff entstanden ist, verursachten Verlust V als das Produkt:

Volumen der Abgase $\times$ spez. Wärme $\times$ Temperaturüberschuß

$$R \cdot c \cdot (T - t).$$

Hierzu addiert sich noch der Wärmeverlust, der durch die in den Abgasen enthaltenen Wasserdämpfe verursacht wird. Dieser ist:

$$W \cdot c_0 \cdot (T - t),$$

worin c_0 die spez. Wärme des Wasserdampfes bedeutet.
Also Gesamtverlust:

$$V = (R \cdot c + W \cdot c_0) (T - t).$$

Es handelt sich also zunächst um die Bestimmung des entstehenden Rauchgasvolumens.
1 Gew.-Tl Brennstoff enthalte:

C Gew.-Tle. Kohlenstoff,
H ,,   Wasserstoff,
w ,,   Wasser (Feuchtigkeit).

Die Oxydation des Kohlenstoffes erfolgt nach der Gleichung:

$$C + O_2 = CO_2 \,.$$

Gewichtlich gedeutet: $12 + 2 \cdot 16 = (12 + 32)$

oder: $1 + \dfrac{32}{12} = \left(\dfrac{44}{12}\right) = 3{,}667;$

d. h. wenn 1 Gew.-Tl. Kohlenstoff ohne allen Luftüberschuß vollkommen verbrennt, so entstehen 3,667 Gew.-Tle. Kohlensäure (CO_2).

Nimmt man das spez. Gew. der Kohlensäure vorläufig zu 1,977 an, so entstehen dem Volumen nach:

$$\frac{3{,}667}{1{,}977} \text{ Teile Kohlensäure}$$
$$= 1{,}854 \text{ Raum-Tle. Kohlensäure.}$$

Verbrennen allgemein C Gew.-Tle. Kohlenstoff unter obigen Verhältnissen, so entstehen

$$1{,}854 \cdot C \ \text{Raumteile Kohlensäure.}$$

Die Oxydation des Wasserstoffes erfolgt nach der Gleichung:

$$H_2 + O = H_2O \,.$$

Gewichtlich gedeutet: $2{,}016 + 16 = (18{,}016)$

oder: $1 + 7{,}93 = (8{,}93)\,,$

d. h. wenn 1 Gew.-Tl. Wasserstoff ohne allen Luftüberschuß vollkommen verbrennt, so entstehen 8,93 = rund 9 Gew.-Tle. Wasser (in Dampfform).

Nimmt man das spez. Gewicht des Wasserdampfes zu 0,806 an, so entstehen dem Volumen nach:

$$\frac{9}{0{,}806} \text{ Teile Wasserdampf [1]).}$$

Verbrennen allgemein H Gew.-Tle. Wasserstoff, so entstehen

$$\frac{9 \cdot H}{0{,}806} \ \text{Raum-Tle. Wasserdampf.}$$

Da angenommenerweise w Gew.-Tle. Wasser im Brennstoffe bereits vorhanden sind, so entstehen insgesamt:

$$\frac{9H + w}{0{,}806} \ \text{Raum-Tle. Wasserdampf.}$$

Es bezeichne:

$$\varphi = \frac{\text{Volumen der } CO_2}{\text{Volumen der Abgase}},$$

so ist $$\varphi = \frac{1{,}854\,C}{R},$$

also $$R = \frac{1{,}854\,C}{\varphi}$$

---

[1]) Von Normalverhältnissen.

Folglich wird der **Gesamtverlust**

$$(I) \qquad V = \left(\frac{1{,}854 \cdot C}{\varphi} \cdot c + \frac{9H + w}{0{,}806} \cdot c_0 \right) \cdot (T - t).$$

Beispiel.

Es kommt Steinkohle von 7400 WE Heizwert mit 79% C, 4% H und 2% Feuchtigkeit zur Verbrennung, wobei $T - t = 260°$ sei.

Die Rauchgasanalyse ergab 10% CO_2 (also $\varphi = 0{,}10$); dann wird, wenn die spez. Wärme c der Rauchgase zu 0,32 und diejenige des Wasserdampfes c_0 zu 0,48 angenommen ist:

$$V = \left(\frac{1{,}854 \cdot 0{,}79}{0{,}10} \cdot 0{,}32 + \frac{9 \cdot 0{,}04 + 0{,}02}{0{,}806} \cdot 0{,}48 \right) \cdot 260 \ \text{WE}.$$

$$= 1277{,}38 \ \text{WE} = \mathbf{17{,}26\%}.$$

2. Methode. Wie zahlreiche Untersuchungen gezeigt haben, ist der Verlust durch die Abgase, ebenso wie der Kohlensäuregehalt der letzteren nur in ganz untergeordneter Weise von der Zusammensetzung und dem Heizwerte der Brennstoffe abhängig.

Man kann daher die Verluste durch die Abgase als direkt proportional dem Temperaturüberschusse $(T - t)$ derselben und als umgekehrt proportional dem Vielfachen der theoretischen Luftmenge betrachten. Letzteres ist wieder eine Funktion des Kohlensäuregehaltes (CO_2) der Rauchgase, so daß sich für den Wärmeverlust V ergibt:

$$V = \frac{T - t}{CO_2} \cdot \eta \ .$$

Den Koeffizienten η hat **Dosch** durch eine Reihe von Versuchen zu 0,66[1]) im Mittel bestimmt, so daß also:

$$(II) \qquad V = \frac{T - t}{CO_2} \cdot 0{,}66 \quad \text{wird}.$$

Für obiges Beispiel wird nach dieser Formel, die den Wärmeverlust in Prozenten angibt:

$$V = \frac{260}{10} \cdot 0{,}66 = 17{,}16\% \ .$$

Siegert gibt für η den Wert 0,65 an, so daß die Formel für die Wärmeverluste lautet:

$$V = \frac{T - t}{CO_2} \cdot 0{,}65 \ .$$

Das **Diagramm der Wärmeverluste im Schornsteine** (Fig. 55) läßt ohne besondere Rechnung die aus obiger Formel resultierenden Werte von V auffinden. Man verfolgt den von O ausgehenden schrägen Strahl, welcher dem CO_2-Gehalte zugeordnet ist,

---

[1]) Eigentlich nur für $T - t = 250°$ gültig.

bis zum Schnittpunkte mit derjenigen Senkrechten, welche der auf die Abszissenachse aufgetragenen Temperaturdifferenz $(T - t)$ entspricht.

Eine Horizontale, von diesem Schnittpunkte nach links zur Verlustskala gezogen, gibt direkt den Wärmeverlust in Prozenten an.

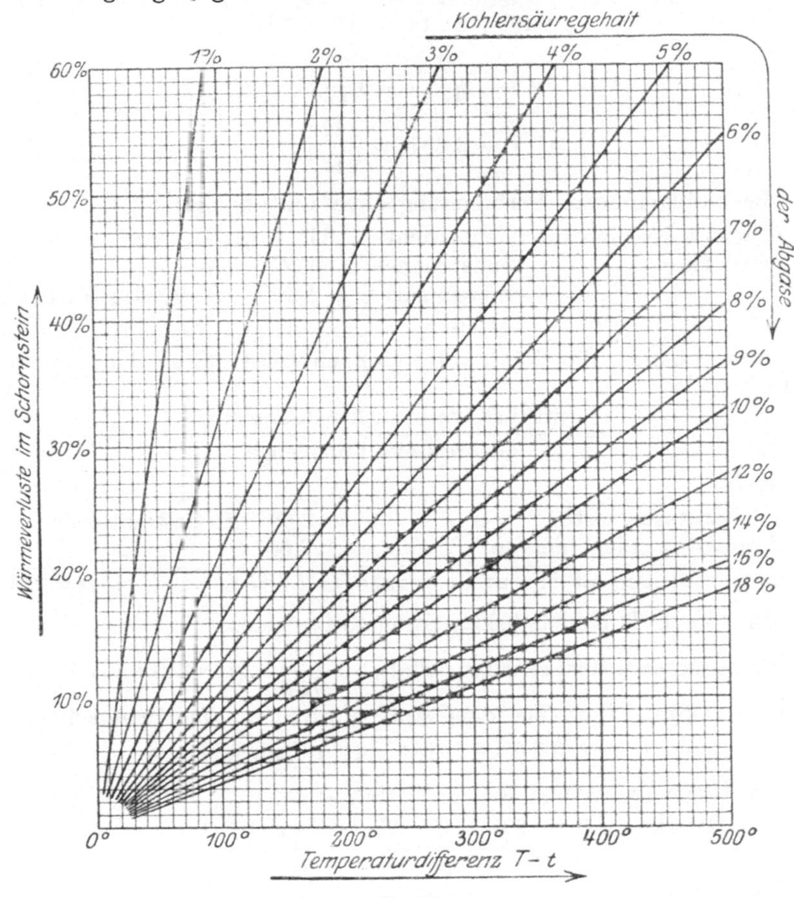

Fig. 55.

3. Methode. Die Formel (I) auf Seite 132 hat die spez. Wärme c der Heizgase konstant ($= 0{,}32$) angenommen, während in Wirklichkeit der Wert von c mit der Zusammensetzung der Rauchgase wechselt. Die 3. Methode zur Bestimmung der Wärmeverluste durch die Abgase berücksichtigt diesen Umstand und wird daher die genaueren Resultate ergeben.

Ein Brennstoff enthalte

$C\%$ Kohlenstoff.
$H\%$ Wasserstoff,
$S\%$ Schwefel,
$w\%$ Wasser,

so gilt folgendes:

a) Verbrennung des Kohlenstoffes:

$$C + O_2 = CO_2$$
$$12 + 2 \cdot 16 = (12 + 32)$$
$$1 + \frac{32}{12} = \left(\frac{44}{12}\right)$$
$$1 + 2{,}667 = \left(\frac{44}{12}\right).$$

Bei vollkommener Verbrennung ohne Luftüberschuß gilt:

1 Gew.-Tl. Kohlenstoff beansprucht 2,667 Gew.-Tle. Sauerstoff,
C Gew.-Tle.   „   beanspruchen 2,667 C „   „
C „   „   ergeben also $C + 2{,}667\ C$ Gew.-Tle. Kohlensäure.

Angenommen, das Vielfache der theoretischen Luftmenge sei $= v$, also

$$v = \frac{\text{wirklich verbrauchte Luftmenge}}{\text{theoretische Luftmenge}},$$

dann ist

der Gesamtsauerstoff $= v \cdot 2{,}667 \cdot C$ Gewichtsteile,
verbraucht wurden hiervon $=\quad 2{,}667\ C$ „

Demnach bleiben als freier Sauerstoff: $\mathbf{2{,}667\ C \cdot (v-1)}$ Gew.-Tle.

In 1 kg Luft sind 0,232 kg Sauerstoff enthalten.

Um 1 kg Sauerstoff zu erhalten, sind also $\dfrac{1}{0{,}232}$ kg $= 4{,}31$ kg Luft nötig.

Um $v \cdot 2{,}667 \cdot C$ Gew.-Tle. Sauerstoff zu erhalten, sind demnach

$$v \cdot 2{,}667\ C \cdot 4{,}31 \text{ kg Luft aufzubringen.}$$

In dieser Luftmenge sind enthalten an

Stickstoff: $\underbrace{v \cdot 2{,}667 \cdot C \cdot 4{,}31}_{\text{Luft}} - \underbrace{v \cdot 2{,}667 \cdot C}_{\text{Sauerstoff}}$

$$= v \cdot 2{,}667 \cdot C \cdot (4{,}31 - 1)$$
$$= 8{,}828 \cdot v \cdot C \text{ Gew.-Tle. Stickstoff.}$$

Aus der Verbrennung von Kohlenstoff resultieren also:

$$\left.\begin{array}{l} C + 2{,}667\ C \text{ Kohlensäure} \\ +\ 2{,}667 \cdot C \cdot (v-1) \text{ freier Sauerstoff} \\ +\ 8{,}828 \cdot v \cdot C \text{ freier Stickstoff} \end{array}\right\} \begin{array}{l} \text{Gewichtsteile} \\ \text{Verbrennungsgase.} \end{array}$$

b) Verbrennung des Wasserstoffes:

$$H_2 + O = H_2O$$
$$2{,}016 + 16 = 18{,}016$$
$$1 + 7{,}93 = \left(\frac{18}{2{,}016}\right) = \sim (9).$$

Bei vollkommener Verbrennung ohne Luftüberschuß gilt:

1 Gew.-Tl. Wasserstoff beansprucht rund 8 Gew.-Tle. Sauerstoff,

H Gew.-Tle.   „   beanspruchen rund $8 \cdot H$ „   „

H „   „   ergeben also $H + 8H$ Gew.-Tle. Wasser.

Es sind aber bereits $\dfrac{O}{8}$ Gew.-Tle. Wasserstoff an den Sauerstoff

der Kohle gebunden, folglich bleiben zur Verbrennung nur noch

$$\left(H - \frac{O}{8}\right) \text{ Gew.-Tle. Wasserstoff disponibel.}$$

Daraus entstehen analog dem Vorhergehenden:

$$\left[\left(H - \frac{O}{8}\right) + 8\left(H - \frac{O}{8}\right)\right] \text{Gew.-Tle. Wasser} \ldots \ldots \text{1. Teil.}$$

$$\text{Gesamtwasserstoff} \qquad = H \text{ Gew.-Tle,}$$

$$\text{Disponibler Wasserstoff} \quad = H - \frac{O}{8} \text{ Gew.-Tle.}$$

$$\text{Also bereits gebundener Wasserstoff} = H - \left(H - \frac{O}{8}\right) \text{ Gew.-Tle.}$$

$$= \frac{O}{8} \text{ Gew.-Tle.}$$

Diese ergeben:

$$\left(\frac{O}{8} + 8\frac{O}{8}\right) \text{Gew.-Tle Wasser} \ldots \ldots \text{2. Teil.}$$

Insgesamt kommen zum Vorscheine:

$$\left\{\left[\underbrace{\left(H - \frac{O}{8}\right) + 8\left(H - \frac{O}{8}\right)}_{\text{1. Teil}}\right] + \underbrace{\left(\frac{O}{8} + 8\frac{O}{8}\right)}_{\text{2. Teil}}\right\} \text{ Gew.-Tle. Wasser}$$

$$= 9H \text{ Gew.-Tle. Wasser.}$$

$$\left(H - \frac{O}{8}\right) \text{ Gew.-Tle. Wasserstoff beanspruchen } 8 \cdot \left(H - \frac{O}{8}\right) \text{ Gew.-Tle.}$$
$$\text{Sauerstoff.}$$

Bei v fachem Luftüberschusse sind vorhanden: $v \cdot 8 \cdot \left(H - \dfrac{O}{8}\right)$ Gew.-Tle.
$$\text{Sauerstoff}$$

Davon sind verbraucht: $\qquad\qquad\qquad\qquad 8 \cdot \left(H - \dfrac{O}{8}\right)$ „ „

Demnach bleiben als freier Sauerstoff: $\qquad 8 \cdot \left(H - \dfrac{O}{8}\right) \cdot (v-1)$
$$\text{Gew.-Tle.}$$

Um 1 kg Sauerstoff zu erhalten, sind 4,31 kg Luft aufzuwenden.

Um $v \cdot 8 \cdot \left(H - \dfrac{O}{8}\right)$ Gew.-Tle. Sauerstoff zu erhalten, sind demnach

$$v \cdot 8 \cdot \left(H - \dfrac{O}{8}\right) \cdot 4{,}31 \text{ Gew.-Tle. Luft nötig.}$$

In dieser Luftmenge sind enthalten an

Stickstoff: $\underbrace{v \cdot 8 \cdot \left(H - \dfrac{O}{8}\right) \cdot 4{,}31}_{\text{Luft}} - \underbrace{v \cdot 8 \cdot \left(H - \dfrac{O}{8}\right)}_{\text{Sauerstoff}}$

$$= v \cdot 8 \cdot \left(H - \dfrac{O}{8}\right) \cdot (4{,}31 - 1)$$

$$= \mathbf{26{,}48 \cdot v \cdot \left(H - \dfrac{O}{8}\right) \text{ Gew.-Tle. Stickstoff.}}$$

Aus der Verbrennung von Wasserstoff resultieren also:

$\left.\begin{array}{l} 9\,H \text{ Wasser} \\[4pt] + 8 \cdot \left(H - \dfrac{O}{8}\right) \cdot (v - 1) \text{ freier Sauerstoff} \\[6pt] + 26{,}48 \cdot v \cdot \left(H - \dfrac{O}{8}\right) \text{ freier Stickstoff} \end{array}\right\}$ Gewichtsteile Verbrennungsgase.

c) **Verbrennung des Schwefels:**

$$S + O_2 = SO_2$$
$$32{,}07 + 2 \cdot 16 = (64{,}07)$$
$$1 + 0{,}997 = \left(\dfrac{64{,}07}{32{,}07}\right).$$

Bei vollkommener Verbrennung ohne Luftüberschuß gilt:

1 Gew.-Tl. Schwefel beansprucht rund 1 Gew.-Tl. Sauerstoff,
S Gew.-Tle. Schwefel beanspruchen rund S Gew.-Tle. Sauerstoff,
S Gew.-Tle. Schwefel ergeben also $\boldsymbol{S + S}$ Gew.-Tle. **schwefl. Säure.**

Bei $v$fachem Luftüberschusse sind vorhanden: $v \cdot S$ Gew.-Tle. Sauerstoff.
Davon sind verbraucht: $\qquad\qquad\qquad S \qquad ,, \qquad\qquad ,,$

Demnach bleiben als freier Sauerstoff: $\quad S \cdot (v - 1)$ Gew.-Tle

Um 1 kg Sauerstoff zu erhalten, sind 4,31 kg Luft nötig.
Um $v \cdot S$ Gew.-Tle. Sauerstoff zu erhalten, sind demnach

$$v \cdot S \cdot 4{,}31 \text{ Gew.-Tle. Luft erforderlich.}$$

In dieser Luftmenge sind enthalten an

Stickstoff: $\underbrace{v \cdot S \cdot 4{,}31}_{\text{Luft}} - \underbrace{v \cdot S}_{\text{Sauerstoff}}$

$$= v \cdot S \cdot (4{,}31 - 1)$$

$$= \mathbf{3{,}31 \cdot v \cdot S \text{ Gew.-Tle. Stickstoff.}}$$

Aus der Verbrennung des Schwefels resultieren also:

$$\left.\begin{array}{l} 2\,S \text{ schwefl. Säure} \\ S\cdot(v-1) \text{ freier Sauerstoff} \\ 3{,}31\cdot v\cdot S \text{ freier Stickstoff} \end{array}\right\} \begin{array}{l} \text{Gewichtsteile} \\ \text{Verbrennungsgase.} \end{array}$$

Insgesamt ergeben sich an Verbrennungsgasen:

$$\begin{array}{lll} 3{,}667\,C \text{ Gew.-Tle. Kohlensäure} & \left.\rule{0pt}{8pt}\right\} & \text{aus der Verbrennung} \\ +\,2{,}667\,C\cdot(v-1) \quad ,, \quad \text{freier Sauerstoff} & \left\}\right. & \text{von } \mathbf{Kohlenstoff} \\ +\,8{,}828\cdot v\cdot C \quad ,, \quad ,, \quad \text{Stickstoff} & \left.\right\} & \text{herrührend,} \end{array}$$

$+\,w$,, Wasser aus der **Feuchtigkeit** herrührend

$$\begin{array}{ll} +\,9\,H \quad ,, \quad \text{Wasser} & \\ +\,8\!\left(H-\dfrac{O}{8}\right)\cdot(v-1) \,,, \text{ freier Sauerstoff} & \left.\begin{array}{l} \text{aus der Verbrennung} \\ \text{von } \mathbf{Wasserstoff} \\ \text{herrührend,} \end{array}\right. \\ +\,26{,}48\cdot v\cdot\!\left(H-\dfrac{O}{8}\right) \,,, \quad ,, \text{ Stickstoff} & \end{array}$$

$$\begin{array}{lll} +\,2\,S & ,, \quad \text{schwefl. Säure} & \left.\rule{0pt}{8pt}\right\} \text{ aus der Verbrennung} \\ +\,S\cdot(v-1) & ,, \quad \text{freier Sauerstoff} & \text{von } \mathbf{Schwefel} \\ +\,3{,}31\cdot v\cdot S & ,, \quad ,, \quad \text{Stickstoff} & \text{herrührend} \end{array}$$

$$R_g = \underbrace{3{,}667\,C}_{\text{CO}_2} + \underbrace{2{,}667\cdot C(v-1) + 8\!\left(H-\frac{O}{8}\right)\cdot(v-1) + S\cdot(v-1)}_{\text{O}}$$

$$+ \underbrace{8{,}828\cdot v\cdot C + 26{,}48\cdot v\cdot\!\left(H-\frac{O}{8}\right) + 3{,}31\cdot v\cdot S}_{\text{N}} + \underbrace{9\,H + w}_{\text{H}_2\text{O}} + \underbrace{2\,S}_{\text{SO}_2},$$

$$R_g = 3{,}667\,C + (v-1)\left[2{,}667\,C + 8\cdot\!\left(H-\frac{O}{8}\right) + S\right]$$

$$+ 3{,}31\cdot v\left[2{,}667\,C + 8\cdot\!\left(H-\frac{O}{8}\right) + S\right] + 9\,H + w + 2\,S.$$

Enthält der Brennstoff, wie eingangs angenommen,

$$\begin{array}{ll} C \text{ Gew.-Tle.} & \text{Kohlenstoff,} \\ H \quad\quad\;\; ,, & \text{Wasserstoff,} \\ S \quad\quad\;\; ,, & \text{Schwefel,} \end{array}$$

so sind zur vollständigen Verbrennung von 1 kg Brennstoff (ohne Luftüberschuß) nötig:

$$\left[2{,}667\,C + 8\!\left(H-\frac{O}{8}\right) + S\right] = O_t \text{ Gew.-Tle. Sauerstoff,}$$

so daß das Gewicht der bei v fachem Luftüberschusse entstehenden
Rauchgase sich ergibt zu:

$$R_g = \underbrace{3{,}667\,C}_{\text{CO}_2} + \underbrace{(v-1)\,O_t}_{\text{O}} + \underbrace{3{,}31\,v\cdot O_t}_{\text{N}} + \underbrace{9\,H + w}_{\text{H}_2\text{O}} + \underbrace{2\,S}_{\text{SO}_2}.$$

Da bei der Rauchgasanalyse die einzelnen Gasbestandteile stets dem
Volumen nach bestimmt werden, so sollen in obiger Gleichung statt der
Gewichte die Volumina der Bestandteile eingeführt werden.

Es ist das spez. Gewicht von Kohlensäure $= 1{,}9974$,
$\qquad\qquad\qquad$,,   Sauerstoff $= 1{,}4298$,
$\qquad\qquad\qquad$,,   Stickstoff $= 1{,}2562$,
$\qquad\qquad\qquad$,,   schwefl. Säure $= 2{,}899$,
$\qquad\qquad\qquad$,,   Wasserdampf $= 0{,}806$.

Das entstehende Rauchgasvolumen wird demnach:

$$R_g = \frac{3{,}667\,C}{1{,}9974} + \frac{(v-1)\cdot O_t}{1{,}4298} + \frac{3{,}31\,v\cdot O_t}{1{,}2562} + \frac{9\,H + w}{0{,}806} + \frac{2\,S}{2{,}899}\;.$$

Das Vielfache der theoretischen Luftmenge:

$$v = \frac{\text{eingeführte Luft}}{\text{theoretisch verbrauchte Luft}} = \frac{O_e + N_e}{O_t + N_t}\;.$$

Da ferner: $\qquad O : N \;= 21 : 79$
also analog: $\qquad O_e : N_e = 21 : 79$ $\Big\}$ dem Volumen nach (abgerundet),
$\qquad\qquad\qquad O_t : N_t = 21 : 79$

so wird:

$$v = \frac{O_e}{O_t} = \frac{N_e}{N_t}$$

(O_e, $N_e =$ eingeführtes Volumen von Sauerstoff und Stickstoff),
(O_t, $N_t =$ verbrauchte Mengen von Sauerstoff und Stickstoff).

An Stelle des verbrauchten Sauerstoffvolumens kann auch das durch die Analyse festgestellte Kohlensäurevolumen (CO_2) gesetzt werden; also:

$$v = \frac{O_e}{CO_2} = \frac{O_t + O_f}{CO_2}$$

($O_f =$ Volumen des freien Sauerstoffes der Rauchgase),

$$v = \frac{CO_2 + O_f}{CO_2} = 1 + \frac{O_f}{CO_2}$$

Demnach wird:

$$(v-1)\cdot O_t = \left(1 + \frac{O_f}{CO_2} - 1\right) O_t$$

$$= O_t \cdot \frac{O_f}{CO_2}$$

$$= \frac{3{,}697\,C}{1{,}9974} \cdot \frac{O_f}{CO_2}\;.$$

Analog ist:

$$v = \frac{N_e}{N_t}\,,$$

demnach wird:

$$3{,}31 \cdot v \cdot O_t = \left(1 + \frac{O_f}{CO_2}\right) \cdot 3{,}31 \cdot O_t$$

$$= \frac{CO_2 + O_f}{CO_2} \cdot 3{,}31 \cdot O_t$$

$$= O_e \cdot 3{,}31 \cdot \frac{O_t}{CO_2}$$

Da $O:N = 23,2:76,8$ (Gewichtsverhältnis), und da $N_e = N =$ dem in den Rauchgasen nachgewiesenen Stickstoffvolumen ist, so wird, wenn man noch anstatt $O_e = \dfrac{23,2}{76,8}\, N$ setzt,

$$3,31 \cdot v \cdot O_t = \frac{23,2\,N}{76,8} \cdot 3,31 \cdot \frac{O_t}{CO_2}$$

$$= \frac{O_t}{CO_2} \cdot N$$

$$= \frac{3,667 \cdot C}{1,9974} \cdot \frac{N}{CO_2}\,.$$

Es wird nun das Rauchgasvolumen:

$$R_v = \frac{3,667 \cdot C}{1,9974} + \frac{3,667 \cdot C}{1,9974} \cdot \frac{O_f}{CO_2} + \frac{3,667\,C}{1,9974} \cdot \frac{N}{CO_2} + \frac{9H + w}{0,806} + \frac{2S}{2,899}\,,$$

$$R_v = \underbrace{1,854\,C}_{CO_2} + \underbrace{1,854\,C \cdot \frac{O_f}{CO_2}}_{O} + \underbrace{1,854\,C \cdot \frac{N}{CO_2}}_{N} + \underbrace{\frac{9H + w}{0,806}}_{H_2O} + \underbrace{\frac{2S}{2,899}}_{SO_2}\,.$$

Die spez. Wärmen der einzelnen Bestandteile der Abgase kann man annehmen, wie folgt:

$$
\left.
\begin{array}{l}
\text{Kohlensäure} \quad = 0,414 \text{ bis } \quad 150° \\
\qquad\qquad\qquad = 0,439 \;\; ,, \qquad 250° \\
\qquad\qquad\qquad = 0,451 \;\; ,, \qquad 300° \\
\qquad\qquad\qquad = 0,572 \;\; ,, \quad 1000° \\
\text{Sauerstoff} \qquad = 0,311 \\
\text{Stickstoff} \qquad\; = 0,306 \\
\text{schwefl. Säure} = 0,445 \\
\text{Wasserdampf} = 0,387
\end{array}
\right\} \text{ pro 1 cbm.}
$$

Beispiel.

Enthält eine Kohle   80% Kohlenstoff,

8% Sauerstoff,

4% Wasserstoff,

2% Schwefel,

4% Wasser,

und ergibt die Untersuchung der Rauchgase im Durchschnitte

12% CO_2,

8% O,

80% N,

während die Verbrennungsluft mit $22°$ in die Feuerung eintritt und dieselbe mit $272°$ verläßt, so berechnet sich der Wärmeverlust durch die

Abgase (bei vollkommener Verbrennung und ohne Berücksichtigung der Luftfeuchtigkeit) wie folgt:

	cbm	Wärmeverlust in WE
Kohlensäure-Volumen =	1,4832	162,8
Sauerstoff- „ =	0,4944	38,4
Stickstoff- „ =	9,8880	756,4
schwefl. Säure- „ =	0,0138	1,5
Wasserdampf- „ =	0,4962	48,0

$$\text{Summe: } 1007,1 \text{ WE}$$

War der Heizwert der verfeuerten Kohle z. B.

$$= 7300 \text{ WE},$$

so beträgt der Wärmeverlust durch die Abgase

$$= 13,8\%.$$

E. Temperaturmessungen.

Alle Temperaturen werden in Celsiusgraden angegeben.

Zur Messung der Temperaturen bis ca. 350° können gewöhnliche Quecksilberthermometer benützt werden. Temperaturen von $350 \div 550°$, ja sogar bis 700° lassen sich unter der Voraussetzung, daß der Siedepunkt des Quecksilbers heraufgerückt ist, ebenfalls mit Quecksilberthermometern bestimmen. Sie zählen alsdann zu den Pyrometern.

Die Instrumente zur Messung hoher Temperaturen, die Pyrometer, zerfallen in zwei Gruppen:

Berührungsthermometer,
Strahlungsthermometer.

Die ersteren befinden sich entweder vollständig, oder mindestens mit ihrem wesentlichen Teile in dem Raume oder in dem Medium, dessen Temperatur bestimmt werden soll.

Die zweite Gruppe von Pyrometern, die Strahlungsthermometer, messen die Intensität der Strahlung des interessierenden Raumes oder Gegenstandes. Sie befinden sich also außerhalb desselben, und die Temperatur ihrer nächsten Umgebung ist gar nicht oder nicht viel verschieden von Zimmertemperatur.

Die Verwendungsmöglichkeit der Berührungsthermometer erreicht ihre Grenze bei denjenigen Temperaturen, bei welchen die thermometrische Substanz Veränderungen erleidet, welche die Temperaturangaben zweifelhaft erscheinen lassen. Aus diesem Grunde sind für sehr hohe Temperaturen nur Strahlungsthermometer zu gebrauchen.

Bei den Berührungsthermometern für hohe Temperaturen unterscheidet man:

Flüssigkeitsthermometer,
Thermoelektrische Pyrometer und
Elektrische Widerstandspyrometer.

1. Die Flüssigkeitsthermometer. Die Flüssigkeitsthermometer beruhen auf der Tatsache, daß die kubischen Ausdehnungen der Flüssigkeiten wesentlich größer sind als diejenigen der festen Körper, so daß die mit ihnen vorzunehmenden Temperaturmessungen darauf hinausgehen, die scheinbaren Ausdehnungen der thermometrischen Substanz — in den weitaus meisten Fällen Quecksilber — in dem sie umgebenden Körper (Glas) zu beobachten. Zu diesem Zwecke ist an das Thermometergefäß ein enges Meßrohr angeschlossen, in welches die thermometrische Substanz bei Erwärmung eintritt, und an welchem die den Volumenvergrößerungen entsprechenden Temperaturen abgelesen werden können.

Die Flüssigkeitsthermometer für hohe Temperaturen haben stets Quecksilber als thermometrische Substanz. Der Siedepunkt des Quecksilbers liegt bei 357°; deshalb muß zum Zwecke der Verzögerung des Siedepunktes das Meßrohr oberhalb des Quecksilbers unter Druck mit Stickstoff oder wasserfreier Kohlensäure gefüllt sein.

Schon bei ca. 300° ist die Ausdehnung gewöhnlicher Glassorten so bedeutend und unregelmäßig, daß die Angaben der Thermometer ungenau werden. Auch fangen derartige Glassorten schon verhältnismäßig früh an, weich zu werden. **Jenaer Borosilikatglas 59 III** besitzt diese Fehler in viel geringerem Maße und ist daher bis 525°, **Jenaer Verbrennungsröhrenglas** bis 600° und **Quarzglas** bis **700°** verwendbar.

Die Flüssigkeitsthermometer haben zwei **Fixpunkte**, den **Eispunkt** und den **Siedepunkt**, deren gegenseitiger Abstand, der **Fundamentalabstand**, bei Celsius in 100 gleiche Teile geteilt ist. Eine einfache, aber bei weitem nicht erschöpfende Kontrolle auf die Richtigkeit eines Flüssigkeitsthermometers kann durch erneute Bestimmung der Fixpunkte ausgeführt werden.

Die **Eispunktsbestimmung** erfolgt in der Weise, daß man das Thermometer in reines, feingeschabtes und mit destilliertem Wasser getränktes Eis oder in Schnee bringt. Kunsteis ist für diesen Zweck nicht zu gebrauchen, da es häufig Salz enthält und dieses schon in kleinen Mengen den Schmelzpunkt des Eises erheblich erniedrigt.

Die **Siedepunktsbestimmung** erfolgt durch Einführen des Thermometers in gesättigten Wasserdampf von atmosphärischer Spannung (760 mm Quecksilbersäule).

Dabei ist zu berücksichtigen, daß nach lang andauernden Erwärmungen die Fixpunkte geringe Erhebungen, nach Erwärmungen und darauffolgenden raschen Abkühlungen eine Erniedrigung erfahren. Diese Erscheinungen werden als **thermische Nachwirkungen** bezeichnet.

Pyrometer zur Bestimmung der Rauchgastemperaturen müssen mit ihrem Quecksilbergefäße bis mindestens in die Mitte des Rauchkanales reichen, während die Skala von außen noch bequem ablesbar sein soll. Die Glaskapillare erhält daher stets eine bedeutende Länge und muß durch ein übergeschobenes Eisenrohr, welches unten durchlöchert ist, geschützt werden. Gewöhnlich besitzen diese Pyrometer einen auf diesem Eisenrohre verstellbaren Flansch, der die bequemere Einstellung verschiedener Eintauchlängen ermöglicht (s. Fig. 56).

Um die Temperaturen von überhitztem Dampfe in Rohrleitungen zu messen, werden diese an den interessierenden Stellen (vor dem Überhitzer, hinter demselben, vor der Dampfmaschine) angebohrt und in der Bohrung mit Gewinde versehen. Mit entsprechendem Gewinde wird ein schmiedeeisernes, unten kugelförmig geschlossenes Rohrstück T (Fig. 57), welches bis über die Mitte des Rohrquerschnittes hinausreichen muß, eingeschraubt. In dieses Rohrstück wird hochsiedendes Öl gegossen und alsdann das Thermometer (Pyrometer) eingesetzt. Bei Neuanlagen finden sich gewöhnlich derartige Einrichtungen zur Messung der Dampftemperaturen vor. Um ganz sicher zu sein, daß die Wärmeübertragung einwandfrei erfolgt, ist zu empfehlen, an Stelle von Öl, das ja kein einheitlicher Stoff ist und daher auch keinen festliegenden Siedepunkt besitzt, in das Eintauchrohr T eine leichtschmelzende Metalllegierung einzufüllen, z. B. Roses-Metall (2 Tle. Wismut, 1 Tl. Blei, 1 Tl. Zinn, Schmelzp. 93,75°), oder Woods-Metall (15 Tle. Wismut, 8 Tle. Blei, 4 Tle. Zinn, 3 Tle. Cadmium, Schmelzp. 70°). Die Schwächung, welche das Rohr an der Anbohrstelle erleidet, ist durch eine Verstärkung a (Fig. 57) der Wandung aufgehoben. Damit ist gleichzeitig die Möglichkeit der Anbringung eines genügend langen Gewindes geschaffen.

Das Institut für physikalische und technische Instrumente G. A. Schultze, Neukölln, fertigt für vorliegenden Zweck auch Pyrometer an (Fig. 58), bei welchen das Quecksilbergefäß in einer vollständig geschlossenen Stahlrohrhülse liegt, welche durch eine übergelötete Messinghülse gegen Rosten geschützt ist. Im Innern der Stahlrohrhülse befindet sich bei Beanspruchungen bis zu 300° Quecksilber, bei höheren Temperaturen ein metallisches Pulver. Beide Füllungen übertragen die Temperatur des Dampfes mit genügender Schnelligkeit auf

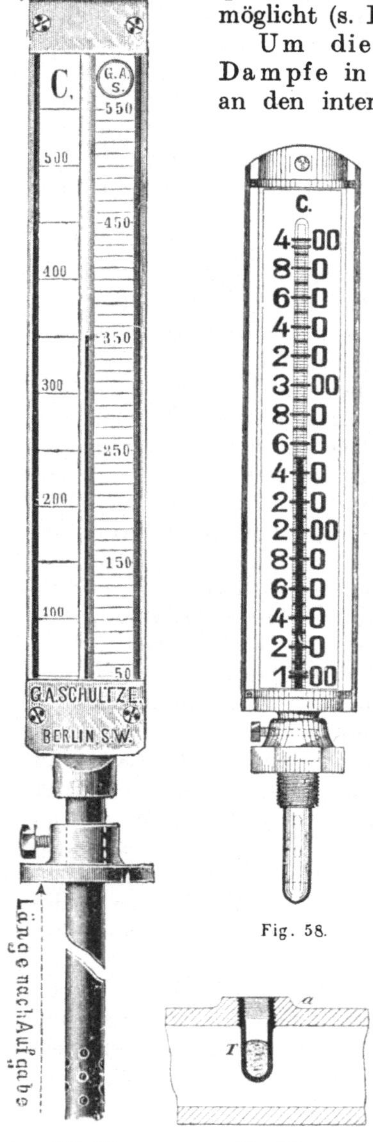

Fig. 56.

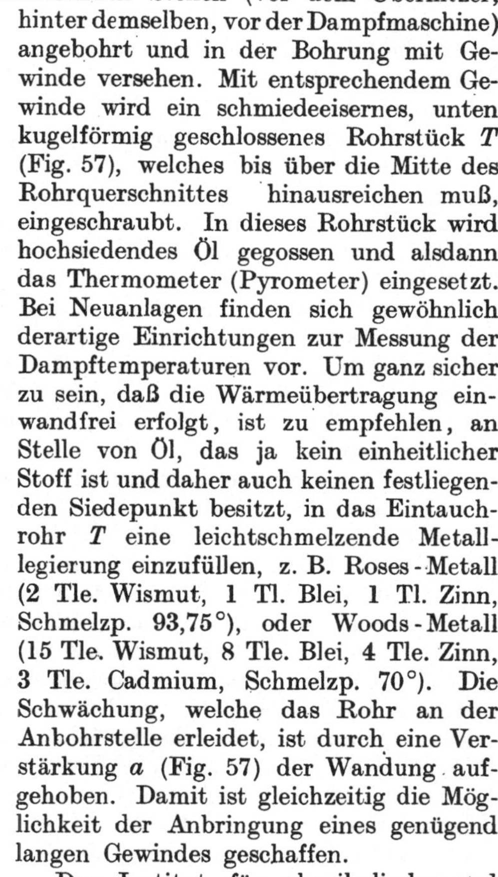

Fig. 58.

Fig. 57.

das Pyrometer. Die Stahlrohrhülse trägt oben ein Gewinde, mit welchem es in die Dampfleitung eingeschraubt werden kann.

Korrektion des herausragenden Fadens.

Die Angaben der Quecksilberthermometer sind gemäß den üblichen Eichungsmethoden nur richtig, wenn nicht nur das Quecksilbergefäß, sondern auch die Kapillare, soweit sie mit Quecksilber gefüllt ist, der zu messenden Temperatur ausgesetzt ist. Dies ist aber bei technischen Temperaturmessungen fast nie der Fall, weshalb zu den abgelesenen Temperaturen ein Zuschlag zu machen ist, der um so größer ist, je länger das Thermometer und je kürzer dessen Eintauchlänge in jedem einzelnen Falle ist.

Bezeichnet t die abgelesene Temperatur, T die zu bestimmende Temperatur, α den scheinbaren Ausdehnungskoeffizienten von Quecksilber in Glas, n die Anzahl von Graden, die herausragen, t' die mittlere Temperatur des herausragenden Quecksilberfadens, so ist die wirkliche Temperatur:

$$T = t + n \cdot \alpha \, (T - t') \,.$$

Für α kann mit genügender Genauigkeit 0,000 155 gesetzt werden.

2. Die thermoelektrischen Pyrometer. Die thermoelektrischen Pyrometer haben als wesentliche Bestandteile ein Thermoelement und einen Stromanzeiger (Anzeigeinstrument).

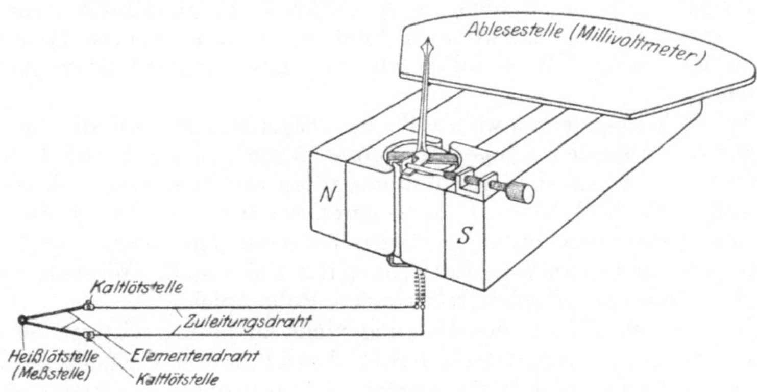

Fig. 59.

Schweißt man zwei Drähte aus verschiedenen Metallen oder verschiedenen Metallegierungen mit ihren Enden zusammen, und bringt man die Schweißstellen in verschieden hohe Temperaturen, so fließt in den Drähten ein elektrischer Strom, und das Ganze heißt ein Thermoelement (Fig. 59).

Die elektromotorische Kraft (EMK) dieses Stromes hängt ab:

1. von der Art, der Reinheit und der Homogenität der Metalle, bzw. Metallegierungen;
2. von den Temperaturen, in welchen sich die Schweißstellen befinden, in der Weise, daß die EMK nahezu proportional der Differenz dieser Temperaturen ist.

Die Temperaturmessung wird also darin bestehen, daß man die Größe der im Stromkreise vorhandenen EMK feststellt.

Schweißt man die Drähte nur an einem Ende zusammen, und schließt man die anderen Enden an ein Millivoltmeter (Anzeigeinstrument) an, so kann an letzterem die im Stromkreise entstehende EMK abgelesen werden.

Die EMK ist bei Elementen aus unedlen Metallen größer als bei solchen aus edlen Metallen; sie hat für den Fall, daß sich die eine Lötstelle in der Temperatur 0° befindet, bei zwei der gebräuchlichsten Thermoelementen Werte (in Millivolt), wie sie die folgende Tabelle angibt[1]).

	Eisen Konstantan	Platin Platin-Rhodium		Eisen Konstantan	Platin Platin-Rhodium
100°	5,4	—	800°	45,2	7,37
200°	10,8	—	900°	51,3	8,48
300°	16,3	2,32	1000°	—	9,61
400°	21,9	3,26	1200°	—	11,93
500°	27,5	4,23	1400°	—	14,29
600°	33,2	5,24	1600°	—	16,67
700°	39,1	6,29			

Bestehen die Elementendrähte aus edlen Metallen oder teueren Metallegierungen, so werden sie möglichst kurz ausgeführt. An die nicht verschweißten Drahtenden lötet man dann längere Leitungsdrähte aus billigen Materialien an, die zum Millivoltmeter geführt werden.

Die verbleibende Schweißstelle der Elementendrähte, die an den Ort der zu messenden Temperatur gebracht wird, ist als Heißlötstelle bezeichnet, während die Anschlußpunkte an die Zuleitungsdrähte zum Millivoltmeter Kaltlötstellen genannt werden. Die Länge der Zuleitungsdrähte kann unter gewissen Bedingungen beliebig groß genommen werden, so daß die Entfernung der Ablesestelle (Millivoltmeter) von der Meßstelle (Heißlötstelle) keine Rolle spielt.

Um die Genauigkeit der Messung nicht zu beeinträchtigen ist vor allem darauf zu achten, daß die beiden Anschlüsse der Elementendrähte an die Zuleitungsdrähte in der gleichen Temperatur sich befinden, denn nur dann heben sich die sekundären Thermoströme, die in den Thermoelementen $\dfrac{\text{Elementendraht}}{\text{Zuleitungsdraht}}$ entstehen, auf.

Der Widerstand der Zuleitungsdrähte muß, wenn er nicht vernachlässigt werden darf, bei der Eichung des Millivoltmeters berücksichtigt werden.

Da das Thermoelement die Temperaturdifferenz zwischen der Heiß- und der Kaltlötstelle bestimmt, so sind die Angaben des Millivoltmeters nur dann der Temperatur der Heißlötstelle gleich, wenn die Kaltlötstelle in der Temperatur 0° sich befindet.

---

[1]) Nach Dr. Mahlke, Stahl u. Eisen 1918.

Bei wissenschaftlichen Versuchen stellt man diese Temperatur auch her, indem man die Kaltlötstellen in schmelzendes Eis bringt. Bei technischen Messungen wird die Temperatur der Kaltlötstellen durch ein Quecksilberthermometer bestimmt, und dann der Zeiger des Millivoltmeters durch eine besondere Vorrichtung vor der eigentlichen Messung auf diesen Temperaturgrad eingestellt.

Um sicher zu sein, daß die beiden Kaltlötstellen die gleiche, und zwar eine möglichst niedrige Temperatur haben, umgibt man sie mit einem Kühlgefäße, durch welches dauernd kaltes Wasser fließt.

Dieses unbequeme Hilfsmittel wird durch Anwendung von Kompensationsleitungen entbehrlich.

Diese Leitungen werden entweder direkt bis zum Millivoltmeter geführt, dann liegen die Kaltlötstellen an diesem, oder man führt sie wenigstens so weit weg, daß die Kaltlötstellen in die gewünschte Temperatur von ca. 20° zu liegen kommen. Bei Edelmetallelementen bestehen die Kompensationsleitungen aus Kupfer oder Kupferlegierungen und sind derartig ausgewählt, daß ihre thermoelektrische Kraft möglichst gleich derjenigen der Elementendrähte ist. Bei unedlen Elementendrähten nimmt man die Kompensationsleitungen aus den gleichen Materialien wie die Elemente. Die Kaltlötstellen können also auf jeden Fall so weit von der Meßstelle abgerückt werden, daß ihre Temperatur niedrig, unbeeinflußt von derjenigen der Heißlötstelle, ziemlich konstant und daher leicht bestimmbar ist.

Die Elementendrähte müssen gegen die schädlichen Einwirkungen der heißen Gase oder Stoffe, deren Temperatur bestimmt werden soll, geschützt sein. Diese Einwirkungen werden besonders dann störend, wenn das Material der Elementendrähte mit den umgebenden Gasen, Dämpfen usw. Verbindungen eingeht, die selbst wieder thermoelektrisch wirksam sind. Diese Zusatzthermokräfte können die ursprüngliche EMK vergrößern oder verkleinern.

Man schließt daher den einen Elementendraht in ein Röhrchen aus Quarz oder Marquardtscher Masse ein und umgibt dann das ganze Element mit einem zweiten, an einem Ende geschlossenen Rohre von der gleichen Masse. Dadurch ist gleichzeitig eine Isolierung des einen Elementendrahtes gegen den anderen erreicht.

Quarzrohre haben den Vorzug, gegen schroffen Temperaturwechsel unempfindlich zu sein. Die Rohre aus Marquardtscher Masse stehen in dieser Beziehung nicht so günstig da, haben aber den Vorteil, lange Zeit Temperaturen bis 1100° ertragen zu können, ohne Schaden zu nehmen.

Zum Schutze gegen Beschädigungen mechanischer Art oder durch Stichflammen werden die isolierten Thermoelemente noch in ein Schutzrohr aus Stahl, Schamotte, Graphit oder Silit, je nach dem Verwendungszweck, eingekleidet.

Die Eichung erfolgt, wie bei allen Berührungsthermometern, durch Eintauchen in die Schmelzung von Schwefel und von Metallen, deren Schmelzpunkte genau bekannt sind, also durch Bestimmung einiger Fixpunkte und durch Interpolation der dazwischenliegenden Skalenteilung. Die Physikalisch-Technische Reichsanstalt gibt u. a. hierfür folgende, durch das Luftthermometer bestimmte Temperaturen an:

Siedetemperatur t von Schwefel bei einem Barometerstand von p-mm-Quecksilbersäule:

$$t = 444{,}55^\circ + 0{,}0908 \cdot (p - 760) - 0{,}000\,047\,(p - 760)^2$$

Schmelzpunkte:

Zink $= 419{,}4^\circ$	Kupfer $= 1083^\circ$
Antimon $= 630^\circ$	Palladium $= 1557^\circ$.

Nachstehend sind die in der Praxis gebräuchlichen thermoelektrischen Pyrometer, für deren Lieferung die Firmen Siemens & Halske, Keiser & Schmidt, W. C. Heraeus, Paul Braun & Co., Hartmann & Braun in Betracht kommen, kurz gekennzeichnet.

Das Thermoelement von Le Chatelier. Die Elementendrähte bestehen aus Platin einerseits und einer Legierung von 10 Teilen Rhodium mit 90 Teilen Platin anderseits. Es ist bis 1600° benützbar und hat den Vorzug, daß seine Drähte vom Sauerstoff der Luft nicht angegriffen werden. Nur Metalldämpfen und Kohlenstoff-Sauerstoffverbindungen gegenüber ist es in heißem Zustande empfindlich und muß daher sorgfältig vor Berührung mit diesen geschützt werden.

Das Eisen-Konstantanelement. Der eine Elementendraht besteht aus Eisen, der andere aus Konstantan, d. i. eine Legierung von 40 Teilen Nickel und 60 Teilen Kupfer. Die EMK pro 1° Temperaturunterschied zwischen Heiß- und Kaltlötstelle ist größer als bei den anderen üblichen Drahtkombinationen. Die Anzeigeinstrumente brauchen daher weniger empfindlich zu sein und können eine in der Praxis erwünschte derbe Ausführung erhalten. Das Element ist anwendbar bis 800°, und wenn für kräftige Ausführung der Elementenschenkel und besonders widerstandsfähige Umhüllung derselben Sorge getragen ist, bis 900°.

Das Kupfer-Konstantanelement. Der eine Elementenschenkel besteht in einem unten geschlossenen Kupferrohre, an dessen Verschluß ein mit Asbest isolierter Konstantandraht — der andere Elementenschenkel — angelötet ist. Verwendung bis 500°.

Das Nickel-Nickelchromelement ist bis 1100° verwendbar.

Das Nickel-Kohleelement. Der Kohleschenkel wird durch ein Kohlerohr gebildet. Verwendung bis 1200°.

3. Die elektrischen Widerstandspyrometer. Der elektrische Widerstand reiner Metalle ändert sich innerhalb eines weiten Temperaturbereiches nach bestimmten Gesetzen mit der Temperatur. Die Gesetzmäßigkeit dieser Widerstandsänderung ist besonders bei Platin zwischen 0° und 500° eine ausgezeichnete; erst oberhalb 900° treten infolge mechanischer und chemischer Einflüsse (Verunreinigungen) Störungen ein.

Bringt man einen als Spirale ausgebildeten Widerstand aus Platindraht an die Stelle, deren Temperatur gemessen werden soll, und verbindet man ihn mit einem bekannten Widerstand (Vergleichswiderstand), der in Form einer **Wheatstoneschen Brücke** verwendet wird, so kann der unbekannte Widerstand, und somit die Temperatur der Meßstelle bestimmt werden. Damit die genannten Widerstände in die Erscheinung treten können, ist an das Ganze noch ein elektrischer Strom anzulegen, der entweder einem Akkumulator oder auch einer Trockenbatterie entnommen werden kann. Damit ergibt sich das in Fig. 60 dargestellte Schaltungsschema. In demselben bedeutet:

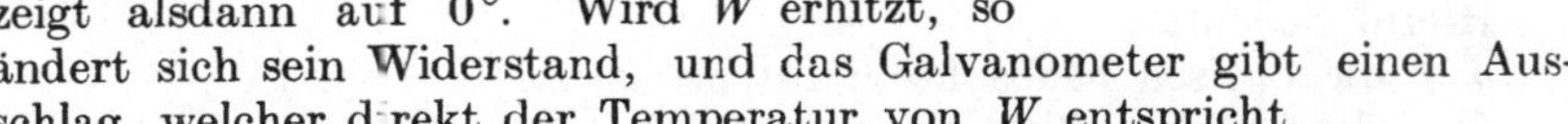

W = Widerstandspyrometer (Platinspirale in Quarzglas eingeschmolzen);

W_1, W_2, W_3 = konstante Widerstände;

G = Galvanometer;

B = Batterie;

A = Ausgleichswiderstand.

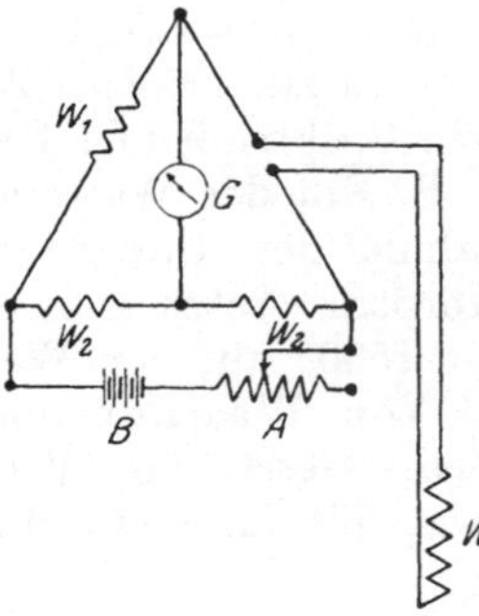

Fig. 60.

Die Widerstände W_1, W_2 und W_3 sind so bemessen, daß sie bei $0°$ dem Widerstande W das Gleichgewicht halten; das Galvanometer zeigt alsdann auf $0°$. Wird W erhitzt, so ändert sich sein Widerstand, und das Galvanometer gibt einen Ausschlag, welcher direkt der Temperatur von W entspricht.

Die Angaben des Galvanometers sind nur so lange richtig, als die Batteriespannung konstant bleibt. Zur Kontrolle und Regulierung der letzteren werden noch ein Prüf- und ein Ausgleichswiderstand notwendig.

Der Prüfwiderstand ist bei einer bestimmten Temperatur gleich demjenigen des Pyrometers W. Diese Temperatur ist auf dem Galvanometer durch einen farbigen Strich kenntlich gemacht. Schaltet man an Stelle von W den Prüfwiderstand ein, so muß der Zeiger des Galvanometers auf die Strichmarke einspielen. Ist dies nicht der Fall, so ist der Schleifkontakt am Ausgleichswiderstand A so weit zu verschieben, bis der Zeiger sich auf die Strichmarke einstellt.

Das Widerstandspyrometer ist für Temperaturen bis $500°$ sehr genau (bis $^1/_{100}°$ Genauigkeit) und kann für technische Messungen auch noch bis $700°$ als ausreichend genau angesehen werden. Es hat gegenüber den thermoelektrischen Pyrometern den Vorzug, daß die Temperatur der Anschlußstellen (Kaltlötstellen) keine Rolle spielt, also auch nicht beobachtet zu werden braucht.

Die **Eichung** des Instrumentes geschieht durch Bestimmung von drei Fixpunkten: Schmelzpunkt des Eises, Siedepunkt des Wassers, Siedepunkt des Schwefels.

4. Die Lichtstrahlungspyrometer. Diese Instrumente messen die Helligkeit hocherhitzter Körper oder Räume innerhalb eines bestimmten

Gebietes des Spektrums. Sie sind äußerst empfindlich, weil die Helligkeit sehr rasch mit der Temperatur steigt.

Die bekanntesten Pyrometer dieser Art sind diejenigen von Holborn & Kurlbaum, von Le Chatelier und von Wanner. Es soll hier das letztere eingehend besprochen werden.

Die optischen Pyrometer von Wanner.

Theoretisches Prinzip der optischen Pyrometrie.

Den optischen Pyrometern liegt der Gedanke zugrunde, die Temperatur eines Körpers durch die Intensität des von ihm ausgestrahlten Lichtes zu messen. Zerlegt man dieses nämlich durch ein Prisma in sein Spektrum und beobachtet die Helligkeit einer bestimmten Farbe, z. B. Rot der Wasserstofflinie C, so findet man eine beträchtliche Zunahme der Intensität mit steigender Temperatur des strahlenden Körpers. Setzt man etwa die Strahlung bei $1000° = 1$, so steigt sie für $1500°$ auf den Wert 134 und erreicht bei $2000°$ das 2130fache.

Von Wanner und anderen experimentell nachgewiesen, wurde dieses Gesetz von Wien und Planck mathematisch formuliert, und zwar gilt für das sichtbare Gebiet merklich genau die Beziehung:

$$J = c_1 \cdot \lambda^{-5} \cdot e^{-\frac{c_2}{\lambda \cdot T}} \quad \text{(Wien-Plancksches Gesetz)}.$$

Hierin bedeuten:

$J =$ die optisch beobachtete Intensität,
$T =$ die absolute Temperatur,
$\lambda =$ die Wellenlänge (Farbe) der beobachteten Strahlen,
c_1 und $c_2 =$ zwei Konstanten,
$e =$ die Basis der natürlichen Logarithmen.

Da alle Größen bis auf J und T bekannt sind, bietet dieses Gesetz die Möglichkeit, durch Bestimmung von J die unbekannte Temperatur $t = T - 273$ zu ermitteln.

Ein dem obigen analoger Ausdruck folgt für eine Temperatur T_1, so daß sich das Verhältnis der Intensitäten bei zwei Temperaturen T und T_1 ergibt zu:

$$\frac{J}{J_1} = e^{\frac{c_2}{\lambda} \cdot \left(\frac{1}{T_1} - \frac{1}{T}\right)} = \frac{\operatorname{tg}^2 \alpha}{\operatorname{tg}^2 \alpha_1}$$

wenn man die Intensität mittels Polarisationsvorrichtung mißt, und α und α_1 die zugehörigen Verdrehungswinkel am Polarisationsapparat bezeichnen. In anderer Form geschrieben lautet die Gleichung noch:

$$\log \frac{J}{J_1} = \log \frac{\operatorname{tg}^2 \alpha}{\operatorname{tg}^2 \alpha_1} = \frac{c_2}{\lambda} \cdot \left(\frac{1}{T_1} - \frac{1}{T}\right) \cdot \log e \,.$$

Es läßt sich also, falls die zu einer einzigen Temperatur und Wellenlänge gehörige Strahlungsintensität J bekannt ist, jede andere Temperatur auf optischem Wege bestimmen, vorausgesetzt natürlich, daß der zu betrachtende Körper bereits sichtbare Strahlen aussendet. Dieses ist von etwa $625°$ aufwärts der Fall. Hierbei muß noch auf eine Einschränkung bei Anwendung der Strahlungsgesetze hingewiesen werden. Diese haben nämlich nur volle Gültigkeit für einen absolut schwarzen Körper, d. h. einen solchen, der alle auftreffenden Strahlen absorbiert, infolgedessen auch Licht jeder Wellenlänge aussendet. Nach Kirchhoff läßt sich diese Bedingung am besten durch einen Hohlraum darstellen, dessen Wände konstant dieselbe Temperatur wie dieser selbst besitzen. Heizt man einen solchen z. B. auf elektrischem Wege, und läßt man die Strahlen durch eine kleine Öffnung in der Wand austreten, so hat man einen sog. schwarzen Strahler vor sich, auf den sich das oben erwähnte Gesetz anwenden läßt. Die gleichen Verhältnisse bieten aber fast sämtliche in der Industrie gebräuchlichen Öfen, und auch für alle anderen glühenden, festen und flüssigen Körper kann man ohne weiteres die Richtigkeit des Gesetzes annehmen, weil der Unterschied ihrer Strahlung gegen die des schwarzen Körpers bei hohen Temperaturen für die Fälle der Praxis überhaupt zu vernachlässigen ist.

Physikalisches Prinzip des Wanner-Pyrometers.

Das von Wanner auf Grund dieser Gesetzmäßigkeiten konstruierte optische Pyrometer besteht aus einem spektral-analytischen und einem photometrischen Teil. Ersterer dient dazu, das auf die beiden Spalte a und b auffallende Licht durch das Prismen G (Fig. 61) spektral zu

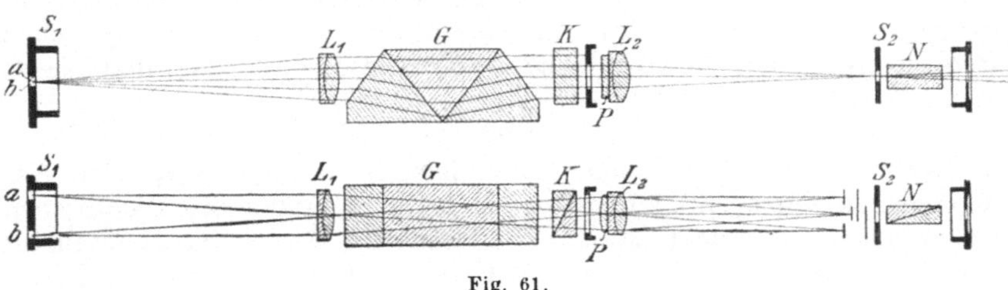

Fig. 61.

zerlegen und durch die Linsen L_1 und L_2 das Spektrum in der Ebene des Spektralspaltes S_2 scharf abzubilden. S_2 ist so gestellt, daß nur Licht der roten Wasserstofflinie ($\lambda = 0{,}6563$) zur Beobachtung gelangen kann, alle anderen Farben aber abgeblendet werden. Der photometrische Teil des Apparates besteht aus dem Prisma K, dem Prisma P und dem Analysator N (Nikol). Durch K wird jedes der beiden Spektren in zwei aufeinander senkrecht polarisierte Komponenten zerlegt, so daß man in S_2 vier übereinander liegende Spektren erhielte. Der brechende Winkel des Prismas P ist nun so berechnet, daß die beiden der optischen Achse zunächst liegenden Bilder im Okularspalt aufeinanderfallen und deren Licht allein in das Auge des Beobachters gelangt. Da ihre Schwingungsrichtungen senkrecht zueinander stehen, kann durch Drehung des Analysators N gleichzeitig die Helligkeit des einen Bildes geschwächt, die des anderen erhöht werden. Beleuchtet man nun noch Spalt a durch eine konstante Vergleichslichtquelle, während b von dem zu beobachtenden glühenden Körper bestrahlt wird, so ist nur erforderlich, die beiden durch das Prisma P gebildeten Hälften des Gesichtsfeldes durch Drehen von N auf gleiche Helligkeit zu bringen, um das Verhältnis der Intensitäten beider für eine bestimmte Wellenlänge zu kennen. Nach dem eingangs Gesagten ist aber hiermit ein wissenschaftlich begründetes genaues Maß für die Temperatur des strahlenden Körpers gegeben.

Hinsichtlich der zu erreichenden Meßgenauigkeit möge kurz folgendes gesagt sein:

Man nehme an, der zu messende Körper sei ein schwarzer Strahler, so wird die Beobachtung nur noch von der Konstanz der Vergleichslichtquelle abhängen und von der Fähigkeit des Messenden, die beiden Gesichtsfeldhälften auf gleiche Helligkeit einzustellen. Letzteres ist aber für ein einigermaßen geübtes Auge auf etwa 1% möglich, was je nach dem Temperaturbereich im Mittel einen Fehler von 1% in der Temperaturbestimmung bedingt. Um eine genügende Konstanz der Vergleichsnormale zu gewähren, kommen nur sorgfältig geprüfte und gealterte Osramlampen zur Verwendung, deren Helligkeit durch eine beigegebene Amylazetatlampe zeitweise kontrolliert werden kann. Da der hieraus entstehende Fehler erfahrungsgemäß 1% nicht überschreitet, kann man sagen, daß der gesamte Meßfehler im Höchstfalle 2% betragen kann, im allgemeinen jedoch unter 1% bleibt.

Der Hauptwert des Instrumentes liegt darin, daß es auf Grund eines theoretisch abgeleiteten und praktisch bestätigten Gesetzes die Temperaturmessung ermöglicht, im Gegensatze zu anderen optischen Pyrometern, deren Angaben eine empirische Eichung zugrunde liegt.

Ausführungsformen des Wanner-Pyrometers.

Dank eigenen Bemühungen und nicht zuletzt den wertvollen Anregungen hervorragender Institute, z. B. der Physikalisch-Technischen Reichsanstalt und dem Bureau of Standards, ist es der Herstellerin des Pyrometers, der Firma Dr. R. Hase in Hannover, im Laufe der Jahre gelungen, sowohl Konstruktion als auch äußere Ausführung desselben auf eine hohe Stufe technischer und wissenschaftlicher Vollkommenheit zu bringen.

Nach dem oben erläuterten Prinzip besteht jeder komplette Apparat aus folgenden Teilen:

1. Dem Spektralphotometer, das zugleich die Vergleichslampe enthält.
2. Der Stromquelle mit Widerstand und Amperemeter.
3. Der Justiervorrichtung mit Amylazetatlampe.

Die Justierung des Pyrometers vor der Amylazetatlampe.

Die zu diesem Zwecke dienende Vorrichtung besteht aus einem Holzbrett M (Fig. 62), welches die Amylazetatlampe N und die Stativstange B trägt. Die Lampe wird bis zur Hälfte mit Amylazetat gefüllt. Auf die Dochthülse wird das Visier V, dessen einer Arm eine Mattscheibe enthält, aufgesteckt.

Die eiserne Stativstange B hält 2 Messingfedern, in welche das Photometer P mit seinem Mittelrohr eingeklemmt wird.

Man drückt nun das Photometer in die Messingfedern und dreht die Visiervorrichtung V der Amylazetatlampe N bis der Anschlag F sich an den geschwärzten Kopf H des Pyrometers anlegt, und schiebt das Pyrometer so weit wie möglich an die Lampe bzw. das Visier heran.

Hierbei ist der geschwärzte Teil des Pyrometers, in welchem sich die Glühlampe befindet, — wie aus der Zeichnung ersichtlich — senkrecht nach unten zu stellen.

Nun zündet man den Docht der Amylazetatlampe an und läßt dieselbe ca. 10 Minuten lang brennen, um eine ruhige Flamme zu erzielen, und kontrolliert dann die Höhe der Flamme, deren gelbe Spitze scharf mit der Höhe der Visiervorrichtung V abschneiden muß.

Fig. 62.

Hierauf verbindet man den Steckkontakt S mit der Anschlußdose am Akkumulator und stellt den Zeiger Z am Okular O genau auf die für den Apparat angegebene Normalzahl (auf dem Teilkreis A) des Apparates ein. Sieht man nun durch das Okular in das Instrument, so erblickt man einen rot erhellten Kreis, dessen obere Halbkreisfläche von der Glühlampe, und dessen untere von der Amylazetatlampe erleuchtet ist. Wenn beide Halbkreisflächen die gleiche Helligkeit zeigen, ist der Apparat zum Gebrauche fertig.

Ist die Helligkeit der beiden halbkreisförmigen Flächen voneinander verschieden, so dreht man die Griffschraube G des Regulierwiderstandes W so lange — nach links oder rechts —, bis die beiden Flächen gleichmäßig hell erscheinen.

Durch diese Regelung hat man die Stromstärke des Akkumulators so weit begrenzt wie für die dem Apparat zugrunde gelegte Helligkeitsnormale der Glühlampe notwendig ist.

Die auf dem Amperemeter abgelesene, als Helligkeitskonstante bezeichnete Zahl K wird für den Gebrauch notiert.

Die Normalzahl eines Wanner-Pyrometers bleibt stets für einen und denselben Apparat gleich, dagegen ändert sich die Helligkeitskonstante, sobald eine neue Glühlampe in das Pyrometer eingesetzt wird. Für diesen Fall ist stets die Einstellung vor der Amylazetatlampe notwendig, wobei in der vorher erwähnten Weise verfahren wird.

Läßt sich nicht durch Ausschaltung (Linksdrehen der Griffscheibe G) des ganzen Regulierwiderstandes W erreichen, daß das Glühlampenfeld in der Helligkeit dem Amylazetatlampenfelde gleich wird, so muß der Akkumulator neu geladen oder eine neue Glühlampe eingesetzt werden.

Welche von diesen Möglichkeiten vorliegt, ergibt sich durch Messen der Spannung der Akkumulatorbatterie (mit einem Voltmeter), welche mindestens 5,7 Volt betragen muß.

Die Justierung des Pyrometer Wanner vor der Amylazetatlampe hat nur den Zweck, die **Eigenschaften der Vergleichsglühlampe** zu kontrollieren. Weil die Glühlampe sich im Laufe der Zeit, je nach dem Gebrauche wenig ändert, braucht die **Einstellung vor der Amylazetatlampe** nur in **längeren Zeiträumen** zu erfolgen.

Ist die Einstellung des Pyrometers gelungen, so empfiehlt sich für den mit dem Apparat bisher unbekannten Beobachter eine Übung.

Man legt das Pyrometer wie zur Einstellung vor der Amylazetatlampe in die Vergleichsvorrichtung, dreht den Zeiger am Okular nach irgendeiner Seite und versucht, ohne auf die Normalzahl zu achten, auf die früher beobachtete gleiche Helligkeit der Halbkreise einzustellen. Kommt man bei diesen Übungen in der Einstellung bis auf $^1/_2$ oder $^1/_1$ Teilstrich an die Normalzahl heran, so hat sich das Auge genügend zu guten Beobachtungen in der Praxis vorbereitet.

Justierung des Pyrometers vor dem Gebrauche.

Man verbindet den Steckkontakt S mit der Anschlußdose und reguliert den Widerstand W so, daß die Helligkeitskonstante K auf diejenige Zahl zeigt, welche bei der vorher beschriebenen Justierung gefunden wurde. Diese Zahl ist jedem Instrumente beigegeben.

Vor jeder Ingebrauchnahme des Pyrometers, wenigstens aber täglich einmal, soll diese Justierung, die nur einige Sekunden in Anspruch nimmt, vorgenommen werden.

Durch Einsetzen einer neuen Glühlampe ändert sich die Zahl K und muß daher durch Justierung vor der Amylazetatlampe neu bestimmt werden.

Dies geschieht, indem man den Zeiger auf die Normalzahl stellt und den Regulierwiderstand so lange verstellt, bis die Helligkeit der im Apparat sichtbaren beiden Halbkreise vollkommen gleich ist.

Entsprechend seiner mannigfachen Verwendung wird der Apparat für mehrere Temperaturintervalle und in verschiedenen Ausführungsformen geliefert.

a) Das Pyrometer für Temperaturen von 840÷2000° C bzw. 4000 und 7000° C.

Das Pyrometer (Fig. 62) ist wie ein Fernrohr gestaltet und trägt am Objektivende einen Kopf, in dem die elektrische Vergleichslampe untergebracht ist. Am Okularende befindet sich der drehbare Analysator, verbunden mit einem Arm und Index, der die Drehung auf einer Kreisteilung abzulesen gestattet. Der nebenstehende Akkumulator ist dreizellig und trägt Strommesser, Regulierwiderstand und Stöpselkontakt. Die Einstellvorrichtung dient zugleich als Aufbewahrungsort, wenn der Apparat außer Gebrauch ist. Sie enthält die Amylazetatlampe und ein Stativ auf einem Brett mit Vorrichtung, um Photometer und Lampe in immer gleicher Lage zueinander zu bringen. Die der Kreisablesung entsprechende Temperatur wird aus einer beigegebenen Tabelle entnommen. Fig. 63 zeigt den Apparat in einer für technische Zwecke besonders geeigneten Ausführung. Das ganze Pyrometer ist in ein Schutzrohr gelegt, wodurch die empfindlichen Teile des Instrumentes gesichert und die Justierschrauben vor Verstellung bewahrt bleiben. Ferner wird die Kreisteilung auf Wunsch zu einer Temperaturskala erweitert, so daß die Temperatur direkt ablesbar ist und sich der Gebrauch der Tabelle erübrigt. Für Messungen bis 4000 bzw. 7000° C wird die Lichtschwächung durch Rauchgläser erreicht, die mit geeigneter Fassung versehen sind und sich augenblicklich anbringen und auswechseln lassen. Sollte es für nötig erachtet

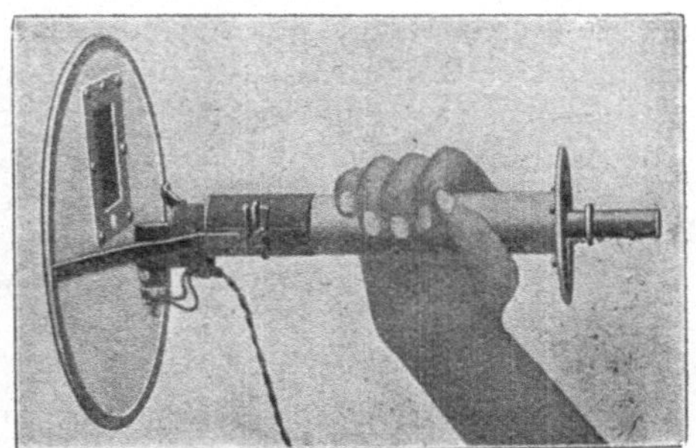

Fig. 63.

Fig. 64.

werden, den Apparat noch besonders vor zu starker Strahlung zu schützen, so wird demselben noch ein Asbestschirm beigegeben, der mit einem Rauchglasfenster zum Schutze des Auges versehen ist.

Die Ausführung (Fig. 64) bildet eine weitere Ausbildungsform für stationäre Einrichtungen zur ständigen Ofenkontrolle. Das Pyrometer ist staubdicht in einem massiven Eisengehäuse eingeschlossen und der ganze Apparat auf einem tragbaren Gestell befestigt. Letzteres besitzt Wände aus starkem Eisenblech, so daß ein absolut sicherer und verschließbarer Raum zur Aufnahme der Nebenapparate vorhanden ist. Ferner ist eine stabile Höhenverstellung durch Schraubenspindel mit Handrad angebracht, sowie Horizontalbewegung und Neigen der Sehachse zur genauen Anvisierung vorgesehen. Durch zwei herunterklappbare Handhaben läßt sich der Apparat bequem von einer Beobachtungsstelle zur anderen transportieren.

b) Das Pyrometer für Temperaturen von 625° C aufwärts.

Da die starke Lichtschwächung durch die Polarisationsvorrichtung eine Beobachtung etwa unterhalb 800° nicht zuläßt, wurde, vielfachen Wünschen aus Kreisen der Technik entsprechend, ein Instrument konstruiert, das eine Temperaturmessung von etwa 625° an gestattet. In Ausführungsform (Fig. 65) enthält das Instrument keinen Spektralapparat, sondern eine annähernd monochromatische Rotglasscheibe und kann vermöge seiner Lichtstärke Temperaturen bis zu der angegebenen unteren Grenze (etwa den Beginn der sichtbaren Temperaturstrahlung) messen. Ein gerades Fernrohr mit okularem Objektiv hat einen rechtwinklig dazu stehenden Griff, in dem die Vergleichslampe und die polarisierenden Elemente untergebracht sind. Oberhalb des Griffes befindet sich der Teilkreis

Fig. 65.

mit drehbarem Index zur Ablesung des Drehungswinkels bzw. der gemessenen Temperatur. Die Handlichkeit des Instrumentes ist außer der kompendiösen Form noch dadurch erhöht, daß der einzellige Akkumulator mit Amperemeter und Widerstand bequem an einem Riemen umgehängt und von dem Beobachter überall mitgeführt werden kann.

Faßt man die Vorzüge, die die optische Temperaturmeßmethode gegenüber anderen Meßverfahren bietet, kurz zusammen, so findet man:

1. die große Genauigkeit der Temperaturbestimmung;
2. die Schnelligkeit der Ablesung in wenigen Sekunden;

3. die einfache Bedienung des Apparates;
4. es ist nur ein Instrument für eine beliebige Anzahl von Beobachtungsfällen nötig;
5. dasselbe Instrument gestattet die Messung an allen überhaupt sichtbaren Punkten des Schmelzraumes, ermöglicht daher eine zuverlässige Kontrolle über die Temperaturverteilung im Innern eines Ofens;
6. die zur Messung dienenden Instrumente kommen nicht mit der glühenden bzw. geschmolzenen Materie in Berührung, daher sind weder nennenswerte Abnutzungs- noch Betriebskosten vorhanden.

In seiner allerneuesten Form hat das Pyrometer eine Ausgestaltung erhalten, in der es hinsichtlich Handlichkeit und Widerstandsfähigkeit allen Anforderungen genügen dürfte. Alle vorstehenden Teile, wie Schrauben usw. sind vermieden, und die gesamte Präzisionsoptik ist im Inneren des glatt verlaufenden Rohres untergebracht. Alle auswechselbaren Rauchgläser und Mattscheiben befinden sich ebenfalls im Instrumente und können vom Objektivende aus durch Drehen eines Knopfes vorgeschaltet werden. Der Teilkreis bietet in seiner Form und Ausführung einen wirksamen Schutz des Beobachters gegen fremdes Licht. Durch Verwendung von Magnaliumguß ist das Gewicht des Instrumentes auf ein Minimum reduziert.

5. Die Wärmestrahlungspyrometer. Das bekannteste Instrument dieser Art ist dasjenige von Fery. Es besteht aus einem Spiegelfernrohr und einem Thermoelement, welches in der optischen Achse des Fernrohres angebracht und an ein Galvanometer angeschlossen ist.

Man richtet das Fernrohr auf den heißen Körper, dessen Temperatur bestimmt werden soll. Die in das Rohr eintretenden Wärme- und Lichtstrahlen werden von dem Spiegel reflektiert und auf das Thermoelement geworfen. Daher auch die bessere Bezeichnung: Gesamtstrahlungspyrometer. Das Galvanometer gibt die Temperatur des heißen Körpers an. Die Strahlen müssen natürlich genau auf die Heißlötstelle des Elementes konzentriert werden.

Das Pyrometer hat den Nachteil, daß es möglichst nahe an den heißen Körper herangebracht werden muß, und daß durch Rauch und andere zwischen Körper und Instrument auftretenden Stoffe die Wirkung der in das Fernrohr fallenden Strahlen geschwächt und die Ablesung am Galvanometer dadurch fehlerhaft wird.

6. Die Segerkegel. Ein sehr einfaches, besonders in der Tonindustrie häufig angewendetes, in der übrigen Technik viel zu wenig bekanntes Verfahren zur Bestimmung hoher Temperaturen ist dasjenige mittels der Segerkegel.

Dies sind abgestumpfte, dreiseitige Pyramiden von 6 cm Höhe, die eine Reihe systematisch zusammengesetzter, an Schwerschmelzbarkeit zunehmender Silikatgemische darstellen. Sie sind in 59 verschiedenen Nummern von der Staatlichen Porzellanmanufaktur in Berlin oder vom chemischen Laboratorium für Tonindustrie, Berlin NW 21, zu beziehen.

Um zu bestimmen, welche Temperatur an einer bestimmten Stelle einer Feuerung herrscht, ist es erforderlich, die ersten Male eine größere Reihe verschiednummeriger Kegel, die man entsprechend der zu erwartenden Temperatur ausgewählt hat, so einzusetzen, daß sie von außen beobachtet werden können. Da die Kegel beim Schmelzen meist nach ein und derselben Seite hinneigen, so schützt man sie vor dem Umfallen, indem man sie mit etwas feuchtem Tone auf einer Schamotteplatte festklebt (s. Fig. 66).

Die Kegel sollen vor Stichflammen geschützt werden; man umstellt sie mit feuerfesten Steinen oder setzt sie direkt mit sog. Haubenlerchen ein, das sind aus feuerfester Masse hergestellte gewölbeartige Schutzkappen.

Zeigen z. B. die in das hintere Ende eines Flammrohres eingesetzten drei Kegel nach Herausnahme das in Fig. 66 gegebene Bild, so kann mit Bestimmtheit angenommen werden, daß die Temperatur an der betreffenden Stelle dem Schmelzpunkt des Segerkegels *10* am meisten entsprach, weil der Kegel *11* noch völlig scharfkantig steht, während der Kegel *9* schon breitgeschmolzen ist.

Ein schwaches Biegen der Kegel ist nicht als Schmelzen anzusehen. Wäre keiner der eingesetzten drei Segerkegel geschmolzen, so müßten früher

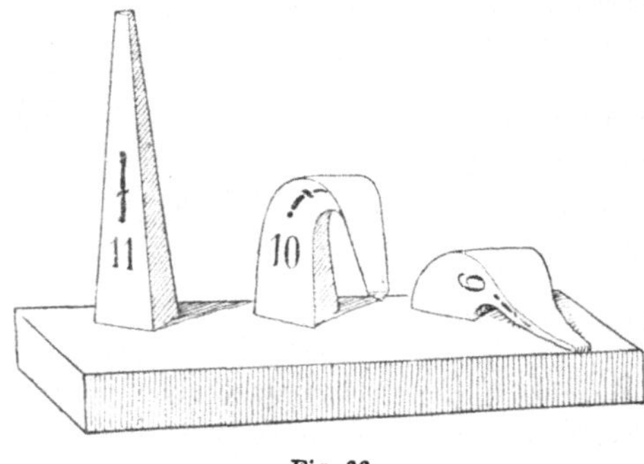

Fig. 66.

schmelzende Kegel, z. B. die Nummern *6a*, *7*, *8* eingesetzt werden.

Das Verfahren mit den Segerkegeln gibt natürlich nur angenähert richtige Werte, aber keine absolut richtigen Temperaturen nach Celsiusgraden.

Folgende Tabelle gibt die Nummern der Segerkegel und die annähernden Mittelwerte ihrer Schmelzpunkte in Celsiusgraden, die bei neueren Messungen in Versuchsöfen gefunden wurden.

Seger- kegel Nr.	Gemessene Temperatur in °C	Seger- kegel Nr.	Gemessene Temperatur in °C	Seger- kegel Nr.	Gemessene Temperatur in °C
022	600	010a	900	3a	1140
021	650	09a	920	4a	1160
020	670	08a	940	5a	1180
019	690	07a	960	6a	1200
018	710	06a	980	7	1230
017	730	05a	1000	8	1250
016	750	04a	1020	9	1280
015a	790	03a	1040	10	1300
014a	815	02a	1060	11	1320
013a	835	01a	1080	12	1350
012a	855	1a	1100	13	1380
011a	880	2a	1120	14	1410

Seger-kegel Nr.	Gemessene Temperatur in °C	Seger-kegel Nr.	Gemessene Temperatur in °C	Seger-kegel Nr.	Gemessene Temperatur in °C
15	1435	26	1580	35	1770
16	1460	27	1610	36	1790
17	1480	28	1630	37	1825
18	1500	29	1650	38	1850
19	1520	30	1670	39	1880
20	1530	31	1690	40	1920
Die Nr. 21—25 inkl. werden		32	1710	41	1960
nicht mehr hergestellt, weil		33	1730	42	2000
ihre Schmelzpunkte zu nahe beieinander lagen.		34	1750		

7. Die Sentinelpyrometer. Eine den Segerkegeln ähnliche Einrichtung sind die von The Amalgams Co. Ltd., Sheffield nach Brearleys Angaben fabrizierten Sentinelpyrometer (Fig. 67). Sie bestehen in 20 mm hohen Zylindern von 12 mm Durchmesser, hergestellt aus Metalloxydsalzen oder Mischungen von solchen.

Die Schmelzpunkte der Metalloxydsalze markieren sich sehr scharf; es genügen schon $1\div2°$ C Temperaturzuwachs, um den Übergang vom festen zum flüssigen Zustande zu veranlassen. Sinkt die Temperatur unter den Schmelzpunkt, so gehen die Metalloxydsalze sofort wieder in den teigigen bzw. festen Zustand über. Da die Oberfläche der niedergeschmolzenen Sentinelzylinder, solange sie noch vollständig flüssig sind, spiegelglatt ist, während sich nach der Erstarrung kleine Kristalle ausscheiden, so geben diese Pyrometer auch Aufschluß über den Verlauf des Temperaturrückgangs.

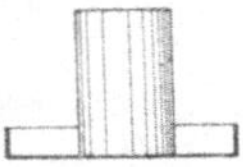

Fig. 67.

Die Sentinelpyrometer, die für jeden beliebigen Schmelzpunkt hergestellt werden können, finden ihrer schätzenswerten Eigenschaften wegen für metallurgische Zwecke, insbesondere in der Härtetechnik gerne Verwendung, sind aber natürlich auch in vielen anderen Fällen ein einfaches Mittel zur Bestimmung hoher Temperaturen.

8. Die kalorimetrische Wärmemessung. Eine sehr einfache Methode zur Bestimmung hoher Temperaturen ist die kalorimetrische Wärmemessung.

Ein seinem Gewichte nach bestimmter Bolzen aus schwer schmelzbarem Metalle (Nickel, Platin) wird längere Zeit in die zu messende Wärmequelle gebracht und hierauf tunlichst rasch in eine genau abgewogene Menge Wasser geworfen. Aus der Temperaturerhöhung, die diese erfährt, läßt sich die Temperatur des Bolzens und damit die gesuchte Temperatur der Wärmequelle berechnen.

Da bei dieser an sich sehr einfachen Arbeitsmethode Fehler infolge des Einflusses der Umgebung auf die Temperatur des Wassers unvermeidlich sind, sollen derartige Wärme- resp. Temperaturmessungen nur mit eigens zu diesen Zwecken bestimmten Kalorimetern ausgeführt werden, weil nur dadurch diese Fehler sich auf ein Minimum reduzieren lassen.

Ein sehr einfacher und bequem zu handhabender Apparat dieser Art ist das **Kalorimeter von P. Fuchs**, welches infolge besonderer Einrichtungen ein sehr rasches Arbeiten ermöglicht. Es ist in Fig. 68 abgebildet und hat folgende Einrichtung.

Das Kalorimeter besteht aus einem runden Gefäße a, welches durch einen Schieferdeckel b geschlossen ist. Unterhalb des Deckels ist der hochglanzpolierte, zylindrische Nickelmantel c befestigt. Der Raum zwischen c und a wird mit Asbest ausgefüllt. Das eigentliche, innen und außen hochglanzpolierte Kalorimetergefäß d hängt mit einer Verstärkung in der ringförmigen Öffnung des Deckels. Ein perforiertes Schutzblech verhindert das Berühren des Gefäßbodens durch den erhitzten Metallbolzen g. Das Unterteil des Thermometers wird durch e_1 geschützt.

Der Apparat wird durch den polierten Deckel f verschlossen, welcher in der einen Öffnung das Thermometer, in der anderen einen Rührer enthält.

Zur Temperaturbestimmung füllt man zuerst das Gefäß d mit Wasser, dessen Menge durch einen dem Instrumente beigegebenen, mit Marke versehenen Meßkolben ein für allemal bestimmt ist. Die Temperatur des Wassers muß zwischen 16° und 17° C liegen. Nachdem letzteres umgerührt ist, stellt man durch die Schraubvorrichtung des Thermometers den mit 0 bezeichneten Gradstrich der Skala genau auf den augenblicklichen Stand des Quecksilbers in der Thermometerkapillare ein. Sodann entfernt man den Rührer und bringt die Einführungsstange mit dem eingelegten Metallbolzen g, der durch den inneren federnden Halter vor dem Her-

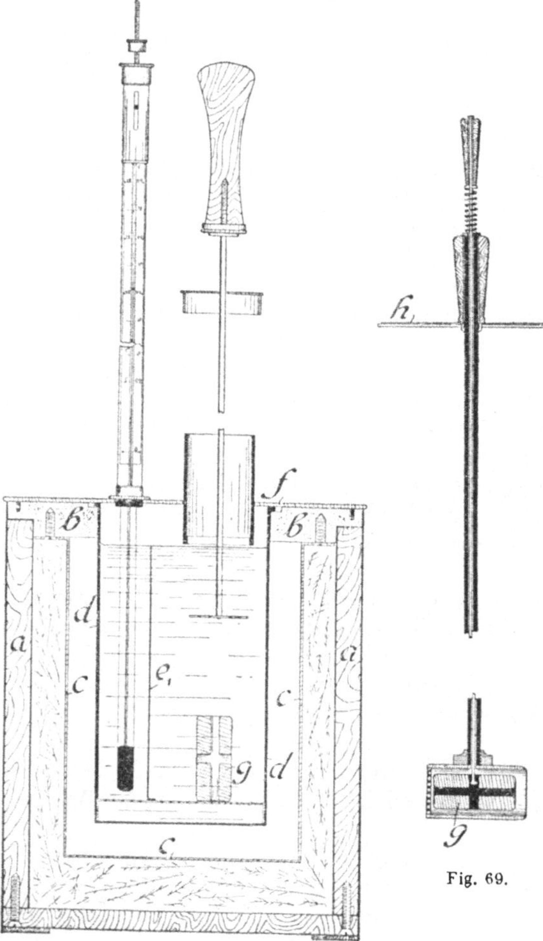

Fig. 68.

Fig. 69.

ausfallen bewahrt wird (Fig. 69), in die auf ihre Temperatur zu untersuchende Wärmequelle.

Für Temperaturen bis zu 1200° werden Nickelbolzen, für solche bis zu 1600° Platinbolzen angewendet.

Nach einigen Minuten wird der Metallbolzen die Temperatur seiner Umgebung angenommen haben, worauf man die Einführungsstange herausnimmt und durch entsprechendes Neigen des unteren Teiles, sowie Anziehen des hinteren, kleinen Griffes den Bolzen g in das Wasser des Gefäßes d gleiten läßt.

Durch Umrühren mischt man sodann das Wasser und beobachtet den höchsten Stand des Quecksilberfadens, welcher direkt die Temperatur des Metallbolzens, resp. des Raumes, in welchem derselbe erhitzt wurde, in Celsiusgraden angibt.

F. Messung von Druckdifferenzen (Zugmessung).

Jede Feuerungsanlage bedarf einer Einrichtung, welche die zur Verbrennung nötige Luftmenge in den Verbrennungsraum fördert, und welche gleichzeitig die ausgenützten Verbrennungsgase in solcher Höhe in die Atmosphäre überführt, daß eine erhebliche Belästigung der Umgebung vermieden ist.

Man bedient sich hierzu entweder des natürlichen Zuges, der durch die Wirkung eines Schornsteins erzeugt wird, oder eines künstlichen Zuges, dessen Erzeugung durch die Saug- oder die Druckwirkung eines Ventilators geschieht. Zuweilen kommt auch eine Kombination beider Methoden: Schornsteinzug, unterstützt durch Ventilatorwirkung, vor. Allgemein bildet aber die Anwendung des natürlichen Schornsteinzuges die Regel.

Die saugende Wirkung eines Schornsteins beruht auf dem Auftriebe, den die heißen und daher spezifisch leichteren Abgase einer Feuerung in kälterer Umgebung der Atmosphäre erfahren. Der allgemeine Ausdruck „der Schornstein zieht" ist bei genauer Betrachtung der Vorgänge unrichtig, denn die Verbrennungsluft wird nicht in den Feuerraum gezogen, sondern vermöge des Überdruckes, den die atmosphärische Luft gegenüber dem Drucke der im Schornsteine befindlichen Gassäule hat, in den Feuerraum und durch die eventuell daranschließenden Heizkanäle gedrückt.

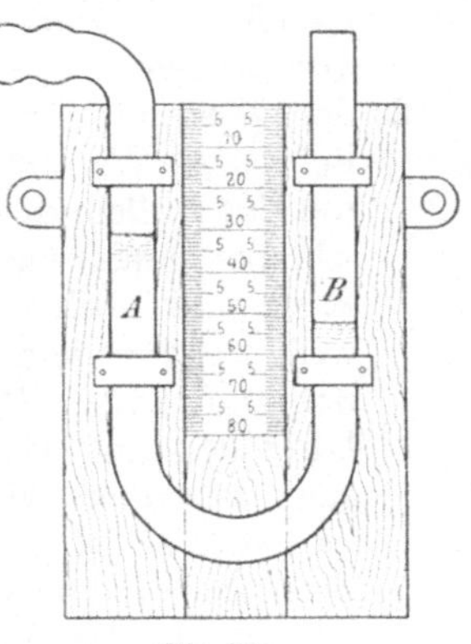

Fig. 70.

Die Differenz dieser beiden Drücke, den sog. Unterdruck, zu messen, ist Aufgabe derjenigen Instrumente, die man allgemein Zugmesser nennt.

Die einfachste Einrichtung zur Messung des Unterdruckes ist eine U-förmig gebogene Glasröhre, die zum Teil mit Wasser gefüllt ist (Fig. 70). Mit einem Millimetermaßstabe (ca. 50÷60 mm umfassend) ist dieses Glasrohr auf einem Brettchen derart befestigt, daß entweder der Maßstab oder das Glasrohr in vertikaler Richtung verschiebbar ist. Der eine Schenkel A des U-förmigen Glasrohres ist zu einem Schlauchstücke aufgekröpft und wird mittels eines dicht anschließenden Gummischlauches, der wieder in einem Stück Porzellanrohr (für niedrige Temperaturen genügt auch ein Glasrohr) endigt, mit demjenigen Raume verbunden, dessen Druckverhältnisse bestimmt werden sollen. Herrscht in diesem Raume ein geringerer Druck als der augenblicklich vorhandene atmosphärische, so wird die Wassersäule in A höher stehen als in B.

Die Niveaudifferenz in Millimeter ist ein Maß für den Unterdruck. Die Einheit der Zugstärke, oder präziser gesagt, die Einheit des Unterdruckes ist 1 mm Wassersäule.

Die Messung des Unterdruckes direkt vor dem Rauchschieber ist für die Beurteilung der in die Feuerung eintretenden Luftmenge völlig belanglos. Sie gibt nur Aufschluß über die Zustände im Schornsteine selbst, in der Weise, daß eine Verringerung des Unterdruckes bei vollständig geöffnetem Rauchschieber auf die Ansammlung großer Flugaschenmengen am Eingang zum Schornsteine, oder bedeutender Rußmengen im Schornsteine oder auf klaffende Risse im Schornsteinschafte schließen läßt.

Für die Menge der in eine Feuerung eintretenden Luft sind noch von Einfluß:

1. Die Widerstände, die die Abgase zwischen Rauchschieber und Rost, also in den Heizkanälen, finden, insofern als diese Widerstände den vor dem Rauchschieber gemessenen Unterdruck verkleinern;

2. der Zustand der Wandungen der Heizkanäle. Befinden sich in diesen Wandungen Risse oder Löcher, die die Verbindung mit der Außenluft herstellen, so wird ein Teil des vor dem Rauchschieber gemessenen Unterdruckes dazu verwendet, durch diese Risse und Löcher Luft in die Heizkanäle zu drücken, die aber, weil hinter dem Feuerraume eingeführt, nicht mehr als Verbrennungsluft in Betracht kommen kann und mit Recht falsche Luft genannt wird;

3. ganz besonders die Widerstände, welche die Verbrennungsluft im Roste selbst findet. Ist z. B. der Rost sehr hoch mit frischem Brennmaterial beschickt, oder ist er stark verschlackt, so tritt infolge der hierdurch geschaffenen großen Widerstände keine oder doch nur wenig Verbrennungsluft durch den Rost ein.

Es ist also direkt falsch, aus einem großen Unterdrucke, gemessen vor dem Rauchschieber, auf eine große Menge Verbrennungsluft zu schließen, da die im Roste und die zwischen Rost und Rauchschieber liegenden, den Zufluß der Verbrennungsluft stark beeinflussenden Reibungswiderstände außer acht gelassen sind. So wird z. B. in den beiden genannten Fällen der hohen Rostbeschickung und der starken Rostverschlackung der Zugmesser ein Maximum des Unterdruckes anzeigen, während in Wirklichkeit die Menge der in den Verbrennungsraum eintretenden Luft ein Minimum ist. Wird aber, um noch einen anderen Fall anzuführen, die Feuertür geöffnet, so wird die Angabe des Zugmessers zurückgehen, während nunmehr gerade ein Maximum der Luftmenge in den Feuerraum eintritt.

In Anbetracht dieser Umstände ist es viel korrekter, nicht vor dem Rauchschieber zu messen, sondern den im Feuerraume herrschenden Unterdruck zu bestimmen; doch ist auch hierbei zu beachten, daß ein kleiner Unterdruck (z. B. bei geöffneter Feuertür) eine große Luftmenge und umgekehrt, ein großer Unterdruck eine kleine Luftmenge anzeigt.

Bezeichnet man den Druck der Atmosphäre mit $\mathfrak{A}$ und ferner den Druck der Rauchgase

am Rauchschieber mit p_1,
über dem Roste mit p_2,

so ist der Unterdruck

$$\begin{aligned}
\text{am Rauchschieber} &= \mathfrak{A} - p_1 \\
\text{über dem Roste} &= \mathfrak{A} - p_2 \\
\hline
\text{Differenz} &= \mathfrak{A} - p_1 - \mathfrak{A} + p_2 = p_2 - p_1 \, .
\end{aligned}$$

Ist der Rost z. B. mit Kohlengries hoch beschickt oder stark verschlackt, so wird p_2 wenig von p_1 verschieden sein, die Differenz $p_2 - p_1$ wird sehr klein werden, ebenso wie ja auch die Menge der zuströmenden Verbrennungsluft ein Minimum ist. Wird dagegen die Feuertür geöffnet, oder ist der Rost nur zum Teil und mit wenig Brennstoff bedeckt, so ist p_2 sehr groß, die Differenz $p_2 - p_1$ auch groß, ebenso wie jetzt die Menge der zuströmenden Verbrennungsluft ein Maximum ist.

Daraus folgt aber, daß die Differenz der Unterdrücke am Rauchschieber und über dem Roste in demselben Sinne sich ändert als die Menge der durch den Rost streichenden Verbrennungsluft.

Diese Differenz-Unterdruckmessung ist sehr einfach ausgeführt, indem man die beiden Enden der U-förmigen Glasröhre (Fig. 70) zu Schlauchstücken aufkröpft und das eine Ende mit dem Feuerraume, das andere mit dem Fuchskanale verbindet. Sollten die Schlauchleitungen zu lang werden, so ist zu empfehlen, an den Feuerraum und an den Fuchskanal je einen Zugmesser anzuschließen, an beiden Instrumenten gleichzeitig abzulesen und die Angaben sinngemäß zu subtrahieren.

Der in Fig. 70 abgebildete Zugmesser hat trotz seiner großen Einfachheit doch auch nicht zu unterschätzende Nachteile.

Bei jeder Messung muß der Maßstab (oder das Glasrohr) so verschoben werden, daß der Wasserspiegel im Schenkel B auf den Nullpunkt des Maßstabes einspielt; außerdem ist die Teilung der Skala (mm) sehr eng, was um so mehr ins Gewicht fällt, als die zu messenden Unterdrücke ohnehin nicht groß sind (für die gute Verbrennung von Steinkohle genügt ein Differenzunterdruck von $6 \div 12$ mm). Außerdem verschmutzt der Apparat sehr leicht.

In dem Bestreben, diese Mängel ganz oder teilweise zu beseitigen, sind eine Reihe von Zugmessern entstanden, die noch einfach zu nennen sind, und von denen einige wegen ihrer viel größeren Empfindlichkeit auch zur Messung von geringeren Unterdrücken Verwendung finden können, als wie sie in gewöhnlichen Feuerungsanlagen vorkommen.

1. Der Zugmesser Ebert. Derselbe ist in Fig. 71 abgebildet. Ein etwa 60 mm im Lichten messender kurzer Glaszylinder mit kräftigem Fuße trägt oben einen dicht aufgesetzten Messingrand, gegen welchen mittels zweier Schrauben ein Messingdeckel gesetzt wird. Deckel und Messingrand liegen dicht aneinander, ausgenommen an 4 Stellen, an

Fig. 71.

welchen im Rande ziemlich breite Furchen ausgespart sind, durch welche die atmosphärische Luft stets Zutritt zum Innern des Glaszylinders hat. Axial durch den Deckel hindurch ist mittels einer Stopfbüchse ein Messingrohr geführt, welches unten, also innerhalb des Glaszylinders, ein Glasröhrchen (ca. 4 mm lichte Weite) trägt, mit daran befestigter Millimeterskala, 50 mm umfassend. Die Höhenlage dieser Skala kann durch Verschieben des Messingröhrchens innerhalb des Glaszylinders beliebig verändert und durch Anziehen der Stopfbüchse in jeder Stellung festgelegt werden. Die Skala trägt hinter dem Glasröhrchen einen dicken, schwarzen Strich, ein auch bei Wasserstandsgläsern für Dampfkessel angewandtes Mittel, den Wasserfaden recht deutlich sichtbar zu machen. Oben trägt die Messingröhre ein kurzes Stück Gummischlauch, welches, wie Fig. 71 zeigt, während des Betriebes mittels Quetschhahnes abgeschlossen ist.

Über ein seitlich abzweigendes, kurzes Rohrstück wird der Gummischlauch gezogen, der den Zugmesser mit der nach dem zu untersuchenden Raume führenden Leitung verbindet.

Um den Apparat in betriebsfertigen Zustand zu bringen, ist weiter nichts nötig, als nach Abnahme des Quetschhahnes ein beigegebenes Blechtrichterchen auf den kurzen Gummischlauch am oberen Ende der Messingröhre zu setzen und ca. 100 ccm destilliertes Wasser in den Glaszylinder einzufüllen. Um Luftblasen, die eventuell im Messingrohre oder im Glasröhrchen haften geblieben sind, zu beseitigen, bläst man nach Abnahme des Trichterchens durch die genannten Rohre. Nunmehr wird die Messingröhre so lange verschoben, bis der in der Glasröhre kapillar hochgezogene Wasserfaden auf den Nullstrich der Skala einspielt. Nach Aufsetzen des Quetschhahnes wird der Apparat sofort in Funktion treten, indem der Wasserspiegel in dem Glasröhrchen dem gesuchten Unterdrucke entsprechend steigt. Infolge des verhältnismäßig großen Durchmessers des Glaszylinders kann der Nullpunkt des Zugmessers längere Zeit hindurch als ein fixer angesehen werden. Durch Öffnen des Quetschhahnes kann man jederzeit während des Betriebes die Richtigkeit der Nullpunktstellung kontrollieren und durch Verschieben des Messingrohres den Nullpunkt genau einstellen.

2. Der Segersche Zugmesser. Der Segersche Zugmesser besteht aus einer U-förmigen Röhre A (Fig. 72), welche oben zu den im Durchmesser gleichen Gefäßen B und C erweitert ist. Neben der Röhre A ist ein in Schlitzen verschiebbarer und mit zwei Schrauben festzustellender Maßstab angebracht, an welchem die Druckdifferenz in Millimeter Wassersäule abgelesen wird.

Die enge Röhre A wird zuerst mit dunkelgefärbtem Phenol gefüllt, auf welches dann beiderseits eine klare, gesättigte Lösung von Phenol in Wasser, die sich mit der zuerst eingefüllten Flüssigkeit nicht mischt, gegossen wird. An der scharf abgegrenzten Berührungsstelle beider Flüssigkeiten erfolgt die Ablesung. Der Ausschlag dieser Berührungsfläche ist um so größer, je kleiner der Querschnitt von A im Verhältnisse zum Querschnitte von B und C ist.

Ist der zu messende Druck kleiner als der Atmosphärendruck, so verbindet man C mit demjenigen Raume, dessen Druck bestimmt werden soll; im entgegengesetzten Falle wird B mit diesem Raume verbunden.

3. Der Zugmesser nach Rabe. In eine U-förmig gebogene Röhre, deren Endquerschnitte sich oben gefäßartig erweitern (Fig. 73), werden zwei sich nicht mischende Flüssigkeiten von nahezu gleichem spezifischen Gewichte eingefüllt, derart, daß ihre Trennungsfläche sich im linken Schenkel unterhalb der Erweiterung einstellt. Diese Fläche bildet alsdann den Nullpunkt, der sich bei der geringsten Druckschwankung im Verhältnis des weiten zum engen Rohrquerschnitte verschiebt. Durch richtige Dimensionierung dieser Querschnitte ist es möglich, Pres-

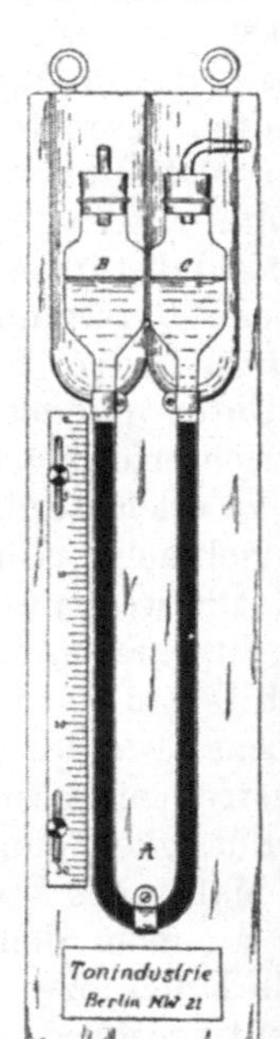

Fig. 72.　　　　Fig. 73.

sungen von 1, $^1/_2$, $^1/_5$ und $^1/_{10}$ mm Wassersäule an der senkrechten Skala bequem abzulesen.

Um das Instrument gegen plötzlich auftretende Druckstöße oder gegen stärkere Druckschwankungen insofern unempfindlich zu machen, als es dadurch nicht in Unordnung geraten soll, hat der Rabesche Zugmesser noch eine besondere Einrichtung. Diese besteht zunächst darin, daß im unteren Teile des linken Rohrschenkels ein Sicherheitsgefäß A angebracht ist, in das die leichtere Flüssigkeit eintreten kann, ohne in den rechten Schenkel zu gelangen. Außerdem befindet sich in dem oberen erweiterten Teile des linken Schenkels bei c eine kleine Kugel, welche sich bei plötzlich auftretendem Überdruck auf die Mündung der engen Röhre legt und diese so weit drosselt, daß die leichtere Flüssigkeit nicht schußartig durch die schwerere hindurchtreten kann und die Funktion des Zugmessers stört. Diese Drosselung wirkt jedoch nur in der Richtung des eintretenden Überdruckes, so daß sich bei dessen Nachlassen sofort wieder normale Verhältnisse einstellen. Um das Eindringen von Staub in die oberen Gefäße zu verhindern und einen bequemen Anschluß der Meßleitungen zu ermöglichen, sind die beiden Anschlüsse a und b nach vorne und abwärts gerichtet.

4. Die Zug- und Druckmesser von Lux. Diese in 12 verschiedenen Modellen hergestellten sog. einschenkligen Zug- und Druckmesser haben im Prinzip die in Fig. 74 dargestellte Einrichtung. Das oben geschlossene, unten verengte Gefäß A ist mit der Verengung B luftdicht in einen Metallfuß eingesetzt, der einen um 90° drehbaren Dreiweghahn und unterhalb desselben einen rechtwinklig abzweigenden Schlauchanschlußstutzen enthält (Fig. 75). Im Innern von A, mit dem engeren Teile B zusammengeschmolzen, ist ein ganz enges, oben offenes Rohr C zu finden, welches bis nahe an die obere Begrenzung von A reicht. Unten mündet in A ein ebenfalls enges Standrohr D ein, welches oben trichterförmig erweitert ist, um das Eingießen der Absperrflüssigkeit zu erleichtern. An der Standröhre D ist der Maßstab E verschiebbar angebracht. Um den Apparat betriebsfertig zu machen, stellt man den Dreiweghahn so ein, daß sein Griff horizontal steht, alsdann hat der Innenraum von A nur Verbindung mit der Atmosphäre, und zwar durch C und D. Hierauf gießt man durch D Absperrflüssigkeit ein, die, ebenso wie der Maßstab E, je nach dem Meßbereiche, für welchen das Instrument bestimmt sein soll, verschieden ist. Es wird so viel Absperrflüssigkeit eingefüllt, daß der Spiegel derselben auf den Nullpunkt des Maßstabes E einspielt.

Öffnet man nunmehr den Dreiweghahn, so stellt sich in A sofort der zu messende Druck bzw. Zug ein, und der Flüssigkeitsspiegel in D wird sich dementsprechend verschieben.

Zur Feststellung der Theorie des Instrumentes zieht man am einfachsten die hydrostatischen Druckverhältnisse in der Fläche f (Einmündung von D in A, Fig. 74) bei zwei verschiedenen Zuständen in Betracht, nämlich 1. unter der Voraussetzung, daß im Innern von A und bei D derselbe Druck p_1 herrscht; 2. unter der Annahme, daß der Druck in A auf p_2 angewachsen, bei D aber konstant (p_1) geblieben sei; dann ist mit den in Fig. 74 eingeschriebenen Bezeichnungen, und, wenn s das spezifische Gewicht der Absperrflüssigkeit bedeutet:

Fall 1 $\qquad f \cdot p_1 + f \cdot b_1 \cdot s = f \cdot p_1 + f \cdot a_1 \cdot s\,,$

Fall 2 $\qquad f \cdot p_2 + f \cdot b_2 \cdot s = f \cdot p_1 + f \cdot a_2 \cdot s\,.$

Gleichung 1 von Gleichung 2 subtrahiert:

$$p_2 + b_2 \cdot s - b_1 \cdot s - p_1 = a_2 \cdot s - a_1 \cdot s\,,$$
$$p_2 - p_1 = s \cdot (a_2 - a_1 + b_1 - b_2)\,,$$
$$p_2 - p_1 = s(x + b_1 - b_2)\,.$$

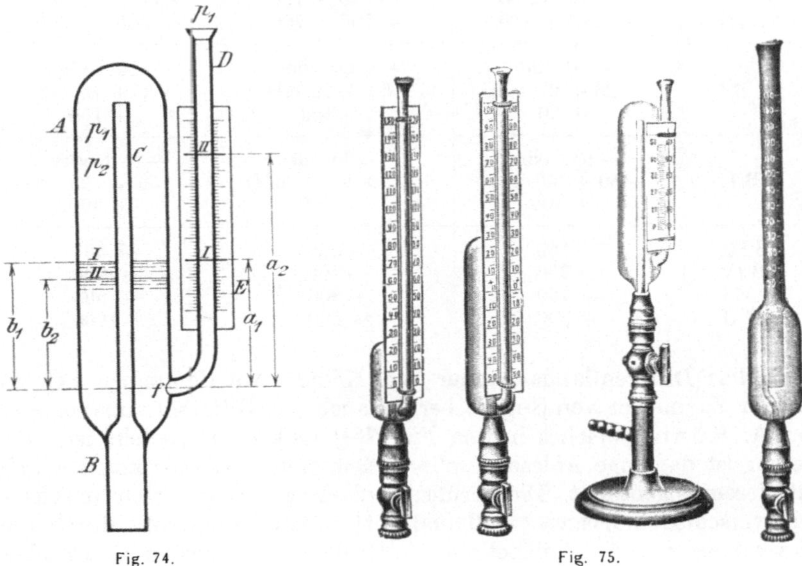

Fig. 74.   Fig. 75.

Es muß ferner sein:

$$F \cdot (b_1 - b_2) = f\,x\,,$$

also:

$$b_1 - b_2 = x \cdot \frac{f}{F}\,.$$

Demnach:

$$p_2 - p_1 = s \cdot x \cdot \left(1 + \frac{f}{F}\right),$$

also:

$$x = \frac{p_2 - p_1}{s \cdot \left(1 + \dfrac{f}{F}\right)}\,,$$

d. h. der Ausschlag x wird um so größer, je kleiner das spezifische Gewicht der Absperrflüssigkeit und je kleiner das Verhältnis $\dfrac{f}{F}$ ist.

Als Absperrflüssigkeit kommt Petroleum, oder Tetrachlorkohlenstoff oder Bromoform zur Anwendung, wodurch sich für die einzelnen Modelle folgende Meßbereiche ergeben:

Modell	Petroleumfüllung Meßbereich: mm Wassersäule	Tetrachlorkohlenstoff Meßbereich: mm Wassersäule	Bromoform Meßbereich: mm Wassersäule
A I	+ 150	+ 300	+ 500
A II	+ 300	+ 600	+ 1000
A III	+ 450	+ 900	+ 1500
AB I	— 50 + 100	— 100 + 200	— 150 + 350
AB II	— 70 + 230	— 140 + 460	— 200 + 800
AB III	— 100 + 350	— 200 + 700	— 300 + 1200
B I	— 50 oder — 25 + 25 oder + 50	— 100 oder — 50 + 50 oder + 100	— 150 oder — 75 + 75 oder + 150
B II	— 100 oder — 50 + 50 oder + 100	— 200 oder — 100 + 100 oder + 200	— 300 oder — 150 + 150 oder + 300
B III	— 150	— 300	— 500
B IV	— 300	— 600	— 1000
C I	+ 150	+ 300	+ 500
C II	+ 300	+ 600	+ 1000

5. Das Differentialmanometer von König. Auf demselben Prinzip wie der Zugmesser von Seger, beruht auch das Differentialmanometer von A. König, welches in den Fig. 76[1]) und 77 dargestellt ist. Bei diesem ist das enge Ablesungsrohr in dem weiten Gefäße konzentrisch mit diesem angeordnet. Die Berührungsfläche zweier sich nicht mischender, verschiedenfarbiger (weiß und rot) Flüssigkeiten gibt durch die Abweichung von der Nullstellung die Größe des zu messenden Druckes gegenüber dem Drucke der Atmosphäre an. Die Ablesung erfolgt an einem verschiebbaren Maßstabe auf Milchglas in Millimeter Wassersäule.

Das Instrument, welches in drei verschiedenen Ausführungen für Drücke bis zu 10, 20 und 30 mm Wassersäule zu haben ist, ist sehr empfindlich und eignet sich daher auch zum Messen kleiner Pressungsdifferenzen.

Die Zusammenstellung in den betriebsfertigen Zustand ist etwas umständlich und soll daher an der Hand der schematischen Darstellung des Instrumentes (Fig. 77) genauer beschrieben werden.

Die Füllung des Glaskörpers: Nach Entfernung des inneren Glasrohres wird die untere Erweiterung des äußeren Glasrohres mittels einer Pipette, deren obere Öffnung man zuerst, um das Eintreten der spezifisch leichteren weißen, in der gemeinsamen Aufbewahrungsflasche daher oben stehenden Flüssigkeit zu verhindern, mit dem Finger

---

[1]) Das innere Glasrohr R ist der Deutlichkeit halber etwas aus dem weiten Glasgefäße A herausgezogen.

verschließt, mit der roten Flüssigkeit gefüllt, so weit als die Erweiterung parallelwandig ist (bis *a*), wozu ca. 10 ccm Flüssigkeit erforderlich sind. Es schadet nicht, wenn die Pipette zugleich etwas
von der farblosen Flüssigkeit mit einführt, man vermeide aber möglichst, die Innenwände des Rohres mit Tropfen der roten Flüssigkeit
zu benetzen.

Auf die rote Flüssigkeit schichtet man die farblose Flüssigkeit
und füllt damit die obere große Erweiterung des Glasrohres fast bis
zur Hälfte (bis *b*).

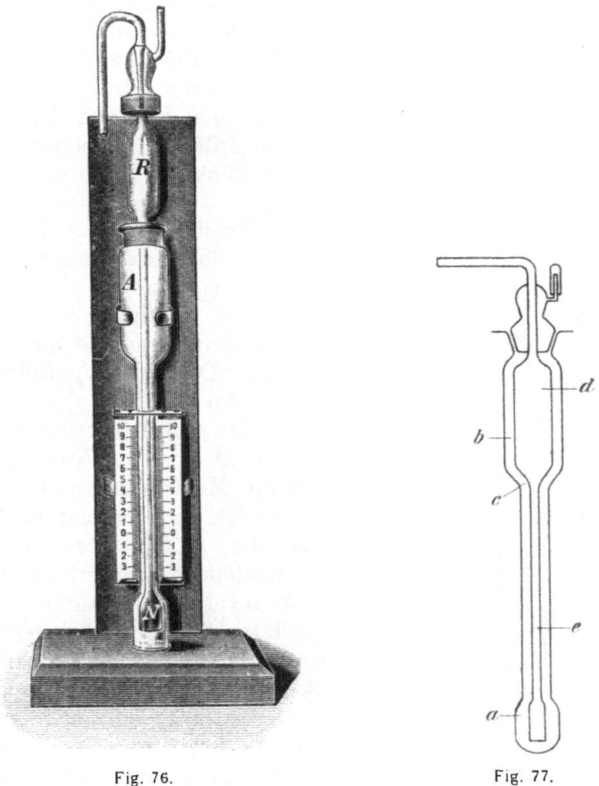

Fig. 76.　　　　　　　　　　　　　　　　　Fig. 77.

Um ein Aufrühren der roten Flüssigkeit zu vermeiden, ist die farblose Flüssigkeit, namentlich anfangs, recht vorsichtig einzugießen.

Das innere Glasrohr wird an seinem oberen Ende mit einem Gummischlauche versehen und dann mit dem unteren Ende in das mit den
Flüssigkeiten bereits beschickte äußere Rohr eingeführt, und zwar
etwa bis zum unteren Teile der oberen großen Erweiterung (bis *c*).
Vermittels des Gummischlauches, dessen freies Ende man in den Mund
nimmt, saugt man helle Flüssigkeit auf, bis das innere Rohr in seiner
oberen Erweiterung etwa bis zu drei Viertel damit gefüllt ist (etwa
bis *d*). Der Gummischlauch wird alsdann mit der Zunge oder den

Zähnen verschlossen, das innere Rohr vollständig in das äußere eingeschoben und, wenn der Glasstopfen aufsitzt, der Gummischlauch freigegeben.

Einstellung der Marke: Man bläst vorsichtig in den Gummischlauch, bis ein paar Tropfen der farblosen Flüssigkeit unten aus dem inneren Rohre in die rote Flüssigkeit übertreten, und beobachtet, welche Stelle die Marke (Berührungsfläche der beiden Flüssigkeiten) im inneren Rohre nach Wiederherstellung des Gleichgewichtes einnimmt. Liegt diese Stelle, welche dem Nullpunkte der Skala entsprechen soll, noch zu tief, so drückt man abermals einige Tropfen der farblosen Flüssigkeit aus dem inneren Rohre nach außen über, beobachtet wieder und fährt so fort, bis die Berührungsfläche der beiden Flüssigkeiten die gewünschte Höhe erreicht hat (etwa bei e).

Sollte die Marke zu hoch gekommen sein, so muß das innere Rohr herausgezogen (wenigstens bis c) und durch Ansaugen wiederum bis zu drei Viertel gefüllt werden und so fort, wie bei Neufüllung. Der richtig gefüllte Glaskörper wird dann wieder in das Stativ, in welchem das ganze Instrument gelagert ist, eingesetzt, und der Nullstrich der Skala auf die Marke eingestellt.

Es ist noch besonders zu bemerken, daß die Flüssigkeiten durch direktes Sonnenlicht verändert werden und deshalb im Dunkeln aufzubewahren sind. Auch muß der betriebsfertige Apparat so aufgestellt werden, daß er vor direkter Besonnung geschützt ist.

Nach längerem Gebrauche ist eine Reinigung des Instrumentes zu empfehlen. Zu diesem Zwecke gießt man zunächst die alten Flüssigkeiten aus,

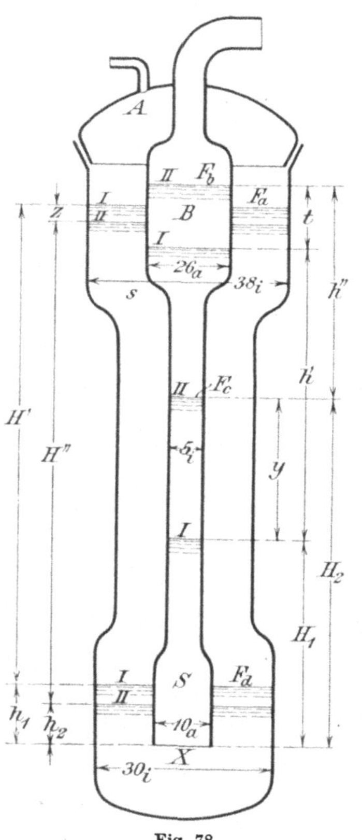

Fig. 78.

füllt hierauf den Glaskörper mit konzentrierter Schwefelsäure und läßt ihn einige Zeit damit stehen. Nach Entfernung der Schwefelsäure spült man so lange mit Wasser aus, bis alle Säure verschwunden ist. Vor der Neufüllung ist der Apparat sorgfältig zu trocknen, sei es durch Wärme oder durch einen Luftstrom oder durch Ausspülen mit Alkohol und Äther.

Da bei diesem und allen ähnlichen Instrumenten die Marke bei steigender Temperatur ebenfalls steigt und bei sinkender Temperatur fällt, so ist die Skala vor jeder Ablesung auf den Nullpunkt einzustellen.

Theorie des Zugmessers: Um festzustellen, in welchem Maßstabe das Instrument die Zugstärke angibt, stellt man die hydrostatischen Druckverhältnisse an der Fläche x (Fig. 78) unter zwei Bedingungen auf, nämlich erstens unter der Annahme, daß in A und B derselbe Gasdruck p_a herrscht, und zweitens unter der Voraussetzung, daß der Druck in A auf P_a angewachsen, während er in B konstant (p_a) geblieben ist. Unter Zugrundelegung der Fig. 78 gilt dann:

Fall 1 $\quad x \cdot p_a + x \cdot H' \cdot s + x \cdot h_1 \cdot S = x \cdot p_a + x \cdot H_1 \cdot S + x \cdot h' \cdot s$,

Fall 2 $\quad x \cdot P_a + x \cdot H'' \cdot s + x \cdot h_2 \cdot S = x \cdot p_a + x \cdot H_2 \cdot S + x \cdot h'' \cdot s$.

Gleichung 1 von Gleichung 2 subtrahiert:

$$P_a - p_a + s\,(H'' - H') + S\,(h_2 - h_1) = S \cdot (H_2 - H_1) + s\,(h'' - h')$$

Nun ist aber:

S und $s =$ spez. Gewichte
der Flüssigkeiten.

$$H' = H'' - (h_1 - h_2) + z$$

ferner ist:

$$z \cdot F_a = F_d \cdot (h_1 - h_2) = F_c \cdot y \,,$$

$$z = \frac{F_d}{F_a}\,(h_1 - h_2) \quad \text{oder}$$

$$z = \frac{F_c}{F_a} \cdot y \,,$$

also:

$$H' = H'' - (h_1 - h_2) + \frac{F_d}{F_a} \cdot (h_1 - h_2)$$

oder:

$$H' = H'' - (h_1 - h_2) + \frac{F_c}{F_a} \cdot y \,,$$

ferner ist:

$$F_d \cdot (h_1 - h_2) = y \cdot F_c$$

oder:

$$h_1 - h_2 = y \cdot \frac{F_c}{F_d} \,,$$

also:

$$h_2 - h_1 = -\,y \cdot \frac{F_c}{F_d} \,.$$

Außerdem ist:

$$h'' = h' - y + t \qquad\qquad t \cdot F_b = y \cdot F_c$$
$$h' = h'' + y - t \qquad\qquad t = \frac{F_c}{F_b} \cdot y$$
$$h' = h'' + y - y \cdot \frac{F_c}{F_b}$$

$$h' = h'' + y \cdot \left(1 - \frac{F_c}{F_b}\right).$$

Aus der durch Subtraktion entstandenen Gleichung wird nun:

$$P_a - p_a + s \cdot \left[(h_1 - h_2) - \frac{F_c}{F_a} \cdot y \right] + S \cdot \left(-y \cdot \frac{F_c}{F_d} \right) = S \cdot y + s \cdot \left[-y \cdot \left(1 - \frac{F_c}{F_b} \right) \right]$$

$$P_a - p_a + s \cdot \left(y \cdot \frac{F_c}{F_d} - y \cdot \frac{F_c}{F_a} \right) - S \cdot y \cdot \frac{F_c}{F_d} = S \cdot y - s \cdot y \cdot \left(1 - \frac{F_c}{F_b} \right)$$

$$P_a - p_a + s \cdot y \cdot \left(\frac{F_c}{F_d} - \frac{F_c}{F_a} \right) - S \cdot y \cdot \frac{F_c}{F_d} = S \cdot y - s \cdot y \cdot \left(1 - \frac{F_c}{F_b} \right)$$

$$P_a - p_a = y \cdot \left[S - s \cdot \left(1 - \frac{F_c}{F_b} \right) - s \cdot \left(\frac{F_c}{F_d} - \frac{F_c}{F_a} \right) + S \cdot \frac{F_c}{F_d} \right]$$

$$P_a - p_a = y \cdot \left[S \cdot \left(1 + \frac{F_c}{F_d} \right) - s \cdot \left(1 - \frac{F_c}{F_b} + \frac{F_c}{F_d} - \frac{F_c}{F_a} \right) \right].$$

Folglich:

$$y = \frac{P_a - p_a}{S \cdot \left(1 + \frac{F_c}{F_d} \right) - s \cdot \left(1 - \frac{F_c}{F_b} + \frac{F_c}{F_d} - \frac{F_c}{F_a} \right)}.$$

Es ist:

$$S = 0{,}827$$
$$s = 0{,}777$$

$$\frac{F_c}{F_a} = \frac{19{,}6 \text{ qmm}}{603{,}2 \text{ qmm}} = 0{,}032$$

dann wird:

$$\frac{F_c}{F_b} = \frac{19{,}6 \text{ qmm}}{452{,}4 \text{ qmm}} = 0{,}043 \qquad y = \frac{P_a - p_a}{0{,}11},$$

$$\frac{F_c}{F_d} = \frac{19{,}6 \text{ qmm}}{628{,}3 \text{ qmm}} = 0{,}031$$

also wird:

$$y = \infty \, 9 \cdot (P_a - p_a),$$

d. h. der Druckunterschied von Raum A und B wird in 9facher Vergrößerung angegeben.

(Die in Fig. 78 eingeschriebenen Maßzahlen sind die Durchmesser in Millimeter; die Indizes a und i bedeuten: außen bzw. innen gemessen.)

6. Der Arndtsche Zugmesser. Dieses Instrument beruht auf dem Gesetze der kommunizierenden Röhren, indem zwei gebogene Blechbehälter F, F (Fig. 79) unter sich durch ein Rohr in Verbindung stehen. Das linke Gefäß F ist durch einen engen und dünnen Gummischlauch an einen am Gehäuse des Apparates festsitzenden Schlauchstutzen angeschlossen, welcher durch einen kurzen Schlauch und ein ca. 6 mm weites Eisenrohr mit dem Kanale verbunden ist, in welchem die Zugstärke gemessen werden soll. Das rechte Gefäß F ist oben offen, steht also mit der Atmosphäre direkt in Verbindung. Beide Gefäße sind fest mit einer um eine Schneide schwingenden Blechscheibe verbunden, welche außerdem eine Justierschraube oben, eine ebensolche rechts seitlich und einen nach unten gehenden, ziemlich langen Zeiger trägt. Von der seitlichen Justierschraube aus führt eine Gelenkstange nach einer Schreibfeder, die vor einem durch ein Uhrwerk angetriebenen Papierstreifen auf und ab schwingt.

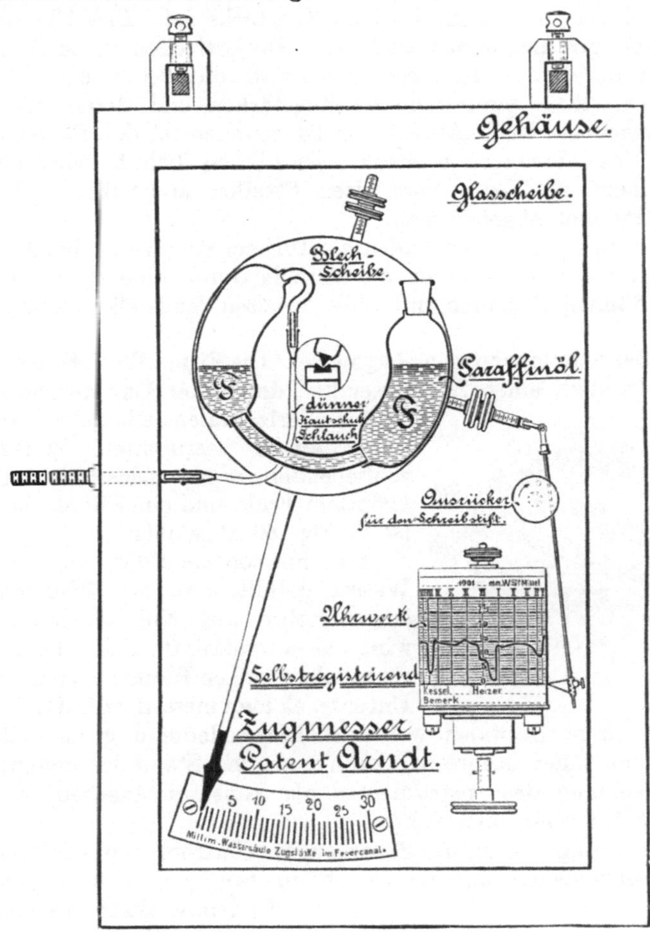

Fig. 79.

Soll das Instrument in Gebrauch genommen werden, so hängt man es unter Benutzung einer Wasserwage mittels der mit Stellschrauben versehenen zwei Ösen des Gehäuses an Haken auf, gibt auf die Schreibfeder etwas hygroskopische Tinte, gießt dann in das rechte Gefäß F so lange Paraffinöl ein, bis der Zeiger auf den Nullstrich der Skala einspielt; dann erst stellt man die Verbindung des linken, am Gehäuse befindlichen Schlauchstutzens mit dem Rauchgaskanale her, bzw. man öffnet den in dieser Leitung sitzenden Dreiweghahn. Die Zugwirkung erstreckt sich sofort in den linken Behälter F und saugt den Flüssigkeitsspiegel daselbst hoch. Dadurch verschiebt sich der Schwerpunkt des Instrumentes, und der Zeiger macht einen der Zugstärke entsprechenden Ausschlag, der an der Skala direkt in Millimeter Wassersäule abgelesen werden kann. Gleichzeitig wird auch die Schreibfeder auf dem Papierstreifen einen vertikalen Strich schreiben, dessen Länge ein Maß für die augenblickliche Zugstärke ist. Das Uhrwerk erteilt der Trommel und damit auch dem Papierstreifen in 24 Stunden eine volle Umdrehung. In dieser Zeit wird die Feder eine Kurve aufzeichnen, deren Ordinaten die Zugstärken und deren Abszissen die Zeit angeben. Nach Ablauf von 24 Stunden ist der Registrierstreifen durch einen neuen zu ersetzen. Zu diesem Behufe wird mittels des Ausrückers die Feder vom alten Streifen abgehoben und die Uhrwerkstrommel abgenommen.

Das Instrument kann auch als Differenzzugmesser benützt werden, wenn der rechte Behälter F ebenfalls durch eine Schlauchtülle und einen dünnen Schlauch mit einer zweiten Meßstelle verbunden wird.

7. Der Schumachersche Zugmesser. Die Firma Wwe. Schuhmacher in Köln stellt einen Zugmesser her, der in der Hauptsache aus einem

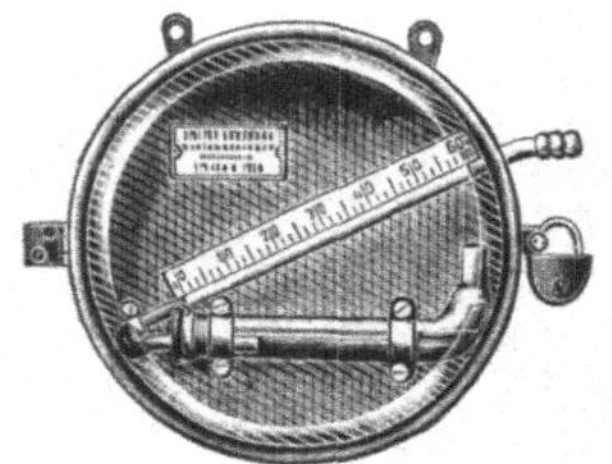

weiten horizontalen Glasrohre und einem unter einem bestimmten Winkel daranschließenden engen Glasrohre mit aufgekröpftem Ende und einer Skala besteht. Er ist in Fig. 80 abgebildet.

Das horizontale Rohr wird so weit mit Wasser gefüllt, daß der Wasserspiegel im engen Rohre auf Null einspielt. Alsdann wird das aufgekröpfte Ende des engen Rohres mit demjenigen Raume verbunden, dessen Unterdruck man messen will. Da der Wasser-

Fig. 80.

spiegel im horizontalen weiten Rohre bedeutend größer ist als derjenige im engen Rohre, so kann man den Stand des ersteren bei Inbetriebsetzung des Instrumentes als konstant ansehen, sein **Null-punkt ist also ein fixer.**

Die schräge Anordnung der engen Glasröhre (Ablesungsröhre) ist bei verschiedenen anderen, noch zu beschreibenden Zugmessern zu

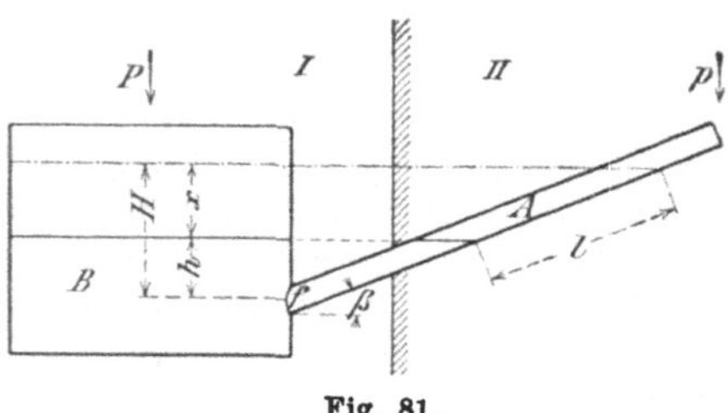

finden, weshalb ihre Begründung an dieser Stelle durchgeführt sei.

B (Fig. 81) ist ein Gefäß, an welches sich unter dem Winkel β gegen die Horizontale das Ablesungsrohr A anschließt. Herrscht in den Räumen I und II derselbe Druck P, so wird das Wasser in B und A gleich hoch stehen.

Fig. 81.

Greift man zur näheren Betrachtung die Fläche f, mit welcher A und B zusammentreffen, heraus, so wird für den angenommenen Gleichgewichtszustand: Druck in I = Druck in II = P der Wasserspiegel in A und B um h über dem Schwerpunkte von f stehen.

Wird der Druck in II auf p verringert, so geht der Wasserspiegel in A um die Strecke l voran und steht also jetzt um H über dem Schwerpunkte von f. Dieselbe Wirkung ließe sich erzielen, wenn man in B so viel Wasser zugefüllt hätte, daß der Wasserspiegel in B um x gestiegen wäre. (Gleiche Drücke in I und II vorausgesetzt.) Es handelt sich nun darum, den Zusammenhang von $(P - p)$, x und l zu ermitteln.

Nach den Gesetzen der Hydromechanik ist für den Gleichgewichtszustand in bezug auf f

$$P \cdot f + f \cdot h = f \cdot H + f \cdot p$$

oder:
$$f \cdot (P + h) = f \cdot (H + p)$$

oder:
$$P + h = p + H$$

oder:
$$P + h = p + h + x$$

hieraus:
$$x = P - p$$

oder:
$$l \cdot \sin\beta = P - p$$

folglich:

$$l = \frac{P - p}{\sin\beta} \, .$$

Ist z. B. $\sphericalangle\,\beta = 30°$, also $\sin\beta = 0,5$, so wird $l = 2\,(P - p)$, d. h. für jede Erhöhung der Wassersäule in B um 1 mm rückt der Wasserspiegel in A um 2 mm vor.

Wäre die Neigung von A gegen die Horizontale gleich 3%, also $\sin\beta = \frac{3}{100}$, so wäre $l = \frac{100}{3} \cdot (P - p)$, d. h. ändert sich der Druck im Raume II nur um 1 mm Wassersäule, während er im Raume I konstant bleibt, so verschiebt sich der Wasserspiegel in der Ablesungsröhre A um $\frac{100}{3}$ mm = $33\frac{1}{3}$ mm.

Die Empfindlichkeit der Zugmesser mit schräger Ablesungsröhre ist also bedeutend größer als die der Instrumente mit U-förmig gebogener Röhre.

8. Der Zugmesser System Orsat. Wie Fig. 82 im Aufrisse zeigt, besteht dieser Apparat in der Hauptsache aus einem Blechkasten, der vorne ein gläsernes Flüssigkeitsstandrohr trägt, derart, daß Kasten und Rohr kommunizierende Gefäße bilden. Parallel zum Standrohre ist ein Maßstab angebracht, der gestattet, den jeweiligen Unter- bzw. Überdruck in Millimeter Wassersäule abzulesen. Die Neigung der Standröhre zum Horizont beträgt 1 : 10. Hierdurch, durch die erhebliche Querschnittsdifferenz der Flüssigkeitssäule im Blechkasten und in der Standröhre und durch den Umstand, daß man als Meßflüssigkeit einen spezifisch leichteren Körper als Wasser nimmt, nämlich Petroleum, werden die kleinsten Schwankungen in der zu messenden Zug- bzw. Druckstärke bedeutend vergrößert an dem Maßstabe abzulesen sein. Ein über dem Maßstabe gleitender Schieber gestattet die Fixierung eines bestimmten Standes der Petroleumsäule in der Glasröhre. Die Angaben des Apparates sind nur dann richtig, wenn er

genau horizontal eingestellt ist. Dies zu ermöglichen ist der Zweck
der mit dem Blechkasten in Verbindung gebrachten Dosenlibelle und
der zwei Stellschrauben, die in Fig. 82 ohne weiteres erkennbar sind.
Die Verbindung des Apparates mit der Kontrollstelle geschieht durch
einen Gummischlauch, der über den auf dem Blechkasten sitzenden
Schlauchhahn gezogen wird.

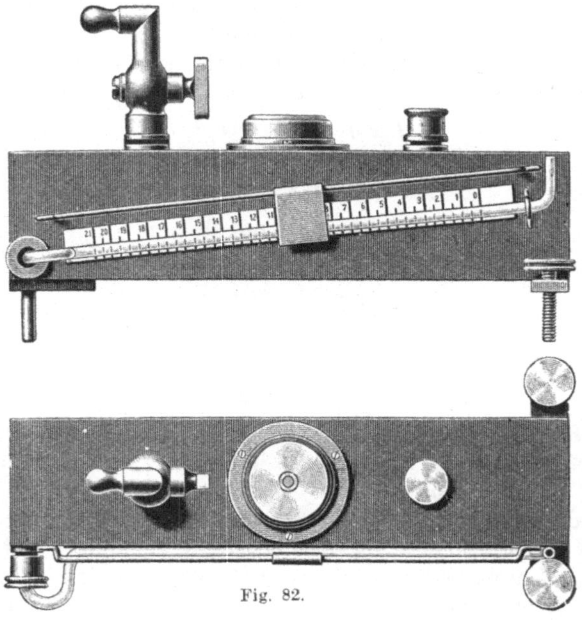

Fig. 82.

9. Das Ätheranemometer. Während die bisher betrachteten Instrumente zur Zugmessung nur die statischen Druckunterschiede
zwischen zwei Räumen, wovon der eine gewöhnlich der atmosphärische
Luftraum ist, zu messen gestatten, ist der Zweck der im folgenden
noch beschriebenen zwei Instrumente der, den Unterschied zwischen
dem statischen und dem dynamischen Drucke einer bewegten Luft-
oder Gassäule zu bestimmen.

Aus dieser Differenz kann unmittelbar die Geschwindigkeit des Luft- oder Gasstromes berechnet werden.

Bei der Messung des statischen Druckes ist es besonders wichtig,
daß dasjenige Rohr, welches in den bewegten Gasstrom hineinreicht
und mit dem Meßinstrumente durch eine Schlauchleitung in Verbindung
steht, senkrecht zur Stromrichtung ausmündet, wie z. B. das Rohr A
in Fig. 83.

Bei der Messung des dynamischen Druckes muß dieses Rohrende
parallel zur Stromrichtung, dieser entgegenlaufend, umgebogen sein,
wie z. B. das Rohr B in Fig. 83.

Die Messing- oder Glasrohre A und B (Fig. 83) sind mittels des
Pfropfens K luftdicht in die Wandung des Kanals oder Schornsteins

eingelassen, in welchem die Geschwindigkeit des Gasstromes gemessen werden soll. Die Enden dieser Rohre sollen bis ca. $^1/_6$ des Kanaldurchmessers in den Luft- oder Gasstrom hineinreichen. Durch Schläuche sind A und B mit dem Umschalter U verbunden. Dieser steht wiederum mit der halb mit Äther gefüllten U-förmigen Röhre des Anemometers in Verbindung.

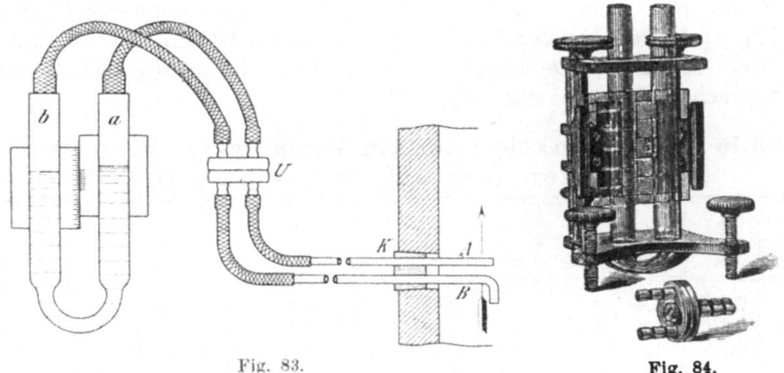

Fig. 83.　　　　　　　　　　　　　　　Fig. 84.

Fig. 84 zeigt dieses Instrument, welches in Fig. 83 nur schematisch dargestellt ist, in der Ausführung nach Fletscher-Lunge, während Fig. 85 das Instrument in der Ausführung nach Fletscher-Swan zeigt.

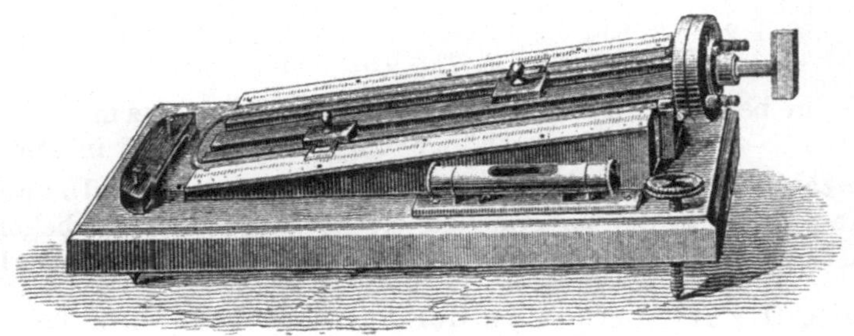

Fig. 85.

Der Äther wird in dem Rohre a (Fig. 83) steigen, in b fallen, vorausgesetzt, daß der Luft- resp. Gasstrom die durch den Pfeil angegebene Richtung hat. Nach Ablesung der Niveaudifferenz mittels einer Noniusteilung wird zur Kontrolle der Umschalter U um 180° gedreht, wodurch A mit b und B mit a in Verbindung tritt. Es muß sich jetzt dieselbe Niveaudifferenz wie vorhin ergeben, nur in entgegengesetzter Richtung. Professor Lunge hat für verschiedene Niveaudifferenzen am Ätheranemometer die zugehörige Geschwindigkeit des Gasstromes berechnet, in einer Tabelle zusammengestellt und in seinem Werke: Die Soda-Industrie, I, S. 316, veröffentlicht. Diese Tabelle gibt die Zahlen noch in englischem Maße an; sie ist auf Millimeter bzw. Meter umgerechnet und hat folgende Form (s. S. 176).

Die Spalte a der zweiten Tabelle gibt die im Gaskanal herrschende Temperatur, b diejenige Zahl, mit welcher man die in der Spalte b der Tabelle I gefundene Zahl multiplizieren muß, um die wirkliche Geschwindigkeit des Gasstromes zu erhalten.

Das Fletscher-Swansche Instrument (Fig. 85) ist im Prinzip das gleiche wie das Fletscher-Lungesche Anemometer, nur ist bei jenem die U-förmige Glasröhre schräg gelagert (mit einer Neigung von 1 : 10), so daß die Ausschläge des Ätherspiegels 10 mal so groß sind als bei der vertikal angeordneten U-förmigen Röhre des Fletscher-Lungeschen Instruments (Fig. 84).

Tabelle I zur Reduktion der am Anemometer beobachteten Niveaudifferenzen auf Zuggeschwindigkeit.

a	b	a	b	a	b	a	b	a	b	a	b
mm	m	mm	m	mm	m	mm	m	mm	m	mm	m
0,1	0,575	1,4	2,040	2,7	2,833	5,0	3,855	10,0	5,452	19,0	7,515
0,2	0,771	1,5	2,111	2,8	2,885	5,2	3,931	10,5	5,586	20,0	7,710
0,3	0,944	1,6	2,181	2,9	2,935	5,4	4,006	11,0	5,718	21,0	7,900
0,4	1,090	1,7	2,248	3,0	2,986	5,6	4,080	11,5	5,846	22,0	8,086
0,5	1,205	1,8	2,313	3,2	3,077	5,8	4,152	12,0	5,972	23,0	8,268
0,6	1,341	1,9	2,376	3,4	3,179	6,0	4,223	12,5	6,095	24,0	8,448
0,7	1,442	2,0	2,438	3,6	3,271	6,5	4,395	13,0	6,216	25,0	8,620
0,8	1,560	2,1	2,498	3,8	3,361	7,0	4,561	13,5	6,334	30,0	9,443
0,9	1,636	2,2	2,557	4,0	3,448	7,5	4,721	14,0	6,450	35,0	10,199
1,0	1,724	2,3	2,615	4,2	3,569	8,0	4,876	15,0	6,677	40,0	10,903
1,1	1,808	2,4	2,671	4,4	3,616	8,5	5,026	16,0	6,896	45,0	11,565
1,2	1,889	2,5	2,726	4,6	3,698	9,0	5,172	17,0	7,108	50,0	12,190
1,3	1,966	2,6	2,779	4,8	3,777	9,5	5,314	18,0	7,314		

Hierin bedeutet: a = die abgelesene Niveaudifferenz in Millimetern, b = zugehörige Zuggeschwindigkeit in Metern.

Diese Zahlen gelten nur für eine Gastemperatur von 15°. Um auch für andere Temperaturen zuverlässige Geschwindigkeiten zu bekommen, hat Lunge noch eine zweite Tabelle gerechnet, die wie folgt lautet:

Tabelle II zur Korrektion der bei verschiedenen Temperaturen gemachten Beobachtungen der Zuggeschwindigkeiten.

a	b	a	b	a	b	a	b	a	b	a	b
t°C		t°C		t°C		t°C		t°C		t°C	
−10	1,046	18	0,995	42	0,956	66	0,922	140	0,835	260	0,735
− 5	1,036	20	0,991	44	0,953	68	0,919	150	0,825	270	0,728
0	1,027	22	0,988	46	0,950	70	0,916	160	0,815	280	0,721
2	1,023	24	0,985	48	0,947	75	0,912	170	0,806	290	0,715
4	1,020	26	0,981	50	0,944	80	0,903	180	0,797	300	0,709
6	1,016	28	0,978	52	0,941	85	0,899	190	0,788	320	0,697
8	1,012	30	0,975	54	0,938	90	0,890	200	0,780	340	0,685
10	1,009	32	0,972	56	0,935	95	0,884	210	0,772	360	0,676
12	1,005	34	0,968	58	0,933	100	0,878	220	0,764	400	0,654
14	1,003	36	0,965	60	0,930	110	0,867	230	0,756	450	0,631
15	1,000	38	0,962	62	0,927	120	0,856	240	0,749	500	0,603
16	0,998	40	0,959	64	0,924	130	0,845	250	0,742		

10. Das Mikromanometer von Krell. Ein Instrument, welches besonders bei der Messung ganz geringer Druckdifferenzen ($^1/_{10}$ mm Wassersäule und darunter) vorzügliche Dienste leistet, ist das Mikromanometer von Krell, eine besonders den Bedürfnissen der Technik rechnungtragende Verbesserung des Differentialmanometers von Professor Recknagel. Da dieses Mikromanometer, welches in der Technik noch viel zu wenig Anwendung findet, den wichtigsten Bestandteil verschiedener hydrostatischer Meßinstrumente bildet, so sei es hier näher beschrieben.

Wie aus Fig. 86 zu erkennen ist, besteht das Mikromanometer aus folgenden wichtigen Teilen:

Die eiserne Grundplatte b ist mit der Dose a aus einem Stücke gegossen. Letztere ist genau auf 100 mm Durchmesser ausgebohrt und durch einen aufschraubbaren Deckel absolut dicht verschließbar.

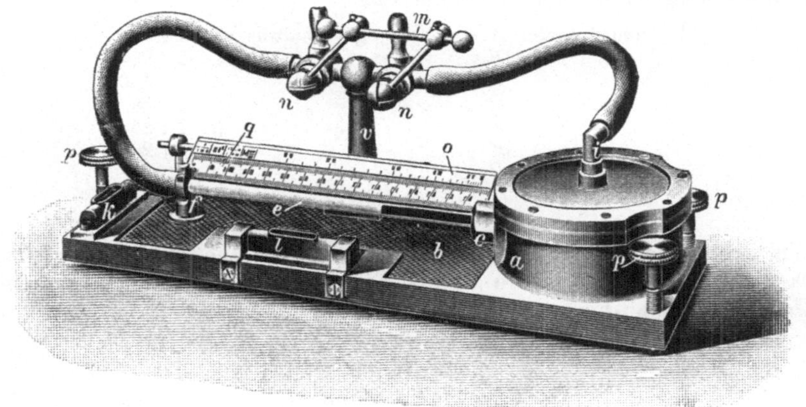

Fig. 86.

Mit Hilfe einer Metallschraube c ist unter einem gewissen Neigungswinkel gegen den Horizont die Glasröhre e mit der Dose a verbunden. Im Innern der letzteren findet diese Glasröhre noch eine Fortsetzung durch ein hakenförmig gekrümmtes Metallröhrchen. Durch diese Dose einerseits und durch den Bügel f mit Stellschraube anderseits ist die Glasröhre e fest mit der Fundamentplatte b verbunden. Um diese unter Verwendung der drei Stellschrauben p genau in die Horizontale einstellen zu können, sind zwei senkrecht zueinander stehende Wasserwagen l und k vorhanden. Durch zwei Stellschräubchen kann die Wasserwage l in vertikaler Richtung verstellt werden, während die zweite Wasserwage k fest mit der Fundamentplatte b verbunden ist.

Die Dose a trägt oben eine Öffnung, durch welche hindurch das Einfüllen der Sperrflüssigkeit geschieht. Der in achsialer Richtung durchbohrte Pfropfen i dient zum Verschlusse dieser Öffnung. Ein Stativ v trägt zwei Dreiweghähne n. Der Verlauf der Bohrungen der letzteren ist außen am Küken angezeichnet und auch aus der Fig. 86 zu ersehen. Der eine dieser beiden Dreiweghähne ist mit dem freien

Ende der Glasröhre e, der andere mit dem Pfropfen i durch Schlauchleitung verbunden. Außerdem können die Dreiweghähne durch Schlauchleitungen mit jenen Räumen in Verbindung gebracht werden, deren Druckunterschied gemessen werden soll.

Damit für den Fall, daß der Druck in dem einen Raume den Druck im Aufstellungsraume des Instrumentes um mehr über- oder unterschreitet als das Mikromanometer zu messen eingerichtet ist, die Sperrflüssigkeit nicht aus der Röhre e geschleudert wird, müssen die beiden Dreiweghähne n zu gleicher Zeit geöffnet werden. Zu diesem Zwecke sind die Küken beider Hähne durch die Querstange m miteinander verbunden.

Je nach dem Neigungswinkel der Röhre e zum Horizonte ist die zu messende Maximal-Druckdifferenz eine ganz bestimmte. Das Instrument wird jetzt mit neun verschiedenen Neigungsverhältnissen der Röhre e ausgeführt, und zwar hat das

<pre>
Mikromanometer A ein Neigungsverhältnis von 1 : 400,
      „   B   „   „   „   1 : 200,
      „   C   „   „   „   1 : 100,
      „   D   „   „   „   1 : 50,
      „   E   „   „   „   1 : 25,
      „   F   „   „   „   1 : 20,
      „   G   „   „   „   1 : 10,
      „   H   „   „   „   1 : 5,
      „   J   „   „   „   1 : 4.
</pre>

Wie schon beim Schumacherschen Zugmesser gezeigt wurde, sind, da die Meßlänge der Röhre e stets 200 mm beträgt, die zu messenden Maximal-Druckdifferenzen beim

<pre>
Mikromanometer A =   0,5 mm Wassersäule
      „   B =   1,0 „   „
      „   C =   2,0 „   „
      „   D =   4,0 „   „
      „   E =   8,0 „   „
      „   F = 10,0 „   „
      „   G = 20,0 „   „
      „   H = 40,0 „   „
      „   J = 50,0 „   „
</pre>

Die Eichung des Mikromanometers.

Die Meßlänge, welche auf dem Rohre e (Fig. 86) eingeäzt ist, beträgt, wie schon angegeben, bei jedem Mikromanometer 200 mm. Da es bis jetzt noch nicht gelungen ist, absolut gerade Glasrohre von überall gleichem Querschnitte herzustellen, so ist für genauere Messungen eine Eichung der Ablesungsröhre innerhalb der Meßlänge von 200 mm nötig.

Diese Eichung wird nach Krells Angaben folgendermaßen ausgeführt:

Auf Grund der Formel von Recknagel $m = \dfrac{10\,p}{n \cdot q}$ kann für jedes Mikromanometer das Volumen derjenigen Flüssigkeitsmenge (als Sperrflüssigkeit verwendet man am besten durch Fuchsin rotgefärbten

Alkohol von spez. Gew. 0,8) bestimmt werden, welche in die Dose a nachzufüllen ist, damit der Meniskus der Sperrflüssigkeit vom Nullpunkte der Skala aus um 200 mm, also auf den Endpunkt der Skala vorrückt.

In obiger Formel bedeutet m das Übersetzungsverhältnis des Mikromanometers, $n = 200$ mm, q den Querschnitt der Dose a in Quadratzentimetern, also $q = 78,5$ qcm; p ist das Gewicht der nachzufüllenden Alkoholmenge, also $\dfrac{p}{0,8} = v =$ deren Volumen.

Man füllt nun die Dose a (Fig. 86) so weit mit Sperrflüssigkeit, daß deren Meniskus sich auf den Nullpunkt der Skala einstellt. Neben der Ablesungsröhre e hat man einen Maßstab unverrückbar angebracht, auf welchem vorläufig nur die mit dem Nullpunkte und dem Punkte 200 mm korrespondierenden Punkte markiert sind.

Man eicht nun eine Pipette genau auf $\dfrac{v}{8}$ ccm, füllt sie bis zum Eichungsstriche mit Sperrflüssigkeit und gibt diese in die Dose. Die Stellung, welche der Meniskus nunmehr einnimmt, wird auf dem Maßstabe

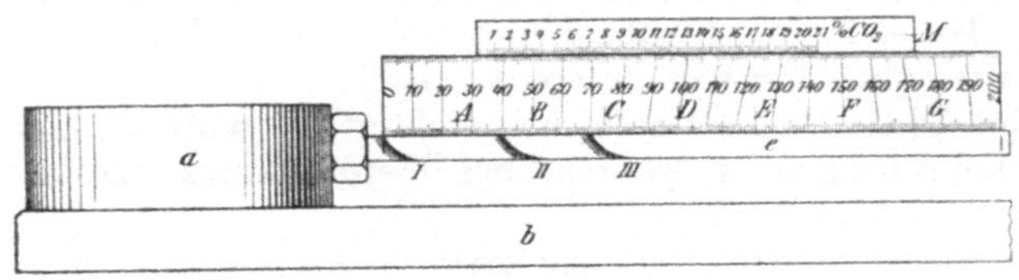

Fig. 87.

markiert. (In Fig. 87 mit A) Verfährt man genau in derselben Weise noch 7 mal, indem man immer die Pipette bis zur Marke $\dfrac{v}{8}$ ccm füllt und den Inhalt dann in die Dose a entleert, so hat man die Meßlänge 0—200 mm in 8 Teile geteilt, die unter sich zwar gleichwertig, in ihrer Länge aber wegen der Fehler in der Ablesungsröhre verschieden sind. Der Wert der so gefundenen Intervalle $= \frac{200}{8}$ mm $= 25$ mm.

Indem man nun von der Annahme ausgeht, daß die in einem solchen Intervalle von 25 mm Länge vorhandenen Fehler der Ablesungsröhre vernachlässigt werden können, teilt man auf dem Maßstabe jede der Strecken $0\,A$, $A\,B$ usw. bis $G\,200$ (Fig. 87) in 25 gleiche Teile und numeriert diese Teile wie in einem gleichmäßigen Maßstabe.

Die so erhaltene Skala heißt kompensierte Skala.

Diese Eichungsmethode hat den Vorteil, daß sie eine Kontrolle für die richtige Neigung der Ablesungsröhre zum Horizonte ergibt, indem der Meniskus der Sperrflüssigkeit nach dem Aufgeben der letzten Pipettenfüllung auf den Endteilstrich 200 mm des Maßstabes einspielen muß. Sollte dies nicht der Fall sein, so müßte mit Hilfe der nächst der Wasserwage k (Fig. 86) befindlichen Stellschraube das ganze Instrument so lange in seiner Schrägstellung geändert werden, bis die gewünschte Einstellung des Meniskus der Sperrflüssigkeit auf den Teil-

12*

strich 200 mm stattfindet. Die Längswasserwage l (Fig. 86) wird dann durch die Schrauben r und s auf den Horizont eingestellt und in dieser Lage endgültig befestigt. Selbstverständlich muß während dieser Korrektur der Neigung der Ablesungsröhre e die Querwasserwage k stets auf den Horizont einspielen.

Die Verwendung des Mikromanometers ist eine vielfältige. Es dient nicht nur zur Bestimmung der Druckunterschiede in zwei verschiedenen Räumen, sondern bildet auch noch den Hauptbestandteil verschiedener anderer Instrumente, so z. B. des Pneumometers (hydrostatischer Luftgeschwindigkeitsmesser), des hydrostatischen Windindikators (Winddruckmesser), des hydrostatischen Pyrometers usw.

Es sind zwar stets Druckdifferenzen, die das Mikromanometer mißt, doch sind in jedem einzelnen Falle diese Differenzen, deren Maßeinheit ja 1 mm Wassersäule ist, noch in ein besonderes Maß umzurechnen.

11. Der Krellsche Zugmesser. Dieses einfache und handliche Instrument, welches sowohl für Unter- als auch für Überdruckmessungen gebraucht werden kann, beruht auf dem im vorstehenden erläuterten Prinzipe. Es ist in Fig. 88 abgebildet, aus welcher die Einrichtung des Instrumentes ohne weiteres zu ersehen ist.

Ist eine Unterdruckmessung beabsichtigt, so wird die Schlauchverbindung bei a hergestellt, während bei Überdruckmessung der Schlauch bei b angeschlossen wird.

Um das Instrument gebrauchsfertig zu machen, hängt man es an der Wand des Kesselmauerwerkes mittels einer Schnur, in der aus Fig. 88 ersichtlichen Weise auf und gießt in den linken Behälter gefärbten Alkohol von 0,8 spez. Gew. ein, so lange bis die an der oberen Seite des Holzrahmens eingelassene Libelle auf Mitte einspielt; dabei muß die Flüssigkeitssäule bis zum Nullstriche der oberen schrägen Skala reichen, weil nur dann das Meßrohr das für die Eichung gültige Steigungsverhältnis hat. Alsdann schließt man bei Unterdruckmessung den von der Meßstelle kommenden Schlauch bei a an und bringt die Libelle abermals auf Mitte. Der Stand der Flüssigkeitssäule an der oberen Skala abgelesen, ergibt sofort den herrschenden Zug in Millimeter Wassersäule. Bei Überdruckmessungen verfährt man genau ebenso.

Ist die zwischen zwei verschiedenen Stellen der Feuerzüge vorhandene Druckdifferenz zu beobachten, so wird die Stelle des stärkeren Zuges mit a, die des geringeren Zuges mit b verbunden, und die Libelle wieder auf Mitte eingestellt. Der Flüssigkeitsstand im Meßrohre gibt die Differenz der Unterdrücke an den beiden Beobachtungsstellen an. Die große Teilung der Skala läßt Ablesungen bis auf $1/_{10}$ mm Wassersäule zu.

Die aus Fig. 88 erkenntliche untere Skala ermöglicht die Bestimmung der Geschwindigkeit strömender Luft oder Gase, doch soll hierauf nicht näher eingegangen werden. Das Instrument ist auch ohne diese Geschwindigkeitsskala zu beziehen.

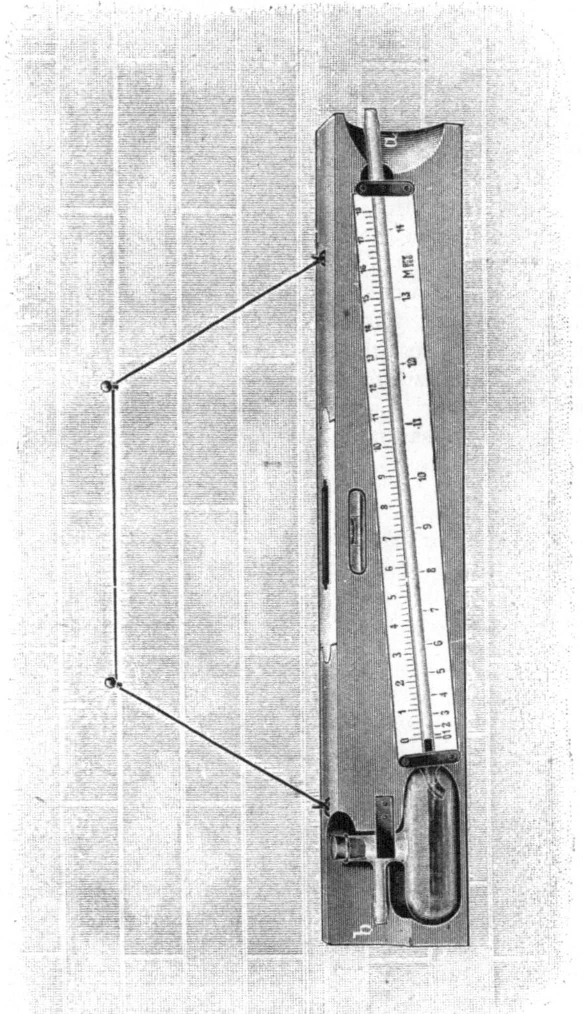

Fig. 88.

G. Bestimmung der Rauchstärke.

1. Bestimmung der Rauchstärke nach Fritzsche. Fritzsche bestimmt die Rauchstärke nach dem Rußgehalte der Rauchgase.

Ein 15 cm weites Glasrohr B (Fig. 89), welches in den Schornstein führt, ist vermittels eines kurzen Gummischlauches C mit dem gleichweiten Glasrohre A verbunden, so daß die Glasrohrenden bei c dicht aneinanderliegen.

Bei a verengt sich das Glasrohr A. Ein Gummischlauch D verbindet den engeren Teil a von A mit einem Aspirator. Letzterer muß so be-

schaffen sein, daß er die Bestimmung des Volumens der abgesaugten
Gase ermöglicht. Diese Aufgabe löst der auf S. 127 beschriebene Doppelaspirator sehr einfach, wenn die Blechgefäße E und S (Fig. 54) geeicht
sind, und die Eichungsskala hinter dem entsprechenden Wasserstandsglase angebracht wird.

Das Glasrohr A (Fig. 89) ist von a bis c mit weißer, flockiger, loser
Zellulose gefüllt.

Sind 20 l Rauchgas durch den Aspirator aus dem Schornsteine abgesaugt, so wird sich eine bestimmte Rußmenge in der Zellulose abgesetzt haben.

Man löst nun die Schlauchverbindung C, nimmt die obere geschwärzte
Zelluloseschicht bei c aus dem Rohre A, und gibt sie in eine weithalsige
ca. 300 ccm fassende Stöpselflasche. Hierauf füllt man 200 ccm Wasser
in diese Flasche. Die zurückgebliebene Zellulose benützt man, um
mit ihr sowohl das Rohr A als auch B gründlich auszuwischen und so
allen Ruß auf ihr anzusammeln. Schließlich wird sie ebenfalls in die
Stöpselflasche gegeben.

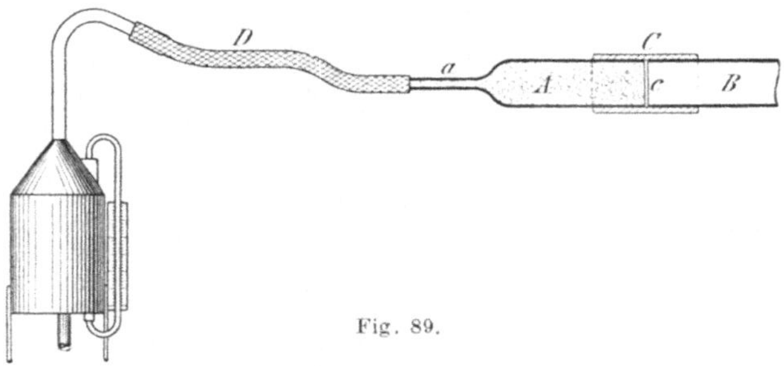

Fig. 89.

Nunmehr schüttelt man die Flasche tüchtig durch. Der Ruß löst
sich im Wasser und färbt es braun.

Um die Farbe der so entstandenen Lösung als Maß für die Rauchstärke benutzen zu können, füllt man bei allen derartigen Versuchen
von der in der Stöpselflasche enthaltenen Flüssigkeit einen Teil in ein
zylindrisches Glasgefäß von 50 mm Weite und vergleicht die dabei
zum Vorschein kommende Färbung mit einer Farbenskala, die man
sich für alle vorkommenden Fälle in folgender Weise hergestellt hat.

Man gibt in 6 weithalsige Stöpselflaschen von 300 ccm Inhalt je
2 g weiße, flockige Zellulose und gießt in jeder Flasche 200 ccm reines
Wasser darauf.

Vorher hat man sich folgende Rußmengen abgewogen:

5 mg, 10 mg, 15 mg, 20 mg, 25 mg, 30 mg

und füllt nun diese Rußmengen in die 6 Flaschen ein und schüttelt
einige Minuten tüchtig durch.

In 6 bereitgestellte zylindrische Glasgefäße (Fig. 90) von 50 mm
lichter Weite wird nun ein Teil des Inhaltes der Stöpselflaschen aus-
gegossen. Die Farbtöne in diesen Gefäßen werden verschieden sein.
Man tuscht nun 6 kreisrunde, auf der Rückseite gummierte Papier-

scheiben von 25 mm Durchmesser so ab, daß ihre Farbtöne sich mit denjenigen der Flüssigkeiten in den 6 zylindrischen Gefäßen decken, klebt sie nebeneinander auf einem Papierstreifen auf und bezeichnet sie mit den Zahlen I bis VI wie folgt:

2 g Zellulose mit	5	10	15	20	25	30 mg	Ruß + 200 ccm Wasser
geben die Ruß- bzw. Rauchstärke Nr.	I	II	III	IV	V	VI	

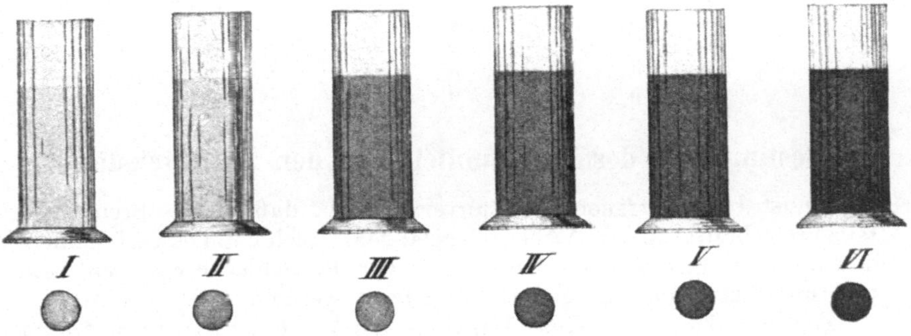

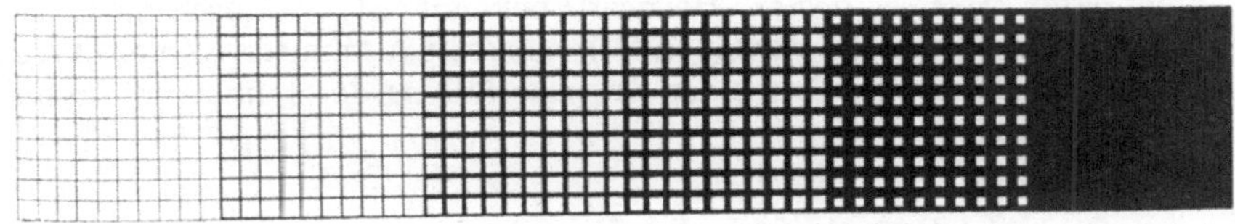

Fig. 90.

2. Bestimmung der Rauchstärke nach Ringelmann.

Ringelmann vergleicht die Farbe des einem Schornsteine entströmenden Rauches direkt mit einer nach bestimmten Vorschriften hergestellten Farbenskala, die, in einer gewissen Entfernung vom Auge des Beobachters aufgestellt, verschiedene Nuancen von Grau erkennen läßt.

Für die Konstruktion dieser Farbenskala benützt Ringelmann die Erscheinung, daß eine weiße Fläche, die sich kreuzende schwarze Linien von bestimmter Strichstärke und in gewissen Abständen voneinander trägt, aus der Entfernung betrachtet, in einem grauen Tone erscheint, und zwar um so dunkler, je dicker die Striche sind, und je näher sie zusammenstehen.

Fig. 91.

Man zeichnet sich in 5 Quadrate von je 100 mm Seitenlänge sich rechtwinklig schneidende tiefschwarze Linien, so daß die Strichstärke im

1. Quadrat so dünn wie möglich ist.
2. Quadrat = 1 mm und die Seitenlänge der weißen Felder = 9 mm ist
3.   ,,   = 2,3 ,,   ,,   ,,   ,,   ,,   ,,   ,, = 7,7 ,, ,,
4.   ,,   = 3,7 ,,   ,,   ,,   ,,   ,,   ,,   ,, = 6,3 ,, ,,
5.   ,,   = 5,5 ,,   ,,   ,,   ,,   ,,   ,,   ,, = 4,5 ,, ,,
6.   ,,   = alles schwarz ,,   ,,   ,,   ,,   ,, = 0   ,, ,,

In Fig. 91 ist die Skala in verkleinertem Maßstabe abgebildet. Sie wird in einer Entfernung von ungefähr 15—20 m vom Beobachter so aufgehängt, daß es möglich ist, mit einem Blicke den Rauch und die Skala ins Auge zu fassen und so dasjenige Quadrat festzustellen, dessen Farbton der Rauchfarbe am nächsten liegt.

Es bezeichnet dann

der Farbton des 1. Quadrates die Rauchstärke I
„   „   „ 2.   „   „   „   II
„   „   „ 3.   „   „   „   III
„   „   „ 4.   „   „   „   IV
„   „   „ 5.   „   „   „   V
„   „   „ 6.   „   „   „   VI.

H. Bestimmung des Verbrennlichen in den Herdrückständen.

Es ist bei Rostfeuerungen unvermeidlich, daß kleine Brennstoffteile unverbrannt in den Aschenfall gelangen. Auch kann es vorkommen, daß unverbrannte Brennstoffstückchen von der Schlacke eingeschlossen und mit dieser aus der Feuerung entfernt werden.

Zur Bestimmung des Gehaltes an Verbrennlichem nimmt man von den innerhalb einer gewissen Zeit, z. B. während eines Verdampfungsversuches anfallenden Herdrückständen (Asche + Schlacke) nach dem im Abschnitte „Probeentnahme" beschriebenen Verfahren eine Durchschnittsprobe. Von dieser werden dann ea. 5 g in der im Abschnitte „Bestimmung des Aschegehaltes" angegebenen Weise geglüht. Der Gewichtsverlust, ausgedrückt in Prozenten der in den Glühtiegel eingewogenen Menge von Herdrückständen, gibt dann deren Gehalt an Verbrennlichem an.

Soll, wie zuweilen verlangt wird, der Heizwert der Herdrückstände festgestellt werden, so kann dies in der Krökerschen Bombe, genau wie für feste Brennstoffe beschrieben, geschehen, nur muß man, um eine sichere Entzündung des Versuchsbrikettchens zu erzielen, die Herdrückstandprobe mit einer abgewogenen Menge eines leicht verbrennbaren Stoffes, dessen Heizwert bekannt ist, vermischen, z. B. mit reiner Salizylsäure [5269,2 WE[1])] oder mit bekannter Kohle. Auch ist zu empfehlen, den Druck der Sauerstoffüllung der Bombe auf 30 bis 35 at zu steigern.

J. Berechnung der Verdampfungsziffern.

Die Verdampfungsziffer oder kürzer die Verdampfung gibt an, wieviel Kilogramm Wasser von 1 kg Brennstoff unter gewissen Verhältnissen in Dampf verwandelt werden.

Geht man dabei hinsichtlich der Speisewassertemperatur, der Dampfspannung und der Dampftemperatur von denjenigen Verhältnissen aus, die im Betriebe oder bei einem Verdampfungsversuche gerade vorliegen, so bezeichnet man die Zahl, die sich ergibt, wenn man die

---

[1]) Oberer Heizwert.

in einer gewissen Zeit erzeugte Dampfmenge (in kg) durch das zur Erzeugung derselben aufgewendete Brennstoffgewicht dividiert, als die **Bruttoverdampfung** oder auch **Betriebsverdampfung**.

Durch diese Zahl ist aber die Leistung eines Brennstoffes nur unvollkommen gekennzeichnet.

Um zwei oder mehrere Brennstoffsorten gegeneinander abschätzen zu können, müssen sich ihre bei ein und derselben Kesselanlage gewonnenen Verdampfungsziffern auf die gleiche Speisewassertemperatur, Dampfspannung und Dampftemperatur beziehen. Man rechnet daher die Bruttoverdampfung stets auf sog. **Normaldampf** um, d. h. auf Dampf von 1 at abs. Spannung, erzeugt aus Wasser von 0°, und bezeichnet die dabei sich ergebende Verdampfung als **Nettoverdampfung oder reduzierte Verdampfung**.

Es wurden z. B. bei einem Verdampfungsversuche 1785 kg Steinkohle verbrannt und damit 15 300 kg Wasser von 38° in überhitzten Dampf von 12 at Überdruck und 344° Temperatur verwandelt. Daraus ergibt sich

$$\textbf{Betriebsverdampfung } V_b = \frac{15\,300}{1785} = 8,57 \, .$$

Die Nettoverdampfung berechnet sich wie folgt:

1 kg Dampf von 12 at Ü aus Wasser von 0° erzeugt, beansprucht eine Zufuhr von . . . . 668,9 WE
1 kg Dampf von 12 at Ü aus Wasser von 38° erzeugt, beansprucht eine Zufuhr von . . . . 630,9 „
8,57 kg Dampf von 12 at Ü aus Wasser von 38° erzeugt, beanspruchen eine Zufuhr von . . . . 5406,8 „

Dazu kommt noch die für die Überhitzung aufzuwendende Wärmemenge.

Die mittlere spezifische Wärme für die Überhitzung von $\vartheta = 190,6°$ (Sattdampftemperatur bei $p = 13$ at abs) auf $t = 344°$ (Heißdampftemperatur) berechnet sich nach **Mollier** zu

$$(c_p)_\vartheta^t = \frac{\text{Überhitzungswärme}}{\text{Temperaturerhöhung}} = \frac{i - i''}{t - \vartheta} \, .$$

Es ist:

Gesamtwärme $i = 594,7 + 0,447 \cdot t - J \cdot p$ mit $J = 0,48$,
Gesamtwärme des Sattdampfes $i'' = 668,9$ WE.

Damit wird:

$$(c_p)_\vartheta^t = 0,546 \, .$$

8,57 kg Sattdampf von 12 at Ü beanspruchen also zur Überhitzung auf 344°:

$$8,57 \cdot 0,546 \cdot (344 - 190,6) \text{ WE} = 717,8 \text{ WE.}$$

Demnach beanspruchen 8,57 kg Wasser von 38°, um in überhitzten Dampf von 12 at Ü und 344° Temperatur überzugehen, eine Wärmezufuhr im Betrage von

$$(5406,8 + 717,8) \text{ WE} = 6124,6 \text{ WE,}$$

die von 1 kg Kohle (unter Berücksichtigung des Kesselwirkungsgrades) geleistet wird.

Da Normaldampf eine Erzeugungswärme von 639,3 WE hat, wofür rund 640 WE gesetzt werden, so ergibt sich eine

$$\textbf{reduzierte Verdampfung } V_r = \frac{6124,6}{640} = 9,57\,.$$

Bezeichnet i' die Flüssigkeitswärme des Speisewassers und i den Gesamtwärmeinhalt des Dampfes, so ergibt sich für die Berechnung der reduzierten Verdampfung aus der Betriebsverdampfung die einfache Beziehung:

$$V_r = \frac{V_b(i - i')}{640}\,.$$

Für Sattdampf ist diese Formel ohne weiteres anwendbar, weil der Wert i direkt aus Dampftabellen entnommen werden kann und i' durch die Speisewassertemperatur gegeben ist.

Für überhitzten Dampf dagegen muß i von Fall zu Fall berechnet werden, wobei der Rechnungsgang, der schließlich zur Auffindung von V_r führt, so ziemlich derselbe, wie der im Beispiel angegebene, wird.

Es hat den Anschein, als würde man die rechnerisch gefundene reduzierte Verdampfung auch durch einen praktischen Versuch am Kessel gewinnen können (durch Verdampfung von Wasser mit 0° Temperatur und Haltung der Dampfspannung im Kessel auf 1 at abs). Dem ist aber nicht so, denn die in der Zeiteinheit von den Heizgasen an 1 qm feuerberührte Heizfläche, ebenso wie die von 1 qm wasserberührter Heizfläche an das Wasser übergehende Wärmemenge ist von der Temperaturdifferenz der in Berührung stehenden Medien abhängig. Diese Temperaturdifferenzen werden aber andere sein, wenn das Wasser im Kessel 99,1° (1 at abs) aufweist, als wenn es, wie in obigem Beispiele, eine Temperatur von 190,6° (13 at abs) hat.

Die reduzierte Verdampfung ist also nicht als ein versuchsmäßig festzustellender Wert, sondern als eine ideelle Größe aufzufassen.

K. Der Wärmepreis und der Dampfpreis.

Der Wärmepreis gibt die Kosten von 100 000 im erzeugten Dampfe enthaltenen Wärmeeinheiten an.

Der Dampfpreis dagegen bezieht sich auf die Kosten von 1000 kg Dampf, und zwar wird er zweifach berechnet, nämlich unter Zugrundelegung der Betriebsverdampfung und der reduzierten Verdampfung.

Sowohl bei der Berechnung des Wärmepreises als auch bei derjenigen des Dampfpreises werden lediglich die Brennstoffkosten frei Kesselhaus, nicht aber Wasserpreis, Heizerlöhne und andere mit dem Kesselbetriebe in Zusammenhang stehende Kosten und Unkosten zugrunde gelegt.

Kosten 100 kg Brennstoff frei Kesselhaus P Mark, und bezeichnet man die Verdampfung ohne Rücksicht darauf, ob brutto oder netto, mit V, so gilt:

$$V \text{ kg Dampf erfordern} \quad 1 \text{ kg Kohle}$$

$$1000 \quad \text{,,} \quad \text{,,} \quad \text{,,} \quad \frac{1000}{V} \text{ ,, ,,}$$

$$100 \text{ kg Kohle kosten } P \text{ Mark}$$

$$\frac{1000}{V} \text{ ,, ,, ,, } \frac{1000}{V \cdot 100} \cdot P \text{ Mark.}$$

Also

$$\text{Dampfpreis} = \frac{10\,P}{V} \text{ Mark.}$$

III. Die Kontrolle des Dampfmaschinenbetriebes und die dabei benötigten Apparate.

A. Apparate zur Messung der indizierten Maschinenleistung (Indikatoren).

1. Indikatoren der gewöhnlichen Bauart.

Man faßt unter dem Begriffe Indikatoren alle jene Instrumente zusammen, deren Aufgabe es ist, die Untersuchung von Motoren auf ihre Leistung und — in fast allen Fällen — auch auf die Wirkungsweise der motorischen Substanz im Motorzylinder hin zu ermöglichen.

Ihnen fast allen gemeinsam ist die Art und Weise, wie sie die gewünschten Aufschlüsse erteilen, indem sie nämlich Kurven (Diagramme) aufzeichnen, aus denen es möglich ist, die Verhältnisse der Motore nach allen Richtungen hin gründlich zu studieren.

Man kann die Indikatoren einteilen wie folgt:

1. **Indikatoren gewöhnlicher Art**, mit Kolben, Feder und Schreibzeug, bei denen das gezeichnete Diagramm das Ergebnis aus zwei Bewegungen ist: einer wagrechten des Papierblattes in genauer Übereinstimmung mit der Bewegung des Motorkolbens, und einer senkrechten des Schreibstiftes im Verhältnisse der im Motorzylinder auftretenden Spannungen. Die aus dem Diagramme zu berechnende Leistung des Motors ist also die indizierte Leistung.

2. **Der integrierende Indikator** oder Leistungszähler, das einzige Instrument dieser Art, welches keine Kurve aufzeichnet, bei dem vielmehr aus der Bewegung der (Papier-) Trommel und derjenigen des Indikatorkolbens die Verstellung eines Räderzählwerkes resultiert. In dieser Arbeitsweise ist auch der Grund zu finden, weshalb dieser Indikator nur die indizierte Durchschnittsleistung für eine längere Beobachtungszeit ergibt, nicht aber einen Einblick in die Arbeitsvorgänge im Innern des Motors gewährt.

3. **Der Torsionsindikator.** Die Arbeitsweise dieses Instrumentes ist von Grund aus verschieden von derjenigen der übrigen Indikatoren, indem es durch Aufzeichnen einer Kurve die effektive Leistung des Motors aus der Torsion der Motorwelle bestimmt.

Gleichgültig welcher Konstruktion ein Indikator ist, stets muß im Auge behalten werden, daß es sich um ein Präzisionsinstrument handelt, welches eine zarte Bedienung und eine sorgfältige Behandlung auch außerhalb des Gebrauches erfordert.

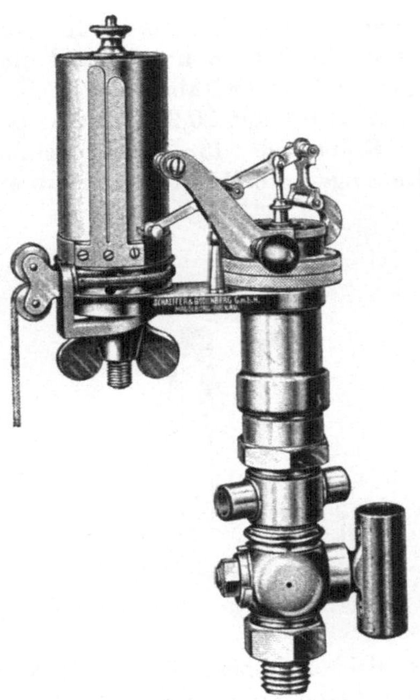

Fig. 92.

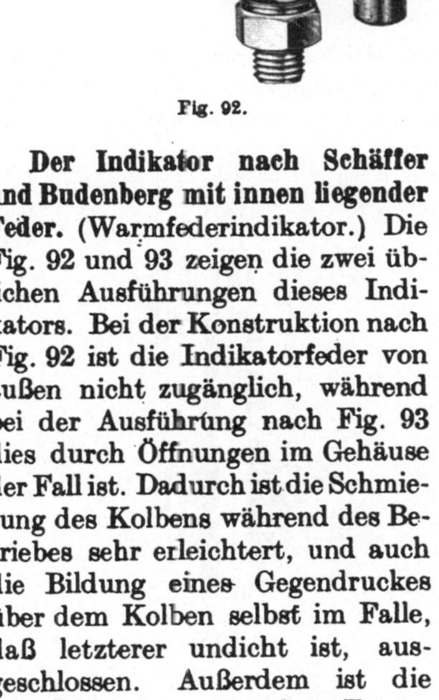

Fig. 93.

Der Indikator nach Schäffer und Budenberg mit innen liegender Feder. (Warmfederindikator.) Die Fig. 92 und 93 zeigen die zwei üblichen Ausführungen dieses Indikators. Bei der Konstruktion nach Fig. 92 ist die Indikatorfeder von außen nicht zugänglich, während bei der Ausführung nach Fig. 93 dies durch Öffnungen im Gehäuse der Fall ist. Dadurch ist die Schmierung des Kolbens während des Betriebes sehr erleichtert, und auch die Bildung eines Gegendruckes über dem Kolben selbst im Falle, daß letzterer undicht ist, ausgeschlossen. Außerdem ist die Kolbenfeder vor starker Erwärmung geschützt. Fig. 94 zeigt den ersten Indikator im Schnitt.

Die Kolben d beider Konstruktionen laufen in einem besonderen,

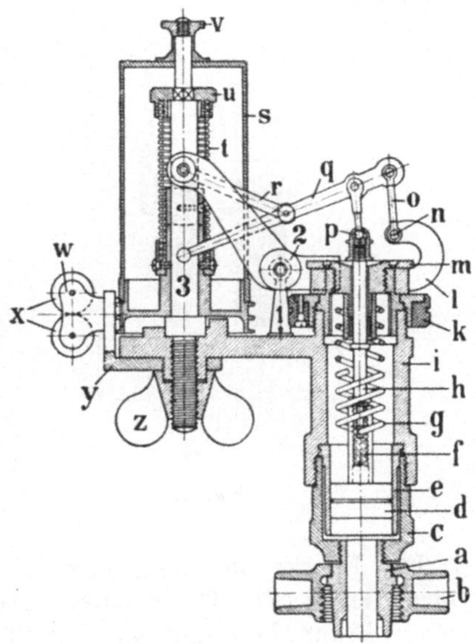

Fig. 94.

einen Dampfmantel bildenden Zylindereinsatz e, der leicht herausgenommen werden kann.

Man schraubt zu diesem Zwecke mittels eines Schlüssels, der auf
das Sechskant des Dampfmantels *c* paßt, den letzteren los und kann
ihn dann samt Anschlußkonus *a* und Anschlußmutter *b* abnehmen.

Der Durchmesser des normalen Kolbens beträgt 20,27 mm und ist
unter Benutzung einer entsprechenden Kolbenfeder für Drucke bis zu
25 kg/qcm und bis 600 Maschinenumdrehungen pro Minute verwendbar.

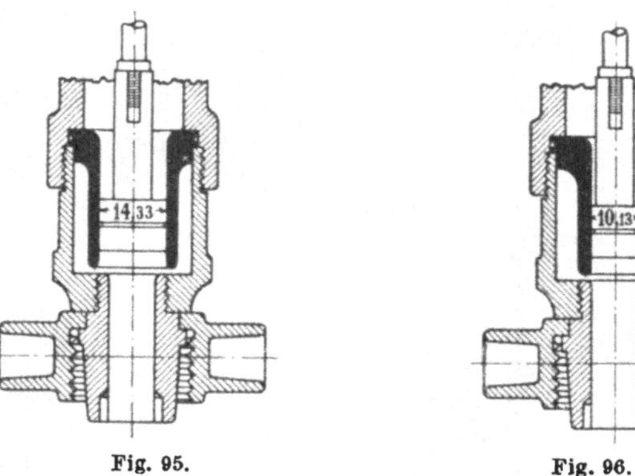

Fig. 95.   Fig. 96.

Außer dem normalen Kolben lassen sich für höhere Drucke kleinere
Kolben verwenden, die dann entweder in besonderen Zylindereinsätzen,
oder im Konus *a* (Fig. 94), oder in einem besonders eingeschraubten
Konus arbeiten.

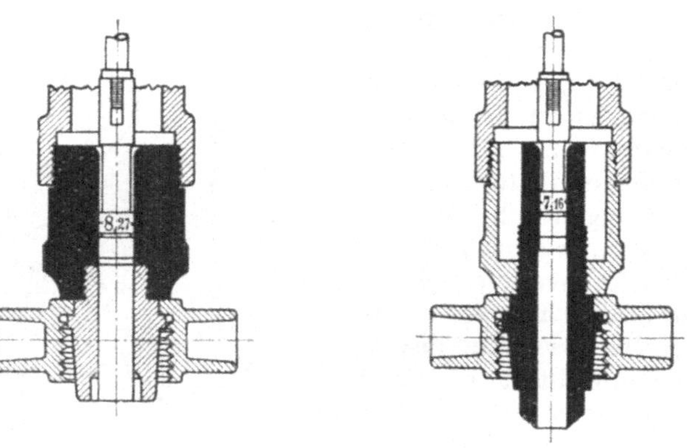

Fig. 97.   Fig. 98.

Für Drucke bis 50 kg verwendet man einen Kolben von 14,33 mm
Durchmesser (Fig. 95), während Drucke bis zu 100 kg mit einem Kolben
von 10,13 mm Durchmesser (Fig. 96) indiziert werden. Bei noch höheren
Drucken laufen die Kolben im Konus, und zwar für Drucke bis 150 kg
im normalen Konus von 8,27 mm (Fig. 97) innerem Durchmesser, und
bei Drucken bis 200 kg in einem besonders eingeschraubten Stahlkonus
mit 7,16 mm innerem Durchmesser (Fig. 98).

Beim Einsetzen der Kolbenfeder verfährt man wie folgt: Zunächst schraubt man die mit dem Schreibzeuge verbundene Überwurfmutter k ab, nimmt den Kolben d samt Schreibzeug aus dem Indikator heraus und schraubt dann die Kolbenstange aus der Mutter bei p heraus. Alsdann löst man unter Zuhilfenahme eines besonderen Schlüssels den Kolben von der Kolbenstange los, dreht die im Kolben befindliche Schraube f zurück, legt die Kugel der doppelt gewundenen Kolbenfeder h (Fig. 99) in den am Kolben befindlichen Schlitz und schraubt die Kolbenstange auf dem Kolben wieder fest. Nun zieht man die Schraube f so lange an, bis die Feder h in dem Schlitze ohne toten Gang sich mäßig schwer hin und her bewegen läßt. Den oberen Federkopf schraubt man dann auf den Gewindezapfen des Deckels m und setzt das Ganze wieder in den Indikator ein.

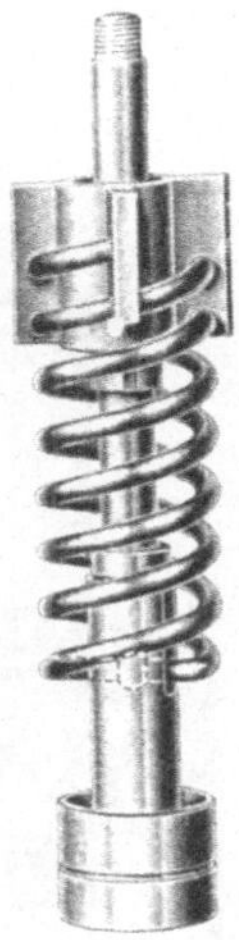

Soll die Papiertrommel s abgenommen werden, um der Trommelfeder t eine stärkere oder schwächere Spannung zu geben, so braucht man nur die Mutter v zu lösen und kann dann die Trommel s abziehen. Dann hebt man den oberen Federkopf u über das an der Trommelachse 3 befindliche Vierkant hinweg, gibt ihm eine viertel oder halbe Drehung nach rechts oder links und läßt ihn dann, ohne loszulassen, auf das Vierkant zurückgehen.

Der Schnurrollenträger y ist um die Trommelachse drehbar und kann mittels der Flügelmutter z in jeder Lage festgeschraubt werden. Der Schnurrollenhalter w ist ebenfalls drehbar, so daß es leicht fällt, das Ganze so anzuordnen, daß die Schnur in einer der Rillen der beiden Rollen x läuft.

Die Papiertrommeln werden je nach Wunsch mit oder ohne Anhaltevorrichtung, oder mit Einrichtung zur Aufnahme fortlaufender Diagramme ausgeführt.

Fig. 99.

Die Kolbenfedern sind, wie Fig. 99 zeigt, doppelt gewunden, besitzen oben einen vierflügeligen Federkopf und unten eine Kugel, mit welcher sie im Kolben gelagert sind. Einseitige Reibungen des Kolbens sind dadurch so gut wie ausgeschlossen.

Die Schäffer- und Budenbergschen Indikatoren mit außen liegender Feder. (Kaltfederindikatoren.) Bei diesen ist die Feder auf Zug beansprucht. Der in Fig. 100 dargestellte Indikator wird in zwei Ausführungen geliefert, und zwar als Großmodell mit 50 mm Trommeldurchmesser für Maschinen bis zu 400 Umdrehungen pro Minute, und als Normalmodell mit 42 mm Trommeldurchmesser bis zu 500 Touren pro Minute gebrauchsfähig.

Der in Fig. 101 abgebildete Indikator ist dadurch gekennzeichnet, daß der Schreibstifthebel durch eine Gegenlenkvorrichtung hindurchgeführt ist, wodurch sich die Masse dieser Vorrichtung auf beide Seiten des Schreibstifthebels verteilt und eine einseitige Schwungwirkung vermieden wird. Gleichzeitig ist damit auch der Vorteil erreicht, daß durch Umsetzen des Schreibzeuges und der

Papiertrommel das Instrument als Rechts- oder Linksindikator gebraucht werden kann.

Dieser Indikator, der nicht nur für Dampfmaschinen, sondern auch für Explosionsmotore geeignet ist, wird in vier verschiedenen Ausführungen geliefert:

	Trommel-durchmesser	Umdrehungen pro-Minute
Großmodell	50 mm	400
Normalmodell . . .	42 „	500
Kleinmodell 1 . . .	42 „	700
Kleinmodell 2 . . .	30 „	1000

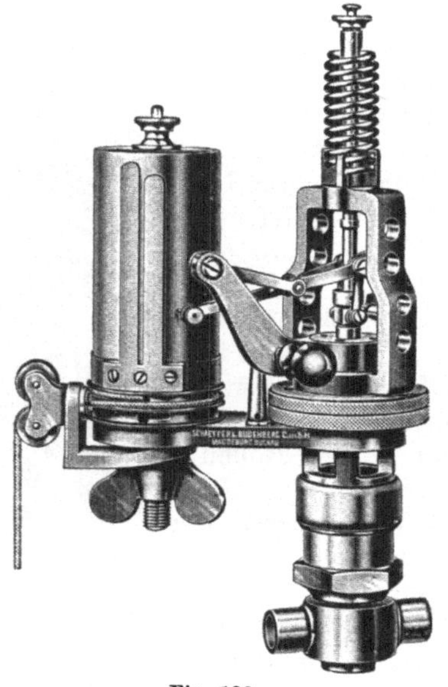

Fig. 100.

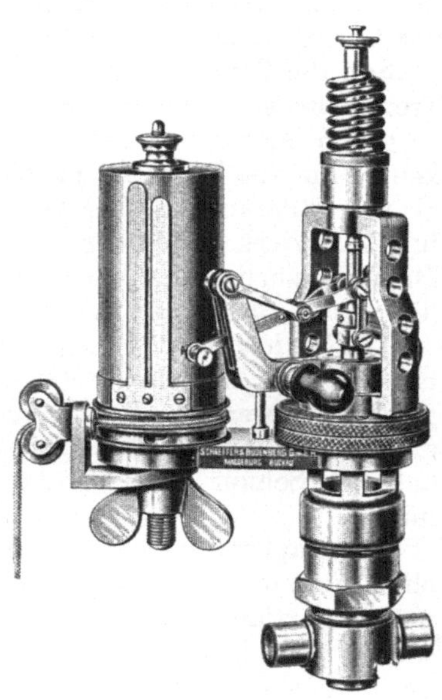

Fig. 101.

Bezüglich der für die evtl. vorkommenden Drucke zu verwendenden Kolbengrößen gilt bei beiden Indikatoren (Fig. 100 u. 101) das schon auf Seite 190 Gesagte. Zu dem Indikator Fig. 101 gehört eine Feder von besonderer Konstruktion (Fig. 102). Es ist dies eine doppelt und enggewundene Feder, die mit ihrem Fuß durch eine Verschraubung und nicht durch Lötung verbunden ist. Die Austrittsenden der beiden Windungen sind im Fuß einander gegenüber angeordnet, so daß die Feder mit einem zur Drehachse senkrechten Querschnitt aus der Verschraubung heraustritt und in diesem Querschnitt auf Zug beansprucht wird.

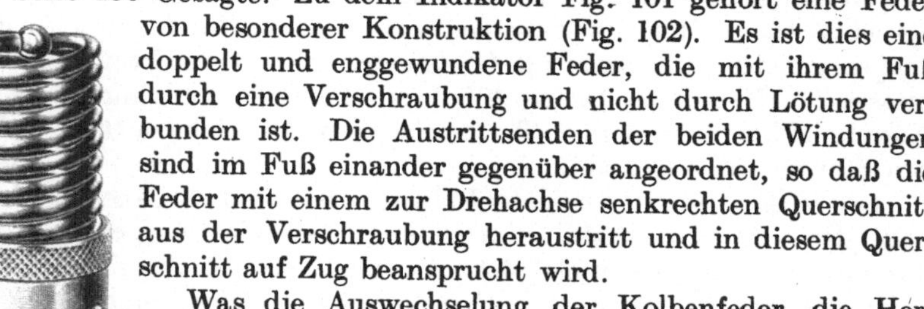

Fig. 102.

Was die Auswechselung der Kolbenfeder, die Herausnahme des Kolbens, das Auswechseln des Einsatzzylinders und das Abnehmen der Papiertrommel anbetrifft, so dürften hierüber die Fig. 100 und 101 genügenden Aufschluß geben.

Der Indikator nach Rosenkranz mit innen liegender Feder. Dieser Indikator (Fig. 103) wird in drei Größen gebaut, nämlich:

Größe I:

Durchmesser der Papiertrommel	50 mm
Größte Diagrammlänge	130 „
Größte Diagrammhöhe	75 „
Umdrehungen pro Minute { ohne Anhaltevorrichtung	500
mit „	400

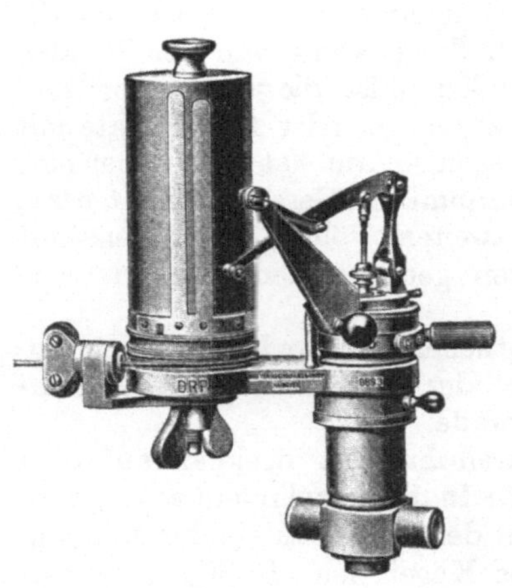

Fig. 103.

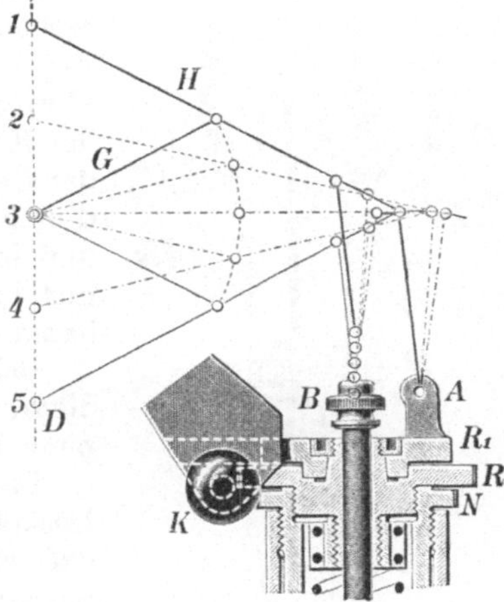

Fig. 104.

Größe II:

Durchmesser der Papiertrommel	40 mm
Größte Diagrammlänge	90 „
Größte Diagrammhöhe	50 „
Umdrehungen pro Minute { ohne Anhaltevorrichtung	750
mit „	600

Größe III:

Durchmesser der Papiertrommel	30 mm
Größte Diagrammlänge	60 „
Größte Diagrammhöhe	30 „
Umdrehungen pro Minute { ohne Anhaltevorrichtung	1500
mit „	1100

Die Geradführung des Schreibstiftes mit möglichst gleichmäßiger, d. h. dem Kolbenwege proportionaler Teilung wird bei diesem, ebenso wie bei allen anderen, noch zu beschreibenden Indikatoren Rosenkranzscher Bauart durch Anwendung des unverkürzten Evans-Lenkers erreicht. Dies ist ein Ellipsenlenker, bei welchem aber die Ellipse in einen Kreis übergeht, sobald man den Gegenlenker G (Fig. 104) halb so lang ausführt als den Schreibstifthebel H; der Radius dieses Kreises = G. Die Punkte A, B und D (Fig. 104) liegen in allen Stellungen des Indikatorkolbens in einer Geraden. Konstruiert man (Fig. 104)

für fünf verschiedene, gleichweit voneinander abstehende Kolbenstellungen die zugehörigen Schreibstiftstellungen *1, 2, 3, 4, 5*, so findet
man, daß diese auf einer Geraden liegen, die durch die Punkte *1, 2, 3, 4, 5*
in fünf gleiche Teile geteilt wird.

Die Geradführung des Schreibstiftes und die Proportionalität des
Schreibstiftweges mit dem Wege des Indikatorkolbens sind unerläßliche Bedingungen für das Zustandekommen eines brauchbaren Diagrammes; sie sind auch das Kriterium für ein korrekt konstruiertes
und ebenso ausgeführtes Schreibzeug. Es darf nicht unerwähnt bleiben,
daß die bei Indikatoren üblichen Geradführungen durch Hebelkombinationen ihrer Aufgabe nicht vollständig gerecht werden, indem erstens der Schreibstiftweg eine, allerdings wenig von der Geraden
abweichende Kurve ist, die je nach der Güte
der Konstruktion drei oder fünf Punkte mit
der Geraden gemeinsam hat und daher eine
drei- bzw. fünfpunktige Gerade genannt wird;
und indem zweitens völlige Proportionalität
nur in diesen gemeinsamen Punkten vorhanden ist.

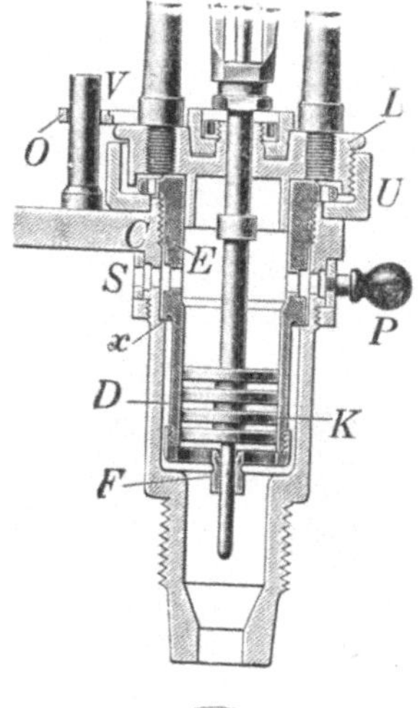

Fig. 105.

Bei sämtlichen Rosenkranzschen Indikatoren ist der Schreibstiftweg eine fünfpunktige Gerade.

Das Schreibzeug ist drehbar auf dem
Deckel *R* des Indikatorzylinders angeordnet
und wird mit der Kolbenstange durch ein abschraubbares Kugelgelenk *B* (Fig. 104) verbunden.

Der Zylinder ist, wie die Fig. 105 und
108 zeigen, mit einem Dampfmantel ausgerüstet, der in einfacher Weise dadurch
zustande kommt, daß in den Zylinder *C* ein
Einsatz *E* eingeschraubt ist, der unten bei *D*
einen Dampfmantel von solcher Länge bildet,
daß der Indikatorkolben auch in seinen äußersten Stellungen sich innerhalb des Mantelbereiches befindet. Um dem Zylindereinsatz *E* ungehinderte Ausdehnung zu ermöglichen, liegt *E* auch in seinem oberen
Teile nicht an *C* an, sondern ist gegen den Außenzylinder außer im
oberen Gewinde nur in der Ringfläche bei *x* abgedichtet. Die Vorteile dieser Einrichtung sind verschiedener Art: Vor allem wird die
Ausdehnung im Kolbenkörper *K* und im Einsatz eine so gleichmäßige,
daß selbst bei hohen Dampftemperaturen ein Klemmen des Kolbens
so gut wie ausgeschlossen ist. Ferner kann der Einsatz *E* mit Hilfe
des gerieften Randes *N* (Fig. 104) bequem herausgeschraubt, nachgesehen, gereinigt und eventuell durch einen neuen ersetzt werden.

Soll der Kolben zwecks Schmierung oder Reinigung aus dem Zylinder
genommen werden, so muß man den Deckel *R* (Fig. 104) herausschrauben, was etwas langwierig und in warmem Zustande auch lästig

ist. Diesen Übelstand vermeidet der in neuerer Zeit bei allen Rosenkranzschen Indikatoren zur Anwendung kommende Momentverschluß (Fig. 105, 106, 107).

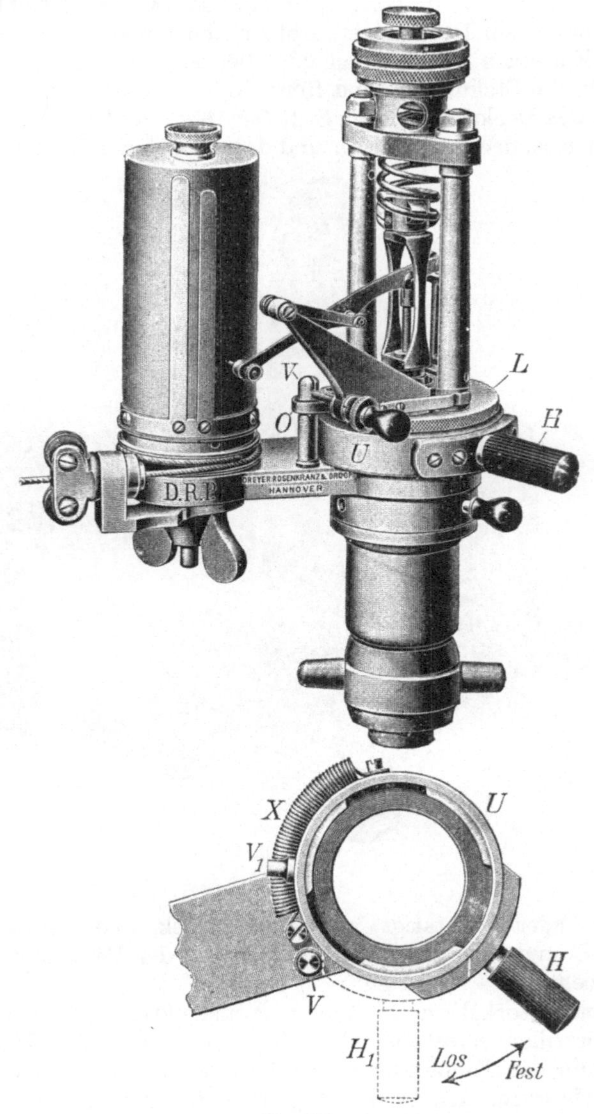

Fig. 106.

Der mittels des Griffes H (Fig. 106) drehbare Ring U (Fig. 105
und 106), der durch den oberen Rand des Zylindereinsatzes E festgehalten wird, besitzt Innengewinde, welches an drei Stellen des Umfanges
unterbrochen ist. Das Gewinde des Deckels L ist in entsprechender

13*

Weise ebenfalls an drei Stellen des Umfanges ausgespart. Bringt
man nun durch Drehen des Griffes H in die Stellung H_1 (s. Grundriß
Fig. 106) die Gewindeaussparungen des Ringes U mit den Gewinde-
teilen des Deckels L in Korrespondenz, so ist der Verschluß gelöst,
und man kann den Deckel samt Kolben abnehmen, bzw. herausziehen.

Beim Einsetzen von Kolben und Deckel bringt man den Griff H
ebenfalls in die Stellung H_1 und führt Kolben nebst Deckel so ein, daß
die Öse V des Deckels über den Stift O geführt werden kann. Läßt man
den Griff los, so dreht sich dieser und damit auch der Ring U, durch die

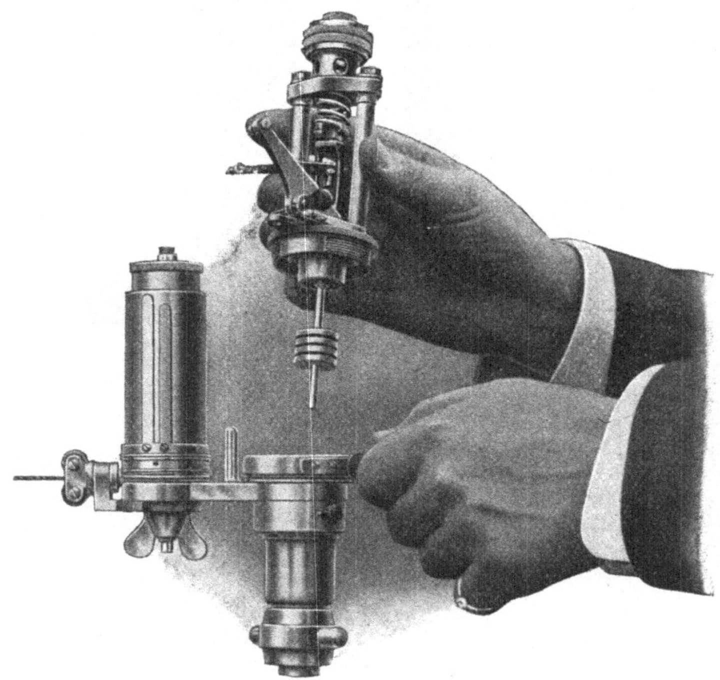

Fig. 107.

Kraft der Feder X betätigt, von selbst zurück, wodurch die Gewinde-
teile von U und L in Eingriff kommen, und der Verschluß in sicherer
Weise erzielt ist.

Der Indikatorkolben K älterer Konstruktion (Fig. 108) ist ein
mit Schmierrillen versehener Hohlkörper, der mit seiner Nabe auf das
untere Ende der Kolbenstange geschraubt ist. Die Kolbenstange ist
oben, wo sie durch den Deckel R geht, und unten im Kolben geführt.

Der Kolben neuerer Konstruktion (Fig. 105) ist ein sog. Lamellenkolben, der aus vier Scheiben von gleicher Stärke besteht und durch
die durchgehende Kolbenstange sowohl oben im Deckel L, als auch
unten im durchlochten Boden F des Zylindereinsatzes D geführt ist.
Dieser Kolben dient lediglich nur der Abdichtung; die Kolbenreibung,
und damit die Abnützung von Kolben und Zylinderwandung fallen

dadurch sehr gering aus. Da die Lamellen eine Art Labyrinthdichtung bilden, ist die Abdichtung des Kolbens eine besonders gute.

Schmutzteilchen, die sich bei der alten Konstruktion zwischen Kolben und Zylinderwandung festsetzten und die Kolbenreibung vermehrten, sondern sich bei der neuen Ausführung in den Räumen zwischen den Lamellen ab. Der Gang dieser Lamellenkolben ist ein besonders leichter und gleichmäßiger.

Ein mittels des Knopfes P drehbarer Ringschieber S (Fig. 108) ermöglicht in jeder Lage des Indikators den Abfluß des Kondenswassers ohne Belästigung des Indizierenden.

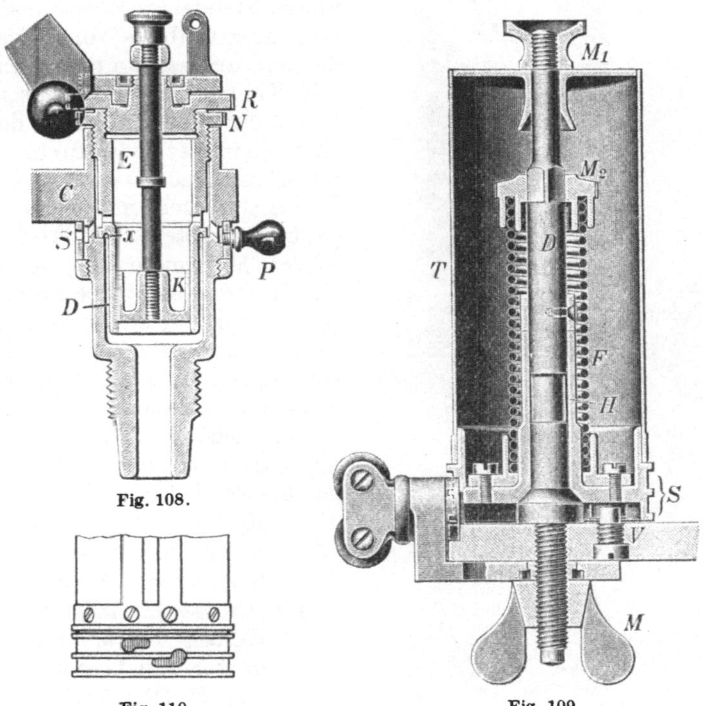

Fig. 108.

Fig. 110.

Fig. 109.

Die stählernen Papiertrommeln werden ohne und mit Anhaltevorrichtung ausgeführt. In beiden Fällen erfolgt die Rückdrehung der Trommel durch eine Schraubenfeder. Die Trommel ohne Anhaltevorrichtung ist in Fig. 109 abgebildet. Der Unterteil jeder Trommel besitzt zwei Schnurläufe S, in welche sich die zum Antriebe dienenden Schnüre einlegen.

Zum Einhängen der Schnur besitzen die Schnurrollen Schlitze, die in ein Rundloch (Fig. 110) auslaufen. Dadurch fällt es leicht, den Knoten der Schnur in den Schlitz einzuführen, ohne die Papiertrommel abzunehmen.

Ist ein Anspannen der Feder F nötig geworden, so wird nach Lösen des Kopfes M_1 die Trommel T abgezogen, die Mutter M_2 hochgehoben und so weit verdreht, bis die Feder die richtige Spannung hat; alsdann wird M_2 wieder auf das Vierkant der Trommelachse D gesetzt. V ist eine Anschlagschraube. Die Flügelmutter M wird nur dann abgenommen, wenn der Indikator mit einem Hubverminderer verschraubt werden soll.

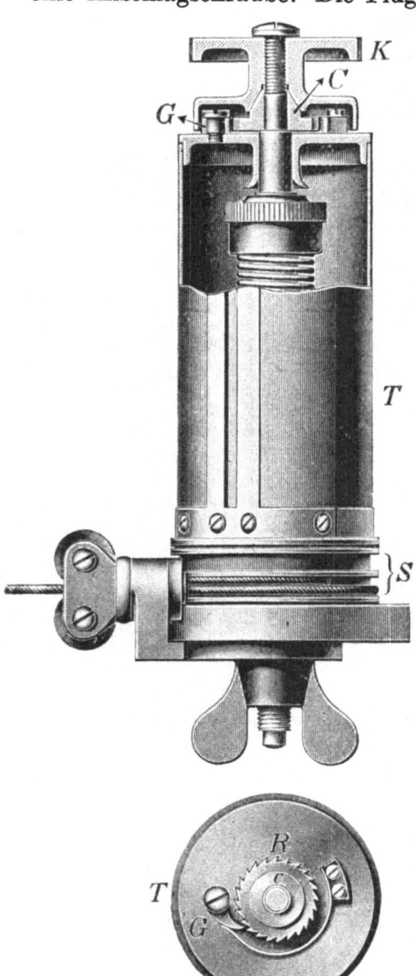

Die Trommel mit Anhaltevorrichtung ist in Fig. 111 abgebildet. Bei ihr ist die eigentliche Trommel T vom Schnurkranze S getrennt. Die Trommelspindel ist zweiteilig, die innere Spindel steht fest und trägt oben, außerhalb des Trommeldeckels, das lose aufgesetzte Sperrädchen R mit Konus C. Der niederschraubbare Kopf K ist unten mit der gleichen Konizität ausgedreht. Wird nun K niedergeschraubt, so wird der Konus C festgeklemmt, und die Papiertrommel steht still. Wird aber K wieder hochgeschraubt, so nimmt die Trommel samt Sperrädchen an der Drehung des Schnurkranzes teil.

Der Normalkolben hat 20 mm Durchmesser und ist für Drucke bis 20 kg/qcm anwendbar.

Für höhere Drucke werden Riedlerkolben angewendet, und zwar für Drucke bis 80 kg/qcm

Kolben mit 10 mm Durchmesser und besonderem Zylindereinsatz D (Fig. 112),

für Drucke bis 200 kg/qcm

Kolben mit 6,3 mm Durchmesser und besonderem Einsatz E_1 (Fig. 113),

für Drucke bis 500 kg/qcm

Kolben mit 4 mm Durchmesser und besonderem Einsatz E_1 (Fig. 113).

Fig. 111.

Der Einsatzzylinder E_1, in welchem der Kolben K sich bewegt, und durch welchen auch ein Dampfmantel gebildet wird, ist in den unteren Teil G des Indikators eingeschraubt (Fig. 113).

Als Kolbenfedern kommen doppelt gewundene Schraubenfedern in Anwendung (Fig. 114). Die Enden dieser Federn sind in sog. Federmuttern M und M_1 eingestemmt, die mit Gewinde versehen sind. Das obere größere Gewinde (in M) wird an den Zapfen des Indikator-Zylinderdeckels geschraubt, während die untere Mutter M_1 auf die Kolbennabe aufgesetzt wird.

Die Federn sind sowohl für Überdruck als auch für Vakuum verwendbar. Da der Federmaßstab für innenliegende Kolbenfedern unter Berücksichtigung des Wärmeeinflusses festgestellt ist, so lassen sich derartige Federn nicht ohne weiteres für kalten Druck benutzen; hierzu müssen vielmehr besonders geeichte Federn verwendet werden.

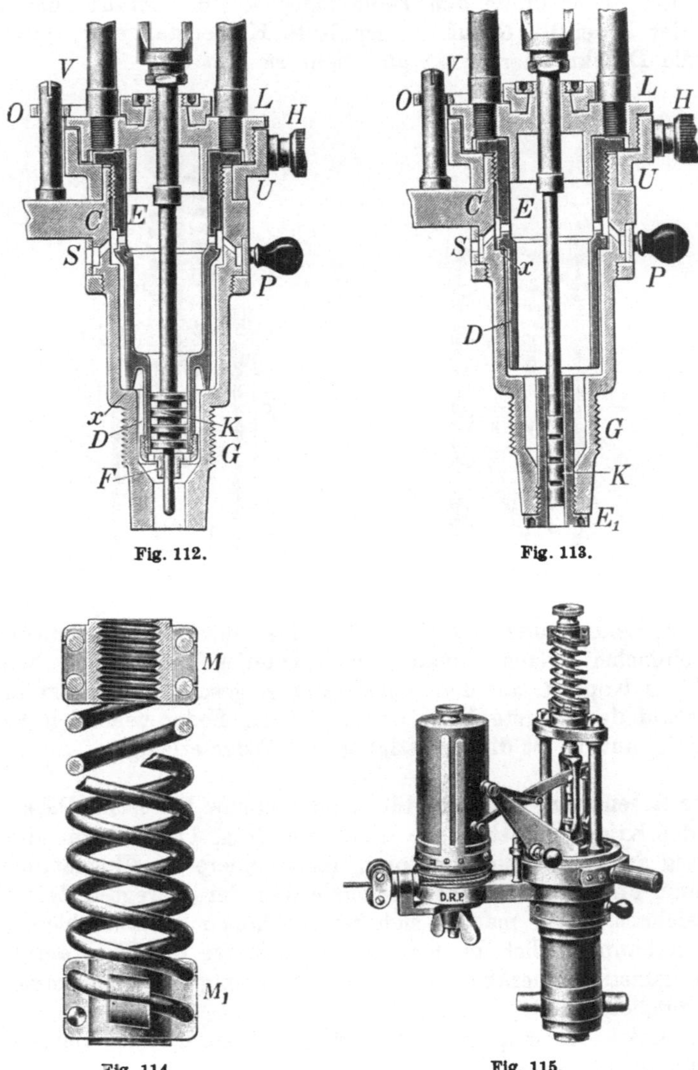

Fig. 112.   Fig. 113.

Fig. 114.   Fig. 115.

Der Indikator nach Rosenkranz mit außen liegender Feder. Dieser Indikator wird ausgeführt entweder so, daß die Feder auf D r u c k (Fig. 106), oder so, daß sie auf Z u g (Fig. 115) beansprucht ist. In beiden Fällen gibt es wieder die schon eingangs angeführten drei Ausführungsgrößen.

Bei beiden Ausführungen (Fig. 116 u. 117) ist der Federträger A durch zwei hohle Stahlsäulen F getragen.

Zwecks Einsetzens einer neuen Feder wird zunächst die Druckmutter N (Fig. 116) abgeschraubt, der Kopf $M R$ herausgenommen und die Feder bei G_1 auf diesen Kopf geschraubt; alsdann führt man Kopf und Feder durch den Federträger A ein, schraubt das untere Ende der Feder bei G auf die gegabelte Kolbenstange B, dann setzt man die Druckmutter N ein und zieht sie fest an.

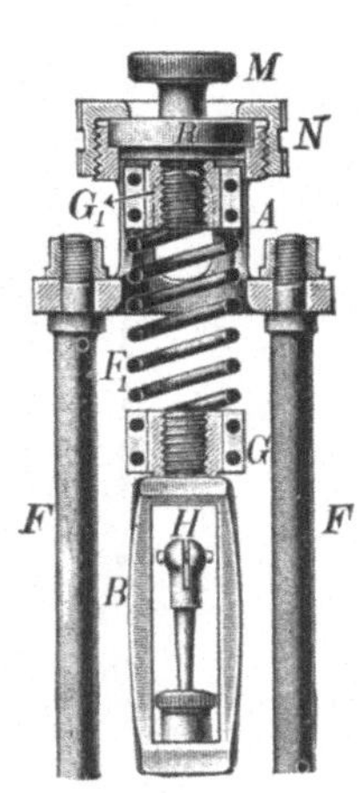

Fig. 116.

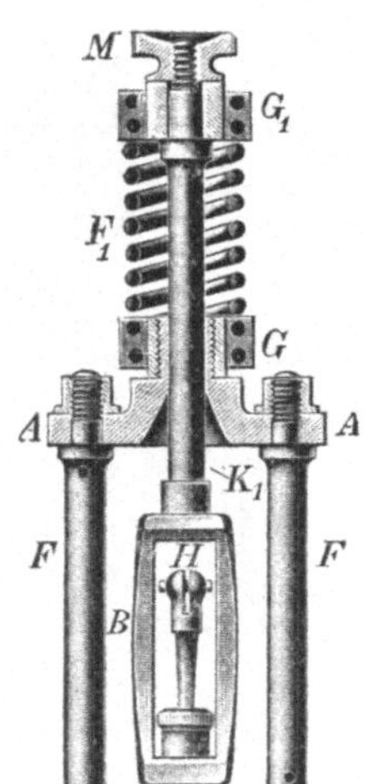

Fig. 117.

Bei der Anordnung nach Fig. 117 ist das Einsetzen einer neuen Feder noch einfacher. Nach Abnahme des Knopfes M wird die Feder F_1 mit ihrem Kopfe G auf den Federhalter A geschraubt. Setzt man M wieder auf das oberste Ende der durch die Feder gehenden Kolbenstange K_1 auf, so ist die Befestigung der Feder erledigt.

Der Rosenkranz-Indikator für schnellaufende Motoren. Dieser während des Krieges entstandene Indikator (Fig. 118) ist für die Verwendung an Verbrennungsmotoren, insbesondere an Flugzeugmotoren bestimmt und durch starke Verminderung der bewegten Massen gekennzeichnet. Diese machen sich bei den hohen Umlaufzahlen solcher Motoren hauptsächlich in der Expansionskurve der Diagramme derartig ungünstig bemerkbar, daß eine Auswertung der Diagramme nicht mehr möglich ist.

Die Masse der Papiertrommel ist auf das angängig kleinste Maß herabgemindert.

Das Schreibzeug des Indikators ist unter Zugrundelegung des Prinzips des unverkürzten Evanslenkers und Vermeidung von Gegenlenkern in die leichteste Ausführungsform gebracht. An die Stelle des Gegenlenkers ist eine Kulisse getreten. Der Schreibhebel ist aus gehärtetem Stahl so leicht wie möglich hergestellt. Der Kolben besteht aus D. R. D.-Metall.

Um dem Gedanken der größtmöglichen Massenverminderung weiter Rechnung zu tragen, mußte auch von der Anordnung einer außenliegenden Feder Abstand genommen werden.

In Hinsicht auf die hohe Temperatur, welche im Verbrennungsraume der Motoren herrscht, wurde mit dem Indikator eine unterhalb des Hahnes K liegende Kühlkammer W verbunden, die an die Wasserleitung angeschlossen und ständig vom Kühlwasser durchflossen ist (E = Wassereintritt, A = Wasseraustritt), so daß die Verbrennungsgase mit nicht übermäßig hoher Temperatur unter den Indikatorkolben treten.

Bei den hohen Umdrehungszahlen der in Betracht kommenden Motoren ist ein Aushaken der Antriebsschnur zwecks Auswechselns des Diagrammblattes unmöglich. Bei den üblichen Papiertrommel - Anhaltevorrichtungen (vgl. Fig. 111) erfolgt leicht ein Reißen der Schnur. Deshalb ist die Trommel des Indikators derart ausgeführt, daß sie während des Betriebes leicht abgezogen und wieder aufgesteckt werden kann. Durch Linksdrehung des Knopfes X wird die

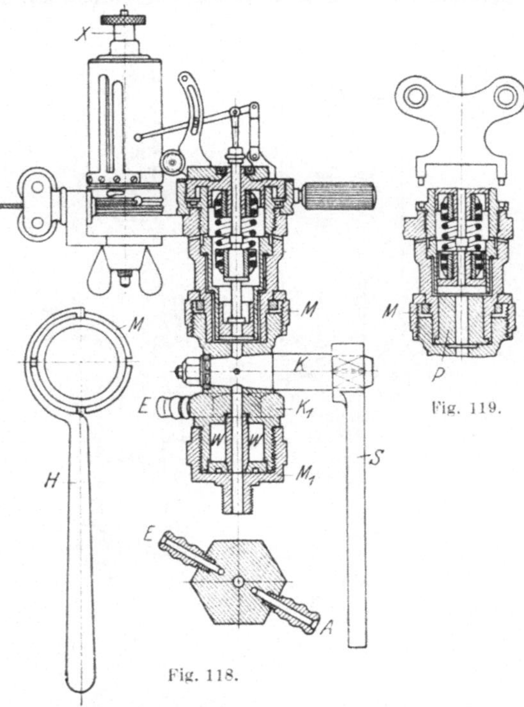

Fig. 119.

Fig. 118.

Trommel allmählich nach oben gezogen und kann dann leicht abgenommen und mit einem neuen Papierstreifen versehen werden. Die Trommel wird dann wieder aufgesteckt und durch Rechtsdrehung des Knopfes X in betriebsfertigen Zustand gebracht. Das Abheben und Wiederaufstecken erfolgt ohne Stoß; die Schnur zur Maschine bleibt dauernd straff und in Bewegung.

Der Abschluß des Indikatorzylinders erfolgt durch den sog. Momentverschluß, der schon Seite 195 beschrieben ist.

Die Überwurfmutter M, sowie das Anschlußstück M_1 werden mittels des Schlüssels H angezogen.

Der Indikator wird mit zwei Kolbengrößen ausgerüstet, nämlich mit 20 mm und 14,1 mm Durchmesser. Zu ersterem gehört eine Feder für 30 kg/qcm und eine solche für 20 kg/qcm.

Da der Kolben mit 14,1 mm Durchmesser den halben Querschnitt des 20-mm-Kolbens hat, so kann bei Anwendung des ersteren der Indikator mit den angegebenen Federn auch für 60 bzw. 40 kg/qcm Druck benutzt werden.

Beim Arbeiten mit dem 20-mm-Kolben muß das Paßstück P (Fig. 119) eingesetzt werden, um den toten Raum zu beschränken.

Der Indikator ist bis zu 2000 Umdrehungen pro Minute verwendbar.

Der Maihak-Indikator. Dies ist ebenfalls ein Indikator mit außen, also kühl liegender Feder (Fig. 120), und zwar ist die Feder auf Zug beansprucht. Er wird in drei verschiedenen Größen ausgeführt, nämlich:

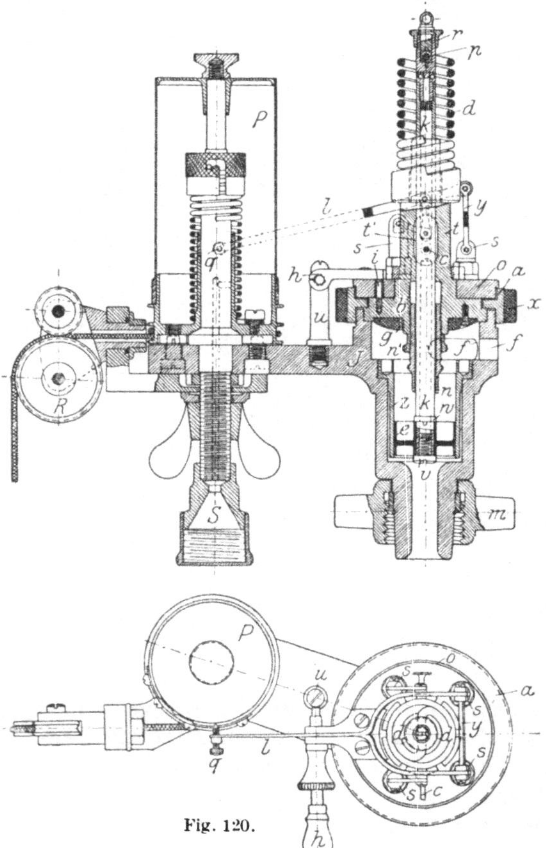

Fig. 120.

Größe I für Maschinen bis ca. 250 Umdrehungen pro Minute.

Größte Diagrammhöhe　70 mm
Größte Diagrammlänge 125　„
Trommeldurchmesser . 50　„

Dieser Indikator ergibt ein großes Diagramm und ist geeignet zur Indizierung von Dampfmaschinen mit gesättigtem und überhitztem Dampf; ferner auch für Pumpen, Kompressoren und Kältemaschinen.

Größe II für Maschinen bis ca. 500 Umdrehungen pro Minute.

Größte Diagrammhöhe　50 mm
Größte Diagrammlänge 90　„
Trommeldurchmesser . 40　„

Dieses Instrument empfiehlt sich zur Verwendung bei schnellaufenden Dampfmaschinen und bei Verbrennungsmaschinen, insbesondere auch bei Dieselmotoren.

Größe III für Maschinen bis ca. 1500 Umdrehungen pro Minute.

Größte Diagrammhöhe　35 mm
Größte Diagrammlänge 70　„
Trommeldurchmesser . 30　„

Diese Ausführung eignet sich für alle Schnelläufer.

Die Fig. 120 zeigt den Indikator im Schnitt und im Grundriß. Als besonders charakteristisches Merkmal ist hervorzuheben, daß beim Maihak-Indikator das Schreibgestänge den Federträger umgibt, während bei verschiedenen anderen Indikatoren mit außenliegender Feder die umgekehrte Anordnung zu finden ist.

Die doppelgängige, aus einem Draht gewundene Crosby-Feder trägt an ihrem oberen Ende, welches die größte Bewegung macht, eine kleine Kugel, und diese legt sich zentrisch in den geschlitzten oberen Drehkopf p der Kolbenstange. Durch das Schräubchen r wird die Kugelgelenkverbindung zwischen Feder und Kolbenstange geschlossen. Infolge dieser Federbefestigung ist eine zentrale Druckaufnahme gesichert. Der Federträger t ist mit dem Indikatordeckel b aus einem Stück hergestellt; er enthält zwei gegenüberliegende Öffnungen t', durch welche ein Teil der Kolbenstange k freigelegt ist An dieser Stelle wird mittels eines Querstiftes c das den Federträger t gegabelt umgreifende Schreibgestänge $y\,l$ lösbar mit der Kolbenstange gekuppelt.

Wenn der Querstift c gelöst, die Feder d und das Schräubchen r abgenommen sind, kann die Kolbenstange zum Zwecke der Reinigung nach unten herausgezogen werden.

Das Schreibgestänge hat die Grundform des Crosby-Schreibzeuges mit einer Übersetzung von 1 : 6 Die drei Punkte $s\,c\,q$ liegen in einer Geraden. Die Gabelung des Schreibhebels l bedingt eine doppelte Lenkeranordnung, wodurch das Gestänge aber eine größere Widerstandsfähigkeit gegen seitliche Drücke erhält. Vier kurze Stahlsäulchen s tragen das Schreibzeug. Diese Säulchen sind in der gut geführten Drehscheibe O befestigt, welche durch die Griffschraube h bewegt wird. In einem Schlitze dieser Drehscheibe befindet sich der im Indikatordeckel b befestigte Stift i, der einen genügend großen Ausschlag von O und damit des Schreibzeuges gestattet.

Der Zylinderdeckel b, der unten mit einer Wärmeschutzplatte g versehen ist, wird mittels der Überwurfmutter a am Indikatorkörper befestigt. Der Rand der Überwurfmutter a ist durch einen Hartgummiüberzug gut wärmeisoliert. Solange a nicht fest angezogen ist, kann das Schreibgestänge im Kreise herumgedreht werden, wodurch der Indikator für den Rechts- und Linksgebrauch geeignet ist.

Der Indikatorkörper J hat zwei längliche Fenster f, durch welche jeder Druckbildung über dem Kolben vorgebeugt ist. Auch kann durch diese Öffnungen Öl zur Kolbenschmierung in den Zylinder eingeführt werden. Der Laufzylinder z ist in den Indikatorkörper J eingeschraubt.

Der glasharte Kolben e ist aus einem Stück Stahl sehr dünnwandig hergestellt und mit drei Schmierrillen versehen. Seine Nabe ist auf das schwach konische Kolbenstangenende aufgeschliffen und durch die Schraube v lösbar befestigt. Die Nase w sichert die Arbeitslage des Kolbens, während der Anschlag n seinen Hub begrenzt. Dieser Anschlag ist mit dem Deckel b verbunden, kann verstellt und durch die Gegenmutter n' gesichert werden.

Die Überwurfmutter m dient zur Verbindung des Indikators mit dem Indikatorhahn.

Zwecks möglichster Schonung der Indikatorschnur ist die untere Führungsrolle R mit großem Durchmesser ausgeführt.

Die Laufstellen der Papiertrommel P können von einer Staufferbuchse S aus geschmiert werden. Die in Fig. 120 dargestellte Papiertrommel ist nicht arretierbar. Sie wird aber auch mit Anhaltevorrichtung ausgeführt und hat dann die in Fig. 121 u. 122 dargestellte Einrichtung.

Der Papierzylinder t (Fig. 121) sitzt mittels einer Hülse drehbar auf der Mutter d, welche durch Drehung der Schraube k auf dem Gewindeteil g der Spindel auf und ab bewegt werden kann. Soll t abgehoben werden, so ist nur nötig, das Schräubchen e zu entfernen und die Schraube nach oben zu drehen; man kann dann bequem die Feder h, welche mit dem Federkopfe l auf dem Vierkant x sitzt, mehr oder weniger spannen. Die Anhaltevorrichtung enthält als wichtige Teile zwei Blattfedern und eine Zahnkupplung. Im Unterteil t^2 des Papierzylinders befindet sich eine Ringplatte t^3, an

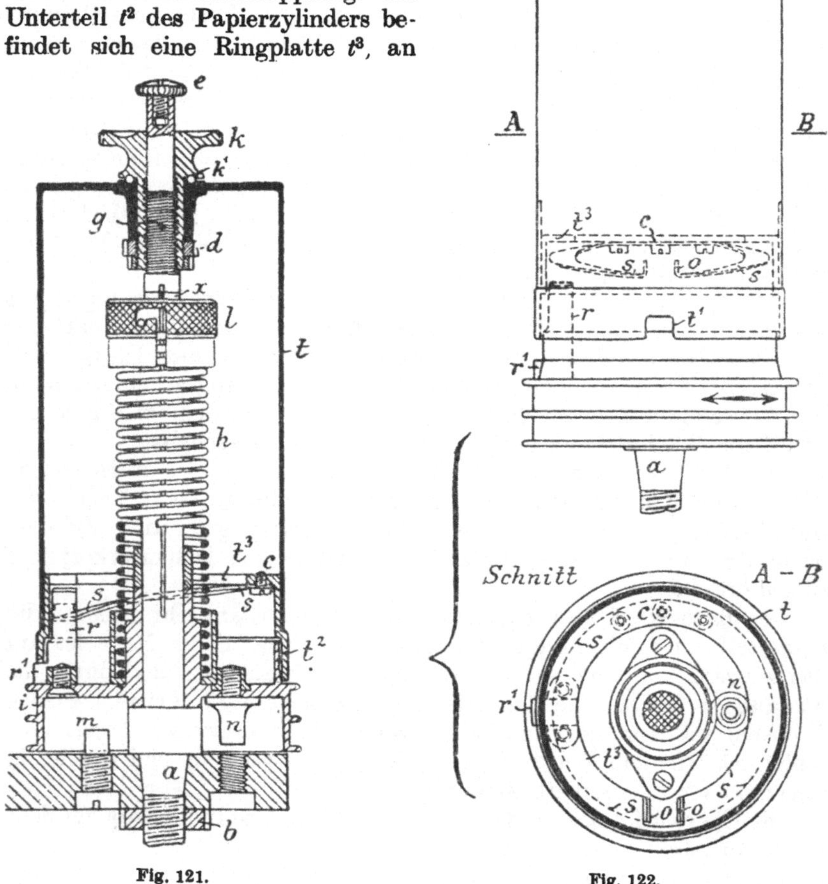

Fig. 121.　　　　　　　　　Fig. 122.

welcher zwei halbkreisförmig gebogene Blattfedern s und s bei c befestigt sind. Die Enden o dieser Federn sind nach oben gebogen; die Federn selbst sind so nach unten abgebogen, daß zwei federnde schiefe Ebenen entstehen.

Der schwingende Unterteil i trägt einen mittels Schrauben befestigten Stahlzapfen r, der bei entkuppeltem Papierzylinder die Federn $s\,s$ nicht berührt. Wird t heruntergeschraubt, so kommt r auf den Federn zum Schleifen, die dabei sanft eingebogen werden, bis der Zapfen r zwischen $o\,o$ einspringt und festgehalten wird.

Dies ist eine elastische Voreinkupplung. Die endgültige feste Kupplung geschieht durch einen festen, mit r verbundenen Zahn r^1, der beim Herabschrauben von t stoßfrei in die Aussparung t^1 eingeführt wird. Zur Vermeidung der Reibung zwischen dem Trommeldeckel und der Schraube k ist zwischen diesen beiden Teilen die Kugellagerung k^1 eingeschaltet.

Zwei in neuerer Zeit durchgeführte Verbesserungen des Maihak-Indikators sind der Schnellverschluß und die Kolbenschmiervorrichtung.

Ersterer ist in den Fig. 123 bis 125 dargestellt. Er hat den Zweck eine möglichst rasche Verbindung des Indikatoroberteils b mit dem Unterteil J zu ermöglichen. Eine geringe Drehung der stets mit dem Unterteil J in Verbindung bleibenden Überwurfmutter 1 bewirkt diese Verbindung. Der Boden 2 dieser Überwurf-

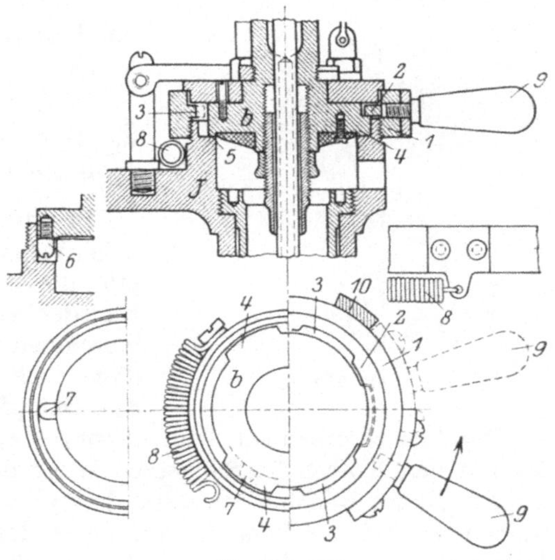

Fig. 123—125.

mutter ist mit Aussparungen 3 versehen, in welche beim Einsetzen des Oberteils b entsprechende Vorsprünge 4 passen. Die Höhe dieser Vorsprünge entspricht nahezu der Höhe des Abstandes des Bodens 2 der Überwurfmutter 1 von der Sitzfläche 5 des Oberteils, so daß die stehenbleibenden Vorsprünge des Bodens 2 der Überwurfmutter 1 eben noch über die Vorsprünge 4 des Oberteils b hinweggehen können. Das Oberteil wird durch einen Zapfen 6 (Fig. 124), der in eine entsprechende Aussparung des Unterteils eingreift, gegen Drehung gesichert. Das Anziehen der Überwurfmutter 1 wird durch eine Zugfeder 8 bewirkt, die einerseits am Unterteil J, anderseits an der Überwurfmutter 1 befestigt ist (Fig. 125). Durch diese Feder ist ein selbsttätiges Lösen des Verschlusses gesichert. Zum Zwecke des Herausnehmens des Oberteils wird die Überwurfmutter 1 unter gleichzeitiger Spannung der Feder 8 an dem Handgriffe 9 um etwa $60°$ gedreht, wodurch die Aussparungen im Boden 2 der Überwurfmutter mit den Vorsprüngen des Oberteils zur Deckung gebracht werden.

Die Kolbenschmiervorrichtung besteht in einer Öldruckschmierbüchse B (Fig. 126), die mittels des Konus C und der Überwurfmutter M an den durchbohrten Stutzen A angeschlossen ist. Letzterer ist in den Federträger t eingeschraubt und steht mit einem Kanal in Verbindung, der in dem Raume D ausmündet.

Wird die Mutter N auf dem Deckel der Schmierbüchse B um weniges niedergeschraubt, so wird das Öl aus B auf dem durch die Pfeile angegebenen Wege in den Raum D gepreßt, von dem aus es in die hohle Kolbenstange k eintritt, um so in den Kolben e und durch denselben an dessen Lauffläche zu gelangen.

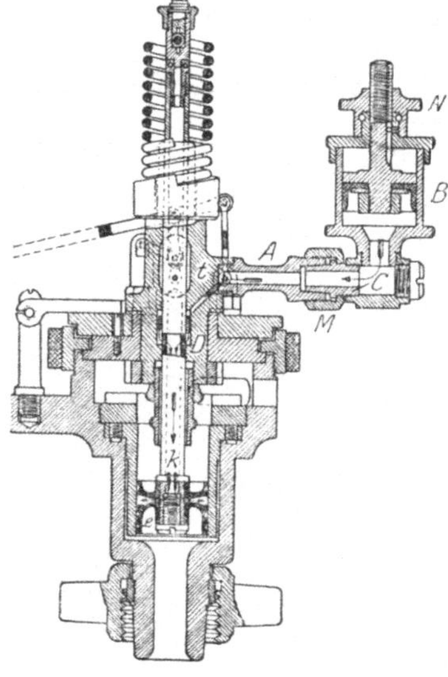

Fig. 126.

2. Der integrierende Indikator von Böttcher (Leistungszähler).

Das durch den Indikator gewöhnlicher Konstruktion erlangte Diagramm läßt die Höhe der Dampfspannungen bei jeder beliebigen Stellung des Dampfmaschinenkolbens genau erkennen und dient auch dazu, Fehler aller die Arbeit des Dampfes beeinflussenden Organe der Maschine zu erkennen; endlich wird es auch benutzt zur Berechnung der auf den Kolben übertragenen Arbeit des Dampfes (indizierte Leistung). Dieses Rechnungsresultat hat jedoch nur Gültigkeit für jenen Kolbenhub, bei welchem die Aufnahme des Diagrammes erfolgte und darf nur dann auf eine längere Arbeitszeit ausgedehnt werden, wenn sowohl in der Eintrittspannung als auch in dem Expansionsgrade keinerlei Änderungen notwendig werden.

Bei den meisten Maschinen wechseln jedoch die Widerstände, und demnach muß auch die Dampfzuströmung in irgendeiner Weise reguliert werden. Hierdurch fallen die indizierten Leistungen fast für jeden Kolbenhub verschieden aus, weshalb es notwendig erscheint, will man genau über die mittlere Leistung der Maschine orientiert sein, eine große Anzahl von Diagrammen aufzunehmen und zu berechnen. Streng genommen müßte die Aufnahme ohne Unterbrechung für eine Arbeitsdauer, in welcher alle auftretenden Änderungen der Widerstände vorkommen, stattfinden. Die gewöhnlichen, allgemein in Gebrauch stehenden Indikatoren ermöglichen jedoch nur die Aufnahme eines einzelnen Diagrammes, und es bedarf einer entsprechenden Zeit, bis nach Abnahme und Auswechselung des Papieres ein zweites erhalten werden kann.

Alle inzwischen stattgehabten, die Dampfarbeit beeinflussenden Vorfälle werden daher nicht verzeichnet, und da diese, als zufällige, nicht bekannt sind, können sie einer Berechnung oder Schätzung nicht unterzogen werden.

Aus diesem Grunde wird durch die Aufnahme einzelner Diagramme, selbst durch den gewandtesten Experimentator, ein vollständig entsprechendes Endresultat nicht erreicht werden können, wenngleich bei Dampfmaschinen, die im allgemeinen gleichmäßig arbeiten, der aus einer beträchtlichen Anzahl Diagramme gerechnete mittlere Wert der Leistung als genügend genau angenommen zu werden pflegt.

Es gibt allerdings Indikatoren, vermittels welchen ohne Unterbrechung eine mehr oder weniger große Zahl sog. fortlaufender Diagramme aufgenommen werden kann.

Die Berechnung aber einer großen Zahl derselben ist, selbst bei Anwendung eines Planimeters, umständlich, weshalb die Aufnahme fortlaufender Diagramme für den vorliegenden Zweck ebenfalls nicht vollständig geeignet erscheint; Indikatoren dieser Art sind vielmehr dazu bestimmt, ein Bild zu geben, aus welchem die Einwirkung der Veränderungen der die Dampfkraft beeinflussenden Umstände beurteilt werden kann.

Sonach ist es wünschenswert, Indikatoren zu besitzen, mittels welchen die Leistung einer Dampfmaschine für beliebig lange Zeit, wie dies bei Versuchen zur Feststellung des Dampfverbrauches der Fall ist, mit genügender Genauigkeit und auf einfachere Weise ermittelt werden kann.

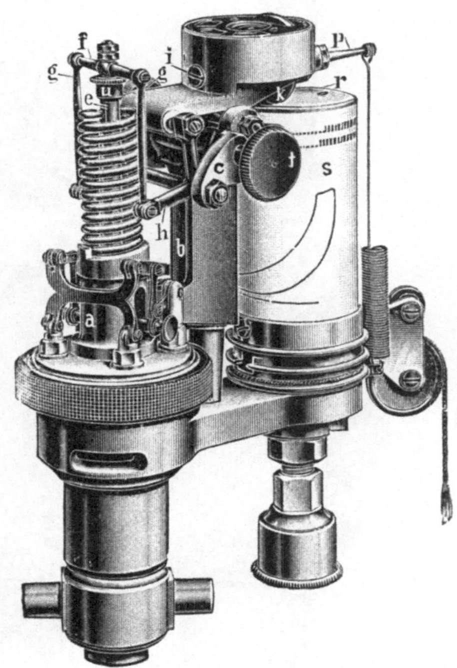

Fig. 127.

Für diesen speziellen Zweck müssen natürlich die Indikatoren in anderer Weise funktionieren wie die gewöhnlichen, und zwar derart, daß sie einen Zählapparat in Bewegung setzen, aus dessen Angaben die indizierte Leistung der Maschine berechnet werden kann.

Derartige Indikatoren werden integrierende genannt.

Der Böttchersche integrierende Indikator oder Leistungszähler (Fig. 127) hat folgende Einrichtung:

Mit dem Federträger a des Maihak-Indikators ist die Säule b verbunden, die außerdem noch mit einem Zapfen im Indikatorarm r uht. Der Säulenkopf c wird durch eine Keilschraube gegen die obere Paßfläche der Säule b gepreßt. Mit dem oberen Ende u der Indikatorkolbenstange e ist das Querhaupt f verschraubt, von dem aus zwei Zugstangen g zu dem Doppelwinkelhebel h führen, der im Säulenkopfe c seine Drehpunkte hat. Die anderen Arme des Winkelhebels greifen an der verlängerten Sohlplatte des Zählergehäuses i an. Dieses enthält eine Stahlachse mit Laufrad k, welches im Betriebszustande auf der Decke r der Papiertrommel s aufliegt und infolge der Bewegung der Kolbenstange e durch Vermittlung des Winkelhebels h in radialer Richtung verschoben wird, gleichzeitig aber auch infolge der Drehbewegung von s in Rotation versetzt wird. Durch eine an den Aus-

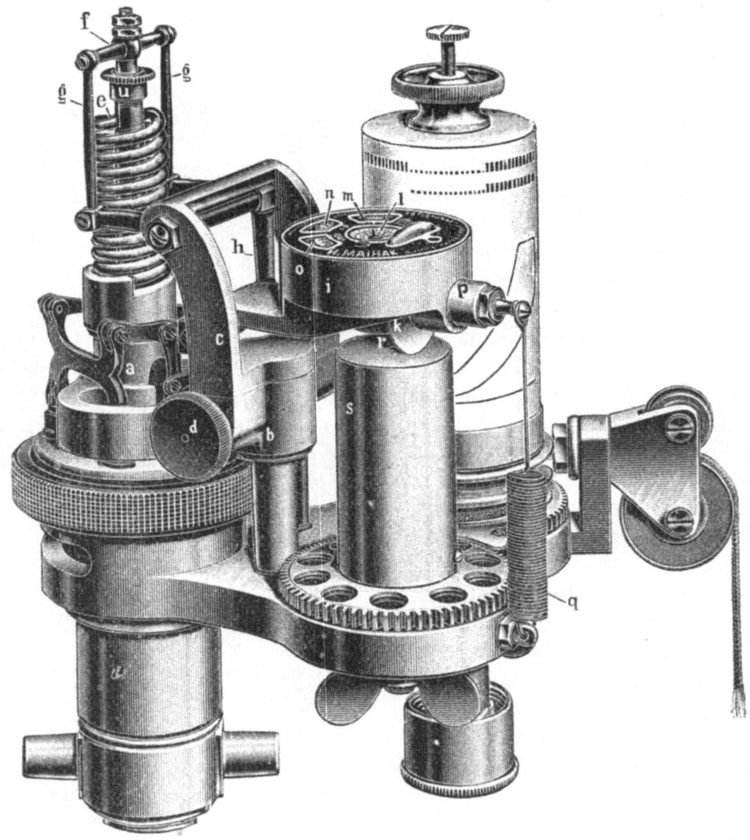

Fig. 128.

leger p des Zählergehäuses angeschlossene Feder wird das Laufrad k mit leichter Spannung gegen seine Lauffläche r gedrückt. Die Bewegung des Laufrades k überträgt sich durch ein Räderwerk auf den Hauptzeiger l (Fig. 128) des Zählwerkes, und von der Achse desselben auf die Zählscheiben m, n, o, und zwar im Verhältnis von 1 : 10, so daß der Hauptzeiger die Zehntel, die Scheibe m die Einer, die Scheibe n die Zehner und die Scheibe o die Hunderter angibt.

Während des Zählens kann auch ein gewöhnliches Indikatordiagramm geschrieben werden. Um ein neues Diagrammblatt aufspannen zu können, muß die Zugfeder am Ausleger p ausgehakt und das Gehäuse i

hochgeklappt werden, was in einfacher Weise durch Rechtsdrehung des Knopfes t geschieht. Damit ist die Zählung unterbrochen.

Die Fig. 128 zeigt eine verbesserte Ausführung des Leistungszählers. Bei ihr wird die Bewegung der Papiertrommel durch ein Zahnräderpaar auf eine besondere Trommel s übertragen, auf deren Decke r das Laufrad k aufliegt. Hier können beliebig viele Indikatordiagramme aufgenommen werden, ohne daß eine Unterbrechung der Zählung stattzufinden braucht.

Die theoretischen Grundlagen des Leistungszählers mögen an der Hand der Fig. 129 abgeleitet werden.

Der Weg, welchen ein Punkt des Umfanges der Papiertrommel in einer gewissen Zeit zurücklegt, ist infolge der zwischengeschalteten Hubreduktionsvorrichtung (siehe S. 212) kleiner als der in der gleichen Zeit vom Maschinenkolben zurückgelegte Weg.

Das Verhältnis dieser beiden Wege sei mit A, der Radius der Papiertrommel mit r und ein beliebiger Maschinenkolbenweg mit s bezeichnet, dann ist der diesem Wege s entsprechende Verdrehungswinkel $d\alpha$ der Papiertrommel:

$$d\alpha = A \cdot \frac{ds}{r}.$$

Befindet sich der Berührungspunkt der Zählerrolle e im Abstande x von der Achse der Papiertrommel, so ist der Umfangsbogen du, welcher sich bei der Drehung der Trommel um den Winkel $d\alpha$ abgewickelt hat, der Entfernung x proportional, also gilt die Gleichung:

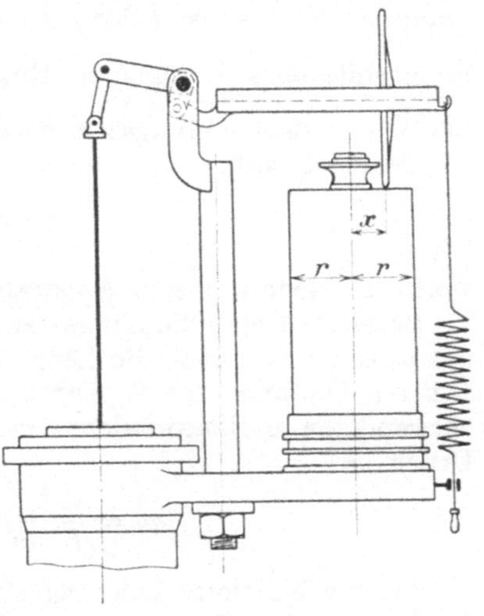

Fig. 129.

$$du = x \cdot d\alpha = x \cdot A \cdot \frac{ds}{r}.$$

Die Entfernung x ändert sich wegen der Winkelhebelverbindung zwischen der Hülse i und dem Punkte u der Kolbenstange umgekehrt proportional der Änderung des indizierten Dampfdruckes p_i, also ist:

$$x = C \cdot p_i,$$

worin C eine Konstante des Apparates bedeutet; folglich wird:

$$du = C \cdot p_i \cdot A \cdot \frac{ds}{r},$$

oder:

$$du = \frac{C \cdot A}{r} \cdot p_i \cdot ds.$$

Faßt man $\dfrac{C \cdot A}{r}$ zu einer neuen Konstanten B zusammen, so ist:

$$du = B \cdot p_i \cdot ds \,.$$

Integriert man für eine bestimmte Beobachtungszeit, so erhält man

$$U = B \cdot \int p_i \cdot ds \,,$$

d. h. der in dieser Beobachtungszeit abgewickelte Bogen U, oder auch die in dieser Zeit festgestellte Differenz z der Zählerablesungen ist der indizierten Arbeit proportional.

Wäre diese Zeit hindurch die Maschine indiziert worden derart, daß für jeden Maschinendoppelhub ein Diagramm zur Aufnahme gekommen wäre, und bezeichnet man den mittleren Flächeninhalt all dieser Diagramme mit f, so ist f der geleisteten Arbeit und damit auch der Ablesungsdifferenz $\dfrac{z}{n_z}$ für eine Umdrehung proportional. n_z bezeichnet die in der Beobachtungszeit gezählten Maschinenumdrehungen.

Demnach gilt:

$$f = D \cdot \frac{z}{n_z} \,,$$

worin D wiederum eine Apparatenkonstante bedeutet.

Bezeichnet man die Länge der Basis der aufgenommenen Diagramme mit b, so ist dies auch die Länge des Schwingungsbogens, gemessen am äußeren Umfange der Papiertrommel; und ist ferner der Maßstab der verwendeten Indikatorfeder $= m$, so ergibt sich der mittlere indizierte Druck zu:

$$p_i = \frac{f}{b \cdot m} = \frac{D \cdot z}{b \cdot m \cdot n_z} \,.$$

Für die indizierte Leistung einer Dampfmaschine wird später noch die Formel abgeleitet:

$$N_i = \frac{p_m \cdot Q \cdot n \cdot s}{30 \cdot 75} \,.$$

Hierin bedeutet:

p_m = mittlerer Dampfdruck aus einem Diagramm berechnet,
Q = wirksame Maschinenkolbenfläche in qcm,
n = Zahl der Umdrehungen der Maschine pro Minute,
s = Maschinenhub in Metern.

Da Q und s konstante Größen sind, kann man setzen:

$$\frac{Q \cdot s}{30 \cdot 75} = E \,,$$

also wird:

$$N_i = E \cdot p_m \cdot n \,,$$

oder

$$N_i = E \cdot D \cdot \frac{z \cdot n}{b \cdot m \cdot n_z}$$

Bezeichnet man die Beobachtungszeit in Minuten mit t_z, so ist

$$\frac{n_z}{n} = t_z; \quad \text{also} \quad \frac{n}{n_z} = \frac{1}{t_z},$$

folglich wird:

$$N_i = \frac{E \cdot D}{b \cdot m} \cdot z \cdot \frac{1}{t_z},$$

oder

$$N_i = F \cdot \frac{z}{t_z},$$

nachdem man $\dfrac{E \cdot D}{b \cdot m}$ als neue Konstante F ausgedrückt hat.

Beispiel. Bei einer liegenden Auspuffmaschine beträgt

der Zylinderdurchmesser $\hspace{3cm} D = 240$ mm,

der Kolbenstangendurchmesser $\left\{ \begin{array}{l} \text{vorn}: \quad d_v = 45 \text{ ,,} \\ \text{hinten}: \quad d_h = 35 \text{ ,,} \end{array} \right.$

der Hub $\hspace{5cm} s = 520$,,

die Umdrehungszahl pro Minute $\hspace{1.5cm} n = 105$.

Bei dieser Maschine wurde der Leistungszähler 4 Minuten lang beobachtet, wobei sich eine Anfangsablesung von 642,8 und eine Endablesung von 663,5 ergab. Die in derselben Zeit festgestellte Umdrehungszahl betrug 421. Die Basis der gleichzeitig aufgenommenen Indikatordiagramme ist genau 50 mm lang; der Maßstab der verwendeten Indikatorfeder ist 4 mm = 1 kg/qcm, also ist zu setzen:

$$\text{Leistungszähler} \left\{ \begin{array}{l} t_z = 4 \quad \text{Minuten} \\ n_z = 421 \\ \text{Endablesung} \quad = 663,5 \\ \text{Anfangsablesung} = 642,8 \end{array} \right\} \text{Konstante } D = 8950$$

$$\overline{\hspace{4cm}}$$

$$\text{Unterschied } z = 20,7$$

$$\left. \begin{array}{l} b = 50 \text{ mm} \\ m = 4 \text{ mm/kg} \end{array} \right\} \text{Konstante } F = 4,56$$

Folglich

mittlere Diagrammfläche: $f = D \cdot \dfrac{z}{n_z} = 8950 \cdot \dfrac{20,7}{421}$ qmm

$$f = 440 \text{ qmm.}$$

Daraus folgt eine

mittlere Diagrammhöhe: $h_m = \dfrac{440}{50}$ mm

$$h_m = 8,8 \text{ mm.}$$

folglich:

mittlerer Dampfdruck: $p_m = \dfrac{8,8}{4}$ kg/qcm

$$p_m = 2,2 \text{ kg/qcm.}$$

Ferner ist die

mittlere wirksame Kolbenfläche $Q_m = 439,63$ qcm, also die indizierte Leistung

$$N_i = \frac{p_m \cdot Q_m \cdot n \cdot s}{30 \cdot 75} = \frac{2,2 \cdot 439,63 \cdot 105 \cdot 0,52}{30 \cdot 75} \text{ PS,}$$

$$N_i = 23,5 \text{ PS.}$$

Rechnet man die Leistung direkt aus der Differenz der Zählerablesungen und der Beobachtungszeit, so ergibt sich:

$$N_i = \frac{F \cdot z}{t_z} = \frac{4,56 \cdot 20,7}{4} \text{ PS}$$

$$N_i = 23,6 \text{ PS.}$$

3. Die Hubverminderungseinrichtungen.

Der Hub der Dampfmaschine ist stets größer als der Umfang der Indikatorpapiertrommel, deshalb muß zwischen den Mitnehmer an der Dampfmaschine und den Indikatoren der bisher beschriebenen Art eine Hubverminderungseinrichtung geschaltet werden. Die Konstruktion dieser Einrichtungen muß derart sein, daß die zwischen der Kreuzkopfbewegung und der Trommelab- bzw. -aufwickelung unbedingt nötige Proportionalität nicht gestört wird.

Bei Schnelläufern, bei denen oft das Einhängen der Indikatorschnur in den Mitnehmer Schwierigkeiten verursacht, fällt der Hubverminderungseinrichtung noch die Aufgabe zu, dieses Einhängen zu erleichtern.

Ihrem Wesen nach bestehen die Hubverminderungseinrichtungen entweder in

Rollenkombinationen oder in Hebelkombinationen.

Der gebräuchlichste **Rollenhubverminderer,** der direkt mit dem Indikator verbunden wird, ist der in den Fig. 130 und 131 abgebildete.

Die Indikatorschnur wird auf der Aluminiumrolle R mit so viel Windungen aufgewickelt, daß ihre Gesamtlänge größer als der zu erwartende Dampfmaschinenhub ist. Das freie Ende der Indikatorschnur wird über die Führungsrolle P_1, die in dem verstellbaren Arm g_1 gelagert ist, gelegt und mit einem Messing- oder Eisenring fest verknüpft. An diesen Ring wird dann die nach dem Mitnehmer führende, mit einem Eisenhaken endigende Schnur verbunden.

Zwecks Verbindung der Hubverminderungseinrichtung mit dem Indikator löst man zunächst die Flügelmutter M_I, setzt den Arm V auf das nach unten vorstehende Ende der Papiertrommelachse und schraubt beide Teile mit der Zentriermutter M_{II} fest.

Die Rückdrehung der Rolle R geschieht durch eine kräftige Spiralfeder F, die in dem Gehäuse H untergebracht ist. Damit die einzelnen Schnurwindungen sich nicht übereinander, sondern nebeneinander auf der Rolle R aufwickeln, ist die Achse W der letzteren mit flachem

Gewinde versehen; die Rolle R folgt bei Drehung den Gängen dieses Gewindes, so. daß sich die Schnur in Schraubenwindungen aufwickelt.

Eine Hubverminderung wird nun dadurch erzielt, daß die die Papiertrommel antreibende Schnur sich auf einer kleinen Rolle aufwickelt.

Diese eigentliche Verminderungsrolle wird so über das dünnere, glatte Ende der Achse W geschoben, daß sie sich relativ zu dieser Achse nicht drehen kann, wohl aber die Drehungen der Achse bzw. der Rolle R mitmachen muß. Die von der Papiertrommel kommende Schnur wird über diese Verminderungsrolle geschlungen, im Einschnitte derselben festgeklemmt, mit ihrem Ende um die vorstehende Achse W gewickelt und schließlich mittels der geränderten Mutter L gegen die Verminderungsrolle geklemmt. Dabei soll stets darauf geachtet werden, daß die Papiertrommel noch nicht an ihrem Hubende angekommen ist, wenn der Mitnehmer in einer seiner beiden Totpunktlagen sich befindet.

Je nachdem der Hub der zu indizierenden Maschine größer oder kleiner ist, wählt man eine Verminderungsrolle mit kleinerem oder größerem Durchmesser. Bei richtiger Wahl der Rolle ergibt sich eine Diagrammlänge von ca. 115—120 mm. Für Hübe über 1500 mm läßt man die Papiertrommelschnur direkt auf der Achse W auflaufen und klemmt ihr Ende mit einem Knoten in der Kerbe der Mutter L fest.

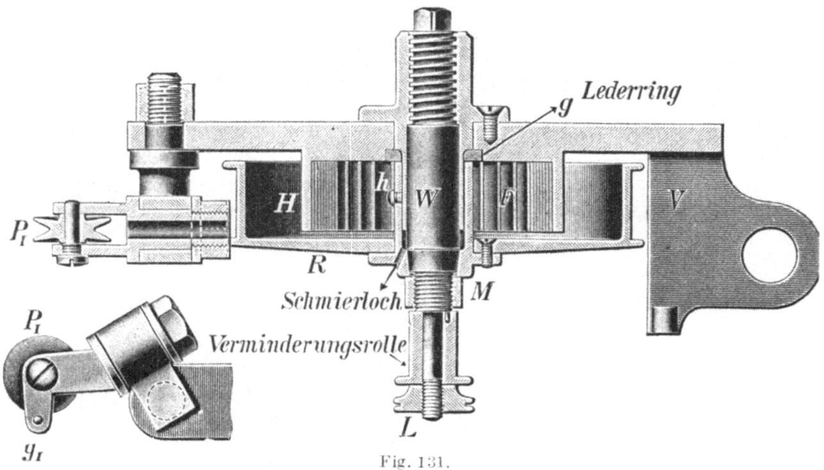

Fig. 131.

Der aus Fig. 131 zu erkennende Lederring g hat den Zweck, bei einem plötzlichen Reißen der nach dem Mitnehmer führenden Schnur und einem dadurch veranlaßten rapiden Rückdrehen der Rolle R ein Festbremsen der letzteren zu verhindern.

Die Hubverminderungsrolle von Maihak für hohe Tourenzahlen. Diese Einrichtung unterscheidet sich von der vorhergehenden hauptsächlich in zwei Punkten, indem zunächst ihre Achse parallel zur Papiertrommelachse angeordnet ist, und indem ferner die die Rückdrehung bewirkende Spiralfeder in Wegfall gekommen ist. Die Rückdrehung der Rolle wird von der Papiertrommelfeder übernommen, deren Spannung dementsprechend einzustellen ist.

Die Rolle d (Fig. 132) wird mit dem geraden Arme c unter der Indikatortrommel befestigt nach Fortnahme des Schnurrollenhebels, der hier entbehrlich wird. Die Rollenspindel e ist mittels flachen Gewindes und oben und unten durch zylindrische Führungen im Körper e^1 gelagert; sie trägt unten die Aluminiumrolle d, die vermöge des Gewindes sich bei jeder Umdrehung um das Maß der Schnurdicke auf und ab bewegt, so daß ein Übereinanderlaufen der Schnur verhindert ist. Der Rollenkörper e^1 trägt ferner den Schnurführungsarm k, der im Kreise drehbar und durch die Klemmschraube k^1 in jeder gewünschten Lage festgestellt werden kann.

Der im Arme k gelagerte und um seine Achse drehbare Kopf enthält zwei Rollen o, zwischen denen die zum Mitnehmer gehende Schnur hindurchgeführt wird.

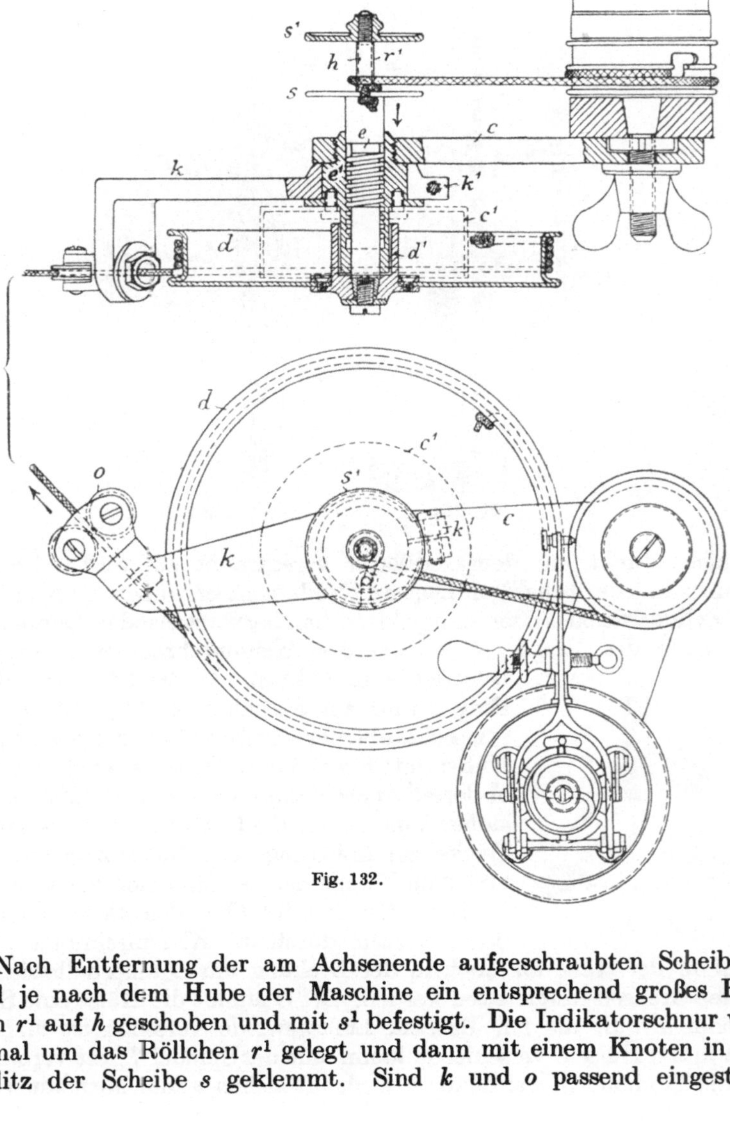

Fig. 132.

Nach Entfernung der am Achsenende aufgeschraubten Scheibe s^1 wird je nach dem Hube der Maschine ein entsprechend großes Röllchen r^1 auf h geschoben und mit s^1 befestigt. Die Indikatorschnur wird einmal um das Röllchen r^1 gelegt und dann mit einem Knoten in den Schlitz der Scheibe s geklemmt. Sind k und o passend eingestellt, so kann die Schnur ohne weiteres nach allen Richtungen abgeleitet werden.

Da die Schnurzugstellen annähernd gleich weit vom Tragarme c, aber zu verschiedenen Seiten desselben, abliegen, ist die Spindel e gut geführt und damit ein leichter Gang der Rolle d erzielt.

Der Hubverminderer nach Stanek. Dies ist zwar auch ein Rollenhubverminderer (s. Fig. 133 u. 134), unterscheidet sich aber von den vorher beschriebenen beiden Einrichtungen dieser Art dadurch, daß

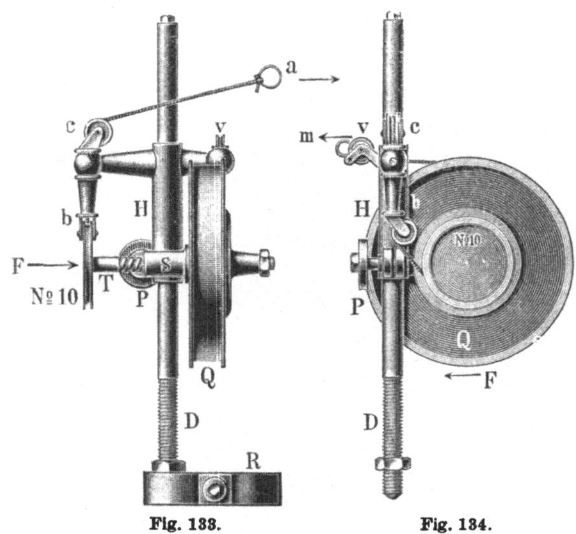

Fig. 133.   Fig. 134.

er nicht direkt mit dem Indikator verschraubt zu werden braucht, sondern in jeder beliebigen Lage an Fundamentschrauben, an Schrauben des Zylinderdeckels oder an irgendwelchen hervorstehenden Dornen usw mit Hilfe des Ringes R und der drei Klemmschrauben p (Fig. 135) befestigt werden kann. In die Öffnung x dieses Ringes wird ein Stahldorn D (Fig. 133 u. 134) eingeschraubt, der zur Aufnahme des eigentlichen Hubverminderers dient. Dabei ist es gleichgültig, ob derselbe neben, unter oder über der Maschine zu stehen kommt, weil die Leitrollen jeden beliebigen Winkel zur Ableitung der Schnüre zum Indikator und zum Mitnehmer der Maschine gestatten.

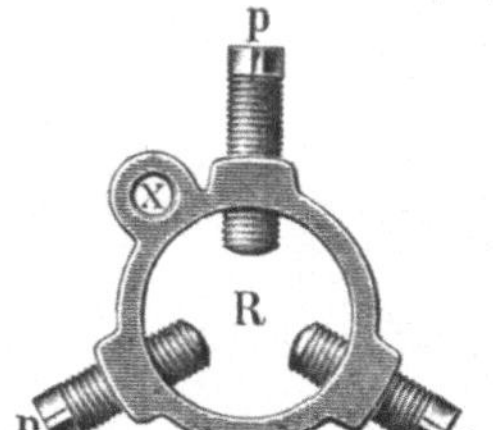

Fig. 135.

Die Hülse H wird über den Dorn D geschoben und kann durch die Klemmschraube P sowohl in der Höhe als auch in der Drehung um D innerhalb ziemlich weiter Grenzen festgehalten werden. Bei S nimmt die Hülse eine Stahlspindel T auf, die mit flachem Linksgewinde versehen ist und sich also in der Hülse S verschieben kann. Mit der Spindel T fest verbunden ist die Trommel Q, welche die über das Röllchen v zum Mitnehmer führende Schnur aufnimmt. Wird die Trommel Q von der Maschine aus bewegt, so wandert sie den Schraubengängen von T entsprechend hin und her, wodurch die Schnurwindungen sich nebeneinander aufwickeln. Die Rückdrehung der Trommel wird durch eine kräftige Spiralfeder veranlaßt. Die Breite von Q ist so bemessen, daß acht Schnurwindungen nebeneinander Platz haben, was einer Hublänge von 4 m entspricht.

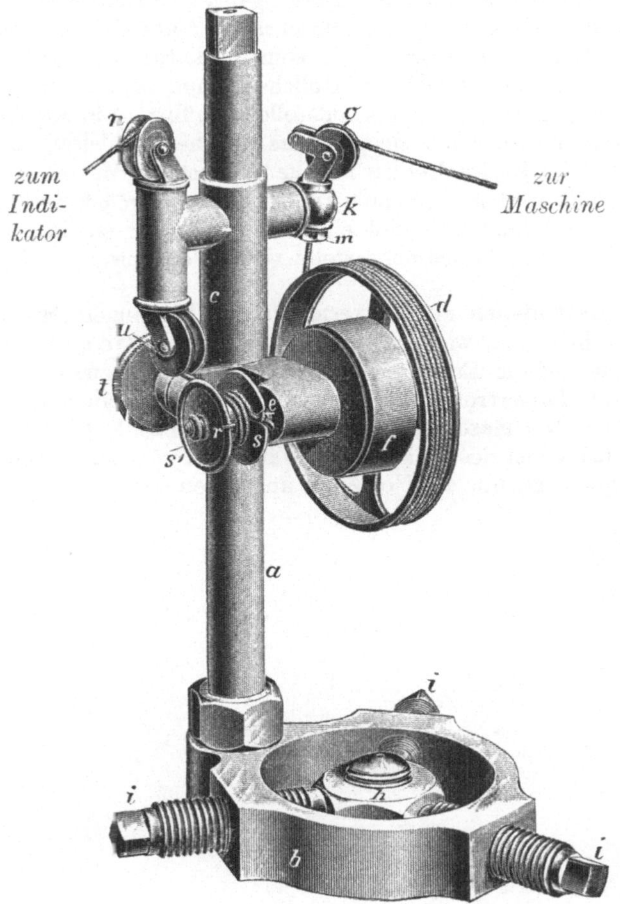

Fig. 136.

Das andere Ende der Spindel T ist mit Innengewinde versehen und dient zur Aufnahme der dem Maschinenhube entsprechend auszuwählenden eigentlichen Verminderungsrolle. Von dieser aus führt die Schnur über die feste Leitrolle b und das bewegliche Röllchen c zur Papiertrommel des Indikators. Der Pfeil a bedeutet die Richtung zum Indikator, der Pfeil m diejenige nach der Maschine.

In Fig. 136 ist der Stanek sche Hubverminderer in der Ausführung von Maihak dargestellt.

Der eigentliche Reduktor ist ähnlich wie die auf Seite 212 beschriebene Einrichtung gebaut. Die Rolle d trägt die nach dem Mitnehmer an der Maschine führende Schnur; f ist das Gehäuse für die Rückdrehfeder; im Schlitze e der Scheibe s ist der Endknoten der um das auswechselbare Röllchen r gewundenen, zum Indikator führenden Schnur festgeklemmt, während die Scheibe s^1 das Röllchen r auf der Achse der Schnurtrommel d festhält. Diese ganze Reduktionseinrichtung ist mit der Hülse c und der Klemmschraube t auf der Stahlstange a in beliebiger Lage zu befestigen. Die vom Indikator kommende Schnur führt über das im Kreise drehbare Röllchen n und wird durch das Röllchen u auf die eigentliche Reduktionsrolle r geführt. Die zur Maschine führende Schnur wird von d aus über das Röllchen o geleitet. Letzteres ist im Kopfe k im Kreise drehbar und kann durch die Mutter m in jeder Lage festgestellt werden. Die Säule a wird in dem Ringe b festgeschraubt, der durch drei Schrauben i mit einer Mutter h oder einem sonstigen, geeigneten Teile des Maschinengestells verbunden wird.

Hebelkombinationen als Hubverminderer. Diejenigen Hubverminderungseinrichtungen, welche in Hebelkombinationen bestehen, sind in bezug auf die Erhaltung der Proportionalität zwischen Kreuzkopfweg und Papiertrommelweg meist nicht ganz einwandfrei. Sie können daher bei Maschinen mit hoher Tourenzahl, bei denen das Ein- und Aushängen des Hakens von Hand sehr schwierig, wenn nicht ganz unmöglich ist, nur als Notbehelf angesehen werden.

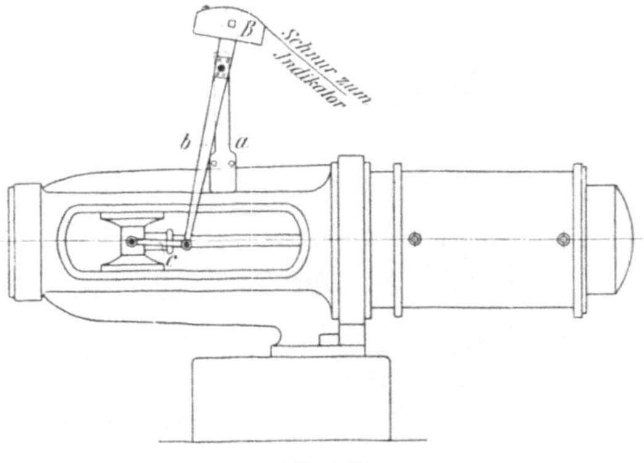

Fig. 137.

Fig. 137 zeigt eine solche Einrichtung. Der Holzhebel b trägt ein ebenfalls aus Holz gefertigtes Segment B, von welchem aus die zum Indikator führende Schnur abläuft. Die Schiene a ist am Rahmen der Maschine befestigt und trägt den Drehpunkt für b. Ein am Kreuzkopfe drehbar angeordneter Lenker c setzt den Hebel b und damit auch das Segment B in schwingende Bewegung.

Eine ähnliche Einrichtung, wie sie mit Vorteil bei kleinen Gasmotoren Anwendung findet, ist in Fig. 138 abgebildet.

Von der Schwungradwelle aus wird *a* in Rotation versetzt. Der Hebel *b* gerät dadurch in schwingende Bewegung und überträgt diese auf den an einem fixen Punkte des Gestelles drehbar angeordneten Hebel *d*. Mit diesem fest verbunden ist das hakenförmig gebogene Rundstäbchen *c*, in welch letzteres die Indikatorschnur eingehängt wird. Der Hebel *d* setzt außerdem durch Vermittelung des Hebels *e* noch den Hebel *f* in schwingende Bewegung, und von letzterem aus wird der fest auf dem Gestelle des Motors montierte Tourenzähler betätigt. Sämtliche Hebel dieser Anordnung sind aus Schmiedeeisen hergestellt.

4. Die Anbringung des Indikators an der zu indizierenden Maschine.

Die Art der Anbringung des Indikators richtet sich nach der Bauart der Maschinen. Diese ist aber eine so vielfältige, daß es unmöglich ist, alle vorkommenden Fälle hier zu behandeln. Große Dampfmaschinen werden gewöhnlich mit einer vollständigen Einrichtung zum Indizieren geliefert. Für kleinere Maschinen können folgende allgemeine Regeln aufgestellt werden:

Die meisten Dampfzylinder sind an beiden Enden mit Anbohrungen versehen, welche zum Einschrauben der Indikatorhähne dienen. Diese Anbohrungen sind entweder durch Kopfschrauben verschlossen (Fig. 139) oder sie enthalten bereits die Indikatorhähne (Fig. 140).

Diese Anbohrungen im Zylinder sollen dasjenige Gewinde haben, für welches die zur Verwendung kommenden Indikatorhähne eingerichtet sind. Gewöhnlich findet man bei letzteren $^3/_4''$ engl. oder $1''$ engl. Gewinde. Paßt aber das Gewinde des Indikatorhahnes nicht in dasjenige der Anbohrung, so müssen Zwischenstücke nach Fig. 141 angefertigt werden.

Ist eine Maschine noch nicht mit Indikatorhähnen ausgerüstet, so empfiehlt es sich, dieselben für beständig an der Maschine anzubringen,

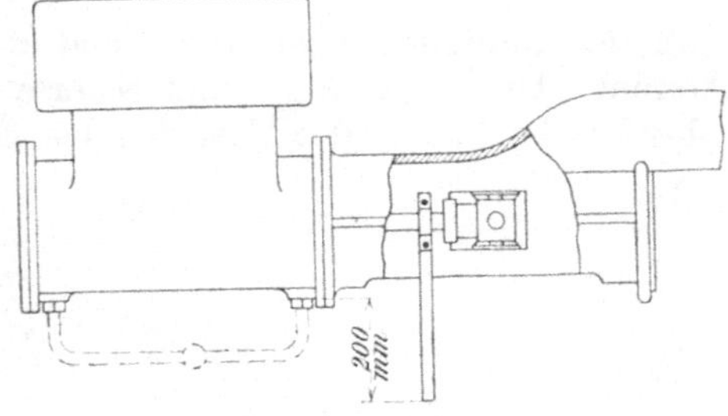

Fig. 139.

da alsdann bei Vornahme eines Indikatorversuches die Anbringung
und Abnahme der Instrumente keinerlei Störung im Betriebe verursacht.
Am besten ist es, solche Hähne zu nehmen, welche oben die konische
Normalbohrung und Außengewinde für die Muffenmutter des Indikators

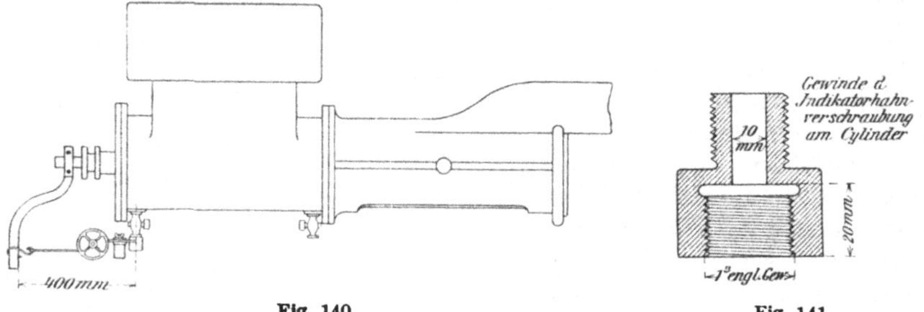

Fig. 140   Fig. 141.

tragen, so daß letzterer ohne weiteren Zwischenhahn aufgeschraubt
werden kann. Um Unfälle durch unbefugtes Öffnen der Indikatorhähne
in Zeiten, wo die Maschine nicht indiziert wird, zu vermeiden, schraubt
man auf das Außengewinde der Hähne eine Überwurfmutter.

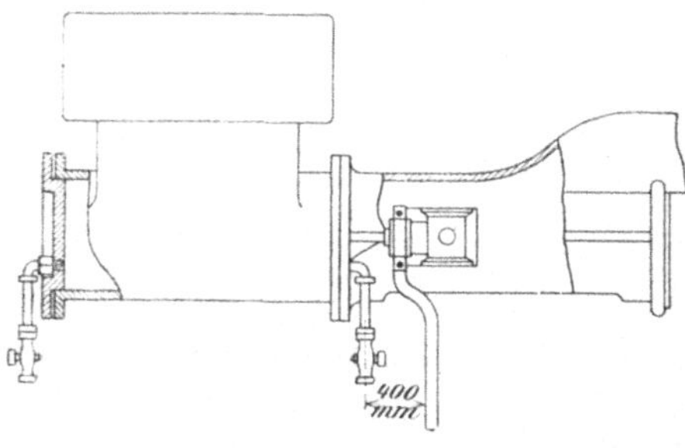

Fig. 142.

Haben die Dampfzylinder
alter Maschinen keine Ver-
schraubungen für Indikatorhähne, so müssen entweder
die Zylinderdeckel angebohrt.
und mit Kniestutzen (Fig. 142),
welche oben 1″ engl. Mutter-
gewinde erhalten oder mit Win-
kelhähnen versehen werden. Die
Kniestutzen müssen mindestens
10 mm Bohrung haben und in
der Länge so bemessen sein,
daß der Indikator über den Rand des Zylinderflansches zu stehen
kommt. Unnötige Länge und scharfe Winkel sind zu vermeiden. Ist
aber bei der Bauart der Maschine das Einschrauben solcher Kniestutzen

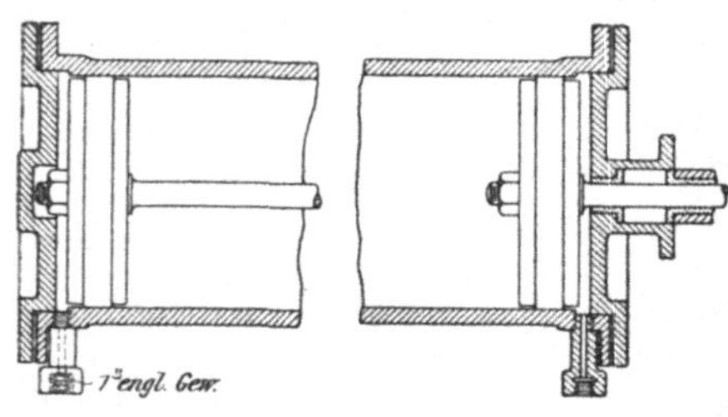

Fig. 143.

in den Zylinderdeckel nicht ausführbar, so sind an den Zylinderenden seitliche Anbohrungen
vorzunehmen und geeignete
Zwischenstutzen zur Aufnahme
der Indikatorhähne einzuschrau-
ben, wie aus Fig. 143 zu ersehen ist. Die Stelle der Durch-
bohrung muß aber so gewählt
werden, daß sie nicht durch die
Kolbenringe bei den äußersten Stellungen des Kolbens verdeckt oder abgeschlossen wird (Fig. 143). Um dies zu erreichen, fällt in vielen Fällen
die Einbohrung zum Teil in den Flansch des Zylinders. Hat der Zylinder einen Dampfmantel, so ist dies bei den Anbohrungen zu beachten.

Die Indikatoren können senkrecht oder wagrecht oder in jeder Zwischenlage angeordnet werden, müssen aber mit wenig Ausnahmen parallel zueinander stehen.

Mehrfach ist noch die Anordnung zu finden, daß von den Anbohrungen K, K (Fig. 144) der Zylinderenden Rohrleitungen nach einem in der Mitte der Zylinderlänge befindlichen Dreiweghahne D führen (in Fig. 139 punktiert eingezeichnet), der alsdann zur Aufnahme eines Indikators R eingerichtet ist, der durch die Schnur s von dem im Kreuzkopfe eingeschraubten Mitnehmer a angetrieben wird. Durch entsprechende Umstellung des Hahnes D (Fig. 145) können dann die Diagramme beider Zylinderseiten auf ein einziges Diagrammblatt gezeichnet werden. Abgesehen davon, daß hiermit die Übersichtlichkeit über den Verlauf der einzelnen Diagrammlinien etwas leidet, kommen durch besagte Anordnung der Rohrleitung zum Indikator — auch wenn diese Leitung noch so gut isoliert ist — Fehler in das Diagramm, die leicht zu Trugschlüssen Veranlassung geben können. (Siehe Abschnitt: Fehlerhafte und richtige Diagramme.)

Die Papiertrommel des Indikators muß eine der Bewegung des Dampfmaschinenkolbens proportionale Bewegung machen. Zu diesem Zwecke wird die zum Antriebe der Papiertrommel dienende Schnur an einem Mitnehmer befestigt, der entweder mit

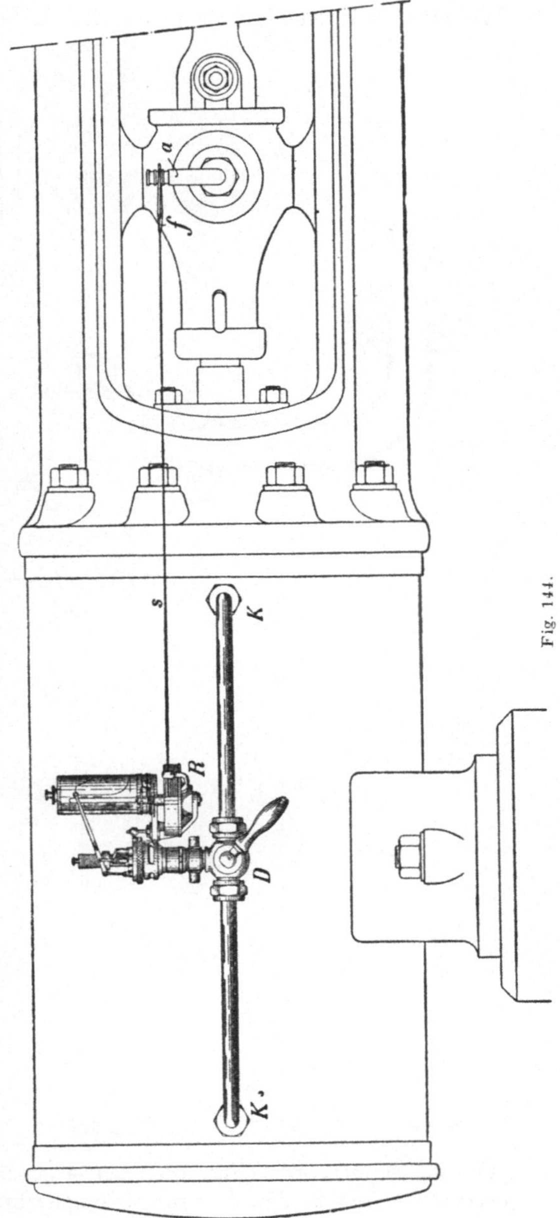

Fig. 144.

dem Kreuzkopfe oder der Kolbenstange der Dampfmaschine fest verbunden ist.

Dieser Mitnehmer wird entweder aus Flacheisen hergestellt (Fig. 146
bis 148) und mittels Schelle an der Kolbenstange (Fig. 146 u. 147)

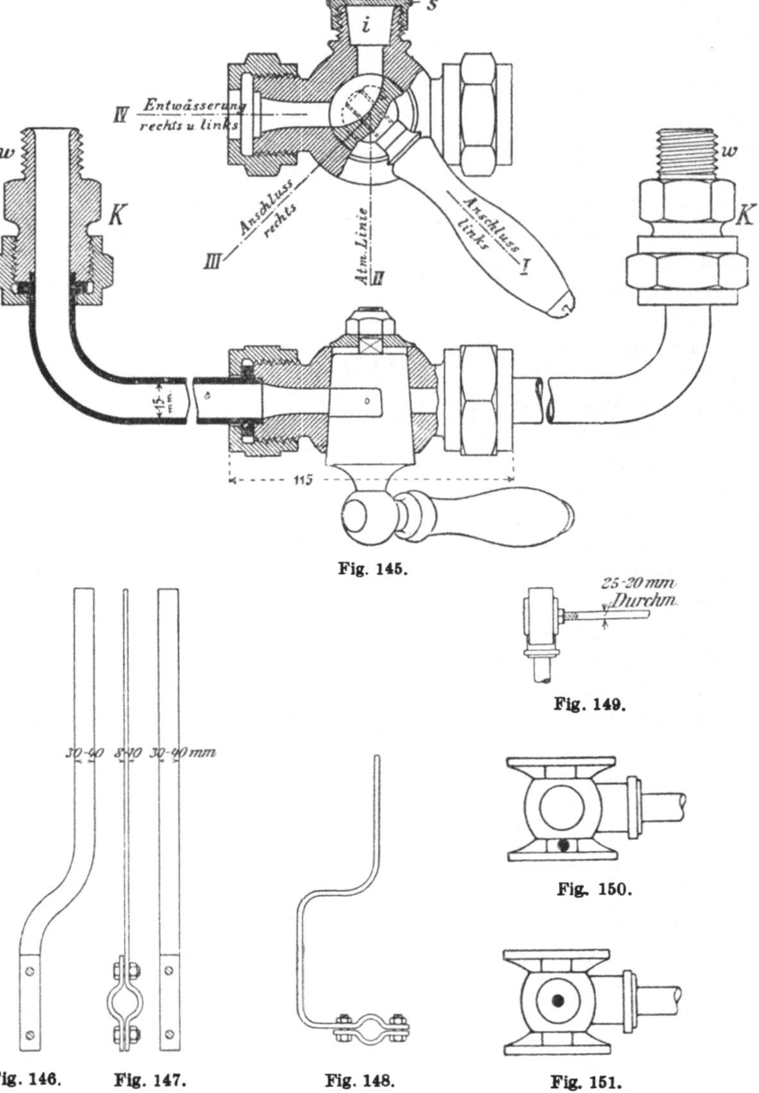

Fig. 145.

Fig. 149.

Fig. 150.

Fig. 146.   Fig. 147.   Fig. 148.   Fig. 151.

oder am Kreuzkopfe (Fig. 148) befestigt, oder er wird aus Rundeisen
hergestellt und in den Kreuzkopf eingeschraubt (Fig. 149 bis 151).

Der Mitnehmer mit Schelle ist jedoch vielfach vorzuziehen, da
derselbe durch Drehung in jede für die Lage des Indikators am besten
passende Stellung gebracht werden kann.

Bei kleineren Maschinen ist der Mitnehmer zu kröpfen (Fig. 140 und 142), damit derselbe bei der äußersten Stellung mindestens noch 400 mm Abstand vom Indikatorhahne hat.

Befinden sich die Indikatorverschraubungen oben auf dem Rücken des liegenden Dampfzylinders, so macht die Form der Kreuzkopfführungen es gewöhnlich nötig, dem Mitnehmer die in Fig. 148 aufgeführte Gestalt zu geben.

Die Länge des Mitnehmers ist so zu bemessen, daß sein Ende ungefähr 200 mm über die Verschraubung am Zylinder hinausragt (Fig. 139)

5. Die Prüfung der Indikatorfedern.

Die Kenntnis des genauen Maßstabes der Indikatorfedern ist zur richtigen rechnerischen Auswertung der aufgenommenen Indikatordiagramme unerläßlich. Vor jedem wichtigen Indikatorversuche ist daher eine erneute Feststellung resp. Kontrolle des Maßstabes der zur Verwendung kommenden Indikatorfedern auszuführen. Da sich die Indikatorfedern durch öfteren Gebrauch verändern, so ist eine solche Kontrolle in gewissen Zwischenräumen für jede in regelmäßiger Benutzung befindliche Indikatorfeder angezeigt.

Der Verein deutscher Ingenieure hat im Einvernehmen mit der Physikalisch-Technischen Reichsanstalt folgende Bestimmungen über die Feststellung der Maßstäbe für Indikatorfedern aufgestellt.

1. Jeder Indikator, dessen Federn geprüft werden sollen, ist vorher auf seinen Zustand, insbesondere hinsichtlich Kolbenreibung, Dichtheit und auf toten Gang des Schreibzeuges zu untersuchen.
2. Die Indikatorfedern sind durch Gewichtsbelastung zu prüfen.
3. Die Federn sind in Verbindung mit dem Schreibzeug zu prüfen.
4. Jede Feder, die beim Gebrauch des Indikators höhere Temperaturen annimmt, ist im allgemeinen kalt und warm, und zwar bei etwa 20° C (Zimmertemperatur) und bei 100° C zu prüfen.
5. Die Federn sind mit mehrstufiger Belastung zu prüfen, und zwar in mindestens 5 Stufen oberhalb der atmosphärischen Linie und in wenigstens 3 Stufen unterhalb derselben. In den Prüfschein sind alle Einzelwerte der Untersuchung aufzunehmen.
6. Der Durchmesser des Indikatorkolbens wird bei Zimmertemperatur gemessen.

Die Prüfung der Indikatorfedern kann geschehen:

a) Durch Flüssigkeitsdruck, und zwar, indem man den Indikatorkolben

1. in kaltem,
2. in warmem Zustande

belastet.

Die Kommission, welche die Bestimmungen über die Feststellung der Maßstäbe für Indikatorfedern ausarbeitete, hat es für geboten erachtet, von diesen zwei Prüfungsmethoden abzusehen, und zwar von

1., weil nach Versuchen der Physikalisch-Technischen Reichsanstalt nur unter gewissen Voraussetzungen und nur für stärkere Federn bei Drücken über 2 kg/qcm korrekte Resultate zu erwarten sind; von 2., weil es schwer ist, die Indikatorfeder längere Zeit auf einer gewissen konstanten Temperatur zu erhalten. Beide Methoden ergeben aber bei gewissenhafter Durchführung brauchbare, wenn auch nicht wissenschaftlich exakte Resultate, deshalb sollen sie hier behandelt werden.

b) Durch Gewichtsbelastung, und zwar, indem man den Indikatorkolben

3. in kaltem,
4. in warmem Zustande belastet, oder

indem man die Indikatorfeder allein, also ohne Kolben,

5. in kaltem,
6. in warmem Zustande belastet.

Bei der Berechnung des Federmaßstabes muß der Durchmesser des Indikatorkolbens genau festgestellt und etwaige Abweichungen von 20 mm berücksichtigt werden.

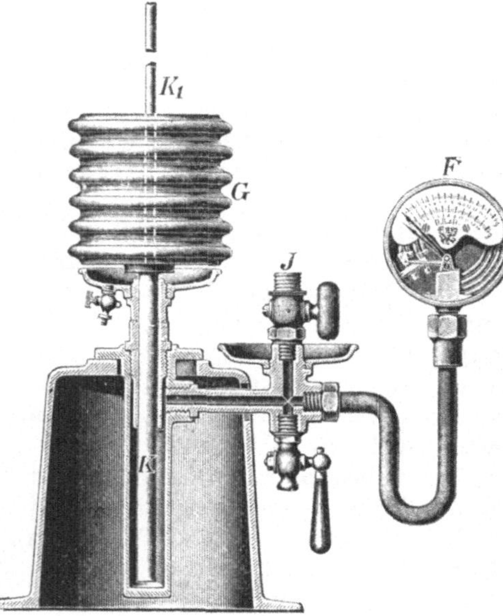

Fig. 152.

a) Prüfung durch Flüssigkeitsdruck.

1. Der Indikatorkolben wird in kaltem Zustande belastet.

Hierzu kann eine Einrichtung verwendet werden, wie sie von Dreyer, Rosenkranz & Droop, Hannover, hergestellt wird, und wie sie in Fig. 152 abgebildet ist.

Ein Preßzylinder von geringem Durchmesser ist mit Glyzerin gefüllt. Der Indikator wird mit der zu prüfenden Feder bei J aufgeschraubt. Ein massiver Kolben K von 20 mm Durchmesser (also gleich dem gewöhnlichen Durchmesser der Indikatorkolben) taucht in den Preßzylinder. Der zu einer Stange ausgebildete obere Teil K_1 des Kolbens kann mit Gewichten G belastet werden, von denen jedes dem Drucke von 1 kg auf 1 qcm entspricht. Ein Manometer F mit doppelter Skala dient zur Kontrolle der durch Auflegen von Gewichten G geschaffenen Belastung.

Man belastet nun, von der Belastung Null ausgehend, die Feder fortschreitend von kg zu kg (für je 1 qcm Kolbenfläche) bis zur Höchstlast, für welche die Feder überhaupt bestimmt ist. Das Maß der Zusammendrückung der Feder erhält man, indem man nach jedesmaliger Änderung der Belastung, also nach jedesmaligem Auflegen eines Gewichtes G den Indikatorhahn J öffnet, den Indikatorschreibstift sanft gegen die Papiertrommel drückt und diese von Hand aus in Bewegung setzt. Dabei darf nie versäumt werden, daß der Kolben K vor dem Andrücken des Schreibstiftes mit der Hand gedreht wird, weil dann erst die Reibung vom Kolben K überwunden ist, und der volle Belastungsdruck auf das Manometer F und den Indikatorkolben übertragen wird.

Man kann bei der Prüfung auch den umgekehrten Weg einschlagen, indem man den Kolben K zuerst mit der Höchstlast der Feder beschwert und dann durch Abnahme von Gewichtsstücken G die Belastung fortschreitend von kg zu kg (für je 1 qcm Kolbenfläche) verkleinert.

Man kann also eine Indikatorfeder mit der beschriebenen Prüfungseinrichtung, ebenso wie mit allen noch zu beschreibenden Einrichtungen dieser Art, durch Belastung und durch Entlastung prüfen. Die dabei erhaltenen Systeme von Parallellinien sollen fernerhin als Eichdiagramme bezeichnet werden.

2. Der Indikatorkolben wird in warmem Zustande belastet.

Diese Prüfung könnte am einfachsten erfolgen, indem man den Indikator direkt an einem Dampfkessel anschraubt. Die Vorteile dieses

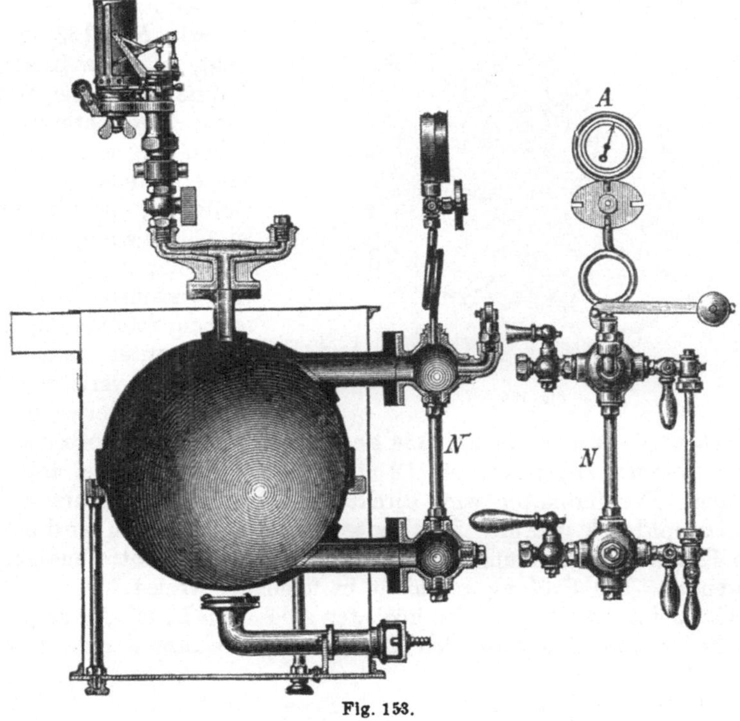

Fig. 153.

Verfahrens bestehen darin, daß man während der Prüfung Temperatur-
verhältnisse im Indikator herbeiführen kann, die annähernd denen entsprechen, die beim Gebrauche des Indikators an der Dampfmaschine
sich vorfinden, daß ferner die Belastung des Indikatorkolbens sich ganz
gleichmäßig über dessen Fläche verteilt, und daß man gleichzeitig
Indikatoren verschiedener Konstruktionen und mit verschiedenen Kolben-
durchmessern prüfen kann.

Als Nachteil des Verfahrens fällt wohl der Umstand am meisten ins
Gewicht, daß man mit der Bemessung des Prüfungsdruckes in Rücksicht auf den Betrieb an sehr enge Grenzen gebunden ist. Durch Anschaf-
fung eines nur zur Feder-
prüfung dienenden kleinen
Kessels ist man auch von
dieser Beengung befreit.

Die Firma Dreyer,
Rosenkranz & Droop,
Hannover, fertigt zu ge-
nanntem Zwecke einen
kupfernen Kessel an, mit
300 mm Durchmesser und
für Dampfdrucke bis 20
at. benutzbar.

Wie Fig. 153 (S. 225)
zeigt, ist dieser Kessel zur
Aufnahme zweier Indika-
toren eingerichtet und mit
vollständiger Armatur, als
Wasserstandszeiger (N) mit
Füllhahn, Sicherheitsven-
til, Gasheizung, sowie mit
Doppelkontrollmanometer
(A) versehen. Das Ganze
ist zum Schutze mit einem
Blechmantel umkleidet.

Fig. 154.

Der Bayerische Revi-
sionsverein verwendet eine
Einrichtung[1]), wie sie in Fig. 154 abgebildet ist. Ihr Hauptbestandteil
ist ein kleiner kupferner, für 12 at. gebauter Dampfkessel mit Gasheizung. Der Indikator wird direkt an denselben angeschraubt und
mit Dampfdruck geprüft. Zur Beobachtung des Druckes wird ein mit
dem Kessel in Verbindung stehendes, zuverlässiges Kontrollmanometer
verwendet. Die Prüfung geschieht in folgender Weise:

Man heizt zunächst auf den höchsten zulässigen Druck der zu prüfenden Feder und läßt dann den Druck sinken, während man von At-

---

[1]) Siehe Jahrg. 1901 der Zeitschr. d. Bayer. Rev.-Vereins.

mosphäre zu Atmosphäre Diagrammlinien (Gerade) schreibt. Natürlich kann man auch bei steigendem Dampfdrucke prüfen. Damit der Dampfdruck beim Öffnen des Indikatorhahnes nicht zu stark zurückgeht, darf der Kupferkessel nicht zu klein gewählt werden. Den Indikatorhahn längere Zeit vor Erreichung des beabsichtigten Prüfungsdruckes zu öffnen und zu warten, bis der gewünschte Druck erreicht ist, ist nicht empfehlenswert, da hierdurch die Erwärmung der Indikatorfeder viel weiter getrieben wird als beim Indizieren an der Dampfmaschine. Der Indikatorhahn soll daher erst kurz vor Eintritt des Prüfungsdruckes geöffnet und nach dem Ziehen der Diagrammlinie sofort wieder geschlossen werden.

b) Prüfung durch Gewichtsbelastung.

3. Der Indikatorkolben wird in kaltem Zustande belastet.

Die Prüfungseinrichtung des Bayerischen Revisionsvereins. Diese Einrichtung ist in den Fig. 155 und 156 dargestellt, und zwar zeigt

Fig. 155.

die Fig. 155 die Feststellung des Druck-, Fig. 156 die Feststellung des Vakuummaßstabes. Für die kalte Prüfung ist natürlich der in beiden Figuren abgebildete Dampfkessel nicht erforderlich.

15*

Man schraubt den Indikator mit der zu prüfenden Feder an das Gestell an, befestigt die Gewichtsaufhängevorrichtung am Schreibzeuge und belastet mit den Gewichten, welche so bemessen sind, daß jedes derselben bei einem Kolbendurchmesser von 20 mm einer Federbelastung von 1 kg/qcm entspricht.

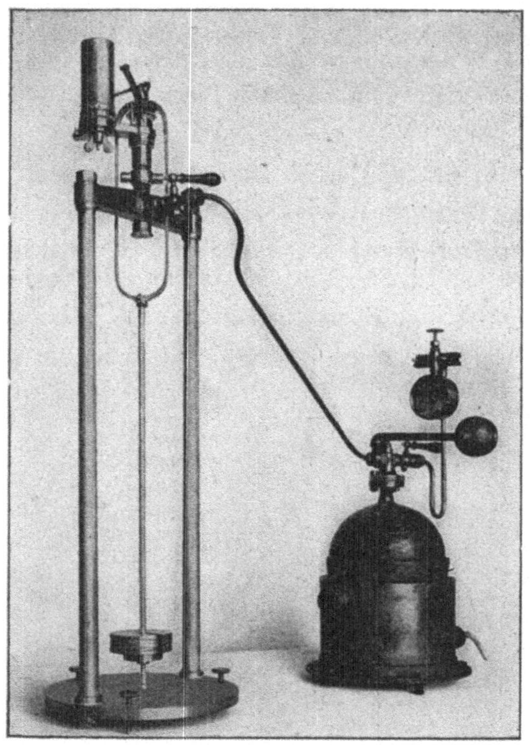

Fig. 156.

Die Universal-Prüfungseinrichtung von Rosenkranz. Bei denjenigen Prüfungseinrichtungen, die ein Anwärmen des Indikators durch Dampf ermöglichen, ergeben sich durch das unvermeidlicherweise zur Entstehung kommende Kondenswasser mancherlei Störungen und Unbequemlichkeiten. Auch gibt das bei den meisten Einrichtungen nötige Wechseln der Indikatorstellung für die Prüfung bei Vakuum und bei Druck leicht die Veranlassung zu Fehlern.

Diese Übelstände zu beseitigen und eine möglichst genaue Untersuchung zu gewährleisten, ist der Zweck der Rosenkranzschen Einrichtung. Sie besteht, wie die Fig. 157 zeigt, aus einer Säule S, die mit Hilfe von drei Fußschrauben und eines an der Rückseite der Säule befindlichen Lotes genau senkrecht eingestellt werden kann. Der Indikator wird bei J an den hohlen Querarm aufrecht aufgeschraubt und behält diese Stellung bei allen Prüfungsarten. Ein auf Schneiden gelagerter Wagebalken H trägt links ein Gehänge 1, welches durch die Zange P mit der Indikatorkolbenstange verbunden ist, während die rechte Seite des Wagebalkens bei 2 eine Stange N mit Belastungsgewichten G trägt.

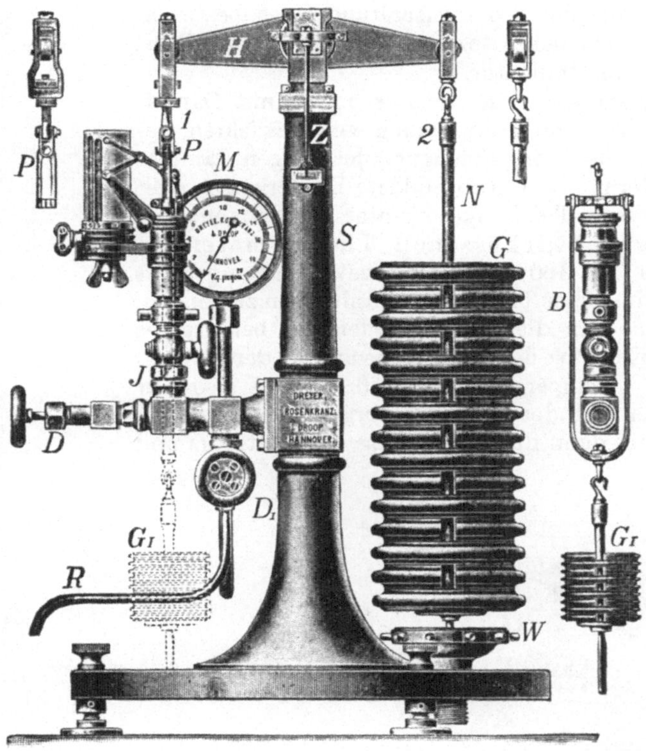

Fig. 157.   Fig. 158.

Jedes dieser Gewichte ist so bemessen, daß es für einen Durchmesser des Indikatorkolbens von 20 mm eine Belastung von 1 kg/qcm repräsentiert, nur das zuerst aufzulegende Gewicht ist leichter und gibt erst mit der Stange N zusammen diese Belastung.

Für kleinere Belastungsintervalle, und besonders für die Prüfung auf Vakuum werden dem Apparate noch Gewichte für je 0,1 kg/qcm Kolbenbelastung beigegeben.

Diese Belastung der Feder auf Vakuum geschieht, wie in Fig. 157 punktiert eingezeichnet ist, direkt, d. h. ohne Wagebalken, indem die Indikatorkolbenstange mit einem nach unten hängenden Bügel B (Fig. 157 und 158) verbunden wird und die Gewichte G_1 auf ein an diesen Bügel angehängtes Stängelchen geschoben werden. Der Vorteil dieser Einrichtung besteht darin, daß die Diagramme für Überdruck und

Vakuum auf ein Diagrammblatt geschrieben, also auf nur eine Atmosphärenlinie bezogen werden können.

Die Dampfzuführung bei der Prüfung mit angewärmtem Indikator erfolgt bei D durch ein Schraubenregulierventil. Durch das Ventil D_1 und das Röhrchen R fließt das Kondenswasser ab. Beide Ventile D und D_1 dienen im Vereine mit dem Manometer M zur Einstellung und Konstanthaltung eines bestimmten Dampfdruckes, bzw. einer bestimmten Temperatur im Indikator.

Der Indikator kann entweder nur mit Dampfdruck, also ohne Anwendung von Gewichten, geprüft werden. Zur Erzeugung des nötigen Dampfes dient der in Fig. 159 abgebildete Kupferkessel; oder man wärmt den Indikator unter Zuhilfenahme des Wiebe-Schwirkusschen Thermometereinsatzes (Fig. 160) bis zu einer gewissen Temperatur vor. Um dieses Thermometer anbringen zu können, entfernt man die Indikatorfeder und befestigt es alsdann mittels des Schräubchens D an der Kolbenstange. Temperaturmessungen können also nur vor oder nach dem Versuche vorgenommen werden, und muß dann durch Regelung der Ventile D und

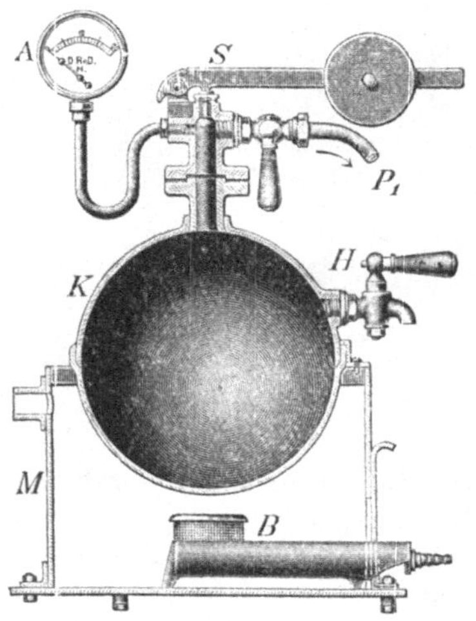

Fig. 159.

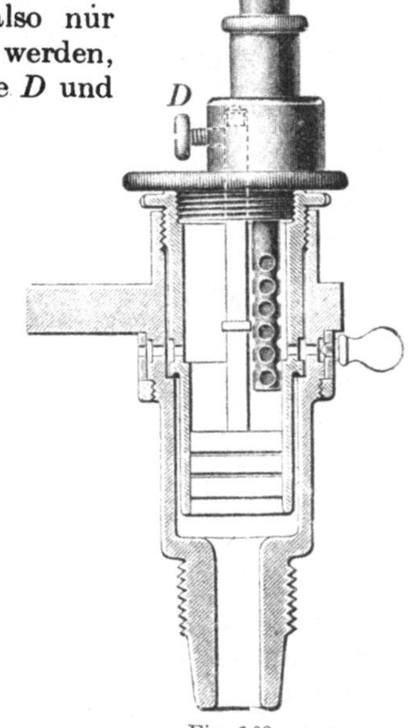

Fig. 160.

D_1 und mit Hilfe des Manometers M der gewünschte Zustand festgehalten werden.

Um eine Überlastung der Feder beim Prüfen zu verhindern, ist die mit einem Lederringe besetzte Platte W in die Grundplatte eingeschraubt und kann also in ihrer Höhenlage verstellt werden. Die Gewichte G können sich auf W auflagern, während die Stange N frei schwingt.

Die Prüfungseinrichtung nach Strupler. In eine Grundplatte B_1 (Fig. 161 und 162), die mittels dreier Stellschrauben horizontal ausgerichtet werden kann, sind zwei schmiedeeiserne, ca. 25 mm starke und 800 mm hohe Säulen eingeschraubt, welche oben durch eine Brücke R

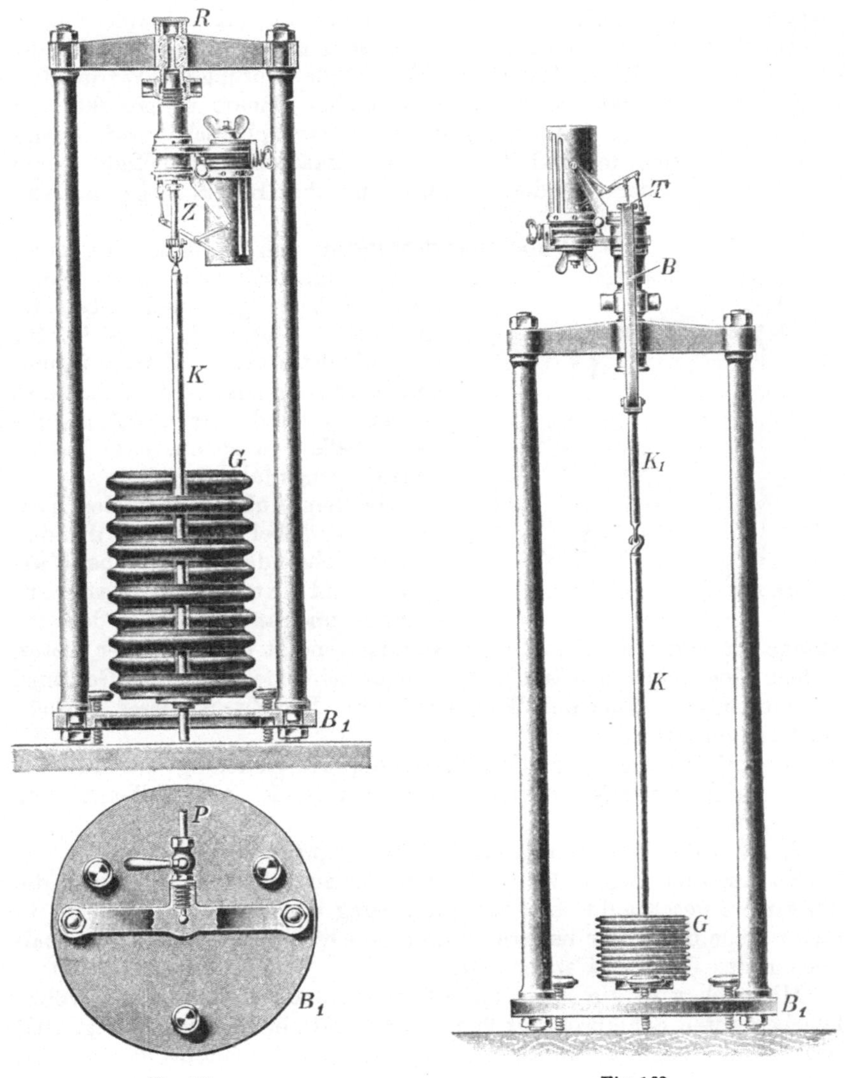

Fig. 161.   Fig. 162.

(Fig. 161) verbunden sind. Letztere ist zur Aufnahme des Indikators eingerichtet, der bei Druckprüfung nach unten hängend (Fig. 161), bei Vakuumprüfung nach obenstehend (Fig. 162) in die Brücke eingeschraubt wird. Im ersten Falle wird die Klemme Z (Fig. 161), im letzten Falle die Traverse T des Bügels B (Fig. 163) mit der Indikatorkolbenstange verbunden. Die Zugstange K nimmt die mit Einschnitten versehenen Belastungsgewichte G (Fig. 164) auf. Um einseitige Belastungen zu vermeiden, wechselt man die Lage dieser Einschnitte. Bei den ersten Gewichten sind Zange, Bügel und Druckstange in der Weise berücksichtigt, daß diese Gewichte um die entsprechenden Gewichtsunterschiede leichter gehalten sind als die übrigen Gewichte.

In den Fig. 161 und 162 ist die Prüfung von Warmfederindikatoren Rosenkranzscher Bauart dargestellt. Mit geringen Änderungen ist die Struplersche Prüfungseinrichtung auch für Kaltfederindikatoren und für Indikatoren anderer als der Rosenkranzschen Bauart zu gebrauchen.

Die Prüfungseinrichtungen von Maihak. In einer kräftigen Grundplatte p (Fig. 165) sind zwei Stahlsäulen S befestigt, welche oben die Traverse t tragen. Letztere ist für die Aufnahme des Indikators in umgekehrter Lage bestimmt. Durch drei Schrauben r und unter Zuhilfenahme der Libelle l wird die Grundplatte genau horizontal eingestellt.

Vor dem Aufschrauben des Indikators wird bei demselben die den Kolben sichernde Schraube (bei Maikak- und Staus-Indikatoren) entfernt und an ihre Stelle das Gestänge $c\,d$ eingeschraubt. Dieses Gestänge endigt oben in einer Kette, welche eine Schneide s trägt. Mit dieser Schneide hängt das Gestänge an dem linken Arme des Wagebalkens w. Der Zweck dieser Einrichtung ist ein doppelter:

1. wird dadurch die Möglichkeit der Ausgleichung des auf der Feder lastenden Gestängegewichtes sowie der Kolbenreibung geschaffen;
2. kann die Feder auch auf Vakuum geprüft werden.

Zu ersterem Zwecke wird der Indikator zunächst ohne Feder an die Traverse t geschraubt und zur Entlastung des Gestänges, welches in dieser Lage die Feder belasten würde, am rechten Ende des Wagebalkens w das Gewicht i angehängt.

Hiernach wird die Feder aufgeschraubt und an Stelle des gewöhnlich benutzten Schlußschräubchens r (Fig. 120) ein solches r' (Fig. 165) benutzt, welches nach unten mit einem kleinen Gewindezapfen zur Aufnahme des Gewichtsgestänges $k\,f$ versehen ist.

Nunmehr zieht man auf dem auf der Papiertrommel aufgespannten Diagrammblatt die Nullinie.

Vor Beginn der Belastung muß der Wagebalken w so eingestellt werden, daß er, wenn später die Feder mit der halben Maximallast beschwert ist, horizontal steht. Dadurch erreicht man es, daß der Wage-

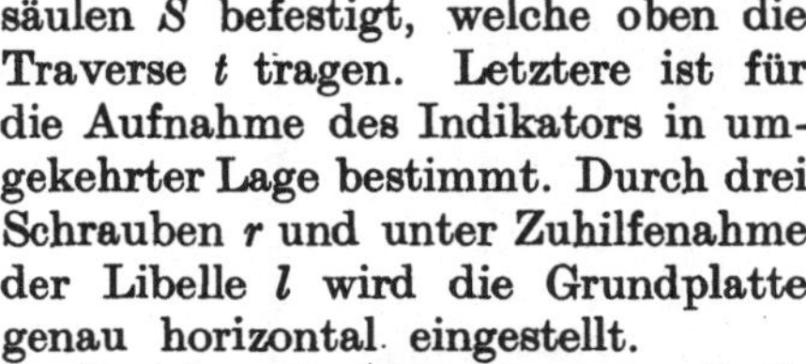

Fig. 163.   Fig. 164.

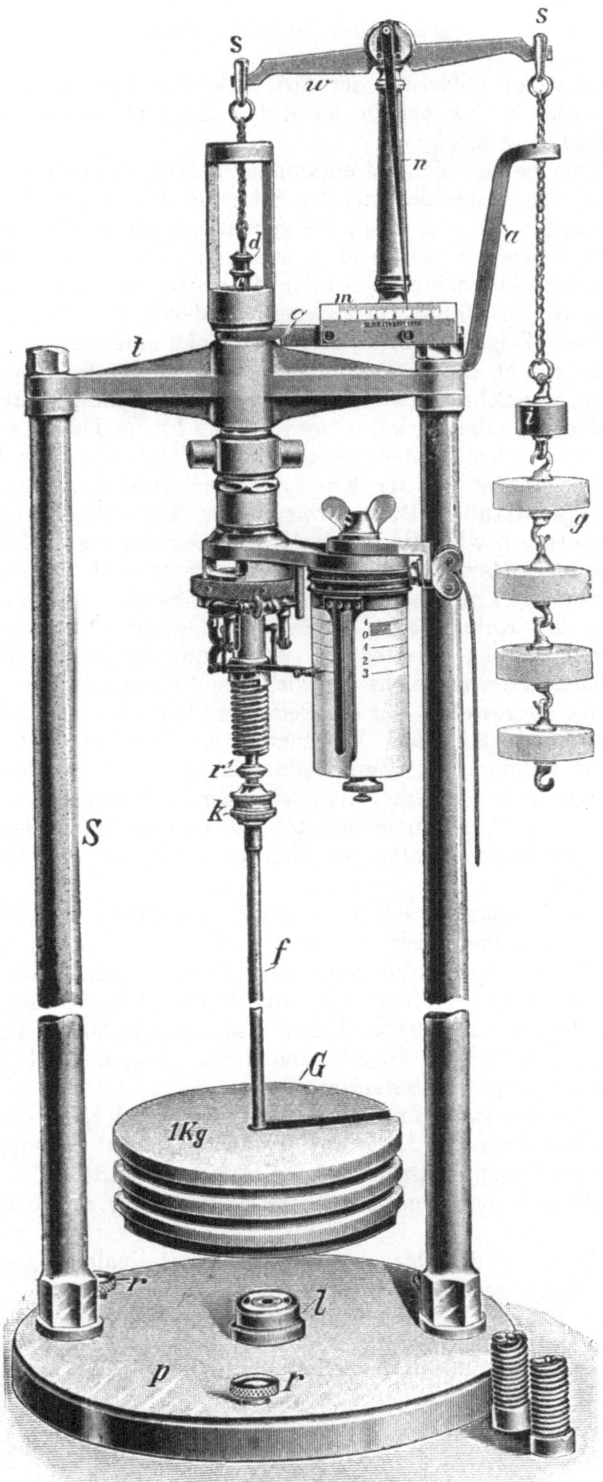

Fig. 165.

balken bei voller Belastung der Feder gleichweit nach oben und nach unten ausschlägt, der Zug in der Kette also stets in annähernd senkrechter Richtung erfolgt.

Die Feder bewegt sich bei maximaler Belastung durchschnittlich um ca. 10 mm; die Länge des mit der Schneide des Wagebalkens verbundenen Zeigers n ist das Doppelte der Länge eines Wagebalkens; die Spitze des Zeigers n würde also, wenn die Federbelastung von Null bis zur Maximallast ansteigt, auf der Millimeterteilung des Maßstabes m einen Weg von ca. 20 mm zurücklegen. In der Nullstellung des Schreibstiftes ist der Zeiger n um 10 mm nach links einzustellen. Diese Einstellung geschieht durch Drehung am Schraubkopfe d, wodurch die linksseitige, zur Schneide s des Wagebalkens führende Kettchenverbindung verlängert oder verkürzt wird. Ganz kleine Differenzen werden mittels eines Stellgewichtes ausgeglichen. Jetzt wird das Gestänge für die Gewichte G mit der Kugelgelenkschraube k an den Gewindezapfen r' geschraubt. Durch vorsichtiges sukzessives Auflegen der Gewichtsplatten G wird die Feder auf Zug belastet bis zu der der Feder entsprechenden Maximallast. Die Gewichte G sind für den Kolbendurchmesser 20,27 mm berechnet. Sie können so ausgewählt werden, daß 1 qcm der Kolbenfläche durch eine Gewichtsplatte entweder mit 1 kg oder mit $^1/_2$ kg belastet ist. Zur bequemeren Handhabung und um eine Nachjustierung leichter bewirken zu können, sind die Gewichte G aus Hartblei hergestellt. Für die Belastung von 1 kg/qcm Kolbenfläche wiegt eine Platte 3,228 kg. Die Platten liegen ohne Zentriernut und -feder glatt aufeinander. Zum bequemen Anfassen werden die 1-kg-Gewichtsplatten mit einem Rande versehen. Da das Gestänge $k f$ die Feder mit genau $^1/_{10}$ kg/qcm belastet, ist die zuerst aufzulegende 1-kg-bzw. $^1/_2$-kg-Gewichtsplatte um den entsprechenden Betrag leichter gehalten.

Die Gewichtsplatten sollen so aufeinandergelegt werden, daß sich die Schlitze derselben nicht decken.

Nach Erreichung der höchsten Zugbelastung geht man durch Abnahme der Gewichte G wieder zur Nullinie zurück und belastet nun die Feder auf Druck (entsprechend dem Vakuum im Maschinenzylinder), indem man den rechten Wagebalken durch Gewichte g belastet, von denen jedes $^1/_{10}$ kg/qcm entspricht.

Sowohl bei der Belastung auf Zug als auch bei derjenigen auf Druck zieht man erst dann die Linie auf dem Diagrammblatt, nachdem man die Feder durch leichten Druck auf das oberste Gewicht in Schwingungen versetzt hat und nachdem der Schreibstift wieder zur Ruhe gekommen ist.

Nach Abnahme der Gewichte g muß sich die Nullinie genau wieder mit der anfangs gezogenen decken.

Als ein besonderer Vorteil der beschriebenen Einrichtung ist es anzusehen, daß die Prüfung von der höchsten Zugbelastung zurück durch die Nullinie bis zur Vakuumlinie und wieder zurück bis zur Nullinie erfolgen kann, ohne die Lage des Indikators ändern zu müssen.

4. Der Indikatorkolben wird in warmem Zustande belastet.

Sind die Federn warm zu prüfen, entsprechend dem Zustande, in welchem sie sich beim Indizieren an der Dampfmaschine befinden, so ist bei der Einrichtung des Bayerischen Revisionsvereins nur nötig, den Dampfkessel (Fig. 154) in der in den Fig. 155 und 156 dargestellten Weise mit dem Belastungsgestelle zu verbinden. Die Feder wird vor ihrer Belastung mit Kesseldampf, dessen Spannung annähernd gleich der halben zulässigen Federspannung ist, vorgewärmt.

Bezüglich des Einflusses der Federtemperatur auf den Maßstab der Feder hat Eberle durch eine Reihe von Versuchen nachgewiesen, daß sich schon bei Anwärmung der Feder mit Dampf von Atmosphärenspannung annähernd die gleichen Maßstäbe ergeben wie bei Anwärmung mit Dampf von 12 at Spannung. Er schloß daraus, daß der Fehler, der dadurch entstehen kann, daß die Federn nicht genau bei derjenigen Temperatur geprüft werden, bei welcher sie verwendet werden, sehr gering sein wird; denn der Unterschied in den Maßstäben der mit Dampf von Atmosphärendruck und von 12 at Spannung angewärmten Federn ergab sich in den von ihm beobachteten Fällen zu nur 0,2%. Deshalb mag es auch als berechtigt erscheinen, diejenigen Federn, welche zur Indizierung von Dampfmaschinen — wenigstens von solchen, die mit gesättigtem Dampfe arbeiten — verwendet werden, mit Dampf von der halben zulässigen Federspannung vorzuwärmen.

Will man bei der Struplerschen Prüfungseinrichtung den Indikator vor der Gewichtsprobe entsprechend anwärmen, so geschieht dies mit Hilfe des kleinen kupfernen Dampfkessels K (Fig. 159), der mit Manometer A, Sicherheitsventil S, Probierhahn H, Anschlußhahn P_1 und Schutzmantel M ausgerüstet ist. Die Heizung geschieht durch einen Gasbrenner B. Mittels eines bei P_1 anzuschließenden Kupfer oder Messingröhrchens wird die Verbindung mit der Prüfungseinrichtung bei P (Grundriß Fig. 161) hergestellt, wobei natürlich die obere Indikatoranschlußöffnung in der Brücke R durch eine Kapselmutter geschlossen werden muß.

Für Indikatoren mit außen — also kühl — liegender Feder fallen diese Betrachtungen fort.

5. Die Indikatorfeder allein wird in kaltem Zustande belastet.

Da bei den meisten Indikatoren die Reibung des Kolbens zweifellos störenden Einfluß auf das Ergebnis der Federprüfung ausübt, so ist es üblich, bei der Prüfung stets zwei Linien zu schreiben, und zwar die eine nach schwachem Zusammendrücken, die andere nach schwachem Ziehen an der Feder, und so den durch die Reibung verursachten Fehler zu beseitigen. Manche, beim Indizieren recht gute Instrumente ergaben aber bei diesbezüglichen Versuchen von Eberle, besonders bei den höheren Belastungsstufen der Federn zwischen beiden Linien so große und durch mehr oder minder starken Händedruck so sehr beeinflußbare Abstände, daß die Ergebnisse nicht mehr als objektiv richtig angesehen werden können, da sie sich als von der mehr oder minder zarten Handhabung seitens des Prüfenden in beträchtlichem Maße abhängig zeigten.

6. Die Prüfung des Schreibzeuges.

Zwischen dem Wege des Indikatorkolbens und des Schreibstiftes muß Proportionalität bestehen, weil nur dann eine wirklich gute Feder sich als solche erweisen kann. Durch falsche Stellung der Gelenkpunkte des Schreibzeuges oder durch Verbiegung der Schreibzeugarme wird diese Proportionalität gestört. Es ist daher wichtig, vor jeder Federprüfung das Schreibzeug zu prüfen. Dies kann ebenfalls durch Aufnahme von Eichdiagrammen geschehen, und zwar mit Hilfe eines Mikrometers oder mittels Paßstücken.

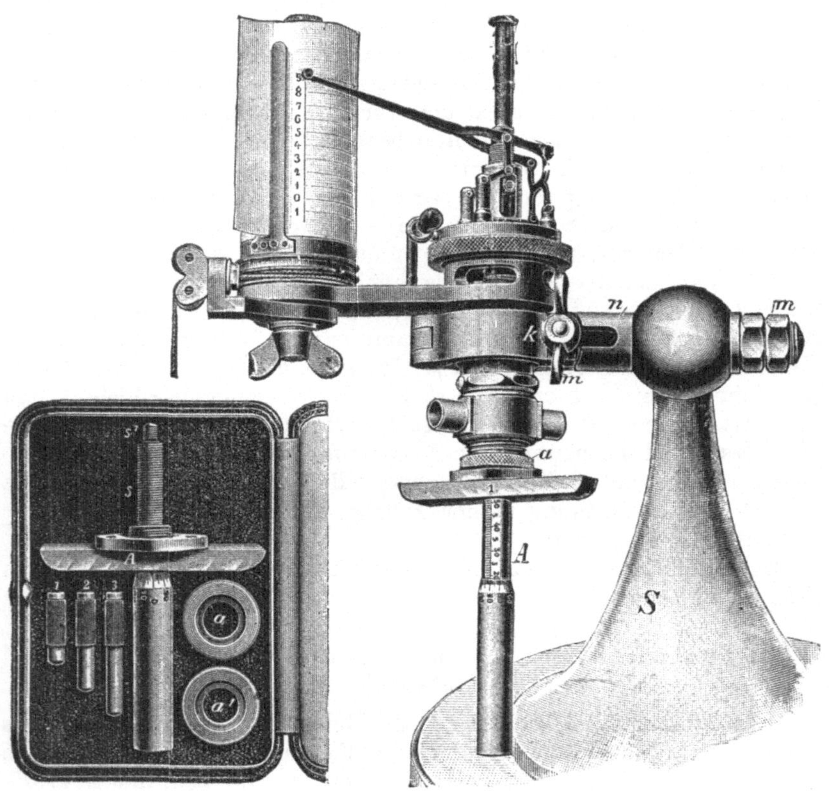

Fig. 167.   Fig. 166.

a) Prüfung mit dem Mikrometer.

Der Indikator wird mit der dreh- und feststellbaren Klaue $n\,k$ (Fig. 166) an dem Ständer S befestigt. Je nach der Größe der Indikatorverschraubung wird das Mikrometer A mittels der Schraube a oder a^1 (Fig. 167) mit dem Indikator so verbunden, daß die Schraube s (Fig. 167) mit ihrem Ende s^1 oder mit einem daran geschraubten Verlängerungsstücke *1, 2* oder *3* den Indikatorkolben in seiner tiefsten Lage berührt. Dann stellt man die Schraubhülse des Mikrometers auf Null und zieht mit dem Schreibstifte eine Linie, indem man die Papiertrommel mittels der Indikatorschnur bewegt. Nach einer ganzen Umdrehung der Schraubhülse hebt sich der Indikatorkolben genau um 1 mm. Zieht man dann wieder eine Linie, so muß diese von der Nullinie einen dem Übersetzungsverhältnis des Schreibzeuges entsprechenden Abstand haben (bei der Übersetzung 1 : 6 also 6 mm). Dieses Verfahren setzt man fort bis zur höchsten Schreibstiftlage und führt evtl. die Prüfung auch rückwärts aus, wobei die Berührung von Kolben und Schraube *s* durch leichten Druck auf den Schreibstifthebel sicherzustellen ist.

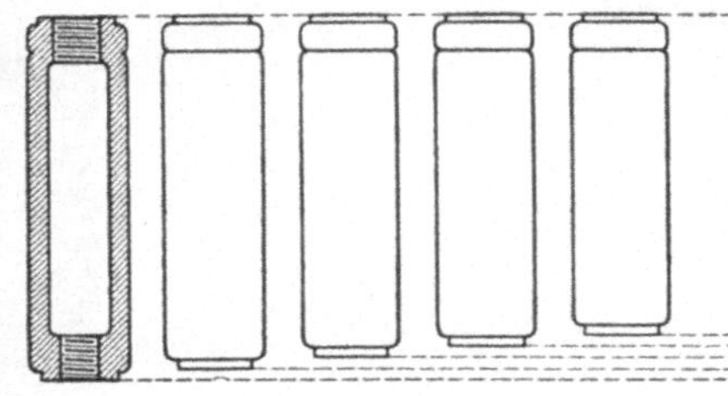

b) Prüfung mit Paßstücken.

An Stelle der Indikatorfeder werden nacheinander fünf Paßstücke (Fig. 168) eingeschraubt, die bei Zimmertemperatur den

Fig. 168.

fünf gleichweit voneinander entfernt liegenden Teilungspunkten des gesamten Schreibstiftweges entsprechen. Zieht man nach Einsetzung je eines Stückes durch Drehen der Papiertrommel eine Linie mit dem Indikatorstift, so müssen diese Linien gleichen Abstand voneinander haben.

7. Berechnung des Maßstabes der Warmfeder.

Die für innenliegende Indikatorfedern von seiten der Fabriken angegebenen Maßstäbe beziehen sich auf Zimmertemperatur. Bei höheren Temperaturen ändert sich nicht nur der Elastizitätsmodul des Federdrahtes, sondern auch der Federkerndurchmesser und damit auch der Federmaßstab.

Mit Hilfe des Temperaturkoeffizienten, d. h. der Veränderung der Elastizität der Feder pro 1° C und 1 kg, bezogen auf 1 mm des Warmfedermaßstabes, läßt sich der Federmaßstab für höhere Temperaturen als die Kaltprüfungstemperatur berechnen wie folgt:

Bezeichnet

$t =$ Temperatur der Kaltprüfung

$i =$ Maßstab für diese Temperatur,

$T =$ die durch den Wiebe-Schwirkusschen Einsatz ermittelte höhere Temperatur,

$k =$ Temperaturkoeffizient $= 0,0004,$

so ist der Maßstab J für T^0

$$J = i + (T - t) \cdot i \cdot k = i[1 + (T - t)\,k].$$

Ist z. B.

$$t = 20°,\ i = 5\ \text{mm (für 1 kg/qcm)},\ T = 140°,$$

so wird:

$$J = 5 + (140 - 20) \cdot 5 \cdot 0{,}0004 = (5 + 0{,}24)\ \text{mm} = \mathbf{5{,}24\ mm}.$$

8. Meßapparat für Eichdiagramme (Bauart Staus).

Um die bei der Prüfung der Indikatorfedern und des Schreibzeuges erhaltenen Eichdiagramme möglichst genau ausmessen zu können, empfiehlt es sich, den in Fig. 169 dargestellten Meßapparat zu Hilfe zu nehmen.

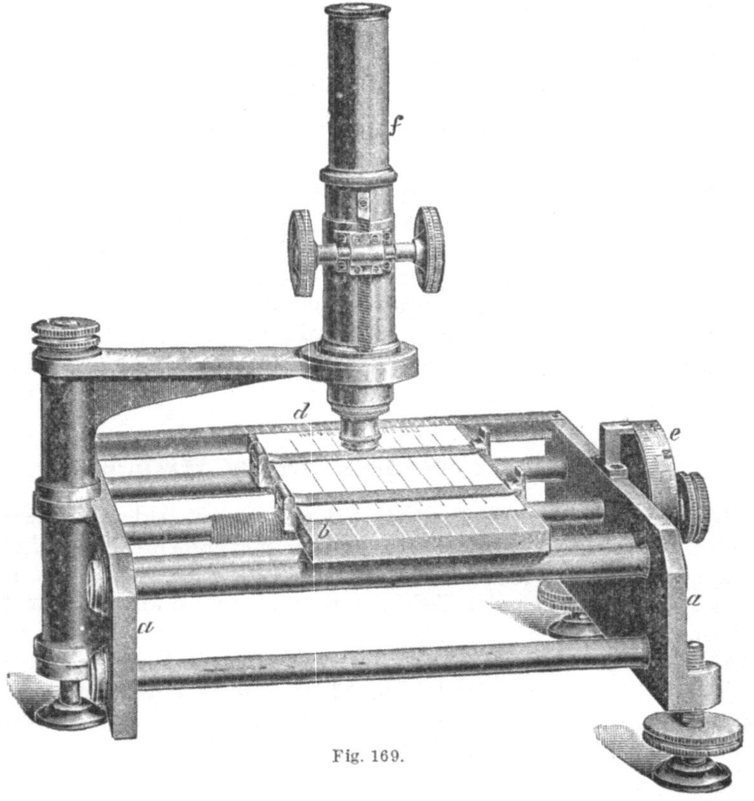

Fig. 169.

Dieser, mit Absicht schwer gehaltene Apparat besteht in der Hauptsache aus zwei Wangen a, die durch Querstreben zu einem Gestell verbunden sind, einem durch ein Mikrometerwerk verschiebbaren Meßtisch b und dem Mikroskop f. Durch zwei Stellschrauben kann der Apparat horizontal eingestellt werden, was durch eine auf den Tragarm des Mikroskopes aufgesetzte Libelle zu erkennen ist.

Da das Mikroskop eine ca. 25fache lineare Vergrößerung ergibt, erscheinen die Eichlinien, selbst wenn sie mit scharf gespitztem Schreibstift gezogen sind, als schmale Flächenstreifen. Deshalb besitzt das Fadenkreuz des Okulares eine besondere Einrichtung. Es besteht, wie Fig. 170 zeigt, aus vier parallelen Fäden, die durch einen fünften Faden senkrecht halbiert werden. Das in seiner Hülse drehbare Okular muß so eingestellt werden, daß die anvisierte Eichlinie genau in der Mitte der beiden inneren Fäden zwischen denselben verläuft. Ist die Einstellung des Okulares derart geschehen, daß die Eichlinien scharf im Gesichtsfelde erscheinen, so soll auch bei Seitwärtsbewegung des Auges das Fadenkreuz unverrückbar zum Bilde erscheinen; es soll also jede Parallaxe vermieden sein. Ist dies nicht der Fall, so verstellt man nach Herausnahme des Okulares die dem Auge zunächstliegende Linse so lange, bis die Parallaxe verschwindet.

Zum Festhalten der Eichdiagramme dienen zwei aufklappbare Blattfedern, die das Diagrammblatt auf den Meßtisch b drücken.

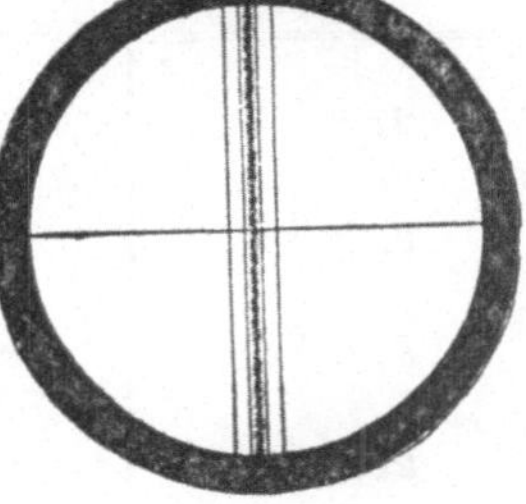

Fig. 170.

Die Mikrometerschraube wird durch ein Handrädchen bewegt; der Umfang der Meßtrommel e ist in 100 Teile geteilt. Einer vollen Umdrehung der Schraube entspricht eine Verschiebung des Tisches b um 1 mm, so daß man also an der Meßtrommel Verschiebungen von $^1/_{100}$ mm ablesen kann. Die ganzen Millimeter werden an dem Maßstabe d festgestellt.

Bevor nun ein Eichdiagramm ausgewertet wird, zieht man eine der Eichlinien ganz durch, so daß sie auf beiden Seiten bis zum Papierrande reicht, und legt dann das Blatt so auf den Meßtisch, daß die atmosphärische Linie oder die unterste Eichlinie nach rechts gegen die Meßtrommel zu liegt und außerdem so, daß die durchgezogene Eichlinie parallel zu den auf dem Meßtische in Abständen von 1 cm eingravierten Linien verläuft. Nun stellt man den Meßtisch durch Drehen der Mikrometerschraube so weit nach links, daß die unterste Eichlinie in der in Fig. 170 dargestellten Weise zwischen den inneren Fäden erscheint, und liest hierauf die Lage dieser Eichlinie am Maßstabe d und an der Meßtrommel e ab. Dann dreht man weiter bis zur nächsten Eichlinie, liest wieder ab und fährt so fort bis zur letzten Eichlinie.

Um den allenfalls in der Schraube vorhandenen toten Gang für die Messung unschädlich zu machen, empfiehlt es sich, den Meßtisch zur Einstellung der Linien unter das Fadenkreuz stets in der gleichen Richtung, am besten von links nach rechts heranzuführen und, falls man zu weit gedreht hat, den Meßtisch genügend weit zurückzubewegen und von neuem einzustellen.

9. Berechnung des mittleren Federmaßstabes.

Man kann nur dann von einem Federmaßstabe sprechen, wenn die Indikatorfeder Proportionalität besitzt, d. h. wenn die Zusammendrückungen bzw. Auseinanderzerrungen proportional den Belastungen bzw. Entlastungen sind. Solche absolute Proportionalität findet sich aber bei keiner Indikatorfeder vor; man berechnet sich daher aus den bei der Prüfung einer Feder gewonnenen Resultaten einen sog. mittleren Federmaßstab. Dies kann nach 4 Methoden geschehen.

Es ergab z. B. die Prüfung der 10-kg-Feder eines **Dreyer, Rosenkranz** und **Droopschen** Indikators großen Modells folgende Werte:

Prüfungs-gewicht g kg/qcm	Prüfung durch Belastung		
	Schreibstifthub h von der Atmosphärenlinie aus gemessen mm	Quotient: $\dfrac{\text{Schreibstifthub}}{\text{Gesamtbelastung}} = \dfrac{h}{g} = m$	Zunahme des Schreibstifthubes mm
$g_1 = 0{,}5$	$h_1 = 3{,}1$	$\dfrac{h_1}{g_1} = 6{,}20$	$h_2 - h_1 = 6{,}1$
$g_2 = 1{,}5$	$h_2 = 9{,}2$	$\dfrac{h_2}{g_2} = 6{,}13$	$h_3 - h_2 = 6{,}1$
$g_3 = 2{,}5$	$h_3 = 15{,}3$	$\dfrac{h_3}{g_3} = 6{,}12$	$h_4 - h_3 = 6{,}2$
$g_4 = 3{,}5$	$h_4 = 21{,}5$	$\dfrac{h_4}{g_4} = 6{,}14$	$h_5 - h_4 = 6{,}5$
$g_5 = 4{,}5$	$h_5 = 28{,}0$	$\dfrac{h_5}{g_5} = 6{,}22$	$h_6 - h_5 = 6{,}4$
$g_6 = 5{,}5$	$h_6 = 34{,}4$	$\dfrac{h_6}{g_6} = 6{,}25$	$h_7 - h_6 = 6{,}0$
$g_7 = 6{,}5$	$h_7 = 40{,}4$	$\dfrac{h_7}{g_7} = 6{,}21$	$h_8 - h_7 = 6{,}1$
$g_8 = 7{,}5$	$h_8 = 46{,}5$	$\dfrac{h_8}{g_8} = 6{,}20$	$h_9 - h_8 = 6{,}2$
$g_9 = 8{,}5$	$h_9 = 52{,}7$	$\dfrac{h_9}{g_9} = 6{,}20$	$h_{10} - h_9 = 6{,}3$
$g_{10} = 9{,}5$	$h_{10} = 59{,}0$	$\dfrac{h_{10}}{g_{10}} = 6{,}21$	
Sa. 50,0	310,1	61,88	55,9

1. Methode. Man berechnet sich für jedes Belastungsintervall den zugehörigen Maßstab, also die Quotienten $\dfrac{h_1}{g_1}, \dfrac{h_2}{g_2} \ldots \dfrac{h_{10}}{g_{10}}$, und bildet aus den so erhaltenen Maßstäben das arithmetische Mittel. Es wird dann:

$$\text{Mittlerer Federmaßstab} = \frac{61{,}88}{10} = \textbf{6,188 mm.}$$
$$\text{(bei Belastung)}$$

2. Methode. Diese besteht darin, daß man das arithmetische Mittel der Differenzen zweier aufeinanderfolgender Schreibstifthübe bildet. Es wird dann:

$$\text{Mittlerer Federmaßstab} = \frac{55{,}9}{9} = \textbf{6,211 mm.}$$
$$\text{(bei Belastung)}$$

3. Methode. Diese wurde von Eberle angegeben. Man dividiert den bei der Gesamtbeslastung konstatierten Gesamtschreibstifthub durch die Gesamtbelastung. Es wird dann:

$$\text{Mittlerer Federmaßstab} = \frac{h_{10}}{g_{10}} = \frac{59{,}0}{9{,}5} = 6{,}210 \text{ mm.}$$
$$\text{(bei Belastung)}$$

4. Methode. Diese wurde von Meyer angegeben. Nach ihr erhält man den mittleren Federmaßstab, wenn man die Summe aller Schreibstifthübe, jeden von der Atmosphärenlinie aus gerechnet, durch die Summe aller Prüfungsgewichte dividiert. Es wird dann:

$$\text{Mittlerer Federmaßstab} = \frac{h_1 + h_2 + \cdots + h_{10}}{g_1 + g_2 + \cdots + g_{10}}$$
$$\text{(bei Belastung)}$$

$$= \frac{310{,}1}{50{,}0} = 6{,}202 \text{ mm.}$$

Für gewöhnliche Indikatorversuche genügt es, für jede Feder, die in Benutzung kommt, einen mittleren Federmaßstab nach einer der obigen vier Methoden zu berechnen und denselben von Zeit zu Zeit zu kontrollieren. Bei wissenschaftlichen Untersuchungen dagegen und bei Garantieversuchen, bei denen es sich um Objekte von hohem Anschaffungswerte oder um beträchtliche Konventionalstrafen handelt, ist man gezwungen, diejenigen Fehler, die in der mangelhaften Proportionalität der Indikatorfedern zu suchen sind, in eingehender Weise zu berücksichtigen. Auch hierzu stehen verschiedene Methoden, drei an der Zahl, zur Verfügung, nämlich.

1. die Methode von Eberle,
2. die Methode von Schröter,
3. die Methode von Schröter-Koob.

Selbstverständlich ist, daß bei wichtigen Untersuchungen nur solche Indikatorfedern benützt werden sollen, die wesentliche Proportionalitätsfehler nicht aufweisen.

10. Die Berücksichtigung von Proportionalitätsfehlern.

1. Methode von Eberle zur Berücksichtigung der Proportionalitätsfehler von Indikatorfedern. Das in Fig. 171 abgebildete Diagramm des Hochdruckzylinders einer stehenden 1500 pferdigen Verbundmaschine mit Corlißsteuerung ist mit der Indikatorfeder geschrieben, deren Prüfungsergebnisse bereits auf Seite 240 angeführt sind.

Innerhalb der einzelnen Belastungsintervalle waren die Maßstäbe folgende:

Belastungsintervall kg/qcm	0,0 bis 0,5	0,5 bis 1,5	1,5 bis 2,5	2,5 bis 3,5	3,5 bis 4,5	4,5 bis 5,5	5,5 bis 6,5	6,5 bis 7,5	7,5 bis 8,5	8,5 bis 9,5
Maßstab . . . mm	6,2	6,1	6,1	6,2	6,5	6,4	6,0	6,1	6,2	6,3

Eberle trägt nun diese 10 verschiedenen Maßstäbe auf einer Senkrechten zur Atmosphärenlinie AL, von letzterer ausgehend, auf und zieht durch die entsprechenden Punkte Horizontallinien. Dadurch wird die Diagrammfläche in verschiedene Horizontalstreifen geteilt. In folgendem Diagramme fällt der an der Atmosphärenlinie AL anliegende Streifen nicht auf die Diagrammfläche, während der nächstfolgende Streifen nur zum kleinsten Teile mit der Diagrammfläche zusammenfällt, weshalb diese beiden Horizontalstreifen bei der nun folgenden Berechnung vollständig außer acht gelassen werden. Erst die Streifen I bis VIII fallen auf die Diagrammfläche.

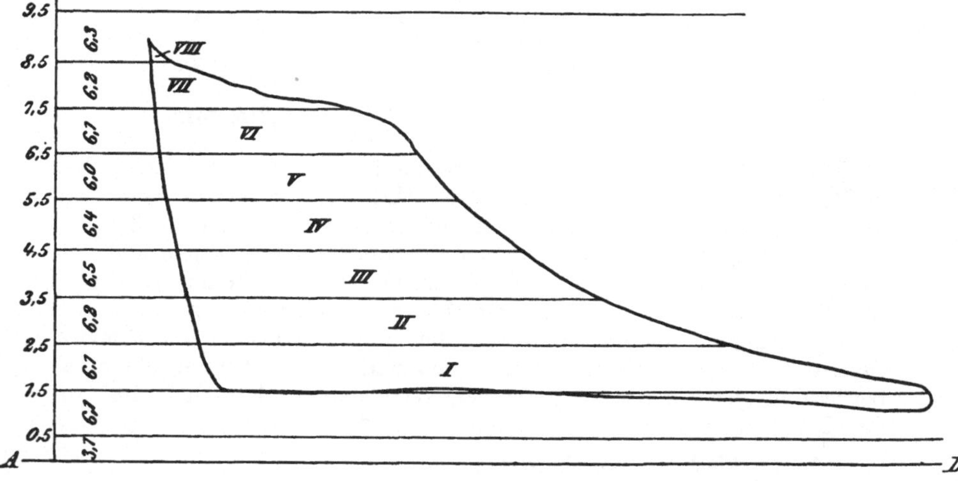

Fig. 171.

Man planimetriert nun jeden einzelnen Streifen, berechnet sich die zugehörige mittlere Höhe (die Länge des vollständigen Diagrammes als Grundlinie genommen) und bestimmt aus dieser mit Hilfe des zu jedem Streifen gehörigen, durch vorangegangene Prüfung festgestellten Federmaßstabes den jedem Streifen entsprechenden mittleren Druck. Dann erhält man die Zahlen der folgenden Tabelle.

Nr. des Feldes	Mittlere Höhe mm	Maßstab mm	Mittlerer Druck kg/qcm
VIII	0,065	6,3	0,010
VII	0,580	6,2	0,093
VI	1,729	6,1	0,283
V	2,029	6,0	0,338
IV	2,512	6,4	0,392
III	2,995	6,5	0,461
II	3,478	6,2	0,560
I	5,507	6,1	0,903
	18,895		3,040

Der mittlere Federmaßstab ist alsdann:

$$\frac{18,895}{3,040} \text{ mm} = \textbf{6,215 mm.}$$

Wie ein Blick auf die Fig. 171 zeigt, sind bei dieser Methode die für die Belastungsintervalle 0—0,5 kg und 0,5—1,5 kg geltenden Einzelmaßstäbe außer acht gelassen, und das mit Recht, denn diese Drücke kommen im Diagramm nicht vor.

2. Methode von Schröter zur Berücksichtigung der Proportionalitätsfehler von Indikatorfedern. In Fig. 172 ist wieder das Diagramm des

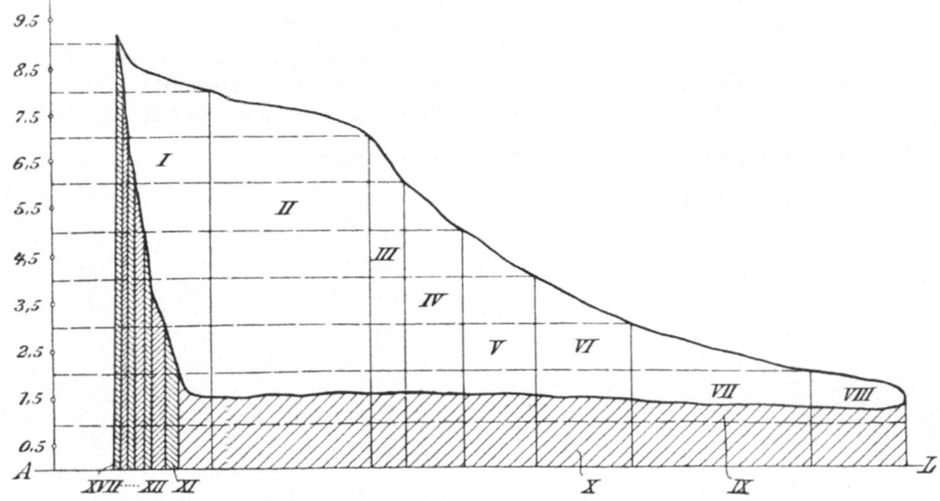

Fig. 172.

Hochdruckzylinders einer stehenden 1500 pferdigen Verbundmaschine mit Corlißsteuerung abgebildet. Die Prüfung der Indikatorfeder hatte für die einzelnen Belastungsintervalle die folgenden, bereits angeführten Maßstäbe ergeben:

Belastungsintervall kg/qcm	0,0 bis 0,5	0,5 bis 1,5	1,5 bis 2,5	2,5 bis 3,5	3,5 bis 4,5	4,5 bis 5,5	5,5 bis 6,5	6,5 bis 7,5	7,5 bis 8,5	8,5 bis 9,5
Maßstab . . . mm	6,2	6,1	6,1	6,2	6,5	6,4	6,0	6,1	6,2	6,3

Auf einer Senkrechten zur Atmosphärenlinie $A L$ trägt man die diesen Belastungsintervallen entsprechenden Maßstäbe auf, wodurch die Punkte 0,5, 1,5, 2,5 . . . 9,5 erhalten werden. Alsdann halbiert man die Abstände dieser Teilpunkte und zieht durch die Halbierungspunkte Parallelen zur Atmosphärenlinie. Von den Schnittpunkten dieser Halbierungslinien mit dem Diagramm fällt man Senkrechten auf die Atmosphärenlinie $A L$. Dadurch wird das Diagramm in eine Anzahl vertikaler Streifen geteilt, die in Fig. 172 mit römischen Ziffern I bis

XVII bezeichnet sind. (Die Ziffern *XIII* bis *XVI* sind des beengten Platzes wegen fortgelassen.) Die außerhalb der Diagrammfläche liegenden Streifen wurden der Deutlichkeit halber schraffiert. Diese Streifen sind **negativ** in Rechnung zu ziehen. Es wird nun jeder Streifen für sich planimetriert und der gefundene Inhalt in ein Rechteck verwandelt, dessen Grundlinie gleich der Länge des ganzen Diagrammes ist (in obigem Beispiele = 103,5 mm).

Die zu dieser Grundlinie gehörige Höhe sei bei den einzelnen Vertikalstreifen mit $h\,(I)$, $h\,(II)$ usw. bis $h\,(XVII)$ bezeichnet. Jede dieser Höhen wird nun durch den zu dem entsprechenden Vertikalstreifen gehörenden Maßstabe dividiert, wodurch man die den einzelnen Streifen entsprechenden mittleren Drücke $p\,(I)$, $p\,(II) \ldots p\,(XVII)$ erhält.

Der Maßstab, der zum Streifen I gehört, ist derjenige, der bei der Prüfung der Feder für die Belastung 8,5 kg gefunden wurde. Zum Streifen VI z. B. gehört der für 3,5 kg Belastungsgewicht gefundene Maßstab. Man findet also diese Maßstäbe aus der Tabelle auf Seite 240, wo sie allgemein mit $\dfrac{h}{g} = m$ bezeichnet sind.

Es wird also:

$$p(I) = \frac{h(I)}{m(I)},$$

$$p(II) = \frac{h(II)}{m(II)},$$

$$\vdots \qquad \vdots$$

$$p(XVII) = \frac{h(XVII)}{m(XVII)}.$$

Man erhält alsdann den **mittleren Druck** des Diagrammes:

$$P = p(I) + p(II) + \cdots + p(XVII)$$
$$= \frac{h(I)}{m(I)} + \frac{h(II)}{m(II)} + \cdots + \frac{h(XVII)}{m(XVII)},$$

allgemein:

$$P = \sum \frac{h}{m}.$$

Es ist aber auch:

$$P = \frac{\text{Mittlere Höhe des ganzen Diagrammes}}{\text{Mittlerer Maßstab des ganzen Diagrammes}} = \frac{H}{M},$$

woraus sich ergibt:

$$\sum \frac{h}{m} = \frac{H}{M},$$

folglich:

$$M = \frac{H}{\sum \dfrac{h}{m}} = \frac{\Sigma h}{\sum \dfrac{h}{m}}.$$

Die folgende Tabelle enthält die Ergebnisse des nach der Methode von Prof. Schröter ausgewerteten Diagrammes in Fig. 172.

Streifen Nr.	Maßstab kg/qcm	Mittlere Höhe h mm	Mittlerer Druck $\dfrac{h}{m}$
I	6,20	6,208	1,001
II	6,20	9,455	1,525
III	6,21	2,196	0,353
IV	6,25	2,292	0,366
V	6,22	2,483	0,399
VI	6,14	2,387	0,388
VII	6,12	3,629	0,593
VIII	6,13	1,146	0,187
IX	6,13	—2,865	—0,467
X	6,20	—5,157	—0,831
XI	6,12	—0,382	—0,062
XII	6,14	—0,286	—0,046
XIII	6,22	—0,382	—0,061
XIV	6,25	—0,286	—0,045
XV	6,21	—0,286	—0,046
XVI	6,20	—0,382	—0,061
XVII	6,20	—0,573	—0,092
		19,197	3,101

Mittlerer Maßstab:

$$M = \frac{\varSigma h}{\sum \dfrac{h}{m}} = \frac{19,197}{3,101} = 6,190.$$

Die beiden vorher besprochenen Methoden der Zerlegung in Horizontal- bzw. Vertikalstreifen bergen den Fehler in sich, daß sie auf der Annahme beruhen, der Federmaßstab eines Streifens gehe plötzlich in denjenigen des benachbarten Streifens über, während es doch sehr wahrscheinlich ist, daß diese Änderung sich allmählich vollzieht. Diesem Umstande trägt die

3. Methode von Schröter-Koob zur Berücksichtigung der Proportionalitätsfehler von Indikatorfedern Rechnung. Man könnte diese Methode auch das Verfahren der Umzeichnung nennen.

Das ausgezogene Diagramm in Fig. 173 sei mit einer Indikatorfeder mit mangelhafter Proportionalität geschrieben, während das punktiert dargestellte Diagramm angenommenerweise mit einer Feder, die vollkommene Proportionalität besitze, aufgenommen sei, und zwar unter genau denselben Verhältnissen in bezug auf Belastung, Dampfspannung usw. wie das ausgezogene Diagramm.

Im ersten Falle hat ein beliebiger Punkt A der Diagrammkurve den Abstand h von der Atmosphärenlinie $A\,L$. Der Federmaßstab für diesen Punkt A sei gemäß der Federprüfungsergebnisse $= m$.

Der Dampfdruck p im Punkte A ist dann:

$$p = \frac{h}{m}$$

Im zweiten Falle hätte der Punkt A die Lage A_1; sein Abstand von der Atmosphärenlinie sei $= h_1$.

Der Dampfdruck im Punkte A_1 fände sich dann zu:

$$p_1 = \frac{h_1}{M_1},$$

wobei M_1 den für das ganze punktierte Diagramm geltenden Federmaßstab bedeutet.

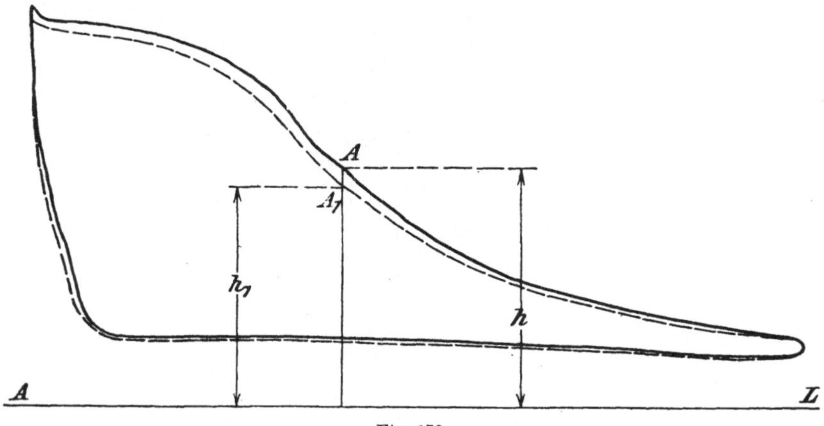

Fig. 173.

Es ist dann:

$$\frac{h}{m} = \frac{h_1}{M_1},$$

folglich:

$$h_1 = M_1 \cdot \frac{h}{m}.$$

Mit Hilfe dieser Gleichung lassen sich für alle jene Punkte des ausgezogenen Diagrammes, deren Federmaßstäbe bekannt resp. durch Prüfung gefunden sind, diejenigen Ordinaten bestimmen, die sich bei Anwendung einer Indikatorfeder mit vollkommener Proportionalität ergeben hätten. Man kann also das vom Indikator geschriebene, aber **verzerrte Diagramm** in das entsprechende **reguläre Diagramm** umzeichnen.

Bezeichnet:

P = mittleren Dampfdruck aus dem verzerrten Diagramm berechnet,

H = mittlere Höhe des verzerrten Diagrammes,

F = Fläche des verzerrten Diagrammes,

M = mittleren Maßstab des verzerrten Diagrammes,

P_1 = mittleren Dampfdruck aus dem regulären Diagramm berechnet,

H_1 = mittlere Höhe des regulären Diagrammes,

F_1 = Fläche des regulären Diagrammes,

M_1 = mittleren Maßstab des regulären Diagrammes,

so ist für das reguläre Diagramm:

mittlerer Dampfdruck $P_1 = \dfrac{H_1}{M_1}$,

für das verzerrte Diagramm ist:

mittlerer Dampfdruck $P = \dfrac{H}{M}$.

M soll nun so bestimmt werden, daß:

$$P = P_1$$

wird, oder

$$\frac{H}{M} = \frac{H_1}{M_1} ,$$

folglich muß

$$M = M_1 \cdot \frac{H}{H_1}$$

sein.

Zur Auffindung von M ist nur nötig, durch Planimetrieren die mittleren Höhen H und H_1 des verzerrten bzw. regulären Diagrammes zu suchen und ihren Quotienten mit demjenigen Maßstabe M_1 zu multiplizieren, welcher der absolut proportionalen Indikatorfeder zukäme.

In Fig. 174 ist das Diagramm des Niederdruckzylinders der schon vorher durch das Hochdruckdiagramm gekennzeichneten 1500 pferdigen Dampfmaschine wiedergegeben. Es ist mit einer Indikatorfeder geschrieben, deren Prüfung folgende Resultate ergab:

Nr.	Druck in kg/qcm	Schreibstifthub in mm	Federmaßstab
1	0,5	12,4	24,8
2	1,0	25,1	25,1
3	0,5	12,2	24,4
4	1,0	24,6	24,6

Das Diagramm soll für einen konstanten Maßstab $M_1 = 24$ mm umgezeichnet werden. Dazu gibt Koob[1]) folgendes Verfahren an:

[1]) Jahrg. 1901 der Zeitschr. d. Bayer. Rev.-Vereins.

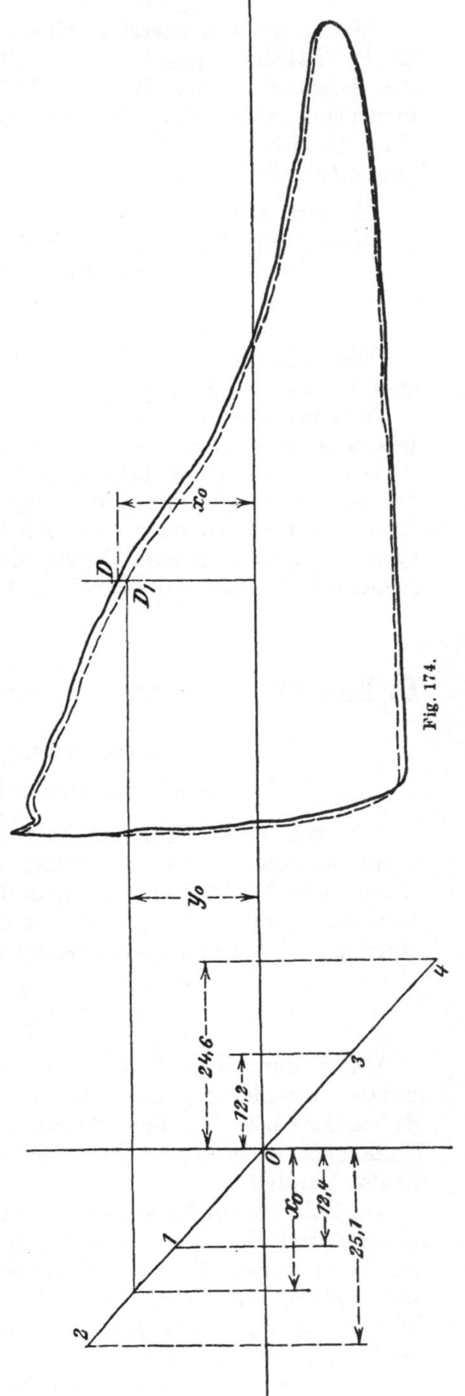

Man trägt sich zuerst in einem Koordinatensysteme (Fig. 174) die in der Tabelle angegebenen Resultate der Federprüfung so auf, daß die Abszissen x den bei der Prüfung gefundenen Schreibstifthüben gleich sind, während die Ordinaten y denjenigen Schreibstifthüben gleich sind, die sich bei der Feder ergeben hätten, wenn letztere vollkommene Proportionalität besessen·hätte (hier also 1 kg/qcm = 24 mm).

Es wird also für den

Punkt 1 die Abszisse $x = 12{,}4$ mm, die Ordinate $y = 0{,}5 \cdot 24 = 12$ mm ,
„ 2 „   „ $x = 25{,}1$ „   „   „ $y = 1{,}0 \cdot 24 = 24$ „
„ 3 „   „ $x = 12{,}2$ „   „   „ $y = 0{,}5 \cdot 24 = 12$ „
„ 4 „   „ $x = 24{,}6$ „   „   „ $y = 1{,}0 \cdot 24 = 24$ „

Die Abszissenachse ist so gewählt, daß sie in die verlängerte Atmosphärenlinie des Diagrammes fällt.

Man verbindet dann die Punkte 1 und 3 einerseits mit den Punkten 2 bzw. 4, anderseits mit dem Koordinatenursprung 0 durch gerade Linien.

Soll nun für einen beliebigen Punkt D des verzerrten Diagrammes der entsprechende Punkt des zugehörigen regulären Diagrammes gefunden werden, so trägt man seine Ordinate x_0 in dem Koordinatensysteme als Abszisse auf. Die zugehörige Ordinate y_0 ist die Ordinate des gesuchten Punktes des regulären Diagrammes.

B. Einrichtungen zur direkten Messung der Nutzleistung.

1. Der Pronysche Zaum.

(Bearbeitet von Diplomingenieur Heermann.)

Die von einer Kraftmaschine abgegebene Leistung ist bestimmt durch die Kraft, die am Umfange einer Scheibe wirkt, welche auf der Hauptwelle der Maschine sitzt, und durch ihre Umdrehungszahl. Bezeichnet P_1 die Umfangskraft, R den Halbmesser der Scheibe, n die minutliche Umdrehungszahl derselben, so beträgt die Leistung:

$$N = P_1 \cdot \frac{2\pi R}{60 \cdot 75} \cdot n \text{ PS}.$$

Um N durch den Versuch zu ermitteln, hat man also P_1 und n zu messen. Die Messung der Umdrehungszahl läßt sich mit Tourenzählern, Hubzählern usw. in sehr einfacher Weise genau bewerkstelligen, die der Umfangskraft ist schon umständlicher, besonders wenn es sich um große Kräfte handelt.

Die Zahl der zur Messung der Umfangskraft dienenden Vorrichtungen ist sehr groß, es soll an dieser Stelle nur die älteste besprochen werden, der Pronysche Zaum. Derselbe ist in Fig. 175 veranschaulicht und besteht aus einem Hebel, der 2 Bremsklötze trägt, die auf eine Scheibe, deren Umfangskraft gemessen werden soll, aufgeklemmt werden. Durch die dabei entstehende Reibung würde sich der Zaum mit der Scheibe mitdrehen. Verhindert man dies, wie in Fig. 175 eingezeichnet, durch eine Wage, so kann man den am Hebelarm l wirkenden Druck P abwägen, der der Reibung am Scheibenumfang das Gleichgewicht hält. Setzt man voraus, daß die Eigengewichtswirkung des Zaumes ausgeglichen sei, so besteht für den Fall der Belastung bei richtig einspielender Wage folgende Gleichgewichtsbeziehung:

$$P_1 \cdot R = P \cdot l$$

$$P_1 = P \cdot \frac{l}{R}.$$

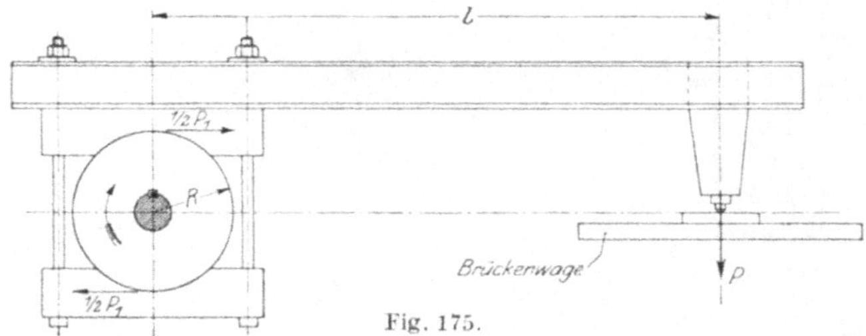

Fig. 175.

Setzt man den letzten Wert in die Gleichung für N ein, so folgt:

$$N = \frac{P \cdot l}{R} \cdot \frac{2R\pi n}{60 \cdot 75}$$

$$N = \frac{2\pi l}{60 \cdot 75} \cdot P \cdot n,$$

da $\dfrac{2\pi l}{60 \cdot 75}$ ein für eine Bremsvorrichtung konstant bleibender Wert ist:

$$N = \text{Const.} \; P \cdot n.$$

2. Bremsvorrichtungen für Dampfturbinen.

a) Die Flüssigkeitsbremse. (Bearbeitet von Dipl.-Ingenieur Heermann.) Die hohen Umdrehungszahlen der Dampfturbinen setzen der Verwendung direkter Reibungsbremsen große Schwierigkeiten entgegen. Man wendet daher in Laboratorien und auf Prüfständen zum Zwecke der direkten Leistungsmessung vielfach eine Bremse an, bei welcher die Flüssigkeitsreibung die Leistungsübertragung zwischen Bremsscheibe und Bremszaum übernimmt.

Das Prinzip einer solchen Flüssigkeitsbremse veranschaulicht Fig. 176. Auf der Welle derselben sitzen die Bremsscheiben S aufgekeilt, ihre Größe und Anzahl richtet sich nach der Größe der abzubremsenden Gesamtleistung. Gleichfalls auf der Welle, jedoch drehbar gelagert, sitzt ein Kammergehäuse G zur Aufnahme der Bremsflüssigkeit. Am Gehäuse sind Wagebalken angeordnet zur Abwägung des übertragenen Drehmomentes für wechselnde Drehrichtung. Die Lagerung der Welle und des Gehäuses kann man sich jedoch etwa in derselben Weise ausgeführt denken, wie bei der nachfolgend beschrie-

benen Leistungswage (Fig. 177). In das Kammergehäuse wird durch
einen Zuflußhahn Wasser geleitet. Zur Regulierung des Wasserabflusses
dienen mehrere Hähne, es wird durch dieselben die im Kammergehäuse
befindliche Wassermenge und damit die Größe der Teilbelastung eingestellt.

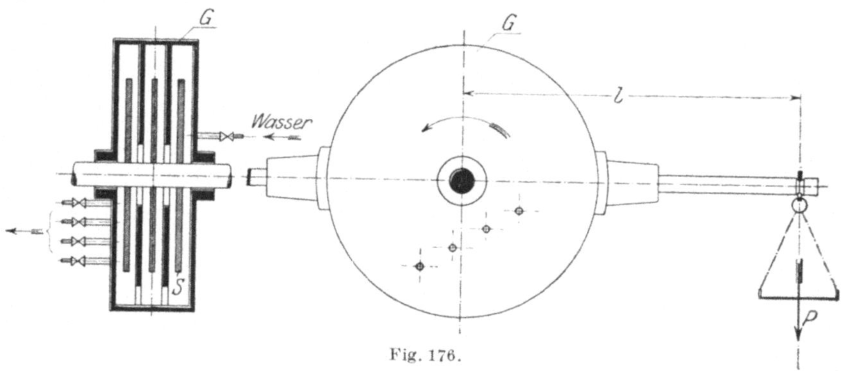

Fig. 176.

Bezeichnet P die Summe der aufgelegten Bremsgewichte in kg,
l den Hebelarm des Wagebalkens in m, n die Umdrehungszahl in der
Minute, so beträgt die abgebremste Leistung:

$$N_e = P \cdot \frac{2\,\pi \cdot l}{60 \cdot 75} \cdot n$$

$$\frac{2\,\pi\,l}{60 \cdot 75} = C$$

$$N_e = C \cdot P \cdot n \ \text{PS.}$$

Die abgebremste Leistung setzt sich in Flüssigkeitswärme um
und muß sich, abzüglich des Betrages der Wärmestrahlung und etwaiger
Verdampfungsverluste, in der Zunahme der Flüssigkeitswärme wieder-
finden. Diese Tatsache kann man zu einer Kontrolle der Bremsung
benutzen. Die Wärmestrahlung wird gering sein, falls Zufluß- und
Abflußtemperatur des Wassers nicht zu viel von der Raumtemperatur
abweichen; es wird dadurch auch eine Verdampfung vermieden. Es
wird allerdings in diesem Falle der Kühlwasserverbrauch ziemlich groß.
Bezeichnet G das stündlich die Wasserkammer durchfließende Wassergewicht, t_e und t_a die Wassertemperaturen am Ein- und Austritt im
Beharrungszustande, so ergibt sich die an das Wasser abgegebene
Leistung aus:

$$N_w \cdot \frac{75 \cdot 3600}{427} = G\,(t_a - t_e)$$

$$N_w = \frac{G\,(t_a - t_e)}{632{,}3} \ \text{PS.}$$

Dieser Wert muß, falls anderweitige Verluste nicht auftreten, mit
N_e insoweit übereinstimmen, als die Bremsleistung in Wasserwärme
übergehen kann, d. h. also abgesehen von der Lagerreibung.

b) Die elektrodynamische Leistungswage. (Bearbeitet von Dipl.-Ingenieur Heermann.) Sehr geeignet zur direkten Leistungsmessung ist ferner das dynamoelektrische Prinzip, und zwar in einer Anwendung, bei der seine Wirkung an Stelle der Reibung tritt und, ähnlich wie bei der Flüssigkeitsbremse das Wasser, nur als Belastungsmittel dient.

Eine nach diesem Prinzip arbeitende Bremse ist die elektrodynamische Leistungswage von Dr. M. Levy, Berlin, deren Anordnung Fig. 177 zeigt. Auf der Welle sitzt der Anker R (Gleichstromanker) aufgekeilt. Das Magnetgehäuse G ist in Kugellagern beweglich gelagert und nimmt die Welle in Ringschmierlagern auf. An demselben sind, für wechselnde Drehrichtung, zwei Wagebalken angebracht, um bei Belastung das vom Anker infolge der dynamoelektrischen Wirkung auf das Magnetgehäuse übertragene Drehmoment abzuwägen, welches der Belastung proportional ist. Das Magnetfeld wird fremd erregt. Die Kugellagerung stellt die Schneiden des Wagebalkens dar und gestattet ein Pendeln des Magnetgehäuses um die Gleichgewichtslage. Es wird bei dieser Konstruktion auch das Lagerreibungsmoment mit abgewogen. Die Elektrizität ist bei dieser Leistungswage nicht das Mittel zur Leistungsmessung, sie kann wohl — in ähnlicher Weise wie die Wasserwärme der vorgenannten Flüssigkeitsbremse — zur Kontrolle der Messung herangezogen werden. Wirkungsgradbestimmungen, wie sie bei indirekter Leistungsmessung durch elektrische Maschinen sonst notwendig sind, kommen also hierbei nicht in Frage, was als ein ganz wesentlicher Vorteil dieser Bremsvorrichtung zu bezeichnen ist. Die erzeugte elektrische

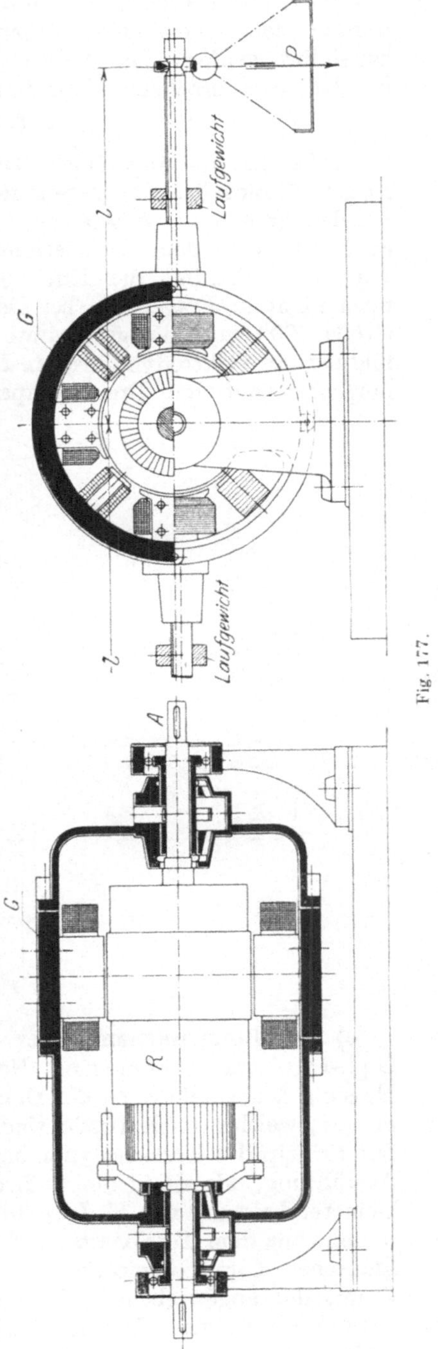

Energie kann entweder in Draht- oder in Wasserwiderständen vernichtet werden, oder einem etwa vorhandenen Gleichstromnetz nutzbringend zugeführt werden. Die Leistung ergibt sich in analoger Weise wie bei der vorbesprochenen Bremse zu:

$$N_e = C \cdot P \cdot n \; \text{PS.}$$

Bisher hat die angeführte Baufirma diese Leistungswagen nur bis zu 250 PS Einzelleistung gebaut für Drehzahlen von 2000 in der Minute bei den größeren, bis 3000 bei kleineren Ausführungen, ferner bisher auch nur nach dem Gleichstromprinzip. Bei diesen Leistungen und Drehzahlen kommt die Leistungswage für Dampfturbinenbremsung noch nicht in Frage. Da bei Dampfturbinen kleinerer und mittlerer Größe 3000 wohl die gangbarste Umdrehungszahl ist, wäre die Ausbildung der elektrodynamischen Leistungswage für diese Drehzahl und möglichst nach dem Drehstromprinzip eine wünschenswerte Lösung.

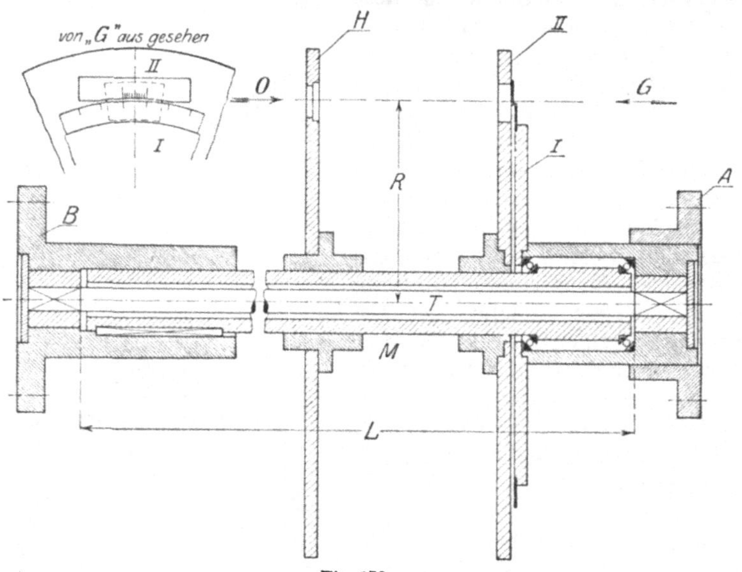

Fig. 178.

c) **Das Torsionsdynamometer von Amsler-Laffon.** (Bearbeitet von Dipl.-Ingenieur Heermann.) Neben der Bremsung benutzt man zur Messung der Nutzleistung der Dampfturbinen das Torsionsdynamometer, welches auch Torsionsindikator genannt wird. Fig. 178 zeigt das Prinzip des Torsionsdynamometers von Amsler-Laffon in einer Ausführung, wie sie in der Z. f. d. ges. Turbw. 1911 (Dampfturbinen kleinerer Leistung von K. Hoefer) beschrieben ist. Das Dynamometer besteht aus dem Torsionsstabe T von der Meßlänge L, welcher in den Flanschen A und B befestigt ist. Der Flansch A wird mit der Turbine, B mit der angetriebenen Maschine verbunden. Das infolge der Belastung übertragene Drehmoment ist direkt proportional dem Verdrehungswinkel des Torsionsstabes. Man benutzt diese einfache Beziehung daher zur Messung des Drehmomentes. Um den Torsionswinkel bequem ablesen zu können, ist mit dem Flansch A die Meßscheibe I, mit dem Flansch B, auf einem Meßrohr M sitzend, die Meßscheibe II verbunden, beide mit Zelluloidskalen zur direkten Ablesung versehen. Eine direkte Ablesung ist infolge der hohen Umdrehungszahl nur mittels einer Hilfsscheibe H möglich, in welcher sich zwei gegenüber angeordnete Schlitze befinden. Beobachtet man von O aus in der Pfeilrichtung, so erhält das Auge jedesmal ein Augenblicksbild des Verdrehungswinkels, wenn Auge, Schlitz in der Scheibe H, Skalen von Scheibe I und II und die Lichtstrahlen einer dahinter befindlichen Glühlampe in eine Richtung fallen. Infolge der großen Schnelligkeit dieser sich wiederholenden Bilder an derselben Beobachtungsstelle erhält das Auge den Eindruck eines ruhenden Bildes, und es kann infolgedessen die Ablesung genau erfolgen.

Bezeichnet:

s den beobachteten Verdrehungsbogen in cm;

R den Radius, auf welchem der Bogen s gemessen wurde in cm;

L die Meßlänge des Torsionsstabes in cm;

d den Durchmesser des Torsionsstabes in cm;

J das polare Trägheitsmoment dieses Stabquerschnittes $J = \dfrac{\pi}{32} \cdot d^4$
   in cm^4;

G den Schubelastizitätsmodul des Stabmaterials in kg/qcm;

M das übertragene Drehmoment in cmkg;

so entspricht dem Bogen s ein Moment von der Größe:

$$M = \frac{G \cdot J}{L \cdot R} \cdot s \text{ cmkg.}$$

In der Regel zieht man es vor, sich vor und nach jedem Versuch Eichkurven des Torsionsdynamometers zu ermitteln. Zu diesem Zweck verdreht man den Stab durch bekannte Drehmomente und beobachtet an den Ableseskalen die dazu gehörigen Bögen s. Man trägt dann die zusammengehörigen Werte von M und s in Kurvenform auf und verwendet die so gewonnenen Kurven zur Auswertung der Leistungsmessung.

d) Der Torsionsindikator von Föttinger. Dieses äußerst sinnreiche Instrument hat das Hooksche Elastizitätsgesetz zur Grundlage, welches folgendes besagt: Wird eine schmiedeeiserne Welle vom Radius R durch ein Moment M verdreht, so ist der Verdrehungsbogen s dem Drehmomente direkt proportional.

Zieht man bei einer Welle zwei im Abstande L liegende Querschnitte in Betracht, und torsiert man diese Welle, so werden zwei ursprünglich parallele Radien sich um einen gewissen Winkel bzw. um einen bestimmten Bogen gegeneinander verschieben, und dieser Bogen wird der Verdrehungsbogen genannt. Seine Beziehung zum torsierenden Momente M ist durch folgende Gleichung gegeben:

$$s = M \cdot \frac{L \cdot R}{G \cdot J}.$$

Hierin bedeutet:

s = Verdrehungsbogen in cm,
M = Drehmoment in cmkg,
R = Länge des zum Bogen s gehörigen Radius in cm,
L = Entfernung der Beobachtungsquerschnitte in cm,
G = Schubelastizitätsmodul des Wellenmaterials in kg/qcm,
J = das polare Trägheitsmoment des Wellenquerschnittes in cm^4, also

$$J = \frac{\pi}{32} \cdot d^4 \,.$$

Wie die in Fig. 179 gegebene schematische Darstellung des Indikators zeigt, besteht derselbe aus einem **Meßrohre, zwei Scheiben, einem Hebelwerk** und einer **Schreibtrommel**.

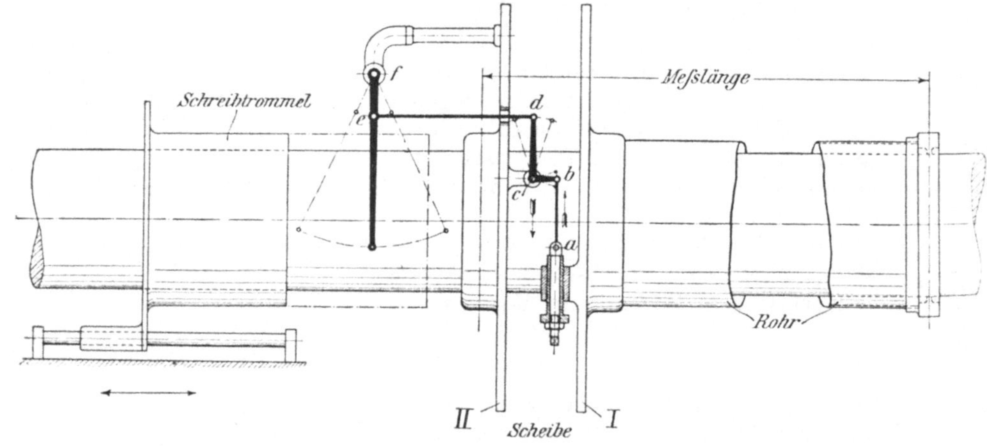

Fig. 179.

Das **Meßrohr**, dessen Länge möglichst groß gewählt wird, sitzt mit seinem rechten Ende fest auf der Turbinenwelle, während das freie, linke Ende die Scheibe I trägt. Dieser gegenüber ist eine gleichgroße Scheibe II direkt auf der Welle festgeklemmt. Da das Meßrohr die Verdrehung, welche die Welle an dem (rechten) Aufklemmquerschnitt erleidet, auf die Scheibe I überträgt, so ist die Größe der Verdrehung der beiden Scheiben I und II gegeneinander ein Maß für die Verwindung der Welle auf die Länge L, also auch ein Maß für die Drehkraft, welche diese Verwindung verursacht. Da die relative Verdrehung der Scheibenumfänge sehr gering ist, so bedient man sich zu ihrer Vergrößerung zweier ungleicharmiger Hebel $a\,b\,c\,d$ und $e\,f$. Der kleine Bogen, um den sich die Scheibenumfänge gegeneinander verdrehen, beträgt ca. 1,5 bis 3 mm; durch die Hebelanordnung wird er auf das 15—30fache vergrößert.

Bezüglich der Ausführung der Schreibtrommel sind zwei verschiedene Konstruktionen typisch: entweder ist die Trommel feststehend (Fig. 179), oder sie rotiert, allerdings mit verminderter Geschwindigkeit, um die

Welle (Fig. 180). Im ersten Falle ist sie auf einem Schlitten in axialer Richtung verschiebbar, so daß man sie zwecks Abnahme des Diagrammblattes und Neuaufziehen eines solchen jederzeit bequem aus dem Bereiche des Schreibstiftes bringen kann. Im zweiten Falle wird die lose auf der Welle sitzende Schreibtrommel durch das Vorgelege $r\,s$ angetrieben, wobei das Übersetzungsverhältnis so gewählt ist, daß die Schreibtrommel sich erst nach 2, 3 oder 4 Wellenumläufen einmal gedreht hat. Die ganze Diagrammlänge umfaßt alsdann die Kurven von ebensoviel Touren. Da das Zahnrad s, und mit ihm die Schreibtrommel auf der Vorgelegswelle verschiebbar ist und von einer auf der Vorgelegswelle aufgekeilten Kupplungsscheibe getrennt werden kann, so ist es nicht schwer, die Schreibtrommel stillzusetzen.

Das Diagramm des Torsionsindikators hat eine Form ähnlich der des Tangentialdruckdiagrammes. Die aus ihm berechnete Leistung ist die effektive.

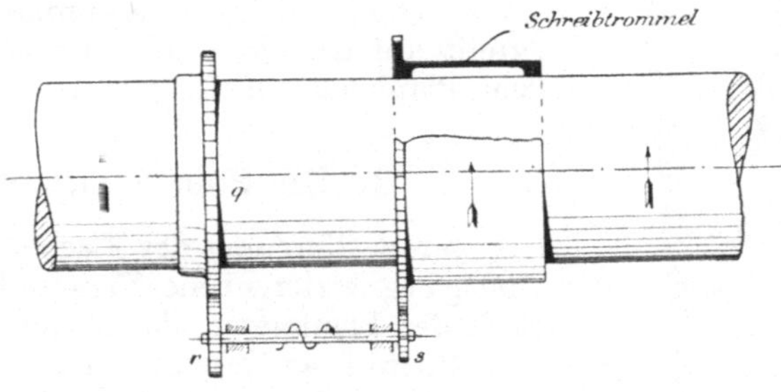

Fig. 180.

Der Torsionsindikator nach Föttinger hat bei der Indizierung großer Schiffsdampfturbinen bereits hervorragende Dienste geleistet, und es ist zu vermuten, daß die ihm zugrundeliegende Meßmethode sich ganz allgemein auf den Maschinenbetrieb ausdehnen läßt.

Die konstruktive Ausbildung des Indikators erheischte die Überwindung vieler, zum Teil nicht unbeträchtlicher Schwierigkeiten; die heute vorliegenden Ausführungsformen lassen an Zuverlässigkeit und Genauigkeit nichts zu wünschen übrig.

Die in neuerer Zeit im Prüffelde der A. E. G., Turbinenfabrik, Berlin, an einer 3000 pferdigen Schiffsturbine vorgenommenen Garantieversuche, bei welchen die Leistung durch eine Wasserbremse und gleichzeitig durch einen zwischen Turbine und Bremse geschalteten Torsionsindikator nach Föttinger gemessen wurde, ergaben bei sechs Versuchen folgende Abweichungen der Torsionspferdestärken von den Bremspferdestärken:

Versuch Nr.	Abweichung in %
1	$+0,29$
2	$+0,07$
3	$\pm0,00$
4	$-0,04$
5	$-0,11$
6	$+0,04$

C. Flächenmeßinstrumente.

Zur Bestimmung des Inhaltes solcher ebenen Flächen, die, weil sie unregelmäßig begrenzt sind, nicht geometrisch berechnet werden können, bedient man sich der Polarplanimeter und des Wildaschen Flächen- und Diagrammessers. Für Dampfdruckdiagramme gibt es zwar ein auf geometrischer Grundlage beruhendes Annäherungsverfahren zur Bestimmung des Flächeninhaltes (siehe Abschnitt: Bestimmung der mittleren Dampfspannung aus dem Dampfdruckdiagramme), doch ist die Anwendung dieses Verfahrens immerhin umständlich, besonders bei der gleichzeitigen Auswertung vieler Diagramme, und man greift auf dasselbe nur dann zurück, wenn ein Planimeter nicht zur Verfügung steht.

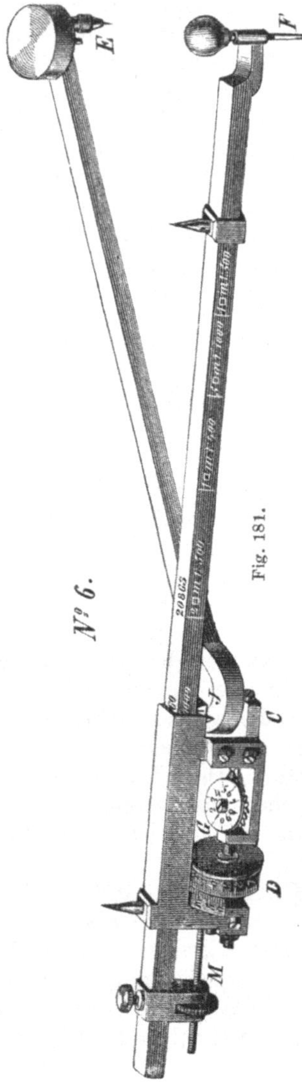

1. Die Polarplanimeter.

Zur Bestimmung des Flächeninhaltes beliebig begrenzter, ebener Figuren bedient man sich der Planimeter, deren einfachste Form die Polarplanimeter sind.

Für maschinentechnische Zwecke werden fast ausschließlich nur letztere benützt, weshalb diese allein hier näher betrachtet werden sollen.

Bei allen Polarplanimetern, gleichgültig welcher Konstruktion sie sind, finden sich folgende Hauptteile (Fig. 181) vor:

Ein längerer Arm, der Fahrarm, welcher an einem Ende einen Metallstift, den Fahrstift F, trägt. Auf dem Fahrarme verschiebbar angeordnet ist eine Metallhülse K (Fig. 182), die zwischen zwei kurzen, nach unten gehenden Armen die Achse einer Rolle D trägt. Der Umfang dieser Rolle (Limbus) ist in 100 gleiche Teile geteilt; links von ihr, auf einem Kreissegmente ist ein rückläufiger Nonius angebracht, der eine Skala von 10 gleichen Teilen trägt, die also in ihrer Summe ebenso groß sind als 9 Teile der Rolle D. Die Achse dieser Rolle ist in der Mitte auf einer kurzen Strecke zur Schnecke ausgebildet, die in ein kleines Schneckenrad eingreift. Auf der Achse des letzteren sitzt die horizontale Zählscheibe G (Fig. 181 und 182), welche in 10 gleiche Teile geteilt ist.

Hat sich die Rolle D um 100 ihrer Teilstriche weiter gedreht, also eine volle Umdrehung ausgeführt, so ist die Zählscheibe G um einen Teilstrich weiter gegangen. Zur Fixierung der Stellungen der Zählscheibe G ist an dem links von ihr hervorragenden Arme ein Index J (Fig. 182) angebracht, während für die Rolle D der Nullpunkt des Nonius als Index gilt.

Die Stellung der Hülse am geteilten Fahrarme wird ebenfalls durch einen Index bestimmt, der sich an der Hülse bei K (Fig. 182) befindet.

Eine Mikrometerschraube M (Fig. 181) ermöglicht eine ganz scharfe Einstellung der Hülse K am Fahrarme.

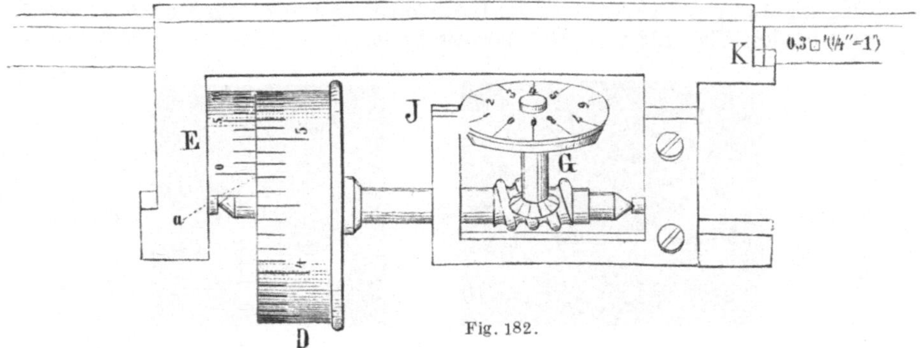

Fig. 182.

In bezug auf die Anordnung des Polarmes I können zwei Typen von Planimetern unterschieden werden: Entweder ist dieser Arm mit einer vertikalen Achse an einem Ende einerseits in der Hülse, anderseits in dem Lappen C (Fig. 181) drehbar angeordnet; dies ist das gewöhnliche Polarplanimeter; oder aber der Polarm bildet einen Teil für sich, der erst beim Gebrauch des Instrumentes mit dem Fahrarm in geeigneter Weise verbunden wird. Dies sind die sog. Kompensationsplanimeter.

Das andere Ende des Polarmes trägt den sog. Pol des Planimeters, welcher ein Nadelpol E (Fig. 181) oder ein Gewichtspol A (Fig. 198) sein kann. Die Fixierung des Instrumentes auf der Zeichenfläche geschieht im ersten Falle durch leichtes Eindrücken der Nadelspitze in das Papier, im letzten Falle dadurch, daß man einen Kugelzapfen K in das Gesenke der Polplatte A legt, die ihrerseits nur mit der durch das Eigengewicht erzeugten Reibung auf der Zeichenfläche haftet. In beiden Fällen ist der Polarm noch durch das kleine Gewicht p zu belasten.

Die mit Kugelpol ausgerüsteten Planimeter haben den schätzenswerten Vorteil, daß sich bei ihnen durch einfaches Verschieben der Polplatte die Meßrolle bequem auf Null einstellen läßt. Die Aufschreibung des Standes der Rolle bei Beginn der Umfahrung fällt damit fort. Bei Planimetern mit Nadelpol müßte zum Zwecke der Einstellung auf Null die Meßrolle von Hand gedreht werden. Um aber ein Rostigwerden des Rollenrandes zu verhindern, soll jede Berührung desselben peinlich vermieden werden. Man wird also bei Instrumenten mit Nadelpol sowohl am Anfange, als wie auch am Ende der Umfahrung eine Ablesung zu machen haben.

Die Lage des Planimeters zu der zu umfahrenden Figur muß so gewählt werden, daß sich die Figur mit dem Fahrstifte bequem umkreisen läßt; dabei soll der Fahrarm, wenn er seine extremsten Stellungen einnimmt, noch nicht am Ende seiner Bewegungsfähigkeit angelangt sein.

Die günstigste Stellung des Planimeters erhält man, wenn man den Fahrstift J annähernd in den Mittelpunkt der fraglichen Figur setzt und den Pol P so einstellt, daß die verlängert gedachte Rollenebene durch den Pol P geht, wie in den Fig. 183 und 184 dargestellt ist.

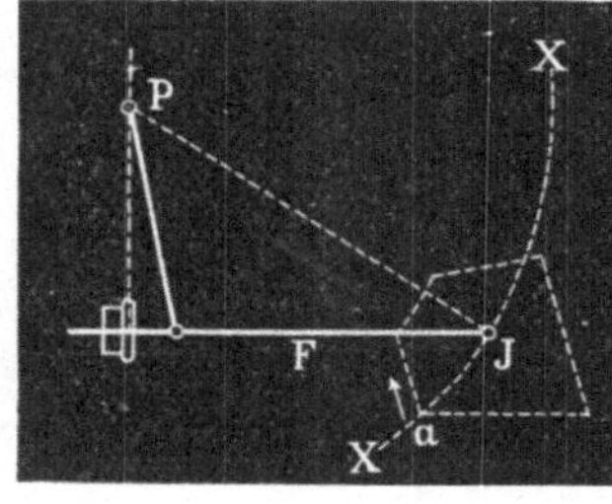

Fig. 183.

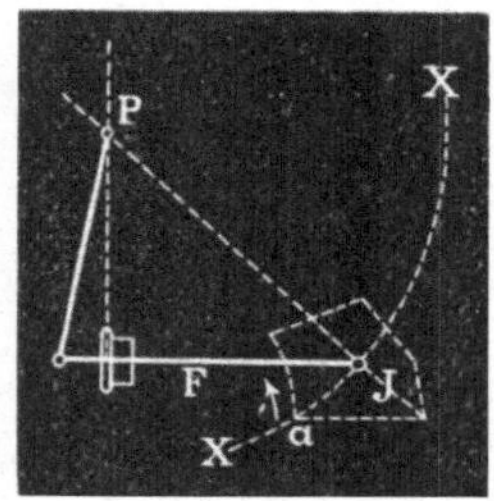

Fig. 184.

Zum Verständnis der Arbeitsweise des Polarplanimeters führen zwei Sätze, die wie folgt lauten:

1. Umfährt man mit dem Fahrstifte F eines Polarplanimeters eine geschlossene, ebene Figur, so ist die algebraische Summe aller Flächenteile, die zwischen zwei aufeinanderfolgenden Stellungen des Fahrarmes liegen, gleich dem Flächeninhalte der vom Fahrstifte F umfahrenen, geschlossenen Figur.

2. Umfährt man mit dem Fahrstifte F eines Polarplanimeters eine geschlossene, ebene Figur, so ist die algebraische Summe aller Flächenteile, die zwischen je zwei aufeinanderfolgenden Stellungen des Fahrarmes liegen, durch die algebraische Summe aller Abwicklungen der Rolle D (Fig. 182) direkt bestimmt.

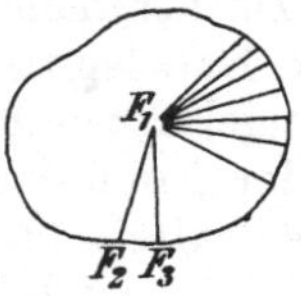

Der erste dieser beiden Sätze ist am einfachsten auf graphischem Wege bewiesen.

Jede geschlossene, ebene Figur läßt sich leicht in eine große Anzahl kleiner Dreiecke zerlegen, indem man z. B. von einem Punkte F_1 (Fig. 185) innerhalb der Figur Strahlen, eng aneinanderliegend, nach dem Umfange der Figur zieht. ($F_1 F_2$, $F_1 F_3$ usw. in Fig. 185.)

Fig. 185.

Es sei $F_1 F_2 F_3$ (Fig. 186) ein auf diese Weise entstandenes Dreieck, welches vom Fahrstifte F des Planimeters in der Richtung $F_1 - F_2 - F_3$ umfahren werde. E (Fig. 186) sei der Pol des Planimeters. Alsdann ist $I F_1$ die Anfangsstellung des Fahrarmes. Ist der

Fahrstift nach F_2 gekommen, so nimmt der Fahrarm die Stellung $II\,F_2$ ein, und die Fläche, die zwischen dieser Stellung und der Anfangsstellung liegt, ist die mit vollen Strichen schraffierte $F_1\,F_2\,II\,I$.

Der Fahrstift gelangt auf seinem weiteren Wege nach F_3, der Fahrarm hat jetzt die Stellung $F_3\,III$ und zwischen dieser und der vorhergehenden Stellung liegt die Fläche $F_2\,F_3\,III\,II$, welche punktiert schraffiert ist.

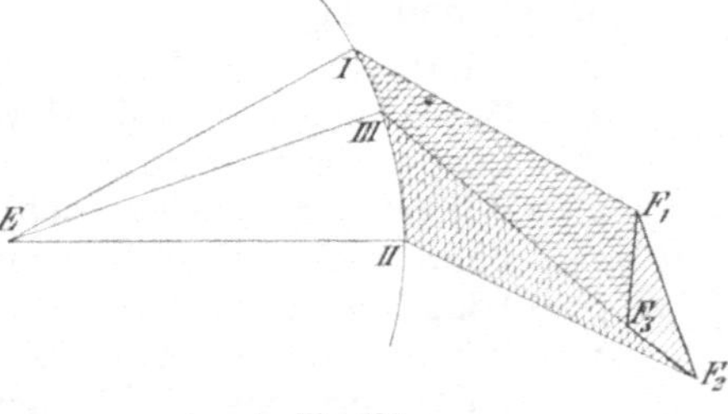

Fig. 186.

Geht endlich der Fahrstift von F_3 nach seiner Anfangsstellung F_1 zurück, so liegt zwischen den beiden letzten Stellungen des Fahrarmes die in Fig. 186 mit Strichpunkt schraffierte Fläche $F_1\,F_3\,III\,I$.

Ein zwischen zwei benachbarten Fahrarmstellungen liegender Flächenteil ist nur dann als positiv anzusehen, wenn die zweite Stellung des Fahrarmes rechts von der ersten Stellung desselben liegt, vorausgesetzt, daß man von der Drehachse des Fahrarmes in der Richtung gegen den Fahrstift sieht.

Im vorliegenden Falle (Fig. 186) ist also nur die mit vollen Strichen schraffierte Fläche positiv, während sowohl die strichpunktierte, als auch die mit punktierten Linien schraffierte Fläche negativ ist.

Bei der Summierung sämtlicher Flächenteile wird durch die negativen Flächen ein Teil der positiven Fläche (nämlich der mit zwei Strichlagen schraffierte) zu Null gemacht, und zwar so viel, daß nur noch die Dreiecksfläche $F_1\,F_2\,F_3$ als positiv übrigbleibt. In der Fig. 186 sind also die doppelt schraffierten Flächenteile als Null zu betrachten; als positiver Rest bleibt nur noch die einfach schraffierte Dreiecksfläche.

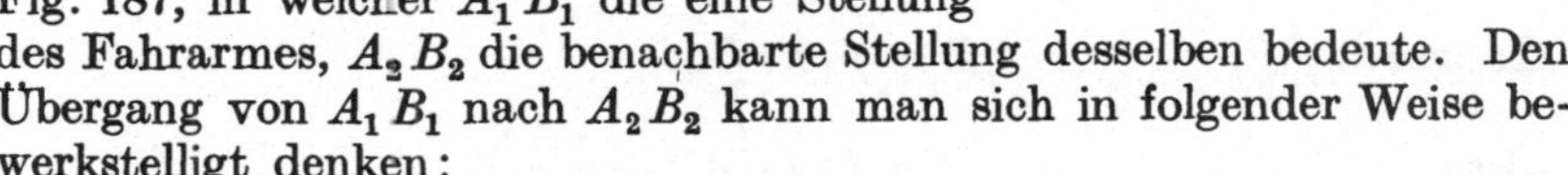

Fig. 187.

Zum Beweise des zweiten Satzes diene Fig. 187, in welcher $A_1\,B_1$ die eine Stellung des Fahrarmes, $A_2\,B_2$ die benachbarte Stellung desselben bedeute. Den Übergang von $A_1\,B_1$ nach $A_2\,B_2$ kann man sich in folgender Weise bewerkstelligt denken:

Der Fahrarm wird zuerst in der Richtung seiner Geraden verschoben und gelangt also von $A_1\,B_1$ nach $A_1'\,B_1'$. Hierbei hat eine Drehung der mit dem Fahrarme verbundenen Rolle D nicht stattgefunden, die Rolle D hat nur eine Gleitbewegung ausgeführt. — Hierauf wird der Fahrarm parallel mit sich selbst so weit verschoben, daß er in die Stellung $A_2'\,B_2'$ kommt; dabei war die Lage $A_1'\,B_1'$ so gewählt, daß $A_1'\,A_2'$ und also auch $B_1'\,B_2'$ senkrecht auf $A_2'\,B_2'$ stehe.

Bei dieser Parallelverschiebung wird die Rolle D nur eine drehende

17*

Bewegung ausführen, und zwar wird sie sich um einen Bogen abwälzen, der gleich der Höhe h des Parallelogramms $A_1 B_1 B_2' A_2'$ ist.

Um von $A_2' B_2'$ nach $A_2 B_2$ zu gelangen, muß der Fahrarm einen Kreissektor $A_2 B_2' B_2$ bestreichen, wobei die Rolle D ebenfalls nur eine drehende Bewegung ausführen wird.

Es sei nun (Fig. 187):

$r =$ Radius der Rolle D,

$e =$ Entfernung der Rolle D von der Drehachse des Fahrarmes,

$f =$ Länge des Fahrarmes,

$\beta =$ Winkel, um welchen sich die Rolle D bei der Bewegung des Fahrarmes von $A_1' B_1'$ nach $A_2' B_2'$ dreht,

$r \cdot \beta =$ Länge des hierbei von der Rolle D abgewickelten Bogens,

$\gamma =$ Winkel, um welchen sich die Rolle D bei der Bewegung des Fahrarmes von $A_2' B_2'$ nach $A_2 B_2$ dreht,

$r \cdot \gamma =$ Länge des hierbei von der Rolle D abgewickelten Bogens;

so ist:

$$h = r \cdot \beta \quad (\beta \text{ mit Hilfe von } r \text{ ausgedrückt}),$$

folglich ist der Inhalt des Parallelogramms:

$$A_1 B_1 B_2' A_2' = f \cdot h = f \cdot r \cdot \beta = P \,.$$

Der Inhalt des Sektors:

$$A_2' B_2' B_2 = \tfrac{1}{2} f^2 \alpha = S \quad (\alpha \text{ im Bogenmaße ausgedrückt}).$$

Ferner ist aber:

$$r \cdot \gamma = e \cdot \alpha \,,$$

folglich:

$$\gamma = \frac{e \cdot \alpha}{r} \,.$$

Geht der Fahrarm aus der Stellung $A_1 B_1$ in die Stellung $A_2 B_2$ über, bestreicht er also die Fläche $(P + S)$, so hat sich die Rolle D um den Winkel δ gedreht; es ist demnach:

$$\delta = \beta + \gamma \,,$$

$$\delta = \beta + \frac{e \cdot \alpha}{r}$$

oder:

$$\beta = \delta - \frac{e \cdot \alpha}{r} \,.$$

Es war:

$$P = f \cdot r \cdot \beta \,.$$

also:

$$P = f \cdot r \cdot \left(\delta - \frac{e \cdot \alpha}{r} \right)$$

oder:

$$P = f \cdot r \cdot \delta - f \cdot e \cdot \alpha \,.$$

Ferner war:

$$S = \tfrac{1}{2} f^2 \alpha$$

also:

$$P + S = f \cdot r \cdot \delta - f \cdot e \cdot \alpha + \tfrac{1}{2} f^2 \cdot \alpha$$

oder:

$$P + S = f \cdot r \cdot \delta + \tfrac{1}{2} \alpha \cdot (f^2 - 2 f \cdot e) \,.$$

In Wirklichkeit beschreibt der Fahrarm eine große Anzahl solcher Parallelogramme P und Sektoren S, so daß die Summe aller bestrichenen Flächenteile sein wird:

$$\Sigma(P + S) = f \cdot r \cdot \Sigma\delta + \tfrac{1}{2}\Sigma \cdot \alpha \cdot (f^2 - 2f \cdot e)\,.$$

Ist nach dem Umfahren einer geschlossenen Figur der Fahrarm wieder in seine Anfangsstellung zurückgekehrt, so ist offenbar die Summe aller Drehungswinkel der Rolle

1. $\Sigma\alpha = 0$, wenn der Pol außerhalb der umfahrenen Figur liegt.
2. $\Sigma\alpha = 2\pi$, wenn der Pol innerhalb der umfahrenen Figur liegt.

Im ersten Falle wird also:

$$\Sigma(P + S) = f \cdot r \cdot \Sigma\delta = c \cdot \Sigma\delta\,.$$

Im zweiten Falle:

$$\Sigma(P + S) = f \cdot r \cdot \Sigma\delta + \pi \cdot (f^2 - 2f \cdot e) = c \cdot \Sigma\delta + c'\,.$$

Hiermit ist also bewiesen, daß die vom Fahrarme eines Polarplanimeters beim Umfahren einer geschlossenen, ebenen Figur bestrichene Fläche, gleichgültig ob der Pol des Instrumentes innerhalb oder außerhalb der umfahrenen Figur liegt, durch die Größe der Abwälzung der Rolle D bestimmt ist, denn sowohl c als auch c' in obigen Formeln sind Größen, welche lediglich von den Dimensionen des Planimeters abhängen, es sind also Konstanten.

Da aber die Summe der vom Fahrarme bestrichenen Flächenteile gleich der Fläche der umfahrenen Figur ist, so ist letztere unter Zuhilfenahme einer Konstanten einfach durch die algebraische Summe aller Umdrehungen der Rolle D bestimmt, die daher den Namen Meßrolle führt.

Wenn möglich, soll man das Umfahren einer Figur mit innenliegendem Pole vermeiden. Es ist daher zu empfehlen, größere Figuren in mehrere kleine zu zerlegen, und diese für sich mit außenliegendem Pole zu planimetrieren.

Die Größe der Abwälzung der Meßrolle D kann mit Hilfe des Nonius leicht bis auf Tausendstelteile des Rollenumfanges geschehen. Die Zählscheibe G gibt die ganzen Umdrehungen von D an, die Teilung des Rollenumfanges die Zehntel- und Hundertstel- und der Nonius die Tausendstelumdrehungen. Jede Rollenablesung ergibt also eine vierstellige Zahl. In Fig. 182 ist z. B. die Ablesung von Zählscheibe, Rolle und Nonius = 1473, denn:

> der feste Index J steht zwischen dem 1. und 2. Teilstriche der Zählscheibe; es ist also vom Nullpunkte der Rolle D aus erst eine volle (oder tausend Tausendstelumdrehungen) Rollenumdrehung gemacht worden.

Als erste Zahl der Ablesung ergibt sich also: 1000

Der Nullpunkt des Nonius steht zwischen den Ziffern 4 und 5 der Rolle; es sind also vom Nullpunkte der Rolle aus erst volle 4 Hundertstel abgewickelt worden.

———

1000

Übertrag: 1000

Die zweite Zahl der Ablesung heißt also: 400
Von den zwischen 4 und 5 liegenden Zehnerteilstrichen der Rolle
hat der siebente den Nullpunkt des Nonius passiert;

     dies ergibt als dritte Zahl der Ablesung: 70
Von den Teilstrichen des Nonius korrespondiert der dritte mit
einem Striche der Rollenteilung ($\alpha = 3$),

     so daß die letzte Zahl der Ablesung lautet: 3

Die volle Rollenablesung ist also: 1473

Da im Antriebe der Zählscheibe G in geringem Maße toter Gang vorhanden ist (wegen der Leichtigkeit der Bewegung), so steht nicht immer — wenn der Nullstrich der Meßrolle D mit dem Nullstriche des Nonius korrespondiert — ein Teilstrich der Zählscheibe gerade dem festen Index gegenüber; doch sind Zweifel bezüglich der Ablesung hierbei ausgeschlossen. Man bewegt in diesem Falle die Zählscheibe leicht mit dem Finger so viel hin und her, als ihr Spielraum gestattet und ersieht dann sofort aus der mittleren Stellung des Index, welcher Teilstrich der Zählscheibe als erste Ziffer der Ablesung genommen werden muß

Die einfachsten, besten und daher in der Praxis am weitesten verbreiteten Polarplanimeter sind das Amslersche, das Ottsche und das Coradische Planimeter.

Das Amslersche Polarplanimeter.

Für maschinentechnische Zwecke wird von den verschiedenen Amslerschen Polarplanimetern am häufigsten die Ausführung Nr. VI (großes Modell) benützt. Dieselbe ist in Fig. 181 abgebildet.

Auf dem Fahrarme dieses Planimeters sind folgende Marken angebracht:

0,1 □ cm	200 □ cm 1 : 50	100 □ cm 1 : 40	0,05 □ cm	100 □ cm 1: 50
40 □ cm 1 : 20	50 □ cm 1 : 25		500 □ cm 1 : 100	

Soll nun z. B. in einem Plane, der im Verhältnis von 1 : 100 gezeichnet ist, die wirkliche Größe einer durch eine unregelmäßige Kurve begrenzten Fläche bestimmt werden, so stellt man die Hülse K (Fig. 182) so auf dem Fahrarme ein, daß der Index K (Fig. 182) mit derjenigen Strichmarke auf dem Fahrarme zusammenfällt, hinter welcher der Maßstab 1 : 100 angegeben ist. Hierauf stellt man das Planimeter auf die horizontal gelagerte Zeichnung, drückt den Pol, also die Nadelspitze E, leicht in das Papier außerhalb der Figur, an beliebiger Stelle, aber so, daß man die Figur bequem mit dem Fahrstifte F umfahren kann, also unter Beachtung der zu Anfang dieses Kapitels gegebenen Regel, und beschwert den Pol mit dem dem Instrumente beigegebenen Gewichtchen.

Der Fahrstift wird nun auf einen zu markierenden Punkt der Figur gesetzt, und der Stand der Rolle D und der Zählscheibe G abgelesen. Hierbei ergebe sich beispielsweise die Zahl 1324. Die Teilungen der Rolle, des Nonius und des Zählscheibchens sind auf weißes Zelluloid aufgetragen.

Es ist vielfach üblich, vor Beginn des Umfahrens die Zählscheibe G und die Rolle D auf Null einzustellen, doch ist dies unnötig und auch nicht zu empfehlen, weil hierbei ein Anfassen der Meßrolle unvermeidlich ist. Jede Berührung des stählernen Meßrollenrandes mit der bloßen Hand soll aber wegen der damit verbundenen Anrostungen unterlassen werden.

Nunmehr umkreist man mit dem Fahrstifte F von links nach rechts, also im Sinne des Zeigers der Uhr die Figur bis der Fahrstift wieder in seiner Anfangsstellung angelangt ist. Alsdann wird abermals der Stand der Rolle D und des Zählscheibchens G abgelesen, wobei sich die Zahl 2658 ergeben mag.

Es war also:

$$
\begin{array}{lr}
\text{zweite Ablesung} & 2658 \\
\text{erste Ablesung} & \underline{1324} \\
\text{Differenz} & 1334
\end{array}
$$

Um nun den gesuchten Flächeninhalt zu finden, multipliziert man diese Differenz mit demjenigen Faktor, der auf dem Fahrarme rechts von dem zu $1:100$ gehörigen Teilstriche angegeben ist, also in diesem Falle mit 500 qcm.

$$
\begin{aligned}
\text{Gesuchte Fläche} &= 1334 \cdot 500 \text{ qcm} \\
&= 667\,000 \text{ qcm.}
\end{aligned}
$$

Wäre der Plan im Verhältnisse $1:50$ gezeichnet gewesen, so findet man auf dem Fahrarme zwei zugehörige Marken. Man wählt hiervon diejenige Einstellung, die den kürzesten Fahrarm ergibt, aber doch gestattet, daß man die Figur bei außen liegendem Pole umfahren kann. Es ist dies der mit

$$
\begin{aligned}
&200 \text{ qcm } 1:50 \\
&50 \text{ qcm } 1:25 \text{ bezeichnete Teilstrich.}
\end{aligned}
$$

Es sei:

$$
\begin{array}{lr}
\text{zweite Ablesung} & 4009 \\
\text{erste Ablesung} & \underline{0674} \\
\text{Differenz} & 3335
\end{array}
$$

$$
\begin{aligned}
\text{Gesuchte Fläche} &= 3335 \cdot 200 \text{ qcm} \\
&= 667\,000 \text{ qcm.}
\end{aligned}
$$

Wäre in dem ersten Falle, wo der Plan im Verhältnis von $1:100$ gezeichnet war, die erste Rollenablesung z. B. 8976 gewesen, so hätte sich als zweite Ablesung 0310 ergeben. Dies muß natürlich zu 10 310 ergänzt werden. Dann ist wieder die Differenz der Rollenablesungen:

$$
10\,310 - 8976 = 1334 \, .
$$

Liegt die zu bestimmende Figur in natürlicher Größe vor, was beispielsweise bei Dampfdruckdiagrammen stets der Fall ist, so ist die Hülse des Planimeters auf jenen Teilstrich des Fahrarmes einzustellen, hinter welchem ein besonderer Maßstab nicht angegeben ist, also entweder auf den Teilstrich 0,1 qcm oder auf den Teilstrich 0,05 qcm.

Die Differenz der Rollenablesungen ist mit 0,1 qcm resp. 0,05 qcm zu multiplizieren, um den wahren Flächeninhalt der umfahrenen Figur in qcm zu erhalten. Dividiert man diesen Inhalt durch die Länge des Diagramms, so erhält man dessen **mittlere Höhe in cm**. Berücksichtigt man endlich noch den Maßstab der Indikatorfeder, mit welcher das planimetrierte Diagramm erzeugt wurde, so ist der dem Diagramme entsprechende mittlere spezifische Dampfdruck bestimmt.

Betrachtet man die allgemeine Formel, welche für die Berechnung einer beliebigen, vom Polarplanimeter umfahrenen ebenen Fläche gefunden wurde, und welche für außen liegenden Pol lautete:

$$\Sigma(P + S) = f \cdot r \cdot \Sigma \delta,$$

so läßt sich die **mittlere Diagrammhöhe noch einfacher bestimmen**.

Der Flächeninhalt $\Sigma(P + S)$ erscheint als Rechteck, dessen eine Seite gleich der Länge f des Fahrarmes ist, während die andere Seite durch die Länge der Gesamtrollenabwicklung $r \Sigma \delta$ gebildet wird. Stellt man also den Fahrarm des Planimeters so ein, daß seine Länge (zwischen dem Fahrstifte F und der Gelenkachse C (Fig. 181) gleich der Diagrammlänge ist, so ist die algebraische Summe der Rollenabwälzungen $\Sigma \delta$ direkt ein Maß für die mittlere Diagrammhöhe.

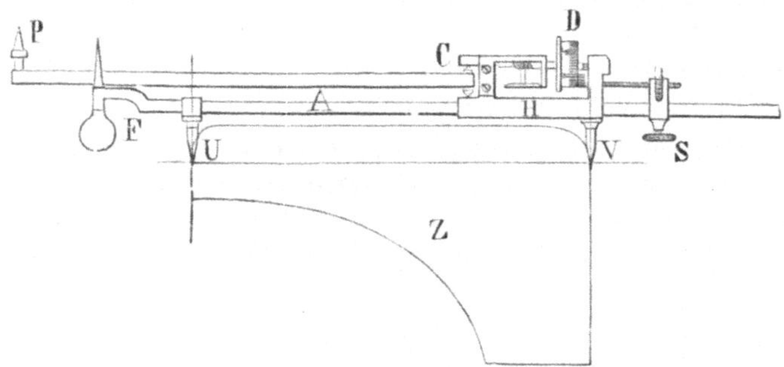

Fig. 188.

Um letztere in Millimeter zu erhalten, ist $\Sigma \delta$ unter Berücksichtigung der Größe des Rollenradius r noch mit einem **konstanten Faktor** zu multiplizieren. Dieser wird von Amsler jedem Instrumente beigegeben. Er ist für das Planimeter Nr. VI = 0,06.

Um den Fahrarm scharf auf die Diagrammlänge einstellen zu können, trägt das Planimeter Nr. VI zwei Stahlspitzen (Fig. 188), von denen die eine Spitze U fest mit dem Fahrarme F und die andere Spitze V mit der Hülse H verbunden ist. Die Entfernung dieser beiden Spitzen muß nun gleich der Länge des Diagrammes gemacht werden. Zu diesem Zwecke kehrt man das zusammengeklappte Instrument um, so daß die beiden Spitzen nach unten, gegen das Diagrammblatt gerichtet sind; dann setzt man die Spitze U fest auf das eine Ende des Diagrammes, löst die Schraube S, verschiebt die Hülse H und damit die Spitze V so lange, bis letztere auf das andere Ende des Diagrammes trifft; dann stellt man S fest und kann mittels der Mikrometerschraube M (Fig. 181) die genaue Einstellung von V bewerkstelligen. Dann kehrt man das Instrument wieder um, setzt es in der gewöhnlichen Weise auf eine geeignete Unterlage und umfährt, wie schon angegeben, das Diagramm.

Die Teilstriche auf dem Fahrarme kommen bei dieser Art der Messung nicht in Betracht:

Es sei z. B:

$$\begin{aligned}\text{zweite Ablesung} &\ldots\ldots\ldots\ 2307\\ \text{erste Ablesung} &\ldots\ldots\ldots\ 1996\\ \hline \text{Differenz} &\quad 311\end{aligned}$$

Dann ist die **mittlere Diagrammhöhe** $= 0,06 \cdot 311$ mm
$= 18,66$ mm.

Um daraus den mittleren Dampfdruck im Zylinder der Dampfmaschine zu finden, muß man, wie schon erwähnt, den Maßstab der Indikatorfeder kennen.

Entsprechen z. B. 10 mm der Diagrammhöhe einem Dampfdrucke von 1 kg pro 1 qcm, so ist der dem planimetrierten Diagramm entsprechende

$$\textbf{mittlere Dampfdruck} = \frac{18,66 \text{ mm}}{10 \text{ mm}} \cdot 1 \text{ kg/qcm} = 1,866 \text{ kg/qcm}.$$

Zur raschen Auffindung des 0,06fachen Betrages der beim Planimetrieren von Dampfdruckdiagrammen gewöhnlich vorkommenden Rollenablesungsdifferenzen dient die Tabelle im Anhange.

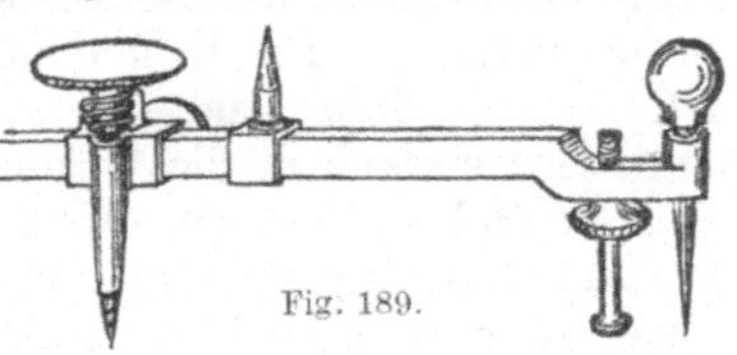

Fig. 189.

Für vorstehendes Beispiel, wo die Differenz der Rollenablesungen 311 war, findet sich in der Horizontalreihe der Zahl 31 in Spalte 1 das 0,06fache von 311 angegeben zu 18,66.

Für alle Diagramme gleicher Länge ist die Einstellung des Fahrarmes in seiner Hülse dieselbe; man hat daher für eine Reihe gleichlanger Diagramme die Einstellung nur einmal zu machen. In diesem Falle kommt die von Amsler seinem Planimeter auf Wunsch beigegebene Hebeschraube (Fig. 189) der Einfachheit der Manipulation sehr zustatten. Während des Umfahrens eines Diagrammes wird die Hebeschraube etwas in die Höhe geschraubt, so daß ihre Spitze die Papierfläche nicht berührt. Ist das Diagramm umfahren, so schraubt man die Hebeschraube etwas nach unten. Dabei drückt ihre Spitze gegen die Papierfläche und hebt dadurch den Fahrstift vom Diagrammblatte ab. Man zieht dann das Diagrammblatt unter dem Fahrstifte hervor, ohne dessen Stellung zu ändern und schiebt ein neues Diagrammblatt an Stelle des gemessenen, worauf man den Fahrstift wieder senkt und die Messung des neuen Diagrammes beginnt. Beim vorsichtigen Heben und Senken des Fahrstiftes wird an der Stellung der Meßrolle nichts geändert, so daß die Ablesung nach dem Umfahren eines Diagrammes als Anfangsablesung für das folgende Diagramm benutzt werden kann. Man hat also bei Anwendung der Hebeschraube nur halb so viele Rollenablesungen zu machen als ohne dieselbe.

Die Coradischen Polarplanimeter.

Von den mehrfachen **Coradischen** Planimeterkonstruktionen sei hier — weil besonders für die Bestimmung der mittleren Diagramm-

höhen am geeignetsten — das **Kompensationspolarplanimeter**
und das **Präzisionsscheibenplanimeter** beschrieben.

1. Das Kompensationspolarplanimeter. Dieses Kompensationsplanimeter unterscheidet sich von den bisher beschriebenen Planimetern
durch die Konstruktion der Verbindung des Polararmes P mit dem
Fahrarme A (Fig. 190). Diese erfolgt nicht durch eine stets mit dem

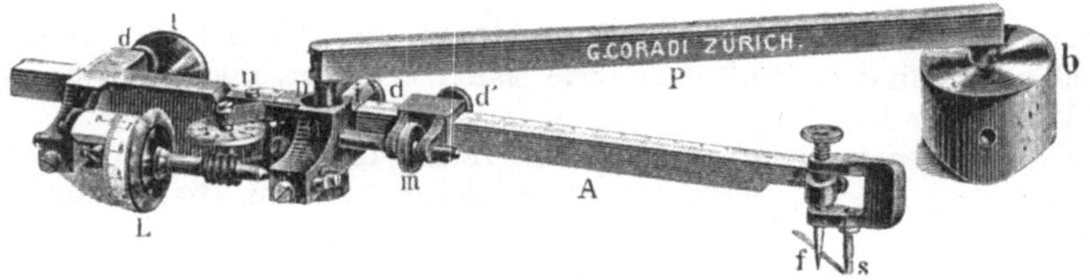

Fig. 190.

Fahrarme in Zusammenhang bleibende Achse, sondern wird durch ein
Kugelgelenk bewirkt, welches lösbar ist und sich in der Hülse des Fahrarmes befindet. Die Kugel, welche aus Stahl gefertigt und fein poliert
ist, ist mit dem linken Ende des Polarmes P (Fig. 190) verbunden
und wird einfach in die Öffnung D an der Fahrarmhülse eingelegt.

Der Pol wird durch einen am rechten Ende des Polarmes P eingeschraubten Messingzylinder b gebildet, dessen untere Fläche nicht
eben, sondern giebelartig geformt ist, so daß eine zum Polarme rechtwinklig stehende Kante entsteht, um welche sich derselbe so weit senken
kann, daß sein linksseitiges Ende, die Kugel, sicher im Kugelgelenke D
der Fahrarmhülse ruht. Unten, in der Achse des Messingzylinders b
steckt ein kleiner Stahlstift, welcher durch eine Druckschraube gehalten
wird. Beide Enden dieses Stiftes sind zu feinen Spitzen ausgebildet,
von denen die untere nur ganz wenig über die Giebelkante des Messingzylinders b vorsteht. Zur Fixierung des Poles genügt es schon, diese
Spitze leicht auf das Papier aufzusetzen.

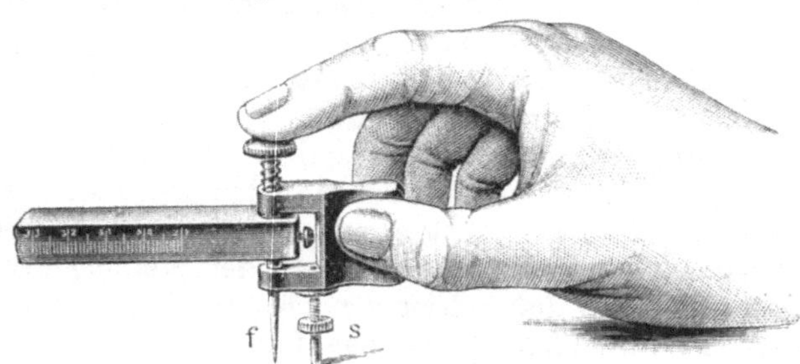

Fig. 191.

Der Fahrarm A trägt eine sehr einfache Einrichtung (Fig. 191)
zur bequemen Handhabung des Fahrstiftes. Neben dem Fahrstifte f
befindet sich ein drehbarer Flügelgriff b nebst Stütze s, welche mit Hilfe
einer Schraube so reguliert werden kann, daß die Spitze des Fahr-

stiftes *f* sich knapp über dem Papiere befindet, ohne es indessen zu berühren. Die Spitze des Fahrstiftes kann infolgedessen scharf sein und gestattet, die Umrisse einer Figur genau nachzufahren, indem sich die Stütze um den Fahrstift dreht. Durch leichten Druck auf den Kopf des Fahrstiftes kann dessen Spitze jederzeit in das Papier gedrückt werden.

Zur Einstellung des mit Millimeterteilung versehenen Fahrarmes *A* in der Hülse dient ein an letzterer befestigter Nonius. Ein Mikrometerwerk *m* ermöglicht leicht, den Fahrarm ganz scharf auf eine bestimmte Länge einzustellen; so ist z. B. die in

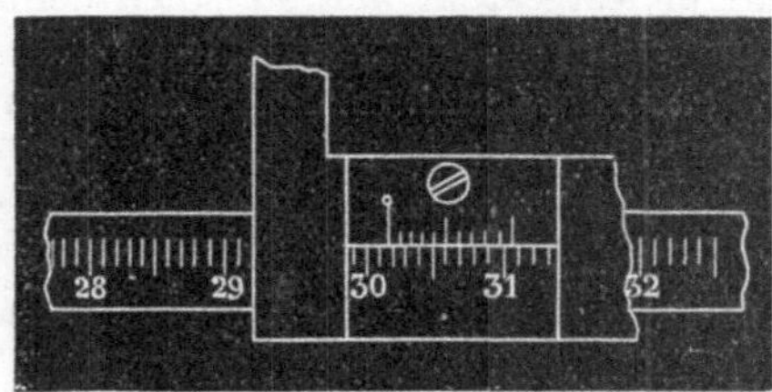

Fig. 192.

Fig. 192 gezeichnete Stellung des Nonius am Fahrarme durch die Ablesung 301,6 gegeben.

Die beschriebene Konstruktion des Polarmes hat den großen Vorteil, daß der Fahrarm zu beiden Seiten des Polarmes aufgestellt werden kann. Die zu Anfang des Kapitels über Polarplanimeter auf elementarem Wege bewiesene Proportionalität zwischen der Abwicklung der Meßrolle und der vom Fahrarme bestrichenen Fläche hört sofort auf, wenn die Achse der Meßrolle nicht genau parallel dem Fahrarme ist. Umfährt man nun eine geschlossene ebene Figur zweimal, und zwar einmal mit dem Pole links, das zweitemal mit dem Pole rechts vom Fahrarme, so wird der aus der evtl. nicht parallelen Lage von Meßrollenachse und Fahrarm resultierende Fehler eliminiert, indem er einmal im positiven, das andere Mal im negativen Sinne das Resultat beeinflußt.

Je eine symmetrische Stellung des Fahrarmes zur Figur mit Pol rechts und links vom Fahrstabe erhält man ohne weiteres, wenn man zunächst den Fahrstift in die Mitte der zu messenden Fläche bringt und den Pol so wählt, daß die verlängerte Rollenebene durch den Pol geht. Man läßt nun den Pol *P* an dieser Stelle, bringt den Fahrarm nach der ersten Umfahrung der Figur in die gestreckte Stellung und schiebt ihn alsdann unter dem Polarme auf die entgegengesetzte Seite.

Fig. 193 bezeichnet zwei symmetrische Lagen von Fahrarm und Figur mit Pol links und rechts vom Fahrarme aus einer Polstellung *P*.

Fig. 194 stellt zwei symmetrische Lagen von Fläche *J* und Fahrarm *F* vor aus zwei Polstellungen *P'* und *P''*. Auf beide Arten kann der genannte Fehler kompensiert werden.

Ein weiterer Vorteil der Coradischen Anordnung des Polarmes ist der, daß der Fahrarm eine Winkelbewegung von fast 180° links und rechts vom Polarme ausführen kann, daß man also mit einem Male größere Flächen umfahren kann, als es bei den früheren Konstruktionen möglich ist. Endlich ist der Umstand, daß das Instrument infolge der leichten Trennung von Polarm und Fahrarm in zwei Einzelteilen im

Etui aufbewahrt werden kann, ebenfalls als Vorteil in bezug auf die gute Erhaltung des Instrumentes anzusehen.

Soll nun mit Hilfe eines Kompensationsplanimeters der wirkliche Inhalt einer in einem bestimmten Verhältnisse gezeichneten, ebenen Figur festgestellt werden, so entnehme man zunächst der jedem Instrumente beigegebenen Tabelle die für dasselbe bestimmte und mit dem Zeichenmaßstabe wechselnde Fahrarmlänge. Diese Tabelle ist z. B. folgender Art:

Konstante	Verhältnisse	Einstellung des Nonius am Fahrarme	Wert der Noniuseinheit			
23154	1 : 1000	318,3	10 qm	(1 : 1)	10	qmm
	1 : 500	255,1	2 „	(1 : 1)	8	„
	1 : 2500	203,5	40 „	(1 : 1)	6,4	„
	1 : 2000	158,8	20 „	(1 : 1)	5	„
	1 : 5000	126,9	100 „	(1 : 1)	4	„

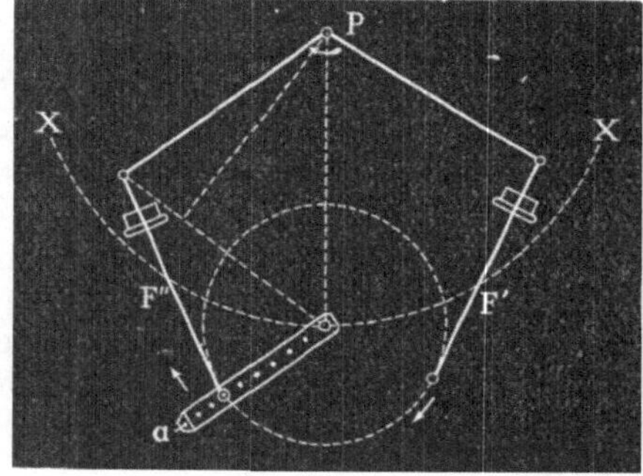
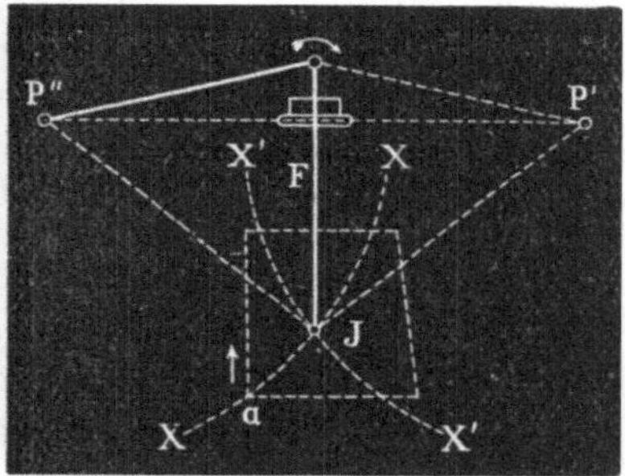

Fig. 193.   Fig. 194.

Ist die fragliche Figur also im Verhältnisse von 1 : 500 gezeichnet, so ist die Einstellung des Nonius am Fahrarme gemäß dieser Tabelle durch die Zahl 255,1 gegeben.

Nach einer der früher angegebenen Regeln stellt man das Planimeter in die günstigste Lage zur Figur und versucht durch provisorisches Umfahren, ob sie sich ohne Anstoß umkreisen läßt. Alsdann stellt man den Fahrstift auf einen zu markierenden Punkt der Begrenzungslinie der Figur und notiert nun die Ablesung an Meßrolle und Zählrad. Diese ergebe z. B. die Zahl 4307. Dann führt man den Fahrstift in der Richtung des Uhrzeigers am Umfange der Figur entlang, bis auf den Ausgangspunkt zurück und liest dann abermals den Stand von Meßrolle und Zählrad ab. Die zweite Ablesung ergebe die Zahl 4784. Es war also:

zweite Ablesung 4784
erste Ablesung 4307
Differenz   477

Wert der Noniuseinheit aus der Tabelle = 2 qm.

Folglich: Gesuchte Fläche = 477 · 2 qm = 954 qm.

Ist die mittlere Höhe eines Indikatordiagrammes zu bestimmen, so mißt man zunächst die genaue Länge dieses Diagrammes ab und stellt den Fahrarm des Planimeters auf diese Länge ein, unter Berücksichtigung des Umstandes, daß die Fahrarmteilung in halben Millimetern ausgeführt ist. Die Umfahrung des Diagrammes und die Ablesung der Meßrolle und der Zählscheibe erfolgt in der gewöhnlichen Weise. Multipliziert man bei dem in der Fig. 190 dargestellten Planimeter die Differenz der Rollenablesungen mit 0,06, so erhält man die gesuchte mittlere Höhe des Diagrammes in Millimeter. Auch hier läßt sich also die im Anhange gegebene, beim Amslerplanimeter zuerst angeführte Tabelle der 0,06 fachen Beträge der Ablesungsdifferenzen vorteilhaft benützen. Man kann die Einstellung der Fahrstablänge auf die Basislänge des Diagrammes auch dadurch erreichen, daß man, wie Fig. 195 zeigt, bei abgenommenem Polarme die Fahrstiftspitze f auf das eine Ende der Basis einstellt und die Hülse verschiebt, bis das andere Ende der Basis in der Mitte des kleinen Loches im Kugellager des Poles erscheint.

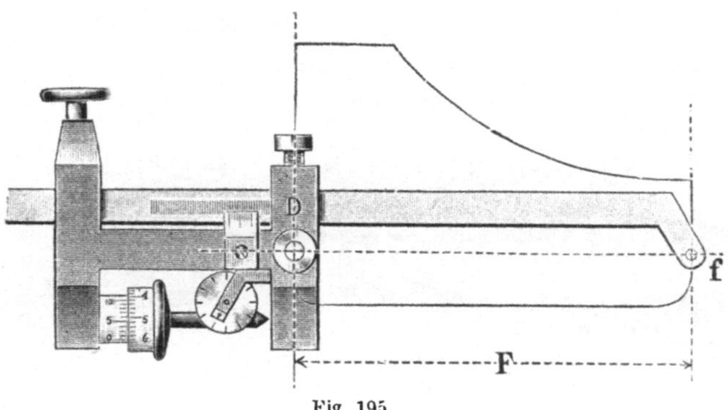

Fig. 195.

Mit Hilfe der in der dritten Vertikalreihe der dem Planimeter beigegebenen Tabelle (S. 268) angeführten Zahlen läßt sich die mittlere Diagrammhöhe auch finden, ohne daß man den Fahrarm auf die Diagrammlänge einstellt. Ist die Einstellung des Nonius am Fahrarm z. B. gleich 255,1, also dem Maßstabe 1 : 500 entsprechend, so gibt die kleine Tabelle in der dritten Vertikalreihe an, daß für das Verhältnis 1 : 1, also für natürliche Größe, der Wert der Noniuseinheit 8 qmm beträgt. Ergibt sich also z. B. bei der Fahrarmeinstellung 255,1 als Differenz der Rollenablesungen die Zahl 301, so ist der Flächeninhalt des Diagrammes

$$= 301 \cdot 8 \text{ qmm} = 2408 \text{ qmm} .$$

War die Diagrammlänge $= 100$ mm, so ist die mittlere Diagrammhöhe $= 24,08$ mm.

Für einen Indikatorfedermaßstab von 10 mm $= 1$ kg/qcm ergibt sich ein mittlerer, spez. Dampfdruck auf den Kolben der Dampfmaschine von $2,408$ kg/qcm.

Ist die zu berechnende Figur groß, so wird der Pol des Instrumentes innerhalb der Figur gewählt.. Polarm und Fahrarm führen alsdann eine volle Umdrehung um den Pol aus. Die Differenz der Rollenablesungen ist dann von einer in der ersten Vertikalreihe der Tabelle S. 268 angegebenen Konstanten zu subtrahieren.

Ist z. B. eine in natürlicher Größe gezeichnete ebene Figur so groß, daß der Pol des Planimeters innerhalb der Figur aufgestellt werden muß, und ist der Nonius am Fahrarm auf 255,1 eingestellt, der Wert der Noniuseinheit also laut Tabelle gleich 8 qmm, so ist die Größe der Figur, wenn

die zweite Rollenablesung 8996
die erste Rollenablesung 2988
also die Differenz 6008

beträgt, durch einfache Rechnung bestimmt wie folgt:

Konstante aus der Tabelle. . . 23 154
+ zweite Rollenablesung 8 996
Summe 32 150
— erste Rollenablesung 2 988
Differenz 29 162

$$\text{Gesuchte Fläche} = 29\,162 \cdot 8 \text{ qmm}$$
$$= 233\,296 \text{ qmm}.$$

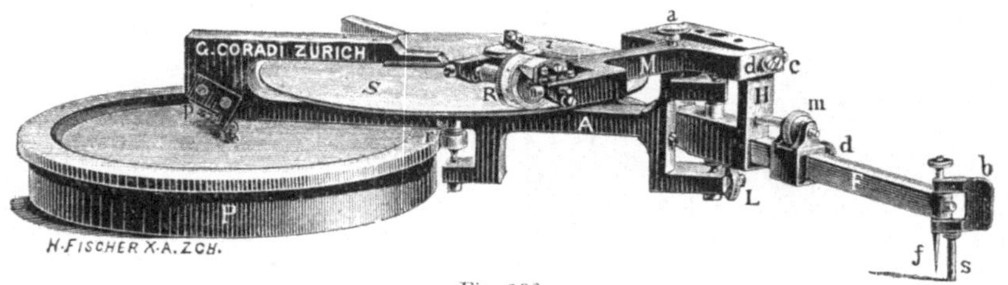

Fig. 196.

2. Das Präzisionsscheibenplanimeter. Dieses Planimeter (Fig. 196) besteht in der Hauptsache aus zwei getrennten Teilen, der Polscheibe P und dem eigentlichen Planimeter $F\,A$, welches als besonderen Teil noch eine Aluminiumscheibe S besitzt. Genau im Mittelpunkte von P ist eine kleine stählerne Kugel befestigt, die den Pol des Instrumentes darstellt. Das Lager p des Polarmes A wird durch eine halbzylindrische polierte Stahlrinne gebildet von genau dem gleichen Durchmesser der Kugel. Diese Rinne ist schräg angeordnet, so daß, wenn sie auf die Kugel aufgesetzt wird, der Polarm A durch sein Eigengewicht so weit nach abwärts sinkt, daß das um eine vertikale Achse drehbare und feinverzahnte Rädchen r in den ebenso gezahnten Rand der Polscheibe P eingreift. Die Achse dieses Rädchens trägt oben die Scheibe S und ist in zwei Körnern gelagert, von denen der untere einer Korrektionsschraube angehört. Fahrarm F und Polarm A sind durch eine vertikale, ebenfalls in zwei Körnern gelagerte, oben korrigierbare Achse verbunden. Das zusammengestellte Instrument ruht auf drei Punkten, dem Pole p, der Fahrspitze s und dem Laufrädchen L. Erfolgt eine Drehung des

Polarmes A um p, so wickelt das Rädchen r auf dem Rande der Polscheibe P eine Strecke ab, die proportional dem Wege der Fahrarmachse ist und versetzt dabei gleichzeitig die Scheibe S in eine proportionale Bewegung.

Über der Scheibe S befindet sich der um eine Spitzenachse drehbare Rahmen M. Die Achse dieses Rahmens ist parallel dem Fahrarme in der Hülse H gelagert. Die nach dem Fahrstifte s zu gelegene Spitze dieser Achse sitzt in einem exzentrischen Körner der Schraube d, wodurch eine geringe Verstellbarkeit der Rahmenachse erzielt ist. Die Druckschraube c legt die Körnerschraube d fest.

Der Rahmen M enthält die Planimeterlaufrolle R, welche während der Messung auf der Scheibe S aufliegt. Sobald das Instrument nicht mehr gebraucht wird, muß R von S abgehoben werden, was durch Niederschrauben des Schräubchens a bewirkt wird.

Der Fahrarm F ist 35 cm lang, und je nach seiner Einstellung in der Hülse H variiert der Wert der Noniuseinheit zwischen 0,5 qmm und 2 qmm.

Auf der Polscheibe P befinden sich zwei Marken mit Pfeilen, welche denjenigen Teil der Polrandverzahnung angeben, der die gleichmäßigste Abwicklung des Rädchens r ergibt. Beim Messen

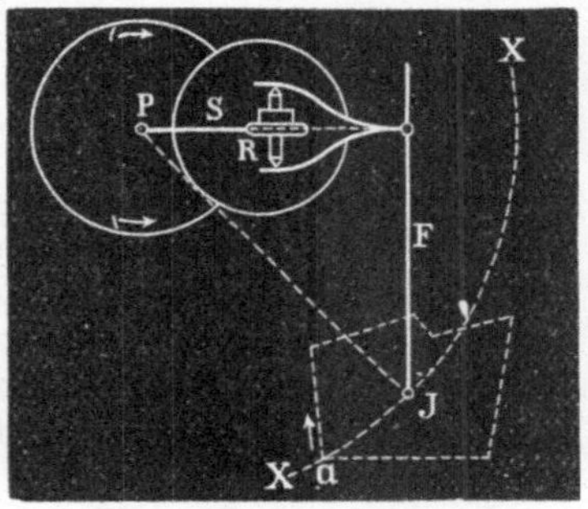

Fig. 197.

soll also — wie Fig. 197 angibt — die Scheibe S stets innerhalb dieser Marken bleiben. Die Scheibe S ist mit Papier beklebt. Die Abwicklung der Laufrolle R auf ihr ist proportional der vom Fahrstifte f umfahrenen Fläche.

Da nun das Laufrädchen L und der Führungsstift s auf dem Papiere aufruhen, so ist das Scheibenplanimeter besonders zu Messungen auf rauher, unebener Unterlage geeignet.

Für die direkte Bestimmung der mittleren Höhe von Indikatordiagrammen ist der Fahrarm in halbe Millimeter geteilt. Der Index dieser Teilung gibt genau den Abstand der Fahrstiftspitze von der Fahrarmdrehachse, also die Fahrarmlänge in halben Millimetern an. Wird der Fahrarm auf die Länge des Diagrammes eingestellt, so ergibt sich die mittlere Diagrammhöhe einfach durch Multiplikation der Ablesung mit 0,01.

Die Ottschen Polarplanimeter.

1. Das einfache Polarplanimeter. Das Polarplanimeter mit fester Verbindung von Polarm P und Fahrarm F ist in Fig. 198 dargestellt. Der verstellbare Fahrarm ist mit einer durchlaufenden Teilung in $\frac{1}{2}$ mm und besonderen Einstellmarken für die Noniuswerte $10-8-6,4-5$ und 4 qmm versehen. Eine im Etui untergebrachte Tabelle enthält Angaben über die Noniuswerte, Fahrarmeinstellungen und die Konstante beim Arbeiten mit Pol innerhalb der zu planimetrierenden Fläche. Die mit einem glasharten Laufrande versehene Meßrolle M liegt von oben her völlig frei, so daß sie sich gut ablesen läßt. Diese Ablesung wird noch dadurch erleichtert, daß die Teilung auf weißes Zelluloid aufgetragen ist, während der Rollenrahmen von mattschwarzer Farbe ist.

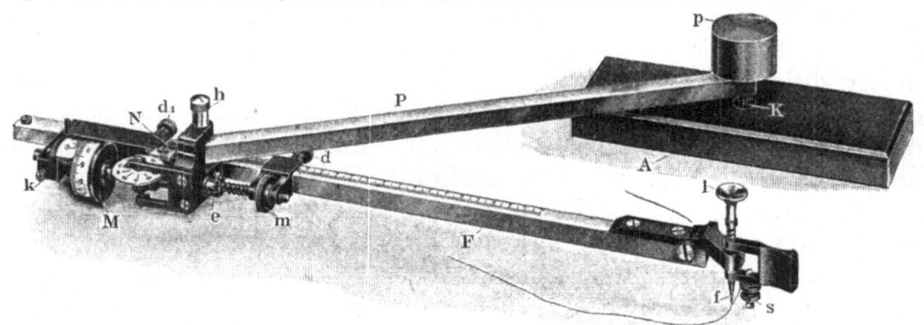

Fig. 198.

Um das Umfahren der Figur möglichst bequem zu gestalten, ist am Fahrstifte f ein Flügelgriffchen angebracht, dessen Stützschraube S so eingestellt wird, daß der Fahrstift f nicht auf dem Papier gleitet, sondern um Haaresbreite von diesem absteht.

Will man den Anfangspunkt der Umfahrung markieren, so genügt ein leiser Druck auf den Knopf l, um die Spitze von f etwas in das Papier einzudrücken.

Zur genauen Einstellung des Fahrarmes F dient der Nonius N und das Mikrometerwerk m. Außerdem sind auf dem Fahrarme, wie schon erwähnt, besondere Strichmarken angebracht, die sich bei richtiger Einstellung des Rollenrahmens mit einer abgeschrägten Kante desselben decken müssen. So ist z. B. bei dem Teilstriche 333,3 des Fahrarmes eine solche Strichmarke zu finden, denn laut Tabelle ist bei Figuren, die im Maßstabe 1 : 1 gezeichnet sind, der Rollenrahmen auf den Teilstrich 333,3 des Fahrarmes einzustellen.

In welche Stellung der Fahrarm zur Hülse zu bringen ist, ist also von Fall zu Fall aus der jedem Instrumente beigegebenen Tabelle zu entnehmen. Diese lautet z. B.

Planimeter Nr.	Maßstab der Zeichnung	Wert der Noniuseinheit	Einstellung des Fahrarmes	Konstante
7244	1 : 1	0,00001 qm	333,3	20500
	1 : 500	2 qm	266,7	
	1 : 1000	5 qm	166,7	
	1 : 2000	20 qm	166,7	
	1 : 5000	100 qm	133,3	

Um den Inhalt einer in einem bestimmten Maßstabe, z. B. 1 : 1000 gezeichneten Figur mittels des Planimeters zu finden, stellt man den an der Hülse des Fahrarmes angebrachten Nonius auf den in obiger Tabelle angegebenen Punkt, also z. B. auf 166,7; alsdann korrespondiert auch der dem Nonius gegenüberliegende Index mit einem am Fahrarme angegebenen Striche. Zur leichteren Einstellung des Nonius dient wieder eine Mikrometerschraube. Nun setzt man das Pollagergewicht A in die Nähe der zu berechnenden Figur, legt die Polkugel K in das Gesenke von A und beschwert sie durch das kleine Gewicht p. Das Instrument ruht nun auf dem Pole, der Meßrolle und dem Fahrstifte. Hierauf überzeugt man sich durch provisorisches Umfahren der Figur davon, daß die Stellung des Poles zur Figur das Umfahren derselben ermöglicht.

Zur bequemeren Handhabung und zur Erlangung des genauesten Resultates wird das Instrument am günstigsten in der Weise aufgestellt, wie es in den Fig. 183 und 184 dargestellt ist.

Hierauf setzt man die Fahrstiftspitze auf einen leicht zu merkenden Punkt der Figur (z. B. auf eine Ecke), stellt durch Verschieben des Pollagergewichtes den Nullpunkt der Meßrolle auf den Nullpunkt des zur letzteren gehörigen Nonius und notiert sich den Stand der Zählscheibe; dieselbe stehe auf 7.

Nunmehr beginnt die eigentliche Messung, indem die Fahrstiftspitze genau auf der Grenzlinie der Figur in der Richtung des Zeigers der Uhr bis wieder genau auf den Ausgangspunkt zurückgeführt wird. Alsdann liest man die Stellung der Meßrolle ab. Die Zählscheibe stehe zwischen 7 und 8, die Meßrolle stehe auf 215, so folgt daraus, daß sich die Meßrolle um 215 Noniuseinheiten vorwärts bewegt hat; diese Ablesung (215) wird mit dem in der Tabelle für den betreffenden Maßstab angegebenen Werte der Noniuseinheit multipliziert; bei dem angenommenen Maßstabe 1 : 1000 ist

$$215 \cdot 5 \text{ qm} = 1075 \text{ qm}$$

der gesuchte Flächeninhalt der Figur.

Ist die fragliche Figur, z. B. ein Dampfdruckdiagramm, nicht im Verhältnis von 1 : 1000, sondern in natürlicher Größe gezeichnet, so ist bei der in obigem Beispiele angenommenen Einstellung des Fahrarmes der Wert der Noniuseinheit nicht 5 qm, sondern

$$\frac{5 \text{ qm}}{1000 \cdot 1000} = 0,000005 \text{ qm} = 5 \text{ qmm}.$$

Der Inhalt des Diagrammes wäre also:

$$215 \cdot 5 \text{ qmm} = 1075 \text{ qmm}.$$

Ist die Diagrammlänge = 100 mm, so ist die

$$\text{mittlere Diagrammhöhe} = \frac{1075}{100} \text{ mm} = 10,75 \text{ mm}.$$

Für einen Indikatorfedermaßstab von 10 mm = 1 kg/qcm ergibt sich also ein

$$\text{mittlerer, spez. Dampfdruck von } \frac{10,75}{10} \text{ kg/qcm} = 1,075 \text{ kg/qcm}.$$

Das Ottsche Polarplanimeter wird in neuerer Zeit auch zur direkten Bestimmung der mittleren Höhe von Indikatordiagrammen eingerichtet. Zu diesem Zwecke ist, ganz so wie beim Amslerschen Planimeter, sowohl auf dem Fahrarme, als auch auf der Hülse je eine Stahlspitze angebracht. Bringt man diese beiden Spitzen vor der Umfahrung des Diagrammes in einen Abstand voneinander, der gleich der Diagrammlänge ist, so bestimmt sich die mittlere Diagrammhöhe direkt aus der Differenz N der Rollenablesungen und einer Konstanten.

Es ist:

$$\text{mittlere Diagrammhöhe} = 0{,}06 \, N \, .$$

Die Konstante hat nur dann den Wert 0,06, wenn der Umfang des Rollenrades genau 60 mm beträgt. Dies ist aber bei solchen Instrumenten, welche für die Bearbeitung von Indikatordiagrammen bestimmt sind, stets der Fall.

Handelt es sich darum, große Flächen, die mit Aufstellung des Poles außerhalb nicht mehr bestrichen werden können, in einem einzigen Zuge zu umfahren, dann muß der Pol innerhalb der Figur aufgestellt werden, und es spielt nunmehr der sog. Nullkreis eine Rolle (Fig. 199 und 200).

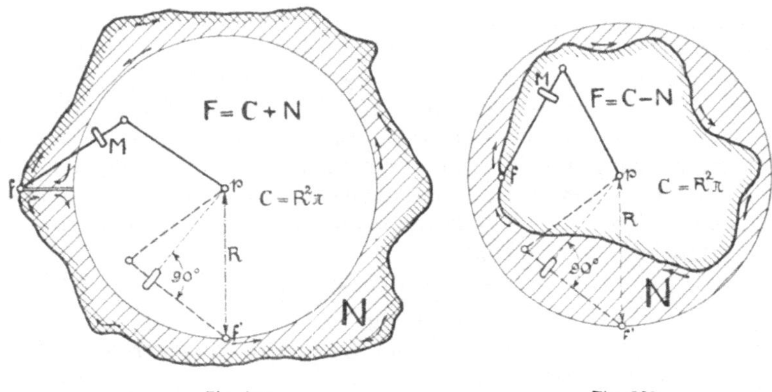

Fig. 199.

Fig. 200.

Ist nämlich das Instrument so aufgestellt, daß die verlängert gedachte Rollenebene durch den Pol p geht, und gleichzeitig der Fahrarm senkrecht auf dieser Ebene steht, so heißt derjenige Kreis, dessen Radius R gleich dem Abstande des Poles vom Fahrstifte f' ist, der Nullkreis. In bezug auf diesen Kreis besteht die Eigenart, daß bei seiner Umfahrung die Meßrolle sich nicht dreht, sondern nur in der Richtung ihrer Achse gleitet.

Handelt es sich um die Bestimmung einer Fläche F, welche größer als der Nullkreis ist, so stellt man das Planimeter so auf, wie in Fig. 199 mit ausgezogenen Linien angegeben ist. In bezug auf den zwischen der Begrenzungslinie der Figur und dem Nullkreise gelegenen Flächenstreifen, der durch Schraffur noch besonders hervorgehoben ist, ist das Instrument mit Pol außerhalb des Streifens aufgestellt. Um zunächst den Flächeninhalt dieses Streifens zu bestimmen, umfährt man, von Punkt f ausgehend, zunächst die äußere Randlinie im Sinne des Zeigers der Uhr, bis man wieder an dem Punkte f angelangt ist; dann geht man auf einer Geraden bis zum Nullkreis, umfährt diesen im entgegengesetzten Sinne des Uhrzeigers und kehrt schließlich auf der Geraden zum Punkte f zurück.

Beim Umfahren der Randlinien hat sich die Meßrolle um N Noniuseinheiten gedreht; die Umfahrung des Nullkreises hat eine weitere Abwicklung der Meßrolle nicht zur Folge gehabt, sie hätte also ebensogut unterbleiben können; d. h. mit anderen Worten: der Inhalt der schraffierten Fläche ist schon durch die Rollenabwälzung N beim Umfahren der Randlinie bestimmt.

Da nun der Inhalt $C = R^2 \pi$ des Nullkreises bekannt ist (der Radius R des Nullkreises $= $ ca. 25,5 cm), so ergibt sich der gesuchte Flächeninhalt:

$$F = C + N.$$

Wählt man nun ein für allemal beim Umfahren großer Flächen diejenige Planimetereinstellung, bei welcher der Wert der Noniuseinheit $n = 0,1$ qcm beträgt, so gibt die Konstante in der Tabelle (S. 272), multipliziert mit $n = 0,1$ qcm den Inhalt des Nullkreises an.

Die Entscheidung darüber, ob die umfahrene Fläche größer oder kleiner als der Nullkreis ist, kann sehr leicht durch Betrachtung der Gesamtabwälzung der Meßrolle bei Umfahrung im Sinne des Uhrzeigers getroffen werden. Ist diese Gesamtabwälzung positiv, so ist die umfahrene Fläche größer, ist sie negativ, so ist die Fläche kleiner als der Nullkreis.

Wie die Fig. 200 zeigt, ergibt sich in letzterem Falle der gesuchte Flächeninhalt:

$$F = C + (- N).$$

Um eine positive Rollenabwälzung zu bekommen, ist zu empfehlen, die Umfahrung nicht im Uhrzeigersinn, sondern entgegengesetzt vorzunehmen; alsdann wird N positiv und ist stets von C zu subtrahieren, sodaß sich also für Flächen, die kleiner als der Nullkreis sind, ergibt:

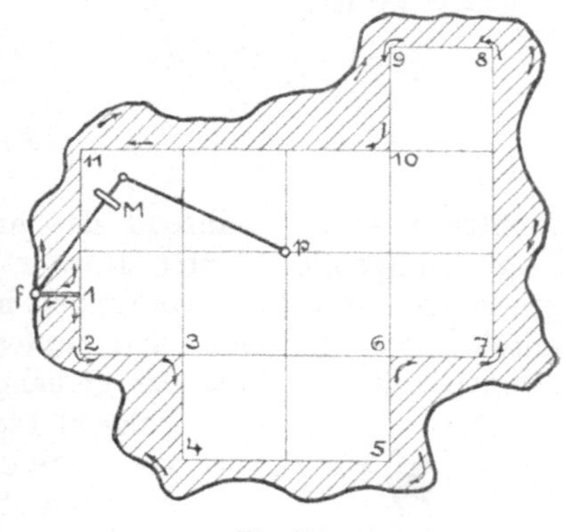

Fig. 201.

$$F = C - N.$$

Beispiel. Es soll der Flächeninhalt einer Ellipse mit den Achsen 60 cm und 40 cm bestimmt werden.

Einstellung des Planimeters so, daß der Wert der

Noniuseinheit $= 0,1$ qcm.

Umfahrung entgegengesetzt dem Drehsinne des Uhrzeigers.

$$
\begin{aligned}
\text{Konstante } C &= 20\,500\\
\text{Rollenabwälzung } N &= \underline{1\,660}\\
C - N &= 18\,840
\end{aligned}
$$

Inhalt der Ellipse $= 18\,840 \cdot 0,1$ qcm $= 1884$ qcm.

Etwas einfacher gestaltet sich die Bestimmung großer Flächen, wenn man innerhalb derselben Quadrate (oder auch Dreiecke) von bestimmter Größe durch Linien abgrenzt und dann nur den Inhalt des umliegenden Flächenstreifens, der in Fig. 201 schraffiert ist, durch das Planimeter bestimmt. Dabei ist zuerst die Randlinie im Uhrzeigersinn und dann die Linie f, *1, 2, 3, ... 10, 11, 1, f* im entgegengesetzten Sinne zu umfahren.

2. Das Kompensationsplanimeter. Dasselbe ist in Fig. 202 abgebildet. Meßrolle M und Zählscheibchen dieses Instrumentes sind in einem besonderen, schwarzgefärbten Rahmen untergebracht, der sich längs des Fahrarmes F verschieben und mittels der beiden Schräubchen d_1 und d_2 an bestimmter Stelle festklemmen läßt. Der Polarm P ist ein selbständiger und im Etui gesondert aufbewahrter Teil, der an einem Ende den eigentlichen Pol in Form eines zylindrischen Ge

Fig. 202.

wichtes p trägt, während das andere Ende einen in einer kleinen Kugel endigenden Zapfen aufweist. Soll das Instrument in Benützung genommen werden, so verkoppelt man Polarm und Fahrgestell dadurch miteinander, daß man den Zapfen in das tiefe Gesenke des Rollenrahmens einlegt. Aus der giebelartig abgeschrägten Grundfläche des Polgewichtes p ragt eine feine Nadelspitze etwas

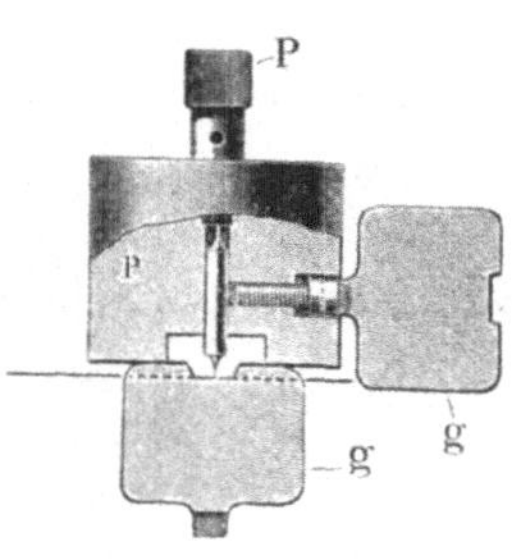

Fig. 203.

vor. Diese Polnadel soll bei Aufstellung des Instrumentes nicht ins Papier eingedrückt, sondern nur leicht auf dasselbe gestellt werden, so daß das Polgewicht frei balancieren kann. Die Nadel soll stets nur in scharfem Zustande gebraucht werden. Ist sie stumpf geworden oder abgebrochen, so löst man mit Hilfe des in Form eines kleinen Stahlblechstücks g (Fig. 203) dem Planimeter beigegebenen Schraubenziehers das Klemmschräubchen im Polgewicht p und dreht den beiderseits angespitzten Nadelstift um, resp. ersetzt ihn durch einen neuen. Auf der Rückseite des Schraubenziehers befindet sich eine Aussparung, die für die richtige Bemessung des vorragenden Teiles der Nadel dient, wenn die Lehre in der in Fig. 203 angedeuteten Weise an die unterste Kante des Polgewichtes gehalten wird.

Soll der Rollenrahmen verschoben werden, so löst man zunächst die 3 Schräubchen d_1, d_2 und d, bringt ihn von Hand annähernd in die richtige Stellung, klemmt das Schräubchen d fest und stellt mit der Mikrometerschraube m den Nonius auf die richtige Zahl ein. Alsdann sind die Schräubchen d_1 und d_2 leicht anzuziehen. Bei richtiger Aufstellung ruht das Fahrgestell auf der Meßrolle M, dem Fahrstifte f und dem Rädchen T, ist also für sich in jeder Lage im Gleichgewicht.

Für die Handhabung des Planimeters etwas bequemer ist die Ausführung des Polarmes mit Kugelpol statt mit Nadelpol. Wie Fig. 204 zeigt, liegt hier das Polgewicht p nicht direkt auf dem Papier auf,

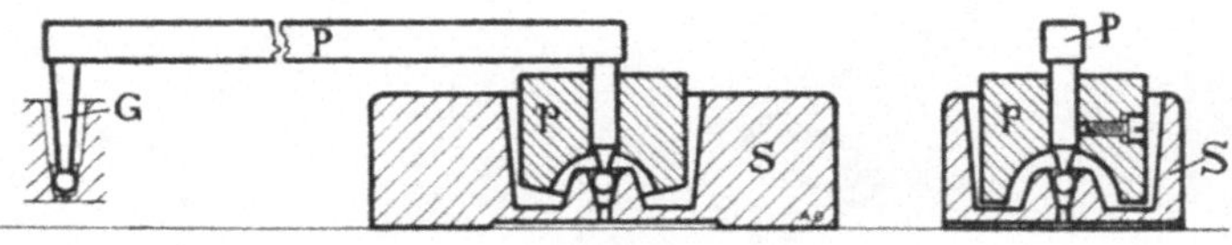

Fig. 204.

sondern in einer Aussparung eines Metallprismas S. Der eigentliche Pol wird nicht durch eine Nadelspitze, sondern durch einen Kugelzapfen gebildet, der in S gelagert ist. Dieser Kugelpol hat den Vorteil, daß ein Einreißen des Papieres unmöglich gemacht ist, und daß durch einfaches Verschieben des Prismas S die Meßrolle vor Beginn der Planimetrierung bequem auf einen gewünschten Teilstrich eingestellt werden kann.

Aus praktischen Gründen, hauptsächlich um für die eingestellte Fahrarmlänge und den Rollenumfang ein ganzzahliges Verhältnis zu bekommen, werden in neuester Zeit die Fahrarme der Ottschen Polarplanimeter nicht mehr in Intervalle von $^1/_2$ mm, sondern in solche von $^5/_6$ mm eingeteilt. Dadurch ändern sich auch die Einstellungszahlen für die verschiedenen Zeichenmaßstäbe, ebenso wie die Werte der Noniuseinheiten. Es gilt hierfür folgende Tabelle:

Verhältnisse	Fahrarm-einstellung	Wert der Noniuseinheit	
		relativ	absolut
1 : 1000	200	10 qm	10 qmm
1 : 500	160	2 „	8 „
1 : 2500	128	40 „	6,4 „
1 : 2000	100	20 „	5,4 „
1 : 5000	80	100 „	4 „

3. Das Universalplanimeter. Das Universalplanimeter ist geeignet für Flächenmessungen und für die Bestimmungen der Mittelordinate sowohl von bandförmigen (Fig. 205) als auch von scheibenförmigen Registrierungen (Fig. 206). Der Noniuswert ist unveränderlich, und zwar für Flächenmessungen gleich 10 qmm.

Die Fig. 207—211 zeigen die einzelnen Teile des Universalplanimeters. Je nachdem man das Fahrgestell TFM in Verbindung mit dem Polarm GPp, der Führungswalze ABC oder dem Zentrum D bringt, erhält man ein Polarplanimeter, ein Rollplanimeter oder ein Radialplanimeter. In jeder dieser Anwendungsarten weist das Instrument charakteristische, besonders vorteilhafte Eigenschaften auf.

Bei Benützung als Polarplanimeter mit dem gewöhnlich beigegebenen festen Polarm braucht kein Unterschied gemacht zu werden zwischen Stellungen mit Pol außerhalb und innerhalb der Figur. Man erhält in beiden Fällen genau dieselbe Rollenablesung, denn die Konstante für Pol innen ist gleich Null.

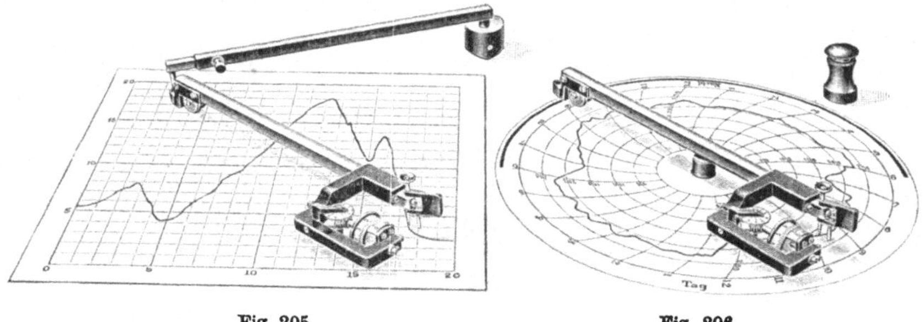

Fig. 205.   Fig. 206.

Dies erkennt man ohne weiteres, wenn man daran denkt, daß die Konstante dem Inhalt des Kreises entspricht, den der Fahrstift bei Drehung des Instrumentes um den Pol beschreibt, wenn es so aufgestellt ist, daß die Rollenebene in der Richtung des Radius steht. Da nun beim Universalplanimeter Fahrarm, Polarm und Abstand der Rollenebene vom Gelenk g gleich groß sind, schrumpft bei ihm dieser Kreis auf einen Punkt zusammen.

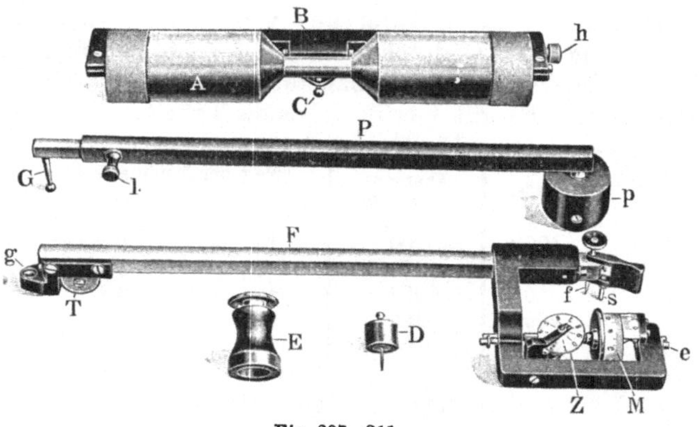

Fig. 207—211.

Die Rolle macht infolge ihrer Lage dicht beim Fahrstift denselben Weg wie dieser und wird daher zur Annehmlichkeit des Beobachters dauernd im Auge behalten. Abwicklungsfehler der Rolle infolge unbemerkten Gleitens über Bewegungshindernisse, wie Papierränder, Gummireste usw. sind also ausgeschlossen.

Die besondere Bewegungsart der Rolle, bei der ein reines Gleiten überhaupt nicht vorkommt, beeinflußt die Messungsgenauigkeit in günstigem Maße. Bei der Benützung als Radialplanimeter geht die

Genauigkeit durch Angabe des Resultates auf fast $^1/_{100}$ mm weit über das praktische Bedürfnis hinaus.

Das Radialplanimeter kann ebensowohl bei Diagrammen mit gradlinigen wie mit bogenförmigen Ordinaten gebraucht werden, solange sie eine gleichmäßige Teilung haben. Sein Gebrauch gestaltet sich folgendermaßen:

Man legt das Diagramm auf ein Reißbrett und drückt das einem hohen Reißnagel gleichende Zentrum D (siehe Fig. 207—211) mit Hilfe der beigegebenen Eindrückvorrichtung E senkrecht in den Mittelpunkt des Diagrammes. Dann wird das Fahrgestell so daraufgestellt, daß der kugelförmige Kopf des Zentrums in die Längsrinne auf der Unterseite des Fahrstabs eingreift, wodurch dieser eine zwangsläufige Führung in bezug auf den Mittelpunkt des Diagrammes erhält. Jetzt bringt man den Fahrstift auf den Anfangspunkt der Registrierung, notiert sich den Stand der Rolle, folgt rechtsläufig der Kurve bis zum Endpunkt, fährt auf dessen Ordinate nach auswärts oder einwärts bis zum gleichen Mittenabstand wie beim Anfangspunkt und liest dann die Rolle wieder ab. Die Differenz beider Ablesungen, geteilt durch 100, gibt den mittleren Radius des Diagrammes in mm unter der Voraussetzung, daß die Registrierung sich genau einmal um die Scheibe erstreckt. Ist die Registrierung kürzer oder länger, so muß die erhaltene Rollenablesung auf eine ganze Scheibenumdrehung reduziert werden, was beispielsweise bei 24stündiger Umlaufzeit der Scheibe und 16stündiger Registrierdauer durch Multiplikation mit $^{24}/_{16}$ erreicht würde. Zum Schluß ist zur Erhaltung der mittleren Ordinatenhöhe natürlich noch der Radius des Basiskreises von dem gefundenen mittleren Radius des Diagrammes abzuziehen.

Um das Instrument zu einem Rollplanimeter zu machen, wird der Fahrarm F mit der Führungswalze AB im Punkte C der letzteren verkoppelt. Alsdann können Diagrammstreifen von beliebiger Länge und bis 22 cm Breite mit einem Male befahren werden.

Absoluter und relativer Wert der Noniuseinheit.

Der absolute Wert der Noniuseinheit bezieht sich direkt auf die planimetrierte Fläche und ist nur von der Einstellung des Fahrarmes abhängig. Er gibt diejenige Fläche an, die man mit der Differenz der Rollenablesungen multiplizieren muß, um die Größe der planimetrierten Fläche zu erhalten.

Der relative Wert der Noniuseinheit dagegen bezieht sich auf diejenige Fläche, von welcher die zu planimetrierende ein in einem bestimmten Maßstabe gezeichnetes Abbild ist. Er ist von dem Zeichenmaßstabe abhängig und ergibt mit der Rollenablesungsdifferenz multipliziert, die Größe der Fläche an, deren Abbild planimetriert worden ist. Nur für den Fall, daß der Zeichenmaßstab 1:1 vorliegt, wird der absolute und der relative Noniuswert von der gleichen Größe sein.

Soll z. B. aus der im Maßstabe 1:5000 gezeichneten Aufnahme eines Feldes die Größe dieses Feldes bestimmt werden, so stellt man beim Planimetrieren der Aufnahme den Fahrarm des Planimeters nach

Tabelle Seite 277 auf die Zahl 80 ein; dann ist laut Tabelle der relative Wert der Noniuseinheit 100 qm. Beträgt nun

$$\begin{aligned}
\text{die 1. Ablesung } & 3628 \\
\text{„ 2. „ } & \underline{4357}
\end{aligned}$$

also die Rollenablesungsdifferenz 729 Noniuseinheiten,

so ist die wahre Größe des Feldes

$$729 \cdot 100 \text{ qm} = 72\,900 \text{ qm.}$$

Um aber die Fläche des Abbildes des Feldes zu erhalten, muß man die Differenz der Rollenablesungen mit dem absoluten Werte der Noniuseinheit, d. i. $\dfrac{100}{5000^2}$ qm $= 0{,}000\,004$ qm $= 4$ qmm multiplizieren.

Die Bildfläche ergibt sich also zu $729 \cdot 4$ qmm $= 2916$ qmm.

Abhängigkeit des Wertes der Noniuseinheit von der Fahrarmeinstellung.

Bei den beschriebenen Amslerschen Polarplanimetern besitzen die Fahrarme keine durchgehende Einteilung. Es sind auf ihnen nur die für bestimmte Zeichenmaßstäbe geltenden Einstellungsmarken angebracht.

Dagegen weisen die Fahrarme der Coradischen und der Ottschen Polarplanimeter eine bestimmte Einteilung (in $^1/_2$ mm, bzw. $^1/_2$ mm und $^5/_6$ mm) auf.

Dadurch ist die Möglichkeit gegeben, für einen innerhalb bestimmter Grenzen (gewöhnlich 2 und 10 qmm) gelegenen, beliebigen absoluten Wert der Noniuseinheit die maßgebende Einstellungszahl durch Rechnung zu finden.

Es ist z. B. ein Indikatordiagramm mit 75 mm Basislänge zu planimetrieren, und zwar mit einem Ottschen Planimeter älterer Ausführung (Fahrarmeinteilung $^1/_2$ mm).

Als Differenz der Rollenablesungen ergibt sich die Zahl N bei einer Fahrarmeinstellung auf die Zahl E und bei einem absoluten Werte der Noniuseinheit gleich ν; dann ist:

$$\text{Diagrammfläche } F = N \cdot \nu,$$

also mittlere Diagrammhöhe $h_m = \dfrac{N \cdot \nu}{75}$ mm.

In diesem Falle wäre es praktisch, wenn ν den absoluten Wert 7,5 hätte, denn dann ergäbe sich:

$$h_m = \frac{N}{10}$$

Nach Gleichung 3 Seite 281 ist die zugehörige Einstellungszahl für den Fahrarm:

$$E = \frac{\nu}{0{,}03} = \frac{7{,}5}{0{,}03} = 250.$$

Es bezeichne nun:

U = Rollenumfang in mm,
L = eingestellte Fahrarmlänge in mm,
E = zugehörige Einstellungszahl,
ν = entsprechender absoluter Wert der Noniuseinheit in qmm,
F = zu planimetrierende Fläche in qmm,
n = Zahl der Rollenabwälzungen beim Umfahren der Fläche F,
N = Zahl der Noniuseinheiten, um welche sich die Rolle beim Umfahren der Fläche F abwälzt,

dann gilt unter Berücksichtigung der grundlegenden Tatsache, daß der Inhalt einer planimetrierten Fläche sich als Rechteck ergibt, dessen Grundlinie gleich der eingestellten Fahrarmlänge, und dessen Höhe gleich der Länge der Rollenabwälzung ist,

$$F = L \cdot (n \cdot U) .$$

Man drückt nun die zu messende Fläche aus als Vielfaches derjenigen Fläche, bei deren Umfahrung die Rolle sich um den 1000sten Teil ihres Umfanges abwälzt, also als Vielfaches des Wertes der Noniuseinheit.

Es ist demnach:

$$\nu = \frac{U}{1000} \cdot L \tag{1}$$

$$\text{und } F = N \cdot \nu \tag{2}$$

Ist der Fahrarm wie z. B. bei den Ottschen Planimetern der bisherigen Ausführung in halbe Millimeter eingeteilt, dann entspricht der

Einstellungszahl 1   die Fahrarmlänge $^1/_2$ mm,
  „   2   „   „   „   1   „ usw.
  „ E „   „   „ $L = \frac{1}{2} E$ mm.

Bei einem Rollenumfange $U = 60$ mm folgt nun aus Gleichung (1) für den Wert der Noniuseinheit:

$$\nu = \frac{60}{1000} \cdot L$$

$$\text{oder } \quad \nu = \frac{60}{1000} \cdot \frac{1}{2} E = 0{,}03 E \tag{3}$$

Der absolute Wert der Noniuseinheit ist also gleich dem 0,03fachen der Einstellungszahl.

Umgekehrt kann man aus Gleichung (3) für eine beliebig gewählte Noniuseinheit die zugehörige Einstellung E finden gemäß der Beziehung:

$$E = \frac{100}{3} \cdot \nu .$$

Ist z B. aus praktischen Gründen für die Noniuseinheit der absolute Wert 10 qmm erwünscht, so wird die Einstellungszahl

$$E = \frac{100}{3} \cdot 10 = 333{,}3 .$$

Die in Tabelle Seite 272 angegebenen Einstellungszahlen sind in dieser Weise berechnet.

Bei den neuesten Ausführungen der Ottschen Planimeter geschieht die Einteilung des Fahrarmes in Intervallen von $^5/_6$ mm. Es entspricht in diesem Falle der

$$\text{Einstellungszahl } 1 \quad \text{die Fahrarmlänge} \qquad ^5/_6 \text{ mm,}$$
$$\text{,, } \qquad 2 \quad \text{,,} \qquad \text{,,} \qquad ^{10}/_6 \text{ ,, usw.,}$$
$$\text{,, } \qquad E \quad \text{,,} \qquad \text{,,} \qquad L = ^5_6 \cdot E \text{ ,,}$$

Aus Gleichung (1) ergibt sich dann bei einem Rollenumfange $U = 60$ mm der Wert der Noniuseinheit:

$$v = \frac{60}{1000} \cdot L \,,$$

$$\text{oder:} \quad v = \frac{60}{1000} \cdot \frac{5}{6} E = \frac{1}{20} E \,. \qquad (4)$$

Der absolute Wert der Noniuseinheit ist also in diesem Falle gleich dem 20sten Teile der Einstellungszahl.

Aus Gleichung (4) folgt:

$$E = 20\, v \,.$$

Ist z. B. eine absolute Noniuseinheit von 10 qmm erwünscht, so wird die Einstellungszahl

$$E = 20 \cdot 10 = 200$$

wie auch in der Tabelle S. 277 angegeben ist.

Stellt man beim Planimetrieren eines Indikatordiagrammes das Instrument so ein, daß die Fahrarmlänge gleich der Länge der Diagrammbasis ist, so wird bei Benützung eines Planimeters mit $^1/_2$ mm Fahrarmteilung nach Gleichung (3):

$$v = 0{,}03\, E \,.$$

Die Diagrammfläche F ist allgemein: Diagrammlänge $\times$ mittlere Höhe, oder

$$F = l \cdot h_m$$

Gemäß der Gleichung (2) ist:

$$F = N \cdot v \,,$$

$$\text{oder:} \qquad l \cdot h_m = N \cdot v = N \cdot 0{,}03\, E \,; \quad \text{da aber } L = \tfrac{1}{2} E,$$
$$\text{also: } E = 2\, L \text{ und}$$
$$\text{ferner: } L = l \,,$$

$$\text{so wird:} \qquad l \cdot h_m = N \cdot 0{,}03 \cdot (2\, L) \,,$$

$$\text{oder:} \qquad l \cdot h_m = N \cdot 0{,}03 \cdot (2\, l) \,,$$

$$\text{folglich:} \qquad h_m = 0{,}06\, N \,,$$

wie schon auf S. 269 angegeben worden ist.

Benützt man aber ein Planimeter mit $^5/_6$ mm Fahrarmteilung und stellt man den Fahrarm auf diejenige Zahl ein, die der in mm gemessenen Diagrammlänge l entspricht, z. B. bei $l = 100$ mm auf die Zahl 100 (die Fahrarmlänge ist dann nicht 100 mm, sondern $100 \cdot {}^5/_6$ mm), so wird:

$$\text{Diagrammfläche:} \quad l \cdot h_m = N \cdot \nu \quad \text{(nach Gl. 2),}$$
$$\text{oder:} \quad l \cdot h_m = N \cdot \tfrac{1}{20} E \quad \text{(nach Gl. 4),}$$
$$\text{oder:} \quad l \cdot h_m = N \cdot \tfrac{1}{20} \cdot l ,$$

also wird:

$$h_m = \tfrac{1}{20} \cdot N$$

d. h. die mittlere Diagrammhöhe ergibt sich einfach dadurch, daß man die Rollenablesungsdifferenz durch 20 dividiert.

Handhabung und Prüfung der Polarplanimeter.

Jedes Planimeter, gleichgültig, welcher Konstruktion es ist, ist ein zwar einfaches, aber doch sehr empfindliches Instrument. Die geringste Beschädigung eines seiner subtilen Organe hat den Verlust der Genauigkeit zur Folge. Oft sind solche Beschädigungen aus der äußeren Beschaffenheit des Instruments gar nicht zu erkennen; deshalb ist es wohl am Platze, die allgemeinen und wichtigsten Regeln für die Handhabung und Prüfung der Polarplanimeter kurz zusammenzustellen.

I. Regeln für die Handhabung der Polarplanimeter.

1. Das Papier, auf welchem die zu planimetrierende Figur gezeichnet ist, muß glatt und auf horizontaler Unterlage ausgebreitet sein.

2. Der Rand der Meßrolle soll während des Umfahrens der Figur den Papierrand nicht überschreiten. Ist dies aber nicht zu vermeiden, so stoße man an das Papier ein Blatt von derselben Stärke.

3. Es ist stets darauf zu achten, daß das Planimeter vor dem Umfahren der Figur nach einer der früher angegebenen Regeln in die günstigste Stellung zu der zu messenden Figur gebracht wird.

4. Um beim Umfahren einer Figur seitliche Abweichungen des Fahrstiftes von der Begrenzungslinie sofort zu erkennen, ist es am besten, man beobachtet den Fahrstift fortwährend in der Richtung der Begrenzungslinie.

5. Beim Planimetrieren von geradlinig begrenzten Figuren ist es nicht empfehlenswert, zur Führung des Fahrstiftes ein Lineal zu verwenden, weil dadurch leicht ein konstanter Fehler in das Resultat kommt, indem der Fahrstift möglicherweise nur rechts oder nur links von der Begrenzungsgeraden abweicht, während beim Umfahren mit freier Hand sich unwillkürlich annähernd ebenso große Abweichungen nach rechts wie nach links einstellen, die in ihrer algebraischen Summe sich gänzlich oder doch fast ganz aufheben.

6. Der Rand der Meßrolle ist auf das peinlichste vor Rost und Beschädigungen zu schützen.

7. Polarm, Fahrarm und Fahrstift dürfen nicht verbogen werden.

8. Der Lagerung von Meßrolle und Polarm hat man stets die größte Schonung angedeihen zu lassen.

9. Die Spitzen der Meßrollenachse und der Polarmachse sollen von Zeit zu Zeit mit feinem Öle ganz wenig geschmiert werden.

10. Bei sehr kleinen Figuren, ebenso wie bei Figuren, die in einem sehr kleinen Maßstabe (z. B. 1: 2500) gezeichnet sind, ist der größeren Genauigkeit wegen ein mehrmaliges Umfahren zu empfehlen.

11. Um die Umfahrung einer Figur mit Pol innerhalb derselben möglichst zu vermeiden, empfiehlt es sich, größere Figuren in mehrere kleine zu zerlegen, und diese mit Pol außerhalb zu planimetrieren.

II. Regeln für die Prüfung der Polarplanimeter.

1. Die Meßrolle muß sich sehr leicht drehen und darf deshalb etwas Spiel in ihren Lagern haben.

2. Zwischen Meßrolle und Nonius muß ein kleiner Zwischenraum sein.

3. Der Polarm soll sich in seinen Lagern leicht drehen, ohne jedoch Spiel zu haben.

4. Die Prüfung der Genauigkeit des Planimeters kann auf zweifache Weise geschehen:

a) Man umfährt mit einer bestimmten Einstellung des Fahrarmes eine mit scharfen Linien gezeichnete, einfache Figur, z. B. ein Dreieck, Rechteck oder Quadrat und vergleicht den durch das Planimeter gefundenen Inhalt mit dem auf geometrischem Wege ermittelten. Da aber selbst bei größter Sorgfalt Umfahrungsfehler

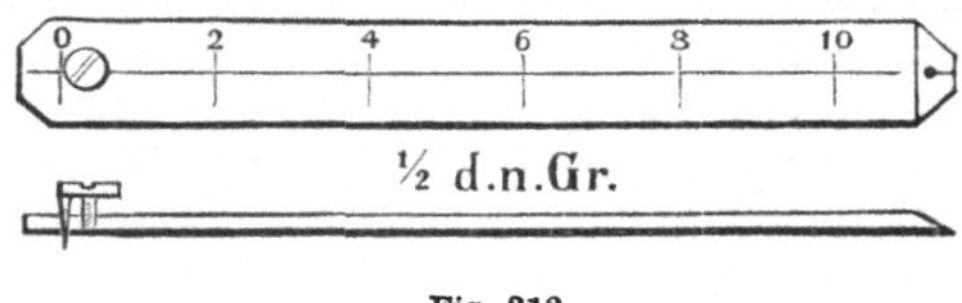

Fig. 212.

vorkommen, so ist folgende Prüfungsmethode besser:

b) Mit jedem Planimeter kann ein kleines Lineal, Kontroll-Lineal genannt, bezogen werden. Dieses ist z. B. in der Coradischen Ausführung (Fig. 212) ein dünnes, mit einer Einteilung in 8 oder 10 cm versehenes Messinglineal. Im Schnittpunkte des Teilstriches 0 cm mit der Längsmittellinie des Lineals ist eine feine Nadelspitze eingesetzt, die durch den übergreifenden Kopf einer Schraube gehalten wird. In den Schnittpunkten eines jeden der übrigen Teilstriche mit der Längsmittellinie ist je eine kleine, kegelförmige Vertiefung angebracht, in welche die Spitze des Fahrstiftes des Planimeters gesetzt werden kann. Man drückt nun die Nadelspitze so weit in das Papier ein, daß das Kontrollineal glatt aufliegt, schraubt die Stütze s (Fig. 190, 198, 202) in die Höhe, setzt den Fahrstift in eine der kegelförmigen Vertiefungen und umfährt nun, indem man mit der einen Hand leise auf den Fahrstift drückt, die Führung desselben aber mit Hilfe des Kontrollineals vornimmt, eine Kreisfläche von bekanntem Radius. Um hierbei genau wieder auf den Ausgangspunkt zurückkehren zu können, trägt das rechte Ende (Fig. 212) des Lineals eine abgeschrägte Fläche, auf welcher ein Strich als Index eingraviert ist. Durch Vergleichung der aus der Planimeterablesung gefundenen Kreisfläche mit der berechneten Kreisfläche läßt sich kontrollieren, ob der angegebene Wert der Noniuseinheit bei der jeweilig eingestellten Fahrarmlänge richtig ist. Fällt die

Ablesung zu groß aus, so ist der Fahrarm zu verlängern; bei zu kleiner Ablesung ist eine Verkürzung desselben nötig. (Nur vom Mechaniker ausführbar.)

Für den Gebrauch des Kontrollineals hat Coradi eine Tabelle (S. 286) berechnet, aus welcher die Differenzen $(L_2 - L_1)$ der Rollenablesungen zu entnehmen sind, welche sich ergeben, wenn man mit einem fehlerlosen Planimeter Kreise von verschiedenen Radien (1—10 cm und 1—4'' engl.) umfährt.

Diese Tabelle gibt gleichzeitig den Wert f an, den die Noniuseinheit hat, wenn das Planimeter auf diejenige Fahrarmlänge eingestellt ist, die dem Maßstabe des Planes oder der Figur entspricht, und die auch auf der dem Planimeter beigegebenen kleinen Tabelle (S. 268) zu finden ist.

Außerdem ist aus dieser Tabelle (S. 286) auch noch derjenige Wert f_o zu ersehen, welcher der Noniuseinheit für die bestimmte, eingestellte Fahrarmlänge zukommt, wenn die umfahrene Figur in natürlicher Größe gezeichnet ist.

Hat man also z. B. eine im Maßstab 1:500 gezeichnete Figur zu planimetrieren, so ist laut Tabellchen S. 268 der Fahrstab auf die Länge 255,1 einzustellen; der Wert f der Noniuseinheit ist dann nach derselben Tabelle 2 qm; für eine in natürlicher Größe vorliegende Figur wäre dieser Wert 8 qmm, welche Zahlen auch aus der Tabelle S. 286 zu entnehmen sind. Umfährt man nun mit Hilfe des Kontrollineals einen Kreis von 4 cm Radius einmal, so muß sich, ein fehlerloses Planimeter vorausgesetzt, als Differenz der Rollenablesungen die Zahl 628,3 herausstellen.

Dies ergibt für den Maßstab 1:500

$$\text{einen Kreisinhalt} = 628,3 \cdot 2 \text{ qm} = 1256,6 \text{ qm}$$

und für den Maßstab 1:1

$$\text{einen Kreisinhalt} = 628,3 \cdot 8 \text{ qmm} = 5026,4 \text{ qmm}.$$

Für solche Verhältnisse, welche in der Tabelle S. 286 nicht angegeben sind, läßt sich der zugehörige Wert der Noniuseinheit leicht berechnen.

Ist dieser Wert für das Verhältnis $\dfrac{1}{n} = f$, so ist er bei der gleichen Fahrarmlänge für das Verhältnis $\dfrac{1}{m} \cdot \dfrac{1}{n} = f \cdot m^2$.

Es ist z. B.

$$\text{für } \frac{1}{1500} \text{ der Wert } f = 20 \text{ qm,}$$

dann ist

$$\text{für } \frac{1}{2 \cdot 1500} = \frac{1}{3000} \text{ der Wert } f = (20 \cdot 2^2) \text{ qm} = 80 \text{ qm.}$$

5. Die wichtigste Prüfung am Planimeter ist entschieden diejenige, die Aufschluß über die Exaktheit des Rollenrandes zu geben imstande ist. Umfährt man ein und dieselbe Figur oftmals hinterein-

f_0 = Wert der Noniuseinheit für 1:1	Maßstab der Figur $\frac{1}{n}$	f = Wert der Noniuseinheit für den Maßstab der Figur	Differenz der Ablesungen $(L_2 - L_1)$ für einmalige Umfahrung von Kreisen von 1—10 cm bzw. 1—4″									
qmm		qm	1 cm	2 cm	3 cm	4 cm	5 cm	6 cm	7 cm	8 cm	9 cm	10 cm
10	1 : 1000	10	0,03,14	0,12,56	0,28,27	0,50,26	0,78,54	1,13,09	1,53,93	2,01,06	2,54,47	3,14,16
7	1 : 3333$^1/_3$	100	0,03,49	0,13,96	0,31,41	0,55,85	0,87,26	1,25,66	1,71,04	2,23,40	2,82,74	3,49,06
8$^8/_9$	1 : 1500	20	0,03,53	0,14,13	0,31,80	0,56,54	0,88,35	1,27,23	1,73,17	2,26,18	2,86,27	3,53,42
8	1 : 500	2	0,03,92	0,15,70	0,35,33	0,62,83	0,98,17	1,41,37	1,92,41	2,51,33	3,18,09	3,92,70
7,5	1 : 2000	30	0,04,18	0,16,75	0,37,69	0,67,02	1,04,72	1,50,79	2,05,24	2,68,08	3,39,29	4,18,88
$^{250}/_{36}$	1 : 2400	40	0,04,52	0,18,09	0,40,71	0,72,38	1,13,09	1,62,86	2,21,66	2,89,52	3,66,43	4,52,39
6,4	1 : 1250	10	0,04,90	0,19,63	0,44,18	0,78,54	1,22,71	1,76,71	2,40,51	3,14,16	3,97,61	4,90,85
6,25	1 : 4000	100	0,05,02	0,20,10	0,45,23	0,80,42	1,25,66	1,80,95	2,46,30	3,21,69	4,07,15	5,02,65
$^{50\,000}/_{8281}$	1 : 1820	20	0,05,20	0,20,81	0,46,82	0,83,24	1,30,08	1,87,28	2,54,95	3,32,96	4,21,38	5,20,31
$^{400\,000}/_{74\,529}$	1 : 2730	40	0,05,85	0,23,41	0,52,67	0,93,64	1,46,39	2,10,69	2,86,82	3,74,57	4,74,03	5,85,35
$^{640}/_{125}$	1 : 6250	200	0,06,13	0,24,54	0,55,22	0,98,17	1,53,36	2,20,88	3,00,63	3,92,70	4,96,98	6,13,56
5	1 : 2000	20	0,06,28	0,25,13	0,56,54	1,00,52	1,57,08	2,26,19	3,07,86	4,02,12	5,08,89	6,28,32
$^{3125}/_{648}$	1 : 1440	10	0,06,51	0,26,06	0,58,62	1,04,24	1,62,86	2,31,50	3,19,18	4,16,96	5,27,63	6,51,44
4$^4/_9$	1 : 3000	40	0,07,06	0,28,26	0,63,61	1,13,09	1,76,71	2,54,47	3,46,34	4,52,36	5,72,54	7,06,84
4	1 : 5000	100	0,07,85	0,31,41	0,70,68	1,25,66	1,69,34	2,82,74	3,84,82	5,02,66	6,36,18	7,85,10
3,2	1 : 2500	20	0,09,81	0,39,27	0,88,35	1,57,08	2,45,43	3,53,42	4,81,02	6,28,32	7,95,19	9,81,75
0,0125 □ ″	Österreich. Maß 1″ = 40′	20 □	0,03,62	0,14,48	0,32,59	0,57,95	0,90,54	1,30,39	1,77,47	2,31,80	2,93,37	3,62,19
0,01 „	1″ = 20′	4 „	0,04,52	0,18,11	0,40,74	0,72,44	1,13,18	1,62,09	2,21,85	2,89,76	3,66,71	4,52,75
			1″	2″	3″	4″						
0,0125 „	Englisches Maß 1″ = 40′ (1 : 480)	20 „	0,25,13	1,00,53	2,26,19	4,02,12						
$^1/_{90}$	1″ = 30′ (1 : 360)	10 „	0,28,27	1,13,09	2,54,47	4,52,39						
0,01	1″ = 100′ (1 : 1200)	100 „	0,31,41	1,25,66	2,82,74	5,02,66						
0,0144	Russisches Maß 1″ = 100 Saschen[1]	Dessätine[2] 0,06	0,21,81	0,87,26	1,96,35	3,49,06						
0,012	1″ = 100 Saschen[1]	0,05	0,26,18	1,04,72	2,35,62	4,18,87						

[1] 1 Saschen = 2,133 m
[2] Dessätine = 2400 □ Saschen = 1,0925 ha

Tabelle
zum Gebrauche des Kontrollineals.

ander, so müßten bei ungeänderter Fahrarmeinstellung die Ablesungsdifferenzen gleichbleiben.

Am einfachsten bedient man sich bei dieser Prüfung wieder des
Kontrollineals. Man stellt das Planimeter so ein, daß sein Fahrarm die
größtmögliche Länge hat. Wird also z. B. ein Amslersches Planimeter
Nr. 6 angenommen, so bringt man den Fahrarm auf die Marke
$\begin{vmatrix} 0,1\,\square\,\mathrm{cm} \\ 40\,\square\,\mathrm{cm}\ 1:20 \end{vmatrix}$ und umfährt nun unter Anwendung des Kontrollineals einen
Kreis von 100 mm Durchmesser ca. 70—80 mal, nach jeder Umfahrung die
Ablesungsdifferenz notierend. Es werden sich dann geringe Schwankungen in diesen Differenzen zeigen; doch soll bei einem guten Instrumente der Unterschied zwischen der größten und der kleinsten Differenz
3—4 Noniuseinheiten nicht überschreiten, nur dann hat man eine Gewähr für eine tadellose Beschaffenheit des Rollenrandes. Ist dies der
Fall, so werden die Ablesungsdifferenzen bald größer, bald kleiner als
die theoretisch richtige Differenz, die in diesem Falle 785,4 beträgt,
sein; zeigen sie aber bis zu einer gewissen Stelle eine kontinuierliche
Zunahme und von da ab eine ebensolche Abnahme, oder umgekehrt,
so ist dies ein Zeichen dafür, daß der Limbus der Meßrolle und
der Rand der Meßrolle exzentrisch sind, ein Fehler, der nur vom
Verfertiger des Instrumentes beseitigt werden kann. Das gleiche gilt
von Unregelmäßigkeiten am Rollenrande selbst.

Für Amslersche Polarplanimeter wurde von v. Bauernfeind eine
mögliche Genauigkeit der Planimetrierung von $\frac{1}{1800}$, und für gewöhnliche
Fälle eine solche von $\frac{1}{600}$ (der zu bestimmenden Fläche) festgestellt.
Für die übrigen, bis jetzt behandelten Planimeter ist die Genauigkeit
nicht minder groß.

Das Schneidenradplanimeter.

In neuerer Zeit ist von Fieguth ein sowohl in der Konstruktion als
auch in der Handhabung sehr einfaches Instrument erfunden worden,
welches ebenfalls zur Bestimmung des Flächeninhaltes beliebig begrenzter, ebener Figuren dient und den Namen Schneidenradplanimeter trägt. Es ist in Fig. 213 perspektivisch dargestellt. P ist der
Polarm, der am freien Ende eine Nadelspitze, den Pol, enthält. Der
Fahrarm F ist am freien Ende mit einem Fahrstifte ausgerüstet, während
er am anderen Ende winkelhebelartig umgebogen ist, derart, daß M
senkrecht zu F steht. Dieser Winkelhebel FM ist mit P scharnier-
artig verbunden. Parallel zu M ist eine dünne Stange N angebracht,
auf welcher ein kleines Rädchen, das Schneidenrad, mit möglichst geringer Reibung gleiten kann. Außerdem trägt M einen Maßstab von
bestimmter Teilung.

An der Hand der beiden schematischen Fig. 214 und 215 soll die
Handhabung und die Theorie des Instrumentes erläutert werden.

Das Schneidenradplanimeter mißt den Inhalt einer ebenen Fläche,
indem beim Umfahren der Fläche mit dem Fahrstifte f (Fig. 213) das
Schneidenrad wechselnde Stellungen auf der Stange N (Fig. 213) einnimmt, und das Produkt aus der Entfernung der Anfangs- und End-

stellung des Schneidenrades und der Länge l des Fahrarmes gleich ist
dem Inhalte der umfahrenen Fläche. Der Weg, den das Schneidenrad
zurücklegt, wird an einer parallel zur Stange N (Fig. 213) angebrachten
Skala M bestimmt, deren Teilung im Verhältnisse zur Länge l des Fahrarmes so gewählt ist, daß der Inhalt direkt abgelesen werden kann.

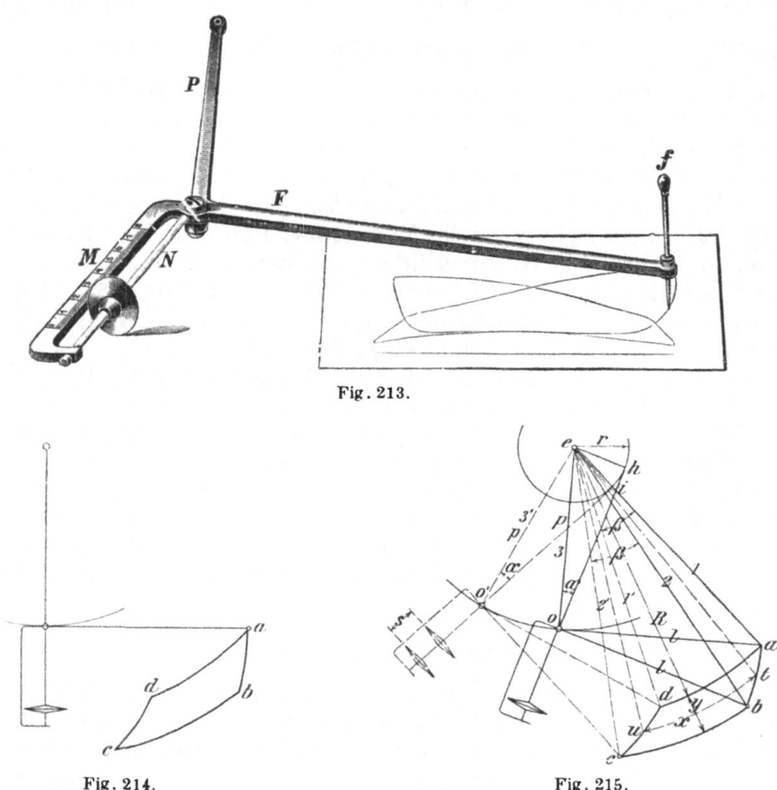

Fig. 213.

Fig. 214.   Fig. 215.

An einer Fläche $a\,b\,c\,d$ (Fig. 214 und 215) soll nachgewiesen werden,
daß das Produkt aus der Verschiebung s des Schneidenrades und der
Fahrarmlänge l gleich ist dem Inhalte dieser Fläche. Die Figur $a\,b\,c\,d$
ist aus 4 Kreisbögen zusammengesetzt, die im Verhältnisse zu den
Dimensionen des Instrumentes so gewählt sind, daß beim Befahren des
Bogens $d\,a$ mit dem Fahrstifte f die Stange N mit dem Polarme P stets
eine Gerade bildet ($d\,a$ ist also ein aus dem Mittelpunkte e mit $e\,f$ als
Radius beschriebener Kreisbogen). Die Kreisbögen $a\,b$ und $d\,c$ sind aus
den Mittelpunkten o bzw. o' mit dem Radius l beschrieben. Beim Befahren eines jeden dieser beiden Kreisbögen wird daher der Fahrarm l
nur eine Schwingung um den Drehpunkt o bzw. o' ausführen, während
die jeweilige Lage des Polarms P ungeändert bleibt (nämlich $e\,o$ bzw. $e\,o'$).
    Der vierte Kreisbogen $b\,c$ ist ebenfalls aus e beschrieben, läuft also
parallel zum Kreisbogen $a\,d$. Wenn der Fahrstift den Kreisbogen $b\,c$

befährt, so wird der Winkel α, den die Verlängerung der Stange N mit dem Polarme P, nachdem der Fahrstift in b angekommen ist, einschließt, konstant bleiben.

Solange bei der Bewegung des Fahrstiftes f die Stange N und der Polarm P in eine Gerade fallen, wird eine Verschiebung des Schneidenrades auf der Stange N nicht stattfinden. Dasselbe beschreibt einen Kreisbogen um den Mittelpunkt e. Eine Verschiebung des Schneidenrades auf der Stange N findet auch dann nicht statt, wenn der Fahrarm l nur eine Schwingung um den Punkt o ausführt, während der Polarm seine augenblickliche Stellung beibehält. In diesem Falle bewegt sich das Schneidenrad auf einem aus dem Punkte o beschriebenen Kreise.

Aus dem Vorhergehenden folgt ohne weiteres, daß beim Umfahren der Figur $a\,b\,c\,d$ nur beim Entlangfahren des Bogens $b\,c$ eine Verschiebung des Schneidenrades auf der Stange N stattfinden wird.

Die Größe dieser Verschiebung soll durch folgende Betrachtung festgestellt werden.

In Fig. 215 sind zwei verschiedene Stellungen des Planimeters schematisch dargestellt. Der Fahrstift f hat, wenn die eine Stellung in die andere übergegangen ist, den Kreisbogen $b\,c$ (mit e als Mittelpunkt) beschrieben. Die Verlängerung der Stange N schließt in beiden Stellungen mit dem Polarme P den Winkel α ein. Man fälle in der ersten Stellung $b\,o\,e$ vom Punkte e aus eine Senkrechte $e\,h$ auf die Verlängerung der Stange N und beschreibe mit $e\,h$ aus e einen Kreis, so wird in allen Stellungen des Planimeters die Verlängerung der Stange N eine Tangente an diesen Kreis sein, natürlich vorausgesetzt, daß der Fahrstift f stets auf dem aus e mit $e\,b$ als Radius beschriebenen Kreise verbleibt.

Man kann sich nun die Verschiebung des Schneidenrades auf der Stange N dadurch zustande kommend denken, daß ein Faden, an welchem das Schneidenrad befestigt ist, sich auf dem Kreise h aufwickelt. Die Bahn des Schneidenrades wird also eine Kreisevolvente werden; die Größe seiner Verschiebung auf der Stange N wird gleich demjenigen Stücke des imaginären Fadens sein, welches sich beim Übergange von der ersten Planimeterstellung in die zweite auf dem Kreise h aufwickelt, also gleich dem Bogen $i\,h$.

Denkt man sich in Fig. 215 die Geraden $e\,h$, $e\,a$, $e\,b$, $e\,o$, $o\,h$, $o\,a$ und $o\,b$ als ein starres System von Stäben, welches durch Drehung um den Punkt e allmählich in die zweite, punktiert gezeichnete Lage $e\,i$, $e\,d$, $e\,c$, $e\,o'$, $o'\,i$, $o'\,d$ und $o'\,c$ gebracht wird, so sind zweifellos alle durch den Punkt e gehenden Stäbe um denselben Winkel verdreht worden. Es wird also sein:

$$\sphericalangle\,a\,e\,d = \sphericalangle\,b\,e\,c = \sphericalangle\,h\,e\,i = \sphericalangle\,\beta\,.$$

Halbiert man den Kreisbogen $a\,b$ in t und beschreibt aus e mit $e\,t$ als Radius einen neuen Kreisbogen, so wird dieser auch den Kreisbogen $c\,d$ (in u) halbieren. $u\,t$ ist alsdann das arithmetische Mittel der Kreisbögen $a\,d$ und $b\,c$. Denkt man sich $e\,t$ und $e\,u$ ebenfalls zu dem vorhin angenommenen starren Stabsystem gehörend, so ist $e\,u$ diejenige Lage, welche von $e\,t$ nach der Verdrehung des Systems eingenommen wird, und es ist also

$$\sphericalangle\, t\,e\,u = \sphericalangle\,\beta\,.$$

Nach dem Gesetze der Ähnlichkeit ergibt sich:

$$r:\left(R + \frac{y}{2}\right) = \text{arc}\,h\,i\,{}^{1}) : \text{arc}\,t\,u\,.$$

Ferner ist im Dreiecke $e\,o\,b$ nach dem Kosinussatze:

$$(R + y) = \sqrt{p^2 + l^2 - 2\,p\,l \cdot \cos(90° + \alpha)}\,.$$

Im Dreiecke $e\,o\,h$ ist:

$$p = \frac{r}{\sin \alpha}\,.$$

Im Dreiecke $e\,o\,a$ ist:

$$p^2 = R^2 - l^2\,.$$

Ferner ist:

$$\cos(90° + \alpha) = -\sin \alpha\,.$$

Folglich wird:

$$R + y = \sqrt{R^2 - l^2 + l^2 - 2\,\frac{r}{\sin\alpha}\cdot l \cdot(-\sin\alpha)}$$

oder:

$$R + y = \sqrt{R^2 + 2\,r\,l}$$

oder:

$$2\,R\cdot y + y^2 = 2\,r\,l$$

oder:

$$y\cdot\left(R + \frac{y}{2}\right) = r\,l$$

oder:

$$y : l = r : \left(R + \frac{y}{2}\right)\,.$$

Nach früherem war:

$$r:\left(R + \frac{y}{2}\right) = \text{arc}\,h\,i : \text{arc}\,t\,u\,.$$

Also:

$$y : l = \text{arc}\,h\,i : \text{arc}\,t\,u$$

oder

$$y \cdot \text{arc}\,t\,u = l \cdot \text{arc}\,h\,i$$

oder:

$$y \cdot x = l \cdot s\,.$$

Da das Produkt $y\cdot x$ den Flächeninhalt der Figur $a\,b\,c\,d$ bedeutet, so ist durch die letzte Gleichung bewiesen, daß der Flächeninhalt der umfahrenen Figur gleich ist dem Produkte aus der Fahrarmlänge l und der Verschiebung s des Schneidenrades auf der Stange N.

Läge die Begrenzungslinie $a\,d$ dem Pole näher, oder weiter von diesem entfernt, so würde sich beim Befahren dieses Bogens auch eine Verschie-

---

bung (s_0) ergeben. Die Gesamtverschiebung S wäre alsdann $S = s + s_0$ bzw. $S = s - s_0$.

Man kann sich nun jede beliebige, krummlinig begrenzte, ebene Fläche aus einer großen Anzahl solcher Flächenstücke von der Form $a\,b\,c\,d$, aber mit ganz minimaler Höhe y, zusammen- gesetzt denken. Durch Umfahren eines jeden einzelnen dieser Flächenteile und durch Sum- mierung der gefundenen Flächeninhalte ergibt sich der Inhalt der ganzen Figur. Man erhält aber hierdurch, wie folgende Betrachtung zeigen soll, dasselbe Resultat, welches sich auch ergibt, wenn man nur den Umfang der Figur umfährt.

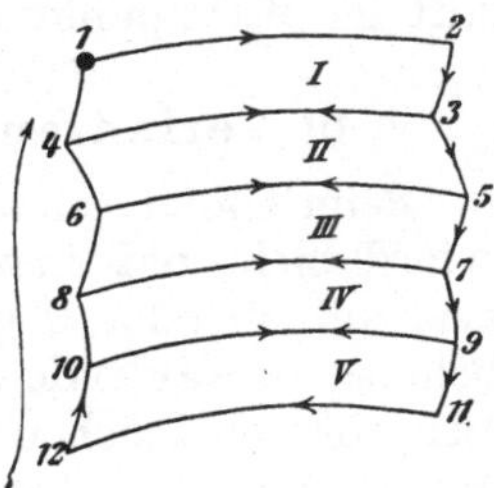

Fig. 216.

In Fig. 216 sei in vergrößertem Maßstabe ein in fünf Flächenelemente der Form $a\,b\,c\,d$ (Fig. 214) zerlegter Flächenteil dargestellt. Die Umfahrung beginne im Punkte 1 und nehme folgenden Verlauf:

von *1* nach *2,*	von	*7* nach *8,*
„ *2* „ *3,*	„	*8* „ *7,*
„ *3* „ *4,*	„	*7* „ *9,*
„ *4* „ *3,*	„	*9* „ *10,*
„ *3* „ *5,*	„	*10* „ *9,*
„ *5* „ *6,*	„	*9* „ *11,*
„ *6* „ *5,*	„	*11* „ *12,*
„ *5* „ *7,* ferner	„	da über *10, 8, 6, 4* nach *1.*

Dann sind die Langseiten *3—4, 5—6, 7—8, 9—10* doppelt, und zwar einmal in der einen, das andere Mal in der entgegengesetzten Richtung befahren worden. Da nun aber das Befahren einer Strecke, hin und wieder zurück, das Schneidenrad wieder in seine ursprüngliche Stellung zurückbringt, so ist die aus der Befahrung der Fläche in der oben an- gegebenen Weise resultierende Verschiebung des Schneidenrades genau dieselbe, die sich ergeben hätte, wenn nur der Umfang der Figur um- fahren worden wäre.

Gebrauchsanweisung: Das Instrument gibt den Inhalt der um- fahrenen Fläche in Quadratzentimetern an. Jeder Strich der 80-teiligen Skala M (Fig. 213) gilt für 1 qcm; man kann bis auf Zehntel-Quadrat- zentimeter genau ablesen. Die noch meßbare Fläche kann bis zu ca. 2500 qcm groß sein.

a) Verfahren beim Ausmessen von Indikatordiagrammen.

Man stelle das Instrument so auf, daß der Fahrstift auf einen leicht zu merkenden Punkt des Diagrammes zu stehen kommt. Das Schneiden- rad bringe man auf den Nullpunkt der Skala und umfahre das Diagramm im Sinne des Zeigers der Uhr. Aus der Stellung des Schneidenrades lese man dann den Inhalt der umfahrenen Figur ab. Beträgt z. B. die Ablesung 25,7 qcm, die Länge des Diagrammes 10 cm, und ist das Maß der verwendeten Indikatorfeder 10 mm = 1 kg/qcm, so berechnet sich der mittlere Dampfdruck auf den Kolben der Dampfmaschine zu

$$p_m = \frac{25,7}{10 \cdot 1}\,\text{kg/qcm} = \textbf{2,57 kg/qcm.}$$

19*

Beim Umfahren achte man darauf, daß das Schneidenrad innerhalb seiner Begrenzungen freien Spielraum behält. Man erreicht dieses fast immer, wenn man den Polarm so stellt, daß derselbe mit dem Fahrarm einen Winkel bildet, der etwas weniger als 90° beträgt, wenn der Fahrstift im Mittelpunkt der Figur steht.

b) Verfahren beim Ausmessen größerer Flächen.

Beim Umfahren von Flächen, die mehr als 80 qcm Inhalt haben, ist erforderlich, daß man, sobald das Schneidenrad am Ende der Skala, also auf 80 oder 0 qcm angelangt ist, anhält und dasselbe um eine beliebig zu wählende Anzahl von Teilstrichen zurück- bzw. vorausstellt. Bei größeren Flächen muß man dieses Verfahren mehrmals wiederholen. Man notiert dann jedesmal die Anzahl der Teilstriche mit dem Vorzeichen + oder −, je nachdem man das Schneidenrad von 80 nach 0, oder von 0 nach 80 zu verstellt hat. Zum Schlusse addiert man diese so erhaltenen Zahlen zu der an der Skala selbst abzulesenden Anzahl Quadratzentimeter und erhält auf diese Weise den Gesamtinhalt der Fläche.

c) Verfahren beim Ausmessen mit innenliegendem Pole.

Beim Ausmessen von sehr großen Flächen (bis zu etwa 2500 qcm Inhalt) legt man den Pol des Planimeters ungefähr in die Mitte der Fläche und verfährt ganz so, wie vorstehend unter b beschrieben. Man erhält so entweder eine positive oder negative Anzahl von Quadratzentimetern. Um nun den richtigen Inhalt der umfahrenen Figur zu erhalten, addiert man zu dieser positiven oder negativen Anzahl von Quadratzentimetern eine Konstante, die z. B. beim Planimeter Nr. 180 = + 1499,9 qcm (= Inhalt desjenigen Kreises, bei welchem das Schneidenrad beim Umfahren keine seitliche Verschiebung erleidet) beträgt.

2. Der Flächen- und Diagrammesser von Wilda.

Derselbe beruht auf der Methode der Flächenberechnung durch Zerlegung in schmale Trapeze und Addition der Inhalte dieser Teiltrapeze.

Er besteht in einem auf einer transparenten Tafel aufgezeichneten, an einem Lineale zu verschiebenden Liniennetze (Fig. 217 und 218).

Die Handhabung dieser sehr einfachen Einrichtung ist folgende: Man legt den Flächenmesser derart auf die zu messende Figur, daß deren Begrenzungslinie links und rechts auf zwei der dünn gezeichneten, im übrigen aber beliebig zu wählenden Vertikalen fällt. In Fig. 217 gibt die zweite Lage von unten des diagrammähnlichen Linienzuges diese Anfangsstellung an. Bei dieser fällt also die linke Begrenzungslinie der Figur auf die erste, die rechte Begrenzung auf die zwischen 12 und 13 liegende, dünn gezeichnete Vertikale, so daß der ganze geschlossene Linienzug zwölf stark ausgezogene Vertikale, jede zweimal, schneidet. Die so entstehenden Abschnitte spielen die Rolle der Trapezmittellinien.

Nunmehr legt man ein Lineal L (Fig. 217) an den linken Rand des
Flächenmessers und verschiebt diesen so lange nach oben, bis die untere
Zahl *1* (in Fig. 217 mit ⊙ bezeichnet), auf die untere Begrenzung des
Linienzuges fällt (unterste Lage in Fig. 217). Da, wo oben die durch *1*
gehende, stark gezogene Vertikale geschnitten wird, liest man links am
Rande den Inhalt des in Fig. 217 unten schraffierten Flächenelementes
ab. Dieser beträgt also 1,05 qcm.

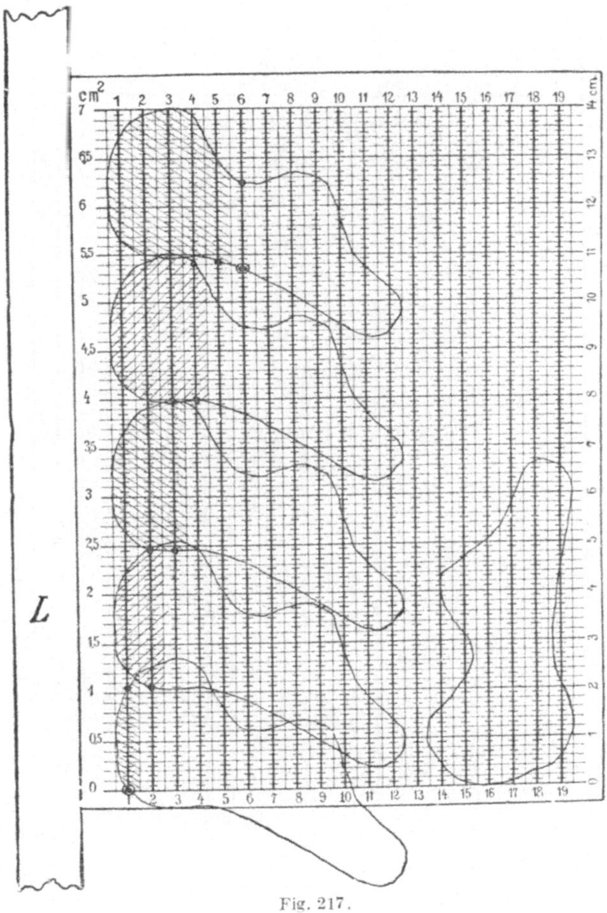

Fig. 217.

In der gleichen Höhe mit dem eben maßgebend gewesenen Schnittpunkte wird auf der Vertikalen durch 2 eine Nadel- oder Zirkelspitze
eingesetzt und der Flächenmesser am Lineale so weit nach unten geschoben, bis die Spitze auf die untere Begrenzungslinie der zu messenden
Figur fällt (Lage 2 von unten in Fig. 217). Die obere Begrenzung wird
dann von derselben Vertikalen 2 in der Höhe 2,45 geschnitten; der Inhalt
des schraffierten Flächenteiles (1. Trapez + 2. Trapez) beträgt 2,45 qcm.
In der gleichen Höhe wird die Spitze auf die Vertikale *3* gesetzt, der

Flächenmesser so weit nach unten geschoben, bis die Spitze auf die untere Begrenzung der Fläche fällt und links am Rade der Inhalt des schraffierten Teiles (1. Trapez + 2. Trapez + 3. Trapez) zu 3,975 qcm abgelesen.

Ist in dieser Weise der Flächenmesser fünfmal verschoben (oberste Stellung in Fig. 217), so zeigt sich, daß bei einer sechsten Verschiebung

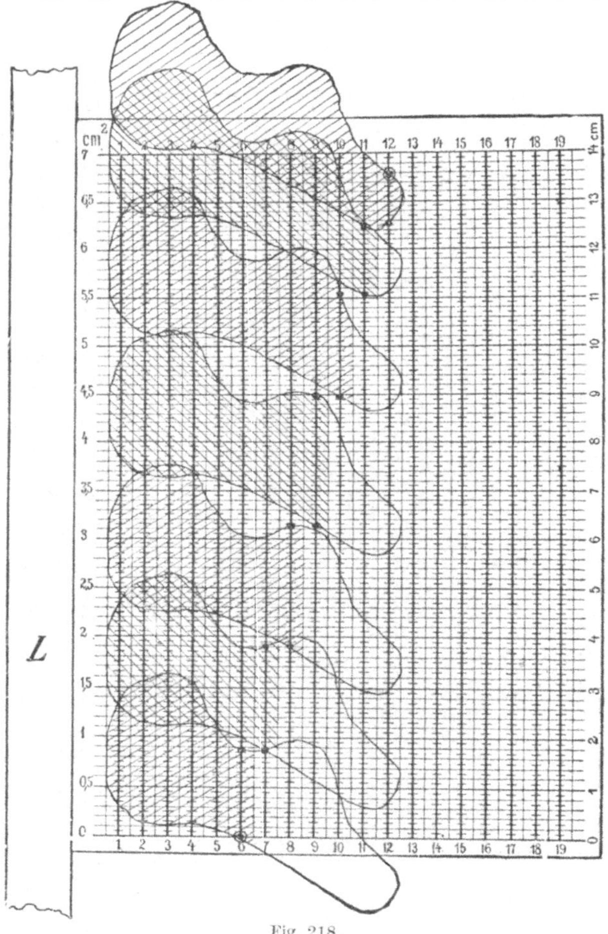

Fig. 218.

die Vertikale *6* den Linienzug nicht mehr in zwei Punkten schneiden würde, denn der innerhalb der Figur liegende Abschnitt der Vertikalen *6* umfaßt nahezu neun Teile, während der außerhalb der Figur liegende, nach oben hin noch übrigbleibende Abschnitt nur ca. siebenundeinhalb Teile ausmacht.

Die Vertikale *5* ergibt die Ablesung 6,5 qcm. Diese Zahl merkt man sich und verschiebt nun den Flächenmesser so weit nach oben, bis der unterste Punkt der Vertikalen *6*, also die untere Zahl *6* auf den mit ⊙

bezeichneten Punkt der unteren Begrenzungslinie der Figur zu liegen kommt. Diese Stellung ist in Fig. 218 unten abgebildet. Analog wie vorher setzt man die Nadelspitze nacheinander auf die Vertikalen *7, 8, 9, 10, 11* und endlich auf *12* (oberste Stellung in Fig. 218) und liest in der Höhe des oberen Schnittpunktes der Vertikalen *12* mit der Begrenzungslinie den Inhalt 6,8 qcm ab.

Der Inhalt der ganzen Figur ist dann:

$$(6,5 + 6,8)\ \text{qcm} = 13,3\ \text{qcm}.$$

Natürlich brauchen die Zwischenablesungen mit Ausnahme derjenigen von 6,5 qcm nicht gemacht werden.

D. Leistungsversuche an Kolbendampfmaschinen.

1. Berechnung der Leistung einer Kolbendampfmaschine aus dem Dampfdruckdiagramme.

Angenommen ist eine liegende, einzylindrige Auspuffmaschine mit Ridersteuerung, welche bei der Indizierung die in den Fig. 219 und 220 abgebildeten Diagramme ergab.

Die hier in Betracht kommenden Hauptabmessungen der Maschine sind folgende:

$$
\begin{aligned}
&\text{Zylinderdurchmesser} \ldots\ldots\ldots\ldots\ D = 240\ \text{mm}\\
&\text{Kolbenstangendurchmesser}
\begin{cases}
\text{Kurbelseite} \ \ldots & d_v = \ 45\ \text{,,}\\
\text{Deckelseite} \ \ldots & d_\mathfrak{h} = \ 35\ \text{,,}
\end{cases}\\
&\text{Hub} \ldots\ldots\ldots\ldots\ldots\ldots\ldots\ s = 520\ \text{,,}\\
&\text{Umdrehungszahl pro Minute} \ldots\ldots\ n = 83.
\end{aligned}
$$

Bezeichnet man ferner noch die vom Dampfe gedrückte Kolbenfläche allgemein mit Q (qcm) und den während eines Hubes auf diese Fläche wirksamen mittleren Dampfdruck mit p_m (kg/qcm), so ist:

die **Arbeit während eines Hubes** = Kraft × Weg = $p_m \cdot Q \cdot s$ mkg.

Da die Hublänge s bei einer Umdrehung zweimal vom Kolben bestrichen wird, so ist der von letzterem zurückgelegte Weg bei n Umdrehungen pro Minute

$$= n \cdot 2 \cdot s\,.$$

Also Kolbenweg pro Sekunde $= \dfrac{n \cdot 2 \cdot s}{60} = \dfrac{n \cdot s}{30}$ Meter.

Also Leistung der Maschine = Arbeit in 1 Sekunde:

$$= p_m \cdot Q \cdot \frac{n \cdot s}{30}\ \text{Sekundenkilogramm-Meter}$$

oder in Pferdestärken (PS)

$$= \frac{p_m \cdot Q \cdot n \cdot s}{30 \cdot 75} = N_i\,.$$

Da unter Q die **wirksame** Kolbenfläche verstanden ist, so muß bei ihrer Berechnung die Querschnittsfläche der Kolbenstange entsprechend berücksichtigt werden. Es ergibt sich demnach für die

<table>
<tr><td>

Kurbelseite:

Querschnittsfläche des Kolbens

$$= \frac{D^2 \pi}{4} \, ,$$

Querschnittsfläche d. Kolbenstange

$$= \frac{d_v^2 \cdot \pi}{4} \, .$$

</td><td>

Deckelseite:

Querschnittsfläche des Kolbens

$$= \frac{D^2 \pi}{4} \, ,$$

Querschnittsfläche d. Kolbenstange

$$= \frac{d_{\mathfrak{h}}^2 \pi}{4} \, .$$

</td></tr>
</table>

<table>
<tr><td>

Wirksame Kolbenfläche:

$$Q_v = \frac{\pi}{4} \cdot (D^2 - d_v^2) \, ,$$

Leistung:

$$N_i' = \frac{p_m' \cdot \frac{\pi}{4} \cdot (D^2 - d_v^2) \cdot n \cdot s}{30 \cdot 75}$$

</td><td>

Wirksame Kolbenfläche:

$$Q_{\mathfrak{h}} = \frac{\pi}{4} \cdot (D^2 - d_{\mathfrak{h}}^2) \, ,$$

Leistung:

$$N_i'' = \frac{p_m'' \cdot \frac{\pi}{4} \cdot (D^2 - d_{\mathfrak{h}}^2) \cdot n \cdot s}{30 \cdot 75}$$

</td></tr>
</table>

$$\text{Der Faktor} \quad \frac{\frac{\pi}{4} \cdot (D^2 - d_v^2) \cdot s}{30 \cdot 75} \quad \text{resp.} \quad \frac{\frac{\pi}{4} \cdot (D^2 - d_{\mathfrak{h}}^2) \cdot s}{30 \cdot 75} \quad \text{ist für jede}$$

Maschine eine Konstante, die ein für allemal berechnet wird. Sie sei mit C_v resp. $C_{\mathfrak{h}}$ bezeichnet, so daß sich für die indizierte Leistung ergibt:

Kurbelseite: $N_i' = C_v \cdot p_m' \cdot n$ | Deckelseite: $N_i'' = C_{\mathfrak{h}} \cdot p_m'' \cdot n$.

Das arithmetische Mittel dieser beiden Werte gibt alsdann die Leistung N_i der ganzen Maschine

$$N_i = \frac{N_i' + N_i''}{2} \, .$$

2. Bestimmung der mittleren Dampfspannung aus dem Dampfdruckdiagramme.

Das Prinzip der Arbeitsweise der gewöhnlichen Indikatoren ist kurz folgendes:

Der Indikatorkolben und damit auch der Schreibstift wird, übereinstimmend mit dem Dampfdrucke auf der indizierten Zylinderseite, bewegt, während gleichzeitig die Papiertrommel den Weg des Dampfmaschinenkolbens (allerdings in reduziertem Maße) mitmacht. Aus der hieraus folgenden Entstehungsweise der Dampfdruckdiagramme ist sofort zu ersehen, daß für jede Stellung des Dampfmaschinenkolbens, als Abszisse gemessen, die zugehörige Dampfspannung auf der indizierten Seite des Dampfzylinders durch die zugehörige Ordinate gemessen werden kann.

Die mittlere Höhe des Dampfdruckdiagrammes wird also auch ein Maß für die gesuchte mittlere Dampfspannung p_m sein.

Drückt man den Flächeninhalt des Diagrammes als Rechteck aus, dessen Länge gleich der Diagrammlänge ist, so ergibt die Höhe dieses Rechtecks die mittlere Diagrammhöhe.

Die mittlere Höhe des Dampfdruckdiagrammes kann gefunden werden:

a) auf rechnerischem Wege,

b) mit Hilfe des Polarplanimeters und des Wildaschen Diagrammmessers.

Die rein rechnerische Bestimmung ist umständlich und ungenau und wird nur ausgeübt, wenn kein Planimeter zur Hand ist. Man teilt die ganze Diagrammlänge l in zehn gleiche Teile (Fig. 219) und zieht die entsprechenden Ordinaten a_1, a_2, $a_3 \ldots a_9$. Das erste und letzte Zehntel wird nochmals in vier gleiche Teile geteilt, so daß die Ordinaten a_0 und a_{10} im Abstande von $\dfrac{l}{40}$ von den Begrenzungsordinaten des Diagrammes zu liegen kommen.

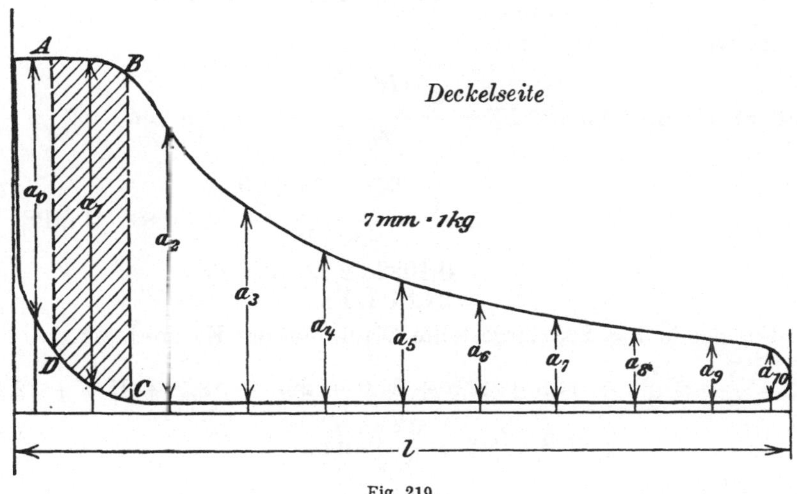

Fig. 219.

Man kann nun jede Ordinate als Mittellinie eines Trapezes betrachten, dessen Höhe $= \dfrac{l}{10}$ ist, nur die Höhe des zu a_0 und a_{10} gehörigen Trapezes ist $\dfrac{l}{20}$. Für die Ordinate a_1 ist z. B. $ABCD$ das zugehörige Trapez (Fig. 219).

Diagrammfläche $F =$ Summe sämtlicher Trapeze:

$$F = a_0 \frac{l}{20} + a_1 \frac{l}{10} + a_2 \cdot \frac{l}{10} + \ldots + a_9 \cdot \frac{l}{10} + a_{10} \cdot \frac{l}{20},$$

$$F = \frac{l}{10} \cdot \left(\frac{a_0}{2} + a_1 + a_2 + \ldots + a_9 + \frac{a_{10}}{2} \right).$$

Berechnet man aus der für F zuletzt angegebenen Formel die mittlere Diagrammhöhe a_m, so wird diese:

$$a_m = \frac{F}{l} = \frac{1}{10}\left(\frac{a_0}{2} + a_1 + a_2 + \ldots + a_9 + \frac{a_{10}}{2}\right).$$

Dividiert man diesen Wert noch durch den Maßstab der Indikatorfeder, so ist der dem Diagramm entsprechende mittlere Dampfdruck p_m gefunden.

Für das in Fig. 219 dargestellte Diagramm der Deckelseite ergibt sich:

$$a_m = \frac{1}{10} \cdot \left(\frac{34,0}{2} + 43,0 + 36,0 + 25,8 + 19,7 + 16,0 + 13,0 + 11,3\right.$$
$$\left. + 9,2 + 8,1 + \frac{6,2}{2}\right) \text{ mm}$$
$$= \mathbf{20,22\ mm.}$$

Da der Federmaßstab 7 mm $= 1$ kg/qcm ist, so rechnet sich die mittlere Dampfspannung zu:

$$p_m'' = \frac{20,22 \text{ mm}}{7 \text{ mm}} \cdot 1 \text{ kg/qcm} = \mathbf{2,89\ kg/qcm.}$$

Es wird dann weiter:

Indizierte Leistung: $N_i'' = \dfrac{\dfrac{\pi}{4} \cdot (D^2 - d_b^2) \cdot s}{30 \cdot 75} \cdot p_m'' \cdot n = C_b \cdot p_m'' \cdot n$

$$= \frac{\dfrac{\pi}{4} \cdot (24^2 - 3,5^2) \cdot 0,52}{30 \cdot 75} \cdot 2,89 \cdot 83 \text{ i. PS}$$
$$= 0,1022 \cdot 2,89 \cdot 83 \text{ i. PS}$$
$$= \mathbf{24,51\ i.\ PS.}$$

Für das in Fig. 220 dargestellte Diagramm der Kurbelseite wird:

$$a_m = \frac{1}{10} \cdot \left(\frac{34,0}{2} + 44,5 + 42,5 + 30,0 + 23,1 + 18,5 + 15,0 + 12,4\right.$$
$$\left. + 10,6 + 8,8 + \frac{6,4}{2}\right) \text{ mm}$$
$$= \mathbf{22,56\ mm.}$$

Also mittlere Dampfspannung:

$$p_m' = \frac{22,56 \text{ mm}}{7 \text{ mm}} \cdot 1 \text{ kg/qcm} = \mathbf{3,22\ kg/qcm.}$$

Es wird dann weiter:

Indizierte Leistung: $N_i' = \dfrac{\dfrac{\pi}{4} \cdot (D^2 - d_v^2) \cdot s}{30 \cdot 75} \cdot p_m' \cdot n = C_v \cdot p_m' \cdot n$

$$= \frac{\dfrac{\pi}{4} \cdot (24^2 - 4,5^2) \cdot 0,52}{30 \cdot 75} \cdot 3,22 \cdot 83 \text{ i. PS}$$
$$= 0,1008 \cdot 3,22 \cdot 83 \text{ i. PS}$$
$$= \mathbf{26,94\ i.\ PS.}$$

Indizierte Leistung der Maschine:

$$N_i = \frac{N_i' + N_i''}{2} = \frac{26{,}94 + 24{,}51}{2} \text{ i. PS}$$

$$= 25{,}7 \text{ i. PS.}$$

Viel rascher führt die Planimetrierung der Diagramme zum Ziele. Angenommen, es stehe ein Coradisches Planimeter zur Verfügung, wie es auf S. 266 beschrieben worden ist. Der Nonius desselben werde auf die Marke 318,3 eingestellt, dann ist laut Tabelle der Wert der Noniuseinheit 10 qm (für den Maßstab 1 : 1000).

Für das in Fig. 219 dargestellte Diagramm der Deckelseite ergibt sich z. B.:

die Anfangsstellung der Meßrolle sei   9502
„ Endstellung   „   „ wird . . . 9707
Differenz   205

Fläche des Diagrammes, wenn es im Maßstabe 1 : 1000 gezeichnet wäre,

$$= 2050 \text{ qm.}$$

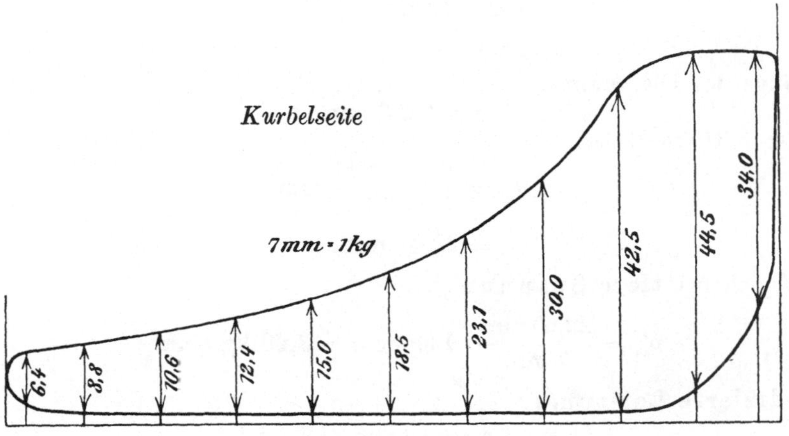

Fig. 220.

Die wirkliche Größe der Diagrammfläche ist also:

$$F = \frac{2050 \text{ qm}}{1000 \cdot 1000} = 0{,}002\,050 \text{ qm}$$

$$= 2050 \text{ qmm.}$$

Länge des Diagrammes:

$$l = 102{,}5 \text{ mm.}$$

Also mittlere Höhe:

$$a_m = \frac{F}{l} = \frac{2050}{102{,}5} \text{ mm}$$

$$= 20 \text{ mm.}$$

Folglich mittlere Spannung:

$$p''_m = \frac{20 \text{ mm}}{7 \text{ mm}} \cdot 1 \text{ kg/qcm} = \mathbf{2{,}86 \ kg/qcm}.$$

Indizierte Leistung:

$$N''_i = 0{,}1022 \cdot 2{,}86 \cdot 83 \text{ i. PS}$$
$$= \mathbf{24{,}26 \ i. \ PS}.$$

Für das in Fig. 220 dargestellte Diagramm der Kurbelseite ergibt sich z. B.:

die Anfangsstellung der Meßrolle sei 1018
„ Endstellung „ „ wird . . . 1247

Differenz 229

Fläche des Diagrammes, wenn es im Maßstabe 1 : 1000 gezeichnet wäre,

$$= 2290 \text{ qm}.$$

Die wirkliche Größe der Diagrammfläche ist also:

$$F = \frac{2290 \text{ qm}}{1000 \cdot 1000} = 0{,}002290 \text{ qm}$$
$$= 2290 \text{ qmm}.$$

Länge des Diagrammes:

$$l = 102{,}2 \text{ mm}.$$

Also mittlere Höhe:

$$a_m = \frac{F}{l} = \frac{2290}{102{,}2} \text{ mm}$$
$$= \mathbf{22{,}40 \ mm}.$$

Folglich mittlere Spannung:

$$p'_m = \frac{22{,}40 \text{ mm}}{7 \text{ mm}} \cdot 1 \text{ kg/qcm} = \mathbf{3{,}20 \ kg/qcm}.$$

Indizierte Leistung:

$$N'_i = 0{,}1008 \cdot 3{,}20 \cdot 83 \text{ i. PS}$$
$$= \mathbf{26{,}77 \ i. \ PS}.$$

Indizierte Leistung der Maschine:

$$N_i = \frac{N''_i + N'_i}{2} = \frac{24{,}26 + 26{,}77}{2} \text{ i. PS}$$
$$= \mathbf{25{,}51 \ i. \ PS}.$$

Die rein rechnerische Auswertung der Diagramme ergab 25,7 i. PS, ein Resultat, welches gut mit dem Ergebnisse der planimetrischen Behandlung der Diagramme übereinstimmt.

Noch etwas einfacher wird die Planimetrierung, wenn man dieselbe mit einem Instrumente vornimmt, welches speziell für Diagramme eingerichtet ist, wie es z. B. bei dem auf Seite 262 beschriebenen Amslerschen Planimeter der Fall ist. Man macht den Spitzenabstand (siehe

Amslersches Planimeter) gleich der Diagrammlänge und erhält z. B. für das Diagramm der Deckelseite:

$$\begin{array}{lr}
\text{die Anfangsstellung der Meßrolle sei} & \text{. . . . } 8649 \\
\text{„ Endstellung „ „ wird} & \text{. . . } 9982 \\
\hline
\text{Differenz} & 333
\end{array}$$

Da die Konstante des Instrumentes $= 0{,}06$ ist, so wird die mittlere Diagrammhöhe aus der Tabelle im Anhange:

$$a_m = 19{,}98 \text{ mm.}$$

Für das Diagramm der Kurbelseite werde z. B.:

$$\begin{array}{lr}
\text{die Anfangsstellung der Meßrolle sei} & \text{. . . . } 1742 \\
\text{„ Endstellung „ „ wird} & \text{. . . } 2115 \\
\hline
\text{Differenz} & 373
\end{array}$$

Folglich (aus der Tabelle im Anhange)

$$a_m = 22{,}38 \text{ mm.}$$

Nicht selten werden Diagramme erhalten, bei denen sich einzelne Kurven überschneiden, wie es z. B. in den

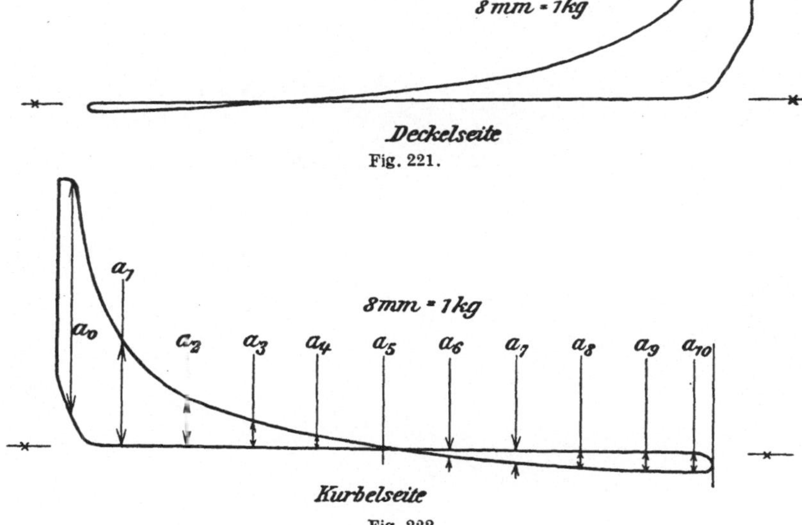

Fig. 221.

Fig. 222.

Fig. 221 und 222 der Fall ist. Dies sind die Leerlaufsdiagramme einer liegenden Einzylindermaschine ohne Kondensation mit Allan-Steiner-Steuerung. Um den Verlauf der Kurven deutlich erkennen zu können, sind die Atmosphärenlinien nicht durchgezogen, sondern nur außerhalb der Diagramme durch kurze Striche angedeutet.

Wie Fig. 222, das Diagramm der Kurbelseite, besonders deutlich zeigt, ist während der zweiten Hälfte des Hubes der Druck des expandierenden Dampfes kleiner als der Gegendruck. (Die Expansionskurve liegt rechts von der Ordinate a_5 ab unterhalb der Gegendrucklinie.) Die Schleife rechts von der Ordinate a_5 repräsentiert daher keine positive

Arbeit der Dampfmaschine, sondern einen Arbeitsverbrauch derselben, der zur Überwindung des Gegendruckes aufgewendet werden muß, und den die Maschine aus dem im Schwungrade angesammelten Arbeitsvorrate deckt. Diese Schleife ist daher negativ in Rechnung zu ziehen, so daß sich für die mittlere Höhe des Diagrammes in Fig. 222 ergibt:

$$a_m = \frac{1}{10} \cdot \left(\frac{30}{2} + 13{,}9 + 6{,}2 + 2{,}9 + 1{,}1 \pm 0{,}0 - 1{,}1 - 1{,}8 \right.$$

$$\left. - 2{,}3 - 2{,}6 - \frac{2{,}2}{2} \right) \text{ mm}$$

$$= 3{,}02 \text{ mm.}$$

Da der Federmaßstab 8 mm = 1 kg/qcm ist, so wird der mittlere Druck:

$$p'_m = 0{,}377 \text{ kg/qcm.}$$

Ähnlich sind die Verhältnisse beim Diagramme der Deckelseite (Fig. 221).

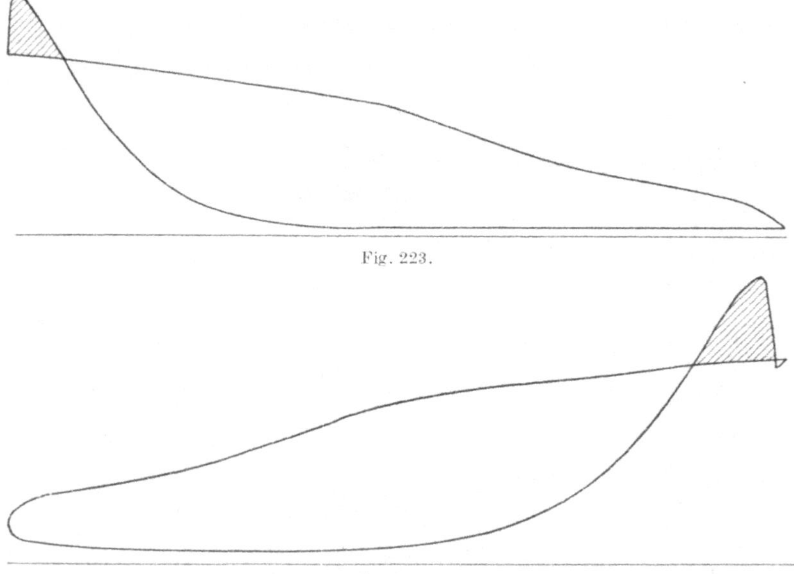

Fig. 223.

Fig. 224.

Die Fig. 223 und 224 zeigen die Diagramme einer Einzylinder-Auspuffmaschine mit Kulissensteuerung, bei welcher die Kompression zu hoch getrieben ist, so daß der Kompressionsenddruck höher ist als der Druck des in den Zylinder eintretenden Frischdampfes. Die schraffierten Flächen sind wieder negative Leistungen der Dampfmaschine. Sie sind in analoger Weise zu berücksichtigen, wie es bei den Schleifen der Diagramme Fig. 221 und Fig. 222 der Fall war.

Werden Diagramme mit derartigen Überschneidungen, wie sie in den Fig. 221÷224 dargestellt sind, mit dem Planimeter bearbeitet, so subtrahieren sich die im vorigen als negativ bezeichneten Schleifen von selbst, vorausgesetzt, daß die Umfahrung der Diagramme in der richtigen Weise geschieht, indem bei den Überschneidungspunkten der Fahrstift des Planimeters den befahrenen Kurvenzug (Kompressionslinie, Expansionslinie usw.) nicht verläßt.

3. Ausgeführte Leistungsversuche an Dampfanlagen.

a) Leistungsversuch zum Zwecke der Bestimmung des Dampfverbrauches einer liegenden Verbund-Auspuffmaschine.

Dampfmaschine:

Hochdruckzylinder: $\Phi = 240$ mm; Hub $= 520$ mm,
Kolbenstangendurchmesser: vorn 45 mm,
„ „ hinten 35 mm,
wirksame Kolbenfläche vorn: $Q_v = 436{,}4$ qcm,
„ „ hinten: $Q_h = 442{,}68$ qcm,
Steuerung: Doppelschiebersteuerung (Rider),

Leistung: vorn $N_i = \dfrac{Q_v \cdot s \cdot p'_m \cdot n}{30 \cdot 75} = C_v \cdot n \cdot p'_m$

$$= 0{,}1008 \cdot n \cdot p'_m ,$$

„ hinten $N_i = \dfrac{Q_h \cdot s \cdot p''_m \cdot n}{30 \cdot 75} = C_h \cdot n \cdot p''_m$

$$= 0{,}1023 \cdot n \cdot p''_m ,$$

Niederdruckzylinder: $\Phi = 360$ mm; Hub $= 520$ mm,
Kolbenstangendurchmesser: vorn 45 mm,
„ „ hinten 35 mm,
wirksame Kolbenfläche vorn: 1001,46 qcm,
„ „ hinten: 1007,74 qcm,
Steuerung: einfache Flachschiebersteuerung,

Leistung: vorn $N_i = \dfrac{Q_v \cdot s \cdot p'_m \cdot n}{30 \cdot 75} = C_v \cdot n \cdot p'_m$

$$= 0{,}2314 \cdot n \cdot p'_m ,$$

„ hinten $N_i = \dfrac{Q_h \cdot s \cdot p''_m \cdot n}{30 \cdot 75} = C_h \cdot n \cdot p''_m$

$$= 0{,}2329 \cdot n \cdot p''_m ,$$

Dampfkessel:

Einflammrohrkessel (Seitrohrkessel) mit Dampfsammler, Heizfläche 35,8 qm; Rostfläche 1,14 qm.

Einrichtung des Versuches:

Speisewasser: gewogen.
Speisung: mittels Worthingtonpumpe kontinuierlich.
Speisewasser durch Vorwärmer gedrückt.
Kohle: westfälischen Ursprungs.
Kondensate wurden abgefangen von:
der Hauptdampfleitung, der Speisepumpe,
vom Mantel des Hochdruckzylinders,
„ „ des Niederdruckzylinders und des Receivers.
Sämtliche Beobachtungen, ebenso die Aufnahmen der Indikatordiagramme erfolgten viertelstündlich.

Zusammenstellung der Versuchsresultate.

Nr.		
1	Dauer des Versuches . . . . Std.	8
2	Speisewasserverbrauch im ganzen . . . . kg	4725,5
3	Temperatur des Speisewassers	
	a) vor dem Vorwärmer . . . . °C	8,4
	b) hinter dem Vorwärmer . . . . °C	94,8
4	Speisewasserverbrauch in 1 Stunde auf 1 qm Heizfläche kg	16,5
5	Spannung des Dampfes . . . . Überdruck at	6,0
6	Kohlenverbrauch im ganzen . . . . kg	629,0
7	Kohlenverbrauch pro Stunde und qm des Rostes . . . „	69,0
8	Gesamtrückstände . . . . „	79,0
9	Rückstände in % der verfeuerten Kohle . . . . . . %	12,6
10	1 kg Kohle verdampfte Wasser . . . . kg	7,51
11	1 kg Kohle verwandelt Wasser von 0° in Dampf von 100° „	6,62
12	Zugstärke in mm Wassersäule . . . . mm	9,6
13	Kohlensäuregehalt der Rauchgase im Fuchs . . . . Vol.-%	9,86
14	Sauerstoffgehalt „ ” „ ” . . . . . . „	8,76
15	Vielfaches der theoretischen Luftmenge	1,68
16	Fuchstemperatur . . . . °C	222,0
17	Kesselhaustemperatur . . . . „	23,8
18	Differenz dieser beiden Temperaturen . . . . „	198,2
19	Schornsteinverluste in % der erzeugten Wärmemenge . . %	15,2
20	Aufgefangene Kondensationswassermengen	
	a) aus dem Mantel des Hochdruckzylinders . . . kg	146,81
	b) „ „ „ „ Niederdruckzylinders . . „	135,37
	c) „ „ „ „ Receivers . . . . „	136,65
	d) „ „ Receiver . . . . „	38,25
	e) „ der Hauptdampfleitung . . . . kg	86,0
	f) „ „ Auspuffleitung der Dampfpumpe . . . „	287,9
	Summe der beiden letzten . . . . „	373,9
21	Dampfverbrauch der Maschine in 8 Stunden . . . . . „	4351,6
22	„ „ „ „ 1 Stunde . . . . „	544,0
23	Mittlere Dampfspannung	
	im Hochdruckzylinder { a) vorn . . . . . . kg/qcm	1,88
	{ b) hinten . . . . . . „	1,80
	im Niederdurckzylinder { a) vorn . . . . „	0,72
	{ b) hinten . . . . . . „	0,76
24	Umdrehungszahl der Maschine pro Minute	121,0
25	Leistung der Maschine (als Mittel der in der Hilfstabelle angegebenen Einzellasten gerechnet)	
	Hochdruckzylinder { a) vorn 23,42 . . i. PS }	22,88
	{ b) hinten 22,35 . . „	
	Niederdruckzylinder { a) vorn 20,11 . . }	20,74
	{ b) hinten 21,38 . . „	
26	Gesamtleistung in indizierten PS . . . . „	43,62
27	„ „ Watt . . . . Watt	20692
28	Effektive Leistung (aus der elektrischen Leistung berechnet mit $\eta_\delta = 0,85$) . . . . e. PS	33,0
29	Dampfverbrauch pro 1 Stunde und 1 indizierte PS . . . kg	12,5
30	„ „ 1 „ „ 1 effektive PS . . . „	16,48
31	Nutzwirkung der Dampfmaschine (diejenige der Dynamomaschine zu $\eta_\delta = 0,85$ angenommen) . . . . %	75,9

Diagramme,
welche der während des ganzen
Versuches festgestellten, mittleren
Maschinenleistung entsprechen
(Fig. 225÷228).

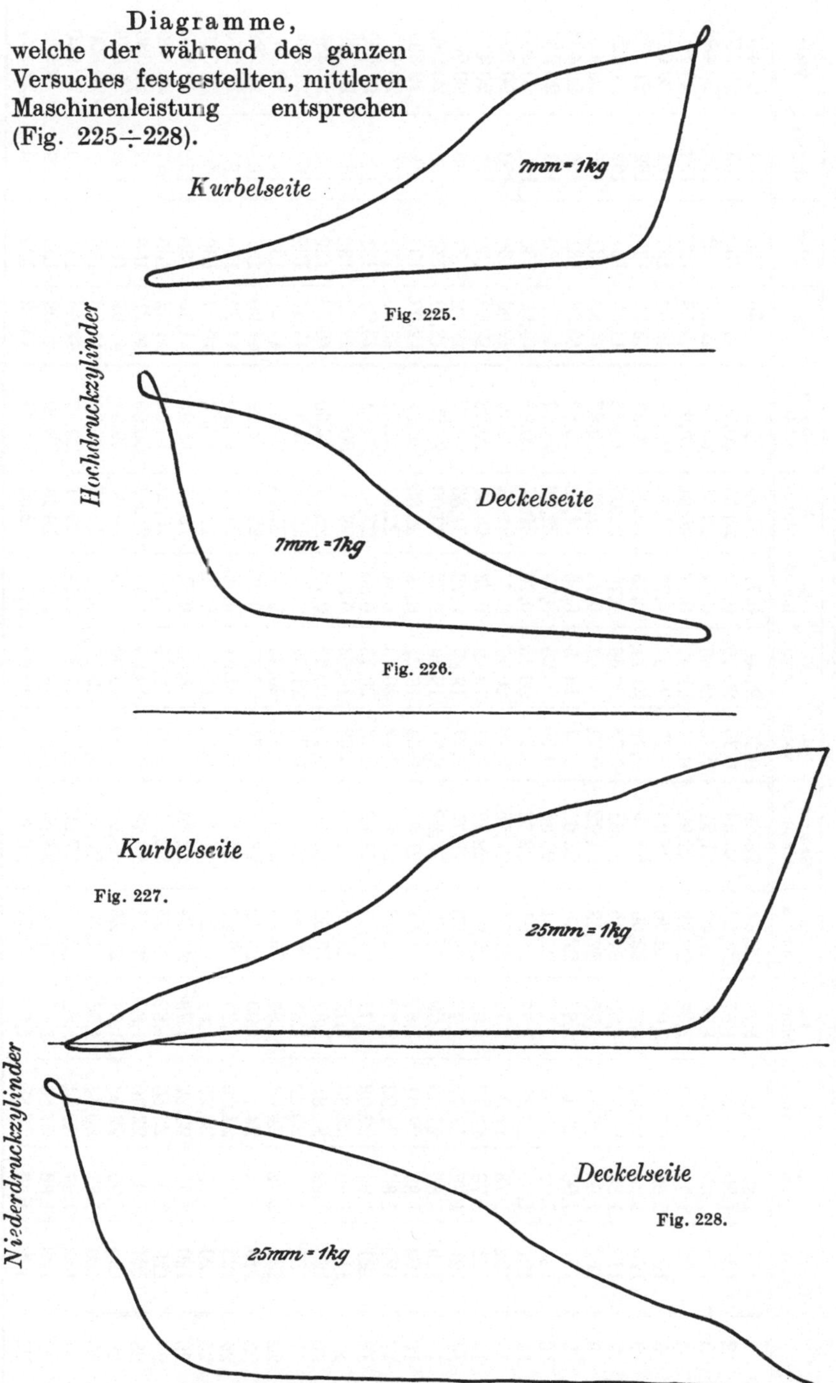

Hilfstabelle zur Berechnung der Maschinenleistung.

Nr.	Touren-zahl	Hochdruckzylinder					Niederdruckzylinder					Gesamtleistung			
		p_m vorn	N_i vorn	p_m hinten	N_i hinten	Gesamt-leistung	p_m vorn	N_i vorn	p_m hinten	N_i hinten	Gesamt-leistung	N_i	Volt	Ampere	Watt
1	122	1,83	25,05	1,79	22,34	23,69	0,76	21,46	0,77	21,88	21,67	45,36	130	157	20 410
2	123	1,90	23,56	1,87	23,52	23,54	0,73	20,75	0,72	20,63	20,70	44,24	130	155	20 150
3	119	1,85	22,00	1,76	21,42	21,71	0,75	20,66	0,74	20,51	20,58	42,29	129	158	20 482
4	123	1,79	22,20	1,78	22,39	22,29	0,74	21,07	0,73	20,91	20,99	43,28	127	158	20 166
5	121	2,08	25,37	2,00	24,76	25,06	0,77	21,57	0,77	21,70	21,63	46,69	127	164	20 928
6	120	1,90	22,92	1,84	22,60	22,76	0,76	21,11	0,79	20,08	20,59	43,35	130,8	162	21 190
7	119	1,89	22,68	1,89	24,95	23,81	0,75	20,66	0,76	21,06	20,86	44,67	131	162	21 222
8	124	1,90	25,71	1,76	22,33	24,02	0,72	20,67	0,73	21,08	20,87	44,89	131	156	20 436
9	121	1,90	23,13	1,85	22,90	23,01	0,71	19,89	0,76	21,42	20,87	43,88	131	156	20 436
10	121	1,81	22,02	1,77	21,91	21,96	0,76	21,29	0,79	22,26	21,77	43,73	130	161	20 930
11	121	1,91	23,35	1,77	21,91	22,63	0,73	20,45	0,76	21,41	20,93	43,56	130	160	20 800
12	122	1,78	21,89	1,75	21,84	21,86	0,74	20,90	0,75	21,31	21,10	42,96	130	156	20 280
13	121	1,78	21,72	1,83	22,66	22,19	0,71	19,89	0,73	20,57	20,23	42,42	130	157	20 410
14	121	1,78	21,72	1,76	21,79	21,75	0,71	19,89	0,78	21,86	20,97	42,72	131	160	20 960
15	119	1,85	21,08	1,69	20,57	20,82	0,71	19,56	0,83	23,00	21,28	42,10	130	156	20 280
16	123	1,82	22,61	1,67	21,01	21,81	0,64	18,21	0,78	22,35	20,28	42,09	131	148	19 388
17	121	1,83	22,23	1,73	21,42	21,82	0,73	20,45	0,81	22,83	21,64	43,46	131	156	20 416
18	121	1,81	22,08	1,71	21,17	21,62	0,74	20,73	0,85	23,95	22,34	43,96	131	162	21 222
19	119	1,90	22,80	1,72	20,93	21,86	0,68	18,53	0,83	23,00	20,76	42,62	132	160	21 120
20	123	1,92	23,81	1,87	23,52	23,66	0,75	20,53	0,79	22,64	22,60	46,26	132	162	21 384
21	121	1,92	23,42	1,85	22,90	23,10	0,77	21,57	0,79	22,26	21,91	45,01	132	162	21 384
22	121	2,02	24,64	1,87	23,15	23,89	0,74	20,73	0,78	21,98	21,35	45,24	131	160	20 960
23	119	2,01	24,12	1,90	23,12	23,62	0,74	20,39	0,87	22,17	21,28	44,90	131	162	21 222
24	123	1,94	24,06	1,77	22,27	23,16	0,76	21,64	0,76	21,77	21,70	44,86	130	162	21 060
25	120	1,93	23,35	1,81	22,23	22,79	0,64	17,78	0,72	17,79	17,78	40,57	130	160	20 800
26	120	1,96	23,62	1,79	21,98	22,80	0,65	18,06	0,71	19,85	18,95	41,75	130	153	19 890
27	120	1,95	23,60	1,82	22,35	22,97	0,66	18,61	0,69	19,29	18,95	41,92	130	159	20 670
28	121	1,91	23,30	1,88	23,27	23,28	0,71	19,89	0,78	21,97	20,93	44,21	130	162	21 080
29	120	1,90	22,90	1,81	22,23	22,61	0,65	18,06	0,75	20,96	19,01	41,62	130	159	20 670
30	120	1,83	22,14	1,76	21,61	21,87	0,71	19,72	0,73	20,40	20,06	41,93	130	160	20 800
31	119	1,87	22,44	1,82	22,15	22,29	0,72	19,84	0,74	20,51	20,17	42,46	131	160	20 960
32	123	1,96	24,56	1,72	21,64	23,10	0,65	18,51	0,68	19,48	18,99	42,09	130	159	19 630
33	122	1,86	22,88	1,82	22,71	22,79	0,73	20,62	0,77	22,64	21,63	44,42	132	160	21 120
Mittel:	121	1,887	23,425	1,80	22,35	22,73	0,72	20,117	0,76	21,38	20,768	43,62	130,36	158,91	20 692

Gesamtleistung der Maschine: $N_i = 43{,}50$ PS.

b) Garantieversuche zum Zwecke der Bestimmung des Dampfverbrauches einer 3000pferdigen Dreifach-Expansionsmaschine.

Bestimmung der Konstanten für die Maschinenleistung.

Die Maschine ist eine stehende, vierzylindrige Dreifach-Expansionsmaschine mit Ventilsteuerung. Hoch- und Mitteldruckzylinder sind über den beiden Niederdruckzylindern angeordnet (siehe Fig. 229). Letztere haben Kondensation.

```
Durchmesser des Hochdruckzylinders . . .   865 mm =  86,5 cm
    „         „   Mitteldruckzylinders . . 1250  „  = 125   „
    „         „   Niederdruckzylinders je . 1550  „  = 155   „
Gemeinsamer Hub . . . . . . . . . . . .    1300  „  =   1,3 m.
```

Die Durchmesser der Kolbenstangen sind:

```
beim Hochdruckzylinder (einseitig) . . . . . . . . . unten 150 mm = 15 cm
  „  Mitteldruckzylinder (einseitig) . . . . . . . . unten 150  „  = 15  „
bei jedem Niederdruckzylinder (zweiseitig) . . . . . oben  150  „  = 15  „
                                                     unten 200  „  = 20  „
```

Bei einer Eintrittsspannung des Dampfes in den Hochdruckzylinder von 12 Atmosphären und bei 85 minutlichen Umdrehungen sollen die Leistungen der Maschine sein:

bei 11%	18%	25%	35%	50%	Füllung
ca. 1740	2270	2800	3330	3860	i. PS
ca. 1500	2000	2500	3000	3500	effekt. PS

Da die Maschine für überhitzten Dampf gebaut ist, so ist beim Hochdruckzylinder der Dampfmantel weggelassen, während der Mitteldruckzylinder und die beiden Niederdruckzylinder Dampfmäntel besitzen.

In Anbetracht der großen Dimensionen der Dampfzylinder und der hauptsächlich im Hochdruckzylinder herrschenden hohen Temperaturen ist es nötig, bei der Berechnung der Zylinderkonstanten (siehe auch S. 296) für Hoch- und Mitteldruckzylinder die durch die Wärme verursachten Vergrößerungen der Zylinderdurchmesser zu berücksichtigen.

Der Einfachheit halber sind diese Konstanten für $n = 100$ Umdrehungen pro Minute berechnet.

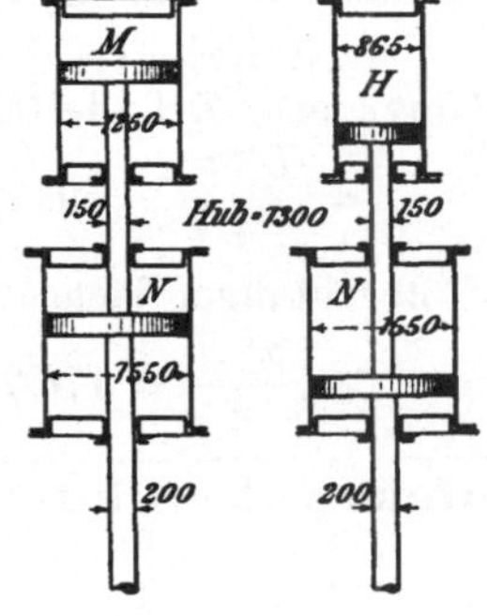

Fig. 229.

Bestimmung der Konstanten:

a) für den Hochdruckzylinder:

```
Zylinderbohrung . . . . . D = 865,1 mm (Stichmaß),
```
$$\text{Kolbenstangen-}\begin{cases} \text{Kurbelseite } d_u = 150 \text{ mm,} \\ \text{Deckelseite } d_o = 0 \text{ mm,} \end{cases}$$
durchmesser
```
Hub . . . . . . . . . . . s = 1,3 m.
```

20*

<table>
<tr><td>

Kurbelseite (unten):

Zylinderfläche

$$= \frac{D^2\pi}{4} = 5877,9 \text{ qcm,}$$

Kolbenstangenfläche

$$= \frac{d_u^2\pi}{4} = 176,7 \text{ qcm.}$$

</td><td>

Deckelseite (oben):

Zylinderfläche

$$= \frac{D^2\pi}{4} = 5877,9 \text{ qcm,}$$

Kolbenstangenfläche

$$= \frac{d_o^2\pi}{4} = 0 \text{ qcm.}$$

</td></tr>
</table>

<table>
<tr><td>

Wirksame Kolbenfläche

$$= \frac{D^2\pi}{4} - \frac{d_u^2\pi}{4} = 5701,2 \text{ qcm.}$$

Indizierte Leistung

$$N_i' = \frac{\left(\dfrac{D^2\pi}{4} - \dfrac{d_u^2\pi}{4}\right)\cdot s}{30\cdot 75}\cdot n\cdot p_m'$$

$$= \frac{5701,2\cdot 1,3}{30\cdot 75}\cdot 100\cdot p_m'$$

$$= \mathbf{329{,}4}\cdot p_m'\,.$$

</td><td>

Wirksame Kolbenfläche

$$= \frac{D^2\pi}{4} - \frac{d_o^2\pi}{4} = \mathbf{5877{,}9 \text{ qcm.}}$$

Indizierte Leistung

$$N_i'' = \frac{\left(\dfrac{D^2\pi}{4} - \dfrac{d_o^2\pi}{4}\right)\cdot s}{30\cdot 75}\cdot n\cdot p_m''$$

$$= \frac{5877,9\cdot 1,3}{30\cdot 75}\cdot 100\cdot p_m''$$

$$= \mathbf{339{,}6}\cdot p_m''\,.$$

</td></tr>
</table>

Die Zahlen 329,4 und 339,6 sind die Konstanten ohne Berücksichtigung der Wärmeausdehnung.

Ausdehnungskoeffizient für Gußeisen = 0,0000111.

Also Durchmesservergrößerung bei 300° (überhitzter Dampf)

$$= 0{,}0000111\cdot 300\cdot 865{,}1 \text{ mm} = 2{,}88 \text{ mm.}$$

Folglich ist die für überhitzten Dampf von 300° in Rechnung zu ziehende Zylinderbohrung:

$$D' = (865{,}1 + 2{,}88) \text{ mm} = \infty\, \mathbf{868 \text{ mm.}}$$

Es wird nun für die

<table>
<tr><td>

Kurbelseite (unten):

Korrigierte Zylinderfläche

$$= \frac{D'^2\pi}{4} = 5917,4 \text{ qcm.}$$

Kolbenstangenfläche

$$= \frac{d_u^2\pi}{4} = 176,7 \text{ qcm.}$$

</td><td>

Deckelseite (oben):

Korrigierte Zylinderfläche

$$= \frac{D'^2\pi}{4} = 5917,4 \text{ qcm.}$$

Kolbenstangenfläche

$$= \frac{d_o^2\pi}{4} = 0 \text{ qcm.}$$

</td></tr>
</table>

<table>
<tr><td>

Wirksame korrigierte Kolbenfläche

$$= \frac{D'^2\pi}{4} - \frac{d_u^2\pi}{4} = 5740,7 \text{ qcm.}$$

Indizierte Leistung

$$N_i' = \frac{\left(\dfrac{D'^2\pi}{4} - \dfrac{d_u^2\pi}{4}\right)\cdot s}{30\cdot 75}\cdot n\cdot p_m'$$

$$= \frac{5740,7\cdot 1,3}{30\cdot 75}\cdot 100\cdot p_m'$$

$$= \mathbf{331{,}7}\cdot p_m' \quad \ldots \ldots \text{(Ia)}$$

</td><td>

Wirksame korrigierte Kolbenfläche

$$= \frac{D'^2\pi}{4} - \frac{d_o^2\pi}{4} = 5917,4 \text{ qcm.}$$

Indizierte Leistung

$$N_i'' = \frac{\left(\dfrac{D'^2\pi}{4} - \dfrac{d_o^2\pi}{4}\right)\cdot s}{30\cdot 75}\cdot n\cdot p_m''$$

$$= \frac{5917,4\cdot 1,3}{30\cdot 75}\cdot 100\cdot p_m''$$

$$= \mathbf{341{,}9}\cdot p_m'' \quad \ldots \ldots \text{(Ib)}$$

</td></tr>
</table>

Die Konstanten für überhitzten Dampf von 300° und für 100 Umdrehungen pro Minute sind also 331,7 bzw. 341,9.

Für gesättigten Dampf von 12 Atmosphären Spannung (190,57°) und für $n = 100$ minutliche Umdrehungen rechnen sich die Konstanten wie folgt:

Durchmesservergrößerung
$$= 0,0000111 \cdot 190,57 \cdot 865,1 \text{ mm} = 1,83 \text{ mm}.$$

Korrigierte Zylinderbohrung:
$$D' = (865,1 + 1,83) \text{ mm} = \sim 867 \text{ mm}.$$

Kurbelseite (unten):	**Deckelseite (oben):**
Korrigierte Zylinderfläche	Korrigierte Zylinderfläche
$= \dfrac{D'^2 \pi}{4} = 5903,8$ qcm.	$= \dfrac{D'^2 \pi}{4} = 5903,8$ qcm.
Kolbenstangenfläche	Kolbenstangenfläche
$= \dfrac{d_u^2 \pi}{4} = 176,7$ qcm.	$= \dfrac{d_o^2 \pi}{4} = 0$ qcm.
Wirksame korrigierte Kolbenfläche	Wirksame korrigierte Kolbenfläche
$= \dfrac{D'^2 \pi}{4} - \dfrac{d_u^2 \pi}{4} = 5727,1$ qcm.	$= \dfrac{D'^2 \pi}{4} - \dfrac{d_o^2 \pi}{4} = 5903,8$ qcm.
Indizierte Leistung	Indizierte Leistung

$$N_i' = \frac{\left(\dfrac{D'^2 \pi}{4} - \dfrac{d_u^2 \pi}{4}\right) \cdot s}{30 \cdot 75} \cdot n \cdot p_m' \qquad N_i'' = \frac{\left(\dfrac{D'^2 \pi}{4} - \dfrac{d_o^2 \pi}{4}\right) \cdot s}{30 \cdot 75} \cdot n \cdot p_m''$$

$$= \frac{5727,1 \cdot 1,3}{30 \cdot 75} \cdot 100 \cdot p_m' \qquad = \frac{5903,8 \cdot 1,3}{30 \cdot 75} \cdot 100 \cdot p_m''$$

$$= \mathbf{330,9} \cdot p_m' \ \ldots \ldots \text{(IIa)} \qquad = \mathbf{341,1} \cdot p_m'' \ \ldots \ldots \text{(IIb)}$$

b) Für den Mitteldruckzylinder:

Zylinderbohrung . . . . $D = 1249,1$ mm (Stichmaß),
Kolbenstangen- { Kurbelseite $\quad d_u = 150$ mm,
durchmesser { Deckelseite $\quad d_o = 0$ mm,
Hub . . . . $s = 1,3$ m.

Kurbelseite (unten):	**Deckelseite (oben):**
Zylinderfläche	Zylinderfläche
$= \dfrac{D^2 \pi}{4} = 12\,254,21$ qcm.	$= \dfrac{D^2 \pi}{4} = 12\,254,21$ qcm.
Kolbenstangenfläche	Kolbenstangenfläche
$= \dfrac{d_u^2 \pi}{4} = 176,7$ qcm.	$= \dfrac{d_o^2 \pi}{4} = 0$ qcm.

Wirksame Kolbenfläche

$$= \frac{D^2 \pi}{4} - \frac{d_u^2 \pi}{4} = 12077{,}51 \text{ qcm.}$$

Indizierte Leistung

$$N_i' = \frac{\left(\dfrac{D^2 \pi}{4} - \dfrac{d_u^2 \pi}{4}\right) \cdot s}{30 \cdot 75} \cdot n \cdot p_m'$$

$$= \frac{12077{,}51 \cdot 1{,}3}{30 \cdot 75} \cdot 100 \cdot p_m'$$

$$= 697{,}81 \cdot p_m' \, .$$

Wirksame Kolbenfläche

$$= \frac{D^2 \pi}{4} - \frac{d_o^2 \pi}{4} = 12254{,}21 \text{ qcm.}$$

Indizierte Leistung

$$N_i'' = \frac{\left(\dfrac{D^2 \pi}{4} - \dfrac{d_o^2 \pi}{4}\right) \cdot s}{30 \cdot 75} \cdot n \cdot p_m''$$

$$= \frac{12254{,}21 \cdot 1{,}3}{30 \cdot 75} \cdot 100 \cdot p_m''$$

$$= 708{,}02 \cdot p_m'' \, .$$

Die Zahlen 697,81 und 708,02 sind die Konstanten ohne Berücksichtigung der Wärmeausdehnung.

In der Annahme, daß der in den Mitteldruckzylinder eintretende, gesättigte Dampf noch eine Spannung von 3,5 Atmosphären, also eine Temperatur von 147° besitzt, ist die in Rechnung zu ziehende Durchmesser-Vergrößerung

$$= 0{,}0000111 \cdot 147 \cdot 1249{,}1 \text{ mm} = \infty \, 2{,}04 \text{ mm.}$$

Korrigierte Zylinderbohrung:

$$D' = (1249{,}1 + 2{,}04) \text{ mm} = \mathbf{1251{,}14 \text{ mm.}}$$

Es wird nun für die

Kurbelseite (unten):

Korrigierte Zylinderfläche

$$= \frac{D'^2 \pi}{4} = 12294{,}27 \text{ qcm.}$$

Kolbenstangenfläche

$$= \frac{d_u^2 \pi}{4} = 176{,}7 \text{ qcm.}$$

Deckelseite (oben):

Korrigierte Zylinderfläche

$$= \frac{D'^2 \pi}{4} = 12294{,}27 \text{ qcm.}$$

Kolbenstangenfläche

$$= \frac{d_o^2 \pi}{4} = 0 \text{ qcm.}$$

Wirksame korrigierte Kolbenfläche

$$= \frac{D'^2 \pi}{4} - \frac{d_u^2 \pi}{4} = 12117{,}57 \text{ qcm.}$$

Indizierte Leistung

$$N_i' = \frac{\left(\dfrac{D'^2 \pi}{4} - \dfrac{d_u^2 \pi}{4}\right) \cdot s}{30 \cdot 75} \cdot n \cdot p_m'$$

$$= \frac{12117{,}57 \cdot 1{,}3}{30 \cdot 75} \cdot 100 \cdot p_m'$$

$$= 700{,}126 \cdot p_m' \ldots \ldots \text{(IIIa)}$$

Wirksame korrigierte Kolbenfläche

$$= \frac{D'^2 \pi}{4} - \frac{d_o^2 \pi}{4} = 12294{,}27 \text{ qcm.}$$

Indizierte Leistung

$$N_i'' = \frac{\left(\dfrac{D'^2 \pi}{4} - \dfrac{d_o^2 \pi}{4}\right) \cdot s}{30 \cdot 75} \cdot n \cdot p_m''$$

$$= \frac{12294{,}27 \cdot 1{,}3}{30 \cdot 75} \cdot 100 \cdot p_m''$$

$$= 710{,}335 \cdot p_m'' \ldots \ldots \text{(IIIb)}$$

c) Für die Niederdruckzylinder:

Zylinderbohrung . . . . $D = 1550{,}2$ mm (Stichmaß),

Kolbenstangen- ⎰Kurbelseite $d_u = 200$ mm,

durchmesser ⎱Deckelseite $d_o = 150$ m.

Hub . . . . $s = 1{,}3$ m.

<table>
<tr><td>

Kurbelseite (unten):

Zylinderfläche

$$= \frac{D^2\pi}{4} = 18874,1 \text{ qcm.}$$

Kolbenstangenfläche

$$= \frac{d_u^2\pi}{4} = 314,16 \text{ qcm.}$$

</td><td>

Deckelseite (oben):

Zylinderfläche

$$= \frac{D^2\pi}{4} = 18874,1 \text{ qcm.}$$

Kolbenstangenfläche

$$= \frac{d_o^2\pi}{4} = 176,71 \text{ qcm.}$$

</td></tr>
<tr><td>

Wirksame Kolbenfläche

$$= \frac{D^2\pi}{4} - \frac{d_u^2\pi}{4} = 18559,94 \text{ qcm.}$$

Indizierte Leistung

$$N_i' = \frac{\left(\dfrac{D^2\pi}{4} - \dfrac{d_u^2\pi}{4}\right)\cdot s}{30\cdot 75}\cdot n\cdot p_m'$$

$$= \frac{18559,94\cdot 1,3}{30\cdot 75}\cdot 100\cdot p_m'$$

$$= 1072,35\cdot p_m' \ldots \text{(IV a)}$$

</td><td>

Wirksame Kolbenfläche

$$= \frac{D^2\pi}{4} - \frac{d_o^2\pi}{4} = 18697,39 \text{ qcm.}$$

Indizierte Leistung

$$N_m'' = \frac{\left(\dfrac{D^2\pi}{4} - \dfrac{d_o^2\pi}{4}\right)\cdot s}{30\cdot 75}\cdot n\cdot p_m''$$

$$= \frac{18697,39\cdot 1,3}{30\cdot 75}\cdot 100\cdot p_m''$$

$$= 1080,29\cdot p_m'' \ldots \text{(IV b)}$$

</td></tr>
</table>

Laut Garantie soll der Dampfverbrauch der Maschine pro indizierte Pferdestärke und Stunde innerhalb der Leistungsgrenzen von 2000—3000 indizierten Pferdestärken bei einem Admissionsdrucke von 12 Atmosphären und gesättigtem Dampfe

$$5\tfrac{1}{4}\ \text{kg}$$

nicht übersteigen, und zwar verstanden nach Abzug des Kondenswassers aus der Dampfzuleitung, aber einschließlich desjenigen aus den Dampfmänteln.

Bei überhitztem Dampfe von mindestens 300°, beim Eintritte in den Hochdruckzylinder gemessen, garantiert die Erbauerin einen Dampfverbrauch von nicht über

$$4\tfrac{1}{4}\ \text{kg,}$$

innerhalb derselben Leistungsgrenzen wie oben verstanden.

Festzustellen, ob diese Garantien erfüllt werden, ist der Zweck dieser Versuche.

Zur Orientierung über die herrschenden Betriebsverhältnisse und zur Prüfung der getroffenen Versuchseinrichtungen wurden drei Vorversuche ausgeführt, von denen jeder 4 Stunden dauerte, deren Ergebnisse hier aber nicht aufgenommen sind.

Untersuchung der Beobachtungsinstrumente.

1. Eichung des Speisewasserreservoirs. Diejenigen Betriebskessel, welche den Dampf ausschließlich für die zu untersuchende Dampfmaschine lieferten, erhielten ihr Speisewasser aus einem hochgelegenen, großen, schmiedeeisernen Reservoir, welches vor den Versuchen geeicht worden war.

Diese Eichung fand in der üblichen Weise statt. Mit dem Reservoir in Verbindung stand ein langes Wasserstandsglas. Unmittelbar hinter diesem war ein schmales, mit Zeichenpapier beklebtes Brett unverrückbar angebracht. Das Reservoir war hoch gefüllt; der Wasserstand wurde auf das Zeichenpapier projiziert und der Abstand der Projektion von einer fixen Marke am unteren Ende des Zeichenpapieres festgestellt. Hierauf wurde in ein tariertes Gefäß Wasser aus dem Reservoir fließen gelassen, und durch Projektion des neuen Wasserstandes die Höhendifferenz ermittelt (das tarierte Gefäß faßte genau 189 kg Wasser). Diese Manipulation wurde so lange fortgesetzt, bis der Wasserspiegel gerade noch im Wasserstandsglase zu sehen war. Dabei ergaben sich folgende Zahlen (s. nachstehende Tabelle).

Stand des Wasserspiegels über dem Fixpunkte am		Höhendifferenz	Entsprechendes Wassergewicht	Wasser-temperatur
Anfange mm	Ende mm	mm	kg	°C
1879,5	1849,5	30,0	189,0	14,0
1849,5	1820,0	29,5	189,0	14,0
1820,0	1791,0	29,0	189,0	14,0
1791,0	1761,0	30,0	189,0	14,0
1761,0	1731,0	30,0	189,0	14,0
1731,0	1701,5	29,5	189,0	14,0
1701,5	1672,0	29,5	189,0	14,0
1672,0	1641,5	30,5	189,0	14,0
1641,5	1612,5	29,0	189,0	14,0
1612,5	1583,5	29,0	189,0	14,0
1583,5	1554,0	29,5	189,0	14,0
1554,0	1524,0	30,0	189,0	14,0
1524,0	1494,0	30,0	189,0	14,0
1494,0	1465,5	28,5	189,0	14,0
1465,5	1436,5	29,0	189,0	14,0
1436,5	1408,0	28,5	189,0	14,0
1408,0	1378,0	30,0	189,0	14,0
1378,0	1348,0	30,0	189,0	14,0
1348,0	1317,5	30,5	189,0	14,0
1317,5	1287,5	30,0	189,0	14,0
1287,5	1257,5	30,0	189,0	14,0
1257,5	1228,5	29,0	189,0	14,0
1228,5	1198,8	29,7	189,0	14,0
1198,8	1168,8	30,0	189,0	14,0
1168,8	1138,8	30,0	189,0	14,0
1138,8	1108,8	30,0	189,0	14,0
1108,8	1078,8	30,0	189,0	14,0
1078,8	1049,3	29,5	189,0	14,0
1049,3	1019,8	29,5	189,0	14,0
1019,8	989,8	30,0	189,0	14,0
989,8	959,8	30,0	189,0	14,0
		919,7	5859,0	

Es entsprechen also:

919,7 mm Höhendifferenz = 5859   kg Wasser von 14°
oder 100   mm   „   = 637,055 kg   „   „   14°.

Für jede andere Wassertemperatur als die beim Eichen des Reservoirs vorhanden gewesene ist eine **Korrektion** des gemessenen **Wasservolumens** bzw. Wassergewichtes vorzunehmen.

Es sei: $t =$ Eichtemperatur des Speisewassers,

$T =$ mittlere Wassertemperatur, während eines Versuches gefunden,

$V =$ Volumen des Wassers bei der Versuchstemperatur T,

$v =$ entsprechendes Volumen des Wassers bei der Eichtemperatur t,

$\alpha =$ kubischer Ausdehnungskoeffizient von Wasser,

$\beta =$ kubischer Ausdehnungskoeffizient des Reservoirmaterials (Schmiedeeisen).

Eine Erhöhung der Wassertemperatur hat auch eine Erhöhung der Temperatur der Gefäßwandungen zur Folge. Steigenden Temperaturen werden daher **relative** Volumenvergrößerungen des Wassers entsprechen, d. h. es kommt die **scheinbare Ausdehnung** von Wasser in Schmiedeeisen in Betracht.

Die kubischen Ausdehnungen der festen Körper sind im allgemeinen wesentlich geringer als diejenigen der Flüssigkeiten.

Es ist:

scheinbare Volumenzunahme $E = v \cdot [1 + \alpha\,(T - t)] - v \cdot [1 + \beta \cdot (T - t)]$.

Für die Volumeneinheit, also $v = 1$, wird die scheinbare Volumenzunahme:

$$e = 1 + \alpha\,(T - t) - [1 + \beta \cdot (T - t)]$$
$$= \alpha\,(T - t) - \beta\,(T - t)]\,.$$

Es ist daher:

$$V = v + E$$
$$= v + v \cdot [1 + \alpha\,(T - t)] - v\,[1 + \beta\,(T - t)]$$
$$= v \cdot \{1 + 1 + \alpha\,(T - t) - 1 - \beta\,(T - t)\}$$
$$= v \cdot \{1 + \alpha \cdot (T - t) - \beta \cdot (T - t)\}\,,$$

hieraus findet sich:

$$v = \frac{V}{1 + \alpha\,(T - t) - \beta\,(T - t)}\,.$$

Da die Ausdehnung des Wassers in den einzelnen Temperaturintervallen eine verschiedene ist, so müßten für α ebenso viele Werte bekannt sein als Intervalle auftreten. Es ist deshalb einfacher, man faßt den Ausdruck $\alpha\,(T - t)$ in obiger Formel auf als die Volumenvergrößerung, welche die Einheit des Volumens bei der Erhöhung der Temperatur von $t°$ auf $T°$ erfährt und bezeichnet in diesem Sinne $\alpha\,(T - t)$ mit z; alsdann findet man das der Eichtemperatur entsprechende Volumen bzw. Gewicht aus:

$$v = \frac{V}{1 + z - \beta \cdot (T - t)}\,.$$

Der Wert von z kann für verschiedene Temperaturintervalle aus folgender Tabelle gerechnet werden.

Volumen des Wassers (bei 4° = 1).

Temperatur	Volumen	Temperatur	Volumen	Temperatur	Volumen
0	1,000 123	10	1,000 267	20	1,001 769
1	1,000 068	11	1,000 361	21	1,001 984
2	1,000 030	12	1,000 468	22	1,002 208
3	1,000 007	13	1,000 588	23	1,002 442
4	1,000 000	14	1,000 721	24	1,002 683
5	1,000 008	15	1,000 866	25	1,002 940
6	1,000 031	16	1,001 023	26	1,003 204
7	1,000 068	17	1,001 193	27	1,003 477
8	1,000 121	18	1,001 374	28	1,003 758
9	1,000 187	19	1,001 566	29	1,004 048
				30	1,004 346

Würden z. B. während eines zehnstündigen Versuches 341 850 Liter Wasser von 25° Durchschnittstemperatur gemessen, während die Eichtemperatur 14° war, so ist das korrigierte Wassergewicht:

$$= \frac{341\,850}{1 + (1,002940 - 1,000721) - 0,0000363\,(25 - 14)}\ \text{kg}$$

$$= 341228\ \text{kg}.$$

Der kubische Ausdehnungskoeffizient von Schmiedeeisen ist dabei zu 0,0000363 angenommen.

Differenz = (341 850 — 341 228) kg = 622 kg.

2. Prüfung der Indikatorenfedern. Die Verteilung der Indikatoren an der zu untersuchenden Dampfmaschine war folgende:

Hochdruckzylinder	oben Nr. 3219,	unten Nr. 3220
Mitteldruckzylinder	„ „ 3860,	„ „ 3861
rechter Niederdruckzylinder . . .	„ „ 3942,	„ „ 3943
linker „ . . .	„ „ 4298,	„ „ 4299

Die vor dem Versuche durchgeführte Prüfung der Federn geschah bei einer Zimmertemperatur von 20° durch Belastung mit Gewichten, die so gewählt waren, daß jedes Gewicht bei einem Indikatorkolbendurchmesser von 20 mm einem Drucke von 1 kg pro 1 qcm entsprach.

Die bei derselben Temperatur (20°) vorgenommene genaue Messung der Indikatorkolbendurchmesser ergab:

Indikator Nr.	Kolbendurchmesser mm	Indikator Nr.	Kolbendurchmesser mm
3219	20,10	3220	20,00
3860	20,05	3861	19,95
3942	20,00	3943	20,05
4298	20,01	4299	20,01

Infolge der Erwärmung der Indikatorzylinder während des Indizierens erfahren die Kolbendurchmesser eine Vergrößerung, die bei der Bestimmung des Federmaßstabes zu beachten ist.

Die mittleren, für die einzelnen Indikatoren in Rechnung zu bringenden Temperaturen betragen nach Schätzung:

für die Indikatoren am Hochdruckzylinder . . . . . 200°
„ „ „ „ Mitteldruckzylinder. . . . . 130°
„ „,' „ an den Niederdruckzylindern . . 50°

Der lineare Ausdehnungskoeffizient α des Indikatorkolbenmaterials Messing ist 0,000019.

Dann ist:

Indikator Nr.	3219	3220	3860	3861	3942	3943	4298	4299	
Durchm. bei 20°	20,1	20,0	20,05	19,95	20,0	20,05	20,01	20,01	mm
Durch Wärmeausdehnung vergröß. Durchmesser	20,17	20,07	20,09	19,99	20,01	20,06	20,02	20,02	mm
In Rechnung zu ziehende vergröß. Kolbenfläche $F =$	319,360	316,198	316,832	313,686	314,314	315,887	314,628	314,628	qmm
Kolbenfläche für 20 mm Durchm. $f =$	314,159	314,159	314,159	314,159	314,159	314,159	314,159	314,159	qmm
$\eta = \dfrac{F}{f} =$	1,0166	1,0064	1,0085	0,9985	1,0004	1,0055	1,0015	1,0015	
	oben	unten	oben	unten	oben	unten	oben	unten	
	Hochdruckzylinder		Mitteldruckzylinder		rechter Niederdruckzylinder		linker Niederdruckzylinder		

Der experimentell bei Zimmertemperatur (20°) festgestellte Federmaßstab ist mit obiger Zahl η zu multiplizieren, um den wahren Federmaßstab zu erhalten.

Es ergibt sich dann:

Indikator Nr.	3219	3220	3860	3861	3942	3943	4298	4299	
Experimentell gefundener Federmaßstab	3,924	3,948	9,337	9,826	22,200	22,160	22,080	22,389	mm = 1 kg/qcm
Wahrer Federmaßstab	3,989	3,973	9,416	9,811	22,209	22,282	22,113	22,423	mm = 1 kg/qcm
	oben	unten	oben	unten	oben	unten	oben	unten	
	Hochdruckzylinder		Mitteldruckzylinder		rechter Niederdruckzylinder		linker Niederdruckzylinder		

3. Untersuchung des Wattmeters. Zur Bestimmung der effektiven Leistung der Versuchsdampfmaschine wurden an dem Wattmeter (Nr. 24 783), welches in die Stromleitung von der von der Versuchsmaschine getriebenen Dynamomaschine zum Schaltbrette eingebaut ist, viertelstündliche Ablesungen gemacht. Die Prüfung dieses Instrumentes wurde durch Vergleichung mit einem an dieselbe Leitung angeschlossenen Normalinstrumente ausgeführt. Dabei ergaben sich bei verschiedenen Belastungen folgende Zahlen:

Wattmeter Nr. 24 783	Normalinstrument	Differenz
1650 Kilowatt	1679 Kilowatt	+29 Kilowatt
1675 „	1703 „	+28 „
1700 „	1734 „	+34 „
1725 „	1760 „	+35 „
1750 „	1790 „	+40 „
1775 „	1823 „	+48 „

Wattmeter Nr. 24 783	Normalinstrument	Differenz
1800 Kilowatt	1855 Kilowatt	+55 Kilowatt
1825 ,,	1880 ,,	+55 ,,
1850 ,,	1910 ,,	+60 ,,
1875 ,,	1950 ,,	+75 ,,
1900 ,,	1990 ,,	+90 ,,
1925 ,,	2015 ,,	+90 ,,
2000 ,,	2090 ,,	+90 ,,
2100 ,,	2190 ,,	+90 ,,

4. Untersuchung der Thermometer. Die Temperatur des Dampfes unmittelbar vor dem Eintritte in den Hochdruckzylinder wurde durch ein Stabthermometer gemessen, welches sowohl vor, als auch nach dem Versuche durch Vergleichung mit einem geeichten Normalinstrumente geprüft wurde.

Für den nur in Betracht kommenden Skalenpunkt bei $+300°$ ergaben sich folgende Korrekturen:

Das Instrument zeigte zu wenig:

<table>
<tr><td>vor dem Versuche</td><td>nach dem Versuche</td></tr>
<tr><td>um 2,6°</td><td>um 2,6°</td></tr>
</table>

Diese Temperatur ist zu den abgelesenen Temperaturen hinzuzufügen.

Versuchsresultate.

Versuch mit gesättigtem Dampfe. Sämtliche Beobachtungen und die Abnahme der Diagramme geschahen viertelstündlich.

Anfang des Versuches 7 Uhr 50 Min. Vormittag,
Ende des Versuches   5 Uhr 40 Min. Nachmittag.

Versuchsdauer: $9^5/_6$ Stunden.

Anfangsstellung des Hubzählers 000321 um 8 Uhr Vormittag,
Endstellung des Hubzählers   045422 um 5 Uhr Nachmittag.

Insgesamt: 45101 Doppelhübe in 9 Stdn.,

also Umdrehungszahl pro Minute: $n = 83{,}52$.

Die Vorgänge bzw. Beobachtungen am Speisewasserreservoir sind in folgender Tabelle zusammengestellt:

Anfang	Ende	Differenz	$t = °C$
1800	260	1620	28,0
1840	225	1615	28,0
1900	210	1690	29,0
1870	190	1680	30,0
1842	190	1652	30,0
1890	150	1740	30,0
1880	180	1700	29,0
1820	170	1650	29,5
1910	210	1700	29,5
1875	200	1675	29,0
1880	240	1640	29,0
1865	190	1675	28,5
1890	180	1710	28,5
1890	170	1720	29,0
1800	1519	281	29,0
		Sa. 23 748	i. M. 29,0

Gemäß den auf S. 312 angegebenen Eichungsergebnissen entsprechen:
100 mm Höhendifferenz = 637,055 kg Wasser von 14° (Eichungstemp.),
also
23748 mm Höhendifferenz = 151287,821 kg Wasser von 14° (Eichungstemp.).

Diese Wassermenge auf 29° (Versuchstemperatur) umgerechnet,
ergibt nach der Formel auf S. 313:

$$v = \frac{V}{1 + z - \beta \cdot (T - t)}$$

$$= \frac{151287,821}{1 + (1,004048 - 1,000721) - 0,0000363 \, (29 - 14)} \; \text{kg}$$

$$= 150868,030 \; \text{kg}.$$

Es wurde abgefangen:

Schlabberwasser $\qquad\qquad\qquad\qquad$ = 25,000 kg
Kondenswasser aus der Dampfleitung = 140,000 „
$\qquad\qquad\qquad\qquad\qquad\qquad$ Insgesamt: 165,000 kg

Demnach ist das Gewicht der der Dampfmaschine innerhalb
$9^5/_6$ Stunden zugeführten Dampfmenge

$$= (150868,030 - 165,000) \; \text{kg},$$
$$= 150\,703,030 \; \textbf{kg.}$$

In 1 Stunde zugeführt: **15 325,732 kg** Dampf.
Kohlenverbrauch:

$\qquad$ 155 Karren à 150 $\quad$ kg = 23250 kg
$\qquad$ + 1 Karre $\quad$ à 261,5 kg = $\quad$ 261,5 kg
$\qquad\qquad$ Insgesamt: 23511,5 kg

Die Belastung der Dampfmaschine wurde während der ganzen Versuchsdauer tunlichst konstant gehalten. Die aufgenommenen Diagramme
wurden mittels eines Amslerschen Polarplanimeters ausgewertet, wobei
sich für die mittleren Höhen die in folgender Tabelle zusammengestellten Werte ergaben.

Hieraus berechnet sich die Leistung der einzelnen Zylinder
wie folgt:

Hochdruckzylinder.

Nach Gleichg. (IIa) Seite 309 $N_i' = 330,9 \cdot p_m'$ unten $\Big|$ für $n = 100$ Um-
$\quad$ „ $\qquad$ „ $\quad$ (IIb) $\quad$ „ $\quad$ 309 $N_i'' = 341,1 \cdot p_m''$ oben $\Big\}$ drehungen p. 1 Min.
für $n = 83,52$:

$$N_i' = 0,8352 \cdot 330,9 \cdot 3,98 \; \text{i. PS} = 1099,94 \; \text{i. PS}$$
$$N_i'' = 0,8352 \cdot 341,1 \cdot 4,20 \; \text{i. PS} = 1196,52 \; \text{i. PS}$$

$$\text{Leistung des Hochdruckzylinders} = N_i = \frac{N_i' + N_i''}{2}$$

$$= \frac{1099,94 + 1196,52}{2} \; \text{i. PS}$$

$$= 1148,2 \; \textbf{i. PS.}$$

| Diagrammsatz Nr. | Zeit der Abnahme | Mittlere Diagrammhöhe in mm | | | | | | | | Spannung am Hochdruckzylinder | Vakuum in % des abs. Vakuums |
| | | Hochdruckzylinder | | Mitteldruckzylinder | | Rechter Niederdruckzylinder | | Linker Niederdruckzylinder | | | |
		unten	oben	unten	oben	unten	oben	unten	oben	Atm.	
1	8^{00}	15,98	16,75	14,00	13,81	11,41	11,90	11,75	11,47	12,8	69,5
2	8^{15}	15,74	16,73	14,03	13,76	11,40	11,89	11,74	11,46	12,7	69,5
3	8^{30}	15,44	16,69	14,01	13,80	11,33	11,81	11,66	11,39	12,8	69,3
4	8^{45}	15,49	16,66	14,00	13,72	11,30	11,78	11,63	11,36	12,8	69,3
5	9^{00}	15,88	16,60	14,08	13,74	11,29	11,78	11,64	11,35	12,8	69,2
6	9^{15}	16,01	16,63	14,06	13,74	11,32	11,80	11,74	11,44	13,0	69,0
7	9^{30}	16,02	16,70	14,03	13,75	11,31	11,79	11,65	11,36	13,0	69,2
8	$9^{.5}$	15,94	16,72	14,02	13,74	11,30	11,79	11,66	11,36	12,8	69,2
9	10^{00}	15,92	16,70	14,00	13,80	11,32	11,80	11,65	11,37	12,8	69,3
10	10^{15}	15,46	16,69	14,01	13,79	11,36	11,83	11,68	11,40	12,8	70,0
11	10^{30}	15,56	16,69	13,99	13,75	11,33	11,80	11,65	11,38	12,7	70,0
12	10^{45}	15,90	16,65	14,03	13,72	11,35	11,83	11,68	11,40	12,8	69,8
13	11^{00}	15,64	16,66	14,04	13,72	11,31	11,80	11,66	11,38	12,6	69,8
14	11^{15}	15,89	16,68	14,03	13,74	11,32	11,81	11,66	11,38	12,8	69,7
15	11^{30}	15,89	16,68	14,05	13,75	11,28	11,76	11,61	11,34	12,8	69,7
16	11^{45}	15,86	16,69	14,07	13,75	11,29	11,77	11,62	11,35	12,8	69,8
17	12^{00}	15,88	16,62	14,03	13,78	11,32	11,81	11,66	11,38	12,9	70,0
18	12^{15}	15,83	16,69	14,01	13,81	11,33	11,81	11,67	11,39	12,5	69,8
19	12^{30}	15,89	16,73	14,00	13,76	11,33	11,80	11,65	11,38	12,8	69,8
20	12^{45}	15,89	16,70	14,02	13,75	11,34	11,82	11,67	11,40	12,9	70,0
21	1^{00}	15,89	16,72	14,03	13,80	11,37	11,85	11,70	11,43	12,8	69,7
22	1^{15}	15,42	16,72	14,08	13,75	11,34	11,81	11,66	11,39	13,0	69,8
23	1^{30}	15,44	16,69	14,06	13,73	11,33	11,81	11,67	11,39	13,0	69,8
24	1^{45}	15,88	16,70	14,03	13,74	11,30	11,78	11,62	11,36	12,8	69,8
25	2^{00}	15,89	16,69	14,01	13,74	11,34	11,82	11,67	11,40	12,8	69,8
26	2^{15}	15,86	16,68	14,02	13,73	11,33	11,81	11,66	11,39	12,7	70,0
27	2^{30}	15,88	16,69	14,02	13,75	11,33	11,80	11,65	11,39	12,7	69,8
28	2^{45}	15,84	16,70	14,03	13,74	11,34	11,82	11,67	11,40	12,5	69,8
29	3^{00}	15,82	16,67	14,04	13,72	11,32	11,80	11,66	11,38	12,6	69,8
30	3^{15}	15,89	16,69	14,03	13,75	11,32	11,80	11,65	11,38	12,6	69,5
31	3^{30}	15,88	16,69	14,02	13,76	11,35	11,83	11,67	11,41	12,6	69,8
32	3^{45}	15,68	16,72	14,03	13,78	11,35	11,83	11,67	11,42	12,8	69,9
33	4^{00}	15,88	16,71	14,03	13,74	11,33	11,80	11,66	11,39	12,8	69,8
34	4^{15}	15,88	16,71	14,04	13,73	11,36	11,84	11,69	11,41	13,0	70,0
35	4^{30}	15,86	16,70	14,07	13,72	11,35	11,83	11,69	11,41	13,0	69,8
36	4^{45}	15,88	16,69	14,03	13,72	11,33	11,81	11,65	11,39	12,6	69,7
37	5^{00}	15,82	16,69	14,06	13,72	11,32	11,80	11,65	11,38	12,8	69,7
38	5^{15}	15,86	16,70	14,09	13,73	11,33	11,81	11,66	11,39	12,6	69,6
39	5^{30}	15,87	16,69	14,03	13,75	11,32	11,79	11,64	11,38	12,8	69,8
Mittel =		15,81	16,69	14,03	13,75	11,33	11,81	11,66	11,39	12,7	69,6
Mittl. p_m =		3,98	4,20	1,43	1,46	0,51	0,53	0,52	0,52		

Mitteldruckzylinder.

Nach Gleichg. (IIIa) Seite 310 $N_i' = 700,126 \cdot p_m'$ unten$\big|$ für $n = 100$ Um-
„   „   (IIIb) „   310 $N_i'' = 710,335 \cdot p_m''$ oben $\big\}$ drehungen pro
für $n = 83,52$;   1 Min.

$$N_i' = 0,8352 \cdot 700,126 \cdot 1,43 \text{ i. PS} = 836,19 \text{ i. PS}$$
$$N_i'' = 0,8352 \cdot 710,335 \cdot 1,46 \text{ i. PS} = 866,17 \text{ i. PS}$$

$$\text{Leistung des Mitteldruckzylinders} = N_i = \frac{N_i' + N_i''}{2}$$

$$= \frac{836,19 + 866,17}{2} \text{ i. PS}$$

$$= 851,2 \text{ i. PS.}$$

Niederdruckzylinder rechts.

Nach Gleichg. (IVa) Seite 311 $N_i' = 1072,35 \cdot p_m'$ unten$\big|$ für $n = 100$ Um-
„   „   (IVb) „   311 $N_i'' = 1080,29 \cdot p_m''$ oben $\big\}$ drehungen pro
für $n = 83,52$:   1 Min.

$$N_i' = 0,8352 \cdot 1072,35 \cdot 0,51 \text{ i. PS} = 456,77 \text{ i. PS}$$
$$N_i'' = 0,8352 \cdot 1080,29 \cdot 0,53 \text{ i. PS} = 478,20 \text{ i. PS}$$

$$\text{Leistung des rechten Niederdruckzylinders} = N_i = \frac{N_i' + N_i''}{2}$$

$$= \frac{456,77 + 478,20}{2} \text{ i. PS}$$

$$= 467,5 \text{ i. PS.}$$

Niederdruckzylinder links.

Nach Gleichg. (IVa) Seite 311 $N_i' = 1072,35 \cdot p_m'$ unten$\big|$ für $n = 100$ Um-
„   „   (IVb) „   311 $N_i'' = 1080,29 \cdot p_m''$ oben $\big\}$ drehungen pro
für $n = 83,52$:   1 Min.

$$N_i' = 0,8352 \cdot 1072,35 \cdot 0,52 \text{ i. PS} = 465,73 \text{ i. PS}$$
$$N_i'' = 0,8352 \cdot 1080,29 \cdot 0,52 \text{ i. PS} = 469,17 \text{ i. PS}$$

$$\text{Leistung des linken Niederdruckzylinders} = N_i = \frac{N_i' + N_i''}{2}$$

$$= \frac{465,73 + 469,17}{2} \text{ i. PS}$$

$$= 467,5 \text{ i. PS.}$$

Gesamtleistung der Maschine.

Hochdruckzylinder	1148,2 i. PS
Mitteldruckzylinder	851,2 i PS
Rechter Niederdruckzylinder	467,5 i. PS
Linker Niederdruckzylinder	467,5 i. PS
Sa.	2934,4 i. PS
	$= \sim 2934$ i. PS.

Dampfverbrauch pro 1 i. PS und 1 Stunde bei gesättigtem Dampfe

$$= \frac{15\,325{,}732}{2934}\,\text{kg}$$

$$= 5{,}22\ \text{kg.}$$

Die Garantie ist also erfüllt!

Die Kesselanlage.

Zur Erzeugung des Dampfes dienten Wasserröhrenkessel, die ähnlich den bekannten Steinmüllerkesseln gebaut, also mit je zwei Wasserkammern und einem Oberkessel ausgerüstet waren.

Um jede Überanstrengung und damit die Gefahr des Mitreißens von Wasser durch den Dampf zu vermeiden, waren vier solcher Kessel für die Versuchsmaschine in Betrieb, während ein fünfter Kessel derselben Konstruktion lediglich den Dampf für die Speisepumpe lieferte.

Heizfläche eines Kessels	303	qm
Gesamtheizfläche	1212	„
Rostfläche eines Kessels (Planrost)	6,4	„
Gesamtrostfläche	25,6	„

Die wichtigsten, in bezug auf die Dampfkesselanlage gemachten Beobachtungen sind in nachfolgender Tabelle zusammengestellt.

Verdampfungsversuch.

Kohlensorte: Schlesische Steinkohle mit 6350 WE Heizwert.

Versuchsdauer	Stdn.	$9^5/_6$
Kohlen verfeuert total	kg	23 511,5
„ pro Stunde und qm Rostfläche	„	93,4
Herdrückstände total	„	2 069,9
„ in % der verfeuerten Kohle	%	8,8
Verbrennliches in denselben	%	15,15
Speisewasser verdampft total	kg	150 860,0
in 1 Stunde auf 1 qm Heizfläche	„	12,6
-Temperatur	°C	29,0
Dampfspannung	at Übdr.	13,25
Heizgase[1]): CO$_2$-Gehalt am Kesselende	Vol.-%	7,49
O- „ „ „	„	12,61
Vielfaches der theoretischen Luftmenge		2,51
Temperatur am Kesselende	°C	240,0
Temperatur der Verbrennungsluft	°C	25,0
Differenz dieser beiden Temperaturen	°C	215,0
Zugstärke am Kesselende in mm Wassersäule		16,4
Zugstärke über dem Roste in mm Wassersäule		5,2
1 kg Kohle verdampft Wasser bei den Versuchsbedingungen	kg	6,411
1 kg Kohle erzeugt aus Wasser von 0° Dampf von 100°	„	6,412

Wärmebilanz.	WE	%
Nutzbar gemacht zur Dampfbildung	4086	64,35
Verloren in den Herdrückständen	82	1,30
„ „ „ Heizgasen	1203	18,94
„ durch Strahlung, Leitung, Ruß (als Rest berechnet)	979	15,41
Sa.	6350	100 %

[1]) Untersucht im Fuchse des dem Schornsteine zunächst liegenden Kessels.

Versuch mit überhitztem Dampfe. Die wichtigsten, hierauf bezüglichen Ergebnisse sind folgende:

Dauer des Versuches	Stdn.	$10^1/_4$
Der Maschine in 1 Stunde zugeführte Dampfmenge	kg	12 184,9
Dampfspannung im Ventilkasten des Hochdruckzylinders	at Übdr.	12,75
Entsprechende Temperatur des gesättigten Dampfes. . . .	°C	193,2
Mittlere Dampftemperatur im Ventilkasten	°C	304,0
Also Überhitzung des Dampfes	°C	110,8
Leistung der Maschine: Hochdruckzylinder	i. PS	1 089,4
Mitteldruckzylinder	i. PS	799,9
rechter Niederdruckzylinder . . .	i. PS	502,2
linker Niederdruckzylinder	i. PS	494,8
Insgesamt	i. PS	2 886,3
Dampfverbrauch pro 1 Stunde und indizierte Pferdestärke	kg	4,22

Die Garantie ist also erfüllt!

4. Fehlerhafte und richtige Diagramme.

Zur Beurteilung der Vorgänge im Zylinder einer Dampfmaschine, ebenso wie zur Berechnung der Leistung des Dampfes im Zylinder dient das vom Indikator geschriebene Dampfdruckdiagramm, auch Indikatordiagramm genannt. Sollen die Schlüsse, die man aus demselben zieht, ein den Vorgängen in der Maschine wirklich entsprechendes Bild geben, so ist erforderlich, daß die Aufzeichnungen des Indikators fehlerlos geschehen, d. h. nur unter der Einwirkung des im Zylinder herrschenden Dampfdruckes auf den von der Maschine in richtiger Weise betätigten Indikator zustande kommen.

Die Umstände, durch welche die Angaben des Indikators fehlerhaft werden können, sind verschiedener Art. Sie liegen entweder

a) in der Art der Anbringung des Indikators an der Maschine, oder

b) im Indikator selbst.

Es soll daher auf beide Punkte näher eingegangen werden.

a) Die Art der Anbringung des Indikators an der zu indizierenden Maschine beeinflußt die Form der Diagramme. Mehrfach ist noch die Anordnung zu finden, daß von den Anbohrungen der Zylinderenden Rohrleitungen nach einem in der Mitte der Zylinderlänge befindlichen Dreiweghahne führen (Fig. 144), der alsdann zur Aufnahme eines Indikators eingerichtet ist. Durch entsprechende Umstellung des Hahnes können dann die Diagramme beider Zylinderseiten auf ein einziges Diagrammblatt gezeichnet werden. Abgesehen davon, daß hiermit die Übersichtlichkeit über den Verlauf der einzelnen Diagrammlinien etwas leidet, kommen durch besagte Anordnung der Rohrleitung zum Indikator — auch wenn diese Leitung noch so gut isoliert ist — Fehler in das Diagramm, die leicht zu Trugschlüssen Veranlassung geben können.

In den Fig. 230, 231 und 232 sind die Diagramme einer dreifachen Expansionsmaschine eines Ozeandampfers mit den Hauptdaten wiedergegeben. Sie sind aufgenommen mit der zuletzt beschriebenen Art der Rohrleitung zum Indikator.

Mittlerer Druck aus dem Diagramm: *5,48* at.

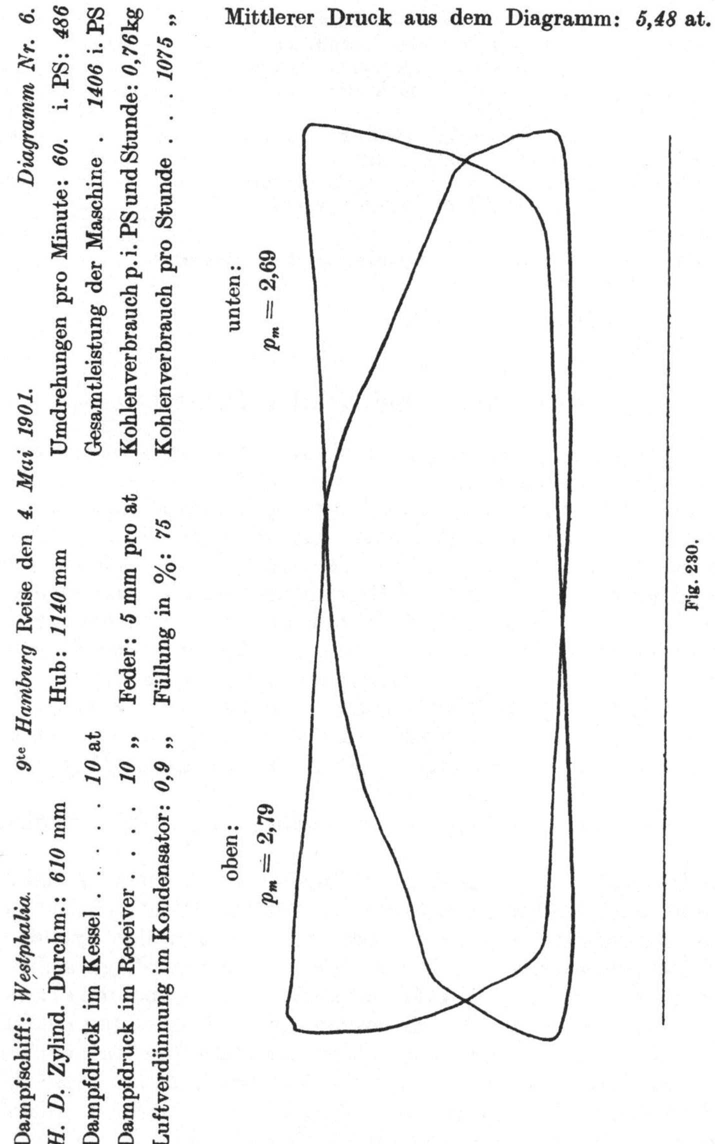

Um den Einfluß dieser Art der Rohrleitung auf die Form der Diagramme kennenzulernen, wurde beim Niederdruckzylinder einer stehenden 1200 pferdigen Verbundmaschine die Rohrleitung beseitigt, so daß auf jeder Zylinderseite ein Indikator direkt in die Zylinderwandung eingeschraubt werden konnte. Das bei genau derselben Füllung und derselben Kesselspannung erhaltene Diagramm wurde

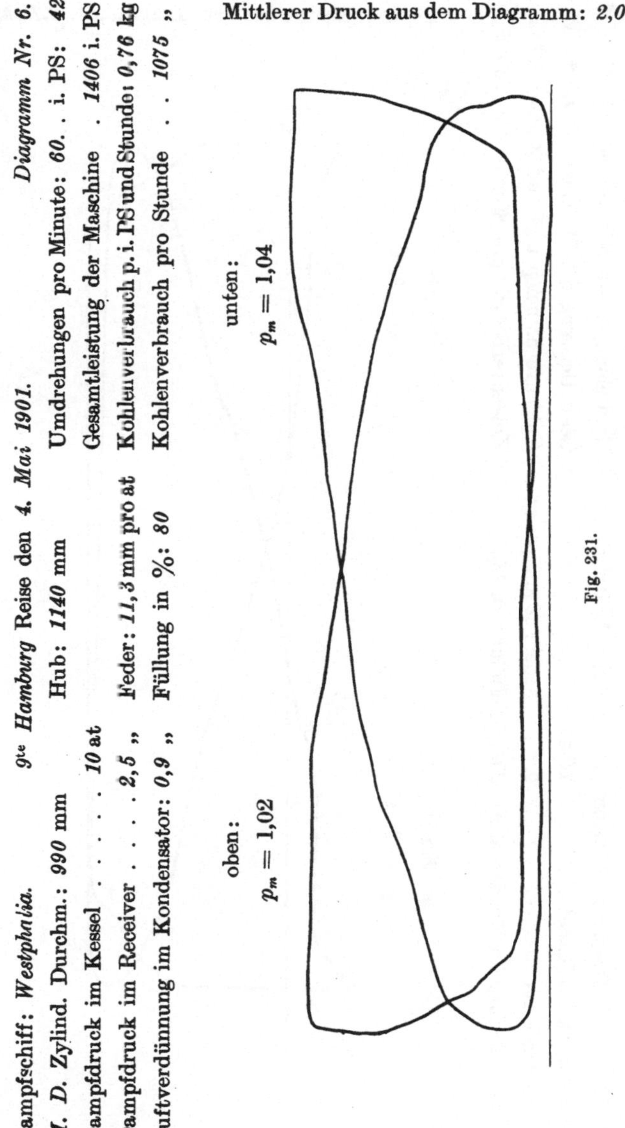

über das im ersten Falle erhaltene gezeichnet. Fig. 233 zeigt die beiden Diagramme. Das mit Rohrleitung erhaltene Diagramm ist punktiert, während das nach Abnahme der Rohrleitung sich ergebende Diagramm ausgezogen gezeichnet ist.

21*

Mittlerer Druck aus dem punktierten Diagramme $= 0{,}97$ kg/qcm.
Mittlerer Druck aus dem ausgezogenen Diagramme $= 0{,}91$ kg/qcm.

Mittlerer Druck aus dem Diagramm: *0,7 at.*

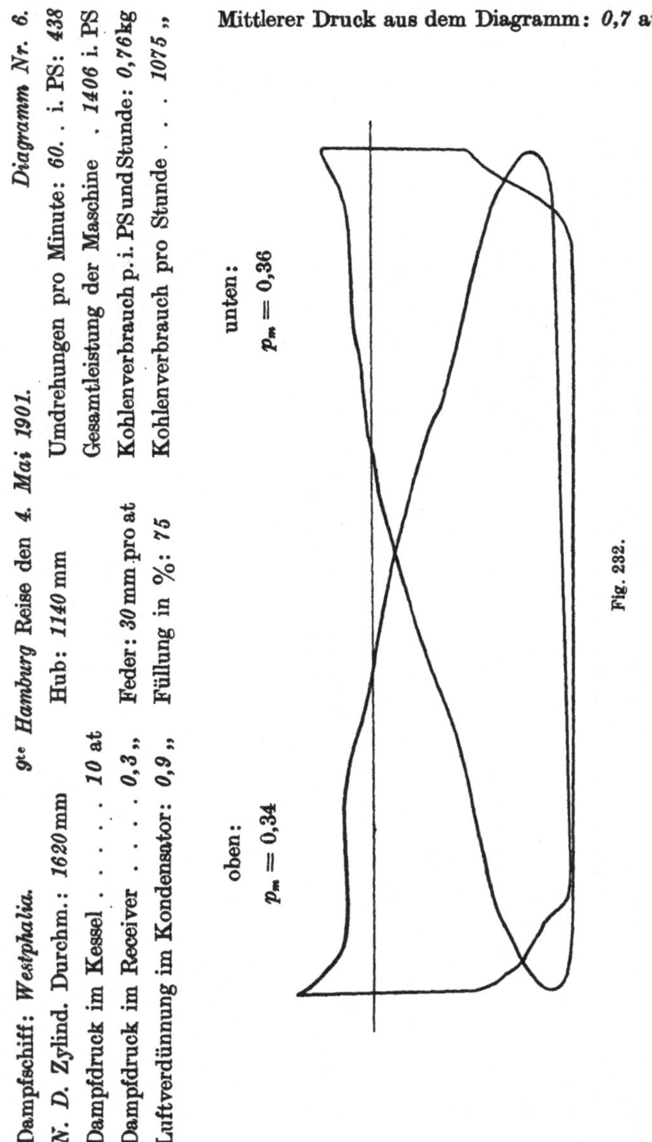

Die lichte Weite der Indikatorbohrung in der Wandung des Dampfzylinders soll 10 mm, keinesfalls unter 8 mm sein. Nachdem der Indikator angeschraubt ist, öffnet man, noch bevor der Indikatorkolben und das Schreibzeug eingesetzt sind, den Indikatorhahn und läßt kurze Zeit Dampf ausblasen. Man kann sich auf diese Weise leicht überzeugen, ob die Anbohrungen im Zylinder und die Hahnbohrungen selbst vollständig frei sind.

Daß eine zu enge Indikatorbohrung oder eine zum Teil verstopfte Anbohrung die Aufzeichnungen des Indikators vollständig unbrauchbar machen kann, zeigt das in Fig. 234 abgebildete Diagramm. Es stammt von einer liegenden, einzylindrigen Auspuffmaschine her. Das ausgezogene Diagramm ist bei teilweise verstopfter Bohrung, das punktiert gezeichnete bei derselben Belastung und der gleichen Eintrittsspannung aber bei vollständig freier Indikatorbohrung aufgenommen.

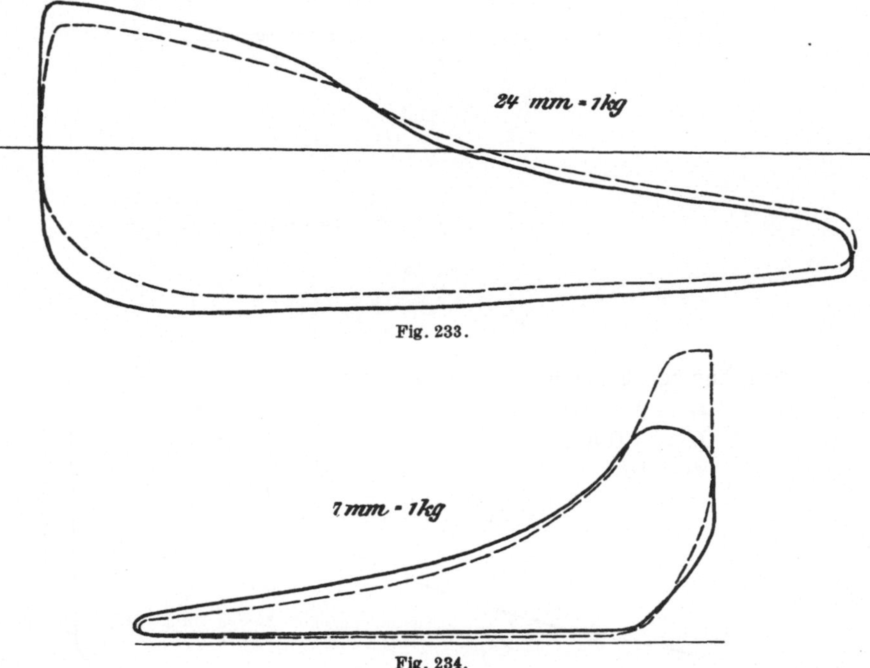

Fig. 233.

Fig. 234.

Die zum Antriebe der Papiertrommel dienende Schnur, kurz Indikatorschnur genannt, kann leicht zu Verzerrungen der Diagramme Veranlassung geben. Wenn sie sehr lang ist, so gerät sie während des Indizierens in peitschende Bewegung, die sich im Diagramme in der aus Fig. 235 ersichtlichen Weise bemerkbar macht.

Neue Indikatorschnüre haben oft die Eigenschaft, sich während des Indizierens zu längen. Dadurch ändern sich auch die Längen der Diagramme, wie solches aus den in Fig. 236 abgebildeten Diagrammen deutlich zu ersehen ist. Sie stammen von einer liegenden Fördermaschine her. Aufgenommen sind zehn Diagramme während einer Förderung.

Wenn die Länge der Indikatorschnur zu groß ist, so kommt die Papiertrommel eher an ihren Umkehrpunkt als der Mitnehmer und bleibt kurze Zeit still stehen, wodurch die Diagramme, wie die Fig. 237 und 238 zeigen, nicht vollständig ausgeschrieben werden.

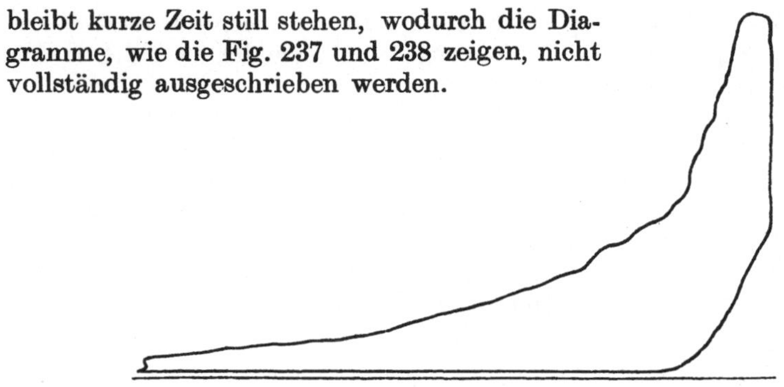

Fig. 235.

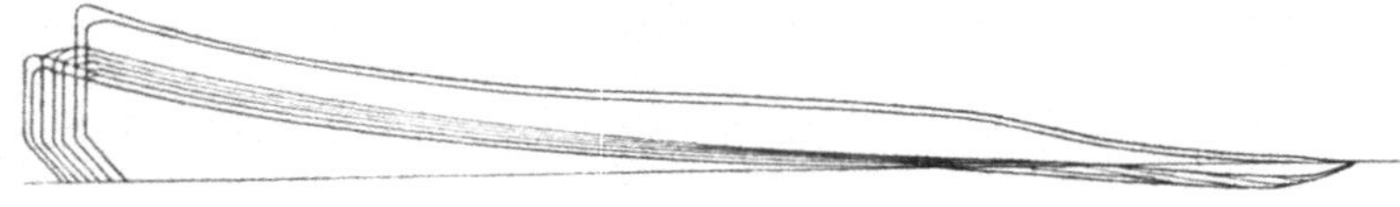

Fig. 236.

Einzylindrige, liegende Auspuffmaschine
$D = 240$ mm,
$H = 520$ mm,
$n = 84$.

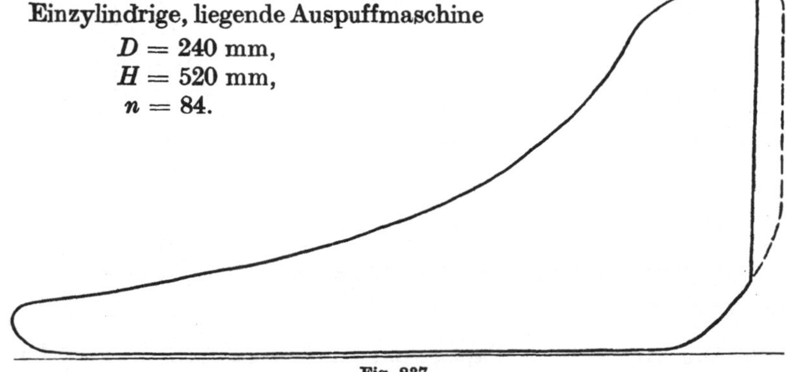

Fig. 237.

Fig. 238.

Die Indikationspapiertrommel stößt an, bevor der Mitnehmer an seinem toten Punkte angekommen ist. Das punktiert umränderte Stück der Diagrammfläche wird nicht aufgezeichnet.

Inhalt der vom Indikator gezeichneten Diagrammfläche = 2020 qmm,
Inhalt des fehlerlosen Diagrammes   = 2140 qmm.

Fig. 238 ist das Diagramm des Niederdruckzylinders einer 1200pferdigen, stehenden Verbundmaschine mit Kondensation und Corlißhahnsteuerung. Es liegt derselbe Fehler wie in Fig. 237 vor.

Inhalt der vom Indikator gezeichneten Diagrammfläche = 1720 qmm,
Inhalt des fehlerlosen Diagrammes   = 1750 qmm.

b) Fehler am Indikator selbst und Einfluß derselben auf die Form der Diagramme. In den Bemerkungen, welche den nachfolgenden Diagrammen beigegeben sind, bedeutet D bzw. D_1 = Zylinderdurchmesser, s bzw. s_1 = Hub, n = Tourenzahl pro Minute, N_i = indizierte Leistung in Pferdestärken.

Einzylindrige, liegende Auspuffmaschine.

$$D = 240 \text{ mm},$$
$$s = 520 \text{ mm},$$
$$n = 80,$$
$$N_i = 20 \text{ i. PS Normalleistung.}$$

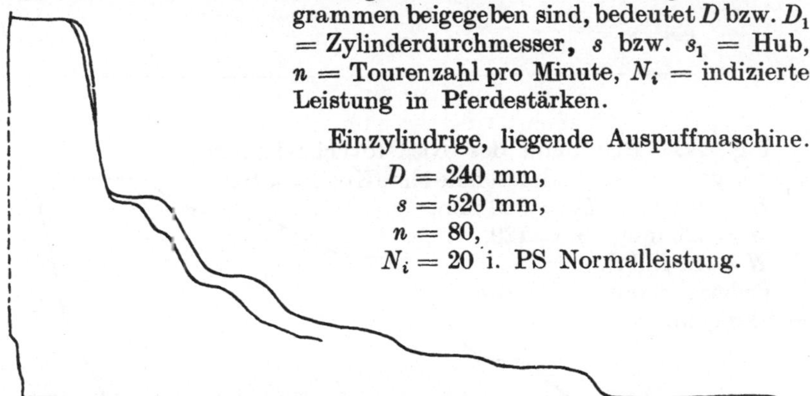

Fig. 239.

Fig. 239: Infolge eingedrungenen, in der Maschine rückständig gebliebenen Formsandes reibt der **Indikatorkolben** sehr stark.

Einzylindrige, liegende Auspuffmaschine.

$D = 240$ mm,	$n = 80,$
$s = 520$ mm,	$N_i = 20$ i. PS.

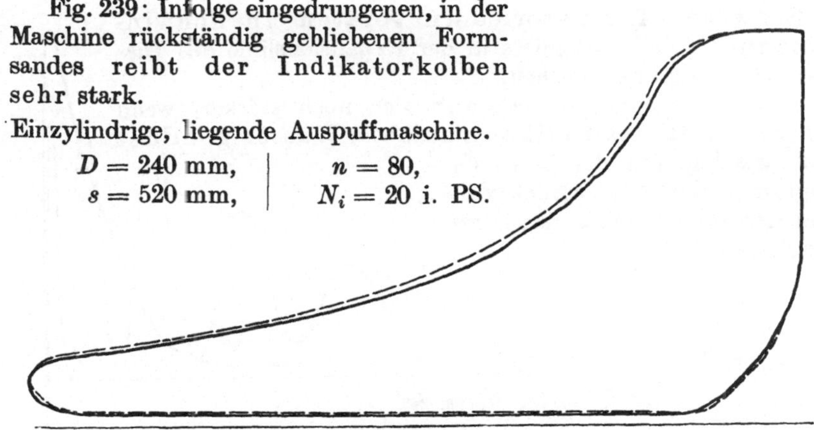

Fig. 240.

Das punktiert gezeichnete Diagramm ergab sich bei **starkem Drücken des Indikatorschreibstiftes** gegen die Papiertrommel; das mit glattem Striche geschriebene Diagramm wurde bei zartem Andrücken des Schreibstiftes erhalten.

Fig. 241: Einzylindrige, liegende Kondensationsmaschine. Der Schreibstift steht zu weit nach hinten vor und stößt deshalb an einen Gelenkarm des Schreibzeuges. Die Folge hiervon ist die Stufe in der Expansions- und in der Kompressionslinie.

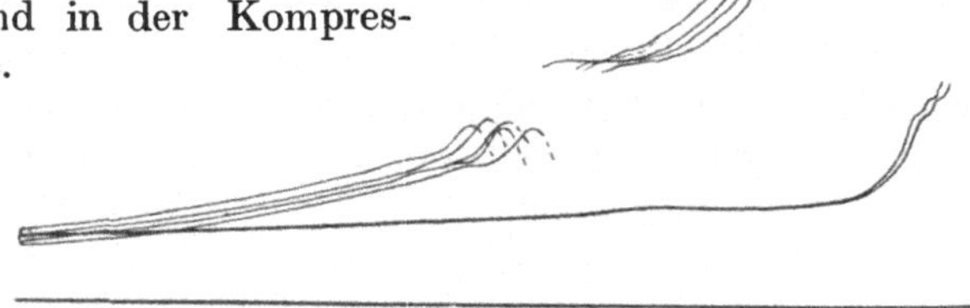

Fig. 241.

Fig. 242: Diagramm des Niederdruckzylinders einer liegenden Verbundmaschine ohne Kondensation.
$D = 240$ mm, $D_1 = 360$ mm,
$s = 520$ mm, $n = 120$,.
$N = 40$ i. PS.
Federmaßstab: 25 mm
$= 1$ kg/qcm.

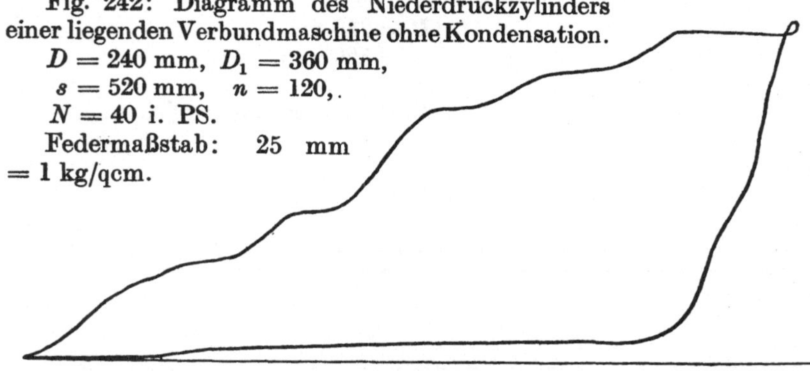

Fig. 242.

Schwache Indikatorfedern geraten in Schwingungen, die sich besonders in der Expansionslinie des Diagrammes bemerkbar machen.

Diese Schwingungen markieren sich noch stärker, wenn sich **oberhalb des Indikatorkolbens Wasser gebildet hat**, wie Fig. 243, das Leerlaufsdiagramm des Niederdruckzylinders der zuletzt charakterisierten Maschine zeigt.

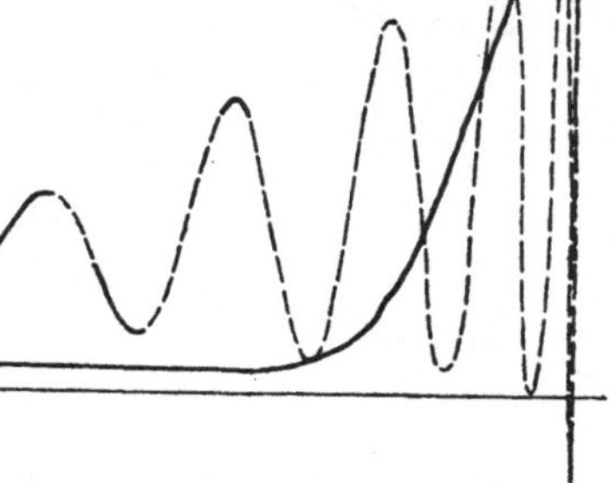

Fig. 243.

c) Fehler an der Dampfmaschine. . Das Indikatordiagramm wird nicht nur zur Berechnung der indizierten Leistung einer Dampfmaschine ber ützt, sondern es fällt ihm noch die sehr wichtige Aufgabe zu, Aufschluß über den Zustand der Maschine, speziell ihrer Steuerung zu geben. Da es nicht immer leicht ist, aus dem Verlaufe der Diagrammkurven die richtigen Schlüsse zu ziehen, so sind im folgenden noch verschiedene, der Praxis entnommene Diagramme zusammengestellt, die durch ihre Form auf beachtenswerte Fehler an der Maschine schließen lassen. Wo es möglich war, sind auch die nach Beseitigung der festgestellten Mängel erhaltenen (Normal-)Diagramme wiedergegeben.

Fig. 244: Einzylindrige, liegende Auspuffmaschine mit Ridersteuerung.

$$D = 240 \text{ mm},$$
$$s = 520 \text{ mm},$$
$$n = 80,$$
$$N_i = 20 \text{ i. PS.}$$

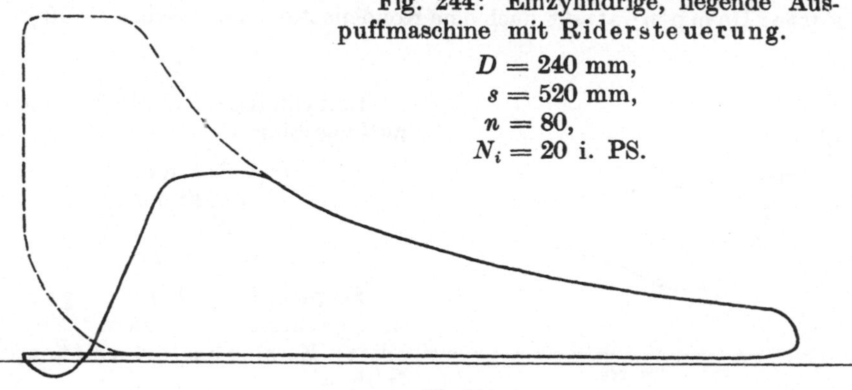

Fig. 244.

Der Grundschieber ist falsch eingestellt. Die Grundschieberstange muß verkürzt werden. Das punktiert ergänzte Diagramm ergab sich nach Abstellung des Fehlers.

Einzylindrige, liegende Kondensationsmaschine.

$$D = 250 \text{ mm},$$
$$s = 650 \text{ mm},$$
$$n = 60,$$
$$N_i = 20 \text{ i. PS.}$$

Die Kondensation ist sehr mangelhaft. Kraftverlust ca. 22%.

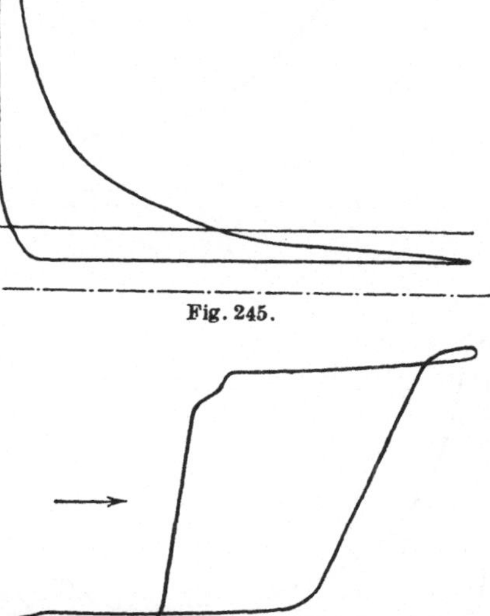

Fig. 245.

Einzylindrige, liegende Auspuffmaschine.

$$D = 220 \text{ mm},$$
$$s = 458 \text{ mm},$$
$$n = 55.$$

Der Dampf tritt erst bei 0,3 des Hubes ein; verspäteter Dampfaustritt; Mangel jeder Expansion.

Fig. 246.

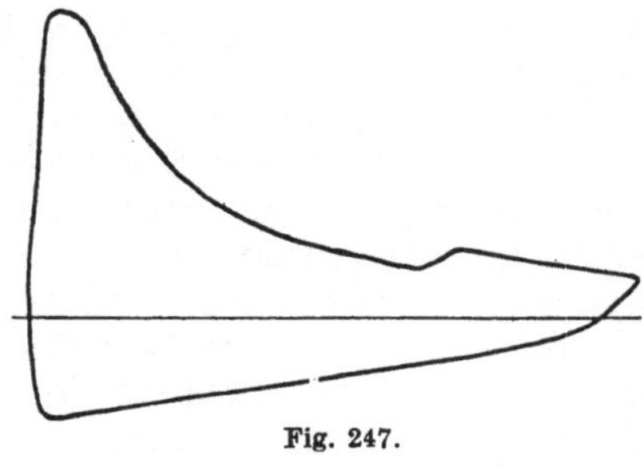

Fig. 247.

Einzylindrige, liegende Kondensationsmaschine.

$$D = 566 \text{ mm},$$
$$s = 850 \text{ mm},$$
$$n = 65,$$
$$N_i = 66 \text{ i. PS.}$$

Verspäteter Dampfeintritt; gegen Ende der Expansion strömt nochmals frischer Dampf ein; verzögerter Dampfaustritt nach dem Kondensator. Kraftverlust ca. 70%.

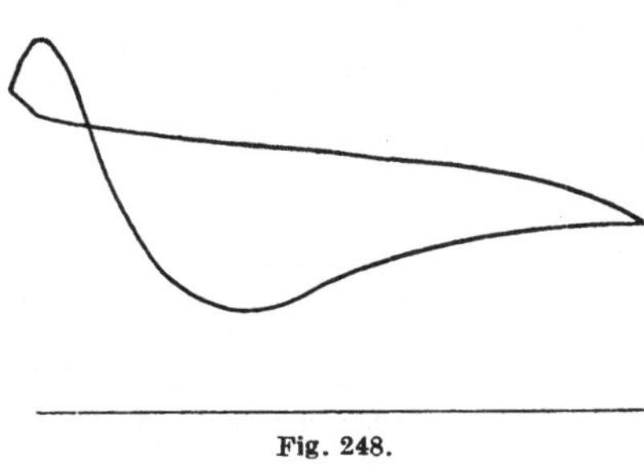

Fig. 248.

Einzylindrige, liegende Auspuffmaschine.

$$D = 670 \text{ mm},$$
$$s = 1440 \text{ mm},$$
$$n = 36,$$
$$N_i = 87 \text{ i. PS.}$$

Expansion fehlt; ganz mangelhafter Dampfaustritt; Kompression tritt zu früh ein.

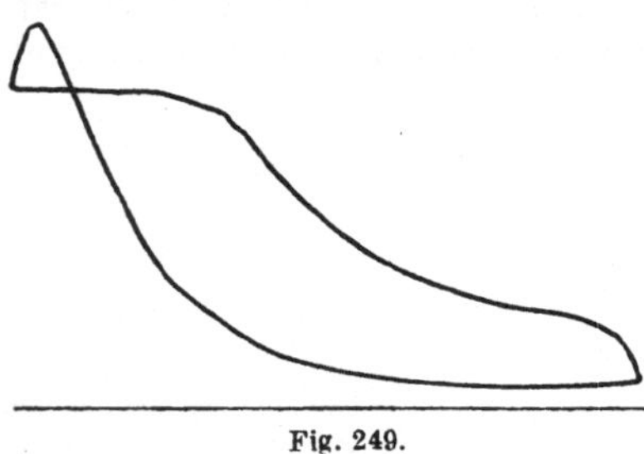

Fig. 249.

Einzylindrige, liegende Auspuffmaschine.

$$D = 350 \text{ mm},$$
$$s = 650 \text{ mm},$$
$$n = 78,$$
$$N_i = 28 \text{ i. PS.}$$

Die Kompression erfolgt zu früh.

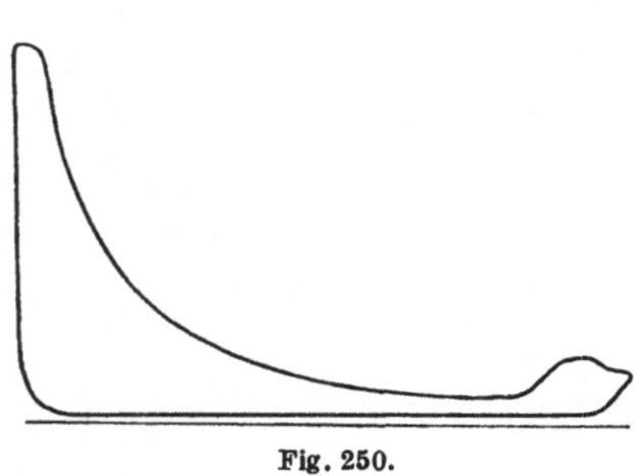

Fig. 250.

Einzylindrige, liegende Auspuffmaschine.

$$D = 270 \text{ mm},$$
$$s = 520 \text{ mm},$$
$$n = 38,$$
$$N_i = 4 \text{ i. PS.}$$

Der Expansionsschieber läßt gegen Ende des Kolbenhubes nochmals Dampf einströmen. Kraftverlust ca. 67%.

Einzylindrige, liegende Kondensationsmaschine.

$$D = 480 \text{ mm},$$
$$s = 1000 \text{ mm},$$
$$n = 48,$$
$$N_i = 75 \text{ i. PS.}$$

Der Dampfeintritt erfolgt zu spät. Kraftverlust ca. 10%.

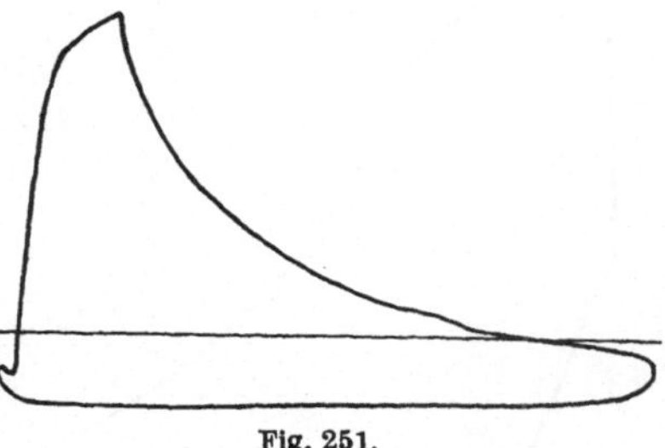

Fig. 251.

Nach Abstellung des Fehlers ergab sich nebenstehendes Diagramm (Fig. 252).

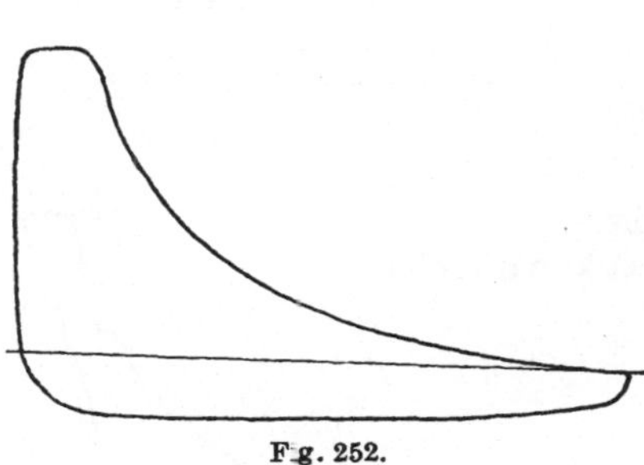

Fig. 252.

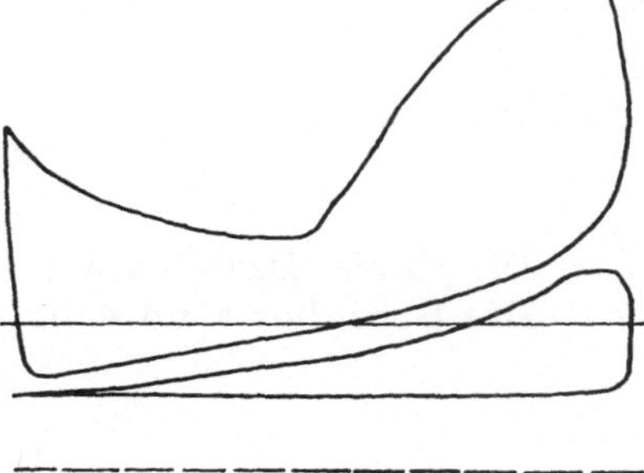

Fig. 253.

Fig. 253: Woolfsche Maschine.

$$D = 235 \text{ mm},$$
$$D_1 = 415 \text{ mm},$$
$$s = 713 \text{ mm},$$
$$s_1 = 1022 \text{ mm},$$
$$n = 40.$$

Die Steuerung ist vollständig in Unordnung. Der Dampfeintritt erfolgt erst in der Mitte des Hubes. Kraftverlust ca. 40%.

Einzylindrige, liegende Auspuffmaschine mit Ridersteuerung.

$$D = 240 \text{ mm},$$
$$s = 520 \text{ mm},$$
$$n = 80,$$
$$N_i = 20 \text{ i. PS.}$$

Der Dampfkolben ist stark undicht.

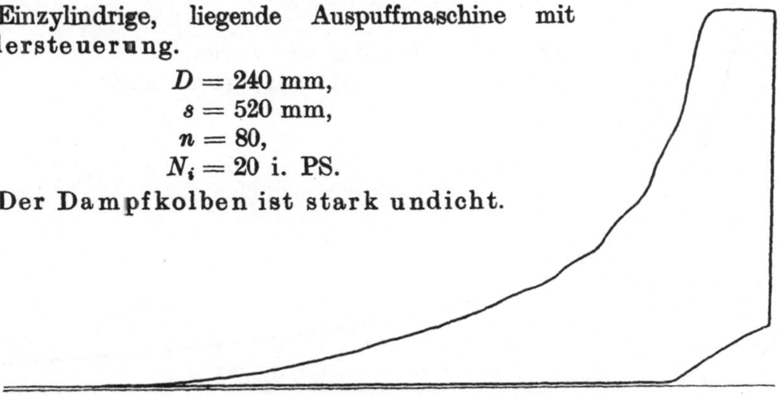

Fig. 254.

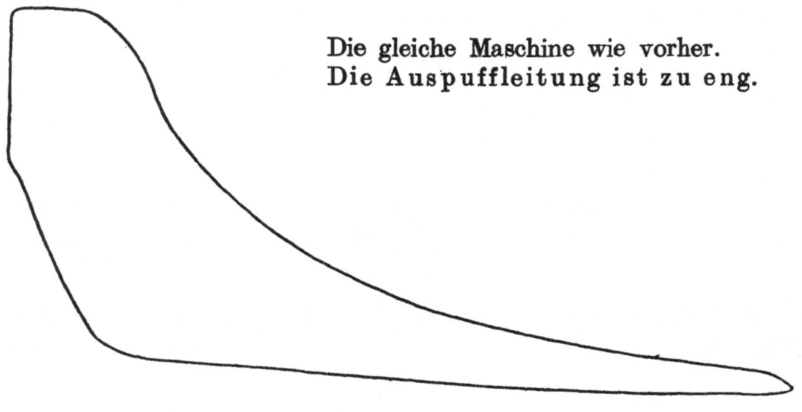

Die gleiche Maschine wie vorher.
Die Auspuffleitung ist zu eng.

Fig. 255.

Die gleiche Maschine wie vorher.
Die Schieber sind sehr stark undicht.

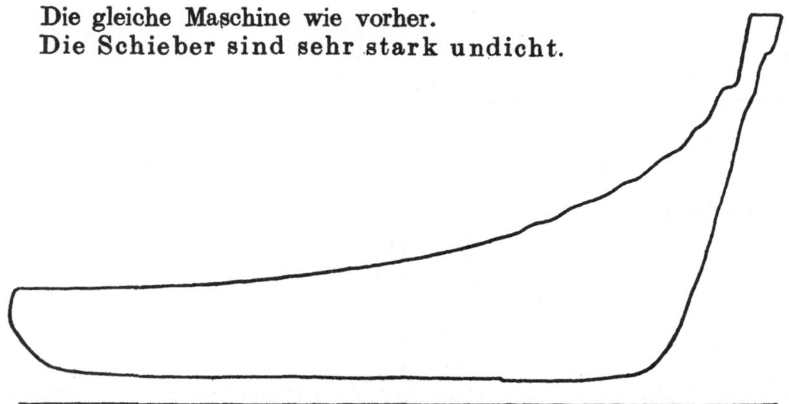

Fig. 256.

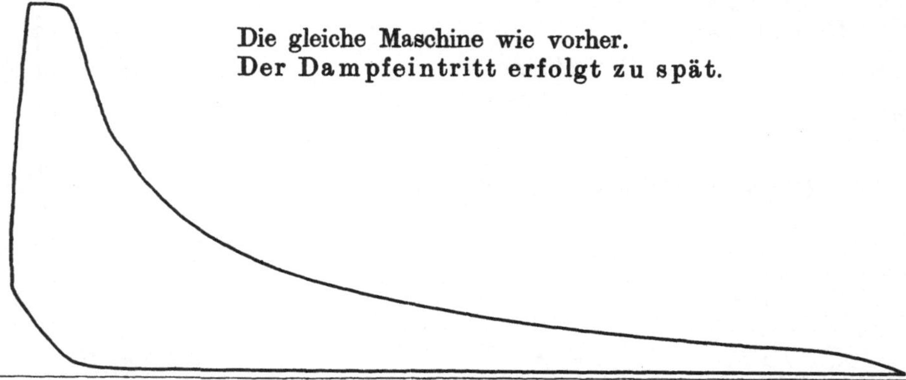

Die gleiche Maschine wie vorher.
Der Dampfeintritt erfolgt zu spät.

Fig. 257.

Einzylindrige, liegende Auspuffmaschine.

$$D = 120 \text{ mm},$$
$$s = 260 \text{ mm},$$
$$n = 100,$$
$$N_i = 15 \text{ i. PS.}$$

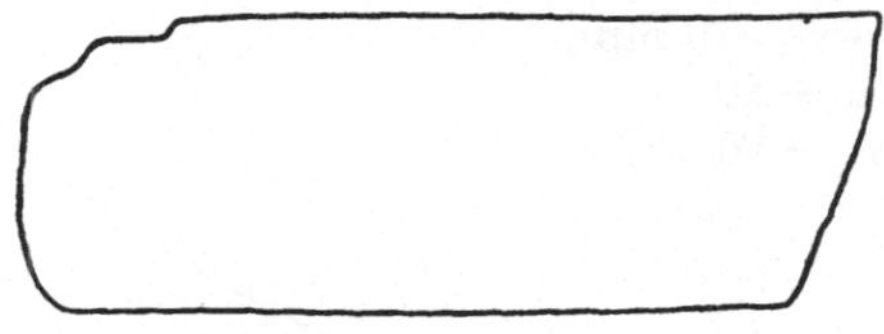

atm. ——————————————————————— *Linie*

Fig. 258.

Federmaßstab 7 mm = 1 kg/qcm.

Der Gegendruck beträgt 2 Atmosphären, ist also sehr hoch. Die Maschine muß deshalb mit nahezu voller Füllung arbeiten. Ursache des hohen Gegendruckes: Der Auspuffdampf geht durch einen Röhrenvorwärmer, dessen Rohre sehr stark undicht sind, so daß Wasser in den Dampfraum des Vorwärmers eintritt. Dieses Wasser setzte im Innern der Rohre viel Kesselstein ab, wodurch der dem Auspuffdampfe zur Verfügung stehende, freie Querschnitt stark verengt wurde.

Einzylindrige, liegende Auspuffmaschine.

$$D = 600 \text{ mm},$$
$$s = 1270 \text{ mm},$$
$$n = 67,$$
$$N_i = 75 \text{ i. PS.}$$

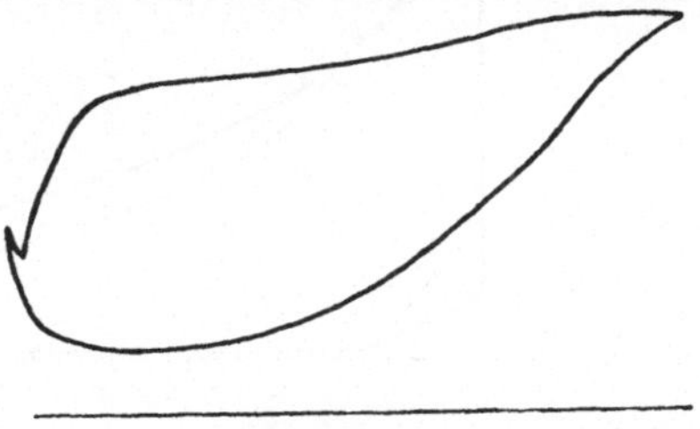

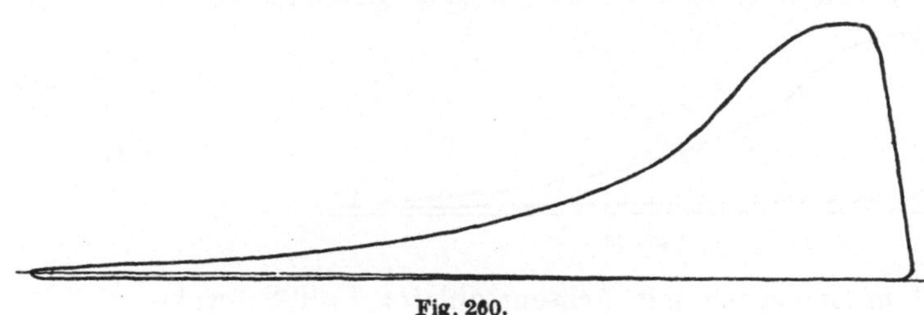

Fig. 259.

Die Dampfeinströmung erfolgt zu spät. Expansion fehlt. Der Dampfaustritt erfolgt ebenfalls zu spät und zu langsam.

Fig. 260.

Fig. 260: Liegende, einzylindrige Auspuffmaschine.

**Kompression fehlt vollständig. Der
Dampfeintritt erfolgt verzögert.**

Liegende, einzylindrige Auspuffmaschine.

$$D = 240 \text{ mm},$$
$$s = 520 \text{ mm},$$
$$n = 80,$$
$$N_i = 20 \text{ i. PS.}$$

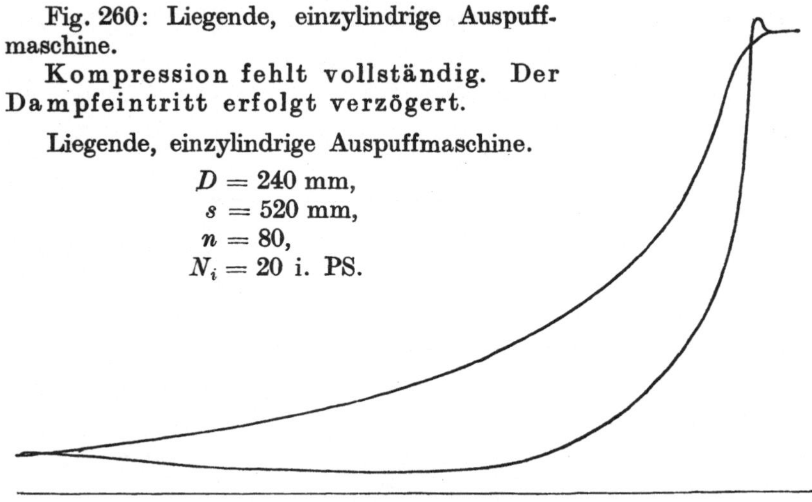

Fig. 261.

**Falsch eingestellter Riderschieber. Der Dampfeintritt
erfolgt zu früh; der Dampfaustritt erfolgt zu spät; der Gegendruck ist zu hoch.**

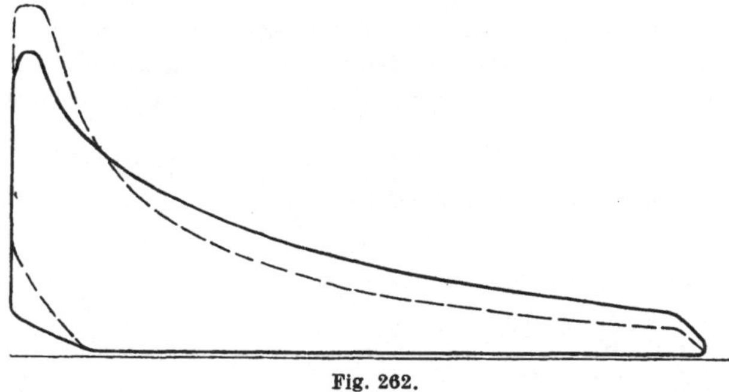

Fig. 262.

Dieselbe Maschine wie vorher. Das punktiert gezeichnete Diagramm
ist das normale. Das ausgezogene Diagramm ergab sich, nachdem der
schädliche Raum künstlich vergrößert worden ist.

Diagramm einer liegenden Auspuffmaschine von

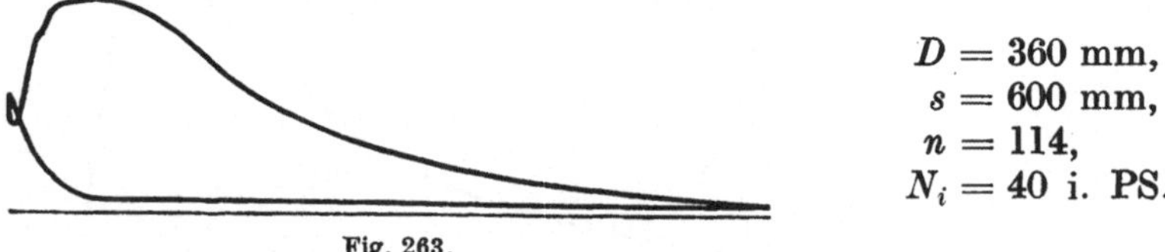

$$D = 360 \text{ mm},$$
$$s = 600 \text{ mm},$$
$$n = 114,$$
$$N_i = 40 \text{ i. PS.}$$

Fig. 263.

Ventilsteuerung mit Achsenregulator Pröll-Schwabe.

Die Schleife auf der linken Seite kann zwei Ursachen haben:
1. Verspäteten Dampfeintritt oder
2. Überschleifen des Maschinenkolbens über die Ausmündung der Indikatorbohrung im Dampfzylinder. Gleichzeitig muß in beiden Fällen noch Undichtheit des Indikatorkolbens vorliegen.

Um herauszufinden, welche von diesen beiden Ursachen die zutreffende ist, wurden während des Indizierens Papierstreifen zwischen Einlaßventil-Anhebedaumen und Antriebsrolle gelegt, wodurch der Dampfeintritt früher erfolgen mußte. Dabei ergab sich ein normales Diagramm ohne Schleifenbildung, womit der Beweis geliefert war, daß der unter 1. angegebene Fehler vorlag.

5. Das Rankinisieren der Diagramme.

Dieses Verfahren der Umzeichnung der Diagramme zum Zwecke der Kontrolle der Vorgänge in der Dampfmaschine wurde zuerst von **Rankine** angegeben, und zwar für **Woolf**sche Maschinen. Es ist jedoch auf alle Dampfmaschinen mit mehrstufiger Expansion anwendbar.

Der Gedanke, der dem **Rankine**schen Verfahren zugrunde liegt, ist folgender:

Zu Anfang der Expansionsperiode ist im Hochdruckzylinder ein Dampfvolumen vorhanden, welches gleich ist dem Füllungsvolumen plus dem (ebenfalls mit Dampf ausgefüllten) schädlichen Raume des Zylinders. Das Dampfvolumen, welches am Ende der Expansionsperiode im Niederdruckzylinder vorhanden ist, setzt sich zusammen aus dem Volumen des Niederdruckzylinders plus dem schädlichen Raume desselben.

Die Leistung der in den Hochdruckzylinder eingetretenen Dampfmenge könnte theoretisch dieselbe sein, die sich ergeben würde, wenn die gleiche Dampfmenge mit der Eintrittsspannung des Hochdruckzylinders direkt in den Niederdruckzylinder eingetreten wäre und darin ihre Gesamtexpansion vollführt hätte.

Es bezeichne:

$$v = \text{Volumen des Hochdruckzylinders}$$
$$q = \text{Kolbenfläche des Hochdruckzylinders}$$
$$V = \text{Volumen des Niederdruckzylinders}$$
$$Q = \text{Kolbenfläche des Niederdruckzylinders}$$

einer Verbundmaschine mit dem Hube $= h$.

Dann ist:

$$v = q \cdot h = \text{Volumen des Hochdruckzylinders,}$$
$$V = Q \cdot h = \text{Volumen des Niederdruckzylinders.}$$

Denkt man sich den Durchmesser des Niederdruckzylinders auf denjenigen des Hochdruckzylinders reduziert, so müßte bei ungeändert bleibendem Volumen der Hub des Niederdruckzylinders sich umändern in H.

Es wäre dann:

$$V = q \cdot H.$$

Es war:

$$v = q \cdot h\,.$$

Also:

$$V : v = H : h\,.$$

Oder:

(1)
$$H = h \cdot \frac{V}{v}\,.$$

Man denke sich nun ferner den reduzierten Niederdruckzylinder direkt an den Hochdruckzylinder angegliedert (wie in Fig. 264 gezeichnet).

Zur Erzielung einer bestimmten Maschinenleistung muß der Hochdruckzylinder bei der Anfangsspannung p_1 die Füllung s empfangen. Am Ende der Expansionsperiode im Hochdruckzylinder hat dieser Dampf noch die Spannung p.

Das theoretische Diagramm ist in Fig. 264 über den Hochdruckzylinder gezeichnet.

Tritt nun dieses Dampfgewicht mit der Spannung p in den angesetzten, reduzierten Niederdruckzylinder, so bringt es offenbar die Füllung h hervor und expandiert dann, wie das in Fig. 264 über dem reduzierten Niederdruckzylinder gezeichnete, theoretische Diagramm zeigt, bis auf die Spannung p_0.

Für die Punkte A und B des Hochdruckdiagrammes (Fig. 264) gilt dann:

$$p_1 \cdot s = p \cdot h\,[1])\,.$$

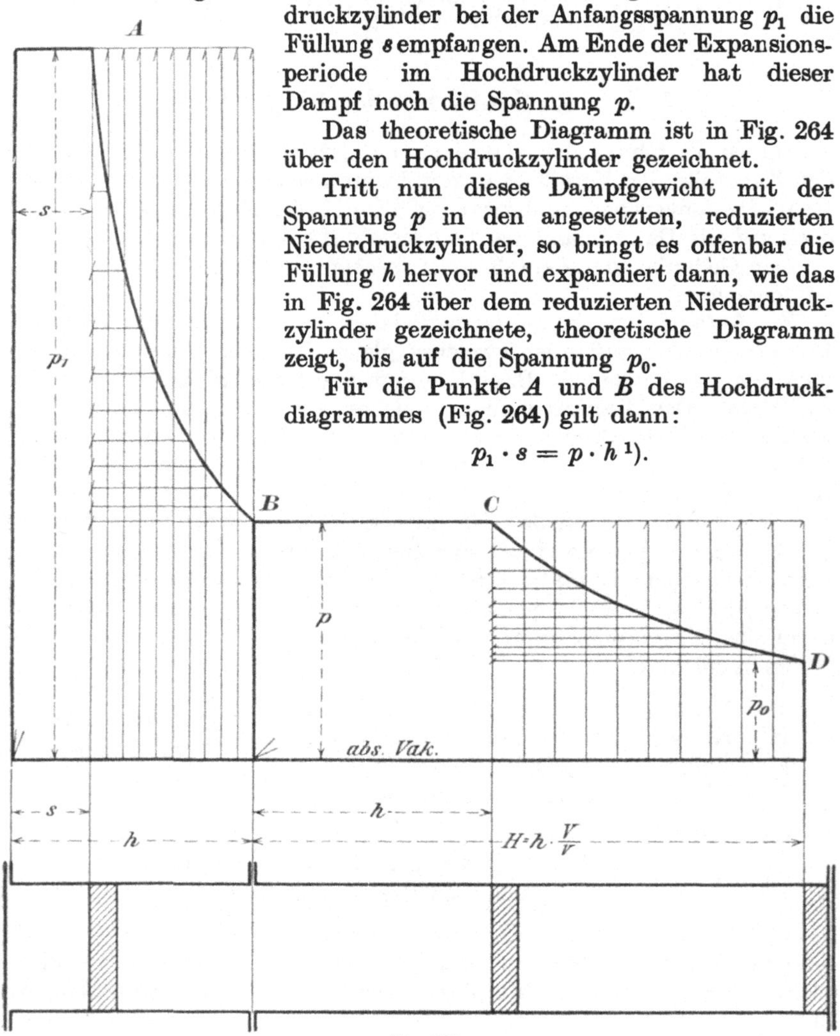

Fig. 264.

---

[1]) Vorausgesetzt, daß die Expansionskurve eine gleichseitige Hyperbel ist.

Für die Punkte C und D des Niederdruckdiagrammes (Fig. 264) gilt:

$$p \cdot h = p_0 \cdot H = p_0 \cdot h \cdot \frac{V}{v}.$$

Folglich:

$$(2) \qquad p_1 \cdot s = p_0 \cdot h \cdot \frac{V}{v}.$$

Diese Gleichung (2) ist sofort anwendbar auf das Diagramm einer Dampfmaschine, bei welcher der Dampf bei der Füllung s mit der Spannung p_1 in den Zylinder eintritt, und bei welcher er am Ende des Hubes $h \cdot \dfrac{V}{v}$ den Zylinder mit der Spannung p_0 verläßt. Fig. 265 stellt dieses theoretische Diagramm dar.

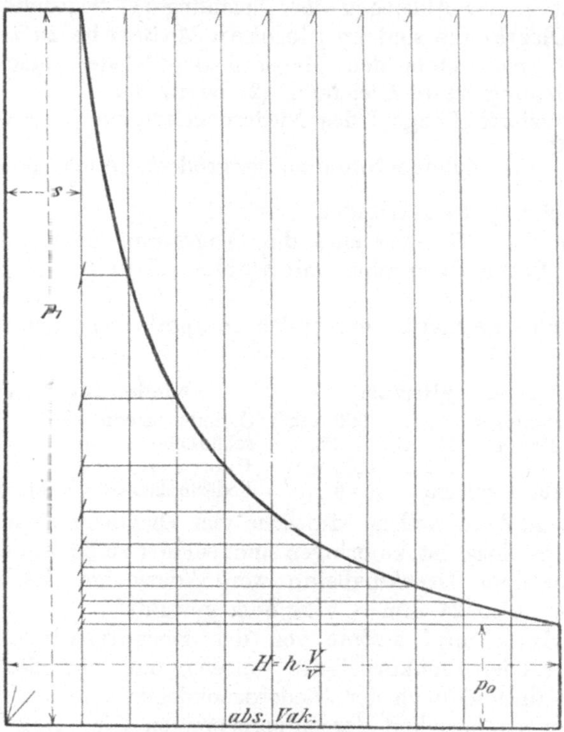

Fig. 265.

Die Wirkung einer bestimmten, in den Hochdruckzylinder einer Verbundmaschine eintretenden Dampfmenge ist also (theoretisch) genau dieselbe, als wenn das gleiche Dampfgewicht mit derselben Spannung direkt in den Niederdruckzylinder (dessen Hub h bei gleichbleibendem Zylinderdurchmesser allerdings im Verhältnisse der Zylindervolumina $\dfrac{V}{v}$ vergrößert ist) eingetreten wäre.

Auf Grund dieser theoretischen Betrachtung sind verschiedene Methoden der Rankinisierung von Diagrammen aufgebaut worden, von denen die bekannteste die im nachfolgenden erläuterte ist.

Zur Rankinisierung können nur die Diagramme jener Zylinderseiten kommen, die der Dampf unmittelbar hintereinander durchströmt, also z. B. bei einer Verbundmaschine mit um 180° versetzten Kurbeln die Diagramme der:

Deckelseite des Hochdruckzylinders und der Kurbelseite des Niederdruckzylinders, ebenso wie diejenigen der

Kurbelseite des Hochdruckzylinders und der Deckelseite des Niederdruckzylinders.

Die zusammengehörigen Diagramme müssen zunächst auf gleiche Länge l (die im übrigen beliebig ist) gebracht werden. Diese Bedingung ist in der Ableitung der Gleichung (1) begründet.

Beide Diagramme sind im gleichen Maßstabe zu zeichnen (und zwar wählt man stets den Maßstab des Niederdruckdiagrammes). Diese Bedingung ist in Gleichung (2) begründet.

Die reduzierte Länge l des Niederdruckdiagrammes wird im Verhältnisse $\dfrac{V}{v}$ der Zylindervolumina vergrößert. Auch diese Forderung ist in Gleichung (2) begründet.

In den Fig. 266÷269 sind die Diagramme einer 1500 pferdigen, stehenden Verbundmaschine mit Corliß - Bonjoursteuerung abgebildet.

Die hier in Betracht kommenden Hauptabmessungen der Maschine sind:

Hochdruckzylinder:		Niederdruckzylinder:	
Zylinderdurchmesser . . .	800 mm	Zylinderdurchmesser . . .	1450 mm
schädlicher Raum	2%	schädlicher Raum. . . .	5%
Hub	1100 mm	Hub	1100 mm
Federmaßstab: 1 kg/qcm .	6 „	Federmaßstab: 1 kg/qcm .	24 „

Die Länge l, auf welche sämtliche vier Diagramme, deren Rankinisierung beabsichtigt ist, zu bringen sind, sei hier zu 60 mm angenommen. Als gemeinsamer Druckmaßstab werde derjenige des Niederdruckdiagrammes, also 24 mm = 1 kg/qcm gewählt.

Der Arbeitsdampf strömt von der Hochdruckdeckelseite (oben) nach der Niederdruckkurbelseite (unten), und von der Hochdruckkurbelseite (unten) nach der Niederdruckdeckelseite (oben), woraus ja die Zusammengehörigkeit der entsprechenden Diagramme folgt.

Für Betriebe mit großen Dampfmaschinen, die regelmäßig indiziert werden, und deren Diagramme öfters zur Rankinisierung kommen, ist es sehr empfehlenswert, sich durch Druck ein Liniennetz herstellen zu lassen, welches die sonst ziemlich zeitraubende Arbeit des Rankinisierens wesentlich erleichtert.

Auf der Tafel im Anhang sind die obigen Diagramme mit Hilfe eines solchen Liniennetzes rankinisiert. Die linke Seite gibt die Diagramme nur punktweise an, um das Liniennetz deutlicher erkennen zu lassen.

In einem rechtwinkligen Koordinatensystem $x\,x$, $y\,y$ zieht man
zu beiden Seiten der y-Achse je eine Parallele zu dieser, deren Abstand von der y-Achse dem schäd-
lichen Raume des Hochdruckzylinders entspricht. Diese Gerade ist auf
der linken Seite des Liniennetzes mit
0 bezeichnet; sie ist von der y-Achse
um $\frac{6\,0}{1\,0\,0}\cdot 2$ mm (entsprechend 2%
schädlichem Raume) abgerückt.

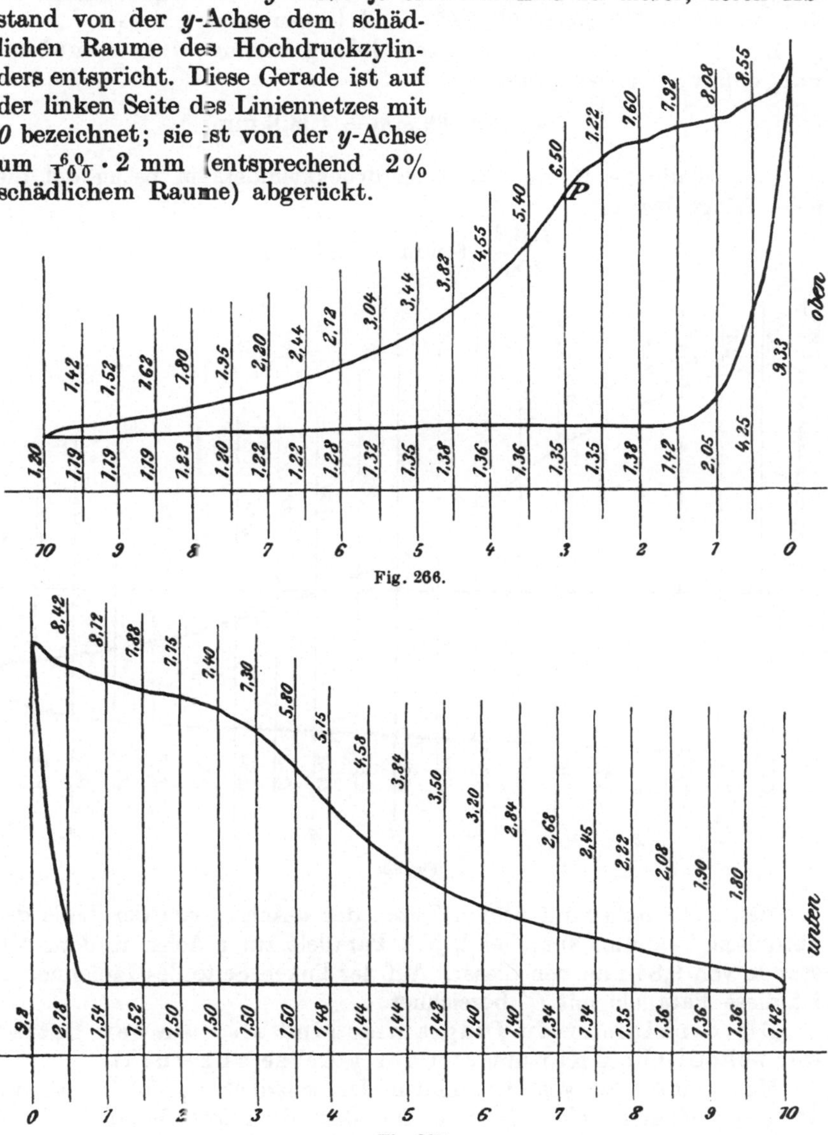

Die x-Achse gilt als Linie des absoluten Vakuums. Von ihr aus
trägt man den Maßstab des Niederdruckdiagrammes, also 24 mm so
oftmals auf der y-Achse ab, daß man den höchsten, im Hochdruckzylinder auftretenden Dampfdruck noch in das Netz bekommt, und
zieht durch die Teilpunkte Parallelen zur x-Achse. Die der letzteren

zunächst liegende Parallele entspricht der Atmosphärenlinie der Originaldiagramme; sie ist mit *AL* bezeichnet, während die übrigen Parallelen
die römischen Ziffern *I, II, III . . . X* tragen.

Die Länge *l* des Niederdruckdiagrammes ist $\dfrac{V}{v}$ mal zu
vergrößern; sie wird also

$$\frac{V}{v} \cdot l = 3{,}28 \cdot 60 \text{ mm} = \mathbf{196{,}8 \ mm.}$$

Der schädliche Raum des Niederdruckzylinders in bezug auf die
neue Länge beträgt:

$$\frac{196{,}8}{100} \cdot 5 \text{ mm} = 9{,}84 \text{ mm.}$$

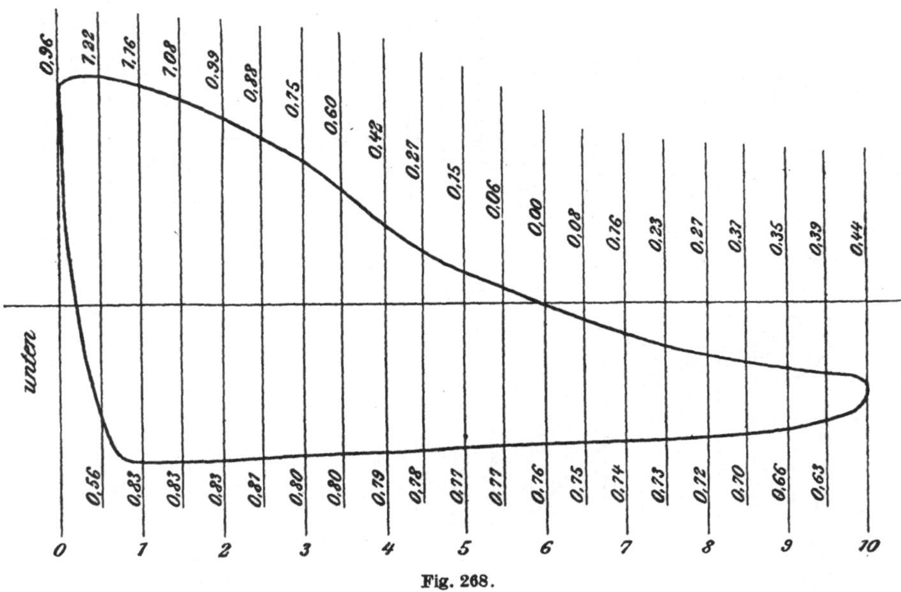

Fig. 268.

Man zieht daher auf beiden Seiten der *y*-Achse, von der Linie des
absoluten Vakuums ausgehend, je 1 Parallele zur *y*-Achse in dem Abstande von 9,84 mm von dieser. Auf der linken Seite des Liniennetzes
ist diese Parallele mit *O′* bezeichnet.

Die rankinisierten Diagramme sind also um den Betrag
der schädlichen Räume von der *y*-Achse abgerückt.

Nun trägt man von den Linien der schädlichen Räume aus die
Diagrammlängen, also 60 mm für das Hochdruckdiagramm und
196,8 mm für das Niederdruckdiagramm, nach links und rechts ab,
teilt jede Länge in 10 gleiche Teile und zieht durch die so erhaltenen
Teilpunkte Parallelen zur *y*-Achse. Diese sind mit *1, 2, 3 . . . 10* bzw.
mit *1′, 2′, 3′ . . . 10′* bezeichnet.

Die Abstände der Horizontalen: abs. Vak., *AL, I, II, III . . . X*
teilt man wieder in je 10 Unterteile und zieht die entsprechenden
Parallelen zur *x*-Achse.

Die Originaldiagramme (Fig. 266÷269) teilt man ebenfalls in 10 oder besser in 20 gleiche Vertikalstreifen. Auf jede Teilungslinie, mit Ausnahme der ersten und letzten, fallen dann zwei Diagrammpunkte. Man bestimmt die diesen Punkten entsprechenden Dampfspannungen und notiert dieselben auf die zugehörige Teillinie.

Es hat z. B. der Punkt P des Hochdruckdiagrammes (Fig. 266) einen Abstand von der Atmosphärenlinie $= 39$ mm, der entsprechende Druck ist also $\frac{39}{6}$ kg $= 6{,}5$ kg.

Punkt P liegt auf der mit 3 bezeichneten vertikalen Teillinie des Originaldiagrammes.

Um seine Lage im Liniennetze zu finden, geht man auf der durch 3 gehenden Parallelen zur y-Achse von der Atmosphärenlinie AL aus $6^5/_{10}$

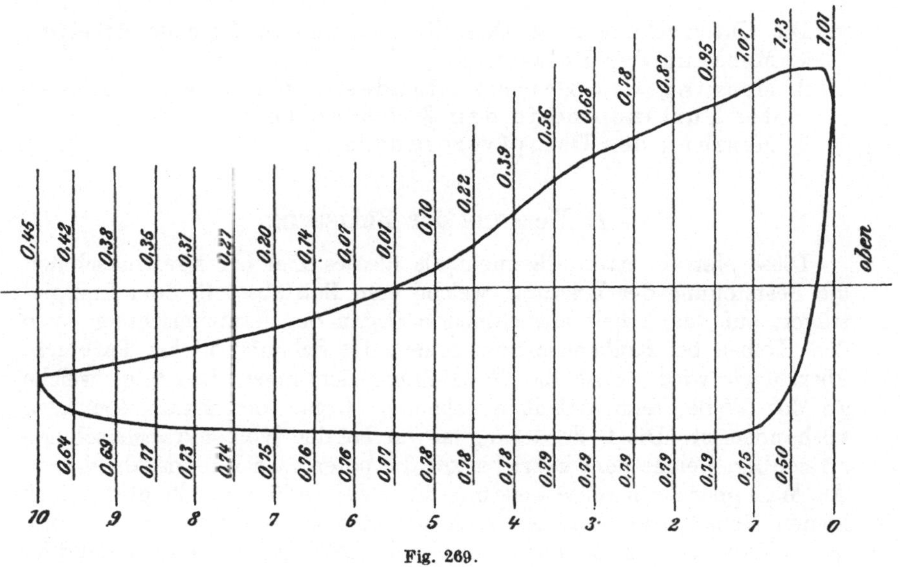

Fig. 269.

Teilstriche nach oben; also gerade auf den Halbierungspunkt des Intervalles $VI - VII$ und erhält so den Punkt P des rankinisierten Diagrammes.

Genau so bestimmen sich die übrigen Punkte der Diagramme.

Legt man nun durch einen Punkt a der Expansionskurve des Hochdruckdiagrammes die gleichseitige Hyperbel, so ist die von dieser und den Koordinatenachsen eingeschlossene Fläche F ein Maß für die theoretische Arbeit, welche das in den Hochdruckzylinder eingetretene Dampfgewicht zu leisten imstande wäre, wenn alle Bedingungen der Theorie in Wirklichkeit umgesetzt werden könnten.

Die Summe $F_1 + F_2$ der Flächen der rankinisierten Diagramme gibt ein Maß für die wirklich geleistete Arbeit.

Das Verhältnis:

$$\frac{F_1 + F_2}{F}$$

heißt der Völligkeitsgrad.

In dem durchgeführten Beispiele ist:

$$F_1 = 3960 \text{ qmm} \left.\begin{array}{l}\\ \\\end{array}\right\} F_1 + F_2 = 8400 \text{ qmm},$$
$$F_2 = 4440 \text{,,}$$
$$F = 13450 \text{,,}$$

also

$$\text{Völligkeitsgrad} = \frac{8400}{13\,450} = 0{,}624.$$

E. Leistungsversuche an Dampfturbinen.

(Bearbeitet von Dipl.-Ingenieur Heermann.)

Die Untersuchung einer Dampfturbine umfaßt folgende Arbeiten:
1. **Messung der Belastung**,
2. **Messung des Dampfzustandes vor und am Austritt der Turbine und in den Zwischenstufen**,
3. **Messung des Dampfverbrauchs**.

1. Messung der Belastung.

Diese erstrebt ganz allgemein als ideales Ziel bei Kraftmaschinen die Feststellung der Leistung, welche vom Betriebsstoff, dem Energieträger, auf das Arbeit aufnehmende Organ der Kraftmaschinen, also den Kolben bei Kolbenkraftmaschinen, das Schaufelrad bei Turbinen, übertragen wird, sowie die Feststellung derjenigen Leistung, welche an der Welle, dem Arbeit abgebenden Organ der Kraftmaschinen, vorhanden ist. Die 1. Forderung ist nur bei den Kolbenkraftmaschinen erreichbar, welche dem Betriebsstoff die potentielle Energie abnehmen. Als Meßapparat für diese Leistung dient der Indikator. Es gibt jedoch keinen Meßapparat, welcher die Arbeit messen oder aufzeichnen kann, die in Form von kinetischer Energie vom Betriebsstoff an Schaufelräder abgegeben wird. Nach dem bei Kolbenkraftmaschinen verwendeten Meßapparat, dem Indikator, wird die auf den Kolben übertragene Leistung die „indizierte Leistung" genannt. Sinngemäß muß daher — auch zum Vergleich — die auf das Schaufelrad übertragene Leistung dieselbe Benennung erhalten.

Die Messung der an der Welle abgebbaren Leistung, effektive Leistung oder Nutzleistung genannt, ist bei dem heutigen Stande der Meßtechnik bei beiden Gruppen der Kraftmaschinen durchführbar.

a) Messung der Nutzleistung. In den weitaus meisten Fällen sind Dampfturbinen direkt mit elektrischen Maschinen gekuppelt, man bestimmt daher die elektrische Nutzleistung, d. h. die an den Hauptklemmen des Generators abgegebene elektrische Energie. Mit Rücksicht darauf werden von den Baufirmen die Dampfverbrauchszahlen für die Schalttafel-KW-St. garantiert. Bei Leistungsversuchen wird die elektrische Energie vielfach in Wasser- oder Drahtwiderständen vernichtet.

Die an der Welle der Dampfturbine abgegebene Leistung kann ermittelt werden:

Indirekt: Aus der elektrischen Nutzleistung. Hierzu muß der Gesamtwirkungsgrad η_g des Generators ermittelt werden. Bezeichnet N_g die Nutzleistung des Generators, so ergibt sich die an der Welle der Dampfturbine abgegebene, effektive Leistung:

$$N_e = \frac{1}{\eta_g} \cdot N_g \, .$$

Direkt: Durch Bremsung oder mittels Torsionsdynamometer. Infolge der hohen Umdrehungszahlen der Dampfturbinen wendet man zur direkten Leistungsmessung besondere Bremsen an. In Fig. 176 ist eine Flüssigkeitsbremse dargestellt, wie sie in Laboratorien und auf Dampfturbinen-Prüfständen Verwendung findet. Fig. 177 zeigt eine elektrodynamische Leistungswage, wie sie von der Firma Dr. Max Levy gebaut wird.

Das Torsionsdynamometer, auch Torsionsindikator genannt, wird gleichfalls zur direkten Leistungsmessung angewendet. Im Gegensatz zu den Bremsen, welche die Leistung gleichzeitig vernichten, d. h. in Wärme oder elektrische Energie umsetzen, ist das Torsionsdynamometer lediglich ein Meßapparat. Zwischen die Welle der Dampfturbine und der von ihr angetriebenen Maschine eingebaut, ermöglicht der Apparat das von der Turbine abgegebene Drehmoment, bzw. die Umfangskraft in bestimmtem Maße abzulesen oder aufzuzeichnen (Drehkraftdiagramm, siehe Kapitel Torsionsindikator).

b) Indizierte Leistung. Eine direkte Messung derselben ist bei Dampfturbinen nicht möglich. Ihre Feststellung erfordert besondere Versuche und Rechnungen. Wie am Anfange dieses Abschnittes gesagt wurde, ist die Bezeichnung „indizierte Leistung" von den Kolbenkraftmaschinen auf die Schaufelradkraftmaschinen übertragen worden. Es muß sich demnach diese Bezeichnung auf vergleichbare Begriffe beider Gruppen von Kraftmaschinen beziehen. Daher umfaßt die indizierte Leistung bei Turbinen die gesamte an die Schaufeln abgegebene Energie. Hierzu gehören außer der Nutzleistung sämtliche Verlustleistungen, wie Ventilations- und Radreibungsarbeit, Lagerreibungs-, Regler- und Ölpumpenarbeit usw. Vielfach wird die Ventilations- und Radreibungsarbeit, welche unter dem Gesamtbegriff Dampfreibungsarbeit zusammengefaßt werden kann, nicht zur indizierten Leistung gerechnet, sondern zu den hydraulischen Verlusten der Turbine. Im Hinblick auf den festliegenden übernommenen Begriff der indizierten Leistung ist dies nicht berechtigt. Es wird auch zur Bestreitung dieser Verlustarbeit Dampf verbraucht, welcher einen Teil des Arbeit an die Schaufeln abgebenden Dampfes (Arbeitsdampfes) bildet und daher auch in dem gemessenen Dampfverbrauch steckt. Es sind hauptsächlich Zweckmäßigkeitsgründe, die zu der verschiedenen Definition oder Auslegung des Begriffes der indizierten Leistung bei Dampfturbinen geführt haben, wobei unter diesen Begriff dann nur die Arbeiten fallen, deren

Umsatz in Dampfwärme unmöglich ist. Die Dampfreibungsarbeit wird ja sofort wieder in Dampfwärme umgesetzt, so daß in mehrstufigen Turbinen den nachfolgenden Stufen die Dampfreibungswärme der Vorstufen teilweise zugute kommt. Vielfach ist es auch nicht möglich, die Größe der Dampfreibungsarbeit einwandfrei festzustellen.

In gewissem Umfange kann man sich ohne umständliche Versuche und Rechnungen ein Bild von der Größe der indizierten Leistung und der des indizierten Wirkungsgrades verschaffen. Hierzu muß der Dampfzustand vor dem 1. Leitrade und im Abdampfstutzen, sowie der Dampfverbrauch gemessen werden. Voraussetzung ist, daß der Dampf im Abdampfstutzen noch überhitzt ist. Mit den Werten p_1 und t_1 für Druck und Temperatur kann der Wärmeinhalt i_1 vor dem 1. Leitrade, mit p_2 und t_2' der Wärmeinhalt i_2' im Abdampfstutzen, sowie auch i_2 derjenige der verlustlosen adiabatischen Expansion entsprechende aus der Molliertafel oder durch Rechnung ermittelt werden (siehe Fig. 270). Nehmen wir an, daß die vor dem 1. Leitrade vorhandene Zuflußenergie gleich der Abflußenergie im Abdampfstutzen ist, so daß diese Beträge einander aufheben, so wird i_2' um das Maß der pro 1 kg Dampf beim Durchgang durch die Dampfturbine ausgestrahlten Wärme geringer sein, der Wert $i_1 - i_2'$ wird diese also einschließen. Da ferner die Dampfreibungsarbeit sich sofort wieder in Dampfwärme

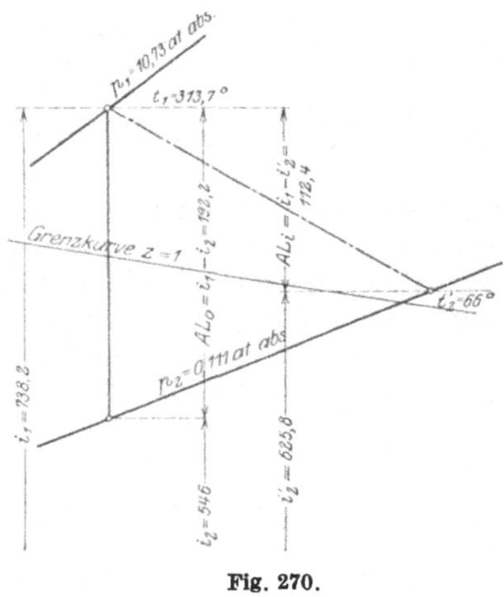

Fig. 270.

umsetzt, wird i_2' in äquivalentem Maße vergrößert, in $i_1 - i_2'$ ist also die Dampfreibungsarbeit nicht mehr enthalten. Es werde daher mit Rücksicht hierauf mit:

$$A L_{i_0} = i_1 - i_2' \ \text{WE/kg}$$

die von 1 kg Dampf an die Schaufeln übertragene Leistung bezeichnet (mit Einschluß der Wärmestrahlung), soweit sie nicht mehr in Dampfwärme umgesetzt werden kann. Hierin bedeutet L_{i_0} den Arbeitswert in mkg/kg, $A = \tfrac{1}{427}$ WE/mkg das mechanische Wärmeäquivalent. Durchströmen in der Stunde G kg Dampf die Turbine unter Abgabe von Arbeit an die Schaufeln, so erhält man die indizierte Leistung in bekannter Weise aus der Beziehung:

$$N_{i_n} \cdot \frac{75 \cdot 3600}{427} = (i_1 - i_2') \cdot G$$

$$N_{i_n} = \frac{(i_1 - i_2') \cdot G}{632,3} \ \text{PS}$$

N_{i_n} wird als Bezeichnung für die so ermittelte indizierte Leistung gewählt, weil es sich um einen Näherungswert handelt. Er umfaßt im gemessenen Dampfgewicht G den Einfluß der Dampfreibungsarbeit und den der Wärmestrahlung, im gemessenen Wärmegefälle $(i_1 - i_2'')$ dagegen nur die Wärmestrahlung, die Dampfreibungsarbeit aber nicht. Der Betrag der Wärmestrahlung erscheint also in seinem vollen Umfange.

Der indizierte Wirkungsgrad ist das Verhältnis der indizierten Leistung $A L_i$ zur theoretischen Leistung $A L_0 = i_1 - i_2$ bei adiabatischer Expansion vom Anfangszustande p_1, t_1 vor dem 1. Leitrade auf den Enddruck p_2 im Abdampfstutzen (richtiger Kondensatordruck). Unter Benutzung der aus den Dampfzuständen ermittelten Werte setzen wir für den indizierten Wirkungsgrad ohne Einschluß der Dampfreibungsarbeit:

$$\eta_{i_0} = \frac{L_{i_0}}{L_0} = \frac{i_1 - i_2''}{i_1 - i_2} .$$

In den folgenden 2 Beispielen werden nach diesen Formeln N_{i_n} und η_{i_0} rechnerisch ermittelt, die dazu notwendigen Versuchswerte sind den angezogenen Abhandlungen entnommen und beziehen sich auf die normale Belastung der Maschinen. Es wurden diese Versuchsergebnisse zugrunde gelegt, weil sie einen Vergleich ermöglichen mit entsprechenden Werten, die durch besondere Versuche ermittelt wurden.

1). A. E. G.-Curtis-Turbine 200 KW.

2 Druckstufen mit je 2 Geschwindigkeitsstufen.

(Z. f. d. ges. Turbw. 1911, Untersuchung einer 200-KW-A. E. G.-Turbine. Versuch Nr. 9.)

<table>
<tr><td rowspan="12" style="writing-mode:vertical-lr;transform:rotate(180deg)">Dem Versuchsbericht entnommen.</td><td>

$p_1 = 10{,}73$ at abs. $t_1 = 313{,}7°$ C vor dem 1. Leitrade (gemessen);

$p_2 = 0{,}111$ „ „ $t_2' = 66°$ C Austritt Turbine (gemessen).

Stündliche Gesamtdampfmenge $= 1672$ kg (gemessen).

Stündliche Arbeitsdampfmenge $= 1595$ kg (durch Versuch ermittelt).

Indizierte Leistung:

  a) Mit Einschluß der Dampfreibungsarbeit: $N_i = 279{,}1$ PS (durch Versuch ermittelt),

  b) Ohne Einschluß der Dampfreibungsarbeit: $N_{i_0} = 271{,}5$ PS (durch Versuch ermittelt).

$\eta_{i_0} = 0{,}534$ Indizierte Leistung N_{i_0} bezogen auf die theoretische Leistung der Gesamtdampfmenge und den Dampfzustand vor dem 1. Leitrade.

$\eta_{i_0} = 0{,}570$ Indizierte Leistung N_{i_0} bezogen auf die theoretische Leistung der Arbeitsdampfmenge und den Dampfzustand vor dem 1. Leitrade.

$\eta_i = 0{,}586$ Indizierte Leistung N_i bezogen auf die theoretische Leistung der Arbeitsdampfmenge und den Dampfzustand vor dem 1. Leitrade.

</td></tr>
</table>

$i_1 = 738{,}2$ WE/kg Wärmeinhalt vor 1. Leitrade (gemessen)

$i_2'' = 625{,}8$ WE/kg Wärmeinhalt Austritt Turbine (gemessen)

$i_2 = 546{,}0$ WE/kg Wärmeinhalt Austritt Turbine bei verlustloser adiabatischer Expansion

$i_1 - i_2'' = 112{,}4$ WE/kg; $i_1 - i_2 = 192{,}2$ WE/kg.

$$N_{in} = \frac{(i_2 - i_2') \cdot G}{632,3} \text{ PS}$$

1. $N_{in} = \dfrac{112,4 \cdot 1672}{632,2} = 297,2$ PS (Gesamtdampfmenge)

2. $N_{in} = \dfrac{112,4 \cdot 1595}{632,3} = 283,5$ PS (Arbeitsdampfmenge)

3. $\eta_{i_0} = \dfrac{i_1 - i_2'}{i_1 - i_2} = \dfrac{112,4}{192,2} = 0,585$ (aus den Dampfzuständen)

Unterschied gegenüber den durch Versuch ermittelten Werten:

Zu 1: a) $\dfrac{297,2 - 279,1}{279,1} \cdot 100 = 6,4\%$;

　　　 b) $\dfrac{297,2 - 271,5}{271,5} \cdot 100 = 9,5\%$;

Zu 2: a) $\dfrac{283,5 - 279,1}{279,1} \cdot 100 = 1,6\%$;

　　　 b) $\dfrac{283,5 - 271,5}{271,5} \cdot 100 = 4,4\%$;

Zu 3: $\dfrac{0,585 - 0,570}{0,570} \cdot 100 = 2,6\%$;

2). Parsons-Turbine 300 KW.

65 Stufen.

(Z. f. d. ges. Turbw. 1909. Untersuchung einer 300 KW-Parsons-Turbine von Gensecke. Versuch Nr. 20.)

$p_1 = 7,89$ at abs. $t_1 = 294°$ C vor dem 1. Leitrade (gemessen);
$p_2 = 0,096$ „　　„　$t_2' = 64,2°$ C Austritt Turbine (gemessen).
Stündliche Gesamtdampfmenge = 3135 kg (gemessen).
Stündliche Arbeitsdampfmenge = 2834 kg (durch Versuch ermittelt).
Indizierte Leistung:
Ohne Einschluß der Dampfreibungsarbeit: $N_{i_0} = 446,7$ PS (durch Versuch ermittelt).
$\eta_{i_0} = 0,496$ Indizierte Leistung N_{i_0} bezogen auf die theoretische Leistung der Gesamtdampfmenge und den Dampfzustand vor dem 1. Leitrade.
$\eta_{i_0} = 0,549$ Indizierte Leistung N_{i_0} bezogen auf die theoretische Leistung der Arbeitsdampfmenge und den Dampfzustand vor dem 1. Leitrade.

(am linken Rand, vertikal: Dem Versuchsbericht entnommen.)

$i_1 = 729,5$ WE/kg Wärmeinhalt vor dem 1. Leitrade;
$i_2' = 625,8$ WE/kg Wärmeinhalt Austritt Turbine;
$i_2 = 547,2$ WE/kg Wärmeinhalt Austritt Turbine bei verlustloser adiabatischer Expansion;
$i_1 - i_2' = 104,6$ WE/kg; $i_1 - i_2 = 182,3$ WE/kg.

$$N_{i_n} = \frac{(i_1 - i_2') \cdot G}{632,3} \text{ PS} ;$$

$$1. \ N_{i_n} = \frac{104,6 \cdot 3135}{632,2} = 518,6 \text{ PS (Gesamtdampfmenge)};$$

$$2. \ N_{i_n} = \frac{104,6 \cdot 2834}{532,2} = 468,8 \text{ PS (Arbeitsdampfmenge)};$$

$$3. \ \eta_{i_0} = \frac{i_1 - i_2'}{i_1 - i_2} = \frac{104,6}{182,3} = 0,574 .$$

Unterschied gegenüber den durch Versuch ermittelten Werten:

$$\text{Zu 1:} \ \frac{518,6 - 446,7}{446,7} \cdot 100 = 16\% ;$$

$$\text{Zu 2:} \ \frac{468,8 - 446,7}{446,7} \cdot 100 = 4,9\% ;$$

$$\text{Zu 3:} \ \frac{0,574 - 0,549}{0,549} \cdot 100 = 4,5\% .$$

Der Vergleich der Werte N_{i_n}, die mit der Arbeitsdampfmenge berechnet wurden, mit den durch Versuch ermittelten N_{i_0}, zeigt, daß letztere Werte etwa 4—5% kleiner sind als N_{i_n}. Der Unterschied setzt sich zusammen aus der gesamten Wärmestrahlung, die in N_{i_n} zum Ausdruck kommt und einen Teil der Dampfreibungsarbeit. — Im 1. Beispiel zeigt der Vergleich von $N_{i_n} = 283,5$ PS mit dem vorhandenen $N_i = 279,1$ PS einen Unterschied von 1,6%, der den größten Teil der Wärmestrahlung einschließt.

Vergleichen wir die mit der Gesamtdampfmenge ermittelten N_{i_n} mit den N_{i_0}, so ergeben sich Unterschiede von 9,5% und 16%. Diese Unterschiede sind eine Folge der in die Rechnung einbezogenen Verlustdampfmengen, welche 4,5% und 9,5% des Gesamtdampfverbrauchs betragen. Diese relativ hohen Zahlen gelten für kleine Einheiten, wie sie 200 KW und 300 KW bei Dampfturbinen darstellen und werden bei größeren Einheiten prozentual geringer ausfallen. Besonders ungünstig stellt sich die Verlustdampfmenge mit fast 10% bei kleinen Parsonsturbinen infolge der Ausgleichkolbendampfverluste. — Im 1. Beispiel kann wieder die indizierte Leistung $N_i = 279,1$ PS dem Werte $N_{i_n} = 297,2$ PS gegenübergestellt werden, der Unterschied beträgt 6,4%. Dieser Betrag umfaßt Wärmestrahlung und Einfluß der Verlustdampfmenge (mit der Einschränkung, daß in N_{i_n} nicht die gesamte Dampfreibungsarbeit zum Ausdruck kommt) und dürfte bei größeren Turbinen kleiner werden. — Für Beispiel 2 liegt der Versuchswert N_i nicht vor, so daß ein Vergleich mit N_{i_n} nicht möglich ist, es dürfte sich sonst der Unterschied von 16% etwas ermäßigen.

Die indizierten Wirkungsgrade zeigen, verglichen mit den aus den gemessenen Dampfzuständen ermittelten, in vorliegenden Beispielen, eine Annäherung von etwa 2,5% bis 4,5%. Der Unterschied ist bedingt durch Wärmestrahlurg und ein Fehlerglied, welches bei dem größeren Werte etwa 2% beträgt und etwa der Dampfreibungsarbeit entspricht. — Im 1. Beispiele ist die gute Übereinstimmung des Wertes $\eta_i = 0{,}586$ (durch Versuch ermittelt) mit dem aus den Dampfzuständen errechneten $\eta_i = 0{,}585$ eine mehr zufällige. In η_i ist die Dampfreibungsarbeit enthalten, die Wärmestrahlung nicht; in $\eta_{i_0} = 0{,}58$ ist dagegen nur die Wärmestrahlurg enthalten. Dasselbe zeigt sich beim Vergleich der Wirkungsgrade verschiedener Belastungen.

Die vorhergehende Untersuchung zeigt, daß man unter Benutzung der Formel für N_{i_n} zu einer befriedigenden Annäherung an die indizierte Leistung N_i nur kommen kann, wenn man die Arbeitsdampfmenge ermittelt. Der so berechnete Wert ist dann annähernd um den Betrag der Wärmestrahlung zu groß und zwar nach bisherigen Veröffentlichungen um etwa 1,5% bis 2,5%, bezogen auf den berechneten Wert N_{i_n}. — Wird die Gesamtdampfmenge zur Berechnung von N_{i_n} benutzt, so ergeben sich Fehler von 6,4% und 16%, wie Beispiel 1 und 2 zeigen. Der letzte Wert bezieht sich jedoch auf eine reine Parsonsturbine geringer Größe, bei welcher die Verlustdampfmenge infolge der Ausgleichkolben im Verhältnis zur Arbeitsdampfmenge recht hoch ist. Solche Maschinen werden heute nicht mehr gebaut. Es liegt also die Fehlergröße moderner Maschinen in der Nähe der kleineren Zahl, wird sie vielleicht unterschreiten. Über genauere Werte müßten noch Versuche entscheiden. — Gut brauchbar ist jedenfalls die Formel zur näherungsweisen Berechnung des Wertes η_{i_0}.

2. Messung des Dampfzustandes vor und am Austritt der Turbine und in den Zwischenstufen.

Im allgemeinen wird sich eine betriebsmäßige Untersuchung von Dampfturbinen auf die Messung von Druck und Temperatur vor und hinter dem Regulierventil und hinter dem letzten Laufrade bzw. im Abdampfstutzen beschränken. Da, wo Meßstellen dazu angebracht sind, wird man diese Messungen auch auf etwa vorhandene Zwischenstufen der Turbine ausdehnen.

Die Messung von Drücken über Atmosphärenspannung erfolgt mit Federmanometern oder Indikatoren. Erstere werden entweder durch direkten Vergleich mit Quecksilbersäulen geeicht, oder mit denselben Einrichtungen, die man zur Eichung der Indikatoren verwendet (siehe Kapitel: Prüfung der Indikatorfedern). Druck unter Atmosphärenspannung — Vakuum — mißt man mit Quecksilber- oder Federinstrumenten — Vakuummeter genannt, — man kann jedoch auch Indikatoren verwenden. Dabei ist zu beachten, daß diese Instrumente in der Regel den Druckunterschied gegenüber dem Druck der umgebenden Luft anzeigen. Zur Feststellung des absoluten Druckes ist gleichzeitige Ablesung des Barometerstandes nötig. Oft wendet man aber auch zum Messen von Unterdruck ein abgekürztes Quecksilberbarometer an, dieses zeigt dann, ebenso wie das Barometer selbst, den absoluten Druck an. Die Druckmessungen am Quecksilberinstrument sind auf 0° C zu korrigieren, da nur bei 0° C 1 kg/cm² = 735,51 mm Quecksilbersäule beträgt, bzw. 1,033 kg/cm² = 760 mm (siehe Kapitel: Fadenkorrektion).

Die Temperaturmessung (siehe Kapitel: Temperaturmessungen) erfordert ganz besondere Sorgfalt hinsichtlich der Wahl der Meßstelle, wenn es sich um Messung von Heißdampftemperaturen handelt, oder auch von Gasen. Beim Heißdampf besteht bekanntlich nicht, wie beim Sattdampf, eine feste Beziehung zwischen Druck und Temperatur. Es kann in einem Raume von bestimmtem gleichbleibenden Druck Heißdampf von verschiedener Temperatur bestehen. Der Überhitzer kann hierfür als Beispiel gelten. Umgekehrt kann auch, wenn es die räumlichen Verhältnisse erlauben, die Abkühlung des Heißdampfes an verschiedenen Stellen in verschiedenem Maße vor sich gehen. Befinden sich z. B. in einer Dampfleitung Stellen, tote Winkel, die nicht im eigentlichen Hauptdampfstrome liegen, so kann der darin stehende Dampf eine stärkere Abkühlung erfahren, weil er nicht genügend rasch erneuert wird. Man muß vermeiden Meßstellen in solche tote Winkel zu legen, darf dieselben nur in dem Hauptdampfstrom anordnen, um die mittlere Dampftemperatur mit Sicherheit zu messen. Eine selbstverständliche Forderung ist, daß der Meßstutzen so weit ins Dampfrohr hineinragt, daß die Quecksilberkugel des Thermometers in der Mitte des Dampfstromes sitzt (Fig. 57). Bei Verwendung von Thermoelementen gilt diese Forderung für die Lötstelle (siehe Kapitel: Elektrische Pyrometer), hier wird man auch die Lötstelle ohne Schutzkappe anwenden. Wird die Temperaturmessung mittels Quecksilberthermometer vorgenommen, so muß das aus dem Meßstutzen herausragende Stück des Quecksilberfadens, dessen Temperatur man am zweckmäßigsten durch ein daneben aufgehängtes Thermometer mißt, auf die Dampftemperatur korrigiert werden. Denn die Heißdampfthermometer sind, abgesehen davon, wenn es an ihnen besonders vermerkt ist, in der Weise geeicht, daß jeweils der ganze Faden die Eichtemperatur besitzt.

Wie groß der Unterschied der Dampftemperaturen infolge fehlerhaft angeordneter Meßstellen werden kann, darüber berichtet W. Gensecke in der Z. f. d. ges. Turbw. 1909, S. 6 (Untersuchung einer 300-KW-Parsons-Turbine). An dem von der Baufirma der dort untersuchten Dampfturbine am Ventilgehäuse angebrachten Meßstutzen wurde die Temperatur des Eintrittsdampfes um etwa 25° C zu niedrig gemessen gegenüber der tatsächlichen Frischdampftemperatur in der Zudampfleitung, weil der Meßstutzen an einer Stelle ins Gehäuse ragt, die einen toten Winkel darstellt. Der an dieser Stelle befindliche Dampf wird anscheinend vom Hauptdampfstrome nicht in dem Maße erneuert, wie er zuströmt und kühlt daher ab. Praktisch genommen würde also eine betriebsmäßige Untersuchung der Turbine hinsichtlich des Dampfverbrauches (z. B. ein Garantieversuch) ein falsches Bild ergeben, falls die Beobachtungen der Temperatur an diesem sozusagen offiziellen Meßstutzen der Feststellung des Dampfzustandes vor der Turbine zugrunde gelegt würden. Es ergäbe sich im angeführten Falle unter gleichen

Temperaturverhältnissen ein um 3—4% günstiger erscheinender Dampfverbrauch, als den tatsächlichen Verhältnissen entspricht. Allerdings darf angenommen werden, daß derart große Temperaturunterschiede bei größeren Turbineneinheiten gleicher Bauart infolge gedrängterer Konstruktion der Ventilgehäuse nicht auftreten.

Auf ähnliche, durch unsachgemäße Anbringung einer Meßstelle, hervorgerufenen Verhältnisse wird in der Z. f. d. ges. Turbw. 1911, S. 36 (Untersuchung einer 200-KW-A. E. G.-Turbine) von M. Riepe (Verfasser des angezogenen Berichtes) hingewiesen. Es dient dort die Meßstelle zur Feststellung der Dampftemperatur hinter der 1. Druckstufe einer 2stufigen Curtis-Turbine; sie sitzt jedoch anscheinend nicht im Hauptdampfstrome, der von der Beaufschlagungsstelle des 1. Laufrades zum Leitrade der 2. Stufe führt. Hier würden Temperaturmessungen im Verwendungsfalle zu einem falschen Bilde der Arbeitsverteilung des Dampfes in der Turbine führen.

Die Temperaturmessung im Abdampfstutzen ermöglicht die genaue Ermittlung des Wärmeinhaltes des aus der Turbine abströmenden Dampfes, falls dieser noch überhitzt ist. Im andern Falle kann die Temperaturmessung zur Feststellung des Anteils dienen, den der Dampfdruck an dem mittels Vakuummeter gemessenen Gesamtdruck an der Meßstelle hat. Die Differenz beider Drücke ist der Anteil des Luftdruckes.

Temperaturmessungen an Stellen, wo größere Dampfgeschwindigkeiten auftreten, ergeben in der Regel falsche, d. h. zu große Werte. Am Thermometer stößt und reibt sich der strömende Dampf, es findet ein Umsatz von Strömungsenergie in Dampfwärme statt. Dieser Betrag tritt bei der Temperaturmessung in äquivalentem Betrage in Erscheinung was sich durch Berechnung des Wärmeinhaltes aus den Messungen nachprüfen läßt. Strenggenommen kann man die Temperatur eines Dampfstromes, bzw. ganz allgemein einer strömenden elastischen Flüssigkeit nur mit einem Thermometer messen, welches sich, in seiner gesamten Ausdehnung im Dampfstrome schwimmend, mit derselben Geschwindigkeit bewegt, die der Dampfstrom besitzt. Nur in diesem Falle würde man nämlich die Strömungsenergie des Dampfes nicht mitmessen, weil sie nicht infolge von Dampfstoß und Reibung in Dampfwärme zurückverwandelt werden könnte. Da eine solche Temperaturmessung praktisch unmöglich ist, wird man beim strömenden Dampf die Geschwindigkeit als Strömungsenergie stets mitmessen. Je nach der absoluten Größe der Geschwindigkeit wird dies mehr oder weniger störend in die Erscheinung treten und daher müssen Temperaturmessungen in strömenden Dämpfen oder Gasen stets mit Rücksicht hierauf bewertet werden.

3. Messung des Dampfverbrauchs.

Die Feststellung des Dampfverbrauchs erfolgt entweder durch Messung des verbrauchten Kesselspeisewassers oder des Kondensats, falls die Dampfturbine mit Oberflächenkondensation arbeitet. Im ersten Falle gelten für die Speisewassermessung alle für Versuche und Versuchsdauer an Kesseln üblichen Regeln. Ermöglicht dagegen Oberflächenkondensation die Messung des Kondensates, so kann man dasselbe entweder direkt wiegen oder in geeichten Behältern auffangen. Bei Messung mit geeichten Gefäßen muß man die Kondensatmenge auf die Eichtemperatur des Meßgefäßes korrigieren, um ihr Gewicht zu ermitteln (siehe Eichung des Speisewasserreservoirs S. 311). Bei Kondensatmessung muß dem eigentlichen Dampfverbrauchsversuch eine Untersuchung des Kondensators auf etwaige Undichtheit vorangehen. Man läßt bei abgestellter Turbine die gesamte Kondensationsanlage laufen. Die nach eingetretenem Beharrungszustande von der Kondensatpumpe stündlich geförderte Wassermenge stellt das durch Undichtheit des Kondensators aus dem Kühlwasserraum eingedrungene Wasser dar. Dieser Betrag ist beim Hauptversuch von der gemessenen Kondensatmenge abzuziehen, um das niedergeschlagene Dampfgewicht zu erhalten.

Als Versuchsdauer genügt für Dampfverbrauchsversuche mit Kondensatmessung 1 Stunde vollständig, wenn der Beharrungszustand ein guter ist.

4. Ausgeführte Leistungsversuche an Dampfturbinen.

Für das Verhalten der Dampfturbinen bei verschiedenen Belastungs- und Betriebsverhältnissen haben folgende . Beziehungen angenähert Gültigkeit und bieten daher ein gutes Hilfsmittel zur Beurteilung ausgeführter Versuche:

1. Das durch die Dampfturbine stündlich hindurchströmende Dampfgewicht ist direkt proportional dem absoluten Dampfdruck vor dem ersten Leitrade.

2. Das durch den Raum zwischen dem Regulierventil und dem ersten Leitrade stündlich hindurchfließende Dampfvolumen ist bei allen Belastungsverhältnissen konstant.

Diese beiden Sätze gelten nur für die von der Turbine aufgenommene Dampfmenge, ohne die Hilfsdampfmengen, die ihren Weg nicht durch das Drosselventil nehmen, wie z. B. Stopfbüchsensperrdampf. Irgendwelche Veränderung der Querschnitte darf bei Belastungsänderungen nicht vorgenommen werden, etwa durch Veränderung der Düsenzahl oder durch Zuschalten von Überlastungsventilen. Gleichgültig ist es dagegen, ob die Turbine sich dreht oder festgebremst ist. Diese Tatsache benutzt man, um bei Schiffsdampfturbinen oder solchen Turbinen, die von der bauenden Fabrik ohne Generator geliefert werden, auf dem Prüfstande die Dampfverbrauchskurven festzustellen. Die Gültigkeit beider Sätze besteht so lange, als der absolute Druck am Austritt der Turbine den kritischen Gegendruck nicht überschreitet.

a) Leistungsversuch an einer 300 KW-Parsonsturbine. (Z. f. d. ges. Turbw. 1909, Untersuchung einer 300 KW-Parsonsturbine von W. Gensecke.)

Die Regulierung der Turbine ist eine reine Drosselregulierung.

Nummer des Versuchs		20	21	22	17
Drehzahl in der Minute		2380	2380	2380	2380
Elektrische Nutzleistung . . . . KW		294,5	200,0	99,8	nicht erregt.
Dampfdruck:					
Vor Regulierventil p . . . . . kg/qcm abs.		12,08	12,43	12,53	12,80
„ 1. Leitrad p_1 . . . . . „ „		7,89	5,90	3,53	0,804
Austritt Turbine p_2 . . . . . „ „		0,096	0,095	0,096	0,096
Dampftemperatur:					
Vor Regulierventil t . . . . °C		298	301	298	—
„ 1. Leitrad t_1 . . . . °C		294	293,5	286	261
Austritt Turbine t_2' . . . . °C		64,2	76,6	91,9	114
Spezifisches Dampfvolumen:					
Vor 1. Leitrad v_1 . . . . cbm/kg		0,332	0,446	0,738	3,115
Stündliche Dampfmenge:					
Gesamtdampfmenge . . . . kg/St.		3135	2320	1480	429
Arbeitsdampfmenge . . . . „		2834	2075	1284	287
Stündlicher Dampfverbrauch:					
Gesamtdampfverbrauch für 1 KW . . „		10,64	11,60	14,83	∞
Stündliches Dampfvolumen bezogen auf:					
Gesamtdampfmenge vor 1. Leitrad . . cbm/St.		1043	1035	1093	1337
Arbeitsdampfmenge vor 1. Leitrad . . „		940	926	947	894

Die im vorstehenden Protokoll zusammengestellten Versuche umfassen eine Reihe von Dampfverbrauchsversuchen, die bei annähernd gleichbleibendem Dampfzustande vor der Turbine, 12 at abs. Druck und 300° C Dampftemperatur, sowie gleichbleibendem Druck von etwa 0,1 at abs. am Austritt der Turbine, mit wechselnder Belastung durchgeführt wurden. Die Versuchsverhältnisse entsprechen denen eines normalen Betriebes, und es wurden die Versuche als Beispiel gewählt, weil sie auch die Arbeitsdampfmengen enthalten.

Um ein anschauliches Bild vom Verhalten der Turbine bei verschiedenen Belastungen zu bekommen, trägt man auf der wagerechten Achse eines rechtwinkligen Achsenkreuzes die Belastungen auf und

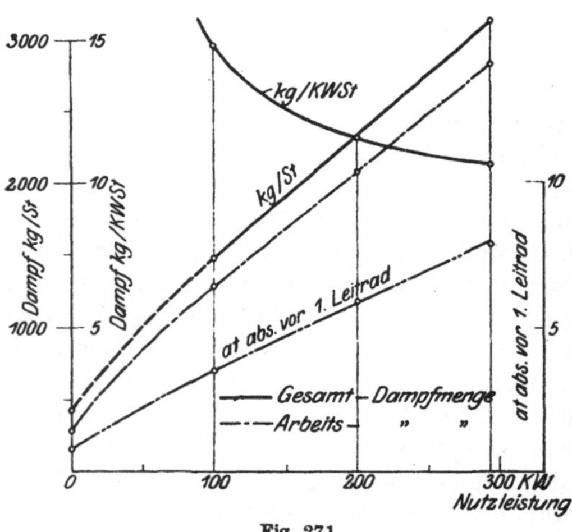

Fig. 271.

auf der senkrechten die entsprechenden Werte der gemessenen Gesamt- und Arbeitsdampfmengen sowie die daraus berechneten Dampfverbrauchszahlen für die Nutz-KW-Stunde (siehe Fig. 271). Dieser letzte Wert wurde nur auf die Gesamtdampfmerge bezogen. Außerdem wurde der bei der betreffenden Belastung vor dem 1. Leitrade gemessene absolute

Dampfdruck eingetragen. Verbindet man die so eingezeichneten Punkte
gleicher Bedeutung durch Linienzüge, so stellen diese Kurven dar, die
ein Gesamtbild vom Verhalten der Maschine unter bestimmten Betriebsverhältnissen geben. Man kann mit ihrer Hilfe für jede Zwischenbelastung die Dampfverbrauchszahlen, sowie den Dampfdruck, der sich
vor dem 1. Leitrade einstellen wird, für den gleichen Dampfzustand
vor der Turbine ermitteln. Die Kurven der stündlichen Dampfmengen
zeigen annähernd geradlinigen Verlauf. Daß dieser im unteren Teile
etwas mehr von der Geraden
abweicht, rührt daher, daß
der vorliegende Leerlaufsversuch bei nicht erregter
Maschine, statt bei normal
erregter, ausgeführt wurde.
Es ist daher der untere
Teil der Gesamtdampfverbrauchskurve gestrichelt
gezeichnet. Aus der Kurve
des spezifischen Dampfverbrauchs ersieht man, daß
bei geringer Belastung die
Maschine sehr unwirtschaftlich arbeitet. Im 2. Kurvenbilde (Fig. 272) sind auf der
wagerechten Achse die absoluten Drücke vor 1. Leitrad aufgetragen und senkrecht dazu die zugehörigen Werte für stündliches Dampfgewicht und -volumen. Wie der Verlauf der Kurven zeigt,
kommen hier die im 1. und 2. Satze ausgesprochenen Beziehungen für
die Arbeitsdampfmengen gut zum Ausdruck, nicht aber für die Gesamtdampfmengen.

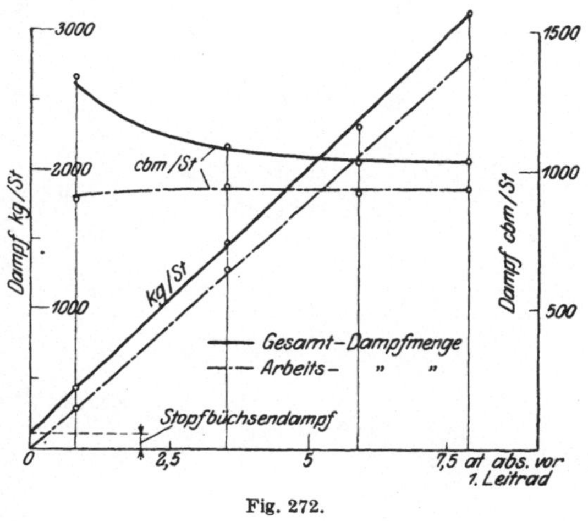

Fig. 272.

b) Leistungsversuch an einer 200 KW-A. E. G.-Turbine. (Z. f. d.
ges. Turbw. 1911, Untersuchung einer 200 KW-A. E. G.-Turbine.
Mitteilung aus dem Maschinenbau-Laboratorium der Techn. Hochschule
Charlottenburg.)

Das vorliegende Versuchsprotokoll (s. Tabelle S. 355) enthält die
Versuchsergebnisse, die an einer Turbine eines anderen Systems gewonnen wurden. Die Turbine arbeitet mit 2 Druckstufen, jede Stufe
wiederum mit 2 Geschwindigkeitsstufen. Es wurde dieses Beispiel einmal aus diesem Grunde als Gegenstück zum ersten gewählt, ferner weil
auch die Werte für die Arbeitsdampfmengen vorliegen.

Diese Turbine stellt, wie ein Vergleich der spezifischen Dampfverbrauchszahlen zeigt, ein bei derartig kleinen Leistungen wirtschaftlicher arbeitendes System dar. Gleichzeitig kann sie als ein Vorläufer
für Turbinen mit kombinierter Regulierung (Füllungsregulierung mit
teilweiser Drosselregulierung) angesehen werden. Sie arbeitet normal
mit 6 Düsen und Drosselregulierung. Es sind jedoch außerdem 2 Düsen-

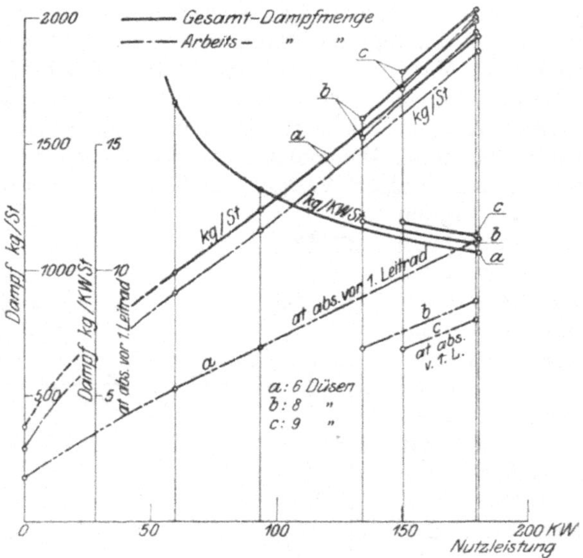

Fig. 273.

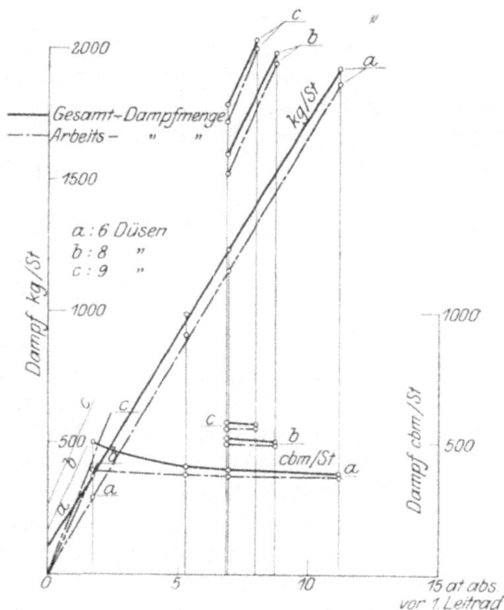

Fig. 274.

Versuchsgruppe	a				b		c	
Anzahl der geöffneten Düsen	6				8		9	
Nummer des Versuchs	27	26	7	8	28	25	29	24
Drehzahl in der Minute	2792	2793	2795	2795	2796	2794	2795	2794
Elektrische Nutzleistung . KW	180,2	93,8	59,9	nicht erregt.	179,3	134,3	179,1	150,1
Dampfdruck:								
Vor Regulierventil p kg/qcm abs.	12,40·	12,46	12,59	12,56	12,53	12,21	12,28	12,07
„ 1. Leitrad p_1 „ „	11,20	6,91	5,28	1,71	8,75	6,89	8,01	6,89
Austritt Turbine p_2 „ „	0,104	0,114	0,107	0,104	0,104	0,103	0,104	0,105
Dampftemperatur:								
Vor Regulierventil t . . . °C	225,4	228,5	221,5	239,8	225,0	227,7	227,4	227,1
„ 1. Leitrad t_1 . . . . °C	221,8	215,8	204,2	213,6	216,1	215,7	217,6	215,2
Austritt Turbine t_2' . . . . °C	47	·48,4	47,8	83,3	46,9	46,4	47,2	47,0
Spezifisches Dampfvolumen:								
Vor 1. Leitrad v_1 . . . cbm/kg	0,198	0,323	0,414	1,327	0,253	0,324	0,278	0,321
Stündliche Dampfmenge:								
Gesamtdampfmenge . . . kg/St.	1925	1236	991	377	1987	1599	2032	1788
Arbeitsdampfmenge . . . „	1866	1155	910	292	1946	1523	2000	1717
Stündlicher Dampfverbrauch:								
Gesamtdampfverbrauch für 1 KW . . . . . . kg/St.	10,68	13,18	16,66	∞	11,09	11,91	11,34	11,90
Stündliches Dampfvolumen bezogen auf:								
Gesamtdampfmenge vor 1. Leitrad . . . cbm/St.	381,7	398,9	410,4	500,4	502,7	517,4	565,3	574,4
Arbeitsdampfmenge vor 1. Leitrad . . . „	370,0	372,7	376,8	387,6	492,3	492,8	556,4	551,6

gruppen von 2 und 3 Düsen als Überlastungsdüsen vorhanden, die von Hand zugeschaltet werden können. Dem angezogenen Versuchsbericht wurden 8 Versuche entnommen, die, normalen Betriebsverhältnissen entsprechend, bei gleichem Anfangszustande des Dampfes sowie gleichbleibendem Kondensatordruck mit veränderlicher Belastung durchgeführt wurden. Die Zahl der arbeitenden Düsen war hierbei verschieden, so daß sich 3 Versuchsgruppen a, b und c (siehe Versuchsprotokoll) ergeben. Die Zusammenstellung der Versuchsergebnisse in Kurvenform zeigen die Fig. 273 und 274. Es ergaben sich 3 Kurvenscharen a, b und c von gleichem Charakter. Das im ersten Beispiel über ihren Verlauf Gesagte trifft auch für sie zu. Das Bild, welches die Kurven a, b, c zeigen, ist, allerdings nur in unvollkommener Form, dasjenige einer Dampfturbine mit kombinierter Regulierung. Bei Turbinen, die mit einer derartigen Regulierung ausgestattet sind, fallen die Dampfverbrauchszahlen bei geringeren Teilbelastungen günstiger aus als die mit reiner Drosselregulierung erzielten.

Anhang.

Normen für Leistungsversuche an Dampfmaschinen und Dampfkesseln [1]).

Aufgestellt vom Verein Deutscher Ingenieure, dem Internationalen Verbande der Dampfkessel-Überwachungs-Vereine und dem Vereine Deutscher Maschinenbauanstalten.

Allgemeine Bestimmungen.

Derartigen Versuchen werden die vom Vereine Deutscher Ingenieure, dem Internationalen Verbande der Dampfkessel-Überwachungsvereine und dem Vereine Deutscher Maschinenbauanstalten aufgestellten Normen zugrunde gelegt.

Es ist wünschenswert, durch Angabe der wichtigsten Verhältnisse der untersuchten Anlagen und der Umstände, unter welchen die Ergebnisse erzielt worden sind, dahin zu wirken, daß diese Ergebnisse nicht nur für den einzelnen Fall benutzt werden können, sondern auch allgemeinen Wert erhalten. Zu diesem Zwecke ist es erforderlich, daß alle Angaben einheitlich nach Maßgabe der eingangs angeführten und nachfolgend wiedergegebenen Normen gemacht werden.

1. Gegenstand der Untersuchung einer Dampfkesselanlage kann sein:

a) die Menge des stündlich auf 1 qm Heizfläche erzeugten Dampfes (quantitative Leistung);

b) die Verdampfungszahl, d. h. die Anzahl der Kilogramm Wasser von bestimmter Temperatur, die durch 1 kg näher bezeichneten Brennstoffes in Dampf von gewisser Spannung und Temperatur verwandelt werden (Brennstoffverbrauch);

c) der Wirkungsgrad der Dampfkesselanlage, d. h. das Verhältnis der an den Inhalt des Dampfkessels abgegebenen Wärmemenge zu dem Heizwerte des verbrauchten Brennstoffes;

d) die einzelnen in der Dampfkesselanlage stattfindenden Wärmeverluste.

Bemerkung. Bei Überhitzern und Vorwärmern, welche keinen Bestandteil des zu untersuchenden Dampfkessels bilden, jedoch von derselben Wärmequelle geheizt werden, sind auch deren Leistungen festzustellen, jedoch getrennt von denen des Dampfkessels.

2. Gegenstand der Untersuchung einer Dampfmaschine kann sein:

a) die indizierte Arbeit und die Nutzarbeit;

b) der mechanische Wirkungsgrad, d. h. das Verhältnis der Nutzarbeit zur indizierten Arbeit;

c) der Dampfverbrauch für eine Pferdestärkenstunde (PS/Std.);

d) der Wärmewert des für eine PS/Std. verbrauchten Dampfes;

e) die Schwankungen der Umlaufszahlen bei wechselnder Belastung.

Bemerkung. Sollen Dampfkessel und Dampfmaschinen nicht bloß in bezug auf ihre Leistung, sondern auch nach anderen Richtungen be-

---

[1]) Als Separatdruck vom Verein Deutscher Ingenieure, Berlin NW 7 zu beziehen.

urteilt werden, so ist die Anlage in ihren einzelnen Teilen einer besonderen Durchsicht zu unterwerfen. Die Rücksichten auf Dauerhaftigkeit und Betriebssicherheit bedingen in erster Linie den hierbei anzulegenden Maßstab. Bei Dampfmaschinen ist hierbei dem Ölverbrauche Beachtung zu schenken.

Zahl und Dauer der Untersuchungen, zulässige Schwankungen.

3. Zahl und Dauer der Versuche haben sich nach dem Zwecke der Untersuchung zu richten und sind unter Berücksichtigung der Anlage- und Betriebsverhältnisse — bei Versuchen von besonderer Wichtigkeit, deren Ergebnisse z. B. für die Abnahme, für Abzüge oder Prämien maßgebend sind, auch nach der Bedeutung des damit verknüpften Interesses — gemäß Nr. 4—6 zu bemessen und vorher zu vereinbaren.

4. Um die zu untersuchende Anlage im Betriebe kennenzulernen, die zur Verwendung kommenden Vorrichtungen zu prüfen und die Beobachter und Hilfskräfte anzuweisen, empfiehlt es sich, Vorversuche anzustellen.

5. Für Untersuchungen von besonderer Wichtigkeit sind mindestens zwei Versuche hintereinander auszuführen, die nur dann als gültig erachtet werden, wenn sie nicht durch Störungen unterbrochen worden sind, und wenn ihre Ergebnisse nicht um mehr voneinander abweichen, als unvermeidlichen Beobachtungsfehlern zugeschrieben werden darf. Aus Versuchen mit annähernd gleichen Ergebnissen wird der Mittelwert als endgültig angenommen.

6. Handelt es sich um die Ermittelung des Brennstoffverbrauches, so ist ein Versuch von mindestens 10stündiger Dauer, handelt es sich um die Menge des erzeugten oder verbrauchten Dampfes, so ist ein Versuch von mindestens 8stündiger Dauer zu machen.

Eine kürzere Dauer — beim Brennstoffverbrauch mindestens acht, beim Dampfverbrauch von mindestens sechs Stunden — ist zulässig, wenn die zu untersuchende Anlage durchaus gleichmäßig beansprucht ist.

Wird die Menge des erzeugten oder verbrauchten Dampfes durch Oberflächenkondensation festgestellt, so genügt ein kürzerer Versuch, dessen Dauer nach den Schwankungen des Betriebes zu bemessen ist.

Soll lediglich der mechanische Wirkungsgrad einer Dampfmaschine festgestellt werden, so genügen Versuche von kurzer Dauer.

Bei den vorstehenden Zeitangaben ist vorausgesetzt, daß keine Unterbrechung oder Störung des Versuches stattfindet.

7. Wieweit von der zugesagten Leistung abgewichen werden darf, ohne die Zusage als verletzt erscheinen zu lassen, ist vor den Versuchen (sei es im Liefervertrage, sei es bei Aufstellung des Versuchsplanes) zu vereinbaren. Ist keine andere Vereinbarung getroffen, so gilt die Zusage noch erfüllt, wenn die durch den Versuch ermittelte Zahl um nicht mehr als 5% ungünstiger ist als die zugesicherte Zahl. Innerhalb derselben Grenzen muß der zugesicherte Verbrauch an Brennstoff oder Dampf auch dann noch innegehalten werden, wenn bei Schwankungen während des Versuches die Belastung der Dampfmaschine im Mittel während des ganzen Versuches um nicht mehr als $\pm 7{,}5\%$, im einzelnen in der Regel um nicht mehr als $\pm 15\%$ von der dem zugesicherten Brennstoff- oder Dampfverbrauche zugrunde gelegten Beanspruchung oder Belastung abgewichen ist.

Bemerkung. Da es bei Leistungsversuchen oft nicht möglich ist, eine Dampfmaschine mit derjenigen Nutzleistung arbeiten zu lassen, auf welche sich die im Vertrage ausgesprochene Zusage bezieht, so empfiehlt es sich, auch für größere und kleinere Leistungen Zahlen des voraussichtlichen Dampfverbrauches in den Vertrag aufzunehmen. Dasselbe gilt sinngemäß auch für Dampfkessel.

Versuche mit festgestelltem Regulator sind zulässig; jedoch ist dies im Versuchsberichte zu erwähnen.

8. Unmittelbar nach Inbetriebnahme einer Anlage soll kein Abnahmeversuch ausgeführt werden; dem Lieferanten wird zu eigenen Versuchen und

zu den etwa nötigen Verbesserungen eine Frist eingeräumt, deren Dauer und
sonstige Bedingungen möglichst bei Abfassung des Lieferungsvertrages festzustellen sind.

Maße und Gewichte für die Berechnungen.

9. Alle Wärmemessungen (Wärmeeinheiten, Temperaturen) beziehen sich
auf das 100teilige Termometer (Celsius).

10. Ist ohne nähere Angabe vom Dampfdrucke die Rede, so ist darunter
stets der Überdruck über den Druck der Atmosphäre zu verstehen.

Spannungen, welche geringer sind als der Druck der Atmosphäre, werden
als Vakuum angegeben. Man versteht unter Vakuum den Unterschied zwischen
der atmosphärischen und der zu messenden Spannung, beide von Null an gerechnet.

Die Maßeinheit für den Überdruck und für das Vakuum ist der Druck von
1 kg auf 1 qcm oder die metrische Atmosphäre.

Die absolute Dampfspannung erhält man, wenn man zum jeweiligen atmosphärischen Drucke den Überdruck hinzurechnet, bzw. vom atmosphärischen
Drucke das Vakuum abzieht.

11. Die Zugstärke wird in Millimeter Wassersäule angegeben.

12. Unter Heizfläche ist bei Dampfkesseln der Flächeninhalt der einerseits
von den Heizgasen, andererseits vom Wasser berührten Wandungen zu verstehen.
Sind noch andere Wandungen vorhanden, durch welche Wärme in den Kessel
übergeht, und sollen sie berücksichtigt werden, so ist deren von den Heizgasen
bespülte Fläche besonders anzugeben.

Alle Heizflächen sind auf der Feuerseite zu messen.

13. Der Heizwert ist auf 1 kg ursprünglichen Brennstoffes (ohne Abzug von
Asche, Feuchtigkeit usw.) bezogen in WE (Wärmeeinheiten = Kalorien) anzugeben. Die Berechnung geschieht unter der Voraussetzung, daß der im Brennstoff enthaltene Wasserstoff zu dampfförmigem Wasser verbrennt, und daß auch
die Feuchtigkeit des Brennstoffes dampfförmig wird.

14. Die Verdampfung durch 1 kg ursprünglichen Brennstoffes und die Verdampfung auf 1 qm Heizfläche sind auf Wasser von 0° und trocken gesättigten
Dampf von 100° (636,722 WE) berechnet anzugeben.[1]

15. Die für die Beurteilung der Dampfmaschine maßgebenden Spannungen
und Temperaturen des einströmenden Dampfes sind unmittelbar vor dem
Eintritt in die Dampfmaschine, diejenigen des ausströmenden Dampfes
im Ausströmrohre unmittelbar nach dem Austritt aus dem Dampfzylinder
zu messen.

16. Für die Leistung einer Dampfmaschine gilt als Maßeinheit die Pferdestärke (PS) gleich 75 Sekundenmeterkilogramm. Falls keine weitere Bezeichnung
angegeben ist, versteht man darunter stets die Nutzleistung. Soll die indizierte Leistung damit gemeint sein, so ist dies ausdrücklich auszusprechen. Die
Angabe des Dampfverbrauches dagegen bezieht sich, wenn nicht anders bestimmt,
auf die indizierte Leistung.

Die Angabe in nominellen Pferdestärken ist unstatthaft.

17. Als Maß für die Nutzleistung der Dampfmaschine wird der Unterschied
zwischen der indizierten Leistung bei der jeweiligen Belastung (N_i oder i. PS)
und der Leistung beim Leerlauf (N_l), als Maß des mechanischen Wirkungsgrades
das Verhältnis dieses Unterschiedes zur indizierten Leistung angesehen:

$$\left(\frac{N_i - N_l}{N_i}\right).$$

Hinsichtlich strenger Bestimmung der Nutzleistung und des mechanischen
Wirkungsgrades vgl. Nr. 36.

18. Ist der Wärmewert des für 1 PS/Std. verbrauchten Dampfes zu berechnen, so gilt 0° als Anfangstemperatur des Speisewassers.

---

[1] Nach den neuen Tabellen von Mollier ist der Wärmeinhalt des Dampfes
bei einem Druck von 1 at. abs. 639,3 WE.

Ausführung der Untersuchungen.

19. Zu Anfang und zu Ende jedes Versuches sollen überall gleiche Verhältnisse vorhanden sein; Dampfkessel und Dampfmaschine sollen sich während des ganzen Versuches im Beharrungszustande befinden.

20. Handelt es sich um die Bestimmung des erzeugten oder des verbrauchten Dampfes, so sind alle für den Versuch nicht zur Anwendung kommenden Dampf- und Wasserrohre vom Versuchskessel und der Versuchsmaschine abzusperren, am besten mittels Blindflansche, die möglichst nahe am Dampfkessel und der Dampfmaschine anzubringen sind.

Untersuchung einer Dampfkesselanlage.

21. Art, Zahl und Dauer der Versuche sind nach Maßgabe der „Allgemeinen Bestimmungen" (Nr. 1—8) zu vereinbaren.

22. Die Konstruktions- und Betriebsverhältnisse der Dampfkesselanlage sind möglichst vollständig anzugeben und durch Zeichnungen zu erläutern; insbesondere sollen bei vollständigen Untersuchungen in diesen Angaben enthalten sein:

a) die Heizfläche des Dampfkessels gemäß Nr. 12;

b) die von den Heizgasen bespülten Überhitzer- und Vorwärmerheizflächen;

c) der Inhalt des Wasser- und Dampfraumes, der Speisewasservorwärmer und der von den Heizgasen geheizten Dampfüberhitzer;

d) die Verdampfungsoberfläche.

Bemerkung. Die vorstehenden Angaben, insofern sie vom Wasserstande beeinflußt werden, müssen dem bei der Untersuchung tatsächlich beobachteten Wasserstande entsprechen.

e) die gesamte und die freie Rostfläche; die Größe etwaiger Schwelplatten ist besonders anzugeben;

f) der Querschnitt der Feuerzüge an den wesentlichen Stellen;

g) der mittlere Zugquerschnitt der sämtlichen für den Versuch in Betracht kommenden Absperrvorrichtungen während des Versuches;

h) die Höhe des Schornsteines (von der Rostfläche aus gemessen) und dessen Querschnitt an der Ausmündung oder an der engsten Stelle.

23. Vor dem Versuche ist der Dampfkessel zu reinigen, innerlich und äußerlich zu untersuchen, auf seine Dichtheit zu prüfen und in ordnungsmäßigen Zustand zu bringen.

24. Bei Beginn des Versuches muß sich der Dampfkessel tunlichst im Beharrungszustande befinden; er muß deshalb nach der Reinigung, bevor der Versuch beginnt, je nach seiner Beschaffenheit einen oder mehrere Tage im normalen Betriebe gewesen sein, und zwar mit demselben Brennstoff und derselben Beanspruchung wie während des Versuches.

25. Wasserstand und Dampfdruck sollen während des ganzen Versuches möglichst auf gleicher Höhe erhalten werden; sie werden zu Anfang und zu Ende, sowie während des Versuches viertelstündlich vermerkt. Falls Überhitzer vorhanden, sind die Temperaturen der Gase vor und hinter dem Überhitzer, diejenigen des Dampfes dicht hinter dem Überhitzer viertelstündlich festzustellen.

Bemerkung. Geringe Abweichungen des Wasserstandes oder des Dampfdruckes am Ende des Versuches sind, falls sie sich nicht vermeiden lassen, nach ihrem Wärmewerte, entsprechend den Spannungen am Anfang und am Ende des Versuches, in Rechnung zu ziehen.

Besondere Sorgfalt verlangen in dieser Beziehung die Wasserrohrkessel und ähnliche Konstruktionen mit stark schwankendem Wasserspiegel, bei denen außerdem während der Dampfentwicklung die Wassermasse durch die im Wasser enthaltenen Dampfblasen erheblich vergrößert erscheint.

26. Das Speisewasser wird entweder gewogen oder nach seinem Rauminhalt in geeichten Gefäßen gemessen; im letzteren Falle ist der Inhalt der Gefäße nach der Temperatur des Wassers zu berichtigen. Bei Versuchen von besonderer Wichtigkeit ist nur Wägung zulässig.

Die Speisungen müssen regelmäßig und womöglich ununterbrochen geschehen; ist ununterbrochene Speisung nicht möglich, so sind mindestens zehn Minuten vor Beginn und ebenso vor Schluß des Versuches Speisungen zu vermeiden.

Die Temperatur des Speisewassers wird im Behälter, aus welchem gespeist wird, gemessen, bei genauen Versuchen je nach Umständen auch kurz vor dem Eintritt in den Dampfkessel, und zwar bei jeder Speisung, mindestens aber halbstündlich.

Die Speisung durch Injektoren ist bei genauen Leistungsversuchen an Dampfkesseln unstatthaft.

Es ist unzulässig, zur Speisung Dampfpumpen zu verwenden, deren Abdampf mit dem Speisewasser in Berührung kommt, es sei denn, daß die dem Speisewasser auf diese Weise zugeführte Wärme- und Wassermenge genau bestimmt werden kann.

Alles Leckwasser an den Ausrüstungsteilen, sowie etwa an ihnen ausgeblasenes Wasser ist aufzufangen und in Rechnung zu bringen.

27. Versuche, bei welchen nachweisbar erhebliche Wassermengen durch den Dampf mitgerissen werden, sind ungenau, solange nicht Verfahren und Vorrichtungen bekannt sind, welche es möglich machen, diese Wassermengen genau zu ermitteln.

28. Zum Beginne des Versuches muß das Feuer in einen normalen Zustand der Beschickung und Reinigung gebracht, Asche und Schlacke aus dem Aschenfall entfernt werden; ist es nicht möglich, den Aschenfall zu leeren (Schrägrostfeuerungen), so sind die Rückstände darin vor und nach dem Versuche auf eine bestimmte Höhe zu bringen und abzugleichen. In demselben Zustande, wie beim Beginn, muß sich das Feuer am Ende des Versuches befinden. Die Dauer und der Brennstoffverbrauch des Anheizens werden vermerkt, bleiben aber außer Berechnung.

Der während des Versuches zur Verwendung kommende Brennstoff ist zu wägen.

29. Um eine richtige Durchschnittsprobe dieses Brennstoffes zu erlangen, kann man in folgender Weise verfahren[1]):

Von jeder Ladung (Karre, Korb und dgl.) des zugeführten Brennstoffes wird eine Schaufel voll in ein mit einem Deckel versehenes Gefäß geworfen. Sofort nach Beendigung des Verdampfungsversuches wird der Inhalt des Gefäßes zerkleinert, gemischt, quadratisch ausgebreitet und durch die beiden Diagonalen in vier Teile geteilt. Zwei einander gegenüberliegende Teile werden fortgenommen, die beiden anderen wieder zerkleinert, gemischt und geteilt. In dieser Weise wird fortgefahren, bis eine Probemenge von etwa 10 kg übrigbleibt, welche in gut verschlossenen Gefäßen zur Untersuchung gebracht wird. Außerdem ist während des Versuches eine Anzahl von Proben in luftdicht verschließbare Gefäße zu füllen (Feuchtigkeitsproben, siehe auch S. 38).

30. Die Zusammensetzung des Brennstoffes ist durch chemische Analyse zu ermitteln. Es soll der Gehalt an Kohlenstoff (C), Wasserstoff (H), Sauerstoff (O), Schwefel (S), Asche (A) und Wasser in Prozenten des Brennstoffgewichtes angegeben werden. Der Gehalt des Brennstoffes an Stickstoff (N) kann unberücksichtigt bleiben. Das Verhalten in der Hitze ist durch Verkokungsprobe zu ermitteln.

31. Der Heizwert des Brennstoffes ist kalorimetrisch zu ermitteln.

Bemerkung. Auf Grund der chemischen Analyse kann der Heizwert von Steinkohlen und Braunkohlen annähernd mittels der sogenannten Verbandsformel:

$$81\,C^2) + 290\left(H - \frac{O}{8}\right) + 25\,S - 6\,W$$

berechnet werden.

32. Die Temperatur der abziehenden Heizgase wird an der Stelle, wo sie den Kessel verlassen, jedenfalls aber vor dem Schieber, durch Quecksilberthermometer

---

[1]) Siehe auch Abschnitt „Probeentnahme".

[2]) Verschiedentlich findet man hier auch 80° C angegeben (siehe auch S. 45).

oder thermoelektrische Pyrometer gemessen. Diese Geräte sind mit sorgfältiger Abdichtung in den Rauchkanal so einzusetzen, daß sich die Quecksilberkugel oder die Lötstelle mitten im Gasstrom befindet. Die Ablesungen erfolgen möglichst oft, längstens aber viertelstündlich, und zwar womöglich bei Entnahme der Gasproben.

Die Temperatur der in die Feuerung tretenden Luft wird nahe der Feuerung gemessen, wobei das Thermometer vor Wärmestrahlung zu schützen ist. Aus den einzelnen Ablesungen wird das Mittel genommen.

33. Während des Heizversuches werden entweder ununterbrochen oder in gleichmäßigen Zwischenräumen möglichst oft, längstens aber alle zwanzig Minuten, durch ein luftdicht neben dem Thermometer eingesetztes Rohr, dessen untere Mündung mitten in den Gasstrom reicht, Gasproben entnommen. Der Gehalt an Kohlensäure (CO_2) ist regelmäßig zu bestimmen. Vollständige Untersuchungen der Heizgase auf Kohlensäure, Sauerstoff, Kohlenoxyd oder Stickstoff sind nach Bedarf vorzunehmen. Hierzu dienen am besten Durchschnittsproben, welche mittels gleichmäßig saugender Aspiratoren entnommen werden (siehe auch S. 125).

Soll der Verlust durch unvollständig verbrannte Gase festgestellt werden, so ist die Zusammensetzung der Gase nach genauen Verfahren festzustellen, da hierfür die üblichen Verfahren der technischen Gasanalysen nicht ausreichen.

Um zu ermitteln, wieviel Luft in die Feuerzüge eindringt, können an verschiedenen Stellen derselben Gasproben entnommen und auf ihren Gehalt an Kohlensäure und Sauerstoff untersucht werden.

Bemerkung. Auf einfache Weise kann man in der Regel starke Undichtheiten des Mauerwerkes nachweisen, indem man den im Betriebe befindlichen Rost mit stark rauchendem Brennstoffe beschickt und hierauf den Zugschieber schließt, oder auch dadurch, daß man beobachtet, ob die Flamme eines an dem Kesselmauerwerke entlang bewegten Lichtes angesaugt wird.

Für die Berechnung der Wärme, die in den abziehenden Heizgasen verlorengeht, ist die Zusammensetzung derjenigen Heizgase maßgebend, die neben dem Thermometer entnommen sind.

Untersuchung einer Dampfmaschinenanlage.

34. Art, Zahl und Dauer der Versuche sind nach Maßgabe der „Allgemeinen Bestimmungen" (Nr. 1—8) zu vereinbaren.

35. Die Konstruktions- und Betriebsverhältnisse der Dampfmaschine sind möglichst vollständig anzugeben und durch Zeichnung zu erläutern; insbesondere sollen bei vollständigen Untersuchungen in diesen Angaben enthalten sein:

   a) die Bauart der Maschine; Beschreibung und Zeichnung ihrer Hauptteile; die Abmessungen der Zylinder; die Größe der schädlichen Räume; der Kolbenhub und sonstige in Betracht kommende Abmessungen;

   b) die normale Umlaufzahl, deren zulässige Schwankungen und der Ungleichförmigkeitsgrad;

   c) die Spannung und die Temperatur des Dampfes, mit dem die Dampfmaschine arbeiten soll, und die höchste Spannung, für die sie gebaut ist;

   d) die Leistung, auf welche sich der zugesagte Dampfverbrauch und der mechanische Wirkungsgrad beziehen, die zugesagte größte Leistung und die entsprechenden Füllungsgrade;

   e) der für die indizierte oder für die Nutzleistung zugesagte Dampfverbrauch;

   f) die im Vertrage vorausgesetzte Temperatur und Menge des Einspritzoder Kühlwassers und das dieser Voraussetzung entsprechende Vakuum.

Im Sinne des Absatzes 2 der Einleitung liegt es außerdem, die Länge und den Durchmesser der Dampfzu- und -ableitungsrohre, die Entwässerungsvorrichtungen, die Weite der Dampfkanäle, die Abmessungen der Luftpumpen, sowie die Bauart und Betriebsverhältnisse der Dampfkesselanlage anzugeben.

36. Eine strenge Ermittelung der wirklichen Nutzleistung und damit der sogenannten zusätzlichen Reibung ist nur mittels der Bremse möglich; jedoch

ist dieses Verfahren bei größeren Maschinen schwierig und mit Gefahren ver-knüpft und deshalb nur ausnahmsweise anzuwenden (vgl. Nr. 17).

Ist eine Dynamomaschine mit der Dampfmaschine unmittelbar gekuppelt, so kann aus der dem Anker der Dynamomaschine entnommenen elektrischen Arbeit die Nutzarbeit der Dampfmaschine bestimmt werden, falls der Wirkungs-grad des Ankers der Dynamomaschine unter den obwaltenden Temperatur- und Belastungsverhältnissen genau bekannt ist.

Die Geräte, mit denen die elektrischen Messungen vorgenommen werden, müssen geeicht sein.

37. Die Indikatoren sind möglichst unmittelbar am Zylinder ohne lange und scharf gekrümmte Zwischenleitungen anzubringen, und zwar an jedem Zylinderende ein Indikator. Zu dem Zweck ist jedes Zylinderende mit einer Boh-rung für 1 Zoll Whitworth zu versehen.

Die Indikatoren und ihre Federn sind vor und nach dem Versuch entweder durch unmittelbare Belastung oder an offenen Quecksilber- bzw. Eichmanometern bei einer der mittleren Dampfspannung des Versuches entsprechenden Temperatur zu prüfen. Ergeben sich Unterschiede, so ist der Mittelwert maßgebend. Sind tägliche Federprüfungen während der Versuchszeit ausführbar, so sind diese vorzuziehen.

Die Maßstäbe sehr schwacher Vakuumfedern sind in derselben Lage zur Wagrechten zu berichtigen, welche sie während des Versuches innehaben.

38. Bei Leistungsversuchen, die zur Ermittelung des Dampfverbrauches dienen, sind folgende Regeln zu beobachten:

Der Versuch soll nicht eher beginnen, als bis in der Maschine und den Meß-geräten Beharrungszustand bezüglich der Kräfte und Temperaturen eingetreten ist.

Erstreckt sich der Versuch bei regelmäßigem Fabrikbetriebe auf die Dauer eines Arbeitstages, so sind die erste und die letzte Stunde des Arbeitstages von der eigentlichen Versuchszeit auszuschließen, ebenso die Tage vor und nach Sonn- und Feiertagen.

Dampfspannung, Belastung der Maschine und Überhitzungstemperatur (s. Bemerkung zu Nr. 40) müssen während der Versuchsdauer möglichst gleich-mäßig erhalten werden, erforderlichenfalls ist die Gleichmäßigkeit der Belastung künstlich herzustellen (vgl. Nr. 7).

Die Umlaufzahl der Maschine wird durch Hubzähler gemessen und stündlich vermerkt. Bei wechselnder Belastung empfiehlt es sich, die Schwankungen der Umlaufzahl mit Hilfe eines Tachographen oder dergleichen zu ermitteln.

In regelmäßigen Zwischenräumen (alle 10—20 Minuten) werden der Wasser-stand und die Spannung im Kessel, die Spannung, und falls der Dampf überhitzt ist, die Temperatur unmittelbar vor der Maschine, die Spannungen in den Zwischen-behältern, im Ausströmrohre unmittelbar hinter dem Dampfzylinder und im Kondensator, außerdem die Temperaturen des Einspritzwassers oder des Kühl-wassers, sowie des ausfließenden Kondensationswassers vermerkt. Der Baro-meterstand ist gebotenenfalls mehrmals zu verzeichnen, und ebenso, falls ein Gradierwerk benutzt wird, die Temperatur und der Feuchtigkeitsgehalt der Luft.

Während des Versuches sind alle 10—20 Minuten (womöglich gleichzeitig mit den soeben genannten Ablesungen) Diagramme an jedem Zylinderende ab-zunehmen, bei starken Schwankungen der Belastung tunlichst noch öfter. Die Diagramme erhalten Ordungsnummern und Angaben über die Zeit der Entnahme.

Die Diagrammflächen werden mit Hilfe eines Polarplanimeters oder in an-derer zuverlässiger Weise ausgerechnet, und zwar der Sicherheit wegen wiederholt.

Der Durchmesser des Dampfzylinders (in möglichst betriebswarmem Zu-stande) und der Kolbenhub sind zu messen, der Querschnitt der Kolbenstange in Rechnung zu ziehen.

39. Der Dampfverbrauch wird durch das in den Dampfkessel gespeiste Wasser gewogen bzw. gemessen (vgl. Nr. 26). Es ist unzulässig, zur Speisung Dampf-pumpen zu verwenden, welche ihren Dampf aus demselben Dampfkessel ent-nehmen wie die zu untersuchende Dampfmaschine, oder deren Abdampf mit dem Speisewasser in unmittelbare Berührung kommt, es sei denn, daß der Dampf-verbrauch dieser Pumpen genau ermittelt werden kann.

Bei Oberflächenkondensation kann der Dampfverbrauch der Dampfmaschine durch das Gewicht des niedergeschlagenen Dampfes festgestellt werden.

Die Berechnung des Dampfverbrauches aus dem Diagramme ergibt kein richtiges Maß dieses Verbrauches und ist daher unstatthaft.

Das in der Dampfleitung niedergeschlagene Wasser muß vor dem Eintritt in die Maschine abgefangen und von der Speisewassermenge abgezogen werden.

Das innerhalb der Maschine (Zwischenbehälter, Mantel usw.) niedergeschlagene Wasser gehört zum Dampfverbrauche der Maschine und soll möglichst an jeder Entnahmestelle getrennt bestimmt werden.

Bemerkung. Die Vorrichtungen zum Abfangen des niedergeschlagenen Wassers (Kühlschlangen u. dgl.) sind derart einzurichten, daß Verluste durch Wiederverdampfung vermieden werden; zu dem Ende soll es in diesen Vorrichtungen auf mindestens 40° abgekühlt werden.

40. Bedeutet t_1 die Sättigungstemperatur, die zum Drucke des einströmenden Dampfes unmittelbar vor der Dampfmaschine gehört, t'^1 die Temperatur des überhitzten Dampfes an derselben Stelle, so ist der Wärmewert von 1 kg des verbrauchten Dampfes (s. Nr. 18) ausgedrückt durch:

$$606,5 + 0,305\, t_1 + 0,48\, (t'_1 - t_1)\ \text{WE.}$$

Hiernach ermittelt sich der Wärmewert des für 1 PS/Std. verbrauchten Dampfes.

Bemerkung. Bei Ermittelung der Temperatur des überhitzten Dampfes ist darauf zu achten, daß der Siedepunkt der Flüssigkeit, in welche das Thermometer eintaucht, höher liegt als die zu messende Temperatur des Dampfes.

41. Die Dichtheit der Kolben, Dampfmäntel, Schieber und Ventile usw. ist nicht durch Indikatormessungen zu prüfen, sondern durch besondere Versuche an der betriebswarmen Maschine, derart, daß die eine Seite des Kolbens, Ventils usw. bei abgespreiztem Schwungrade mit Dampf belastet wird. Diese Belastung geschieht bei normalem Dampfdruck, und die betreffenden Dichtungsflächen sind für undicht zu erachten, wenn der Dampf in anderer Form, als in der von feinem Nebel oder Wasserperlen, auf der anderen Seite zum Vorscheine kommt.

Schmieröluntersuchungen.

Der größte Teil der heute verwendeten Maschinenschmieröle sind Mineralöle.

Das Ausgangsprodukt für die Gewinnung dieser Mineralöle ist das Rohpetroleum (Erdöl).

Das Rohöl tritt entweder in Form von Springquellen zutage, oder es wird durch Bohrlöcher abgezapft (Erdöl). Rohpetroleum kommt fast in allen zivilisierten Ländern vor, allerdings in sehr stark variierten Mengen. An der Spitze aller ölerzeugenden Länder stehen die Vereinigten Staaten. In Deutschland kommt Holstein (Heide), die Provinz Hannover (Wietze) und Tegernsee in Betracht; doch reicht die Produktion dieser Distrikte für die Deckung des inländischen Ölbedarfes nicht aus.

In der Hauptsache bestehen die rohen Erdöle, gleichgültig welcher Herkunft sie sind, aus hochsiedenden Kohlenwasserstoffen; außerdem enthalten sie je nach ihrer Herkunft aromatische Kohlenwasserstoffe (C_6H_6 = Benzol, C_7H_8 = Toluol, C_8H_{10} = Xylol), Paraffin, Naphtha, Asphalt, Stickstoffverbindungen und Schwefelverbindungen.

Die Gewinnung der Mineralschmieröle aus den Rohölen geschieht meistens durch fraktionelle Destillation, indem das Rohöl kontinuierlich durch eine Batterie von Destillationskesseln geführt wird, derart, daß es im ersten seine leichtesten und in den folgenden Kesseln immer schwerere Kohlenwasserstoffe abgibt. Den letzten Kessel verläßt es als Masut.

Die Aufgabe der Schmiermaterialien im allgemeinen, also auch der Schmieröle im besonderen, besteht darin, die direkte Berührung aufeinander gleitender Metallflächen zu verhindern und die Reibungswiderstände an den Gleitflächen möglichst zu reduzieren.

Die Prüfung der Schmieröle wird sich nach den Anforderungen richten müssen, die an das Öl während des Betriebes gestellt sind. Diese Anforderungen sind sehr verschiedener Art.

Bei Dampfzylindern, besonders bei Heißdampfmaschinen ist das Öl einer hohen Temperatur (bis 300° und darüber) ausgesetzt. Zum Schmieren dieser Teile können daher nur solche Öle Verwendung finden, deren Verdampfungstemperatur hoch liegt;

bei den Achsen der Eisenbahnfahrzeuge, ebenso wie bei den zu ölenden Teilen der Eismaschinen können (bei ersteren wenigstens im Winter) nur Öle Verwendung finden, deren Erstarrungspunkt bei 15—20° unter Null liegt;

die Spindeln der Spinnereimaschinen verlangen ein sehr leichtflüssiges Öl;

für leichte Transmissionen und solche Maschinenteile, bei denen die gleitenden Flächen unter nur mäßigem Drucke gegeneinandergepreßt werden, wird ein zähflüssiges Öl das geeignetste sein;

schwere Transmissionen und unter hohem Flächendruck aufeinander gleitende Maschinenteile beanspruchen ein Öl mit großer Zähflüssigkeit.

Die chemische Prüfung der Schmieröle hat meist den Zweck, fremde, schädliche oder minderwertige · Stoffe nachzuweisen und erstreckt sich in der Hauptsache auf die Feststellung des Gehaltes an Harz, Säuren, Wasser, Asche, Seife, fettem Öl.

Die physikalische Prüfung dagegen stellt das spezifische Gewicht, den Ausdehnungskoeffizienten, das Verhalten in der Kälte, den Gehalt an mechanischen Verunreinigungen, die Zähflüssigkeit (Viskosität), die Entflammbarkeit und den Reibungswert fest.

Die für die Praxis wichtigsten Untersuchungen sind die auf die Zähflüssigkeit, die Entflammbarkeit und den Reibungswert bezüglichen.

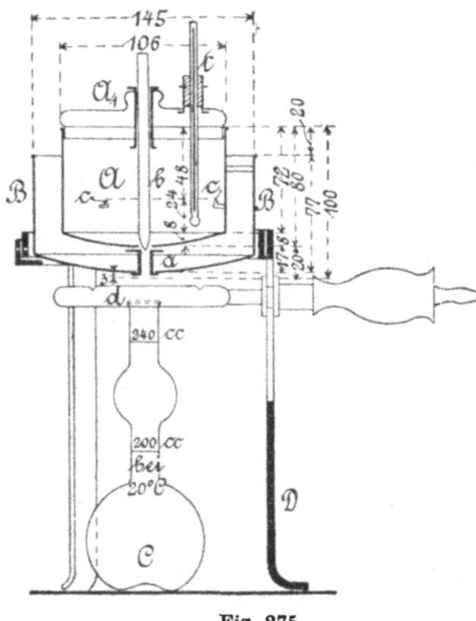

Fig. 275.

1. Prüfung auf die Zähflüssigkeit [1]).

Zur Bestimmung der Zähflüssigkeit bedient man sich allgemein des Viskosimeters nach Engler. Dieses besteht, wie Fig. 275 zeigt, aus einem innen vergoldeten Ölbehälter A mit Deckel A_1 und Platinausflußröhrchen a, einem diesen Ölbehälter umgebenden Messinggefäße B als Erwärmungsbad, einem Thermometer t zur Bestimmung der Öltemperatur, einem zweiten Thermometer (in Fig. 275 nicht gezeichnet) zur Bestimmung der Temperatur des Erwärmungsbades, einem Meßkolben C, einem Dreifuß D mit Gasheizung d.

Als Maß der Zähflüssigkeit dient das Verhätlnis der Ausflußzeit von 200 ccm Öl bei der Versuchstemperatur zur Ausflußzeit desselben Volumens Wasser bei 20°.

Da die mit verschiedenen Apparaten gewonnenen Ausflußzeiten nur dann einen Vergleich zulassen, wenn die Dimensionen der Apparate die gleichen sind, hat das Staatl. Materialprüfungsamt für die Hauptdimensionen folgende Fehlergrenzen als zulässig erklärt:

---

[1]) Nach Holde: Untersuchung der Mineralöle und Fette. Verlag von J. Springer, Berlin.

Zulässige
Fehlergrenze

l. Weite des Ausflußröhrchens oben 2,4 mm, unten 2,8 mm $\quad \pm\,0{,}01$ mm,
Länge des Ausflußröhrchens 20 mm . . . . $\pm\,0{,}1\quad$ mm,
Höhe der Markenspitzen über der oberen Ausflußöffnung 32 mm $\quad\pm\,0{,}3\quad$ mm,
l. Weite des Ölgefäßes 105 mm . . . . $\pm\,1\quad$ mm,
Höhe des zyl. Teiles des Ölgefäßes bis zu den Markenspitzen
  24 mm . . . . $\pm\,1\quad$ mm,
Inhalt des Ölgefäßes bis zu den Markenspitzen 240 ccm . . . . $\pm\,4\quad$ ccm.

Die Eichung des Apparates, d. h. die Feststellung der Ausflußzeit von 200 ccm Wasser bei 20° geschieht wie folgt:

Zunächst wird die anfängliche Druckhöhe d. i. der Abstand der Markenspitzen c vom Ausflußröhrchen a (= 32 mm) auf ihre Richtigkeit kontrolliert. Zu diesem Behufe verschließt man das Ausflußröhrchen a mit dem Holzstifte b, füllt das Ölgefäß A bis zu den Spitzen c mit destilliertem Wasser und bestimmt das Volumen desselben durch Auslaufenlassen in ein graduiertes Gefäß. Dann setzt man in die Ausflußöffnung einen am oberen Ende zugespitzten Kontrollstift ein, dessen Spitze genau 32 mm über das obere Röhrchenende zu liegen kommt, füllt wieder destilliertes Wasser ein, bis die Spitze des Kontrollstiftes erreicht ist und bestimmt auch dieses Volumen. Aus der Differenz der beiden Volumina läßt sich der Fehler in der Höhe der Markenspitzen berechnen. Alsdann reinigt man das Gefäß und das Ausflußröhrchen unter Zuhilfenahme einer Federpose mit Alkohol und Äther auf das gründlichste, setzt einen bisher noch unbenutzten Holzstift b ein und füllt A vorsichtig bis zu den Markenspitzen c mit destilliertem und filtriertem Wasser von zirka 20°. Das Erwärmungsbad B ist mit Leitungswasser gefüllt, dessen Temperatur durch Regulierung am Gashahne oder durch Höher- oder Tieferstellen des Heizringes auf genau 20° erhalten wird. Dann läßt man durch Lüften des Stiftes b das ganze Wasser in den Glaskolben C ausfließen, gibt es sofort wieder in den Apparat zurück, lüftet b einige Male, bis zirka 5 bis 10 ccm Wasser ausgeflossen sind, gießt diese sofort wieder in das Gefäß zurück, und nimmt jetzt das Thermometer t heraus; dann lüftet man den Stift b vorsichtig so weit, daß das Ausflußröhrchen sich mit Wasser füllt und letzteres in Form eines Tropfens unten hängenbleibt. Hat sich der Wasserspiegel im Gefäße beruhigt, so hebt man den Stift b hoch und beobachtet nun an einem Chronometer die Ausflußzeit von 200 ccm Wasser.

Indem man immer wieder das Ausflußröhrchen bis zum vorstehenden Tropfen füllt und dann 200 ccm Wasser ausfließen läßt, wiederholt man den Versuch so lange, bis drei Resultate vorliegen, bei denen die Ausflußzeiten um höchstens 0,4 Sekunden differieren, und die Werte nicht in fortschreitender Abnahme begriffen sind. Damit ist die erste Versuchsreihe beendet.

Nach immer wiederholter Reinigung des Apparates setzt man diese Versuchsreihen so lange fort, bis völlige Konstanz der Ausflußzeit eingetreten ist, was bei gründlicher erster Reinigung meistens schon bei der zweiten Versuchsreihe der Fall ist.

Aus denjenigen drei Werten der letzten Versuchsreihe, die höchstens 0,3 bis 0,4 Sekunden voneinander abweichen, bildet man das arithmetische Mittel, und dieses ist alsdann die für alle Öluntersuchungen maßgebende Ausflußzeit des Wassers.

Bei normalen Apparaten liegt diese Ausflußzeit zwischen 50 und 52 Sekunden.

Der Bestimmung der Ausflußzeit von Ölen muß natürlich auch eine sorgfältige Reinigung des Apparates (mit Alkohol und Äther und Nachspülen mit dem zu prüfenden Öle) vorausgehen. Auch ist ein Filtrieren des Öles vor dem Einfüllen in den Apparat durch ein Sieb von 0,3 mm Maschenweite unerläßlich, wenn es sich um ein dunkles Öl handelt, und nicht überflüssig, wenn ein helles Öl vorliegt.

Dann wird das Bad so weit vorgewärmt, daß das zu prüfende Öl möglichst rasch auf die Versuchstemperatur kommt. Als Erwärmungsflüssigkeit dient für gewöhnlich Leitungswasser, für hohe Temperaturen hochsiedendes Öl.

Beim Einfüllen des Versuchsöles ist scharf darauf zu achten, daß das durch die Maßspitzen festgelegte Niveau genau erreicht wird, da Fehler in der Auffüllhöhe die Ausflußzeit nicht unbeträchtlich beeinflussen. Bei hohen Versuchstemperaturen ist die Ausdehnung des Öles besonders zu beachten, indem man die genaue Einstellung des Niveaus erst vornimmt, nachdem das Öl die Versuchstemperatur erreicht hat.

Die Temperatur der Erwärmungsflüssigkeit ist, ebenso wie diejenige des Öles, während des Versuches möglichst konstant zu halten. Für die Differenz der Temperatur der Erwärmungsflüssigkeit und derjenigen des Öles sind zulässig

bei 20°	Versuchstemperatur	. . . . . .	0,05—0,15°
„ 30°	„	. . . . . .	0,2°
„ 40°	„	. . . . . .	0,4°
„ 50°	„	. . . . . .	0,6°
„ 150°	„	. . . . . .	4—5°

Ist bei geschlossenem Gefäßdeckel die Öltemperatur konstant geworden, so lüftet man den Stift b, rückt gleichzeitig den Chronometer ein und läßt das Öl in den Kolben C auslaufen, derart, daß der Ölstrahl nicht auf die Kolbenwandung auftrifft. Ist die Marke 200 ccm erreicht, so hemmt man das Uhrwerk, läßt aber das Öl vollständig auslaufen. Da der Kolben auch bei 240 ccm eine Marke hat, läßt sich leicht ein etwa vorgekommener Auffüllfehler feststellen.

Für 1 ccm Auffüllungsfehler ist auf je 5 Minuten Ausflußzeit eine Korrektion von $\pm$ 1 Sekunde in Rechnung zu ziehen.

Bei hohen Versuchstemperaturen ist natürlich auch die Kontraktion, welche das ausgeflossene und kälter gewordene Öl erlitten hat, zu berücksichtigen unter der Tatsache, daß 240 ccm Öl für je 10° Temperaturzunahme eine Volumenvergrößerung von 1,7 ccm erfahren (Ausdehnungskoeffizient von Mineralöl = $\sim$ 0,0007—0,0008).

Die Ausflußzeit der Öle ist natürlich sehr verschieden; sie steigt von zirka 230 Sekunden für Rüböl bis auf zirka 2300 Sekunden bei dunklen Mineralölen (bei Zimmertemperatur).

2. Bestimmung des Flammpunktes[1])

a) im offenen Tiegel.

Ein zylindrischer, glasierter Porzellantiegel a (Fig. 276) von 40 mm Durchmesser und der gleichen Höhe nimmt das zu prüfende Öl auf, derart, daß der Ölspiegel noch 10 mm unter dem Tiegelrande steht. In eine Blechschale b von 180 mm oberem Durchmesser wird 15 mm hoch ganz feiner Sand eingefüllt, auf den dann das Gefäß a zu stehen kommt. Ein am Arme s des Stativs d befestigtes Thermometer c taucht mit seinem Quecksilbergefäße vollständig in das Öl ein. Die Schale b wird in einem Dreifuße e gelagert und von unten her durch den Brenner f geheizt.

Die Wärmezufuhr soll derart reguliert sein, daß der Temperaturanstieg pro Minute stets zwischen 2 und 5° liegt. Bis 100° kann die Erhitzung ziemlich rasch vonstatten gehen, von da ab wird aber, um ein Überhitzen zu vermeiden, die Temperaturzunahme in ein langsameres Tempo gebracht. Von 120—145° führt man von 5 zu 5° das Zündrohr g langsam und gleichmäßig so auf dem Rande der Schale b hin und her, daß die senkrecht nach unten stehende Zündflamme weder den Rand des Ölgefäßes a, noch die Oberfläche berührt, sondern von letzterer 2—3 mm entfernt bleibt. Die Zündflamme soll sich jedesmal 4 Sekunden lang über der Öloberfläche befinden. Von 145° aufwärts wird nach einer jedesmaligen Zunahme der Öltemperatur um 1° die Zündflamme in gleicher Weise über das Öl hinweggeführt. Die Erwärmung wird so weit getrieben, bis die Dämpfe über der Oberfläche bei der Berührung mit der Zündflamme vorübergehend aufflammen, oder unter schwacher Detonation verpuffen. Die dabei vorhandene Temperatur wird als **Flammpunkt** bezeichnet, während man unter **Entzündungspunkt** jene Temperatur versteht, bei welcher ein Öl bei der Berührung mit der Zündflamme an seiner Oberfläche weiter brennt.

---

[1]) Nach derselben Quelle wie 1.

Die vorstehend beschriebene Prüfungsmethode ist für die den preußischen Staatsbahnen zu liefernden Öle vorgeschrieben. Öle, welche einen anderen Verwendungszweck haben, werden in einer flachen Sandschale und mit horizontal brennender Zündflamme geprüft.

b) Prüfung im Pensky-Martens-Apparat.

Die vollkommen gleichmäßige Führung der Zündflamme über den offenen Tiegel ist schwierig, daher weichen die nach dem vorigen Verfahren ermittelten Flammpunkte oft nicht unerheblich voneinander ab, indem bei zu großer Annäherung der Zündflamme der Flammpunkt zu niedrig, bei zu großem Abstande der Flammpunkt zu hoch ermittelt wird. Auch die Regulierung des Temperaturanstieges innerhalb der angegebenen Grenzen fällt wegen der offenen Lage der Sandbadschale schwer; endlich werden beim Experimentieren in nicht ganz zugfreien Räumen die entwickelten Öldämpfe aus dem Tiegel fortgeführt.

Die Prüfungsmethode mit dem Pensky-Martens-Apparat weist diese Mängel nicht auf, weshalb den damit gewonnenen Zahlen größere Zuverlässigkeit beizumessen ist.

Die Einrichtung des Apparates ist aus der Fig. 277 zu ersehen. Das Ölgefäß E sitzt in einem eisernen Körper H, der die direkte Hitze empfängt. Zur möglichsten Vermeidung von Strahlungsverlusten ist der Heizkörper H noch von einer Schutzglocke L umgeben, derart, daß zwischen ihm und der Glocke ein isolierender Luftmantel gebildet ist. Durch eine flexible Spiraldrahtwelle J wird ein im Innern von E befindliches Rührwerk betätigt. Der abnehmbare Deckel des Gefäßes enthält links die Zündvorrichtung und rechts einen Griff G. Wird dieser bis zu einem Anschlage nach rechts gedreht, so öffnet sich das Ölgefäß unterhalb der Zündvorrichtung, und gleichzeitig senkt sich das Zündflämmchen in den Raum über dem Öle. Dreht man den Griff wieder zurück, so hebt sich die Zündvorrichtung, während gleichzeitig das Ölgefäß selbsttätig geschlossen wird.

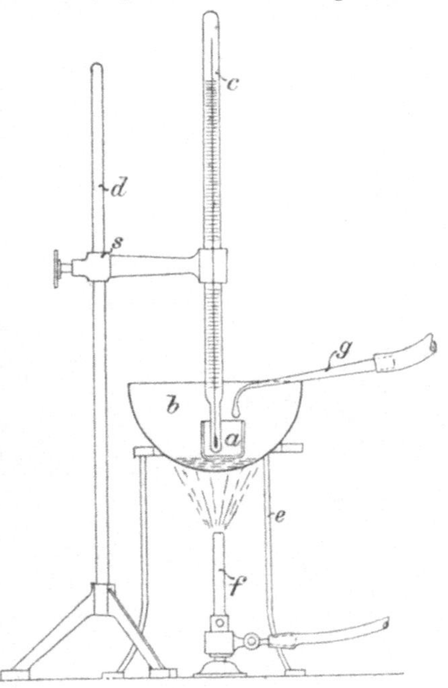

Fig. 276.

Die Erhitzung des Öles erfolgt entweder durch eine Spirituslampe oder durch einen dreiteiligen Brenner; im ersteren Falle wird das Zündflämmchen mit Rüböl gespeist, im letzteren Falle durch Gas erzeugt. Ein am Gestell drehbar angeordnetes Drahtnetz vermindert, wenn es über die Heizflamme gebracht wird, den Wärmeübergang an den Heizkörper H und damit an das Ölgefäß E.

Zur Ablesung der Öltemperatur ist durch den Gefäßdeckel ein Thermometer eingeführt.

Gang des Versuches: Das auf Entflammbarkeit zu prüfende Öl wird genau bis zur Füllmarke (eingedrehter Rand) in das Ölgefäß E eingefüllt. Hierauf wird der Deckel so auf das Gefäß gesetzt, daß der vorragende Deckelfortsatz rechtwinkelig zur Verbindungslinie der beiden am Gefäßrande befindlichen Haken steht; dann wird das Ganze mittels der beigegebenen Gabel in den Heizkörper eingesetzt. Da die Gefäßwände oberhalb der Niveaumarke nicht mit Öl benetzt werden dürfen, so sind bei den angegebenen Manipulationen Schwankungen möglichst zu vermeiden. Wenn man noch das Thermometer in die Hülse des Deckels eingesetzt hat, so ist der Apparat zum Versuche vorbereitet, und es kann jetzt die Heizflamme, ebenso wie das Zündflämmchen angesteckt werden. Letzteres

soll auf Erbsengröße einreguliert sein, was bei Gasbetrieb mit Hilfe einer Ventilschraube, bei Ölspeisung durch Verschieben des Dochtes geschieht.

Die Erwärmung kann anfangs ziemlich rasch betrieben werden, bis das Öl
eine Temperatur von zirka 100° erreicht hat; dann setzt man mit den Fingern
das Rührwerk in Tätigkeit, gleichzeitig wird das bislang zur Seite gedrehte Drahtnetz über die Heizflamme gebracht und letztere so weit verkleinert, daß das
Thermometer um höchstens 6—10° pro Minute steigt; von 120° ab soll die Tem-

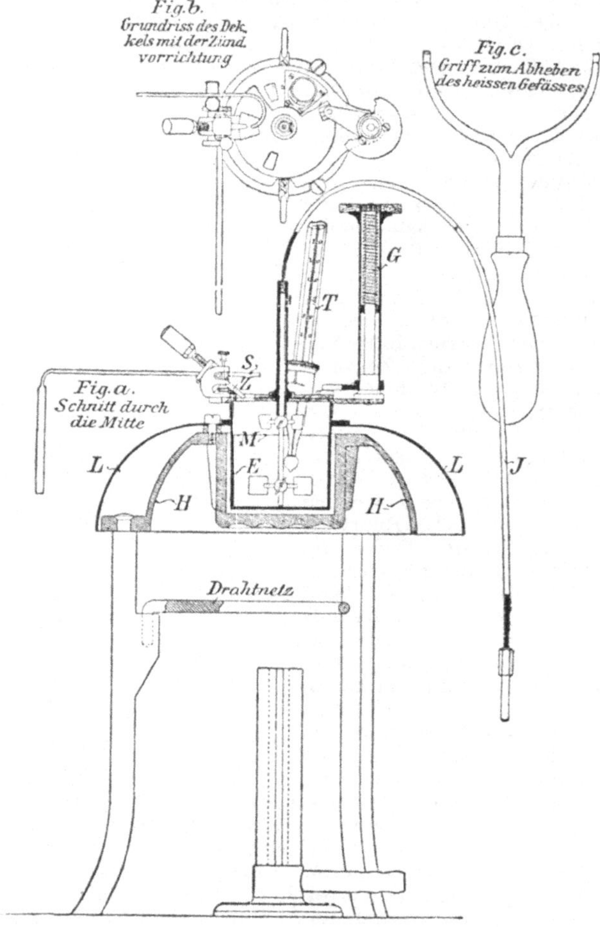

Fig. 277.

peraturzunahme nur noch 4—6° pro Minute ausmachen; alsdann ist ein Überhitzen des Öles vermieden.

Unter fortgesetztem, gleichmäßigem Rühren führt man, von 120° anfangend,
immer nach einer Temperaturzunahme von 2° die Zündflamme durch Rechts-
drehen des Griffes in das Gefäß E ein und beläßt sie zirka 1 Sekunde in der tiefsten
Stellung. Bald wird die Zündflamme im Gefäße größer als außerhalb desselben
erscheinen. Von da ab führt man sie von Grad zu Grad ein, so lange, bis die Öldämpfe im Gefäße E explosionsartig verbrennen. Die dabei beobachtete Tem-

peratur bezeichnet den Flammpunkt des Öles. Bei dem Aufflammen der Öldämpfe verlischt nicht selten die Zündflamme; deshalb ist durch ein gebogenes
Rohr eine Sicherheitsflamme angebracht, an welcher sie sich immer wieder entzünden kann.

Das Verlöschen des Zündflämmchens bei dem Verpuffen der Öldämpfe ist
nicht zu verwechseln mit dem Auslöschen der Flamme, welches durch eventuell
entwickelte Wasserdämpfe verursacht wird. Da schon Spuren von Wasser eine
störende Dampfbildung veranlassen, ist das zu prüfende Öl vorher zu entwässern,
am besten durch Schütteln mit Chlorkalzium und eintägiges Stehenlassen; auch
ist das Gefäß E völlig trocken zu halten.

Die Flammpunkte der Mineralschmieröle liegen meistens zwischen 120
und 300°.

Tabelle zum

	0	1	2	3	4	5	6	7	8	9
0,0	0,000	0,006	0,012	0,018	0,024	0,030	0,036	0,042	0,048	0,054
0,1	0,060	0,066	0,072	0,078	0,084	0,090	0,096	0,102	0,108	0,114
0,2	0,120	0,126	0,132	0,138	0,144	0,150	0,156	0,162	0,168	0,174
0,3	0,180	0,186	0,192	0,198	0,204	0,210	0,216	0,222	0,228	0,234
0,4	0,240	0,246	0,252	0,258	0,264	0,270	0,276	0,282	0,288	0,294
0,5	0,300	0,306	0,312	0,318	0,324	0,330	0,336	0,342	0,348	0,354
0,6	0,360	0,366	0,372	0,378	0,384	0,390	0,396	0,402	0,408	0,414
0,7	0,420	0,426	0,432	0,438	0,444	0,450	0,456	0,462	0,468	0,474
0,8	0,480	0,486	0,492	0,498	0,504	0,510	0,516	0,522	0,528	0,534
0,9	0,540	0,546	0,552	0,558	0,564	0,570	0,576	0,582	0,588	0,594
—	—	—	—	—	—	—	—	—	—	—
1	0,60	0,66	0,72	0,78	0,84	0,90	0,96	1,02	1,08	1,14
2	1,20	1,26	1,32	1,38	1,44	1,50	1,56	1,62	1,68	1,74
3	1,80	1,86	1,92	1,98	2,04	2,10	2,16	2,22	2,28	2,34
4	2,40	2,46	2,52	2,58	2,64	2,70	2,76	2,82	2,88	2,94
5	3,00	3,06	3,12	3,18	3,24	3,30	3,36	3,42	3,48	3,54
6	3,60	3,66	3,72	3,78	3,84	3,90	3,96	4,02	4,08	4,14
7	4,20	4,26	4,32	4,38	4,44	4,50	4,56	4,62	4,68	4,74
8	4,80	4,86	4,92	4,98	5,04	5,10	5,16	5,22	5,28	5,34
9	5,40	5,46	5,52	5,58	5,64	5,70	5,76	5,82	5,88	5,94
10	6,00	6,06	6,12	6,18	6,24	6,30	6,36	6,42	6,48	6,54
11	6,60	6,66	6,72	6,78	6,84	6,90	6,96	7,02	7,08	7,14
12	7,20	7,26	7,32	7,38	7,44	7,50	7,56	7,62	7,68	7,74
13	7,80	7,86	7,92	7,98	8,04	8,10	8,16	8,22	8,28	8,34
14	8,40	8,46	8,52	8,58	8,64	8,70	8,76	8,82	8,88	8,94
15	9,00	9,06	9,12	9,18	9,24	9,30	9,36	9,42	9,48	9,54
16	9,60	9,66	9,72	9,78	9,84	9,90	9,96	10,02	10,08	10,14
17	10,20	10,26	10,32	10,38	10,44	10,50	10,56	10,62	10,68	10,74
18	10,80	10,86	10,92	10,98	11,04	11,10	11,16	11,22	11,28	11,34
19	11,40	11,46	11,52	11,58	11,64	11,70	11,76	11,82	11,88	11,94
20	12,00	12,06	12,12	12,18	12,24	12,30	12,36	12,42	12,48	12,54
21	12,60	12,66	12,72	12,78	12,84	12,90	12,96	13,02	13,08	13,14
22	13,20	13,26	13,32	13,38	13,44	13,50	13,56	13,62	13,68	13,74
23	13,80	13,86	13,92	13,98	14,04	14,10	14,16	14,22	14,28	14,34
24	14,40	14,46	14,52	14,58	14,64	14,70	14,76	14,82	14,88	14,94
25	15,00	15,06	15,12	15,18	15,24	15,30	15,36	15,42	15,48	15,54
26	15,60	15,66	15,72	15,78	15,84	15,90	15,96	16,02	16,08	16,14
27	16,20	16,26	16,32	16,38	16,44	16,50	16,56	16,62	16,68	16,74
28	16,80	16,86	16,92	16,98	17,04	17,10	17,16	17,22	17,28	17,34
29	17,40	17,46	17,52	17,58	17,64	17,70	17,76	17,82	17,88	17,94
	0	**1**	**2**	**3**	**4**	**5**	**6**	**7**	**8**	**9**

Polarplanimeter.

Planimeterkonstante = 0,06.

	0	1	2	3	4	5	6	7	8	9
30	18,00	18,06	18,12	18,18	18,24	18,30	18,36	18,42	18,48	18,54
31	18,60	18,66	18,72	18,78	18,84	18,90	18,96	19,02	19,08	19,14
32	19,20	19,26	19,32	19,38	19,44	19,50	19,56	19,62	19,68	19,74
33	19,80	19,86	19,92	19,98	20,04	20,10	20,16	20,22	20,28	20,34
34	20,40	20,46	20,52	20,58	20,64	20,70	20,76	20,82	20,88	20,94
35	21,00	21,06	21,12	21,18	21,24	21,30	21,36	21,42	21,48	21,54
36	21,60	21,66	21,72	21,78	21,84	21,90	21,96	22,02	22,08	22,14
37	22,20	22,26	22,32	22,38	22,44	22,50	22,56	22,62	22,68	22,74
38	22,80	22,86	22,92	22,98	23,04	23,10	23,16	23,22	23,28	23,34
39	23,40	23,46	23,52	23,58	23,64	23,70	23.76	23,82	23,88	23,94
40	24,00	24,06	24,12	24,18	24,24	24,30	24,36	24,42	24,48	24,54
41	24,60	24,66	24,72	24,78	24,84	24,90	24,96	25,02	25,08	25,14
42	25,20	25,26	25,32	25,38	25,44	25,50	25,56	25,62	25,68	25,74
43	25,80	25,86	25,92	25,98	26,04	26,10	26,16	26,22	26,28	26,34
44	26,40	26,46	26,52	26,58	26,64	26,70	26,76	26,82	26,88	26,94
45	27,00	27,06	27,12	27,18	27,24	27,30	27,36	27,42	27,48	27,54
46	27,60	27,66	27,72	27,78	27,84	27,90	27,96	28,02	28,08	28,14
47	28,20	28,26	28,32	28,38	28,44	28,50	28,56	28,62	28,68	28,74
48	28,80	28,86	28,92	28,98	29,04	29,10	29,16	29,22	29,28	29,34
49	29,40	29,46	29,52	29,58	29,64	29,70	29,76	29,82	29,88	29,94
50	30,00	30,06	30,12	30,18	30,24	30,30	30,36	30,42	30,48	30,54
51	30,60	30,66	30,72	30,78	30,84	30,90	30,96	31,02	31,08	31,14
52	31,20	31,26	31,32	31,38	31,44	31,50	31,56	31,62	31,68	31,74
53	31,80	31,86	31,92	31,98	32,04	32,10	32,16	32,22	32,28	32,34
54	32,40	32,46	32,52	32,58	32,64	32,70	32,76	32,82	32,88	32,94
55	33,00	33,06	33,12	33,18	33,24	33,30	33,36	33,42	33,48	33,54
56	33,60	33,66	33,72	33,78	33,84	33,90	33,96	34,02	34,08	34,14
57	34,20	34,26	34,32	34,38	34,44	34,50	34,56	34,62	34,68	34,74
58	34,80	34.86	34,92	34,98	35,04	35,10	35,16	35,22	35,28	35,34
59	35,40	35,46	35,52	35,58	35,64	35,70	35,76	35,82	35,88	35,94
60	36,00	36,06	36,12	36,18	36,24	36,30	36,36	36,42	36,48	36,54
61	36,60	36,66	36,72	36,78	36,84	36,90	36,96	37,02	37,08	37,14
62	37,20	37,26	37,32	37,38	37,44	37,50	37,56	37,62	37,68	37,74
63	37,80	37,86	37,92	37,98	38,04	38,10	38,16	38,22	38,28	38,34
64	38,40	38,46	38,52	38,58	38,64	38,70	38,76	38,82	38,88	38,94
65	39,00	39,06	39,12	39,18	39,24	39,30	39,36	39,42	39,48	39,54
66	39,60	39,66	39,72	39,78	39,84	39,90	39,96	40,02	40,08	40,14
67	40,20	40,26	40,32	40,38	40,44	40,50	40,56	40,62	40,68	40,74
68	40,80	40.86	40,92	40,98	41,04	41,10	41,16	41,22	41,28	41,34
69	41,40	41,46	41,52	41,58	41,64	41,70	41,76	41,82	41,88	41,94
	0	1	2	3	4	5	6	7	8	9

Verzeichnis der Firmen, welche die in diesem Werke beschriebenen Apparate anfertigen bzw. liefern.

(Nach der Reihenfolge der Figuren geordnet.)

Figur-Nr.	Gegenstand	Hersteller bzw. Lieferant
4÷7	Trockenschränke	Paul Altmann, Berlin NW 6.
8	Exsikkator	Paul Altmann, Berlin NW 6.
9	Exsikkator Nablenz	Ströhlein & Co., Düsseldorf 39.
10÷15	Kalorimeter nach Dr. Krö-ker	Julius Peters, Feinmechanik, Berlin NW 21.
18÷19	Kalorimeter nach Parr	Max Kohl, A.-G., Chemnitz i. S.
20÷26	Kalorimeter nach Prof. Junkers	Junkers & Co., Dessau.
27	Eichvorrichtung für Gasmesser	Junkers & Co., Dessau.
29	Vergasungslampe	Junkers & Co., Dessau.
30	Gasbürette von Bunte	Paul Altmann, Berlin NW 6.
31	Gummi-Aspirator	Paul Altmann, Berlin NW 6.
32	Absorptionsbürette von Tollens	Gebrüder Ruhstrat, Göttingen.
34÷41	Apparate von Hempel	Paul Altmann, Berlin NW 6 und Oskar Leuner, Dresden.
42	Apparat nach Orsat-Fischer	Paul Altmann, Berlin NW 6 und Vereinigte Fabriken für Laboratoriumsbedarf, Berlin N 39.
43	Apparat nach Orsat-Muencke	Paul Altmann, Berlin NW 6.
44	Apparat nach Orsat-Fuchs	G. A. Schultze, Neukölln.
45	Absorptionsökonometer	Wwe. Joh. Schumacher, Köln a. Rh.
46÷49	Absorptionsapparate nach Kleine	Ströhlein & Co., G. m. b. H., Düsseldorf 39.
50	Gasanalysator Peska-Kappus	Vereinigte Fabriken für Laboratoriumsbedarf, Berlin N 39.
51	Eckardtscher Rauchgasprüfer	J. C. Eckardt, Cannstadt.
53	Rauchgas - Sammel - Kontroll-Apparat	Wwe. Joh. Schumacher, Köln a. Rh.
54	Doppelaspirator	Paul Altmann, Berlin NW 6.
56, 58	Quecksilberpyrometer	G. A. Schultze, Neukölln.
	Elektrische Pyrometer	Siemens & Halske, Siemensstadt b. Berlin. Hartmann & Braun, A.-G., Frankfurt a. M.-West. W. C. Heraeus, G. m. b. H., Hanau a. M. Keiser & Schmidt, Charlottenburg 2.
62÷65	Optisches Pyrometer von Wanner	Dr. R. Hase, Hannover.
66	Segerkegel	Chemisches Laboratorium für Tonindustrie, Berlin NW 21.
67	Sentinelpyrometer	The Amalgams Co., Ltd., Sheffield.
68, 69	Kalorimeter von P. Fuchs	G. A. Schultze, Neukölln.
70	Zugmesser	Paul Altmann, Berlin NW 6.
71	Zugmesser Ebert	G. Ebert, Wallhausen (Helme).
72	Segerscher Zugmesser	Chemisches Laboratorium für Tonindustrie, Berlin NW 21.
73	Zugmesser nach Rabe	G. A. Schultze, Neukölln.

Figur-Nr.	Gegenstand	Hersteller bzw. Lieferant
75	Zug- und Druckmesser von Lux	Friedrich Lux, G. m. b. H., Ludwigshafen a. Rh.
76	Differentialmanometer von König	Dr. H. Geißler, Nachf. Bonn a. Rh.
79	Arndtscher Zugmesser	Chr. Bülles, Aachen.
80	Schumacherscher Zugmesser	Wwe. Joh. Schumacher, Köln a. Rh.
82	Zugmesser System Orsat	Schäffer & Budenberg, Magdeburg-Buckau.
84, 85	Ätheranemometer	P. Hermann vorm. J. F. Meyer, Zürich IV.
86	Mikromanometer von Krell	G. A. Schultze, Neukölln.
88	Krellscher Zugmesser	G. A. Schultze, Neukölln.
92÷102	Indikatoren	Schäffer & Budenberg, Magdeburg-Buckau.
103÷119	Indikatoren	Dreyer, Rosenkranz & Droop, Hannover.
120÷126	Indikatoren	H. Maihak, Hamburg.
127, 128	Leistungszähler von Böttcher	H. Maihak, Hamburg.
130, 131	Rollenhubverminderer	Dreyer, Rosenkranz & Droop, Hannover und Schäffer & Budenberg, Magdeburg-Buckau.
132	Rollenhubverminderer	H. Maihak, Hamburg.
133, 134	Hubverminderer nach Stanek	Dreyer, Rosenkranz & Droop, Hannover.
136	Hubverminderer nach Stanek	H. Maihak, Hamburg.
152, 153, 157, 159	Prüfungseinrichtung für Indikatorfedern	Dreyer, Rosenkranz & Droop, Hannover.
160	Wiebe-Schwirkusscher Thermometereinsatz	Dreyer, Rosenkranz & Droop, Hannover.
161, 162	Prüfungseinrichtung nach Strupler	Dreyer, Rosenkranz & Droop, Hannover.
165	Prüfungseinrichtung für Indikatorfedern	H. Maihak, Hamburg.
166	Einrichtung zur Prüfung des Schreibzeuges	H. Maihak, Hamburg.
168	Paßstücke	Dreyer, Rosenkranz & Droop, Hannover.
169	Meßapparat für Eichdiagramme	H. Maihak, Hamburg.
177	Elektrodynamische Leistungswage	Dr. M. Levy, Berlin.
178	Torsionsdynamometer	Gebrüder Amsler, Schaffhausen (Schweiz).
179	Torsionsindikator von Föttinger	Vulkan-Werke, Hamburg.
181	Polarplanimeter	Gebrüder Amsler, Schaffhausen (Schweiz).
190	Kompensationsplanimeter	G. Coradi, Zürich.
196	Präzisionsscheibenplanimeter	G. Coradi, Zürich.
198	Polarplanimeter	A. Ott, Kempten i. Allgäu.
202	Kompensationsplanimeter	A. Ott, Kempten i. Allgäu.
205÷211	Universalplanimeter	A. Ott, Kempten i. Allgäu.
213	Schneidenradplanimeter	J. Fieguth, Langfuhr bei Danzig.
217, 218	Wildas Flächenmesser	Dr. Max Jänecke, Verlagsbuchhandlung, Leipzig.
275	Viskosimeter nach Engler	Sommer & Runge, Berlin SW.
276, 277	Apparate zur Bestimmung des Flammpunktes	Sommer & Runge, Berlin SW.

Maschinentechnisches Versuchswesen. Von Prof. Dr.-Ing. **A. Gramberg.**
Erster Band: **Technische Messungen bei Maschinenuntersuchungen und im Betriebe.** Zum Gebrauch in Maschinenlaboratorien und in der Praxis. Vierte, vielfach erweiterte und umgearbeitete Auflage. Mit 326 Textfiguren. Unter der Presse

Zweiter Band: **Maschinenuntersuchungen und das Verhalten der Maschinen im Betriebe.** Ein Handbuch für Betriebsleiter, ein Leitfaden zum Gebrauch bei Abnahmeversuchen und für den Unterricht an Maschinenlaboratorien. Mit 300 Figuren im Text und auf 2 Tafeln. Gebunden Preis M. 25.— *

Wärmetechnik des Gasgenerator- und Dampfkessel-Betriebes. Die Vorgänge, Untersuchungs- und Kontrollmethoden hinsichtlich Wärmeerzeugung und Wärmeverwendung im Gasgenerator- und Dampfkesselbetrieb. Von Ingenieur **Paul Fuchs.** Dritte, erweiterte Auflage. Mit 43 Textfiguren. Gebunden Preis M. 5.— *

Die Abwärmeverwertung im Kraftmaschinenbetrieb mit besonderer Berücksichtigung der Zwischen- und Abdampfverwertung zu Heizzwecken. Eine kraft- und wärmewirtschaftliche Studie. Von Dr.-Ing. **Ludwig Schneider.** Dritte, neu bearbeitete Auflage. Mit 159 Textfiguren. Preis M. 16.—; gebunden M. 20.—

Kraft- und Wärmewirtschaft in der Industrie. (Abfallenergieverwertung.) Von Baurat Ingenieur **M. Gerbel.** Zweite, verbesserte Auflage. Mit 9 Textfiguren. Preis M. 12.—

Wahl, Projektierung und Betrieb von Kraftanlagen. Ein Hilfsbuch für Ingenieure, Betriebsleiter und Fabrikbesitzer. Von Oberingenieur **Friedrich Barth** in Nürnberg. Zweite, umgearbeitete und erweiterte Auflage. Mit 133 Figuren im Text und auf 3 Tafeln. Gebunden Preis M. 22.— *

Handbuch der Feuerungstechnik und des Dampfkesselbetriebes mit einem Anhange über allgemeine Wärmetechnik. Von Dr.-Ing. **Georg Herberg,** beratender Ingenieur, Stuttgart. Zweite, verbesserte Auflage. Mit 59 Abbildungen und Schaulinien, 90 Zahlentafeln sowie 47 Rechnungsbeispielen. Gebunden Preis M. 18.— *

Technische Wärmelehre der Gase und Dämpfe. Eine Einführung für Ingenieure und Studierende. Von **Franz Seufert,** Ingenieur, Oberlehrer an der Staatl. höheren Maschinenbauschule in Stettin. Mit 25 Abbildungen und 5 Zahlentafeln. Gebunden Preis M. 2.80 *

Anleitung zur Durchführung von Versuchen an Dampfmaschinen, Dampfkesseln, Dampfturbinen und Dieselmaschinen. Zugleich Hilfsbuch für den Unterricht in Maschinenlaboratorien technischer Lehranstalten. Von Ingenieur **Franz Seufert,** Oberlehrer an der Staatl. höheren Maschinenbauschule zu Stettin. Fünfte, verbesserte Auflage. Mit 45 Abbildungen. Gebunden Preis M. 6.— *

* Hierzu Teuerungszuschläge